"十三五"普通高等教育规划教材

输电线路工程系列教材

电力电缆施工技术

（第二版）

主编　李光辉
编写　钟国森　江全才
　　　张　鸣　周成俊
主审　刘文里

中国电力出版社
CHINA ELECTRIC POWER PRESS

内 容 提 要

本书为“十三五”普通高等教育规划教材。

本书全面、系统地介绍了中低压电力电缆、高压电力电缆和充油电缆的施工方法，以及电力电缆线路设计基本知识。全书共分七章，主要内容包括电力电缆基本类型、结构特性及应用，电力电缆运输与保管，各种方式的电缆敷设方法，各种形式的电缆中间接头和终端头的结构及制作工艺，充油电缆供油系统的安装，充油电缆金属护套的连接，以及电缆的竣工试验和电力电缆运行与维护等。书中部分电缆接头的制作工艺结合生产厂家提供的电缆附件制作的实例介绍，并以简单原理、图片、插图加以说明。

本书为高等院校输电线路工程及相关专业的本科教材，也可作为高职高专及函授教材和电力电缆专业技术培训教材，还可供从事电力电缆施工、运行和管理人员使用，以及电力电缆设计人员参考。

图书在版编目（CIP）数据

电力电缆施工技术/李光辉主编. —2 版. —北京：中国电力出版社，2017.8（2020.7 重印）
“十三五”普通高等教育规划教材
ISBN 978-7-5123-9433-9

Ⅰ.①电… Ⅱ.①李… Ⅲ.①电力电缆-电缆敷设—高等学校—教材 Ⅳ.①TM757

中国版本图书馆 CIP 数据核字（2016）第 127528 号

出版发行：中国电力出版社
地　　址：北京市东城区北京站西街 19 号（邮政编码 100005）
网　　址：http：//www.cepp.sgcc.com.cn
责任编辑：乔　莉（010－63412535）贾丹丹
责任校对：常燕昆
装帧设计：郝晓燕
责任印制：吴　迪

印　　刷：北京雁林吉兆印刷有限公司
版　　次：2008 年 8 月第一版　2017 年 8 月第二版
印　　次：2020 年 7 月北京第八次印刷
开　　本：787 毫米×1092 毫米　16 开本
印　　张：20
字　　数：489 千字
定　　价：45.00 元

前　言

本书第一版于 2008 年出版，已印刷四次。但随着电力事业的发展，科学技术的发展及应用的需要，以及国家新标准、部颁标准及行业标准的修订和贯彻执行，有必要对本书第一版进行修订。

本书第二版列入“十三五”规划教材，对第一版的有关章节进行了修订和补充。第一章电力电缆基础知识，主要介绍电缆的类型及其结构特征，引用了相关生产厂家的三维图例，以求较好地、直观地展现，达到更优秀的视觉效果。第二章电力电缆线路设计，依据《城市电力电缆线路设计技术规定》（DL/T 5221—2005）、《电力工程电缆设计规范》（GB 50217—2007）等规范、标准，增补了第六节电缆构筑物设计，主要介绍了电缆沟、电缆排管、电缆工井、电缆隧道等电缆构筑物的设计计算知识。第三章电力电缆的敷设，补充了电缆盘的盘径设计及装卸等知识，为直观形象展现出电缆构筑物（电缆挖沟直接埋设、电缆沟、隧道和竖井、排管、吊架及桥梁等）布置方式，多配以实景图例说明，并基于中国电力音像电子出版社关于“国家电网公司输变电工程工艺施工规范　送电线路工程　高压电缆施工专辑”介绍电缆在不同构筑物中敷设的基本工艺流程。第四章和第五章引用了某些电缆附件厂网页提供的三维图例。第六章电力电缆试验及电缆故障测寻和第七章电力电缆线路的运行管理及维护，仅做了个别补充及调整。全书第二版由李光辉等修订。

书中引用了一些相关网站上的实景图片，在此向图片的作者表示感谢。

限于编者水平，书中不足之处在所难免，恳请读者批评指正。

编　者

2017 年 5 月

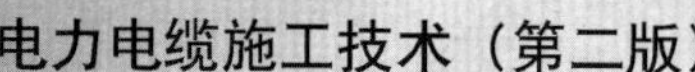

第一版前言

为贯彻落实教育部《关于进一步加强高等学校本科教学工作的若干意见》和《教育部关于以就业为导向深化高等职业教育改革的若干意见》的精神，加强教材建设，确保教材质量，中国电力教育协会组织制订了普通高等教育“十一五”教材规划。该规划强调适应不同层次、不同类型院校，满足学科发展和人才培养的需求，坚持专业基础课教材与教学急需的专业教材并重、新编与修订相结合。本书为新编教材。

本书共分为七章。第一章为电力电缆基础知识，介绍电力电缆种类和典型电力电缆结构，以及各类电力电缆的适用范围；第二章为电力电缆线路设计，介绍电力电缆线路选择、电力电缆的电气参数计算、线路损耗和载流量计算等，充油电缆线路设计，以及直流电缆绝缘的设计和防雷保护与减少金属护套感应电压计算；第三章为电力电缆的敷设，介绍在不同条件下敷设施工设备选择和敷设施工技术及施工计算；第四章为中低压电缆附件及制作，介绍各类中低压电缆附件类型与特点和接头制作工艺；第五章为高压电缆附件及制作，介绍各类高压电力电缆中间接头和终端头类型和制作工艺方法，同时介绍高压电缆接头设计基本知识和充油电缆的油务管理；第六章为电力电缆试验及电缆故障测寻，介绍电力电缆试验项目、故障测寻和充油电缆漏油点的检测等方法；第七章为电力电缆线路的运行管理及维护，介绍电力电缆线路的运行要求和管理方法，运行维护事项，电缆故障检修方法。

全书由李光辉统稿、定稿。钟国森（福建省厦门电业局）编写第一章、第二章，李光辉编写第三章、第五章，江全才编写第四章，周成俊编写第六章，张鸣（佛山供电局）编写第七章。

哈尔滨理工大学刘文里教授主审，提出了许多宝贵意见，在此深表感谢！

最后希望广大读者通过阅读本书，能对电力电缆施工、电力电缆线路设计、电缆附件制作、电力电缆试验、故障检查、运行及维护有一个较详细的了解，对所从事的工作有所帮助。

由于时间仓促及编者的水平所限，加之我国尚有一些专业技术标准和规程规范在修订和完善之中，书中纰漏在所难免，诚恳希望各位同行、专家和读者批评指正。

编者于三峡大学

2007 年 5 月

目 录

第一章　电力电缆基础知识

第一节　概　　述

1890年世界上首次出现电力电缆，英国开始使用10kV单相电力电缆，距今已有一百多年的历史。我国电力电缆的生产是从20世纪30年代开始的，到1949年，电力电缆的生产规模还很小，曾生产过6.6kV橡胶绝缘铅护套电力电缆。1951年研制成功了6.6kV铅护套纸绝缘电力电缆，在此基础上，生产了35kV及以下黏性油浸纸绝缘电力电缆的系列产品。1966年生产了第一条充油电力电缆。1968年和1971年间先后研制、生产了220kV和330kV充油电力电缆，并先后在刘家峡、新安江、渔子溪、乌江渡等水电站投入运行。1983年研制成功500kV充油电力电缆，并在辽宁省投入运行。近几年来，在上海、广州等大城市，已建成电力电缆线路网络。

由几根或几组导线，每组至少两根绞合而成，类似绳索的缆线，而每组导线之间相互绝缘，并围绕着一根中心扭成，整个外面包有高度绝缘的覆盖层所成的缆线，称为电缆（见图1-1）。

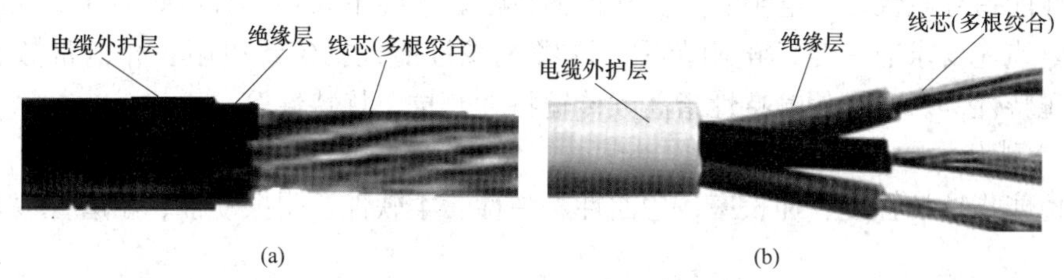

图1-1　电线电缆（定义）图解

(a) 单芯缆线；(b) 多芯缆线

广义的电线电缆简称电缆，狭义的电缆是指绝缘电缆，通常由一根或多根导线（导电部分）、并相应的包覆绝缘层和外护层二部分组成。《电工术语　电缆》（GB/T 2900.10—2001），将电力电缆定义为：用以传输电（磁）能、信息和实现电磁能转换的线材产品。

电缆品种规格繁多，应用范围广泛。用于传输和分配电能的电缆，称为电力电缆。

随着城市建筑物和人口密度的增加，大城市的中低压架空裸线配电系统已暴露出许多问题，为了降低架空输电线路系统的故障率，也有采用绝缘电缆的架空电力线路，它已逐渐在广大城市和乡村地区得以应用。

我国电力部门参照国外架空电网改造和输电线路运行经验，于1986年就发出通知，要求城市供电部门先行，在配电系统中逐步使用架空绝缘电缆代替架空裸线，并规定城市电网的输电线路与高、中压配电线路，在下列情况下必须采用电缆线路：

(1) 根据城市规划，繁华地区、重要地段、主要道路、高层建筑区及对市容环境有特殊要求的场合；

(2) 架空线路和线路导线通过严重腐蚀地段，在技术上难以解决的；

(3) 供电可靠性要求较高或重要负荷用户；

(4) 重点风景旅游区；

(5) 沿海地区易受热带风暴侵袭的主要城市的重要供电区域；

(6) 电网结网或运行安全要求高的地区。

另外，城市电力低压配电线路在下列情况下也应采用电缆线路：负荷密度高的市中心；建筑面积较大的新建居民住宅小区及高层建筑小区；依据规划不宜通过架空线路的街道或地区；其他情况经技术经济比较采用电缆线路更为合适的。对于采用电缆线路而不具备敷设条件时，可采用绝缘架空敷设方式。

一、电力电缆的基本特性

电力电缆最基本的性能，除有效地传播电磁波（场）外，还应保证能有效地适应工作环境，这一点尤为重要。也就是说，不同的使用环境对电线电缆的耐高温、耐低温、耐电晕、耐辐照、耐气压、耐水压、耐油、耐臭氧、耐大气环境、耐振动、耐溶剂、耐磨、抗弯、抗扭转、抗拉、抗压、阻燃、防火、防雷和防生物侵袭等性能均有相应的要求。另外，为了确保电缆工程系统的整体可靠性，对一些在特殊使用条件下工作的电缆除按电缆的标准和技术（如测试、试验、核相和检验办法等）外，还增加了使用要求的具体规定。

1. 电气性能

电气性能指导电性能、电绝缘性能和传输特性。电缆不仅要具有良好的导电性能，对个别的电线电缆还要求有一定的电阻范围。电缆绝缘性能包括绝缘电阻、介电常数、介质损耗、耐电压特性等。电缆传输特性指高频传输特性、抗干扰特性等。

2. 力学性能

力学性能指抗拉强度、伸长率、弯曲性、弹性、柔软性、耐振动性、耐磨性以及耐冲击性等。

3. 热性能

热性能指电线电缆产品的耐热等级、工作温度、电力电缆的发热和散热特性、载流量、短路和过载能力、合成材料的热变形和耐热冲击能力、材料的热膨胀性及浸渍或涂层材料的滴流性能等。

4. 耐腐蚀和耐气候性能

耐腐蚀和耐气候性能指耐电化腐蚀、耐生物和细菌侵蚀、耐化学药品（油、酸、碱、化学溶剂等）侵蚀、耐盐雾、耐日光、耐寒、防霉以及防潮性能等。

5. 老化性能

老化性能指在机械（力）应力、电应力、热应力以及其他各种外加因素作用下或外界气候条件下，产品组成材料保持其原有性能的能力。

6. 其他性能

它包括部分材料的物理性（如金属材料的硬度、蠕变，高分子材料的相容性）以及产品的某些特殊使用特性（如阻燃、耐原子辐射、防蚂蚁啃咬、延时传输，以及能量阻尼等）。

二、电力电缆的型号

电缆型号由字母和数字组成。字母一般依次表示电缆类别、绝缘结构、导体材料、内护层类型，用两位数字表示外护层构成，无数字代表无铠装层、无外被层、电缆产品的表示方法是在电缆型号后加上电压等级、线芯数目和标称截面积，如图1-2所示。

电缆类别（用途）：K—控制电缆；P—信号电缆；B—绝缘电线；R—绝缘软线；Y—移动式软电缆；H—电话电缆。对于电力电缆则可以省略。

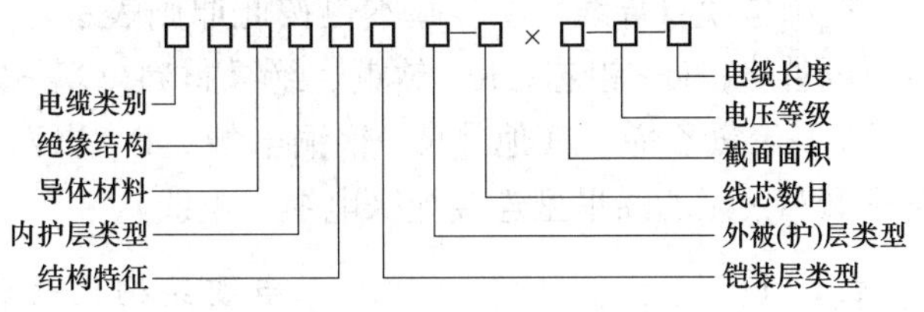

图1-2 电缆产品的表示方法

绝缘材料：Z—纸绝缘；V—聚氯乙烯绝缘；Y—聚乙烯绝缘；YJ—交联聚氯乙烯。

导体（电缆线芯）材料：T—铜芯（不标注）；L—铝芯；G—钢芯。

内护层：Q—铅包；L—铝包；V—聚氯乙烯；Y—聚乙烯；H—橡胶护套；F—氯丁橡胶护套。

结构特征：D—不滴流；F—分相；L—虑尘用；CY—充油；P—贫油干绝缘；Z—直流；无特征不标注。

铠装层类型：从0～4标记共5种：0—无；1—双层细钢丝；2—双钢钢丝；3—细钢丝；4—粗钢丝。

外被（护）层类型：0—裸金属铠装（无外被层）；1—无纤维外被；2—铜带铠装；3—聚氯乙烯护套；4—无聚乙烯护套。阻燃电缆在代号前加ZR；耐火电缆在代号前加NH。

注意：外被（护）层类型用两位数字说明，第一位数字表示铠装；第二位数字表示外被，如粗钢丝铠装纤维外被用41表示。

电缆线芯数目：1—单芯（可不表示，省略）；2—两芯；3—三芯；4—四芯；5—五芯。

电缆截面面积，单位为mm^2。

电压等级，单位为kV。

电缆长度，单位为m。

由上可知，电力电缆的命名较为复杂。为使用方便，一般仅表示电缆类别、绝缘结构、导体材料、电压等级、截面面积、线芯数目即可。电缆产品型号举例如下：

ZLQ20-10-3×120表示铝芯、纸绝缘、铅包、裸钢带铠装、额定电压为10kV、三芯、截面积为120mm^2的电力电缆。

ZQF2-35×95表示铜芯、聚氯乙烯绝缘、分相铅包、裸钢带铠装、额定电压为10kV、三芯、截面积为950mm^2的电力电缆。

VV42-10-3×50表示铜芯、聚氯乙烯绝缘、粗钢线铠装、聚氯乙烯护套、额定电压为10kV、三芯、标称截面积为50mm^2的电力电缆。

ZR-VLV29-3，3×240+1×120表示聚氯乙烯绝缘，钢带铠装，阻燃聚氯乙烯护套、额定电压为3kV、三芯、截面积为240 mm^2、加一芯120 mm^2的电力电缆。

YJLV22-3×120-10-300表示铝芯、交联聚乙烯绝缘、聚乙烯内护套、双层钢带铠装、聚氯乙烯外被层、三芯、截面积为120mm^2、额定电压为10kV、长度为300m的电力电缆。

VV42-10-3×50表示铜芯、聚氯乙烯绝缘、粗钢线铠装、聚氯乙烯护套、额定电压为10kV、三芯、标称截面积50mm^2的电力电缆。

电缆结构代号含义见表1-1。例如，橡胶电力电缆代号，XLV表示铝芯橡皮聚氯乙烯绝缘护套电缆，XQZ表示铜芯橡皮绝缘铅套钢带铠装电力电缆。

绝缘电缆（导线）型号基本也按此原则表示，电线代号用B（有时不表示）、导体为铜芯，可省略；L—铝芯；R—软铜、绝缘材料（V—聚氯乙烯；X—橡皮；F—氯丁橡胶）护套（V—聚氯乙烯）其他［R—软铜电线；P—屏蔽；B—平型（扁型）］。例如，型号RVB表示铜芯聚氯乙烯平型连接绝缘电缆（电线）。

表1-1 电缆结构代号含义

绝缘种类		导电线芯		内护层		结构特征（派生结构）		外护（被）层*	
代号	含义	代号	含义	代号	含义	代号	含义	代号	含义
Z	纸	L	铝芯	H	橡胶护套	D	不滴流	0	裸金属铠装（无外被层）
V	聚氯乙烯	T	铜芯省略	HF	非燃性护套	F	分相	1	无金属铠仅有麻被层
X	橡皮			V	聚氯乙烯护套	G	高压	2	铜带铠装
XD	丁基橡胶			Y	聚乙烯护套	P_0	贫油干绝缘	3	单层细钢丝铠装
Y	聚乙烯			L	铝包	P	屏蔽	4	双层细钢丝铠装
YJ	交联聚乙烯					CY	充油	5	单层粗钢丝铠装
				Q	铅包	Z	直流	6	双层粗钢丝铠装
								1	一级防腐，在金属铠装代号前一位
								2	二级防腐，在金属铠装代号前一位
								9	金属铠装层外加聚氯乙烯护套

注 阻燃电缆暂在代号前面加ZR；耐火电缆在代号前面加NH。

* 外护层，用两位数字构成，第一位表示铠装；第二位表示外被，如粗钢丝纤维外被用41表示。

充油电缆型号由产品系列代号和电缆结构各部分代号组成（见表1-9）。自容式充油电缆产品系列代号用CY表示。外护套结构从里到外用加强层、铠装层、外被层的代号组合表示。绝缘种类、导体材料、内护层代号及各代号的排列次序以及产品型号的表示方法与35kV及以下电力电缆相同。

充油电缆外被层代号含义：①加强层：1代表铜带径向加强；2代表不锈钢带径向加强；3代表钢带径向加强；4代表不锈钢带径向、窄不锈钢带纵向加强。②铠装层的代号：0代表无铠装；2代表钢带铠装；4代表粗钢丝铠装。③外被层：1代表聚氯乙烯护套；3代表聚乙烯护套。

如CYZQ102 220/1×4表示铜芯、纸绝缘、铅护套、铜带径向加强、无铠装、聚氯乙烯护套、额定电压220kV、单芯、标称截面积$400mm^2$的自容式充油电缆。

三、电力电缆适用场所和电缆截面图

1. 电力电缆适用场所

(1) 电力电缆的适用场合见表1-2～表1-6。

表 1-2 黏性油浸纸绝缘电力电缆适用场合

型号	名称	适用场合
ZQ、ZLQ	铜芯或铝芯黏性浸渍纸绝缘裸铅套电力电缆	室内、电缆沟及管道中，适用于易燃、严重腐蚀的环境
ZQ02、ZLQ02	铜芯或铝芯黏性浸渍纸绝缘铅套聚氯乙烯护套电力电缆	架空、室内、隧道、电缆沟及管道中，适用于易燃、严重腐蚀的环境
ZQ20、ZLQ20	铜芯或铝芯黏性浸渍纸绝缘铅套裸钢带铠装电力电缆	适用于室内、隧道、电缆沟，易燃的环境
2Q21、ZLQ21	铜芯或铝芯黏性浸渍纸绝缘铅套钢带铠装纤维外被套电力电缆	适用于直埋
ZQ22、ZLQ22	铜芯或铝芯黏性浸渍纸绝缘铅套钢带铠装聚氯乙烯护套电力电缆	适用于室内、隧道、电缆沟、一般土壤、多砾石土、易燃、严重腐蚀的环境
ZQ30、ZLQ30	铜芯或铝芯黏性浸渍纸绝缘铅套裸细钢丝铠装电力电缆	适用于竖井、易燃的环境
ZQ32、ZLQ32	铜芯或铝芯黏性浸渍纸绝缘铅套细钢丝铠装聚氯乙烯护套电力电缆	适用于一般土壤、多砾石土、竖井、水下、易燃、严重腐蚀的环境
2Q4l、ZLQ41	铜芯或铝芯黏性浸渍纸绝缘铅套粗钢丝铠装纤维外被套电力电缆	水下，可承受较大的机械拉力
ZQF20、ZLQF20	铜芯或铝芯黏性浸渍纸绝缘分相铅套裸钢带铠装电力电缆	同 ZQ20、ZLQ20，适用于室内、隧道、电缆沟、易燃的环境（一般用于较高电压等级）
ZQF21、ZLQF21	铜芯或铝芯黏性浸渍纸绝缘分相铅套钢带铠装纤维外被套电力电缆	同 ZQ21、ZLQ21，适用于直理（一般用于较高电压等级）
2QF22、ZLQF22	铜芯或铝芯黏性浸渍纸绝缘分相铅套钢带铠装聚氯乙烯护套电力电缆	同 ZQ22、ZLQ22，适用于室内、隧道、电缆沟、一般土壤，多砾石土、易燃、严重腐蚀的环境（一般用于较高电压等级）

表 1-3 不滴流油浸纸绝缘电力电缆适用场合

型号	名称	适用场合
ZQD、ZLQD	铜芯或铝芯不滴流油浸纸绝缘裸铅套电力电缆	室内、电缆沟及管道中，适用于易燃、严重腐蚀的环境
ZQD02、ZLQD02	铜芯或铝芯不滴流油浸纸绝缘铅套聚氯乙烯护套电力电缆	架空、室内、隧道、电缆沟及管道中，适用于易燃、严重腐蚀的环境
ZQD20、ZLQD20	铜芯或铝芯不滴流油浸纸绝缘铅套裸钢带铠装电力电缆	适用于室内、隧道、电缆沟、易燃的环境

续表

型号	名　称	适　用　场　合
ZQD21、ZLQD21	铜芯或铝芯不滴流油浸纸绝缘铅套钢带铠装纤维外被套电力电缆	土壤
ZQD22、ZLQD22	铜芯或铝芯不滴流油浸纸绝缘铅套钢带铠装聚氯乙烯护套电力电缆	室内、隧道、电缆沟、一般土壤、多砾石土、易燃、严重腐蚀的环境
ZQD30、ZLQD30	铜芯或铝芯不滴流油浸纸绝缘铅套裸细钢丝铠装电力电缆	竖井、易燃环境
ZQD32、ZLQD32	铜芯或铝芯不滴流油浸纸绝缘铅套细钢丝铠装聚氯乙烯护套电力电缆	一般土壤、多砾石土、竖井、水下，易燃、严重腐蚀的环境
ZQD41、ZLQD41	铜芯或铝芯不滴流油浸纸绝缘铅套粗钢丝铠装纤维外被套电力电缆	水下，可承受较大的机械拉力
ZQFD20、ZLQFD20	铜芯或铝芯不滴流油浸纸绝缘分相铅套裸钢带铠装电力电缆	同 ZQD20、ZLQD20，适用于室内、隧道、电缆沟、易燃的环境（一般用于较高电压等级）
ZQFD21、ZLQF21	铜芯或铝芯不滴流油浸纸绝缘分相铅套钢带铠装纤维外被套电力电缆	同 ZQD21、ZLQD21，适用于土壤（一般用于较高电压等级）
ZQFD22、ZLQFD22	铜芯或铝芯不滴流油浸纸绝缘分相铅套钢带铠装聚氯乙烯护套电力电缆	同 ZQD22、ZLQD22，适用于室内、隧道、电缆沟、一般土壤、多砾石土、易燃、严重腐蚀的环境（一般用于较高电压等级）
ZQFD41、ZLQFD41	铜芯或铝芯不滴流油浸纸绝缘分相铅套粗钢丝铠装纤维外被套电力电缆	

表 1-4　橡皮绝缘电力电缆适用场合

型号	名　称	适　用　场　合
XQ、XLQ	铜芯或铝芯橡皮绝缘裸铅护套电力电缆	室内、隧道及沟管内，不能承受机械外力，铅护套需要中性环境
KQ20、XLQ20	铜芯或铝芯橡皮绝缘铅护套裸钢带铠装电力电缆	室内、隧道及沟管内，不能承受大的拉力
XQ21、XLQ21	铜芯或铝芯橡皮绝缘铅护套钢带铠装纤维外被套电力电缆	直埋，不能承受大的拉力
XQV22、XLQV22	铜芯或铝芯橡皮绝缘聚氯乙烯内护层钢带铠装聚氯乙烯外护套电力电缆	直埋，不能承受大的拉力
XV、XLV	铜芯或铝芯橡皮绝缘聚氯乙烯护套电力电缆	室内、隧道及沟管内，不能承受机械外力
XF、XLF	铜芯或铝芯橡皮绝缘裸氯丁橡套电力电缆	防火场合，不能承受机械外力

表 1-5 聚氯乙烯绝缘电力电缆适用场合

型号	名称	适用场合
VV、VLV	铜芯或铝芯聚氯乙烯绝缘聚氯乙烯护套电力电缆	室内、隧道及管道中，电缆不能承受机械外力
VY、VLY	铜芯或铝芯聚氯乙烯绝缘聚乙烯护套电力电缆	隧道、管道及严重污染区，电缆不能承受机械外力
VV22、VLV22	铜芯或铝芯聚氯乙烯绝缘钢带铠装聚氯乙烯护套电力电缆	室内、直埋、隧道、矿井，电缆不能承受拉力
VV23、VLV23	铜芯或铝芯聚氯乙烯绝缘钢带铠装聚乙烯护套电力电缆	室内、直埋、隧道、矿井及严重污染区，电缆不能承受拉力
VV32、VLV32	铜芯或铝芯聚氯乙烯绝缘细钢丝铠装聚氯乙烯护套电力电缆	室内、直埋、矿井，电缆能承受拉力
VV33、VLV33	铜芯或铝芯聚氯乙烯绝缘细钢丝铠装聚乙烯护套电力电缆	室内、直埋、矿井及严重污染区，电缆能承受拉力
VV42、VLV42	铜芯或铝芯聚氯乙烯绝缘粗钢丝铠装聚氯乙烯护套电力电缆	室内、直埋、矿井，电缆能承受较大拉力
VV43、VLV43	铜芯或铝芯聚氯乙烯绝缘粗钢丝铠装聚乙烯护套电力电缆	室内、直埋、矿井及严重污染区，电缆能承受较大拉力
NH-VV、NH-VLV	耐火铜芯或铝芯聚氯乙烯绝缘聚氯乙烯护套电力电缆	室内、医院、控制指挥中心等重要场合，电缆能承受短时火焰作用

表 1-6 交联聚乙烯绝缘电力电缆适用场合

型号	名称	适用场合
YJV、YJLV	铜芯或铝芯交联聚乙烯绝缘聚氯乙烯护套电力电缆	室内、隧道、管道、电缆沟及地下直埋等
YJV22、YJLV22	铜芯或铝芯交联聚乙烯绝缘钢带铠装聚氯乙烯护套电力电缆	室内、隧道、电缆沟及地下直埋等
YJV32、YJLV32	铜芯或铝芯交联聚乙烯绝缘细钢丝铠装聚氯乙烯护套电力电缆	高落差、竖井等
YJV42、YJLV42	铜芯或铝芯交联聚乙烯绝缘粗钢丝铠装聚氯乙烯护套电力电缆	海底电缆，可承受大的拉力
DL-YJV	铜芯交联聚乙烯绝缘低烟低卤阻燃聚乙烯电力电缆	宾馆、写字楼、娱乐场所等室内，燃烧气体毒性小

续表

型号	名　称	适 用 场 合
DL－YJV22	铜芯交联聚乙烯绝缘钢带铠装低烟低卤阻燃聚乙烯电力电缆	宾馆、写字楼、娱乐场所等室内，可承受机械外力，燃烧气体毒性小
DL－YJV3Z	铜芯交联聚乙烯绝缘细钢丝铠装低烟低卤阻燃聚乙烯电力电缆	宾馆、写字楼、娱乐场所等室内，可承受拉力，燃烧气体毒性小
WL－YJV	铜芯交联聚乙烯绝缘低烟无卤阻燃聚乙烯电力电缆	宾馆、写字楼、娱乐场所等室内，燃烧气体无毒
WL－YJV22	铜芯交联聚乙烯绝缘钢带铠装低烟无卤阻燃聚乙烯电力电缆	宾馆、写字楼、娱乐场所等室内，可承受机械外力，燃烧气体无毒
WL－YJV32	铜芯交联聚乙烯绝缘细钢丝铠装低烟尤卤阻燃聚乙烯电力电缆	宾馆、写字楼、娱乐场所等室内，可承受拉力，燃烧气体无毒
GZR－YJV	铜芯交联聚乙烯绝缘隔氧层阻燃电力电缆	宾馆、写字楼、娱乐场所等室内
GZR－YJV22	铜芯交联聚乙烯绝缘钢带铠装隔氧层阻燃电力电缆	宾馆、写字楼、娱乐场所等室内，可承受机械外力
GZR－YJV32	铜芯交联聚乙烯绝缘细钢丝铠装隔氧层阻燃电力电缆	宾馆、写字楼、娱乐场所等室内，可承受拉力

（2）金属护套（非金属护套）电缆适用外护层及敷设场所见表1－7、表1－8。

表1－7　　金属护套电缆适用外护层及敷设场所

外护层类型	名称	被保护的金属套	主要适用敷设场所												
			敷设方式									特殊环境			
			架空	室内	隧道	电缆线	管道	一般土壤	多砾石土	竖井	水下	易燃	强电干扰	严重腐蚀	拉力
02	聚氯乙烯外护套	铅套	△	△	△	△	△					△		△	
		铝套	△	△	△	△	△	△		△		△		△	
		皱纹钢套或铝套	△	△	△	△	△	△				△		△	
03	聚乙烯外护套	铅套	△	△		△	△							△	
		铝套	△	△		△	△	△		△				△	
		皱纹钢套或铝套	△	△		△	△	△						△	
22	钢带铠装聚氯乙烯外护套	铅套		△	△	△		△	△			△		△	
		皱纹钢套或铝套		△	△	△			△			△	△	△	
23	钢带铠装聚乙烯外护套	铅套		△		△		△	△					△	
		皱纹钢套或铝套		△		△			△				△	△	
32	细圆钢丝铠装聚氯乙烯外护套	各种金属套						△	△	△	△	△		△	△

续表

外护层类型	名称	被保护的金属套	主要适用敷设场所												
			敷设方式									特殊环境			
			架空	室内	隧道	电缆线	管道	一般土壤	多砾石土	竖井	水下	易燃	强电干扰	严重腐蚀	拉力
33	细圆钢丝铠装聚乙烯外护套	各种金属套						△	△	△	△			△	△
41	细圆钢丝铠装纤维外护套	铅套										△		○	△
42	粗圆钢丝铠装聚氯乙烯外护套	铅套								△	△	△		△	△
43	粗圆钢丝铠装聚乙烯外护套	铅套								△	△			△	△
441	双粗圆钢丝铠装纤维外被层	铅套									△			○	△
241	钢带—粗圆钢丝铠装纤维外被层	铅套									△			○	△

注　1. △表示适用；○表示当采用涂塑钢丝等具有良好非金属防蚀层钢丝时适用。

2. 本表不适用于充油、充气电力电缆外护层和有其他特殊要求的电缆外护层。

表 1-8　非金属护套电缆适用外护层及敷设场所

外护层类型	名　　称	主要适用敷设场所										
		敷设方式								特殊环境		
		室内	隧道	电缆沟	管道	一般土壤	多砾石土	竖井	水下	易燃	严重腐蚀	拉力
12	钢带铠装聚氯乙烯外护套	△	△	△		△	△			△	△	
22	钢带铠装聚氯乙烯	△	△	△		△	△			△	△	
23	钢带铠装聚乙烯外护套	△		△		△	△				△	
32	细圆钢丝铠装聚乙烯外护套					△	△	△	△	△	△	△
33	细圆钢丝铠装聚乙烯外护套					△	△	△	△		△	△
41	细圆钢丝铠装纤维外护套								△		○	△
42	粗圆钢丝铠装聚氯乙烯外护套							△	△	△	△	△
43	粗圆钢丝铠装聚乙烯外护套							△	△		△	△
62	铝带铠装聚氯乙烯外护套	△	△	△		△	△			△	△	
63	铝带铠装聚乙烯外护套	△		△		△	△				△	
441	双粗圆钢丝铠装纤维外被层								△		○	△
241	钢带—粗圆钢丝铠装纤维外被层								△		○	△

2．电缆截面图的概念

各电力电缆制造商制造的电力电缆不完全相同，即使结构、尺寸、型号、电压等级和导体截面相同，其结构、尺寸也难完全一样。因此，每种电缆都必须有一张电缆截面图，一般图上应注明特定的技术参数，且图的比例应是1∶1。

电缆截面图，对接头设计计算和敷设在特殊要求地方的电缆附件的设计等极其重要。电缆截面图上，还应标记制造厂名、采购日期、采购数量和装置使用地点等，以便运行管理时参考。

表1-9所示为某电缆生产厂商展示的有关交联聚乙烯电力电缆结构截面图及说明与电缆电气技术参数响应表。

表1-9　交联聚乙烯电力电缆结构截面图及说明与电缆电气技术参数响应表

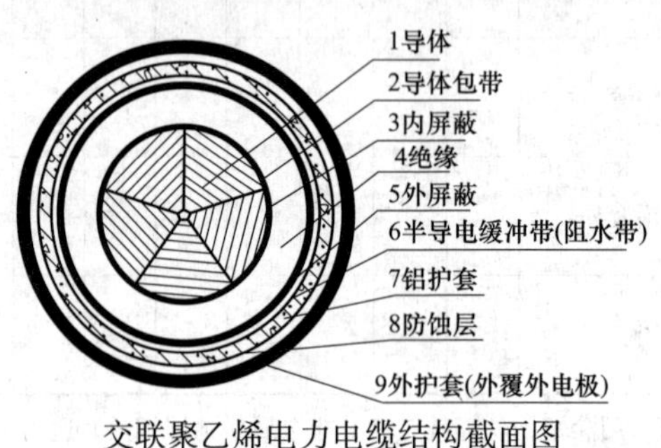

交联聚乙烯电力电缆结构截面图

ZC-YJLW02-Z 127/220 1×2000　交联聚乙烯电力电缆各部分结构参考尺寸

序号	名称	标称厚度（mm）	标称外径（mm）
1	导体	—	55.2（-1.0，+1.0）
2	导体包带	0.14	56.2
3	内屏蔽（绕包+挤制）	2.5	60.2
4	绝缘	24	108.2（-1.0，+1.5）
5	绝缘屏蔽	1.0	110.2
6	缓冲层	2.0	116.7
7	纹铝护套	2.8	135.0（-2.0，+2.0）
8	防蚀层	0.25	135.5
9	外护套（外涂石墨层）	5.0	145.5（-3.0，+3.0）

电缆电气技术参数响应表

序号	项目	单位	买方要求值	卖方保证值
1	20℃时导体最大直流电阻	Ω/km	0.0090	0.0090
2	90℃时导体最大交流电阻	Ω/km	投标人提供	0.0129
3	20℃时金属套最大直流电阻	Ω/km	投标人提供	0.0300
4	导体半导电屏蔽层老化前90℃时电阻率	Ω·m	＜1000	＜1000
5	绝缘半导电屏蔽层老化前后90℃时电阻率	Ω·m	＜500	＜500
6	护套挤包半导电层老化前后90℃时电阻率	Ω·m	＜1000	＜1000

续表

电缆电气技术参数响应表

序号	项目	单位	买方要求值	卖方保证值
7	局部放电（灵敏度 5pC 或更优，190kV 下）	pC	无可检出的放电	无可检测出的放电
8	tanδ（导体温度 95～100℃，127kV 下）		$\leqslant 10\times10^{-4}$	$\leqslant 8\times10^{-4}$
9	雷电冲击试验（导体温度 95～100℃）	kV/次	±1050/各 10	±1050/5 各 10
10	电缆电容	μF/km	投标人提供	0.216
11	出厂工频电压试验	kV/min	318/30	318/30
12	安装后工频电压试验	kV/h	216/1	216/1
13	出厂外护套负极性直流试验	kV/min	25/1	25/1
14	安装后外护套负极性直流试验	kV/min	10/1	10/1
15	外护套雷电冲击电压试验	kV/次	±47.5/各 10	±47.5/各 10
16	外护套的绝缘电阻	MΩ·km	≥10	≥10

第二节　电力电缆的基本结构

电力电缆由线芯（导体）、绝缘层、屏蔽层和保护层四部分组成。为了保护绝缘和防止高压电场对外产生辐射干扰通信等，电力电缆还有金属护层并要求接地。对于多芯电缆，为方便制作成型，在其电缆绝缘线间还增加有填芯和填料。

一、电力电缆的导电线芯

电力电缆的导电线芯，简称导线，用来传输电流（或交流或直流），是电缆的主要部分。电力电缆的导电线芯主要采用具有高导电性能，有一定抗拉及伸长强度的防腐蚀、易焊接的铜、铝材料制成。钢导电线芯具有可取之处，但目前主要使用铜、铝导电线芯。

导电线芯数目一般有一芯、二芯、三芯、四芯、五芯多种。双芯及以上电缆又称多芯电缆。一般中高截面电缆和高压充油电缆多为一芯，俗称单芯电缆。两芯电缆多用于传输单相交流和直流。三芯电缆主要用于三相交流电网中，在 35kV 及以下各种中小截面的电缆线路中应用最广泛。四芯和五芯电缆多用于低压配电线路中，只有电压等级为 1kV 的电力电缆才有两芯、四芯和五芯的。

1. 电缆线芯绞合形式及电缆线芯的绞合参数

(1) 电缆线芯的绞合。电缆导体一般由多根导丝绞合而成。采用绞合导体结构，是为了满足电缆的柔软性和可弯曲度的要求。当导体沿某一半径弯曲后，导体中心线圆外部分被拉伸，中心线圆内部分被压缩，绞合导体中心线内外两部分可以相互滑动，使导体不发生塑性变形。

电缆线芯截面形状。电缆线芯按外形可分为圆形、扇形、腰圆形（扇卵形）、椭圆形、中空圆形等。扇形、圆形、半圆形线芯如图 1-3 所示。

圆形绞合导体结构具有几何形状固定、稳定性好、表面电场比较均匀的特点。20kV 及以上油纸电缆、10kV 及以上交联聚乙烯电缆一般都采用圆形绞合导体结构。

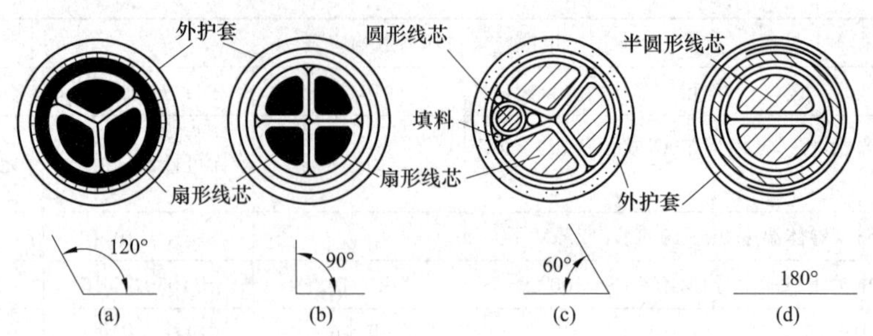

图 1－3　电缆线芯截面形状及线芯角度示意图

（a）、（b）扇形线芯；（c）扇形及圆形线芯；（d）半圆形线芯（线芯角度可近似认为 180°或 0°）

扇形或腰圆形导体结构主要是为了减小电缆直径，节约材料消耗。多用于 10kV 及以下多芯油纸电缆和 1kV 及以下多芯塑料电缆。

中空圆形线芯结构（见图 1－4），用于自容式充油电缆，其圆形线芯中央以硬铜带螺旋管支撑形成中心油道，或者以形线（Z 形线和弓形线）组成中空圆形线芯。

图 1－4　充油电缆中空圆形线芯结构

绞合成型的电缆导体有实心导体、非紧压绞合圆形导体、紧压绞合圆形导体和绞合成型导体几种。导体紧压，可缩小各层结构的直径，节省电缆材料；紧压使导体表面光滑，防止导体线芯的间隙加大局部放电；紧压还具有一定的径向阻水作用。但紧压也使得导体变硬，电导率下降，电阻损耗增加。

电缆线芯绞合国内称为成缆，是大多数多芯电缆生产的重要工序之一。由若干绝缘线芯或单元组绞合成缆芯的过程称为线芯绞合。

为了增加电缆的柔软性或可曲度，较大截面积（16mm^2 以上）的电缆线芯由多根较小直径的导线绞合而成。由多根导线绞合的线芯柔软性好，可曲度大，这是因为单根金属导线沿某一半径弯曲时，其中心线外部受拉伸，而中心线内部受压缩。如线芯是由多根导线平行放置组成，由于导线之间可以滑动。因此，它比相同截面积的单根导线做相同弯曲时要省力得多。为了保证线芯结构形状的稳定性和减小线芯弯曲时每根导线的变形，多根导线组成的线芯均需绞合而成。

事实上，制造电力电缆的线芯股数越多，弯曲越易，但电缆的可由性（电缆的可由性大约与线芯股数的平方根成正比），同时也受到外护层等方面的限制，所以股数过多也会带来制造上的困难。因此，在制造不同标称截面积的电缆线芯时，都规定了一定的导线根数。

电缆线芯绞合分圆形绞合和扇形绞合。

采用扇形绞合线芯的目的是为了充分利用空间，缩小电缆外径，节约绝缘和护层材料，其价格可以比同截面积的圆形线芯电缆降低 10％～20％。对于三芯电缆扇形绞合线芯的结构有两种：第一种结构是中心对称排列 6 根单线，外面再绞合上一层（12 根单线），这种结构比较简单，但稳定性差，其轮廓形状为椭圆，可称为椭圆形导体，用于 25～95mm^2 的电缆中；第二种结构是中心为 7 根单线和两纵线，外面再绞合一层或两层单线，120mm^2 以上采用两层绞线，该结构具有稳定性好，但需要绞合的次数多，生产工艺相对复杂的特点，多用于 $120mm^2$ 以上截面积的电缆中。采用扇形绞合线芯成缆后的电缆结构整体是圆形，如图 1-3（a)、(b)、(c）所示。

(2）电缆线芯绞合角度。电缆线芯绞合后，会有一定的线芯角度，如图 1-3 所示。三芯电缆的线芯角度为 120°，四芯电缆的线芯角度为 90°，3+1 芯电缆的线芯角度为 60°。

(3）电缆线芯绞合方法。若导线同心地相继各层依不同方向的绞合，称规则绞合。采用这种方法的线芯绞合结构稳定、几何形状固定。电力电缆大都采用这种绞合方法。

非正常规则绞合，指层与层间的导线直径不尽相同的规则绞合。

不规则绞合（束绞），指所有组成导线都依同一方向的绞合。这种绞合方法仅用于小截面积的低压电缆。

圆形绞合线芯的排列采用正规则绞合的形式：一般中心为 1 根单线，第二层为 6 根单线，以后每层比里一层多 6 根。单线采用相同的线直径，每一层单线绞合方向和前一层方向相反，一般最外层采用左向绞合。因此，其总股数可按下式计算确定

$$K=1+6+12+18+\cdots+6n \tag{1-1}$$

式中：n 为从中心（1 根）外算起的层数，其值为 1、2、3……

如果 N 是从中心算起的层数，则总股数为

$$K=3N(N-1)+1 \tag{1-2}$$

标称截面积为圆形和扇形导体组成绞合导体的规定见表 1-10。

表 1-10 （部分）圆形和扇形导体组成绞合导体的规定

标称截面积 (mm^2)	导体中单线最少根数						圆形绞合导体最小和最大外径（mm）		
	非紧压圆形		紧压圆形		扇形		铜芯	紧压线芯	
	铜芯	铝芯	铜芯	铝芯	铜芯	铝芯	最大外径	最小外径	最大外径
10	7	7	6	—	—	—	4.2	—	—
630	91	91	53	53	53	53	33.2	29	32.5
800	91	91	53	53	—	—	37.6	33.2	36.9
1000	91	91	53	53	—	—	42.2	—	—

注 摘自《电缆的导体》(GB/T 3956—2008)。

(4）电缆线芯的绞合参数。绞合参数指绞合节距 h、节距比（绞合系数）m、绞合角 α 和绞入率 k。绞合导线展开示意图如图 1-5 所示。

1）单线绕线芯一周沿线芯中心线的长度，即绞合节距 h。

2）节距比（绞合系数）m，指电缆某一部件形成的螺旋节距与直径（某层单线中心所在圆的直径，但应注意应根据不同直径可以是部件所在螺旋层的内径或平均直径或外径）之比，即 $m=$

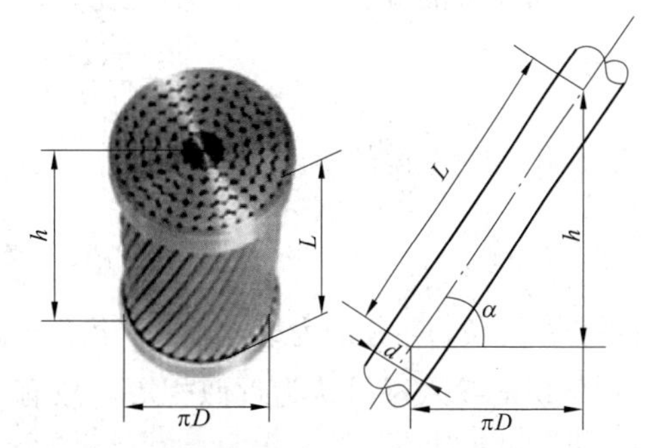

图 1-5 绞合导线展开示意图

$\frac{h}{D}$的值。

3）绞合角 α（见图 1－5），指将规则绞合的线芯中任一沿螺旋线绞合的单线展开，单线的中心轴绕线芯一周（长度 L）与穿过该层各单线中心的圆周之长为一直角边 πD 构成的直角三角形的夹角。其计算式为

$$\alpha = \arctan\frac{h}{\pi D} = \arctan\frac{m}{\pi}$$

4）绞入率，即单线长度比线芯长度增加的百分比。其计算式为

$$k = \frac{L-h}{h} = \frac{L}{h} - 1 = \frac{1}{h}\sqrt{h^2 + (\pi D)^2} - 1$$
$$= \sqrt{1 + \left(\frac{\pi D}{h}\right)^2} - 1 = \sqrt{1 + \frac{\pi^2}{m^2}} - 1 \quad (1-3)$$

其中，当$\frac{\pi}{m}<1$时，根据二项展开定理，$k \approx 1 + \frac{1}{2}\frac{\pi^2}{m^2} - 1 = \frac{1}{2}\frac{\pi^2}{m^2} \approx \frac{4.934}{m^2}$；节距比 m 越小，绞合角 α 越小，柔软程度越高，但这时的绞入率 k 会越大，所需单线越长。

2. 最小节距比层数与单线根数的关系

对于规则绞合线芯沿着其垂直线芯长度方向切开，每根单线的截面将为椭圆形，如图 1－6 所示。此时，椭圆长轴为

$$d' = \frac{d}{\sin\alpha} = d\sqrt{1 + \cos^2\alpha} \quad (1-4)$$

式中：d 为单线直径；α 为该层单线的绞合角。

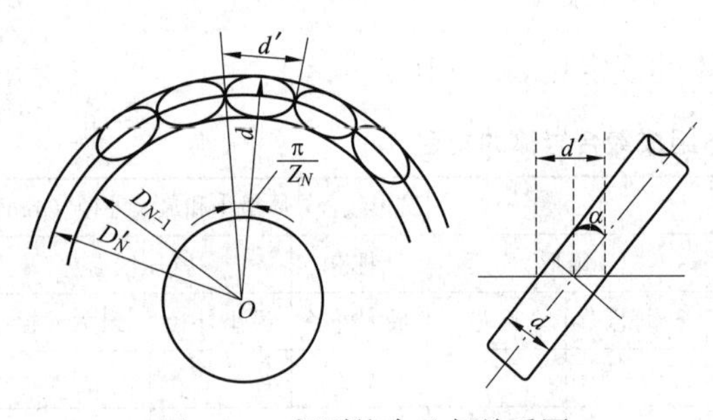

图 1－6 规则绞合几何关系图

若 α 特别大，则 $1+\cos^2\alpha \approx 1 + \frac{1}{2}\tan^2\alpha$，而 $\tan\alpha = \frac{\pi D'_N}{h} = \frac{\pi}{m}$，则$\frac{1}{2}\tan^2\alpha = \frac{1}{2}\frac{\pi^2}{m^2} = k \approx \frac{4.934}{m^2}$，即有 $d' = d\ (1+k)$。

又由图 1－6 可知，规则绞合线芯上第 N 层的单线根数为 n_z，则 n_z 可近似等于该层单线中心所在圆的周长与椭圆长轴之比，即

$$n_z = \frac{\pi(D_{N-1} + d)}{d'} = \frac{\pi(D_{N-1} + d)}{(1 + k_N)d}$$

而第 $N-1$ 层的单线根数为

$$n_{z-1} = \frac{\pi(D_{N-2} + d)}{(1 + k_{N-1})d} \quad (1-5)$$

式中：k_N、k_{N-1} 分别为第 N 层、第 $N-1$ 层的绞入率。

各层的绞入率可认为近似相等，故有 $k_N = k_{N-1} = k$，则相邻两层单线根数之差为

$$n_z - n_{z-1} = \frac{2\pi}{1+k} \approx 6 \quad (1-6)$$

故各层单线直径相同，各相邻两层间根数相差为 6。但中心单线根数为 1 的规则绞合，第二

层单线根数为 6，则两层根数相差为 5。

当增加绞入率 k 后，依据图 1-5 和式（1-4），以及 $d'=d(1+k)$ 可知，每根单线在圆周上所占长度也将增加。若层间单线根数仍保持 6，则 k 有一容许最大值 $k_{\max}$，当 $k=\frac{2\pi}{1+k_{\max}}$ 时，$k_{\max}=0.047$，这时相应节距比 m 称为极限比，此时

$$m=\sqrt{\frac{1}{2}\times\frac{\pi^2}{0.047}}\approx 10 \tag{1-7}$$

与之相应的绞合角称为极限绞合角。根据已有的电缆产品来看，油浸纸绝缘电力电缆，圆形线芯的节距比 m 一般为 18～22；橡塑绝缘电力电缆 m 值为 16～20，外层 m 值为 10～12。

3. 线芯的填充系数

为了提高电缆线芯填充系数，节约材料，降低成本，很多电缆线芯均采用紧压线芯结构。线芯经过紧压后，每根导线不再是圆形，而是呈不规则形状，原来的空隙部分被导线变形而填充。此时，实际截面积与外接圆所包含的面积之比，称为导体的填充系数，通常又称为紧压系数，用 y 表示。电线手册定义紧压系数为线芯导体实际截面积与线芯轮廓截面积之比。

对于圆形绞合线芯，紧压系数 y 为每根单线截面积（用 A_i 表示）之和与绞合外接圆所包含的面积之比，即

$$y=\sum_{i=1}^{n}\frac{A_i}{\frac{\pi}{4}D_C^2}\approx\sum_{i=1}^{n}1.273\frac{A_i}{D_C^2} \tag{1-8}$$

式中：n 为线芯单线总根数；D_C 为绞合线芯外接圆的直径，mm；A_i 为单线截面积，mm^2。

从提高填充系数和稳定性考虑，中心为一根导线的规则绞合的结构最佳，在大多数情况下，电力电缆的线芯都采用这种结构。非紧压导体的紧压系数 $y=0.73$～0.77；经过紧压之后，一般紧压系数 y 可达到 0.88～0.93。对于交联聚乙烯电缆，为阻止水分沿纵向进入导体内部，紧压系数 y 应大一些。有些国家在标准中规定，交联聚乙烯电缆导体的紧压系数应达到 0.93～0.94。

同理，可用上述定义计算扇形—瓦形线芯的填充系数＝每根单线截面积/绞合线芯轮廓面积（即压辊孔形截面积）。

对于大截面积的电缆导体，常采用分割导线结构。分割导线结构就是把大截面积导体分成若干个股块再经绞合紧压，股块间用绝缘皱纹纸隔开，使其彼此绝缘，整个导体相当于由几个相互绝缘的扇形股块组成，由于单个扇形股块的截面积减小，这样大大减小了集肤效应，从而达到减小交流电阻的目的。

4. 电缆线芯截面大小

按导体截面形状来分，电缆导电线芯有圆形、椭圆形、扇形（见图 1-3）、中空圆形（见图 1-4）等形状。

严格地讲，不同截面形状的电缆导电线芯，其截面分标称截面、轮廓截面和真实截面，常用的是标称截面。我国根据导电线芯的不同，规定中、低压电缆的截面积有 2.5、4、6、

10、16、25、35、50、120、150、185、240、300、400、500、630、800mm² 共19种规格，目前最常用的是16～400mm² 的10种规格。电压在110kV及以上电缆的截面积有100、240、400、600、700、845、920mm² 共7种规格，现已有1000mm² 及以上规格。

二、绝缘层及材料

电缆绝缘层的作用是将线芯与大地以及线线间隔离，从而保证电能的输送。因此，绝缘层是电缆结构中不可缺少的组成部分。

1. 电缆的绝缘层材料

电缆的绝缘层材料有油浸纸、橡胶、纤维、塑料等。

(1) 油浸纸。

20世纪70年代以前，油浸纸一直是电力电缆制造业使用的主要绝缘材料。油浸纸的主要成分是纤维素（$C_6H_{10}O_5$）$_n$。其具有以下特点：

1）耐压强度高；

2）介质损耗低；

3）化学性能稳定；

4）价格便宜，且使用寿命长；

5）耐电晕性能好；

6）耐热性能较好，长期允许运行温度达65℃。

油浸纸绝缘电缆，包括黏性浸渍纸绝缘型（统包型、分相屏蔽型）、不滴流浸渍绝缘型（统包型、分相屏蔽型）、贫乏浸渍干绝缘型、充油浸渍纸绝缘型（自容式充油电缆、钢管充油电缆）、充气黏性浸渍纸绝缘型（自容式充气电缆、钢管充气电缆）。

纸绝缘在电缆上的包绕方式分对接式、搭盖式和间隙式。

对接式包绕是纸带边和边紧密靠拢，优点是纸带间不会产生相互移动，但在电缆略弯曲时会出现纸带相挤和撕裂。

搭盖式，纸带相互之间搭盖，有利于线芯的弯曲，但电缆弯曲时，会引起皱折，严重的会使纸带撕裂，因此多用于靠近线芯和绝缘层表面的几层，该搭盖方式有利于提高击穿强度。

间隙式，制造时电缆包绕纸带边与边间留有一些小的空隙。留空隙的目的是：当电缆弯曲时，由于纸带边与边间留有空隙（纸带边与边间隙有一定限度）位置，不致使纸带相碰而损伤，同时保证电缆弯曲时有足够的弯曲能力，而不至于因电缆弯曲导致绝缘层断裂、褶皱。

(2) 塑料。塑料主要有聚氯乙烯、聚乙烯及交联聚乙烯、乙丙橡胶等。用作高压电缆绝缘的聚乙烯绝缘层的特性主要表现在以下几方面：

1）光热老化、氧化性能低，耐电晕性能比聚氯乙烯绝缘层低得多。

2）由于分子间吸引力小，其熔点低，耐热性能低，机械强度不高，蠕变大。

3）在某些环境下，如雨水或有机溶剂的浸透下，即使所受应力比其机械强度小得多，也会产生裂纹，即容易产生环境应力开裂。

4）容易形成气隙。为避免这种现象的出现，制作时加各种相应的添加剂进行改善。

(3) 橡胶。橡胶常用的材料有天然橡胶、丁基橡胶和乙丙橡胶三种。它们具有电气性能较好、吸水性低和柔软性最好等优点，但是橡胶的耐热性差，还容易受热空气和油类的影响而损坏。

(4) 其他绝缘材料。

1) 浸渍剂。采用浸渍剂的目的是为了加强和提高电缆的绝缘水平。

浸渍纸绝缘的浸渍剂可分为黏性浸渍剂和充油电缆用的浸渍剂两大类。

浸渍剂指光亮油和松香等的混合物，主要用于中、低压油浸渍纸绝缘电力电缆中。由于现代化学工业的发展，松香将逐步被合成微晶蜡代替。黏性浸渍剂也有两大类：一种用于油浸渍纸绝缘电缆，在工作温度下浸渍剂是流动的，受电缆敷设落差的限制。另一种用于不滴流浸渍电缆，在工作温度下浸渍剂不流动，电缆不受敷设落差限制。它在工艺温度时具有良好的流动性，可以保证电缆绝缘纸得到充分的浸渍，但在电缆运行温度范围内，它不能流动而成为塑性固体。它的电气性能与黏性浸渍剂不相同，在80℃以下是不流动的塑性固体。常用的黏性浸渍剂有如下两种配方：一种是松香光亮油复合剂，一种是不滴流电缆用浸渍复合剂。一般用的松香光亮油复合剂，松香占30%～35%，光亮油占65%～70%。

根据使用要求，电缆用的油浸渍纸必须满足：①介质损耗低；②不易老化和氧化；③不易受外界污染和不易产生游离。

充油电缆的浸渍剂多从原油的变压器油馏分经过脱蜡、酸碱精制、水洗、白土处理，加添加剂而制成。

2) 电缆绝缘用气体。在充气电缆中气体也是绝缘或绝缘层的组成部分。一般要求气体绝缘具有高的击穿强度、化学稳定性和不燃性。电缆绝缘常用气体有氮气、六氟化硫(SF_6)气体和氟里昂-12(CCl_2F_2)气体。六氟化硫气体，具有很高的热稳定性和化学稳定性，在150℃条件下，不与水、酸、碱、卤素、氧、氢、碳、银、铜和绝缘材料起作用，在500℃下不分解。另外，该气体还具有良好的绝缘性能和灭弧能力，它的击穿强度为氮气或空气的2.3～3倍，在3～4个大气压下，其击穿强度与一个大气压下的变压器油相似。因此，近年来许多高压开关采用六氟化硫气体。不过在火花放电和电弧的高温作用下，六氟化硫气体会分解出氟原子和某些有毒的低氟化合物，一经水解，将产生氟化氢等有强烈腐蚀性的剧毒物质。因此，在使用六氟化硫时必须注意防潮。

2. 电力电缆绝缘层的材料应具备的特性

(1) 高的击穿强度。因电缆导电部分的相间距离及对地距离很近，故绝缘层始终处于高电场中，一般为1～5kV/mm，在110kV的电缆中可达8～10kV/mm，500kV的电缆中则可高达14～16.5kV/mm。电压等级越高的电缆，对绝缘材料的耐压击穿强度的要求就越高。

(2) 介质损耗低。介质损耗太大将引起电缆发热，加速绝缘老化，甚至发生热击穿损坏，因此要求电缆绝缘层的材料具有介质损耗低的特点。在高压电缆中，特别是35kV以上电缆，介质损耗是一个极为重要的技术指标。

(3) 由于高压电缆相间及对地的距离很近，电缆绝缘经常工作在很高的电场强度下，因而必须具有高的绝缘性能，即绝缘电阻要求较高。

(4) 优良的耐树枝（移滑）放电性能，耐电晕性能好，耐局部放电性能好，具有一定的柔软性能和机械强度。

(5) 绝缘性能长期稳定（耐低温、耐热性、化学稳定性等），使用寿命长，价格便宜，材料来源广泛。

三、护层

为使电缆适应各种使用环境的要求，如运输、敷设、运行等，保护电力电缆免受外界杂质和水分的侵入，以及防止外力直接损坏电力电缆，而施加的保护覆盖层，叫作电缆外护层，简称护层。护层一般由内衬层、铠装层和外被层三部分组成，有的还有加强层。

1. 护层结构

内衬层，位于铠装层和金属护套之间的同心层，起铠装衬垫和金属护套防腐蚀作用。内衬层有两种结构形式：一种是用一层预先浸渍的电缆麻布（或塑料）软性织物；另一种是用三层预先浸渍的电缆纸等重复包两次制成，只用在钢带铠装电缆中。

铠装层，位于在内衬层与外被层之间的同心层，用来承受作用在电缆上的机械力（抗压或抗张）的保护层，同时也起电场屏蔽和防止外界电磁波干扰的作用。根据电缆的使用场合不同，铠装层通常采用粗圆钢丝、弓形钢丝、细圆钢丝或由两条钢带、两条铜带间隙或螺旋绕包组成。钢带铠装层的主要作用是抗压，适用于地下埋设的场合。钢丝铠装层的主要作用是抗拉，主要用于水下或垂直敷设的场合。铠装材料有铠装电缆用冷轧钢带、镀锌钢带和涂塑钢带。

外护层（也称之外被层），保护内护层免受外界的影响和机械损伤。外被层按防水性能可分一级外护层、二级外护层和三级外护层。一级外护层（只对金属护套具有可靠防蚀保护作用的外护层）、二级外护层（对金属护套和金属铠装分别具有可靠地防腐蚀作用）。没有铠装的电缆，只有一级外护层，而没有二级外护层。

加强层是充油电缆所特有的结构，直接包绕在内护层外，以增强内护层的机械强度，一般用铜带或不锈钢带作材料。加强层要求有一定的机械强度、柔韧性和不易腐蚀。

另外，为了防止电缆相互间的黏合及施工人员黏手，在电缆外护层上涂有白垩粉。

2. 护层材料

护层材料主要有金属护层、橡胶塑料护层和组合护层三大类。铅、铝护套多用于油浸纸绝缘电缆；橡胶塑料护层多用于橡、塑类绝缘电缆。

铅是最早使用的金属护套材料。它具有如下优点：①耐腐蚀性比一般金属好，不易受酸、碱等物质的腐蚀；②密封性能好、不透气、不透潮；③铅的熔化点低，易于加工；④蠕变性好、疲劳龟裂性好，不影响电缆的可曲性等。铅护套的缺点是在落差较大或过载的情况下，铅包电缆常常会发生护套胀破、漏油等故障，因此现多为铝护套所代替。

铝，是铅的代用材料。与铅相比，它主要具有以下优点：

(1) 密度小（铝的比重还不到铅的 1/4）、机械强度高（强度几乎是铅的 5 倍）、资源丰富、价格便宜；

(2) 导电、导热、屏蔽性能优越；

(3) 敷设在震动场所不需要防震装置。

可见，铝不仅在经济上，更在性能上比铅优越，能避免铅护套的缺陷。因此，在电缆金属护层中，大力推广铝护套。

除了铅和铝之外，也有采用带材纵包熔焊方法来制造电缆的密封护套的，并用轧纹方法降低其刚性，即所谓的焊接皱纹金属护套。焊接皱纹金属护套的特点是选材不受限制，如铝、铜、钢、不锈钢等金属都能加工，其中主要是皱纹钢护套。皱纹钢护套的材料通常是冷轧低碳钢或低合金钢。因皱纹钢护套有良好的耐压缩、耐冲击、耐振动等性能，可用于地下埋设和震动场所。但由于钢材几乎在所有电缆使用的环境中都不耐腐蚀，因此无论用何种敷设方式，皱纹钢护套都必须具有防水性能良好的外护层。

利用橡胶塑料护层，可以节约有色金属，但因其具有一定透过性，还不可能完全取代金属护层。橡胶塑料护层资源丰富，价格便宜，加工方便，应用比较广泛，它的特点是机械强度、弹性和柔软性较高，有一定的透气性，但工艺复杂。它仅能在有高耐湿性的高聚物材料作为电缆绝缘时应用。因为材料本身结构的不紧密性，因此与金属材料不同，当橡胶塑料间存在着气体压力差时，气体将从压力大的一面沿着橡胶塑料的内部向压力小的一面透过。这种让气体透过的能力，称为橡胶塑料的透气性。

组合护层，也称综合护层。它的最大优点是柔软轻便、透气性比橡塑护层小，兼具橡塑护层和金属护层的优点，在橡塑绝缘电缆及光缆上的应用广泛。阻燃（包括无卤低烟）、耐火、耐辐照以及防白蚁等特种护层，在我国也已使用。对于防腐蚀性能较差的油麻沥青护层已被逐渐淘汰。

组合护层（见图 1－7），通常用金属带与塑料组合构成，最常用的材料是铝带和聚乙烯。

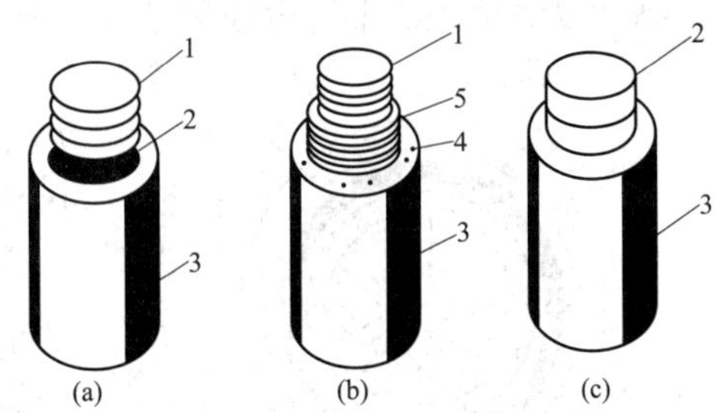

图 1－7 组合护层

(a) 铝—塑；(b) 铝—钢—塑；(c) 铝—塑粘结
1—环形皱铝带；2—复合铝带；3—聚乙烯套；
4—防腐蚀涂料；5—环形皱纹钢带（钎焊）

四、屏蔽层

导体屏蔽层的作用是消除表面不光滑所引起的导体表面电场强度的增加，使绝缘层和电缆导体有较好接触。6kV 及以上的电缆一般都有导体屏蔽层和绝缘屏蔽层。为了使绝缘层和金属护套有较好接触，一般在绝缘层外表面均包有外屏蔽层。

1. 油纸绝缘电缆的导体屏蔽材料

油纸绝缘电缆的导体屏蔽材料一般为金属化纸或半导电纸带。金属化纸，即在厚度为 0.12mm 电缆纸的一面，贴上厚度为 0.014mm 铝箔的金属纸。半导电纸带，即在一般电缆纸浆中，掺入胶体碳颗粒所制成的纸，电阻率为 $10^7 \sim 10^9 \Omega \cdot m$。半导电塑料或半导电橡皮的电阻率，要求在 $10^8 \Omega \cdot m$ 为宜。

2. 塑料、橡皮绝缘电缆的导体或绝缘屏蔽材料

塑料、橡皮绝缘电缆的导体或绝缘屏蔽材料分别采用半导电塑料和半导电橡皮，对于无金属护套的塑料、橡皮绝缘电缆，在绝缘屏蔽外还包有屏蔽铜带或铜丝。

第三节 电力电缆类型

电力电缆的品种和规格有上千种，分类方法多种多样，如可按电压等级、绝缘材料，结构特征（如统包型、分相型分相屏蔽、钢管型电缆）、敷设环境条件（如直埋式、构架式和水下敷设等）等分类。下面按绝缘材料分类方法介绍电力电缆的类型。

一、油浸纸绝缘电力电缆

油浸纸的电力电缆的绝缘层是以一定宽度的电缆纸螺旋状地包绕在导电线芯上，经过真空干燥处理后用浸渍剂浸渍而成。根据浸渍剂的黏度和加压方式，油浸纸绝缘电力电缆可分

为黏性浸渍纸绝缘电力电缆、滴干纸绝缘电力电缆、不滴流纸绝缘电力电缆、充油电缆、充气电缆和管道充气电缆。油浸纸绝缘的绝缘性能主要取决于纸和浸渍剂（绝缘油）的性能以及生产制造工艺。

1. 黏性浸渍纸绝缘电力电缆

该电缆具有较高黏度的浸渍剂，在电缆工作温度范围内不易流动，但在浸渍温度下具有较低黏度，可保证良好浸渍黏性。浸渍剂一般由光亮油和松香混合而成（光亮油占65%～70%，松香占30%～35%）。不少国家采用合成树脂（如聚异丁烯）代替松香，与光亮油混合成低压电缆浸渍剂。

黏性浸渍纸绝缘电力电缆的浸渍剂虽然黏度很大，但它仍有一定的流动性。当敷设落差较大时，电缆上端因浸渍剂下流而形成空隙，使击穿强度下降，而下端浸渍剂淤积，压力增大，可以胀毁电缆护套。因此它的敷设落差受到限制，一般不得大于30m。但不滴流浸渍纸绝缘，解决了落差限制问题，使油浸纸绝缘电缆得以继续广泛应用。

黏性浸渍纸绝缘电力电缆按结构可分为带绝缘型（统包型）与分相屏蔽型（铅包型）。

（1）带绝缘型绝缘电缆，又称统包型电缆，如图1-8所示，多用于10kV及以下的中低压等级，如PVC、XLPE、ERP绝缘电力电缆。

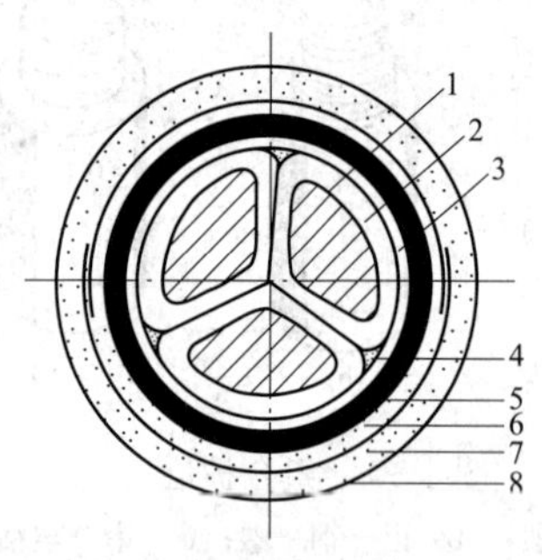

图1-8 带绝缘型（统包型）电缆结构

1—导体（铝芯或铜芯）；2—线芯屏蔽；3—线芯纸绝缘；4—外绝缘屏蔽层；5—铅护套；6—内垫层及填料；7—铠装层；8—外被层（或外护套）

带绝缘型电缆是在每根导电线芯上包绕一定厚度的纸绝缘（相绝缘）层，然后将制好的每相（3根）绝缘线芯绞合在一起再统包一层绝缘层（带绝缘），并在其外统包金属层，最后挤压外护层而成，又称统包型绝缘电缆。

带绝缘型电缆的特点是：①制造质量比较稳定，具有很长的制造历史和丰富的运行经验；②成本低，使用寿命长；③结构简单，制造方便；④易于安装和维护。其不足之处是：①绝缘油易滴流，不宜作高落差敷设。这是因为电缆绝缘线芯周围填充物中含有大量的浸渍剂，当电缆运行温度降低时，浸渍剂的体积缩小，填料中会形成气隙，在电场的作用下易产生气体游离；当敷设有较大落差时，浸渍剂会沿电缆向下流动，易使低端护套内油压加大，甚至造成低端电缆终端头漏油，高端绝缘干涸，绝缘水平下降。②内部电场分布很不均匀，电场的电力线不沿绝缘芯径向分布，具有沿纸面的切向分量。所以这类电缆又叫作非径向型电缆，其电场分布如图1-9（a）所示。由于油浸纸的切向绝缘强度只有径向绝缘强度的1/2～1/10，所以带绝缘型电缆容易产生移滑放电。因此，一般只在10kV及以下电压等级和落差不大的电力电缆线路中采用该电缆。

（2）分相屏蔽型电缆（见图1-10），由德国人M. 霍希施泰特于1913年研制而成，是电力电缆发展中的里程碑。它在每根绝缘线芯外包绕铅套或金属化纸作为金属屏蔽，屏蔽分相静电屏蔽，即分相屏蔽后在每根绝缘线芯外包绕屏蔽并挤包铅套。

分相铅（铝）包型电缆，成缆后挤包一个三相共用的金属护套（铅包），使各相间电场互不相关，从而消除了切向分量，即绝缘层中电力线方向不垂直纸面，而是沿着绝缘芯径向分布如图1-9（b）所示，又称径向型电缆。径向型电缆的绝缘击穿强度比非径向型的要高得多，而且制造电缆的材料少，能用到较高（如35kV）电压等级的电缆线路中。

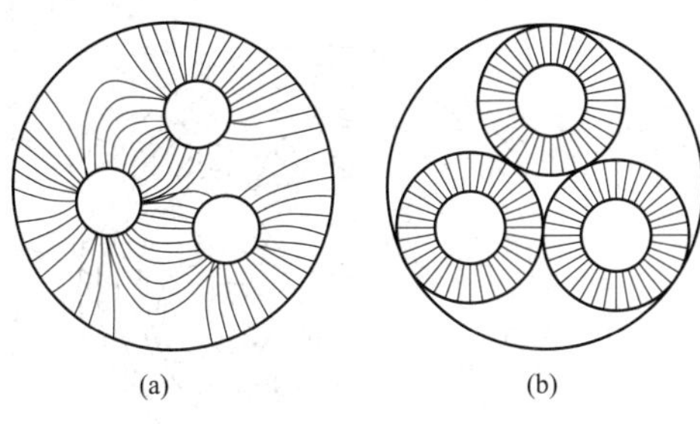

图1-9 电缆电场分布示意图
(a) 非径向型电缆；(b) 径向型电缆

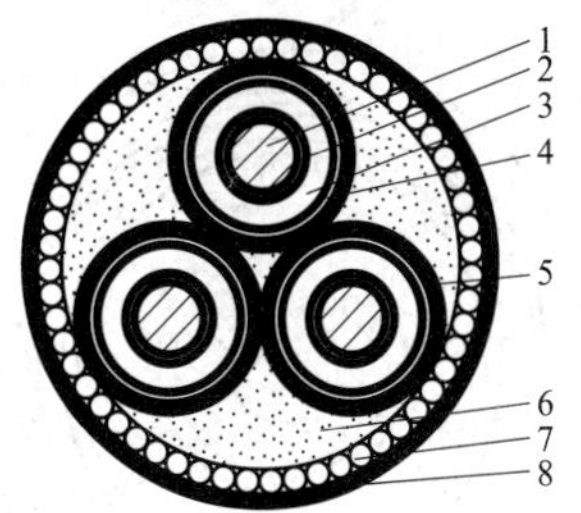

图1-10 分相屏蔽型电缆结构
1—导电线芯；2—相绝缘；3—带绝缘；4—填料；5—铅层；6—内衬层；7—铠装；8—外被层

2. 不滴流纸绝缘电力电缆

不滴流纸绝缘电力电缆与黏性浸渍纸绝缘电缆的差别主要是它的浸渍剂在工作温度范围内不流动，呈塑性固体状，而在浸渍温度下黏度降低能保证充分浸渍。

3. 滴干纸绝缘电力电缆

滴干纸绝缘电力电缆是黏性浸渍纸绝缘电力电缆的一种，即在黏性浸渍电缆浸渍后增加一道滴干工艺，使黏性浸渍纸间的浸渍剂减少70%，纸内的浸渍剂减少30%，以消除黏性浸渍纸绝缘电缆在高落差敷设时浸渍剂流动产生的缺点。但由于减少了浸渍剂的含量，其绝缘的耐电强度降低。例如，绝缘厚度相同时滴干纸绝缘电力电缆的耐电压强度为6kV，而黏性浸渍纸绝缘电缆的耐电压强度为10kV。但前者大大提高了允许敷设落差。

除上述几种电力电缆外，还有利用补充浸渍剂的方法消除电缆中的气隙的钢管充油电缆和用滴干纸绝缘充以一定压力气体的充气电缆，它们也属于油浸纸绝缘电缆。

4. 充油电缆

《电工术语 电缆》(GB/T 2900.10—2013) 定义充油电缆为加压流体为绝缘油的一种自容式电缆，并设计使得绝缘油在电缆中能够自由流动也可称为压力电缆。

充油电缆包括自容式充油电缆和钢管式充油电缆，是用补充浸渍剂的办法消除因负荷变化而在油纸绝缘层中形成气隙，以提高电缆工作场强的一类电力电缆。

按内部油压大小的不同，充油电缆可分为高油压、中油压和低油压3种，其工作油压分别为1～1.5MPa、0.4～0.8MPa、0.02～0.3MPa。

5. 自容式充油电缆

自容式充油电缆一般简称为充油电缆。充油电缆带有补充浸渍设备，如压力箱、重力箱等。补充浸渍设备与电缆油道相通，以贮藏或补偿电缆在发生体积变化（因负荷变化引起电缆热胀冷缩）时的浸渍剂，并保持一定的油压。自容式充油电缆分单芯（见图1-11）和三芯（见图1-12）两种。

(1) 单芯充油电缆。单芯充油电缆导电线芯结构有两种：一种是中心有金属螺旋管作支撑的油道圆形绞线，螺旋管一般采用不锈钢带或0.6mm厚镀锡铜带绕成；另一种由Z形及扁形线绞合成中空油道的圆形绞线。一般为110～330kV电缆，油道直径为8～14mm（国家标准规定，油道直径不小于12mm)。护套外为具有防水性的沥青和塑料带的内衬层、径向加强层、铠装层和外被层。国产 330kV 及以下电缆的油道结构大多采用螺旋支撑结构。

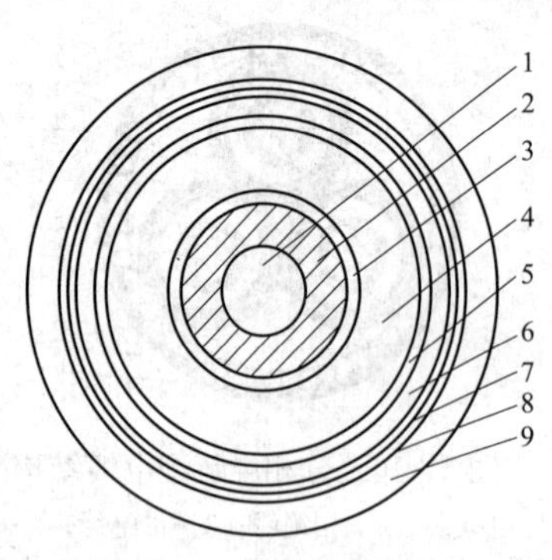

图 1-11 单芯自容式充油电缆结构

1—油道；2—导线；3—导电屏蔽；4—屏蔽层；5—绝缘屏蔽；6—导线屏蔽；7—内衬层；8—衬垫层；9—加强层

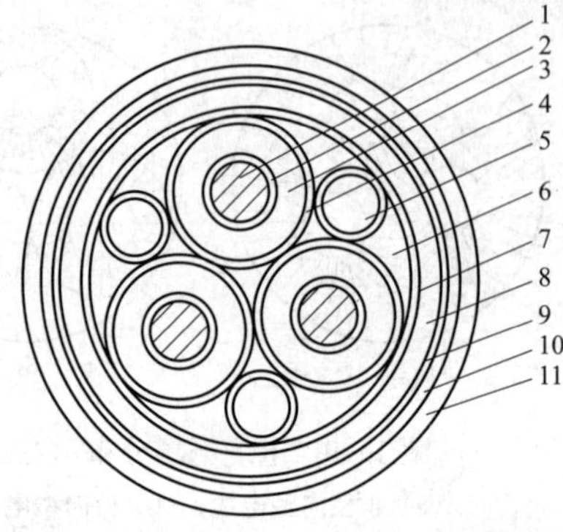

图 1-12 三芯自容式充油电缆结构

1—导线；2—导线屏蔽；3—绝缘层；4—绝缘屏蔽；5—油道；6—填料；7—铜丝编织带；8—铅套；9—内衬层；10—加强层；11—外被层

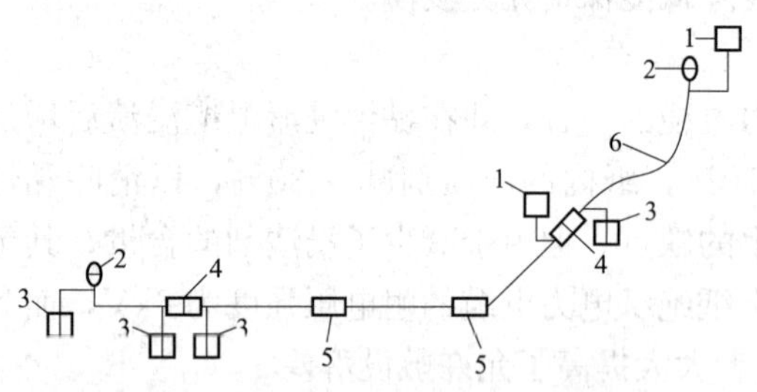

图 1-13 自容式充油电缆的工作原理图

1—重力供油箱；2—终端；3—压力供油箱；4—塞止接头；5—绝缘接头；6—电缆

单芯自容式充油电缆结构，有的在金属护套下还有油道，为双油道结构，后者目前已经淘汰。

自容式充油电缆的工作原理，如图 1-13 所示。线芯中心油道和端部供油装置（压力箱）连通，构成整个电缆系统。当温度升高，供油箱中的浸渍剂（油）膨胀，胀出的油经过油道至供油箱；反之，电缆温度下降时油收缩，油箱中的油又经过油道返回绝缘层再填补空隙。这样的工作过程不仅消除了气隙，还防止电缆产生过高的压力。

为保证电缆内部油道中油的流畅及提高电缆的绝缘水平，采用绝缘强度高、介质损耗低、纯净和真空处理的低黏度绝缘油，如十二烷基苯合成油等。

（2）三芯充油电缆及扁平电缆。三芯充油电缆的线芯与普通电缆一样由多股铜线绞成或经过紧压成型，补充浸渍剂经放置于绝缘线芯间的螺旋管（没有螺旋管的，用绝缘线芯间空间）供给。如图 1-14 所示为三芯扁平充油电力电缆结构，其三根屏蔽线芯平行放置，外挤压以扁形铅套。在绝缘芯和铅套间充满绝缘油，其铅套外包以沥青、布带、铜带组成的保护层。在电缆扁平两侧、沿电缆长度方向放置两层弹性皱纹青铜带，并用铜丝缠绕固定，为适用于海底敷设还应外加铠装防腐层。这种电缆由于采用了弹性护层，无需在电缆线路上加接供油箱等补充浸渍剂设备。

6. 钢管充油（气）电缆

钢管内充以高压的油或气体的电缆，称为钢管充油（气）电缆，简称钢管电缆，如图 1-14、图 1-15 所示。在结构上，电缆一般为三芯，钢管电缆每节长 12m，将三根屏蔽的电缆线芯置于充满一定压力（1.4～1.5MPa）的绝缘油钢管内，可消除绝缘中的气隙，提高绝缘的电气性能。线路的每段管长一般为 350～750m，以焊接方法连接。为了防止电化学腐蚀，钢管

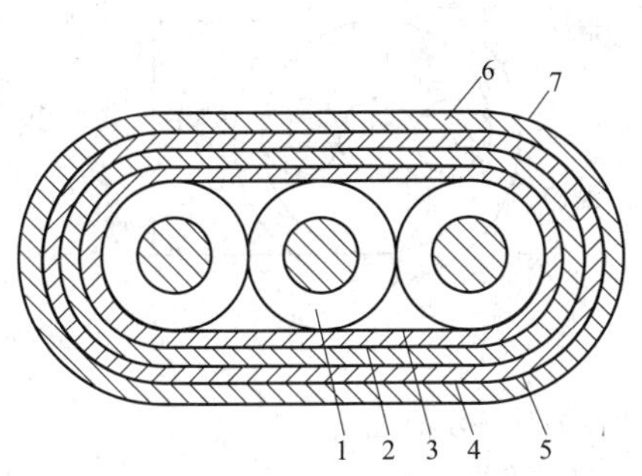

图 1-14　三芯扁平充油电力电缆结构

1—绝缘层；2—铅套；3—保护层；4—皱纹弹性青铜丝编织带；5—固定用铜丝；6—防腐蚀层；7—水底敷设用的钢丝铠装

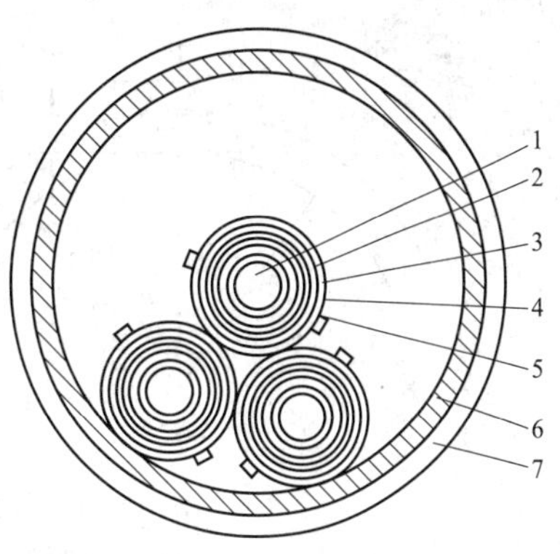

图 1-15　钢管充油电缆结构

1—线芯绝缘层；2—线芯屏蔽；3—绝缘层；4—绝缘层表面屏蔽；5—半圆青铜丝；6—钢管；7—防腐外被层

电缆均采用阴极保护。钢管电缆以其充入介质的不同分为钢管充油电缆和钢管压气电缆，一般都用在 66kV 及以上电压的电缆线路。

表 1-11 为国外使用超高度自容式、钢管式电缆相关参数表。

表 1-11　国外使用超高度自容式、钢管式电缆相关参数表

电压 (kV)	电缆形式	线芯截面积 (mm^2)	绝缘厚度 (mm)	最大工作场强	电气性能工频电压 (有效值)		
525	自容式	1000	30.5	16.5	875	1675	1390
500	钢管式	1000	34	14.3	575	1675	1390
500	钢管式	625	30	1.5	600	1725	—

钢管充油电缆的优点：①具有良好的机械性能，不易受外力破坏，可节约大量有色金属；②占用的线路走廊小；③与自容式充油电缆相比，钢管充油电缆的护层较完善可靠；油压高，黏度大，因此电气性能较高；供油设备集中，管理维护比较方便；④钢管充油电缆便于强迫冷却，有利于电缆输送容量的提高。它的主要缺点：①一相发生故障时，会损害其他两相和钢管，安装敷设较复杂；②不宜用于高落差线路中；③电缆的安装允许半径比自容式充油电缆大；④钢管充油电缆所需油量比自容式充油电缆大；⑤钢管充油电缆用终端盒的结构较复杂；⑥需要大量的无缝钢管。

由于钢管充油（气）电缆没有中心油道，为保证电缆内部油道中油的流畅及提高电缆的绝缘水平，采用绝缘强度高、介质损耗低、纯净和经真空处理的低黏度绝缘油，如十二烷基苯合成油等。一般允许最低油压值约为 0.7MPa，正常运行油压值为 1.2MPa 左右。因此，从结构上考虑，钢管要承受一定压力，钢管充油电缆的钢管内径尺寸必须按下述方法校核：直线敷设钢管充油电缆，钢管内径校核式为

$$D \geqslant 2.16d + 30 \tag{1-9}$$

式中：$2.16d$ 为 3 根缆芯品字排列的包络径，mm；d 为 1 根缆芯的外径，mm。

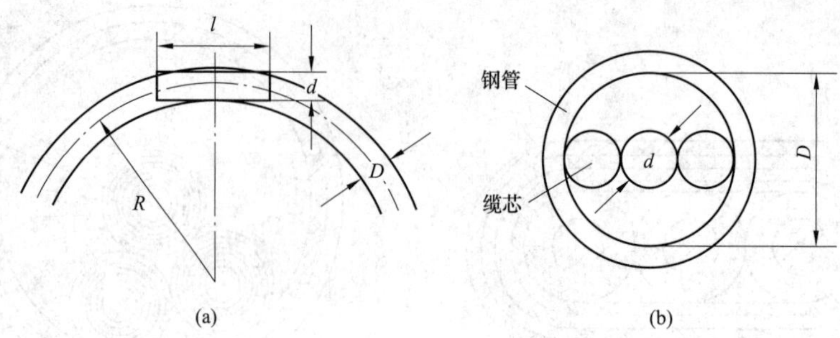

图 1-16 钢管内径尺寸校核计算示意图

(a) 弯曲部分；(b) 电缆芯卡塞在钢管内

线路弯曲段敷设钢管充油电缆［见图 1-16（a）］，钢管内径校核式为

$$D \geqslant \frac{d^2 + 2Rd + (0.5l)^2}{2R + d} \tag{1-10}$$

式中：d 为牵引头最大外径，mm；R 为钢管的弯曲半径，mm；l 为牵引头长度，一般取（l+200），mm。

3 根缆芯水平放置能通入钢管内，不出现图 1-16（b）所示的卡塞状态，此时钢管内径 D 与缆芯直径 d（含滑线高度 t）之比，按 $J=\frac{D}{d+1.5t}$ 计算。当 $J=3$ 时会卡塞在钢管内、考虑钢管好缆芯制作公差，一般认为 J 为 2.85～3.15 时就会卡塞字钢管内。

7. 管道充气电缆

该电缆线芯一般用铝（铜）管制成，由环氧树脂浇注垫片支撑在外圈管内，即在充有一定压力气体的管道中，用绝缘支撑对称安装线芯。

该型电缆是为适应大容量发电厂、高电压等级变电站、输送容量大（2000～8000A）的母线联络线及短距离（100～300m）架空进出线路上使用要求，特别是封闭式电站的要求，而研制出的一种压力式电缆，因气体为六氟化硫，故又称六氟化硫电缆或压缩气体绝缘电缆。在国外，管道充气电缆又称为气体绝缘电缆（GIC）或压缩气体绝缘的输电线路（CGIT 或 GlrfL 或 GIL），根据其主要用途也称其为气体绝缘母线（G 场），根据其结构特点又称其为气体与支撑绝缘子电缆（GSC）。

按线芯数目可分单芯和三芯管道充气电缆。单芯管道充气电缆有挠性（可弯曲）和刚性结构之分，如图 1-17 所示。

挠性结构电缆可以弯曲，电缆的最大外径一般为 250～300mm，以便于卷挠，传输容量比刚性的小得多，并且必须采用高气压（一般为 1.5MPa 左右），以保证足够的耐压强度。

刚性结构电缆由刚性管道和刚性线芯焊接而成，电缆的外径为 340～710mm，500kV 三芯结构的外径达 1220mm。电缆在工厂制成长 12～15m 的短段，运至现场进行焊接。由于负荷和环境温度变化会引起热伸缩，在采用该电缆的线路中要有导线和护层的伸缩连接。在采用该电缆的长线路中还应有隔离气体的塞止接头连接。目前，刚性结构电缆的外护层最大外径达 736mm，最大厚度达 9.5mm。

单芯管道充气电缆外护套由非磁性材料铝或不锈钢制成，有挠性（可弯曲）和刚性之分。

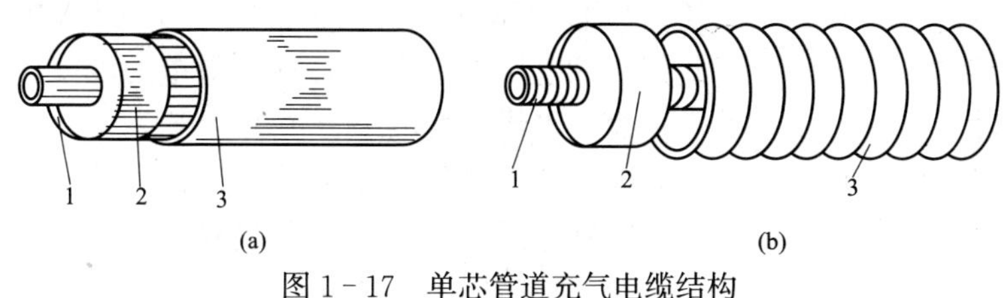

图 1-17 单芯管道充气电缆结构

(a) 刚性结构；(b) 挠性结构

1—线芯；2—屏蔽；3—外护层

三芯管道充气电缆外护套（管道）一般用无缝钢管或铝管制成。护套的壁厚一般由气体压力和由于温度变化所产生应力的大小来决定。

绝缘支撑一般用氧化铝（Al_2O_3）或双酚酸环氧树脂制成，其形状大体可分为柱式和圆板式两种，如图 1-18 所示。

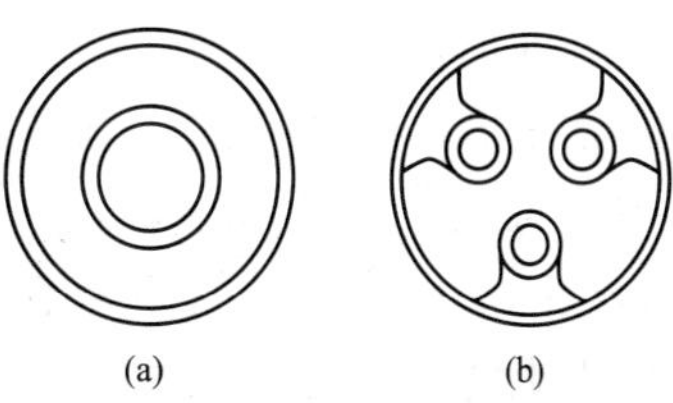

图 1-18 管道充气电缆的绝缘支撑

(a) 单芯圆板式支撑；(b) 三芯柱式支撑

管道充气电缆的优点：①具有与架空线相同程度的传输能力，受周围环境如盐雾、污秽、雷击等的影响小。②由于 SF_6 气体的相对介电常数为 1，与相同容量充气电缆相比，其静电容量几乎只有充油电缆的 1/10，介质损耗小；几乎可以忽略不计。作为超高压用电缆，无需电容电流补偿装置，有效输电距离长。③介质损耗小，几乎可忽略不计。④传输容量较大，一般传输容量可达 2000MVA 以上，最高电压为 800kV，最高载流量为 3850A。管道充气电缆的缺点：①护套尺寸大。②伸缩和连接头多。③接头需在施工现场操作连接，费工且质量不宜保证。④六氯化硫气体净度要求高，导体表面光洁度要求也高。

目前世界上运行的压缩气体绝缘电力电缆线路均由刚性电缆组成，其传输容量为 2000MVA 以上，最高电压为 800kV，最高载流量为 3850A，外护层最大外径为 736mm，最大厚度为 9.5mm。目前正在研制最高电压为 1200kV 的管道充气电缆。

除管道充气电缆外，还有用于交、直流炼钢电弧炉、钢包炉等的水冷电缆。它是一种中空通水的特种电缆，通常由电极（电缆头）、导线、外护套管 3 部分组成。

二、橡塑电力电缆

以高分子聚合物作为绝缘的电力电缆称为橡塑电缆。

橡塑电缆的绝缘层采用绝缘强度高的可塑性材料（如橡胶、聚氯乙烯、聚乙烯和交联聚乙烯等），在一定的温度和压力下用挤注的方式制成。它的半导电层和绝缘层一样，是一种半导电的橡塑材料，基本上与绝缘层同时挤出成型，因而也称挤包绝缘电缆。这种电缆无论多长，其每相的绝缘层均为一个整体，又称整体绝缘层电缆。

1. 橡胶绝缘型电缆

橡胶绝缘型电缆是指主要由天然橡胶（天然胶—丁苯胶混合物，乙丙胶、丁基胶等）加不同的添加剂组成的各种橡胶绝缘层构成的电缆如图 1-19 所示。导体和绝缘层具有屏蔽层。橡胶的护套材料有聚氯乙烯、氯丁橡胶和铅护套 3 种。

用乙烯和丙烯经催化剂合成的橡胶作为绝缘的一种固体挤压聚合电缆，称乙丙橡胶电

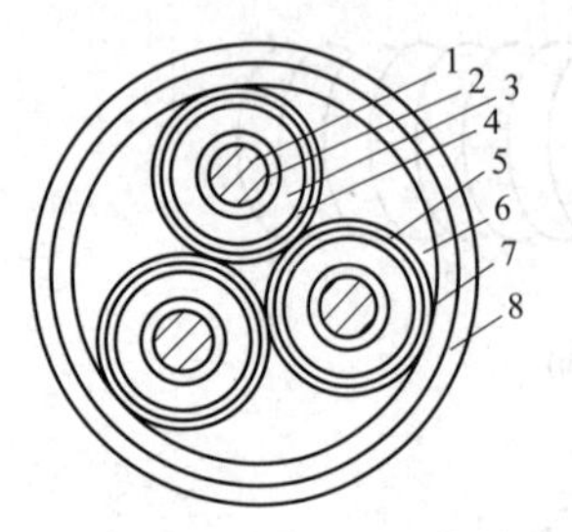

图 1-19　橡胶绝缘电力电缆结构

1—导线；2—线芯屏蔽层；3—橡胶绝缘层；4—半导电屏蔽层；5—铜带屏蔽层；6—填料；7—橡胶布带；8—聚氯乙烯外护套

缆，简称 EPR 电缆。由于乙丙橡胶的介质损耗系数大，因此只用在电压等级低于 138kV 的电力电缆线路中。

橡胶绝缘电力电缆，主要用于发电厂、变电站和工厂企业内部的连接线。这种电缆突出的优点是柔软，可挠性好，特别适用于移动性的用电与供电装置中。目前应用最多的是 0.6/1kV 级的产品，6～35kV 级供移动或半移动以及特殊场合使用的合成橡胶绝缘的电力电缆（如乙丙橡胶、丁基橡胶绝缘电力电缆）正在发展中。

2. 塑料绝缘电力电缆

塑料绝缘电力电缆由于制造工艺简单，没有敷设落差的限制，工作温度可以提高，电缆的敷设、维护、接续比较简便，还有较好的抗化学药品性能等优点，已成为电力电缆中迅速发展的一类重要品种。随着石油、化学工业的蓬勃发展，这类产品将有非常广阔的发展前途。

在中低压电缆方面，就目前世界各国在品种选择上及使用情况来看，总的趋势是塑料电缆占绝对优势。例如，美国的中低压系统主要使用交联聚乙烯绝缘电力电缆，占 43%，其他为聚乙烯绝缘及聚氯乙烯绝缘电力电缆；法国 10kV 以下的系统大部分采用交联聚乙烯绝缘电力电缆；英国的聚乙烯绝缘及聚氯乙烯绝缘电力电缆已占使用电缆的 70%，油纸电缆占 25%左右；瑞典 1kV 以下的系统主要使用聚乙烯绝缘电缆，20kV 以上主要使用交联绝缘电力电缆，10kV 油纸电缆占 30%。

塑料绝缘电力电缆有聚氯乙烯电力电缆，聚乙烯电力电缆、交联聚乙烯电力电缆（简称 XLPE 电缆）。

（1）聚氯乙烯绝缘电力电缆：用聚氯乙烯聚合材料作为电缆绝缘和护套的一种固体挤压聚合电缆，简称 PVC 电缆。聚氯乙烯绝缘电力电缆结构如图 1-20 所示。《电力工程电缆设计规范》（GB 50217—2007）明确指出，低温环境不宜用聚氯乙烯绝缘电力电缆。

（2）聚乙烯电力电缆：用聚乙烯聚合材料作为电缆绝缘和护套的一种固体挤压聚合电缆，简称 PE 电缆。这种电缆的线芯有铝芯和铜芯两种，其线芯有单芯、二芯、三芯、四芯等，单芯线芯为圆形，多芯导电线芯截面积在 35mm² 及以下的线芯为圆形或扇形。GB 50217—2007 明确指出，除－150℃以下低温环境或药用化学液体浸泡场所，以及有低毒难燃性要求的电缆挤塑外护层宜选用聚乙烯外，其他可选用聚氯乙烯外护层。

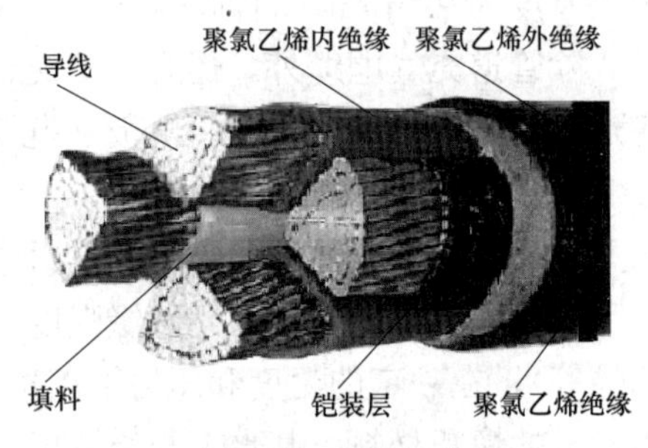

图 1-20　聚氯乙烯绝缘电力电缆结构

（3）交联聚乙烯绝缘电力电缆结构如图 1-21 所示。图 1-21（b）所示为某线缆有限公司产品展示中心展示的四线芯扇形电缆结构，根据铠装材料为铝合金，也有称合金电缆，即铝合金电缆。与纸绝缘电力电缆和充油电力电缆相比，其具有以下优点：

1）良好的耐热性和机械性能。聚乙烯树脂经交联工艺处理后，大大提高了耐热性和机

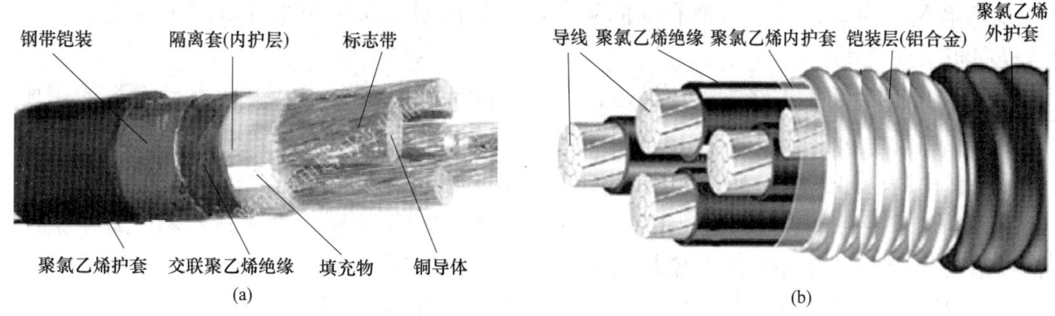

图 1-21　交联聚乙烯绝缘电力电缆结构

(a) YJV22-型铜芯交联聚乙烯绝缘聚氯乙烯护套铠装电力电缆；(b) 交联聚乙烯（聚乙烯护套铝合金带连锁铠装铝合金）电力电缆

械性能。由于耐热性能好，其正常工作温度达 90℃，短时过载温度为 130℃，短路温度为 250℃，比充油电力电缆高，因而在同一导体截面时，载流量比充油电缆高。

2）敷设安装方便，由于交联电力电缆是干式绝缘结构不需敷设供油设备，这样给线路敷设和施工带来了很大的方便，即接头和终端头的安装比较容易，部分接头和终端头已采用预制成型附件，安装时间大大缩短，施工现场火灾危险也相对较小。由于没有油，也省却了油务处理工作。

3）电缆线路高差不受限制，且适用于振动场所，如桥上敷设，当与 GIS 电缆连接时不存在电缆油混入气体中的问题。

4）电场分布均匀，没有切向应力，电气性能好，介质损耗正切 $\tan\delta$ 小，绝缘电阻高。

5）1～110kV 电压等级，交联聚乙烯绝缘电力电缆可以代替纸绝缘电力电缆。与浸渍纸绝缘电力电缆相比其具有结构简单，制造周期短，工作温度高，无油；敷设高差不受限制，运行可靠；没有金属护套、质量轻等特点。

6）比充油电力电缆要求的防火措施简便，同时比使用充油电力电缆经济，可以高落差或垂直敷设。另外，一旦发生事故，修复较简单快捷。

交联聚乙烯绝缘电力电缆虽然具有优异的电气性能和敷设维护方便等优点，但经运行和研究表明，交联聚乙烯绝缘在运行中易产生树枝化放电，造成绝缘老化破坏，严重地影响交联聚乙烯绝缘电力电缆的使用寿命。

所谓“电树枝”，是由于绝缘内部放电产生的细微开裂，形成细小的通道，其通道内空，管壁上有放电产生的碳粒痕迹。

为了简化线路设计、施工和运行维护等方面的工作要求和满足超高压送电的要求，目前已有超高压交联聚乙烯绝缘电力电缆产品，其结构除有与中、低压电缆相似的部分，如线芯紧压，导体、绝缘层加屏蔽外，还特别增加了纵向防水层。超高压交联聚乙烯绝缘电力电缆，完全可以代替充油电力电缆，已广泛地应用在超高压电网上。这类电力电缆的结构特点如下：

1）$800mm^2$ 及以下的导体为紧压圆形绞合导体，$1000mm^2$ 及以上的导体为分割导体。

2）内屏蔽采用超光滑半导电屏蔽材料挤包在导体上，标称截面积 $500mm^2$ 及以上电缆的内屏蔽由半导电包带和挤包带半导电层组成。

3）绝缘采用超净交联聚乙烯绝缘材料挤包在导体屏蔽上。

4）外屏蔽采用超光滑交联聚乙烯绝缘材料挤包在屏蔽上。

5）所有型号及规格的电缆都有纵向阻水层。纵向阻水层采用半导电阻水带绕包在外屏蔽与径向防水层之间。

6）金属屏蔽层采用疏绕铜丝或铜带，铜丝的标称截面积为 $92mm^2$，也可根据使用要求设计不同截面的金属屏蔽层。

7）外护层采用 PVC 或 PE 护套材料挤制，表面涂敷一层半导电涂层。

（4）其他塑料绝缘电力电缆，指在电力电缆生产中以氟塑料（聚四氟乙烯、聚全氟乙丙烯、聚偏氟乙烯、四氟乙烯和乙烯共聚物等）为外套所制造出的各种耐热、耐高温绝缘电线、测（油）井电缆、地质探测电缆、加热电缆、F 级和 H 级电机引接线、耐辐照电线、电磁线、射频同轴电缆、煤矿用阻燃电缆的 A 型电缆等。氟塑料电力电缆的常见形式有单芯电缆、同轴电缆、多芯电缆。氟塑料电缆具有优良的耐候性、耐热性，摩擦系数较小，化学性能稳定，具有较好的电绝缘性能。因此，氟塑料电力电缆在石油、冶金、化工、电力、航天等行业环境恶劣的场所有着重要用途。

三、超导电缆

20 世纪初，科学家发现某些物质在很低温度时，如铝在 1.39K（－271.76℃）以下时，铅在 7.20K（－265.94℃）以下时，电阻会变成零。于是出现了超导技术，从而有了超导电缆。该电缆由电缆芯、低温容器、终端和冷却系统四个部分组成。电缆芯是超导电缆的核心部分，包括骨架层、导体层、绝缘层和屏蔽层等。超导电缆按电气绝缘材料运行温度的不同，可分为热绝缘或室温绝缘超导电缆（WD）和冷绝缘超导电缆（CD）。

1. 高温超导电缆

高温超导电缆主要应用于短距离传输电力的场合（如发电机到变压器、变电中心到变电站、地下变电站到城市电网端口）及电镀厂、发电厂和变电站等短距离传输大电流的场合，以及大型或超大型城市电力传输的场合。高温超导电缆按传输的电力形式，可分为交流和直流两种。

目前世界上已经有 4 条高温超导输电电缆连接到电网进行试验运行，如美国 Southwire 的 30m 12.5kV/1.25kA（2000 年）、丹麦的 30m 30kV/104MVA（2001 年）、中国 30m 25kV/2.4kA（2004 年）和 75m 10.5kV/1.5kA（2004）三相高温超导电缆。高温超导电缆最有可能首先被用于强化城市电网、增加可靠性和提高电力设施性能，从而无需建设新的变电站即可供给更高的负荷。

图 1－22 高温超导电缆（220kV 普吉变电站）安装实景图

如图 1－22 所示为高温超导电缆（220kV 普吉变电站）安装实景图。如图 1－23 所示为普吉变电站用高温超导电缆。其与常规电缆相比具有以下优点：

（1）传输损耗和运行总损耗极低。相同截面积的超导电缆的传输损耗仅为传输功率的 0.5%，比常规电缆的传输损耗为传输功率的 5%～8%要低得多。超导电缆在液氮气化温度下（约－196℃）无电阻传输大电流时，其导体损耗不足常规电缆的十分之一，加上制冷的能量损耗，运行总损耗也仅为常规电缆的 50%～

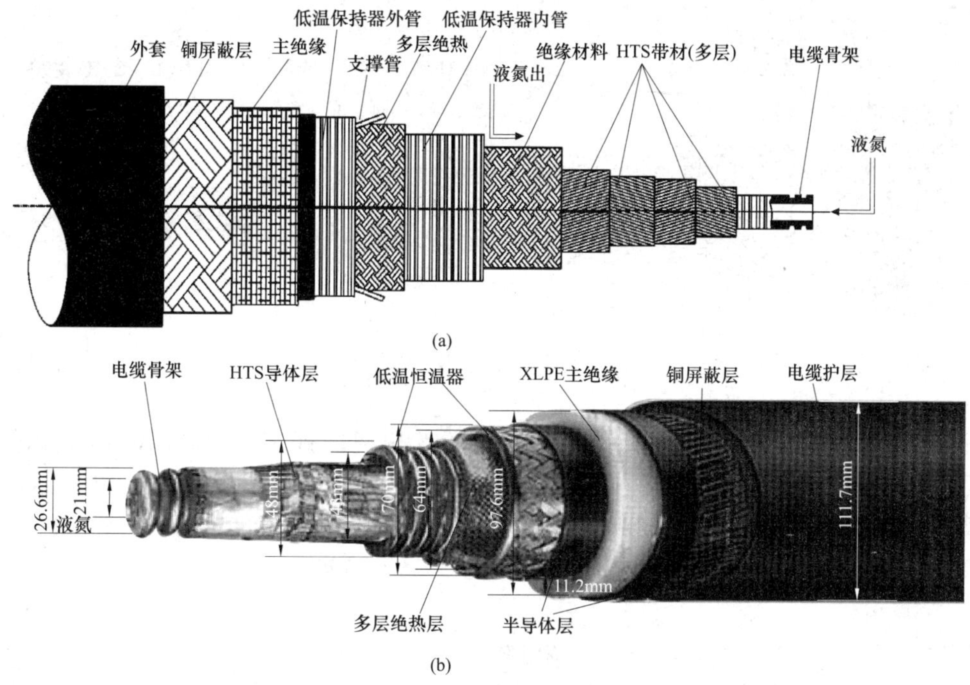

图 1-23 高温超导电缆

(a) 高温超导电缆结构示意图；(b) 单通道高温超导电缆三维护图例

60%，比常规电缆的损耗低得多。

(2) 输电容量高。在质量、尺寸相同情况下，与常规电缆相比，高温超导电缆的容量可提高 3～5 倍，损耗可降低 60%，还可以明显地节约占地。用高温超导电缆改装现有地下电缆系统，不但能将传输容量提高 3 倍以上，还能将总费用降低 20%。

(3) 无污染。超导电缆不会污染环境，而充油常规电缆则存在漏油污染环境的危险。

(4) 电缆临界长度长。高温超导电缆除可以传输特大功率的电能之外，其临界长度可达 1 英里 (1.609km)。

(5) 具有很好的实用性。超导电缆的载流量与土壤等敷设条件无关，还具有耐受短路电流大、系统允许过载周期长等优点。由于液氮冷却可使高温超导材料进入超导状态，其价格已达到能与普通电缆竞争的程度，因而促进了高温超导电缆实用性的进程。

(6) 超导电缆噪声低、电磁污染少。

(7) 安全可靠性高，基本上杜绝了火灾隐患。

2. 冷绝缘超导电缆

冷绝缘超导电缆结构示意图如图 1-24 所示。

四、其他特殊电缆

其他特殊电缆，泛指具有特殊用途的电缆，下面主要介绍阻燃电缆、海底电力电缆等几种电缆。

1. 阻燃电缆

阻燃电缆有一般阻燃电缆和高阻燃电缆之分。阻燃电缆以氧指数不小于 28 的聚烯烃材料作为外护套，具有阻滞延缓火焰沿着其外表蔓延，使火灾不扩大的作用（其型号冠以 ZR）。高

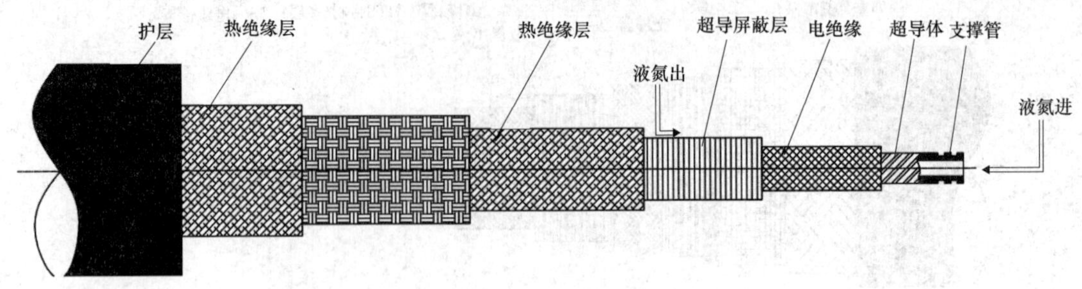

图 1-24 冷绝缘电缆结构图

阻燃电缆（其型号冠以 GZR），是具有特殊结构的阻燃电缆，用于防火要求特别高的场所。该电缆是在绝缘芯和外护套之间填了一层无机金属化合物，如 Al（OH）$_3$，当遇火时，这层化合物立即分解，析出结晶水，并生成一层不可燃、不熔融的胶状金属氧化物，包敷在绝缘芯外，隔绝氧气，阻止燃烧。所以，这种电缆又称为高阻燃隔氧层电缆。

2. 海底电缆

海底电缆是敷设在海底及河流水下的电缆，分为海底通信电缆和海底电力电缆两种。海底通信电缆主要用于通信业务，费用昂贵，但保密程度高。目前光纤复合电力电缆，有单芯与三芯光纤复合海底电缆。

海底电缆主要有浸渍纸包电缆、自容式充油电缆（适用于 750kV 的直流线路或交流线路）、挤压式绝缘（交联聚乙烯绝缘、乙丙橡胶绝缘）电缆、“油压”管电缆以及充气式（压力辅助）电缆等类型。使用最广泛、最多的是 XLPE 绝缘电缆。

海底电缆按传输电力的方式，分为交流电缆与直流电缆。普遍认为直流海底电缆损耗小、传输能力大。

（1）自容式充油纸绝缘海缆，简称 OF 海缆，其研发、生产、敷设已有近 170 年的历史。例如，目前已用于工程实践的 500kV 级自容式充油纸（牛皮纸）绝缘海缆，输电容量为 600 万 kVA，电缆盘重为 360t，电缆导体中间是直径为 30mm 的油道，油压力为 5～15kN，单根全长 32km，中间没有接头，外直径为 180mm，电缆截面积为 2500mm^2。图 1-25 所示电缆（挪威 NEXANS 公司）由 15 层组成，包括油道、导体、绝缘层、铝合金护套、防腐层、外护层等，最外面还包裹了一层光纤，这层光纤在电缆系统保护、继电保护、安全自动装置等中起通信作用。

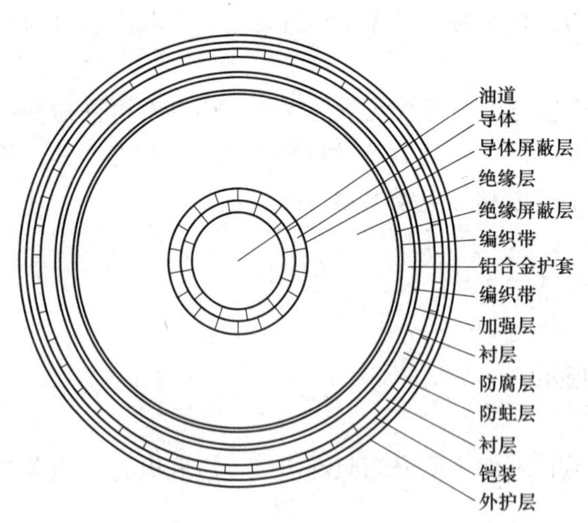

图 1-25 海底直流电缆结构

（2）自容式充油 PPLP 复合纸绝缘电缆。自 20 世纪 80 年代以来，绝缘纸技术上有所创新与发展，已由过去的牛皮纸绝缘发展为牛皮纸与聚丙烯薄膜复合的复合绝缘纸

（PPLP）绝缘。与牛皮纸绝缘相比，复合绝缘纸的电气性能更好，耐受的电压更高，介质损耗更低，可以输送的电流更大。

如图 1-26 所示为全国首次在某地采用的 220kV 自容式充油 PPLP 复合纸绝缘电缆，该电缆自重较大，外径为 172mm，每米质量为 87kg，受特殊油压供应系统的限制，其允许最小弯曲半径为 4m。

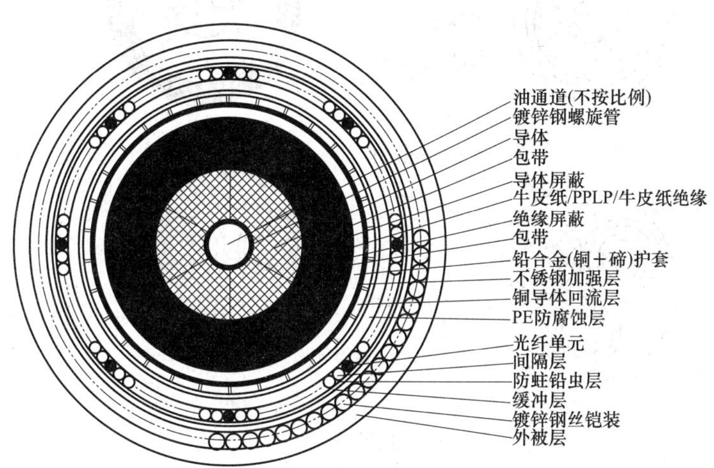

图 1-26　220kV 自容式充油 PPLP 复合纸绝缘电缆结构

3. 同轴电缆

同轴电缆指由内外相互绝缘的同轴心导体构成的电缆。其内导体为铜线，外导体为铜管或网，即各自构成一个回路的若干根同轴管或网所组成的电缆。

如图 1-27 所示为典型的同轴电缆结构。一条同轴电缆中的同轴管数不同，分 2 管、4 管、6 管、8 管，最多高达 22 管。海底同轴电缆结构如图 1-28 所示。

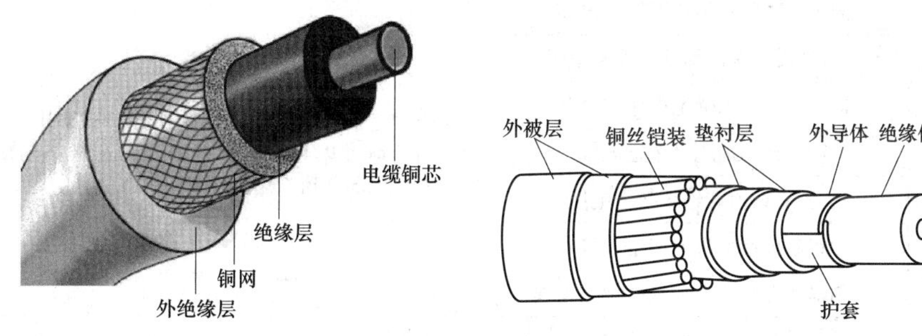

图 1-27　典型的同轴电缆结构

图 1-28　海底同轴电缆结构

五、架空绝缘电缆及分支电缆

1. 架空绝缘电缆

该电缆是一种带有绝缘（如聚氯乙烯绝缘、聚乙烯绝缘、交联聚乙烯绝缘）层的架空导线。其以单芯为主，但也可将 3～4 相绝缘线芯绞合成一束，不加护套，具有结构简单、安全可靠，同时又具有良好的机械物理性能和电气性能，耐电痕、耐沿面放电、耐大气性能优良，与裸导线相比，敷设间隙小，可节约线路走廊，线路电压小，可减少供电事故发生，确保人身安全。

架空绝缘电缆根据线芯数目分为单芯、两芯和三芯，如图 1－29 所示。电压等级在 35kV 及以下的绝缘电缆，主要用作架空固定敷设的线路、引户线等。

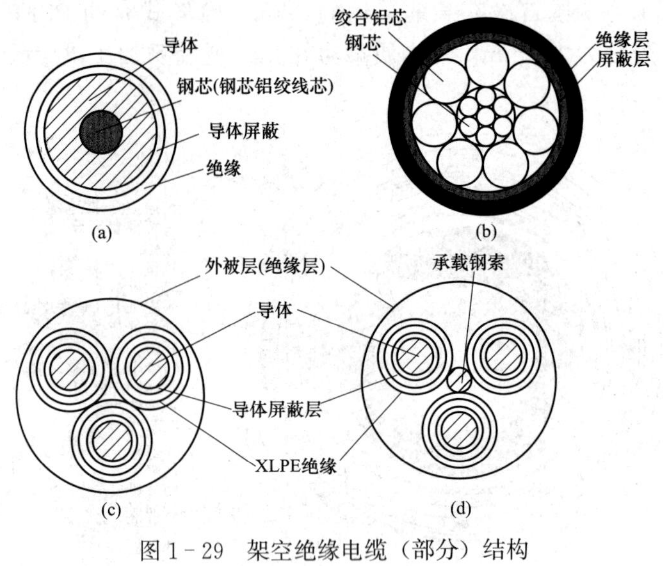

图 1－29 架空绝缘电缆（部分）结构

(a)、(b) 单芯；(c)、(d) 三芯

2. 架空绝缘电缆的型号、名称及适用范围

表 1－12 列出了用于交流额定电压 10、35kV 的架空电力线路用铜芯交联聚乙烯或高密度聚乙烯架空绝缘电缆的型号、名称及适用范围。

表 1－12 铜芯交联聚乙烯或高密度聚乙烯架空绝缘电缆的型号、名称、适用范围

型号	名称	适用范围
JKYV	铜芯交联聚乙烯绝缘架空电缆	架空固定敷设。软铜芯产品用于变压器引线。电缆架设时，应考虑与树木保持一定的距离，电缆运行时，允许电缆和树木频繁接触
JKTRYJ	软铜芯交联聚乙烯绝缘架空电缆	
JKLYJ	铝芯交联聚乙烯绝缘架空电缆	
JKY	铜芯聚乙烯绝缘架空电缆	
JKTRY	软铜芯聚乙烯绝缘架空电缆	
JKLY	铝芯聚乙烯绝缘架空电缆	
JKLYJ/B	铝芯本色交联聚乙烯绝缘架空电缆	
JKLYJ/Q	铝芯轻型交联聚乙烯绝缘架空电缆	电缆架设时，应考虑与树木保持一定的距离，运行时只允许电缆与树木有短时接触

注 1. 字母对应含义：JK 表示架空电缆，T 表示铜芯（省略），TR 表示软铜芯，L 表示铝芯，LH 表示铝合金芯，Y 表示聚乙烯绝缘，YJ 表示交联聚乙烯绝缘，B 表示本色交联聚乙烯绝缘，Q 表示轻型交联聚乙烯薄绝缘。
2. 技术要求：聚氯乙烯，聚乙烯绝缘应不超过 70℃，交联聚乙烯绝缘应不超过 90℃。

3. 预制分支电缆

预制分支电缆是 20 世纪 90 年代中后期，少数几个工业先进的国家为方便、快捷使电力系统中的电缆能主、干分支的一种电缆。即在工厂依据设计图纸，在主干电缆上预先制出分支型式的电缆。

预制分支电缆极大地缩短了施工周期，大幅度减少了材料费用和施工费用，保证了配电的安全性和可靠性，其是在专业化工厂的生产流水线上，用专业的生产设备和各种专用模具进行生产和制作的。制作完成后的分支接头连接处，与主、分电缆原有的外护层有效地黏结成一个整体，故其有以下使用特性：

（1）具有优良的抗震性、气密性、防水性和耐火性，因分支连接体的绝缘性能和电缆主体一致，绝缘性能优越；

（2）可大幅度降低现场施工费用，且不受施工现场空间、环境条件的限制；

（3）供电安全、可靠、一次有效开通率可达100%；

（4）广泛应用于住宅、高层办公楼、隧道、宾馆、医院、商场等配电系统及主干线有分支线要求的照明系统（如公路、桥梁、隧道及机场跑道的照明系统）。

预制分支电缆可分为预制单芯分支电缆和预制多芯分支电缆。单芯分支电缆可一分为二、一分为三、一分为四，如图1-30所示。

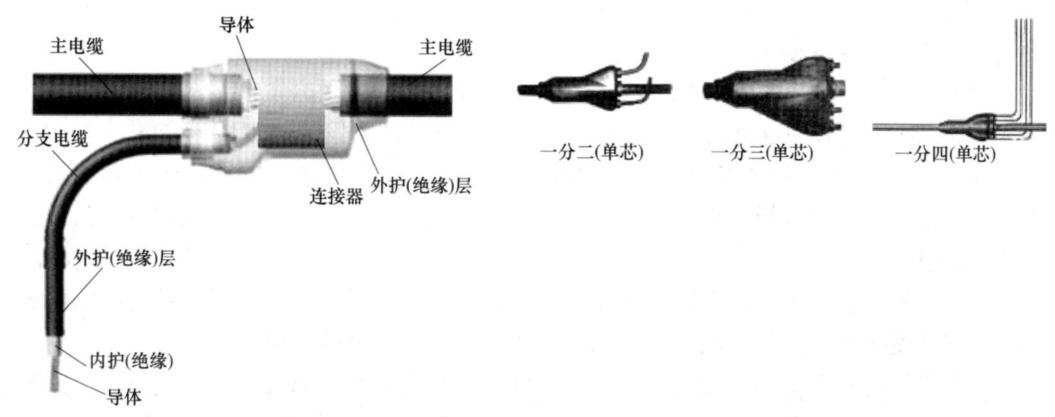

图1-30 单芯分支电缆

多芯分支电缆有拧绞型、铠装多股型、清洁（环保）型等。所谓绞合型、拧绞型，就是多根单芯电力电缆绞在一起。预制铠装多芯分支电缆如图1-31所示。

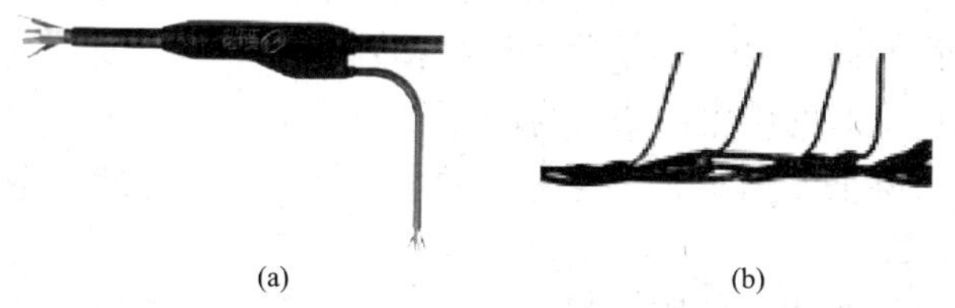

图1-31 铠装多芯分支电缆

(a) YDF-×型（环保型）；(b) FDZ-×型（拧绞型）

第四节 电缆线路

一、电缆线路

采用电缆输送电能的线路，称为电缆线路。由于电缆的刚性不同，对路径的要求不同。

1．电缆线路类型

电缆线路，按结构可分为对称电缆线路和同轴电缆线路；按敷设方式可分架空绝缘线路、地下电缆线路和海底电缆线路；按传输电流的不同可分交流电缆线路和直流电缆线路。直流电缆用于整流后的直流输电系统中，交流电缆用于工频为50Hz的电力系统中。在输送功率相同和可靠性指标相当的条件下，直流输电换流站的投资比交流变压器大，而直流电缆线路仅为正负极，结构简单，安装维护方便，费用也较低；交流为三相四线或五线制，绝缘要求较高，结构复杂，特别是输电线路为20～40km时，其综合费用投资小电力系统的运行可靠性和调度灵活性也很高。

根据电缆线路的结构类型又分为硬管型（如钢管电缆）、软管型（如油浸纸绝缘电缆、固体挤压聚合电缆）及悬挂型（如架空电缆）3类。其基本特性如下：

（1）硬管型电缆线路。电缆线路多数情况下是先将管道埋设在地下，再将电缆线芯穿过管道内敷设。为了减少电缆接头的数量，应尽量增加拉入长度，而拉入长度又与线路弯曲度有关。路径应尽可能为直线路径，必须弯曲时，其弯曲半径应加以控制。硬管型电缆线路通常用于公路或呈直线的道路。

（2）软管型电缆线路。该电缆线路路径选择比较灵活，由于电缆装盘长度短（为200～300m），对于弯曲较多的道路，仍便于安装，在遇有其他地下管线时也便于交叉。

（3）悬挂型电缆线路。悬挂型电缆线路为架空敷设，通常悬挂在电杆或建筑物墙上，主要用于下列情况：①要求线路与环境尽可能不相互影响的场所（如线路穿越人行道、树木、狭窄的街道或里弄）；②需要利用已有电杆与低压架空绝缘电线、架空线或通信线同杆的场所；③建筑工地作临时施工用电线路或线路修复期间作临时供电线路，以及扩建配电网线路的场所；④作变电站或开关站的进线或出线（可不需穿越墙套管）的场所。

悬挂型电缆有以下优点：①能充分利用空间，按最短直线距离安装；②线路架空敷设或架空电缆都可以不受道路方向的制约，因此悬挂型电缆线路的路径选择比软管型的更灵活，尤其适宜用于临时性工程；③敷设方便，由于安装时不需要瓷横担和针式绝缘子，降低了电缆线路敷设投资；④导线之间距离缩小以后，架空线的电感比原来的系统要小，从而减小单位长度的电压降；⑤同一电杆上可同时架设其他种类的电线或电话线；⑥电缆线路通过稠密的城市中心，不需要整修大量树木，也不会因台风、暴雨等导致短路和停电事故；⑦维护和保养费用较少；⑧灵活性高，可以拆除后再用，特别适用于临时设施或建筑施工中；⑨极大地减少了因线路故障而引起的停电次数，保障了城市生活和工业生产的正常供电，而且成本与地下电缆相比至少可降低5倍；⑩架空电缆的电气性能要求与地下电缆完全相同。

2．电缆线路的组成

电缆线路主要由电缆本体、电缆中间接头、电线路端头等组成，还包括相应的电缆构筑物，如电缆沟、排管、竖井、隧道等，一般敷设在地下，也有架空或水下敷设的。它也是电力网的重要组成部分，具有输送和分配电能的重要作用。尽管其成本高、投资大，但因其供电可靠性高，不受环境以及空间位置等特殊场所影响，以及地理环境制约小、安全性高、维护投入量小等优点，因此被广泛应用。

（1）电缆附件，指电缆线路中除电缆本体外的其他部件和设备，如中间接头盒、终端盒、电抗器，高压充油电缆线路中的塞止接头盒、连接盒、压力箱，高压充气和压力电缆线路中的供气和施加压力设备等。这些附件可起到导体连接和密封保护的作用。

(2) 电缆构筑物，为专供敷设电缆或安置电缆附件的电缆沟、浅槽、隧道、夹层、竖井和工作井等构筑物的泛称。同时还包括材料引入管道、电缆杆、电缆井及电缆进线室等。

电缆沟：封闭式不通行、盖板可以开启的电缆构筑物，盖板与地平齐或稍有上下。

浅槽：容纳电缆数量较少，未含支架且不封闭的有盖槽式构筑物，可布置齐地坪或地坪上。

电缆隧道：容纳电缆数量较多有供安装和巡视方便的通道，且全封闭性的电缆构筑物。

夹层（电缆汇接室）：控制室楼层下能容纳众多电缆汇接，便于安装活动的大厅式电缆构筑物。

工作井：作业人员安装接头或牵引电缆用的构筑物，简称工井。

二、电缆线路的特点

电力电缆是电力系统中用于传输和分配电能的电缆。电力电缆输电线路，是除了架空输电线路之外，另一种传输电能的途径。架空输电线路通常采用裸导线传输电能，电力电缆线路则是用电缆芯导线传输电能。

电缆线路与架空线路相比，其特点如下：

(1) 电缆线路运行可靠性高，受气候条件（如雷电、风雨、烟雾、污秽、覆冰等）和周围环境（如风筝和鸟害等）影响小，传输性能稳定，可靠性高。

(2) 电缆线路是不需要架设杆塔的输电线路，因此，不占地面走廊，同一地下通道可容纳多回线路，不存在架空线路常见断线倒杆、绝缘子闪络破碎，以及因导线摆动所造成的短路和接地事故。它不仅可以节约木材、钢材、水泥和绝缘子等，还不占用线路走廊、不与城市绿化相抵触，有利于市容整齐美观，尤其在城市繁华地区敷设的电缆线路还能减少对人的危害。

(3) 相对于架空线路，电缆线路的运行管理简单方便，维护工作量小，费用较低。除充油电缆线路外，一般电缆线路只需定期进行路面观察，防止外损，及 2～3 年做一次预防性试验即可，而架空线路由于外界环境的影响和污秽问题，为了保证安全可靠供电，必须经常进行维护和试验工作。

(4) 电缆的送电容量大，具有向超高压、大容量发展等的优越性，如采用低温、超导电力电缆等。

(5) 电缆线路中的电缆受电击可能性小，其最大优点是有利于提高电力系统的功率因数。电缆可以看成是一个电容器。因此，电缆线路的无功输出非常大，这对改善系统功率因数、提高线路输出容量、降低损耗极为有利，而架空线路相当于单极导体，其电容很小（几乎可忽略不计）。

虽然有以上优点，但也有下列不足之处：

(1) 同样的导线截面积，电缆的送电容量要小于架空线路。成本高，一次性投资费用较大，如采用成本最低的直埋方式敷设一条 35kV 电缆线路，其综合投资费用为相同架空输电线路的 4～7 倍。

(2) 敷设后的电缆线路不易再变动，不适宜作临时性使用。

(3) 电缆接头的制作工艺要求较高，需要由受过专门训练的技工操作。

(4) 查找地下电力电缆故障较困难，必须使用专门仪器进行测量，并要求测试人员具备一定的专业技术水平和能力，在复杂的电力系统中查找电缆故障更为困难。

（5）电缆发生故障后进行修复及恢复供电时间是架空线路的很多倍。因电缆线路埋设在地下，进行修复时要挖出电缆，在进行修复和试验等工作后才能恢复供电。

三、电缆线路配电网的接线方式

电缆线路配电网的接线方式，主要有环网式和辐射式。环网式电缆线路设备利用率高，供电可靠性高，总体经济效果好，是值得提倡的一种较好的接线方式。

1. 环网式

在电缆线路配电网中，通过各负荷节点，将电缆线路连成环网。它的基本接线特点是每一线段均有来自两个方向的电源。若整个环网连接在变电站同一母线上，则称为单电源环网；连接在不同变电站或同一变电站不同母线上，则称为双电源环网。如图 1-32 所示为环网式接线方式。

为了提高供电可靠性，便于在电缆线路发生故障或检修时，方便通过倒闸操作切断故障线段或检修线段，恢复供电。其接线形式可采用图 1-33 所示双环网供电接线方式。

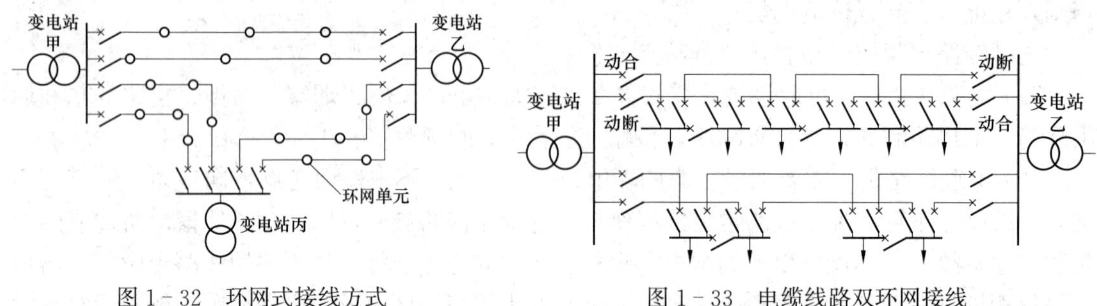

图 1-32　环网式接线方式　　图 1-33　电缆线路双环网接线

2. 辐射式

与架空线路辐射式相似，一条电缆线路只给一个用户供电，即所谓专用线式。它的特点是占用设备多，投资大，经济效果差，一旦发生故障，处理时间长。因此除现有的辐射式电缆线路继续运行和特殊供电的用户外，一般不宜采用。

3. 电缆线路与架空线路混合配电网接线方式

当地区内架空线路和电缆线路同时存在时，两者之间可以设联络点，在正常情况下，联络点断路设备断开；当发生事故时，可互作备用电源。图 1-34 为混合配电网接线方式。

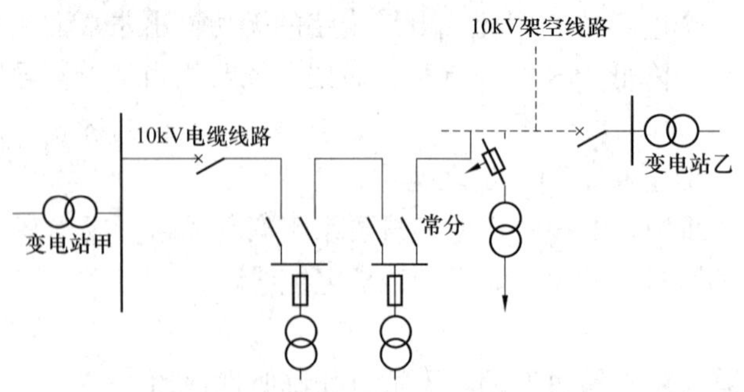

图 1-34　混合配电网接线方式

第二章　电力电缆线路设计

第一节　电缆线路设计基础知识

一、电缆线路的损耗

运行中的电缆线路，因其电缆结构（导体、绝缘层、护套）的特性，使得电缆线路产生各种损耗。这些损耗是影响电缆长期运行的允许载流量的重要因素之一。

1. 运行中的电缆导体损耗

导体损耗，指因电缆导体本身的电阻，而使流过导体的一小部分功率转化为热量的损耗。当已知流过电缆导体电流 I 和单位长度电缆导体的有效电阻 R 时，单位长度电缆的导体损耗 W_C（单位：W/ m）的计算式为

$$W_C = I^2 R \tag{2-1}$$

采用式（2-1）计算时，应注意电缆导体的有效电阻 R 是电缆在交流电作用下，并考虑集肤效应的电阻。

趋肤效应也称集肤效应，是指导体中的交变电流在趋近导体表面处电流密度增大的效应。也就有说，当中、高频电流通过导体时，电流的分布不再是均匀的，越接近导体表面处电流密度越大，越接近导体中心处电流密度越小。趋肤效应还可用电磁波向导体中透入的过程加以说明。

2. 电缆绝缘层的介质损耗

电缆绝缘层介质损耗，是指电缆在交流电作用下，消耗在绝缘中的有功功率。单位长度电缆介质损耗 W_i（单位：W/m）的计算式为

$$W_i = \omega C U^2 \tan\delta \tag{2-2}$$

$$\omega = 2\pi f \frac{2\pi\varepsilon_0\varepsilon}{\ln(D_i/D)} \tag{2-3}$$

式中：ω 为电源磁通变化角频率；f 为供电频率，我国为 50Hz；ε_0 为真空介电系数，一般取 8.86×10^{-12}F/m；ε 为绝缘材料的（相对）介电系数，见表 2-1；D_i、D 分别为绝缘层、导体的外径，如电缆截面为椭圆，则为各自的长、短轴的平均值；C 为单芯电缆单位长度电缆每相的电容，F/m；U 为电力电缆绝缘承受的相电压，kV；$\tan\delta$ 为介质损耗角的正切值。

表 2-1　电缆常用绝缘材料的 ε 和 $\tan\delta$ 值

电缆类型	ε	$\tan\delta$
油浸纸绝缘		
黏性浸渍、预浸渍、不滴流绝缘电缆	4	0.01
低压力充油电缆	3.3	0.04
高压力充油电缆	3.5	0.0045
钢管充气电缆	3.7	0.0045

续表

电缆类型	ε	tanδ
压力电缆	3.5	0.0045
充气电缆	3.4	0.0045
丁基橡皮绝缘电缆	4.0	0.05
丁丙橡皮绝缘电缆	3.0	0.04
聚氯乙烯绝缘电缆	8.0	0.01
聚乙烯绝缘电缆	2.3	0.001
交联聚乙烯绝缘电缆	2.5	0.008

3. 电缆金属护套接地损耗

为了安全起见，在电缆线路中电缆的金属护套大都两端接地，与大地形成回路。回路会引起回路中电流损耗，即使电缆的金属护套只有单点接地，不形成回路电流，也会有涡流损耗。涡流损耗较小，可忽略。

事实上，由于通过电缆的三相电流是不可能达到完全平衡的，其金属护套的接地损耗也就不可避免了。对于单芯交流电缆，因为只有一相电流通过，此时电缆因金属护套的接地损耗比较严重，线路设计时必须加以考虑。

单位长度电缆金属护套的损耗 W_S（单位：W/m）与单位长度电缆导体的损耗 W_C（单位：W/m）成正比，其计算式为

$$W_S = \lambda_1 W_C \tag{2-4}$$

式中：λ_1 为电缆金属护套损耗系数，$\lambda = \lambda_1' + \lambda_1''$，对于 λ_1'、λ_1'' 的计算可采用国际电工委员会（IEC 287）所规定的计算公式计算，此外限于篇幅不作引用，因考虑计算复杂，可从相关产品样本中直接查取；W_C 为电缆损耗，W/m。

4. 电缆铠装层和加强层的损耗

电缆铠装层和加强层产生损耗的原因与电缆金属护套的相似，只要与大地形成回路，在导体电流的作用下，就有电能损耗。

单位长度电缆铠装层和加强层（带）的损耗 W_A（单位：W/m）与单位长度电缆导体的损耗 W_C（单位：W/m）成正比，即

$$W_A = \lambda_2 W_C \tag{2-5}$$

式中：λ_2 为铠装层和加强层（带）的损耗系数。

根据式（2-5）知，$\lambda_2 = \dfrac{W_A}{W_C}$，例对于钢丝铠装圆形三芯电缆铠装中损耗，其 $\lambda_2 = 1.23 \dfrac{R_A}{D_A}\left(\dfrac{2C}{D_A}\right)^2 \dfrac{1}{\left(\dfrac{44R_A \times 10^4}{f}\right)^2 + 1}$，其中 R_A 为铠装在其工作温度下的单位长度电阻；f 为频率；D_A 为铠装平均直径；C 为电缆中心与线芯距离。鉴于计算过程复杂，最好从相关产品样本

中直接查取。

二、电缆长期允许载流量的近似计算

电缆的长期允许载流量是指在电缆通过规定的电流时，在热稳定后，电缆导体达到长期允许工作温度时的电流值。电缆的长期允许载流量由以下三个因素决定：

（1）电缆的长期允许工作温度；

（2）电缆本体散热性能；

（3）电缆装置情况及其周围环境散热条件。电缆周围环境温度越高，电缆的载流量越小，所以一条电缆线路，在夏天的允许载流量小，而冬天的载流量则可以大些。

电缆长期允许载流量的计算极其复杂，即使将其简化，计算过程也还是极为繁琐，但随着计算机的普及和广泛应用，通过编写计算程序能实现精确计算。

电缆的长期允许载流量 I（单位：A）的计算公式为

$$I=\sqrt{\frac{(\theta_C-\theta_0)\times A}{n\rho\{(1+\alpha)S_1+(1+\alpha+\beta)(S_2+G)}} \tag{2-6}$$

式中：θ_C 为电缆导体的长期允许工作温度，℃，见表 2-2；θ_0 为电缆周围环境基准温度值，℃，见表 2-3；ρ 为电缆导体在工作温度时的电阻系数，$\Omega\cdot mm^2/m$；α 为介质损耗与电阻损耗的比值；β 为护层损耗与电阻损耗的比值；A 为导体截面积，mm^2；n 为电缆线芯数目；S_1 为电缆绝缘热阻，热欧姆/cm；S_2 为电缆护层热阻，热欧姆/cm；G 为电缆周围的热阻，热欧姆/cm。

表 2-2　国产电缆导体的长期允许工作温度和短路时电缆导体的允许工作温度

电缆形式及电压等级		电缆导体的长期允许工作温度（℃）	短路时电缆导体的允许工作温度（℃）
黏性浸渍纸绝缘电缆	3kV 及以下	80	220
	6kV 及以下	65	220
	10kV 及以下	60	220
	20～35kV 及以下	50	175
不滴流纸绝缘	6kV 及以下	80	—
	10kV 及以下	65	
	20～35kV 及以下	65	
橡皮绝缘电缆		65	150
丁基橡皮绝缘电缆		80	220
乙丙橡皮绝缘电缆		90	220
聚乙烯绝缘电缆		70	140
聚氯乙烯绝缘电缆		65	160
交联聚乙烯绝缘电缆	10kV 及以下	90	铜芯：230
	20～35kV 及以下	80	铝芯：200
自容式充油电缆	63～500kV	75	160

表 2-3　电缆在不同敷设场所下的环境基准温度值

敷设方式	环境基准温度（℃）	敷设方式	环境基准温度（℃）
空气及隧道中	40	电缆沟充砂、上面有日照	40
土壤中	20	水底敷设	25

由式（2-6）可知，电缆长期允许载流量并不是一个恒定值，与许多因素有关。也就是说，电缆的长期允许载流量计算公式的求解受电缆导体长期允许工作温度 θ_C、电缆周围环境温度 θ_0、导体截面面积 A、电缆导体在工作温度时的电阻系数 ρ、电缆周围的热阻 G 和电缆并列敷设的根数等有关。

（1）环境温度变化电缆长期允许载流量的影响。环境温度，指正常情况下敷设电缆的场所周围介质（空气、土壤）的温度。具体到某一条线路时，除环境温度影响外，在其他条件与标准敷设条件相同环境中，电缆的允许载流量计算式为

$$I_1 = K_t I_0 \tag{2-7}$$

式中：I_1 为电缆的实际长期允许载流量，A；K_t 为温度校正系数，见表 2-4；I_0 为电缆在标准敷设条件下的允许载流量，A。

表 2-4　电缆长期允许载流量温度校正系数 K_t

线芯规定温度（℃）	介质计算温度（℃）	实际温度（℃）											
		−5	0	5	10	15	20	25	30	35	40	45	50
90	15	1.13	1.10	1.06	1.03	1.00	0.97	0.93	0.89	0.86	0.82	0.77	0.72
	25	1.21	1.18	1.14	1.11	1.07	1.04	1.00	0.96	0.92	0.88	0.83	0.78
80	15	1.14	1.11	1.07	1.04	1.00	0.96	0.92	0.88	0.83	0.78	0.73	0.68
	25	1.24	1.20	1.17	1.13	1.09	1.04	1.00	0.95	0.90	0.85	0.80	0.74
75	15	1.15	1.12	1.08	1.04	1.00	0.96	0.91	0.87	0.82	0.76	0.69	0.62
	25	1.26	1.22	1.18	1.14	1.10	1.05	1.00	0.95	0.89	0.84	0.78	0.72
70	15	1.17	1.13	1.09	1.04	1.00	0.95	0.90	0.85	0.80	0.74	0.67	0.59
	25	1.29	1.25	1.20	1.15	1.11	1.05	1.00	0.94	0.88	0.82	0.76	0.70
65	15	1.18	1.14	1.10	1.05	1.00	0.95	0.89	0.84	0.77	0.71	0.63	0.55
	25	1.32	1.27	1.22	1.17	1.12	1.06	1.00	0.94	0.87	0.79	0.71	0.61
60	15	1.20	1.15	1.12	1.06	1.00	0.94	0.88	0.82	0.75	0.67	0.57	0.47
	25	1.36	1.31	1.25	1.20	1.13	1.07	1.00	0.93	0.85	0.76	0.66	0.54
50	15	1.25	1.20	1.14	1.07	1.00	0.93	0.84	0.76	0.66	0.54	0.37	—
	25	1.48	1.41	1.34	1.26	1.18	1.09	1.00	0.89	0.78	0.63	0.45	—

（2）电缆导体截面积变化对电缆长期允许载流量的影响。根据电工学原理，电缆导体截面积越大，其允许通过的电流也就越大。现假设电缆的截面积由 A_1 变化到 A_2，则对应的电缆长期允许载流量也会由 I_1 变化到 I_2，于是有

$$\frac{I_1}{I_2} = \sqrt{\frac{A_1}{A_2}} \tag{2-8}$$

同样，因电缆导体材料的变化，电阻率也会发生变化，对应的电缆长期允许载流量也会变化，即

$$\frac{I_1}{I_2}=\sqrt{\frac{\rho_2}{\rho_1}} \tag{2-9}$$

电缆的线芯材料一般为铜或铝，$\rho_{Cu}=1.7241\times10^{-3}\Omega\cdot mm^2/m$，$\rho_{Al}=2.83\times10^{-2}\Omega\cdot mm^2/m$，则在同一截面尺寸、结构及敷设条件下，铜芯电缆和铝芯电缆长期允许载流量的比值为$\frac{I_{Cu}}{I_{Al}}=\sqrt{\frac{\rho_{Cu}}{\rho_{Al}}}\approx1.28$。

（3）电缆周围环境热阻对电缆长期允许载流量的影响。通常情况下电缆主要敷设于土壤中，土壤的热阻直接影响电缆的散热。根据电缆长期允许载流量计算公式可以判断，热阻越大，电缆的载流量越小。

（4）电缆并列敷设的根数对电缆长期允许载流量的影响。电缆并列敷设的根数越多，间距就越近，电缆产生的热量散发就越困难，其电缆的载流就越小。

三、电缆的电气参数计算

电缆的电气参数决定电缆传输性能。电缆的电气参数取决于电缆的结构（线芯截面、护层、绝缘）和几何尺寸，以及各部分所用材料的电阻系数、介电常数和磁导系数等。

1. 电缆线芯电阻

（1）电缆线芯直流电阻计算。最高工作温度下，单位长度电缆线芯直流电阻R'为

$$R'=\frac{\rho_{20}}{A}\left[1+\alpha\left(\theta-20^\circ\right)\right]k_1k_2k_3k_4k_5 \tag{2-10}$$

式中：A 为线芯截面面积，m^2，对线芯由 n 根相同直径 d 的导线绞合而成，其 $A=\frac{\pi d^2}{4}n=D-785md$；$\rho_{20}$ 为线芯材料在 20℃时的电阻系数；标准软铜 $\rho_{20}=0.017\ 241\times10^{-6}\Omega\cdot m$，标准硬铝 $\rho_{20}=0.028\ 64\times10^{-6}\Omega\cdot m$；$\alpha$ 为导体的电阻温度系数，标准软铜 $\alpha=0.003\ 931/℃$，涂（镀）锡软铜 $\alpha=0.003\ 851/℃$，软铜制品 $\alpha=0.003\ 951/℃$，标准硬铝及硬铝制品 $\alpha=0.004\ 031/℃$，软、半硬铝制品 $\alpha=0.004\ 101/℃$；θ 为最高工作温度，见表 2-16；k_1 为单根导线加工过程中金属电阻率的增大所引入的系数（一般取 1.02～1.07）；k_2 为考虑多根导线绞制成线芯的过程中长度增加所引入的系数，对于实心线芯 $k_2=1$，对于固定敷设电缆紧压多根导线绞合线芯结构 $k_2=1.03$（4 层以下）～1.04（5 层以上）；k_3 为考虑紧压线芯因紧压使导线发硬引起电阻率增加所引入的系数，一般取 1.01；k_4 为考虑因成缆绞合引起线芯长度增加所引入的系数；对于多芯电缆及单芯分割导线结构 $k_4\approx1.01$；k_5 为考虑导线制造误差所引入系数，对于紧压线芯结构 $k_5\approx1.01$，对于非紧压线芯结构 $k_5=\left(\frac{d}{d-e}\right)^2$，其中 e 为导线的允许公差，见表 2-5。

表 2-5　单根导线加工过程中金属电阻率增大所引入的系数

线芯中单线的最大直径 d（mm）	k_1			
	实心线芯		绞合线芯	
	涂（镀）金属铜及裸铝	裸铜	涂（镀）金属铜及裸铝	裸铜
$0.05<d\leqslant0.10$	—	—	1.12	1.07
$0.10<d\leqslant0.31$	—	—	1.07	1.04

续表

线芯中单线的最大直径 d（mm）	k_1			
	实心线芯		绞合线芯	
	涂（镀）金属铜及裸铝	裸铜	涂（镀）金属铜及裸铝	裸铜
$0.31<d\leqslant0.91$	1.05	1.03	1.04	1.02
$0.91<d\leqslant3.60$	1.04	1.03	1.03	1.02
$3.6<d$	1.04	1.03	—	—

（2）导电线芯交流电阻 R 计算。在交流电流作用下，由于集肤效应和邻近效应，将使线芯电阻增大，此电阻称为有效电阻。该电阻的简化计算式为

$$R=R'(1+y_s+y_p) \tag{2-11}$$

式中：R' 为单位长度电缆的线芯直流电阻，Ω/m；y_s 为集肤效应因数；y_p 为邻近效应因数。

当 x_s 和 x_p 不大于 2.8 时，y_s 和 y_p 的计算式为

$$y_s=\frac{x_s^4}{192+0.8x_s^4} \tag{2-12}$$

$$y_p=\frac{x_p^4}{192+0.8x_p^4}\left(\frac{D_c}{S}\right)^2\left[0.312\left(\frac{D_c}{S}\right)^2+\frac{1.18}{\frac{x_p^4}{192+0.8x_p^4}+0.27}\right] \tag{2-13}$$

其中

$$\left.\begin{aligned}x_s^2&=\frac{8\pi f}{R'}k_s\times10^{-7}\\x_p^2&=\frac{8\pi f}{R'}k_p\times10^{-7}\end{aligned}\right\} \tag{2-14}$$

式中：f 为线路频率，Hz；D_c 为线芯外径；mm；R' 为单位长度电缆导体线芯直流电阻，Ω/m；S 为线芯中心轴间距离，mm；对扇形多芯电缆 $S=D_c+\Delta$，Δ 为线芯间绝缘层厚度；k_s、k_p 为常数。

应用上述计算式时应注意：①计算集肤效应因数 y_s，除分割导体 $k_s=0.435$ 外，其他情况 k_s 均取 1，R' 按式（2-10）计算，但对于高压充油电缆线芯中空结构，k_s 应按 $k_s=\frac{D'_c-D_o}{D'_c+D_o}\times\left(\frac{D'_c+2D_o}{D'_c+D_o}\right)^2$ 计算，其中 D_o 为线芯内径（中心油道直径）；D'_c 为具有相同中心油道的等效实芯导体的外径；②计算邻近效应因数 y_p，除分割导体 x_p 取 0.37 外，其他形式线芯 x_p 取 0.8～1；D_c 为线芯外径，对于扇形芯电缆，该扇形芯等效圆的直径为 $D_c=\sqrt{\frac{4A}{\pi}}$；$A$ 为线芯截面积，邻近效应系数 y_p 为式（2-13）计算所得值乘 2/3。磁性材料（钢、铁）管式电缆的集肤效应因数和邻近效应因数，根据实验应比式（2-12）、式（2-13）计算数值大 70%，即 $R=R'[1+1.17(y_s+y_p)]$。

2. 电缆的电感

为了计算简便，视线芯电感为内感和外感之和。内感是线芯内部的磁链所产生的电感，外感是线芯外部的磁链所产生的电感。

单相线路电缆的内感、外感计算。图 2-1 为两根平行敷设的电缆组成的单相回路，设

D_c 为电缆线芯外径，S 为两电缆中心轴间的距离。由于电缆长度一般远大于 D_c 和 S，工频电磁波长也远大于 D_c 和 S，因此可将其视为恒定平面磁场进行分析。当电缆线芯内电流 I 均匀分布时，根据安培环路定律，距电缆线芯中心 x（见图 2-2）处的磁场强度 H_i 应为

$$H_i = \frac{I}{2\pi x} \frac{x^2}{(D_c/2)^2} \tag{2-15}$$

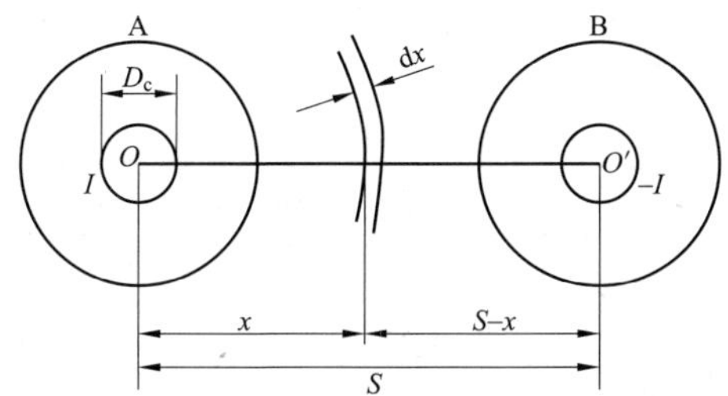

图 2-1 两根平行敷设的电缆组成的单相回路

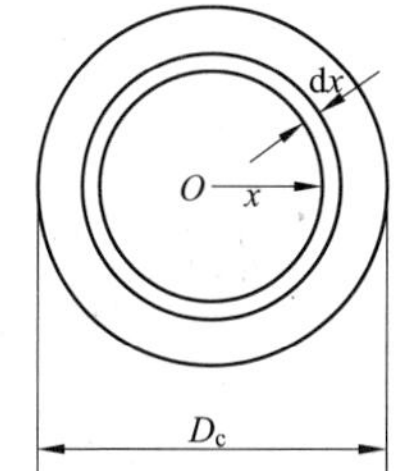

图 2-2 计算电缆线芯内感

线芯一般由铜、铝制成，为非磁性材料，其磁导系数可以认为等于真空磁导系数 μ（$\mu=4\pi\times10^{-7}$ H/m）。在离线芯中心轴 x 处取微厚度为 dx、长度为 l 的圆柱体，其蓄能量为

$$\mathrm{d}W = \frac{1}{2}\mu_0 H_i^2 \times 2\pi f l \mathrm{d}x = \frac{\mu_0 I^2 l x^3}{4\pi\left(\frac{D_c}{2}\right)^4}\mathrm{d}x$$

积分得线中所蓄能量为

$$W = \int_0^{\frac{D_c}{2}} \mathrm{d}W = \int_0^{\frac{D_c}{2}} \frac{\mu_0 I^2 l x^3}{4\pi(D_c/2)^4}\mathrm{d}x = \frac{\mu_0 I^2 l}{16\pi} \tag{2-16}$$

所以单位长度电缆的线芯内感（单位：H/m）为

$$L_i = \frac{2W}{I^2 l} = \frac{\mu_0}{8\pi} = 0.5\times10^{-7}$$

由多根导线扭绞成的电缆线芯，试验表明其内感值比上述计算值略大。但 L_i 在电缆线芯电感值中只占很小比例，所以一般计算中均可取 $L_i=0.5\times10^{-7}$ H/m。

对于电缆中空线芯结构，有中心油道，其内感的简化计算式为

$$L_i = 0.5\left[1-\left(\frac{D_0}{D_c}\right)^{1.5}\right]\times10^{-7} \tag{2-17}$$

式中：D_c 为线芯外直径；D_0 为中空油道内直径。

据式（2-17）可计算 D_0/D_c 后，可从图 2-3 的曲线上查得电缆中空线芯结构的 L_i 值。

据式（2-17）可绘制电缆中空线芯结构的内感 L_i 与 D_0/D_c 的关系曲线，如图 2-3 所示。

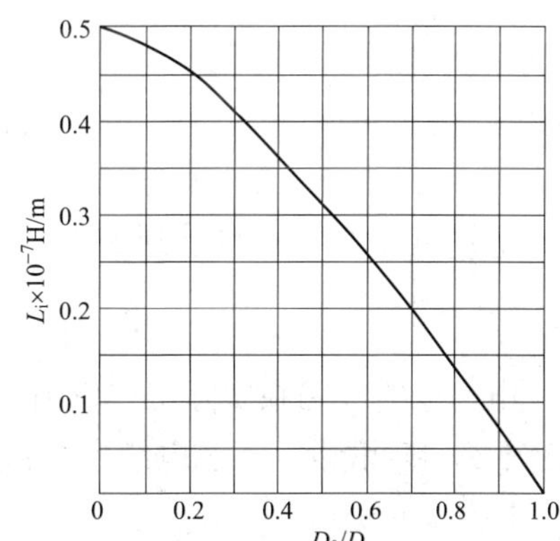

图 2-3 电缆中空线芯结构的内感 L_i 与 D_0/D_c 的关系曲线

在计算单相电缆线路线芯的外感 L_e 时，可以认为电流集中在线芯几何中心轴线上。根据安培环路定律，图 2-1 中离电缆 A 中心轴线 x（$x>D_c/2$）处的磁场强度为

$$H_e=\frac{I}{2\pi x}+\frac{I}{2\pi(S-x)} \tag{2-18}$$

穿过单元面积 $l\mathrm{d}x$ 的磁通为 $\mathrm{d}\Phi_e=\mu_0 H_e \mathrm{d}x$，因此单相电缆线路线芯外磁链为

$$\Phi_e=\int \mathrm{d}\Phi_e=\int_{\frac{D_c}{2}}^{S-\frac{D_c}{2}}\mu_0 H_e \mathrm{d}x=\frac{\mu_0 I}{\pi}\ln\frac{S-\frac{D_c}{2}}{\frac{D_c}{2}} \tag{2-19}$$

因为$\frac{D_c}{2}\ll S$，对每根电缆而言，单位长度电缆的外感（单位：H/m）为

$$L_e=2\ln\left(\frac{2S}{D_c}\right)\times 10^{-7} \tag{2-20}$$

于是，根据上述计算的单位长度单相线路电缆内感和外感，可得在单相电缆回路中，每单位长度电缆线芯的电感为

$$L=L_i+L_e=0.5\times 10^{-7}+\left(2\ln\frac{2S}{D_c}\right)\times 10^{-7} \tag{2-21}$$

由于电缆线路的对称性，另一电缆 B 有相同的电感。

因此，单相线路电缆的电感关系可以推广应用到 n 根电缆组成的输配电线路系统。将式（2-20）代入式（2-21）改写为

$$L=L_i+\left(2\ln\frac{1}{D_c/2}\right)\times 10^{-7}-2\left(\ln\frac{1}{S}\right)\times 10^{-7}=L_{11}-M_{21} \tag{2-22}$$

其中

$$\left.\begin{aligned}L_{11}&=L_i+\left(2\ln\frac{1}{D_c/2}\right)\times 10^{-7}\\ M_{21}&=\left(2\ln\frac{1}{S}\right)\times 10^{-7}\end{aligned}\right\} \tag{2-23}$$

电缆 A 的单位长度链通磁为

$$\Phi=L_{11}\overline{I}-M_{21}\overline{I}=L_{11}\overline{I}+M_{21}(-\overline{I}) \tag{2-24}$$

电力电缆线路在实际工程应用中，尤其高压输电线路均采用水平线敷设和三相正三角形（见图 2-4）敷设（三芯电缆也归此类）。对于敷设均可近似地应用单相回路电感的计算公式，即

$$L_1=L_2=L_3=L_i+\left(2\ln\frac{2S}{D_c}\right)\times 10^{-7} \tag{2-25}$$

对于平行敷设在同一直线上的三相电缆组成的三相电路，如图 2-5 所示，中间电缆 B 为了保证线路平衡运行，电缆经过一定长度后需进行换位敷设（如图 2-6 所示）。此时电感应取三段电感的平均值（推导过程省略），即中间电缆 B 有

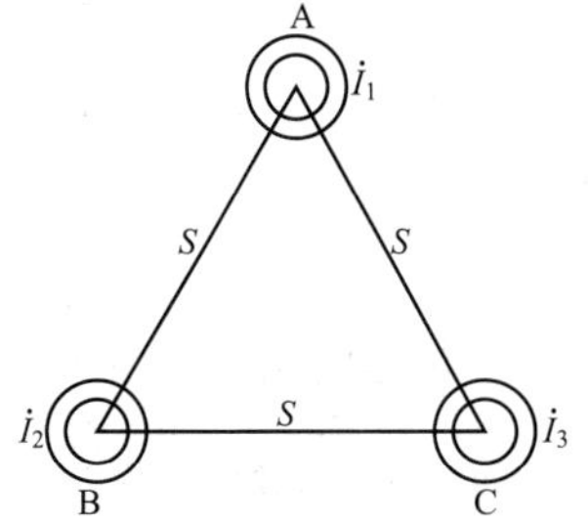

图 2-4　正三角形三相电路

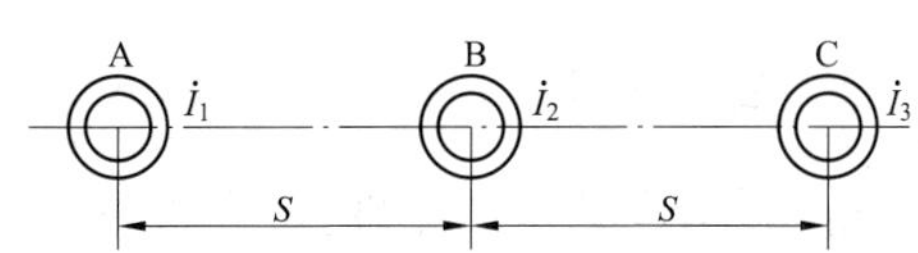

图 2-5　平行敷设三相电路

$$L_2 = L_i + \left(2\ln\frac{2S}{D_c}\right)\times 10^{-7} \tag{2-26}$$

两边电缆（如电缆 A）（推导过程省略）有

$$\left.\begin{aligned} M_{21} &= \left(2\ln\frac{1}{S}\right)\times 10^{-7} \\ M_{31} &= \left(2\ln\frac{1}{2S}\right)\times 10^{-7} \\ L_{11} &= L_i + \left(2\ln\frac{1}{D_c/2}\right)\times 10^{-7} \end{aligned}\right\}$$

则

$$L_2 = L_i + \left(2\ln\frac{2S}{D_c}\right)\times 10^{-7} - 2\alpha(\ln 2)\times 10^{-7} \tag{2-27}$$

其中，$\alpha = \frac{-1+\mathrm{j}\sqrt{3}}{2}$。在实际的应用中，当 ln2 远小于 ln（$2S/D_c$）时，可近似认为

$$L_1 = L_2 = L_3 = L_i + \left(2\ln\frac{2S}{D_c}\right)\times 10^{-7} \tag{2-28}$$

为了保证传输线路的平衡运行，电缆经过一定长度后应换位，如图 2-6 所示。此时电感可取三段电缆电感的平均值，即

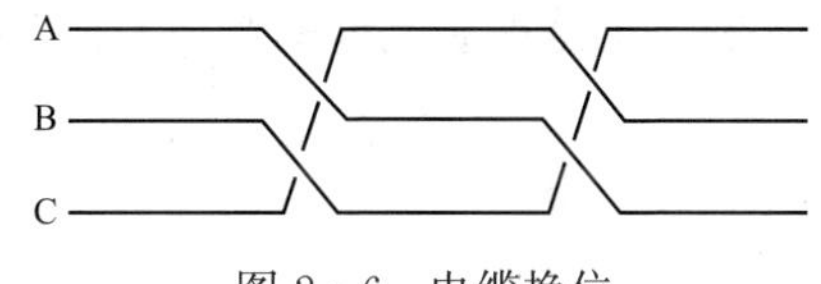

图 2-6　电缆换位

$$L = \frac{L_1 + L_2 + L_3}{3} = L_i + 2\left(\ln\frac{2\times\sqrt[3]{S_1S_2S_3}}{D_c}\right)\times 10^{-7} = L_i + 2\left(\ln\frac{2\times\sqrt[3]{S}}{D_c}\right)\times 10^{-7} \tag{2-29}$$

对于任意敷设的三相电路电缆，其三相电路的电缆中心轴间距离分别为 S_1、S_2 和 S_3，换位后，其工作电感为

$$L = \frac{L_1 + L_2 + L_3}{3} = L_i + 2\left(\ln\frac{2\times\sqrt[3]{S_1S_2S_3}}{D_c}\right)\times 10^{-7} \tag{2-30}$$

对于多回路电缆线路，电缆 A、B、C 组成另一个三相电路。一般情况下，两电路间距离大于同一电路电感中心轴间距离，可以认为 $S_{11}\approx S_{12}\approx S_{13}$，$S_{21}\approx S_{22}\approx S_{23}$，$S_{31}\approx S_{32}\approx S_{33}$。因此，在计算其工作电感时，两个三相电路的相互影响可以忽略不计，即作为单一系统用上述有关公式计算。

省略公式推导过程，《城市电力电缆线路设计技术规定》（DL/T 5221—2005），推荐的电缆线路电感 L（H/km）计算式为

$$L=\left(2\ln\frac{2S}{d_1}+L_0\right)\times10^{-4} \tag{2-31}$$

式中：S 为导体的中心距，mm；d_1 为导体外径，mm；L_0 为导体的自感，实心导体的 L_0 取 0.5 H/km，中空导体的 L_0 取 $\frac{1}{2(d_1^2-d_0^2)}\left[(d_1^4-d_0^4)-(d_1^2-d_0)d_0^2+4d_0\ln\frac{d_1}{d_0}\right]$，$d_0$ 为导体的内径，mm。

3. 电缆的绝缘电阻

电缆的绝缘电阻由绝缘材料的电阻系数和电缆结构尺寸确定。如图 2－7 所示，D_c 为电缆线芯屏蔽的外径，D_i 为绝缘层外径。在单位长度电缆上距电缆中心 x 处取厚度为 dx 的绝缘层，则其绝缘电阻 $dR_i=\frac{\rho_i}{2\pi x}dx$，通过积分求得单位长度电缆绝缘层的电阻为

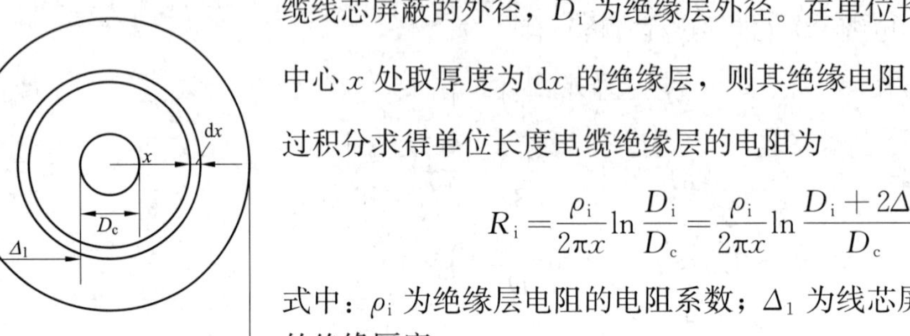

图 2－7 绝缘电阻示意图

$$R_i=\frac{\rho_i}{2\pi x}\ln\frac{D_i}{D_c}=\frac{\rho_i}{2\pi x}\ln\frac{D_i+2\Delta_1}{D_c} \tag{2-32}$$

式中：ρ_i 为绝缘层电阻的电阻系数；Δ_1 为线芯屏蔽表面绝缘层间的绝缘厚度。

由式（2－32）可知，R_i 是 $\rho_i/2\pi$ 和 $\ln(D_i+2\Delta_1)/D_c$ 的乘积。前者是仅与绝缘材料性能有关的常数，后者中的 $\ln\frac{D_i}{D_c}$ 是仅与电缆结构尺寸有关的函数，称其为几何因数 G。各种型式电缆的几何因数 G 可从图 2－8 中查出。于是单芯电缆的绝缘电阻计算式为

$$R_i=\frac{\rho_i}{2\pi n}G \tag{2-33}$$

对于圆形多芯电缆的绝缘电阻，也可写成式（2－33）的形式，区别在于几何因数 G 的数值不同。当已知电缆线芯直径 D_C、线芯绝缘厚度 Δ 和线芯至护套绝缘厚度 Δ_1 后，查图 2－8 即可得相应的几何因数 G。圆形多芯（n 芯）电缆的绝缘电阻为

$$R_i=\frac{\rho_i}{2\pi n}G_1F \tag{2-34}$$

扇形多芯电缆的校正因数下绝缘电阻也可用图 2－8 曲线查得。此时电缆线芯直径 D_C 应取与扇形线芯截面积相等的圆形芯的直径，几何因数必须乘以相应的校正因数 F 进行修正。必须指出，带绝缘式多芯电缆的几何因数还与连接方法有关。

多芯电缆的多芯连接在一起，对于护套间的几何因数在图 2－8 中以 G_1 表示，三芯电缆接至三相平衡电源，每芯对中性点的几何因数（又称每相工作几何因数）用曲线 G_2 表示，其他连接方法的几何因数可由 G_1、G_2 算得，见表 2－6。

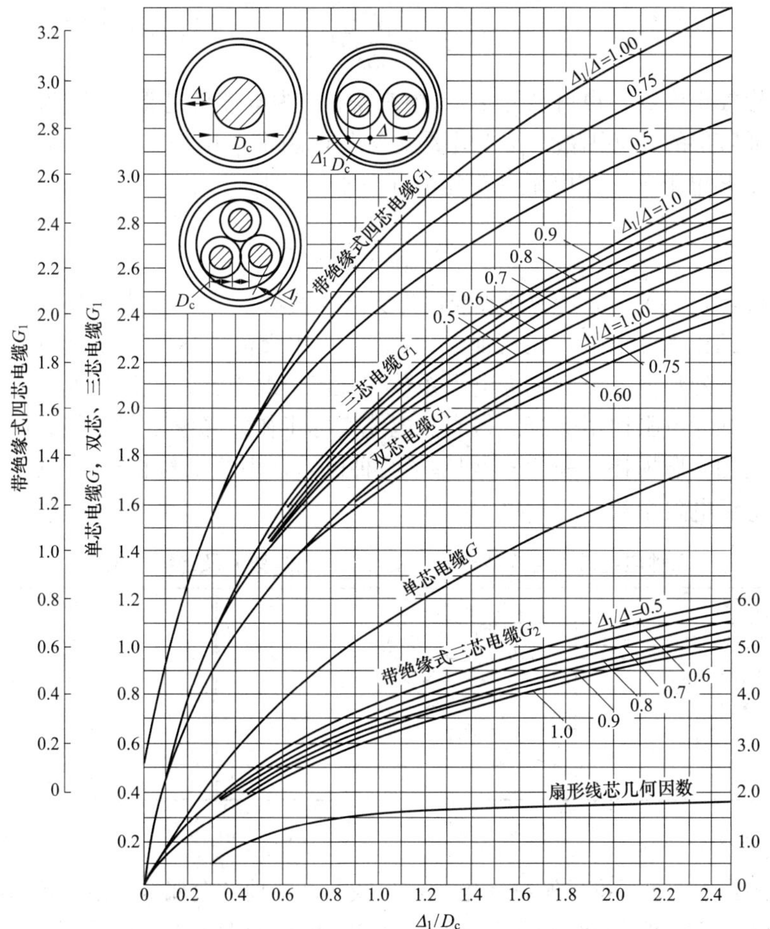

图 2-8　各种形式电缆的几何因数 G

表 2-6　　带绝缘式三芯电缆的几何因数

连接方式	几何因数
三线芯相连对金属护套	G_1
三线芯接三相平衡电源、金属护套接电源中性点	G_2
一线芯对二线芯与金属护套相连	$(9G_1G_2)/(6G_1+G_2)$
二线芯相连，另一线芯与金属护套相连	$4.5G_1G_2/(3G_1+2G_2)$

4．绝缘材料的绝缘电阻系数

电缆常用绝缘材料的绝缘电阻系数与温度和测量时的电场强度有关。绝缘电阻系数一般随温度和电场强度的上升而下降。含杂质较多，绝缘电阻系数较低的材料，随温度上升而下降得较多。聚乙烯绝缘比浸渍纸绝缘随电场强度变化的更明显。

圆形多芯（用 n 表示根数）电缆的绝缘电阻系数与温度和电场强度的关系为

$$R_i=\frac{\rho_{i\theta}}{2\pi n}G_1 \tag{2-35}$$

对于扇形芯电缆

$$R_i=\frac{\rho_i}{2\pi n}GF \tag{2-36}$$

式中：F 为扇形校正因数，也可从图 2－8 中查得；n 为电缆的芯数；G_1 为三芯连接在一起对于公共金属屏蔽层的几何因数；ρ_i 为电缆绝缘的电阻率，见表 2－7；θ 为温度，℃。

电缆在交流 F 电阻为工作电阻（交流泄漏电阻），即

$$R=\frac{U}{I_C\tan\delta}$$

式中：U 为交流电压，kV；$\tan\delta$ 为介质损耗正切值，见表 2－1；I_C 为电缆电容电流，A/km。

计算电缆的工作绝缘电阻（交流泄漏电阻），或用交流电压测量电缆的绝缘电阻时，ρ_i 应取其相应频率下的数值。由于绝缘电阻系数在交流情况下比在直流情况下小得多，因此用直流测得的电缆绝缘电阻比用交流测得高。电缆实际工作绝缘电阻等于绝缘层承受电压的二次方除以绝缘层的介质损耗。表 2－7 列举了几种电缆常用绝缘材料在 20kV 以下的（相对）介电常数 ε 及绝缘电阻系数。

表 2－7　几种电缆常用绝缘材料的（相对）介电常数 ε 及绝缘电阻率

材料名称	ε	绝缘电阻率（Ω·m）
黏性浸渍纸绝缘	4.0	$10^{13}\sim10^{15}$
充油电缆绝缘	3.3～3.7	$10^{11}\sim10^{13}$
橡皮绝缘	3.0～4.5	$10^{11}\sim10^{13}$
聚氯乙烯绝缘	8.0	$10^{11}\sim10^{12}$
聚乙烯绝缘	2.3	$10^{14}\sim10^{15}$

5. 电缆的电容

电缆本体相当于一个标准的圆柱形电容，导线芯和接地的金属屏蔽层（或金属护套）构成电容器的两个电极。尤其是在超高压电缆线路中电缆的电容电流可能会达到电缆的暂态电流成为限制电缆容量及传输距离的因素。然而，电容也是电缆绝缘本身的一个重要参数，可用来检查电缆工艺质量、绝缘质量的变化等。电缆电容计算式的推导过程与绝缘电阻推导过程类似。

（1）单位长度圆形导体电力电缆的电容计算式为

$$C=\frac{2\pi\varepsilon_i}{\ln\dfrac{D_i}{D_c}}=\frac{2\pi\varepsilon_0\varepsilon}{\ln\dfrac{D_i}{D_c}} \tag{2-37}$$

式中：ε_0、ε_i 为真空的（相对）介电常数、绝缘材料的（相对）介电常数，$\varepsilon_0=8.86\times10^{-12}$F/m；$D_i$ 为绝缘层外径，mm；D_c 为导电线芯外径（含内半导层），mm。

为计算方便，将式（2－37）改写成

$$C=\frac{55.7\varepsilon}{G}\times10^{-12}$$

式中：G 为几何因数，可从图 2－8 的相应曲线中查得。

（2）多芯导体电力电缆电容计算。当三芯连接在一起时（多芯电缆根数用 n 表示），对金属护套（或金属屏蔽）的电容（单位：F/m）为

$$C=\frac{55.7n\varepsilon}{G_1}\times10^{-12} \tag{2-38}$$

（3）扇形芯电缆电容计算。三芯连接在一起对金属屏蔽的电容（单位：F/m）为

$$C=\frac{55.7n\varepsilon}{G_1F}\times10^{-12} \quad (2-39)$$

上述关于电容的计算式中 G、F 的选取，均可从图 2-8 中的相应曲线中查得。

四、电缆接头内绝缘设计

电缆接头内绝缘设计应考虑连接管的内外径大小、连接管的截面积、连接管两端的斜坡长度和增绕绝缘厚度，以及应力锥、反应力锥长度等。

根据《城市电力电缆线路设计技术规定》（DL/T 5221—2005）的规定，如连接管的内径、外径，连接管两端的斜坡长度，应分别按下式计算确定

连接管的内径 d_1（单位：mm）

$$d_1=1.03d_c+\alpha \quad (2-40)$$

连接管的外径 D_1（单位：mm）

$$D_1=1.128\sqrt{A_C+\frac{\pi}{4}d_1^2} \quad (2-41)$$

连接管的截面积 A_1（单位：mm^2）

$$A_1=K_1A_C=1.05A_C \quad (2-42)$$

连接管长度 l_1 按公式 $l_1=k_2r_1=(6\sim8)r_1$ 计算，式中 k_2 为系数，一般取 6～8；r_1 为连接管外半径，mm。

连接管两端的斜坡长度 l_k

$$l_k=K_2r_1=(6\sim8)r_1 \quad (2-43)$$

式中：α 为插入电缆导体所需空隙，mm；K_1 为压缩后精加工磨耗系数（一般取 1.05）；K_2 为系数，一般取 6～8；r_1 为连接管的外半径，mm。

有关增绕绝缘厚度，以及应力锥、反应力锥长度设计，详见第五章第四节。

第二节　电力电缆的选择

正确选择电力电缆型号，对电缆投入使用和确保安全运行十分重要。设计电缆线路或选用电缆时，电缆型号和规格的选择主要从电缆绝缘类型、电缆护层种类和导体材料及截面积等方面考虑。

一、电力电缆绝缘类型选择

依据《城市电缆线路设计技术规定》（以下简称《城市电缆规定》）（DL/T 5221—2005）和《电力工程电缆设计规范》（以下简称《电缆设计规范》）（GB 50217—2007）及相关设计经验综合考虑，选择电力电缆绝缘类型。

1. 按保证电缆的预期使用寿命选择

在使用电压、工作电流及其特征和环境条件下，电缆寿命不应小于常规预期使用寿命。

220kV 交流电缆经过技术经济比较后，可采用交联聚乙烯绝缘或自容式充油电缆。10～110kV 电缆应优先选用交联聚乙烯绝缘。110kV 及以上交联聚乙烯绝缘应采用绝缘层与导体屏蔽和绝缘三层共挤干式交联工艺。10kV 及以上充油电缆应采用电缆绝缘油耐老化特性良好地烷基苯合成油结构。

直流输电系统不宜选用普通交联聚乙烯型电缆。

移动式电气设备等经常弯移或有较高柔软性要求的回路，应使用橡皮绝缘等电缆。

放射线作用场所，宜选用交联聚乙烯或乙丙橡皮绝缘等耐射线辐照强度的电缆、射频电缆等。

2. 根据综合经济性等因素选择

为了保证运行的可靠性、施工和维护的简便性以及允许最高工作温度的要求，同时考虑造价的综合经济性等来选择电缆。

60℃以上高温场所，应根据高温及其持续时间和绝缘类型的要求，选用耐热（NH型）聚氯乙烯、交联聚乙烯或乙丙橡皮绝缘等耐热型绝缘电缆；100℃以上高温环境，宜选用矿物绝缘电缆。高温场所不宜选用普通聚氯乙烯绝缘电缆。

－15℃以下低温环境，应根据低温条件和绝缘类型的要求，选用交联聚乙烯、聚乙烯绝缘（不宜用）、耐寒橡皮绝缘电缆或低温超导电缆。

3. 按保证电缆防火要求选择

电缆绝缘类型的选择应符合防火场所的要求。

6kV重要回路或6kV以上的交联聚乙烯电缆，应选用内、外半导电与绝缘层三层共挤工艺特征的电缆。

防火有低毒性要求时，不宜选用聚氯乙烯电缆。

4. 根据环境保护要求选择

电缆绝缘类型的选择宜符合环境保护的要求。

人员密集的公共场所，以及有低毒阻燃性防火要求的场所，可选用交联聚乙烯或乙丙橡皮等不含卤素的绝缘电缆。

二、绝缘屏蔽层、金属护套、铠装、外护套选择

（1）绝缘屏蔽层、金属护套、铠装、外护套宜按表2-8选择。

表2-8 绝缘屏蔽层、金属护套、铠装、外护套的选择（DL/T 5221—2016）

<table>
<tr><th>敷设方式</th><th colspan="2">电缆类型</th><th>绝缘屏蔽或金属护套</th><th>加强层或铠装</th><th>外护套</th></tr>
<tr><td rowspan="2">直埋</td><td>交联</td><td>35kV及以下</td><td>软铜线或铜带</td><td rowspan="2">钢带（3芯）非磁性金属带（单芯）</td><td rowspan="5">聚氯乙烯或聚乙烯</td></tr>
<tr><td>充油或交联</td><td>66～220kV</td><td>铅或铝护套</td></tr>
<tr><td rowspan="2">排管、隧道、电缆沟、竖井</td><td>充油</td><td>66～220kV</td><td>铅或铝护套</td><td>非磁性金属带</td></tr>
<tr><td>交联</td><td>10～220kV</td><td>35kV及以下软铜线或铜带；66～220kV铅或铝护套</td><td>—</td></tr>
<tr><td>桥梁</td><td>交联</td><td>10～220kV</td><td>铝护套</td><td>—</td></tr>
<tr><td>水底</td><td>充油或交联</td><td>10～220kV</td><td>铅护套</td><td>镀锌粗钢丝</td><td>塑料复合阻水层</td></tr>
</table>

注 摘自《城市电缆规定》（DL/T 5221—2016）。

金属护套电缆和非金属护套电缆适用外护套的主要敷设场所分别见表1-7和表1-8。

（2）在防火要求较高的场所应选用含有阻燃剂的外护套。

（3）有白蚁危害的场所应在非金属护套外采用防白蚁护套。

（4）有鼠害的场所宜在外护套外添加防鼠金属铠装或采用硬质护套。

（5）有化学溶液污染的场所应按其化学成分采用相应材质的外护套。

三、电缆导体和截面积选择

1. 电缆导体选择

《城市电力电缆设计技术规范》（DL/T 5221—2016）明确指出：

（1）电缆导体选择应结合当地敷设环境，66kV及以上电力电缆应按计算方法，确定电缆导体尺寸；35kV及以下常用电缆可根据制造厂提供的载流量结合当地环境和温度的影响选择电缆导体。

导体最高允许温度见表2-9，敷设环境温度见表2-10。

表2-9　导体最高允许温度

电缆类型	电压	正常运行时最高运行温度（℃）	通过短路电流最高运行温度（℃）
油浸纸绝缘电缆	10kV	60	250
	10～35kV	50	175
自容式充油电缆	66～500	90	60
交联聚乙烯绝缘电缆		80	250

注　摘自《城市电缆规定》（GB/T 5221—2005）。

表2-10　敷设环境温度

敷设方式		环境温度选取原则
地下	直埋	距地面0.5m深当地最热月的平均地温
	保护管	距地面0.8m深当地最热月的平均地温
空气	隧道（有通风）	通风设计温度
	隧道（无通风）或电缆沟	埋入地下平均深度的地温
	架空（有日照）	最热月的日最高气温平均值
水中	水下敷设	最热月的平均水温

全国各地的平均地温以当地相关单位提供的资料为准；若无资料可按《城市电缆线路设计技术规定》（DL/T 5221—2016）中的附录G选用。

（2）电缆导体最小截面积的选择，应同时按载流量和通过系统最大短路电流时热稳定的要求选择。

（3）水下敷设用交联聚乙烯电缆的导体除应符合（1）、（2）的规定外，还应选用在导体股线间的空隙有纵向阻水功能的填充材料的交联电缆。

2. 电缆导体截面积选择

导体材料可根据技术经济比较选用铜芯或铝芯。所选导体截面积需满足负荷电流、短路电流以及短路时的热稳定等要求。

（1）按电缆长期允许载流量选择电缆截面积。为了保证电缆的使用寿命，运行中的电缆导体不应超过其规定的允许工作温度。

（2）按电缆短路时的热稳定性选择电缆截面。当电路发生短路时，电缆线芯中将流过很大的短路电流。由于短路时间很短，电缆热效应而产生的热量来不及向外散发，全部转化为线芯的温升。电缆线芯耐受短路电流热效应而不致损坏的能力称为电缆的热稳定性。

对于长电缆线路，除了按负荷电流选择截面外，还要校核负荷电流产生的电压降是否在允许范围内，如超出允许范围，则选择高一档的截面。若电缆线路的电压等级在3kV及以上，除满足负荷电流外，还需校验其短路热稳定条件。

1）固体绝缘电力电缆缆芯允许最小截面积 $S_{\min}$ 为

$$S_{\min} \geqslant \frac{\sqrt{Q}}{C} \times 10^2 \tag{2-44}$$

其中

$$C = \frac{1}{\eta}\sqrt{\frac{Jq}{\alpha K \rho}\ln\frac{1+\alpha(\theta_m - 20)}{1+\alpha(\theta_p - 20)}}$$

$$\theta_p = \theta_O + (\theta_H - \theta_O)\left(\frac{I_P}{I_H}\right)^2$$

式（2-44）中，除电动机馈线回路外，可取 $\theta_p = \theta_H$。Q 值的确定，对于火力发电厂3～6kV厂用电动机馈线回路，当机组容量为100MW及以下时，可根据 $Q = I^2(t + T_b)$ 计算；当机组容量大于100MW时，Q 应根据表2-11计算。表中 T_b 为系统电源非周期分量的衰减时间常数，T_d 为时间常数。

表2-11　当机组容量大于100MW时，Q值的计算（GB 50217—2007）

t（s）	T_b（s）	T_d（s）	Q（$A^2 \cdot S$）值计算
0.15	0.045	0.062	$0.195I^2 + 0.22II_d + 0.09I_d^2$
	0.06		$0.21I^2 + 0.23II_d + 0.09I_d^2$
0.2	0.045	0.062	$0.245I^2 + 0.22II_d + 0.09I_d^2$
	0.06		$0.26I^2 + 0.24II_d + 0.09I_d^2$

注　1. 对于电抗器或 $U_d\%$ 小于10.5的双绕组变压器，取 $T_b = 0.045$，其他情况取 $T_b = 0.06$。
2. 对中速断路器，t 取0.15s，对慢速断路器，t 可取0.2s。

2）若知道短路电流假想作用时间 t，稳态短路电流 I_∞，即可计算短路热稳定要求的导线最小截面积 $S_{\min}$ 为

$$S_{\min} = \frac{I_\infty \sqrt{t}}{C} \tag{2-45}$$

式中：$S_{\min}$ 为短路热稳定要求的最小截面积，mm^2；I_∞ 为稳态短路电流，A；t 为短路电流假想作用时间（$t = t_1 + t_2$），s；t_1 为短路电流周期性分量假想作用时间，s；t_2 为短路电流非周期性分量假想作用时间，s；C 为热稳定系数，见表2-12。

表2-12　热稳定系数C值

长期允许温度（℃）		短路允许温度（℃）						
		230	220	160	150	140	130	120
铜 铝	90	129.0 83.6	125.3 81.2	95.8 62.0	89.3 57.9	62.2 53.2	74.5 48.2	64.5 41.7
铜 铝	80	34.6 87.2	131.2 85.0	103.2 66.9	97.1 62.9	90.6 58.7	83.4 54.0	75.2 48.7
铜 铝	75	137.5 89.1	133.6 86.6	106.7 69.1	100.8 65.3	94.7 61.4	87.7 56.8	80.1 51.9

续表

长期允许温度（℃）		短路允许温度（℃）						
		230	220	160	150	140	130	120
铜 铝	70	140.0 90.7	136.5 88.5	10.2 71.5	104.6 67.8	98.8 64.0	92.0 59.6	84.5 54.7
铜 铝	65	142.4 92.3	139.2 90.3	113.8 73.7	108.2 70.1	102.5 66.5	96.2 62.3	89.1 57.1
铜 铝	60	145.3 94.2	141.8 91.9	117.0 75.8	111.8 72.5	106.1 68.8	100.1 65.0	93.4 60.4
铜 铝	50	150.3 97.3	147.3 95.5	123.7 80.1	118.7 77.0	113.7 73.6	108.0 70.0	101.5 65.7

对于电压为0.6/1kV及以下的电缆，当采用自动开关或熔断器作网络的保护时，其电缆的热稳定性一般都能满足要求，可不必进行验算，而对电压在3.6/6kV及以上的电缆应验算短路热稳定性。

（3）根据经济电流密度选择电缆截面积。依据电缆线路最大负荷利用时间而且长度又超过20m时，则按经济电流密度来选择截面积。

事实上，按长期允许载流量选择电缆截面积，只考虑了电缆的长期允许温度，若绝缘结构具有高的耐热等级，载流量就可以很高。但由于功率损耗与电流的二次方成正比，以经济电流密度来选择电缆截面积较为合理。

若知道电缆线路中最大负荷电流及所选导电线芯材料的经济电流密度，即可计算导线截面积S为

$$S=\frac{I_{max}}{j_n} \tag{2-46}$$

式中：I_{max}为最大负荷电流，A；j_n为经济电流密度，A/mm^2，见表2-13。

表2-13　经济电流密度　A/mm^2

导体材料	年最大负荷利用时间（h）		
	≤3000	3000～5000	≥5000
铜芯	2.50		2.00
铝芯	1.92	1.73	1.54

（4）根据供电网络中允许电压降校核电缆截面积。电缆具有一定的电阻和电感，当负载电流在电缆中通过时，必然会产生一定的电压降，使终端电压与始端电压在数值上不相等。在相位上也不相同。如图2-9（a）所示，始端电压为$\dot{U}_1$，终端有一个三相负载，终端电压为$\dot{U}_2$，负载的每相电流为$\dot{I}$，功率因数为$\cos\varphi$，R和X为电缆的电阻和感抗，则每相电压的相量图如图2-9（b）所示。通常称$\dot{U}_1$和$\dot{U}_2$的相量差$\Delta\dot{U}$为线路的电压降，称$\dot{U}_1$和$\dot{U}_2$的数值差为线路的电压损失。对用电设备来讲，一般要求保证的是电压数值，而不考虑相位如何。因此，电缆线路电压降的计算，只需计算电压损失。

如图2-9所示，应用数学方法推导出电缆线路电压损失的计算公式为

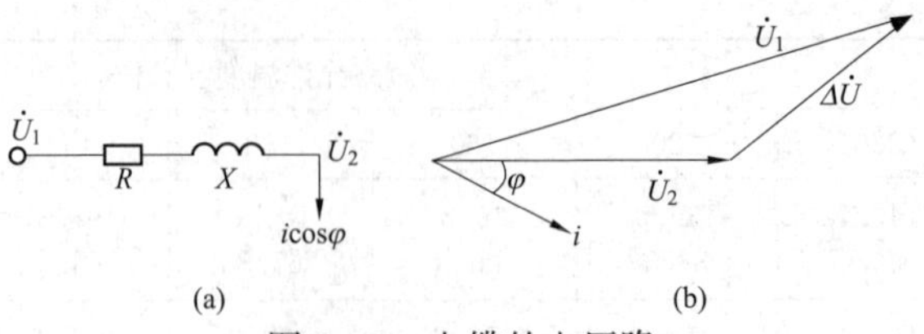

图 2－9　电缆的电压降

(a) 终端电压与始端电压电压降示意图；(b) 每相电压的相量图

$$\Delta U_{ph}=I(R\cos\varphi+x\sin\varphi) \tag{2-47}$$

$$\Delta U_1=\sqrt{3}I(R\cos\varphi+x\sin\varphi) \tag{2-48}$$

若已知负载电流 I 和功率因数 $\cos\varphi$，再查出电缆的电阻和感抗，可求出相电压 U_{ph} 和线电压 U_1 的电压损失。若用百分数表示电压损失，计算式为

$$\Delta U_1\%=\frac{\sqrt{3}I}{U_1}(R\cos\varphi+x\sin\varphi)\times100\% \tag{2-49}$$

为使设备正常工作，一般规定电动机的电压损失不大于 5%～10%，照明灯电压损失不大于 2.5%～6%，因此选择电缆截面积必须考虑其电压损失不大于上述值。

表 2－14、表 2－15 为不同形式电缆的（部分）电压损失。

表 2－14　　1kV 油浸纸绝缘电缆用于三相 380V 系统的（部分）电压损失（线芯工作温度为 75℃）　　%/(A·km)

电缆截面积（mm²）	cosφ						cosφ					
	0.5	0.6	0.7	0.8	0.9	1.0	0.5	0.6	0.7	0.8	0.9	1.0
	铝芯电缆						铜芯电缆					
2.5	3.486	4.173	4.859	5.543	6.225	6.895	2.085	2.491	2.897	3.301	3.703	4.093
4	2.191	2.619	3.046	3.469	3.897	4.310	1.315	1.571	1.820	2.071	2.320	2.558
6	1.472	1.757	2.041	2.324	2.605	2.875	0.888	1.056	1.223	1.389	1.554	1.707
10	0.894	1.064	1.233	1.401	1.568	1.724	0.544	0.644	0.743	0.841	0.937	1.023
16	0.569	0.675	0.779	0.883	0.985	1.078	0.350	0.412	0.473	0.533	0.591	0.639
25	0.371	0.438	0.505	0.570	0.634	0.690	0.127	0.270	0.308	0.346	0.382	0.409

表 2－15　　1kV 聚氯乙烯绝缘电缆用于 380V 系统的电压损失（线芯工作温度为 60℃）　　%/(A·km)

电缆截面积（mm²）	cosφ						cosφ					
	0.5	0.6	0.7	0.8	0.9	1.0	0.5	0.6	0.7	0.8	0.9	1.0
	铝芯电缆						铜芯电缆					
2.5	3.318	3.970	4.622	5.272	5.920	6.556	1.985	2.371	2.757	3.140	3.522	3.890
4	2.086	2.492	2.899	3.278	3.708	4.098	1.258	1.493	1.733	1.971	2.207	2.432
6	1.403	1.640	1.935	2.212	2.479	2.733	0.848	1.008	1.166	1.298	1.479	1.623
10	0.854	1.007	1.176	1.335	1.475	1.639	0.521	0.615	0.709	0.802	0.893	0.973

续表

电缆截面积（mm^2）	cosφ						cosφ					
	0.5	0.6	0.7	0.8	0.9	1.0	0.5	0.6	0.7	0.8	0.9	1.0
	铝芯电缆						铜芯电缆					
16	0.545	0.615	0.744	0.842	0.938	1.025	0.336	0.395	0.452	0.486	0.547	0.608
25	0.357	0.412	0.483	0.545	0.605	0.655	0.195	0.261	0.297	0.311	0.350	0.389
35	0.26	0.307	0.351	0.375	0.436	0.468	0.167	0.193	0.218	0.222	0.250	0.278

【例 2-1】 某用户有一台 220V、3kW 三相异步电动机，额定电流为 20A，$\cos\varphi=0.8$，线路长度为 200m，采用聚氯乙烯绝缘铝芯电缆，计算按允许电压损失选择电缆截面积。

解 根据题意，先算出电流（A）与长度（km）的乘积，即

$$20\times0.20=4\ (\text{A}\cdot\text{km})$$

再按用电设备的允许电压损失，计算每 A·km 的允许电压损失。取电动机允许电压损失为 5%，则每 A·km 的允许损失为

$$5\%\div4=1.25\%$$

第三步，根据题意采用聚氯乙烯绝缘铝芯电缆，查表 2-22 中铝芯 $\cos\varphi=0.9$ 竖行，小于 1.25%的最大值是 1.475%，所对应的电缆截面积是 $10mm^2$。此时的实际电压损失为

$$1.475\%\times4=5.9\%$$

因此，选用电缆截面积为 $10mm^2$ 聚氯乙烯绝缘铝芯电缆，根据一般规定电动机的电压损失不大于 5%～10%为宜，满足要求。

当电力网中无调压设备，其电缆截面积又较小时，为了保证供电质量可靠，应按允许电压降校核电缆截面积 S。

对于三相系统，电缆截面积 $S_{三相}$（mm^2）应满足

$$S_3\geqslant\frac{\sqrt{3}I\rho L}{U\Delta u\%}=\frac{1.732I\rho L}{U\Delta u\%} \tag{2-50}$$

对于单相系统，电缆截面积 $S_{单相}$（mm^2）应满足

$$S_{单相}\geqslant\frac{2IPL}{U\Delta u\%} \tag{2-51}$$

式中：I 为负荷电流，A；U 为网络额定电压，三相系统为线电压，单相系统为相电压；L 为电缆长度，m；u%为网络允许电压降百分数；ρ 为电阻率，铜芯取 $0.0206\Omega\cdot mm^2/m$，铝芯取 $0.035\Omega\cdot mm^2/m$。

当根据计算的导线线芯截面积值选择电缆截面积时，应选择不小于及最接近标准电缆的截面积 S（$S_{单相}$、$S_{三相}$），再对照电缆产品样本选择电缆截面积，并应先要考虑长期允许载流量；其次进行热稳定校核；最后考虑经济电流密度和网络允许电压降。

四、按电缆的额定电压值选择

按电缆导体与绝缘层屏蔽或金属护套之间的额定电压（U_0）、任何两相线之间的额定工频电压（U）、任何两相线之间的运行最高电压（U_m）以及一导体与绝缘层或金属护套之间的基准绝缘水平 BIL 选择，且应符合表 2-16 的规定。

表 2-16 电缆的额定电压值

系统中性点接地方式	有效接地						非有效接地			
系统额定电压（kV）	10	20	35	66	110	220	10	20	35	66
U_0/U	6/10	12/20	21/35	38/66	64/110	127/220	8.7/10	18/20	26/35	50/66
U_m	11.5	23	42.5	76	126	252	11.5	23	42.5	76
BIL	75	125	200	325	550	1050	95	170	250	450
外护套冲击耐压（kV）	20	20	20	37.5	37.5	47.5	20	20	20	37.5

注 摘自《城市电缆规定》（DL/T 5221—2005）。

五、电缆附件的选择

电缆附件包括中间接头盒终端头，有多种型号。选择应从电气性能、密封性能、机械性能和制作工艺简便等方面考虑。

电缆附件的选择，根据 DL/T 5221—2005《城市电力电缆线路设计技术规定》（8 电缆附件选择）一般规定，应考虑：

（1）按电压等级选择电缆附件，通常电缆附件是按额定电压以 $U_0/U(U_e)$ 表示的，它不得低于电缆的额定电压。

（2）绝缘特性。

1）电缆附件是将各种组件、部件和材料，按一定设计工艺，在现场安装到电缆端部构成的，在绝缘结构上，它与电缆本体结合成不可分割的整体。

2）电缆附件设计时采用的每一导体与屏蔽式金属护套之间的雷电冲击耐受电压之峰值，即基准绝缘水平 BIL，应符合表 7.1.1（DL/T 5221—2005）的规定。

3）户外电缆终端的外绝缘必须满足所设置环境条件（如污染等级、海拔等）的要求，并有一个合适的泄漏比距。在一般环境条件下，外绝缘的泄漏比距不应小于 25mm/kV，并不低于架空绝缘子串的泄漏比距。

4）绝缘接头的绝缘隔离板，应能承受所连电缆护层绝缘水平 2 倍的电压。

电缆附件选择与配置，应执行《电力工程电缆设计规范》（GB 50217—2007）要求。如：

a）电缆与六氟化硫全封闭电器直接相连时，应采用封闭式 GIS 终端。

b）电缆与高压变压器直接相连时，应采用象鼻式终端。

c）电缆与电器相连且具有整体式插接功能时，应采用可分离式（插接式）终端。

d）除上述情况外，电缆与其他电器或导体相连时，应采用敞开式终端。

如何正确选择电缆附件，将在本书第四、五章中详细介绍。

第三节 充油电缆线路设计

一、油路分段

油路分段的方法有将油路分隔成若干油段或增加供油点将油路分成若干供油段两种方

法。当自容式充油电缆线路的高差较大，在线路低处电缆内的油压超过规定上限值时，通常采用塞止电缆接头将电缆线路的油路分隔成若干供油段，使每一供油段内的油压处在允许范围内。电缆内部暂态油压的最大值与供油段长度的二次方成正比。当线路的供油段长度较长时，暂态油压最大值会超过允许值，此时常采用在电缆线路两端同时供油的方法，即将原来由一端供油的供油段长度分为等长两段，从而暂态油压的最大值降低至原来的1/4。它不需任何特殊的接头，因此是最简单的方法。当电缆线路更长，采用此法仍不能满足要求时，则要求在线路的适当地点安装特殊的接头，将整个油段分隔成两段以上的供油段，以降低暂态油压的最大值。这种能把油路分段的特殊接头一般分为塞止电缆接头和供油电缆接头两种。

供油电缆接头是使电缆油能从供油装置进入电缆油道而又不使电缆的油路在该接头内被隔断的一种接头。其结构要比塞止电缆接头简单，内部电场分布也比较均匀，所以比塞止电缆接头安全可靠。对于三芯自容式充油电缆而言，直线电缆接头可作为供油接头用，因为三芯充油电缆的油路在金属套内的三个缆芯之间，可通过接头的外壳直接与供油装置接通。但对于单芯电缆，它的油路在导体中心，必须经过绝缘层才能与供油装置接通，因此须采用不同于直线电缆接头的特殊供油接头。如果电缆线路受到严重外力破坏时，电缆内部的油会大量流失而使绝缘受到不利影响。此时当线路又特别长时，需要安装塞止电缆接头分隔油路，以减小受损害的电缆长度。

二、电缆供油装置的选择原则

GB 50217—2007《电力工程电缆设计规范》规定，自容式充油电缆必须接有供油装置，并应符合以下规定：

(1) 供油装置，应保证电缆工作的油压变化符合下列规定：

1) 冬季最低温度空载时，电缆线路最高部位油压不得小于容许最低工作油压。

2) 夏季最高温度满载时，电缆线路最低部位油压不得大于容许最高工作油压。

3) 夏季最高温度突增至额定满载时，电缆线路最低部位或供油装置区间长度一半部位的油压不宜大于容许最高暂态油压。

4) 冬季最低温度从满载突然切除时，电缆线路最高部位或供油装置区间长度一半部位的油压不得小于容许最低工作油压。

(2) 自容式充油电缆的容许最低工作油压，必须满足维持电缆电气性能的要求；容许最高工作油压、暂态油压，应符合电缆耐受机械强度的能力，并应符合下列规定：

1) 容许最低工作油压不得小于0.02MPa。

2) 铅包、铜带径向加强层电缆，容许最高工作油压不得大于0.4MPa；用于重要回路时不宜大于0.3MPa。

3) 铅包、铜带径向与纵向加强层电缆，容许最高工作油压不得大于0.8MPa；用于重要回路时不大于0.6MPa。

4) 容许最高暂态油压，可按1.5倍容许最高工作油压计算。

(3) 供油装置可采用压力箱。压力箱的可能供油量，宜按夏季高温满载，冬季低温空载条件确定。

(4) 电缆需要的供油量，应计及负荷电流和环境变化所引起电缆线路本体及其附件的油量变化总和。

(5) 供油装置的供油量，宜有40%的裕度。

(6) 电缆线路一端供油方式，当每相仅一台工作油箱时，对重要回路应另设一台备用供油箱；当每相配有两台及以上工作供油箱时，可不设置备用供油箱。

三、油箱个数计算

一条电缆线路需要配置多少只压力箱，由负载变化所引起电缆内的油体积变化和季节性温差引起电缆、压力箱、终端头的体积变化的总和并留有适当裕度来决定。根据需油量的计算可得每相线路所需压力箱的理论值

$$n_{pT}=\frac{G_c+G_s+G_T+G_j}{G-G_{pT}} \tag{2-52}$$

根据GB 50217—2007的规定，供油装置的供油量，宜有40%的裕度，则压力箱数为

$$n_{pT}=\frac{1.4(G_c+G_s+G_T+G_j)}{G-1.4G_{pT}}$$

$$G_c=\left\{\Delta\theta_c(e_0V_0+e_cV_c+e_{sp}V_{sp})+e_iV_i\left(\frac{\Delta\theta_sD_i^2-\Delta\theta_cD_c^2}{D_i^2-D_c^2}+\frac{\Delta\theta_c-\Delta\theta_s}{2\ln\left(\frac{D_i}{D_c}\right)}\right)-\Delta\theta_se_sV_s\right\}l \tag{2-53}$$

$$G_s=\Delta\theta_a\ (e_0V_0+e_cV_c+e_{sp}V_{sp}+e_iV_i-e_sV_s)\ l \tag{2-54}$$

$$G_{PT}=\Delta\theta_ce_0V_{PT} \tag{2-55}$$

$$G_T=2\Delta\theta_ce_0V_T \tag{2-56}$$

$$G_j=nje_0V_i\Delta\theta_a \tag{2-57}$$

$$n_{pT}\times G=G_C+G_S+n_{pT}G_{pT}+G+G_j \tag{2-58}$$

式中：G_c 为每相电缆因负载温升引起的需油量，L；e_0、e_c、e_{SP}、e_i、e_s 分别为绝缘油、导体、油道螺旋支撑管、绝缘体以及金属护套的体积膨胀系数，见表2-17；V_0、V_c、V_{sp}、V_i、V_s 分别为每厘米电缆导体内油、导体、螺旋管、绝缘以及金属护套的体积，cm^3/cm；$\Delta\theta_c$、$\Delta\theta_s$ 为电缆导体和金属护套的稳态温升，1/℃；G_s 为每相电缆因季节性温差引起的需油量，L；G_C 为每相电缆因负载温升引起的需油量；D_c、D_i 为电力电缆导体绝缘的内、外径，mm；n_{PT} 为每相线路内的压力箱数；$\Delta\theta_a$ 为环境温度的季节变化量，℃；G_{pT} 为每只压力箱因季节温差引起的需油量，L；G_T 为两只终端头，因季节温差引起的需油量（注意：此量对地下土壤和大气是不同的），L；G_j 为电缆线路每相中间接头，因季节温差引起的需油量，L；G 为每只压力箱供油量，cm^3；$n_{PT}G$ 为每相线路因上述各种原因引起的总的需油量，L。

取油量《电力工程电缆设计规范》(DL/T 5221—2007) 要求，当电缆线路温度变化时，能确保电缆内的油压值在规定范围内持续运行所需的油量。

表2-17　电缆常用材料的体积膨胀系数

材料名称	膨胀系统（$\times10^{-5}$/℃）	材料名称	膨胀系统（$\times10^{-5}$/℃）
铜	5	油	75
铝	7	纸	10
铅	8.5	油浸纸绝缘	42.5
钢	3.6	不锈钢	3.0

当计算出压力箱所需的数量不满一只时，必需选用一只压力箱数。

如果电缆线路很短，一个回路三根单芯电缆总共需要的压力箱供油量少于 50L 时，为了运行上方便，即当某一相的供油系统有故障（如漏油）时，不会影响其他相，最好采用每相单独用一只压力箱供油的彼此独立的供油系统，这样不仅可以比较每个供油系统压力表的指示，能很容易发现漏油故障。

如图 2－10 所示，电缆线路一般采用独立供油系统，又与另外的供油系统有联络阀门，正常运行时，联络阀门处于关闭状态，形成各自的独立供油系统，若有某一相的压力箱有故障或需要维护时，才打开其相关的联络阀门，使两相邻时共用一个压力箱。

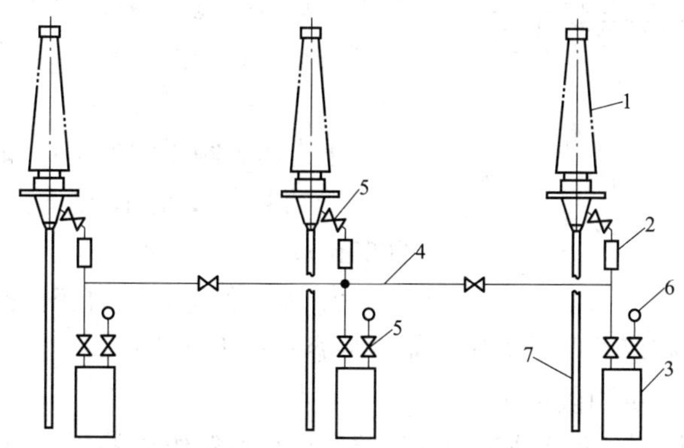

图 2－10　充油电缆线路压力箱供油系统示意图

1—终端头；2—绝缘接管；3—压力箱；4—管路；5—阀门；6—压力表；7—电缆

四、暂态压力计算

当电缆负载增加时，油的体积就会膨胀，油被挤入压力箱。暂态压力的大小与电缆一端供油和二端供油有关。离压力箱远处的压力高于离压力箱近外的压力。反之电缆负载减小时，油的体积将会收缩，压力箱又把油压入电缆。在远离压力箱处的压力则低于离压力箱近处的压力。对于油在油道中流动时电缆线路上随时间各点压力的变化，称为暂态压力。电缆内部的电缆油随膨胀或收缩而产生的暂态压力也可分别称暂态压力升或暂态压力降。

五、充油电缆供油系统油箱选择

供油系统是自容式和钢管式充油电缆线路的一个重要组成部分。为了使电缆线路能保持良好的运行状态，即在电缆储存、运输、敷设和运行中保持一定的油压，需要有一套供油系统。因为，灌充在充油电缆内的绝缘油的体积和压力随着电缆温度和周围温度的变化而变化，当温度高时，油体积增大，电缆内的压力随之升高，压力超过电缆金属护套所能承受的压力时就会破裂。当温度降低时，油的体积就会收缩，电缆内部压力下降，如果此压力出现负值，就会在电缆绝缘内产生空隙，空气和潮气侵入内部，使绝缘性能降低而导致电击穿事故。

通常充油电缆的供油系统由压力箱、供油管、真空压力表、真空阀门、绝缘管及电接点压力表组成。对于自容式充油电缆来说，电缆的油压是借助于与之相连接的供油设备供油箱来保证的。

压力箱，用于适应充油电缆中油体积变化的储油箱，分重力式和气压式。

1. 重力供油箱

重力供油箱分重力压力箱、特种重力压力箱和波纹弹性重力压力箱。下面仅介绍重力压力箱和特种重力压力箱。

（1）重力压力箱。利用供油箱安装高度形成的自然压力来维持充油电缆油压的供油装置为重力压力箱，如图 2-11 所示。它的特点是供油压力与供油吞吐量的大小和环境温度无关，电缆内部各处的油压仅与供油箱中的油位与该处高差有关。

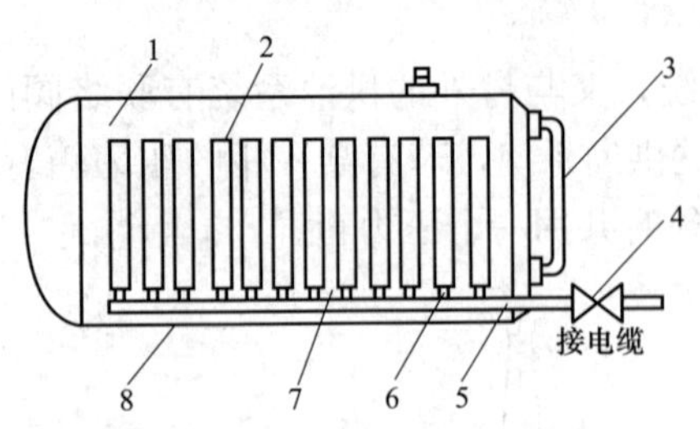

图 2-11　重力压力箱

1—保护油；2—弹性元件；3—油位计；4—阀门；5—总油管；6—分支管；7—电缆油；8—箱壳

重力压力箱应设置的高度（重力压力箱与电缆线路最高点的标高差），用 H 表示，必须满足

$$H > \frac{p}{\rho 9.81 \times 10^3} \tag{2-59}$$

式中：p 为电缆线路最高油压，MPa；ρ 为绝缘油的密度，矿物油取 0.895g/cm^3，合成油取 0.865g/cm^3。

重力压力箱供油的特点如下：

1）供油段的长度较长（通常为 1000～2000m）；

2）油压稳定，压力变化比较平坦；

3）即使电缆线路有落差，重力压力箱供油容量也不变化；

4）对倾斜的线路其供油段可延长。

（2）特种重力压力箱。由外油箱和内油箱两个金属箱组成的压力箱，简称 SFT（Special Freeding Tankde）。它与重力压力箱的原理相同，不同之处是把内油（绝缘油）箱与外油箱（调压）分别各自装入一个金属箱内。外油箱设置在高处，内油箱设置在低处地面上，由此产生的静压力通过管子传递至内油箱的弹性元件给绝缘油施加压力，向电缆线路补充油量。

2. 气压式供油箱

气压式供油箱工作原理如图 2-12 所示。它是一个密闭的容器，内装有若干个弹性元件；在弹性元件内充有一定压力的气体（一般为 CO_2）并置于一密封的盛油箱中，简称压力箱。压力箱的弹性元件由波纹金属片焊接而成，每个元件之间互不相通，在箱壳与弹性元件之间的空间充满电缆油并与电缆相通。当温度升高时，电缆内的油因体积膨胀，压力升高时，流至压力箱中，弹性元件被压缩，压力减少，弹性元件膨胀，将压力箱的油压送到电缆中去。

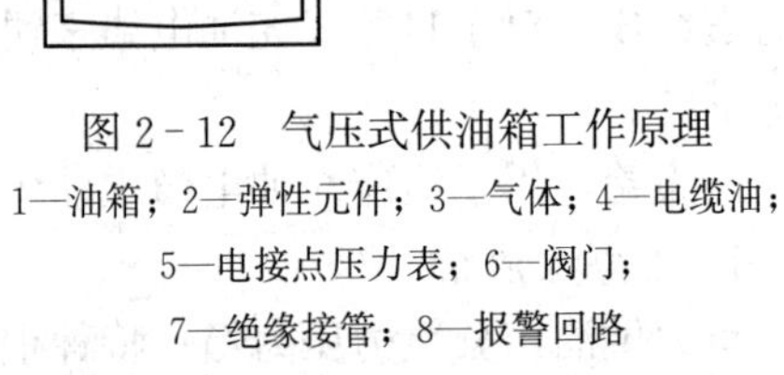

图 2-12　气压式供油箱工作原理

1—油箱；2—弹性元件；3—气体；4—电缆油；5—电接点压力表；6—阀门；7—绝缘接管；8—报警回路

（1）气压式供油箱。其可分为内气压式、外气压式和波纹弹性筒气压式供油箱。

1）内气压式压力箱，简称 IPT。它是将灌有一定气压的弹性元件放入金属箱内密封后进行抽真空处理，再将绝缘油灌入箱体内，用绝缘油将弹性元件与箱体间填满的压力箱。

绝缘油变化量的计算，根据波义耳—查理定律，内气压式压力箱的元件内的气体体积、温度和压力关系为

$$pV = nkT \tag{2-60}$$

式中：p 为气体压力，MPa；V 为绝缘油变化量，L；n 为压力箱中的元件数目，只；k 为气体常数，见表 2-18。

表 2-18 **气体常数 k**

工作压力范围（MPa）	气体常数	工作压力范围（MPa）	气体常数
0～0.3	0.032	0.07～0.5	0.055
0.04～0.4	0.045	0.10～0.6	0.065

注 摘自《城市电力电缆线路设计技术规定》（DL/T 5221—2005）。

绝缘油变化量为

$$V=\frac{nkT}{p} \tag{2-61}$$

内气压式压力箱结构特征：①可设置在户内或户外地面上。当受场地限制，不能采用重力供油方式时，可用它代替。当设计成在两端供油的线路时，则可采用内气压式供油和重力供油的混合供油方式。②弹性元件在最大容积范围内油压变化幅度要比重力式压力箱大；然而油量不能直接读出，需要使用重力供油箱的供油特性曲线换算获得。③可变油量 V（单只弹性元件）可用下式计算

$$V=k\left(\frac{T_{\min}}{p_{\min}}-\frac{T_{\max}}{p_{\max}}\right) \tag{2-62}$$

式中：$T_{\min}$、$T_{\max}$ 分别为压力箱最低、最高温度，K；$p_{\min}$、$p_{\max}$ 分别为压力箱最低、最高压力，MPa。

2）外气压式压力箱，简称 OPT。该压力箱的各个弹性元件用管子连通，装入金属箱体内并密封后抽成真空，再把绝缘油灌入弹性元件内，在箱体与弹性元件间的空隙灌入所需压力的氮气。该压力箱因灌入箱体内的氮气多，具有重力压力箱或特种重力压力箱的供油特性。可设置在户内或户外地面上，在缺乏条件设置重力压力箱时，能用 OPT 替代。OPT 的可变油量 V（单只弹性元件）可按下式计算

$$V=k'\left(\frac{T_{\max}}{p_{\min}}\times\frac{T_{\min}}{p_{\max}}-1\right) \tag{2-63}$$

$$k'=k\left(\frac{T_{\max}}{p_{\max}}\right)$$

式中：k 为气体常数，见表 2-18；k'为最小气体容积，L。

（2）根据压力箱供油特点，压力箱供油方式。分为两种：

1）压力箱一端供油方式，用于需要高构架放置压力箱及使用压力箱有困难的场合。压力箱一端供油特点：①油压随气候、电缆及附件的温度变化而变化；②供油线路较短，通常所供电缆线路的长度在 1000m 以下；③当电缆线路有落差时，压力箱个数要增加；④放在电缆线路高端，可充分利用压力箱的特点。

2）压力箱二端供油方式，用于高差不大的电缆线路中。压力箱二端供油特点：①瞬时油压变化比压力箱一端供油量小时，供油段可放长 1000～2500m；②在落差较大的电缆线路中，低端压力箱的吞吐量降低；③哪一端放置较多压力箱可获得较长的供油段由电缆线路特

性来决定。

如图 2－13 所示为重力供油箱、压力供油箱、平衡供油箱的供油特性曲线。

3. 组合供油箱系统

供油段长度为 3000～4000m 的电缆线路，可采用压力供油箱和重力供油箱组合使用，称为组合供油箱系统或称混合供油系统。该系统是一端压力供油箱、一端重力供油箱供油。该组合供油系统的特点是瞬态过程中由两端补偿，瞬态油压变化小；稳态时由重力供油箱供油，因此压力稳定。

如图 2－14 所示为集中加压混合供油系统，该系统即用一个统一的加压储油装置以达到集中加压的目的；特别对较长的电缆线路，为了减少暂态压力，还可在电缆线路的另一端接压力供油箱。

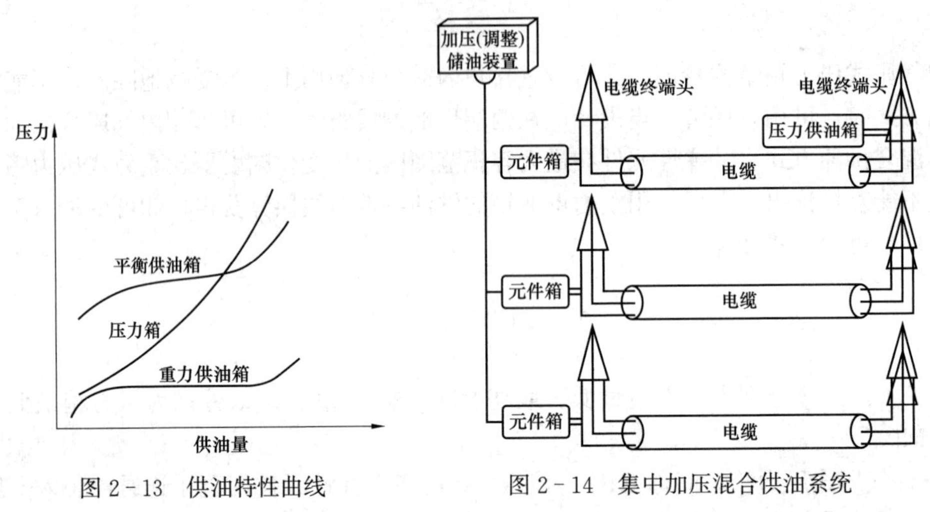

图 2－13 供油特性曲线　　图 2－14 集中加压混合供油系统

4. 平衡（恒压）供油箱

由于重力供油箱必须安装在高处才能使用，使重力供油箱的使用受到限制。而压力供油箱正好相反，安装点可任意选择，但它的供油压力随供油量和温度而变化。当压力高时，供油量相同的条件下，压力变化更大，由此带来的问题是压力越高，其压力供油箱的供油效率越低。因此，设计研究出许多种形式平衡（恒压）供油箱。

平衡供油箱的供油压力不是由油箱位置确定，而是用泵或气体维持其恒定。它的优点是不仅安装位置不受高度的限制，而且供油压力基本维持恒定，兼备了重力供油箱和压力供油箱二者的优点；但不足之处是该油箱结构和使用维护要比上述两类油箱复杂得多。

六、压力供油箱油整定

压力供油箱的下限压力 P_W 和上限压力 P_S 应按设计规定进行整定，以使电缆在规定的油压范围内运行。DL/T 453—1991《高压充油电缆施工工艺规程》规定压力供油箱油压整定计算必须满足下述要求，即

$$P_W \geqslant P_{min} + \Delta P_b + P'_h$$
$$P_S \leqslant P_{max} - \Delta P_t - P_h$$

式中：P_{max} 为电缆允许的最高油压；P_{min} 为电缆允许的最低油压；ΔP_t 为切除负载时的最大暂态压力变化；ΔP_b 为加上负载时的最大暂态压力变化；P_h 为电缆线路中的最低点与压

力供油箱之间的高度差所产生的净油压；P'_h为电缆线路中的最高点与压力供油箱之间的高度差所产生的净油压。

七、与充油电缆供油系统相配套的装置

除上面介绍的充油电缆供油系统油箱外，在充油电缆线路油系统中，还有极为重要的油管零部件，如油管、绝缘压缩节、阀门箱、油位报警器等。

1. 油管

油管（铅管、铝管均可作油管使用）多数采用波纹铝管，少数采用铅管，因为铅管抗机械特性差。如图 2－15 所示为油管结构。其尺寸规格见表 2－19。

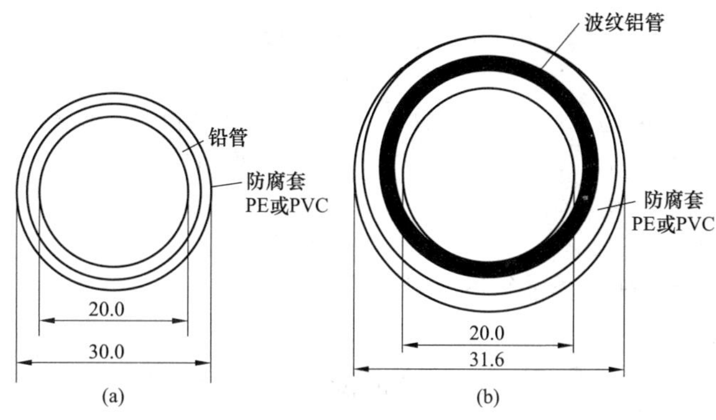

图 2－15　油管结构
(a) 铅管；(b) 波纹铝管

表 2－19　　油管尺寸规格

分类	金属管			环氧防腐厚度（mm）	概算外径（mm）	概算质量（kg/km）	允许弯曲半径（mm）
	内径（mm）	壁厚（mm）	波纹高（mm）				
铅管	20	3.0	—	2.0	30.0	2700	260
波纹管	20	1.8	2.0	2.0	31.6	700	280

注　摘自《城市电力电缆线路设计技术规定》(DL/T 5221—2016)。

2. 绝缘伸缩节

如图 2－16 所示为绝缘伸缩节结构。其耐冲击电压为 50kV，最高冲击电压为 11.7MPa，有搪铅连接式和螺盖连接式。搪铅连接式适用于铅管连接，螺盖连接式适用于波纹管连接。

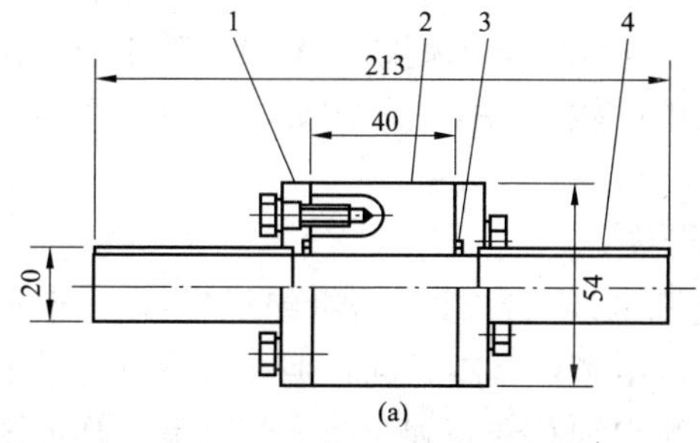

图 2－16　绝缘伸缩节结构（一）
(a) 搪铅连接式

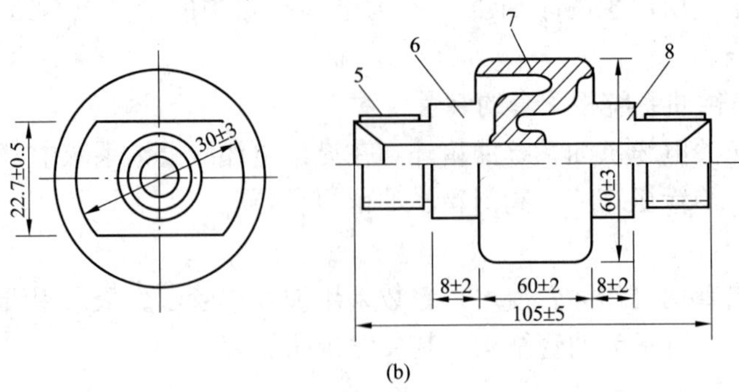

图 2-16 绝缘伸缩节结构（二）
(b) 螺盖连接式
1—法兰盘；2、6—环氧绝缘体；3—密封圈；4—铜管；5—螺盖；
7—埋入金具（A)；8—埋入金具（B)

3. 油位报警器

油位报警器，用于监视各类油箱的油位。

第四节 直流电缆的设计特点

一、基本常识

交流电也称交变电流，简称交流。一般指大小和方向随时间做周期性变化的电压或电流。它的最基本的波形是正弦波。直流电则相反，它的方向是不随时间而变化的，在直流电路中，电源的作用是提供不随时间变化的恒定电动势，通常又分为脉动直流电和稳恒电流。稳恒电流比较理想，大小和方向都不变。不能或不宜采用架空线路的场合，如跨海峡输电工程，向大城市中心供电的线路，宜采用直流输电。直流电缆与交流电缆相比具有以下优点：

(1) 直流电缆仅有线芯的电阻损耗，不存在绝缘介质以及铠装中的磁感应损耗，且绝缘老化也比较缓慢；而交流输电线路则存在电容电流所引起的电能损耗问题。

(2) 如果考虑临近效应和集肤效应的影响及各种损耗（绝缘材料的介质损耗、磁感应的涡流损耗、架空线的电晕损耗等），输送同样功率交流电所用导线截面积大于或等于直流输电所用导线的截面积的 1.33 倍。

(3) 直流电缆难以产生感应电流和泄漏电流，且对于同线路敷设的其他电缆线路的电缆不会产生电场干扰。单芯敷设电缆不会因钢结构桥架的磁滞损耗而影响电缆传输性能，并具有较高的载流能力和过载保护性能。同样电压的直、交流电场施加于绝缘上，直流比交流要安全得多。

二、直流电压下的电场分布

目前实际采用的高压直流电缆有黏性浸渍纸绝缘电缆、充油电缆、固体挤压聚合电缆等。直流电缆基本结构与交流电缆虽基本相同，但在暂态过电压的作用下，电位分布又取决于绝缘介质的介电系数。直流电缆在暂态和空载下与交流一样，最大场强通常发生在导体表面，而在负载下直流电缆最大场强发生在绝缘层表面。此外，直流电缆在带负荷情况下当极性发生反转时会引起绝缘层电场增大 50%以上。下面介绍直流电压下的电场分布和直流电缆设计的特点。

1. 电阻率和温度关系

电缆在运行中，线芯通以高压大容量的电流，由此而产生的线芯损耗会使电缆内的温度升高。然而，温度分布是不均匀的，故电阻率也会受温度的影响而发生变化。此时，电阻率和温度的关系为

$$\rho=\rho_0 e^{-\alpha\theta} \tag{2-64}$$

式中：ρ_0 为 0℃时的电阻系数；θ 为工作温度，℃；α 为温度系数。

根据稳态热性计算方法，绝缘层中的温度分布为

$$\theta=\theta_c-\frac{\theta_c-\theta_s}{\ln\frac{R}{r_c}}\ln\frac{r}{r_c} \tag{2-65}$$

式中：θ_c 为导电线芯温度，℃；θ_s 为金属屏蔽层线芯温度，℃；r_c 为导电线芯半径，mm；R 为绝缘层外半径，mm；r 为绝缘中任意一点到电缆中心距离，mm。

若将式（2-65）代入式（2-64）中可得

$$\rho=\rho_0 e^{-\alpha\theta_c}\left(\frac{r}{r_c}\right)^{\beta} \tag{2-66}$$

其中 $\beta=\alpha\frac{\ln\theta_c-\theta_s}{\ln\frac{R}{r_c}}$。

单位长度电缆绝缘电阻 R_i 计算式为

$$R_i=\int_{r_c}^{R}\rho\frac{dr}{2\pi r}=\frac{\rho_0 e^{-\alpha\theta_c}}{\beta 2\pi r_c^{\beta}}(R^{\beta}-r_c^{\beta}) \tag{2-67}$$

2. 直流电缆的场强

对于恒定电场，其电缆绝缘内任意一点处的场强 E 为

$$E=\rho\delta=\rho\frac{I_i}{2\pi r}=\frac{\rho}{2\pi r}\times\frac{U_0}{R_i} \tag{2-68}$$

将式（2-67）代入式（2-68）中可得

$$E=\frac{U_{\alpha}\beta r^{\beta-1}}{R^{\beta}-r_c^{\beta}} \tag{2-69}$$

式（2-69）描述了直流电压下电场强度分布的特点。由于 $\beta=\theta_c-\theta_s=W_c\frac{\rho T_1}{2\pi}\ln\frac{R}{r_c}$，故

$$\beta=\frac{\alpha(\theta_c-\theta_s)}{\ln\frac{R}{r_c}}=\frac{\alpha W_c}{2\pi}\rho T_1 \tag{2-70}$$

此时，当 $\beta=0$，$0=\theta_c-\theta_s$ 即 $\theta_c=\theta_s$，相当于负载为零，由式（2-69）知 $E=\frac{U_a\cdot 0r^{0-1}}{R^0-r_c^0}=\frac{0}{0}$为不定型，但依然作为均匀介质考虑，电导率 γ 不受温度的影响，即为定值。根据电磁场理论，求解恒定电场的问题，可用相应的静电场分析方法，则有 $U=\int_{r_c}^{R}E dr=rE\ln\frac{R}{r_c}$；故 $E=\frac{U}{r\ln\frac{R}{r_c}}$。由此可知，此时场强的分布和交变电压下的场强分布相同。最大

场强出现在导电线芯表面，而绝缘层表面场强最小。据式（2－70）可知，当$\beta=1$时，有$E=\frac{U}{R-r_c}$，当$\beta<1$时，$\gamma^{\beta-1}$为负指数，E随r增加而减少，但比$\beta=0$时要均匀；当$\beta>1$时，$\gamma^{\beta-1}$为正指数，E随r增加而增加，最大场强有可能出现在绝缘层表面，即加上负载后，最大场强有向绝缘层表面移动的趋势。

三、直流电缆接头盒的设计

由于直流电缆的温度分布影响绝缘层中的电场分布，因此直流电缆接头部分的电场分布比交流电缆复杂得多。实际计算中，忽略电缆长度方向的热流，并以最大负载条件下的温度分布计算其切向场强。

1. 增绕绝缘厚度

与交流电缆一样，接头盒内的最大径向电场强度不得超过绝缘的允许值，据此来确定增绕绝缘的厚度。选定接头盒内最大允许径向电场弧度时，应考虑浸渍纸的含水量对其击穿强度的影响。

2. 直流电缆接头盒应力锥的形状和长度

直流电缆接头盒应力锥的形状和轴向长度，采用与交流电缆接头盒同样的方法确定。应力锥形状如图2－17所示。其上任意点处切向场强为

$$E_t=E\frac{dy}{dx}=\frac{\beta Ur^{\beta-1}dy}{r^\beta-r_c^\beta dx}$$

当$r=y$，则$dr=dy$，因此有

$$E_t dx=\frac{\beta Ur^{\beta-1}}{r^\beta-r_c^\beta}dr$$

设计应力锥形状使其场强E_t为常数，对上式两端进行积分

$$\int_0^x E_t dx=\int_0^x\frac{\beta Ur^{\beta-1}}{r^\beta-r_c^\beta}dr$$

于是可得到

$$x=\frac{U}{E_t}\ln\frac{R_n^\beta-r^\beta}{R^\beta-r_c^\beta}$$

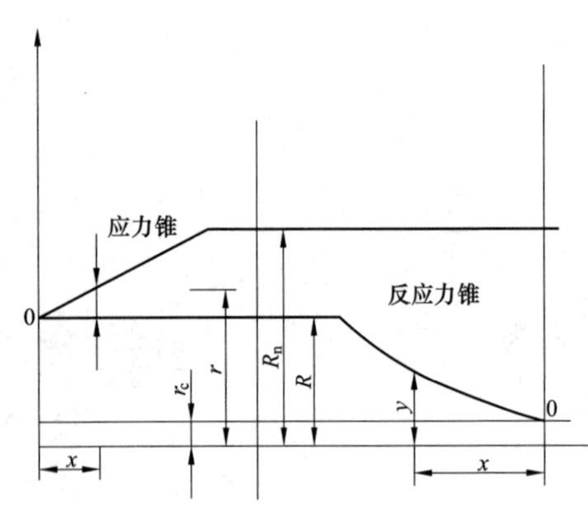

图2－17 直流电缆接头盒应力锥、反应力锥计算说明

式中：U为设计电压（见表2－20），kV；E_t为应力锥任意点的场强，油浸纸绝缘取1～2kV/mm，自粘胶带取0.3～1.0kV/mm。

表2－20 设 计 电 压

工作电压（kV）	110	220	500
设计电压（kV）	325	605	1010

3. 直流电缆反应力锥的形状和长度

反应力锥形状见图2－17。其面上任一点处的切向场强为

$$E_t=\frac{\beta Uy_n^{\beta-1}dy}{(R_n^\beta-r^\beta)dx}$$

将上式积分得

$$\int_0^x E_t \mathrm{d}x = \int_0^x \frac{\beta U r^{\beta-1} \mathrm{d}y}{(R_n^\beta - r_c^\beta)\mathrm{d}x}$$

所以得

$$x = \frac{U y^\beta - r_c^\beta}{E_t R_n^\beta - r_c^\beta} \tag{2-71}$$

反应力锥长度（反应力锥与导体露出部位的距离，mm）L_c 为

$$L_c = \frac{U R^\beta - r_c^\beta}{E_t R_n^\beta - r_c^\beta} \tag{2-72}$$

式中：U 为设计电压（见表 2－30），kV；E_t 为反应力锥与导体露出部位之间的平均轴向场强，kV/mm，油浸纸绝缘取 0.8～1.2kV/mm，自粘胶带取 0.5～0.7kV/mm。

4. 瓷套长度

由于直流电缆静电吸尘，瓷套表面的污秽状况比交流电缆严重得多，因此设计瓷套长度时，泄漏距离应取得比交流电缆大。本文限于篇幅，不做介绍。

第五节　防雷保护及减少金属护套感应电压计算

一、电缆线路的防雷保护

雷电能直接或间接导致电力系统的部分设备或线路产生雷电过电压危及电力系统安全运行，是电力系统发生故障的主要因素之一。尽管电缆线路大多数都埋设在地下、水下、管道等构筑物中，而架空绝缘电缆只占极少数，遭受雷击可能性很小，但它必定是与架空线或其他电气设备相连接的，因此，同样有被雷击的可能，应对其采取防雷保护。有必要了解电缆线路的防雷保护和与之相关的电缆接地装置设计的基本知识。

1. 电缆主要绝缘的防雷保护措施及设备

(1) 避雷器。城市配电网采用架空绝缘电缆后，雷害造成的断线事故相对增加。为了保证电缆线路的安全运行，必须安装绝缘电缆过电压保护避雷器。它能够在断路器动作之前，快速截断工频续流，可作为配电网绝缘电缆有效的过电压保护装置，能有效防止雷害断线和绝缘子损坏等事故，避免因断路器动作而中断供电。

另外，在发电厂、变电站，除使用避雷器外，也可采用避雷针（线）作为防雷保护装置，处于这些地方的电缆因此而受到保护。

绝缘电缆过电压保护避雷器一般由串联间隙与氧化锌元件两部分组成，现场安装时利用支柱绝缘子作为基础件，连接在导线和地之间的一种防止雷击的设备，通常与被保护设备并联，如图 2－18 所示。其产品出厂提供的零部件包括氧化物避雷器元件 1 只、羊角间隙 1 对、Z 形支架 1 只、卡环 1 套、M8×30 螺栓 3 套。现场安装时，先将支柱绝缘子下端的螺母卸下，再将 Z 形支架大孔一端固定在支柱绝缘子下端（使另一端上翘）并用螺母拧紧；然后将避雷器元件竖直朝上固定在 Z 形支架的小孔一端，用卡环将间隙左羊角用 M8×30 的螺栓固定在支柱绝缘子的上端，间隙右羊角固定在避雷器的上螺栓上，羊角间隙上下左右对齐，最后调整羊角使其间隙距离为 16.5mm。图 2－19 为用于 10kV 线路的（带脱离器）线路避雷装置（HYWSZ－15/50T 、HYWSZ－15/50TA）的安装。

绝缘电缆过电压保护避雷器有管型避雷器和阀型避雷器。

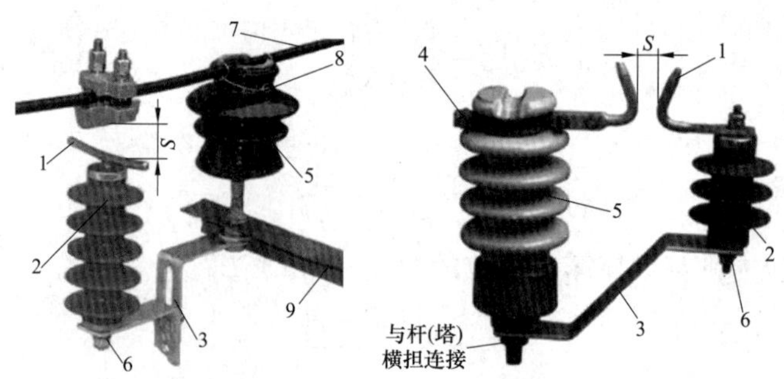

图 2-18 绝缘电缆过电压保护装置（产品）的安装

1—羊角电极；2—氧化锌元件；3—Z 形支架；4—卡环；5—支柱（瓷）绝缘子；6—接地；7—架空绝缘电缆；8—绑扎线；9—杆（塔）横担；S—间隙

1）管型避雷器。它由两个串联间隙组成，一个间隙在大气中，称为外间隙，用于隔离工作电压，避免产气管被流经管子的工频泄漏电流烧坏；另一个装设在气管内，称为内间隙或者灭弧间隙。管型避雷器的灭弧能力与工频续流的大小有关。如图 2-20 所示，产气管由纤维有机玻璃或塑料制成，内部间隙装在产气管内，内部电极为棒形，外部电极为环形。当线路上遭到雷击或感应雷时，雷电过电压使管型避雷器的内、外间隙击穿，强大的雷电流通过接地装置入地。由于避雷器放电时内阻接近零，所以其残压极小，但工频续流极大。雷电流和工频续流将管子内部间隙发生强烈电弧，将管内壁材料燃烧产生大量灭弧气体，由管口喷出，强烈吹弧，使电弧迅速熄灭，全部灭弧时间至多 0.01s（半个周波）。这时外部间隙的空气恢复绝缘，使避雷器与系统隔离，恢复系统正常运行。

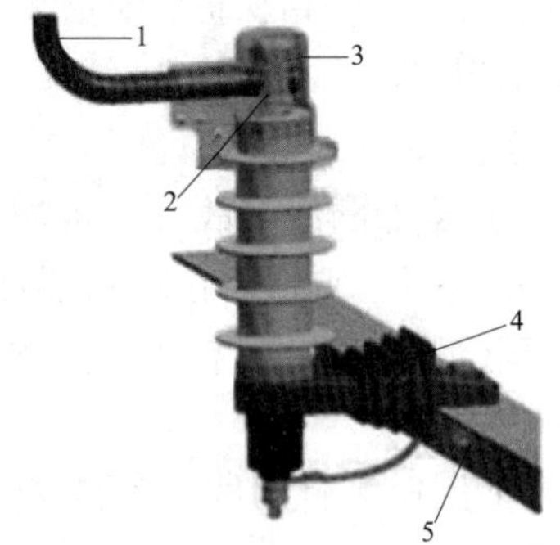

图 2-19 用于 10kV 线路的（带脱离器）线路避雷装置（HYWSZ-15/50T、HYWSZ-15/50TA）的安装

1—绝缘导线；2—穿刺线夹；3—绝缘护罩；4—可加装热爆式脱离器；5—铁横担

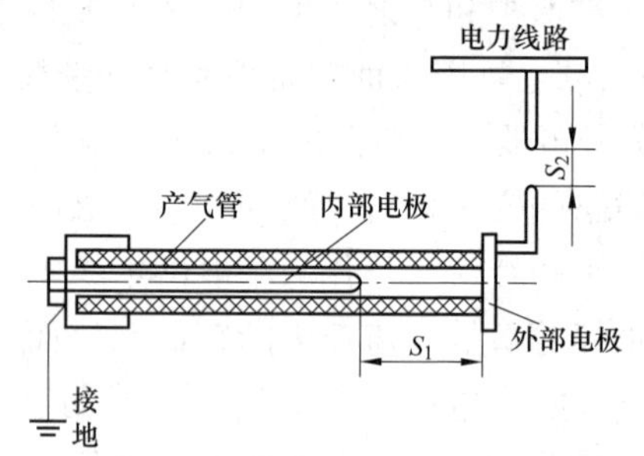

图 2-20 管型避雷器工作原理

S_1—内间隙；S_2—外间隙

2）阀式避雷器。阀式避雷器主要由瓷质绝缘套管、火花间隙和阀片电阻等元件组成，都安装在密封的瓷质套管中。瓷质绝缘套管由瓷性材料制作，主要起绝缘保护作用。火花间隙由多个单元间隙串联而成，每个间隙是由两个冲压成的黄铜片电极，其间用 0.5～1mm 的云母垫圈隔开构成。每个单元间隙形成均匀的电场，在冲压电压作用下的伏秒特性平衡，能与被保护设备绝缘达到配合。在正常情况下，火花间隙使阀片电阻及黄铜片电极与电力系统隔开，而在受过电压击穿后半个周期（0.01s）内，能将工频续流电弧熄灭。

阀片电阻由金刚砂和水玻璃等混合后经模型压制成饼状。它具有良好的伏安特性，当电流通过阀片电阻时，其电阻甚小，产生的残片（火花间隙放电以后，雷电流通过阀片电阻泄入大地，并在阀片电阻上产生一定的电压降）不会超过被保护设备的绝缘水平。当雷电流通过后，其电阻自动变大，将工频续流值限制在80A以下，以保护火花间隙可靠灭弧。

图2-21所示为阀式避雷器的工作原理图。设有一雷电冲击波U_{in}，沿线路向设置有避雷的某点A入，火花间隙被击穿放电，强大的雷电流通过阀片迅速泄漏到大地，此时雷电压在阀片上产生的电压降U_v'(称残压）通过A点后的电压$U_{in}' \ll U_{in}$，而$U_v' \approx U_{in}$，雷电流过后，线路即可恢复正常对地（工频）电压，电流则是工频电流，使火花间隙较快熄灭弧，从而切断工频续流，于是避雷器和电网线路恢复正常运行。

碳化硅避雷器的基本工作元件是叠装于密封瓷套内的火花间隙和碳化硅阀片（电压等级高的避雷器产品具有多节瓷套）。碳化硅阀片是以电工碳化硅为主体，与结合剂混合后，经压形、烧结而成的非线性电阻体，呈圆饼状。碳化硅阀片的主要作用是吸收过电压能量，限制放电电流通过自身的压降（称残压）和限制续流幅值，与火花间隙共同作用熄灭续流电弧。

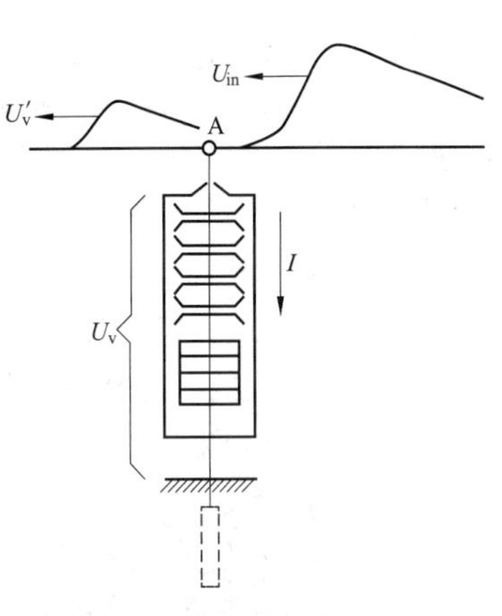

图2-21　阀式避雷器的工作原理

碳化硅避雷器按结构不同又分为普通阀型和磁吹阀型两类。后者利用磁场驱动电弧来提高灭弧性能，其具有很好的保护性能。碳化硅避雷器的保护性能好，广泛用于交、直流系统中，可保护发电、变电设备的绝缘。

(2) 保护间隙。它是一种最简单的避雷器，由主间隙和辅助间隙串联而成。辅助间隙是为了防止主间隙被外物（如小鸟）短路而设置的，以防止误动作。主间隙的两个电极做成角形，可以使工频续流电弧在自身电动力和热气流作用下上升拉长而变得易于熄灭。当遇到雷电侵入波过电压时，间隙首先放电击穿，线路被短路接地，避免了被保护设备受到过电压的危害。在过电压消失后，间隙中仍可能有工频电压作用所产生的工频续流，由于保护间隙没有专门的灭弧措施，其灭弧能力比较差，所以会引起线路的跳闸事故，主要用于限制大气过电压，一般用于配电系统、线路和变电站进线段保护。保护间隙已基本被淘汰。

2. 电缆金属护套的防雷保护

雷电流不仅会侵入电缆的导体，还会侵入电缆的金属护套。当雷电流侵入时，雷电波在终端和绝缘接头的金属护套处会发生畸变，产生相当高的过电压，使电缆的外护层被击穿，危及电缆的安全运行。因此，必须对电缆的金属护套、外护套采取防雷保护措施，一般都使用护层保护器。

电缆护层保护器应用于单芯电力电缆线路、一端接地的电缆线路及交叉互连的电缆线路中，可限制电缆金属护层上的感应过电压，确保护层绝缘不被过电压击穿。护层保护器有单相式与三相式两种，其主要元件是非线性电阻的阀片。单相式是将一片或几片阀片装在一个密封罐内，或密封在一个环氧树脂的铸件内。三相式是将三组阀片接成星形接线，并进行密封，适用于终端或工作井内的绝缘接头的防雷保护。三相式的保护器与换位铜排一起装在特制的换位箱内，用三根同轴引出线（或称同轴电缆）与绝缘接头连接。从经济角度考虑，一

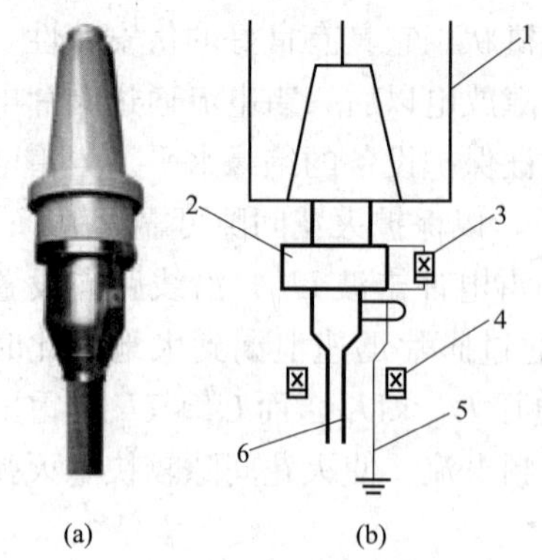

图 2-22 GIS 电缆终端及其保护措施布置
(a) GIS 电缆终端；(b) GIS 电缆终端保护措施布置
1—GIS 绝缘筒；2—绝缘筒；3—外护层保护装置或高频雷电旁路电容；4—电流互感器；5—接地线；6—电缆

般仅对 110kV 及以上电压等级的超高压电缆（单芯电缆）的金属护套、外护套作防雷保护。

由于雷电流在金属护套的传输现象很复杂，目前还没有研究出好的方法对电缆金属护套进行防雷保护，对此世界各国正在加紧研究。如日本对电缆金属护套进行的防雷保护主要是采用气体绝缘金属封闭开关设备（GIS）电缆终端。

GIS 电缆终端是装在气体绝缘封闭开关设备（GIS）内部，以六氟化硫（SF_6）气体为外绝缘的电缆终端。如图 2-22 所示为 GIS 电缆终端及其保护措施布置。

3. 塔终端的防雷保护

处于塔终端处的电缆，其金属护套也必须做好防雷保护。

间接接地方式，如图 2-23（a）、（b）所示。间接接地是指电缆的金属护套通过铁塔（铁塔本身是接地的）间接连接接地。但因铁塔体与电缆金属护套处于同一电位，电缆金属护套的感应电流会流到铁塔上，对铁塔有一定的腐蚀作用。

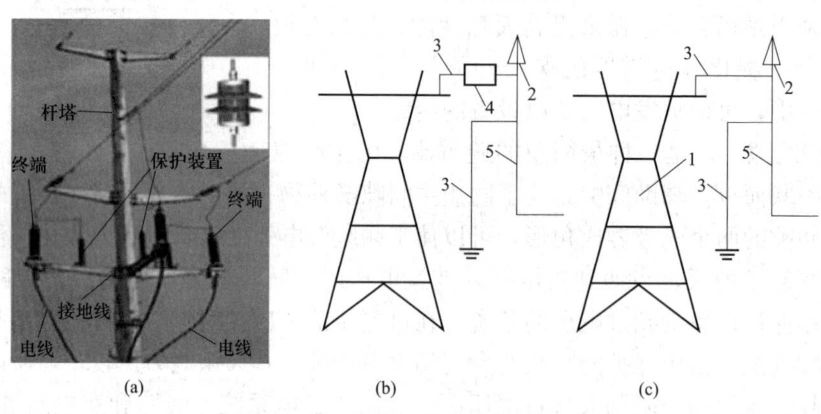

图 2-23 铁塔上终端的保护措施
(a) 间接接地工程；(b) 间接接地示意图；(c) 直接接地示意图
1—铁塔；2—电缆终端；3—接地线；4—保护装置；5—电缆

直接接地方式如图 2-23（c）所示。直接接地是指将位于铁塔上的电缆的金属护套用接地线引至地面并接地。当接地线过长时可另加装保护装置（多用避雷器）并接铁塔。与间接接地方式相比，该方式电缆金属护套的电流不会流到塔体上，但雷电流侵入时，由于接地线长、波阻抗大，抑制雷电流不充分，将导致电缆金属护套与塔体之间的电位差很高。

4. 接头处的防雷保护

对于电缆线路交叉换位处的绝缘接头，必须采用外护层保护装置对接头的绝缘处做防雷保护。

二、金属护套感应电压计算及减少感应电压方法

接地是指将电气设备的某些部分用导线（接地线）与埋设在土壤中或水中的金属导体（接地体或接地极）相连接。

为保证电缆金属护套对地保持良好的绝缘，安装时应根据线路的不同情况，按照经济合理的原则在金属护套的一定位置采用特殊的连接和接地方式，并同时装置护层保护器以防止电缆护层被击穿。

单芯电缆的导线和金属屏蔽可分别看作是变压器的一次绕组与二次绕组。当电缆的导线通过交流电流时，其周围产生的一部分磁力线将与屏蔽层铰链，使屏蔽层产生感应电压，感应电压的大小与电缆线路的长度和流过导体的电流成正比，电缆很长时，护套上的感应电压叠加起来可达到危及人身安全的程度，在线路发生短路故障、遭受操作过电压或雷电冲击时，屏蔽上会形成很高的感应电压，甚至可能击穿护套绝缘。如果屏蔽两端同时接地使屏蔽线路形成闭合通路，屏蔽中将产生环形电流，电缆正常运行时，屏蔽上的环流与导体的负荷电流基本上为同一数量级，将产生很大的环流损耗，使电缆发热，影响电缆的载流量，缩短电缆的使用寿命。因此，电缆屏蔽应可靠合理的接地，电缆外护套应有良好的绝缘。

1. 金属护套感应电压计算

当电缆在交变电压下运行时，线芯中通过的交变电流必然会产生磁场。对具有金属屏蔽层的电缆，一般均采用单点接地或交叉互连接地方式，这样就会在金属屏蔽层上产生感应电压。

对于具有公共金属屏蔽的三芯电缆，因线芯通过的三相电流的相量和为零，故在公共金属屏蔽层中的感应电压相量和亦为零，可忽略不计。但对单芯的高压和超高压电缆，感应电压可能会达到很大的数值，尤其是在短路情况下，可能会使线芯通过大于正常电流十几倍的电流，产生的感应电压不仅会危及人身安全，还有可能击穿金属护套的外护层。因此，必须验算感应电压并采取限制措施。

《城市电力电缆线路设计技术规定》(DL/T 5221—2016) 定义交叉互连是指相邻单元段电缆的金属护套或屏蔽层的交叉连接，使每个金属护套或屏蔽层连接回路依次包围三相导体的一种特殊互连方式。

(1) 正常运行时电力电缆金属屏蔽层（金属护套）中的感应电压。护套电感和线芯电感相同，且金属护套的厚度比线芯直径小得多，其内感可以忽略不计。

由两根单芯电缆组成的单回路中，单位长度金属护套中感应电压 U_s（V/m）计算式为

$$U_s = -j\omega L_s \dot{I} = -j2\omega \dot{I}\left(\ln\frac{2S}{D_s}\right)\times 10^{-7} \tag{2-73}$$

或

$$U_s = 2\omega j\left(\ln\frac{2S}{D_s}\right)\times 10^{-7} \tag{2-74}$$

式中：S 为电缆中心间的距离，mm；D_s 为电缆金属护套的平均直径，mm。

对三相水平直线敷设和三相等边三角形敷设，设电缆中心轴间距离为 S（$S_1=S_2=S$，$S_3=2S$），且三相平衡电流 $\dot{I}_1=I\angle 120°$，$\dot{I}_2=I\angle 0°$，$\dot{I}_3=I\angle -120°$，则金属护套中感应电压 U_s（V/m）计算式为

$$\left.\begin{aligned}\dot{U}_{s1} &= I\left[\frac{\sqrt{3}}{2}(X_s+X_m)+\frac{1}{2}j(X_s-X_m)\right]\\ \dot{U}_{s3} &= I\left[\frac{\sqrt{3}}{2}(X_s+X_m)+\frac{1}{2}j(X_s-X_m)\right]\end{aligned}\right\} \tag{2-75}$$

各相感应电压的有效值（V/m）为

$$|\dot{U}_{s1}| = |\dot{U}_{s3}| = I\sqrt{X_s^2+X_sX_m+X_m^2} \tag{2-76}$$

式中：$X_s=2\omega\left(\ln\dfrac{2S}{D_s}\right)\times10^{-7}\Omega/m$，$X_m=2\omega(\ln2)\times10^{-7}\Omega/m$。

对三相等边三角形敷设（含三相分相屏蔽型电缆），其感应电压计算方法和单回路计算方法相同。

(2) 电力电缆线芯短路时金属护套上的感应电压。电力系统中的电缆线路短路电流（$\dot{I}_{soA}$）一般为电缆额定负载电流的十几倍至几十倍，将在金属护套上产生很高的感应电压，这时的感应电压也是最高的。此时将大地等效成一定（埋深）的抽象“导线”。接地电流以此和线芯形成单一回路，如图 2-24 所示。于是可计算，短路相金属护套感应电压 U_{SAE} 为

$$U_{sAE}=-(R+jX_el)\dot{I}_{soA} \tag{2-77}$$

$$X_e=2\omega\left(\ln2\frac{s_e}{D_s}\right)\times10^{-7}$$

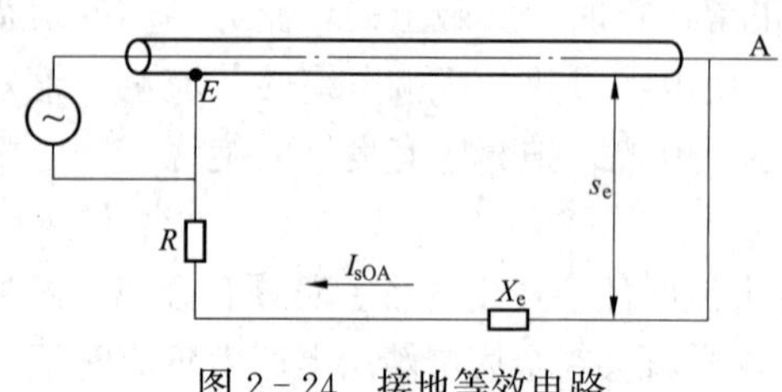

图 2-24 接地等效电路

式中：R 为接地电阻，Ω；$\dot{I}_{soA}$ 为短路电流，A；X_e 为大地的等效阻抗，Ω/m；l 为电缆长度，m；D_s 为金属护套的外径，mm。

其中，s_e 根据经验公式取 $94\sqrt{\rho_e}$，ρ_e 为土地的电阻率；若不能确切测定，s_e 一般可取 1000m。

2. 减少金属护套感应电压的方法

(1) 敷设回流线，即通常对于金属护套只在一处互联接地的电缆线路，沿线路敷设一条或多条两端妥善接地的金属导线，这种两端接地的导线称为回流线［《电力工程电缆设计规范》(GB 50217—2007) 定义：配置平行于高压单芯电缆线路、以两端接地使感应电流形成回路的导线］。

敷设回流线方式，既减少了土地等值阻抗 X_e 数值，也排除了地网敷设回流线方式，即减少了土地等值阻抗 X_e 数值，也排除了地网接地电阻的影响。

当电缆线路正常运行时，三相线路在回流线上感应电动势相量和应为零，不会感应电流，不会造成损耗。因此，回流线和各相的距离应为

$$\left.\begin{aligned}S_1&=1.7S\\S_2&=0.3S\\S_3&=0.7S\end{aligned}\right\} \tag{2-78}$$

式中：S 为各相中心间的距离，mm；S_1、S_2、S_3 分别为回流线与三相中心间的距离，mm，如图 2-25 所示。

三相回路系统中，单相短路回路电流不经过大地而经过回流线反回接地点，短路相电缆单位长度金属护套感应电压 $\dot{U}_{sAE}$（单位：V/m）为

$$\dot{U}_{sAE}=-j\dot{I}_{sAE}2\omega\left(2\ln\frac{2S_3}{D_s}\right)\times10^{-7} \tag{2-79}$$

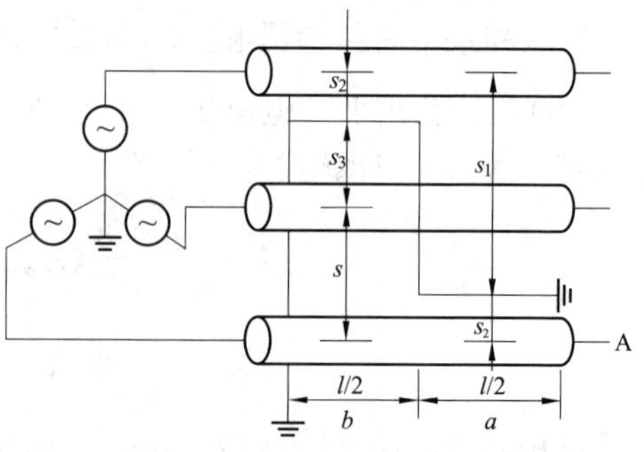

图 2-25 三相电缆线路回流线布置示意图

(2) 金属护套接地。若中高压大截面积电力

电缆为单芯电缆，电缆金属护层一端三相互连并接地，另一端不接地，当雷电波或内部过电压沿电缆线芯流动时，电缆金属护层不接地端会出现较高的冲击过电压，或当系统短路电流流经电缆线芯时，其护层不接地端也会出现很高的工频感应过电压。为限制电力电缆金属护层上的感应电压和故障过电压，并避免在护层中形成环流，电缆金属护层一端直接接地，另一端则通过保护器接地。如果线路较长，还应将电缆护层分成三段（或三的倍数段）相互绝缘，分段处的护层交叉互连后通过保护器接地。

1）护套一端保护接地方式如图 2-26 所示。该接地方式还必须安装一条沿电缆线路平行敷设的导体，导体的两端接地，该导体称为回流线。为了避免正常运行时回流线内出现环流，敷设导体时应使它与中间一相电缆的距离为 0.7S（S 为相邻电缆轴间距离），并在电缆线路的一半处换位。

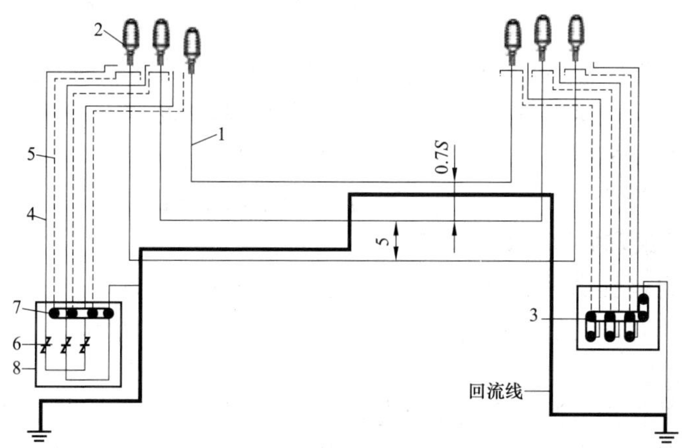

图 2-26 护套一端保护接地方式

1—电缆；2—终端；3—接地箱；4—同轴电缆内导体（连接金属护套）；5—同轴电缆外导体；6—保护器；7—隔离开关；8—连接盒

2）护套两端接地方式不需装设保护器，可减少维护工作，同时与连接金属护套损耗相比，有可能还会更经济。施工安装时，用多股绞线的一端在电缆终端头尾管铅封以下进行焊锡连接，另一端接至三相隔离开关盒，并将中性点接地。电缆的接地引线（截面积大小）应满足环流经济密度的要求。

3）护套中点接地，多用于较长的电缆线路，即在电缆线路的中间将铅护套接地，电缆两端对地绝缘，并分别装一组保护器。

（3）护套交叉互连接地。当线路长度在 1000m 及以上时，可采用图 2-27 所示的接地方式。该接地方式将电缆线路分成若干大段，每大段原则上分成长度相等的三小段，每小段之间以绝缘接头连接，绝缘接头处金属护套三相之间用同轴电缆经接线盒（又称换位箱）进行连接，绝缘接头处的换位箱装设一组护套保护器，每一大段的两端护套分别并联接地。

护套交叉互连方式的优点是感应电流低，环流小，电缆线路可不装设回流线。

交叉互连电缆线路每一小段为一盘电缆，当电缆线路太长时，根据供油量和防止电缆故障漏油扩大到整个线路，采取分段供油。一般在大段之间装设塞止接头，将电缆油隔开，使油流互不相通。

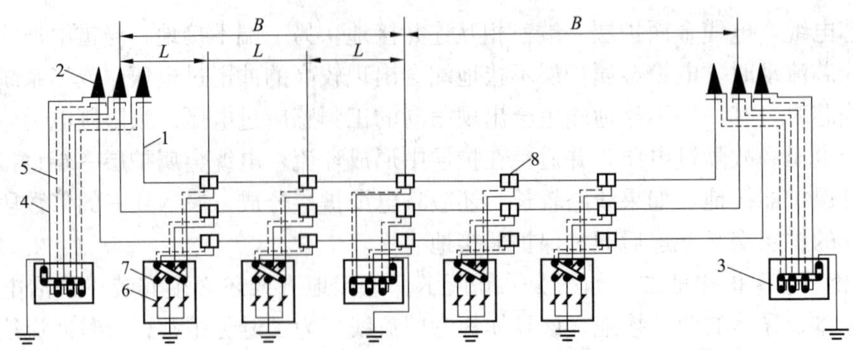

图 2－27　电缆线路护套交叉互连接地示意图

1—电缆；2—终端头；3—接地箱；4—同轴电缆内导体；5—同轴电缆外导体；
6—保护器；7—接线换位；8—绝缘接头；B—电缆大段；L—电缆小段

(4) 电缆换位金属护套交叉互连接地。这种方式将电缆线路分段，护套互连，同时将三相电缆连续地进行换位，接线方式与护套交叉互连接地基本相同。该方式的优点是，不但对称排列的三相电缆护套电位相量和为零，对于即使不对称的水平排列三相电缆，其相量和也为零，也无环流。尽管该方式效果好，但只适用于电缆比较容易换位的场所，如隧道等。

三、保护器的安装和护套接地注意事项

保护器是指为电器提供用电安全保护的装置，它内置有智能的防高压装置，电器在瞬间高电压的异常情况下，能智能启动内部保护装置，确保用电器的用电安全。

1. 保护器的安装

目前电缆护套的保护普遍采用氧化锌电阻阀片避雷器。在正常工作电压下，保护器呈高电阻，通过保护器的工作电流极其微小（微安级），基本处于截止状态，使护套与大地之间不形成通路。反之，电缆护套出现雷击或操作电压达到保护器的起始动作电压时，保护器的电阻很快下降，使过电流较容易的由护套经保护器流入大地，这时保护器上的电压仅为残压，而保护器的残压和起始动作电压比冲击过电压低得多，比护套冲击试验电压也小得多，因而使护套绝缘免遭过电压的破坏。

运行的电缆线路也可能出现短路故障，这时护套上及绝缘片间感应产生较高的工频电压。此时过电压的时间较长（一般为后备保护切除短路故障的时间约 2s），就保护器而言是能承受该过电压作用的，因此可起到保护作用。

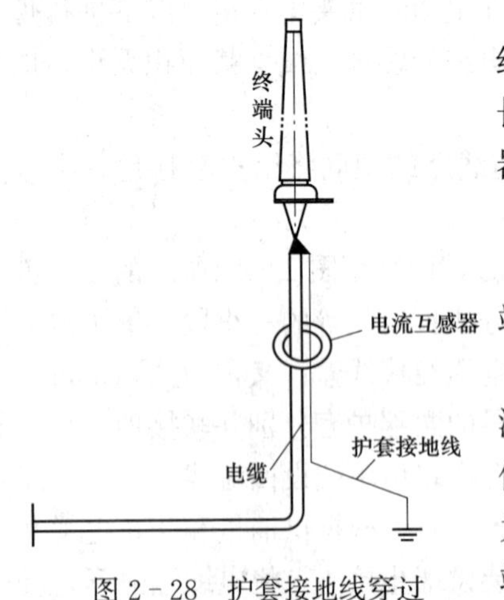

图 2－28　护套接地线穿过电流互感器布置示意图

2. 护套接地注意事项

(1) 为了降低护套上的冲击过电压，应将电缆护套一端直接接地与架空线路相连接的一端装保护器。

(2) 对在电缆终端头下部套有电流互感器（用于电流测量和继电保护）的电缆线路，当护套出现冲击过电压，保护器动作时，护套上会有很大的电流经接地线流入大地。为了抵消电流互感器上的电流，必须将套有电流互感器一端的护套接地线或连接保护器的接地线自上而下穿过电流互感器，如图 2－28 所示。

（3）对高压充油电缆，除电缆线路规定接地的部位以外，其他部位不得接地，以保证护套绝缘良好。这是因为：①电缆线路非接地的护套有感应电流，当护套绝缘不良时会引起铅护套交流腐蚀或火花放电而损坏铅套；②对于一端接地或交叉互连的电缆线路，有冲击过电压时保护器尚未动作，护套薄弱的地方可能会先被击穿；③两端接地或交叉互连的电缆线路，当电力系统发生单相接地时，故障电流很大，则护套中电流也很大，如果护层绝缘不良也将会被击穿，从而烧坏护套和加强层；④护套绝缘损坏击穿后电缆线路将形成两点或多点接地，护套上将产生环流。

第六节　电缆构筑物设计

电缆构筑物包括电缆沟、电缆排管、电缆工井、电缆隧道等。电缆构筑物施工前必须进行设计计算。本节主要介绍电缆构筑物设计常识，力求直观简单，对理论求索分析及公式推导，以及计算涉及的相关技术数据，有兴趣的读者可作深入研究探讨。这里仅依据《城市电力电缆线路设计技术规定》（DL/T 5221—2005）、《电力工程电缆设计规范》（GB 50217—2007）规定的基本原则介绍电缆构筑物设计的理念。

一、电缆沟设计

电缆沟由墙体、电缆沟盖板、电缆沟支架、接地装置、集水井等组成。电缆沟按其支架布置方式分为单侧支架电缆沟和双侧支架电缆沟。

1. 电缆构筑物的转角和结构尺寸设计

电缆线路上的土建设施，必须根据电缆敷设的允许弯曲半径进行设计，以求最大限度地满足敷设施工要求。转角处的弯曲半径，在设计时为满足敷设要求取设计半径为3～4m，有的构筑物的转角受地形地物的影响，满足规定有一定的困难，即转角处的弯曲半径不能满足20倍的电缆外径时，施工敷设则应进行土建削角处理，如图2-29所示。图中R表示敷设电缆的弯曲半径；R'表示敷设后电缆的弯曲半径，为$20D$（电缆外径）；α表示土建削角22.5°。

当井坑电缆线路路径的高程不同时，电缆会出现立面弯曲。为了满足电缆弯曲半径的要求，立面弯曲同平面弯曲一样，也要进行削角处理。有些不易进行削角处理的立面弯曲部位，在敷设前，可通过制作特种转角钢支架加以调整。

排管中敷设或直埋敷设电缆时，电缆中间接头放置于电缆工作井中，或者由于地下水位较高，为了维修和建筑方便，将电缆接头放于地面以下的接头室中。如图2-30所示为常见电缆井坑的布置形式。

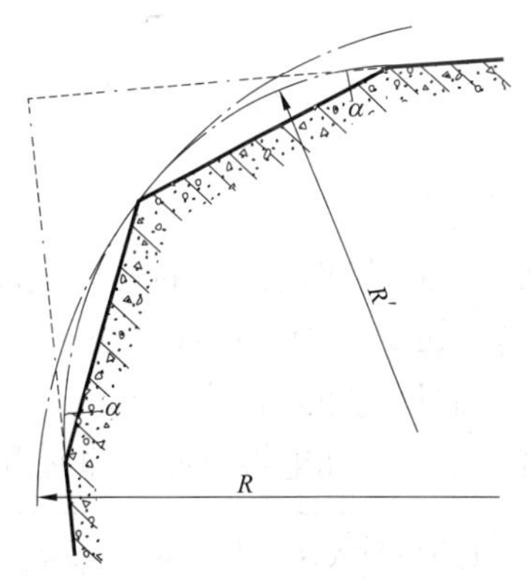

图2-29　构筑物转角处的削角处理

为了便于接头的施工，电缆沟除了必需的压力箱等设备的布置和工作面积外，还应考虑可以安置电缆接头等附件或供牵拉电缆作业所需要的小室式电缆构筑物，即工作井或接头室。它们有圆形的、有方形的。它们的尺寸，主要取决于电缆的平面和立面弯曲时所需要的尺寸。电缆工作井的主要尺寸如图2-31所示。工作井的尺寸也可由下式求得

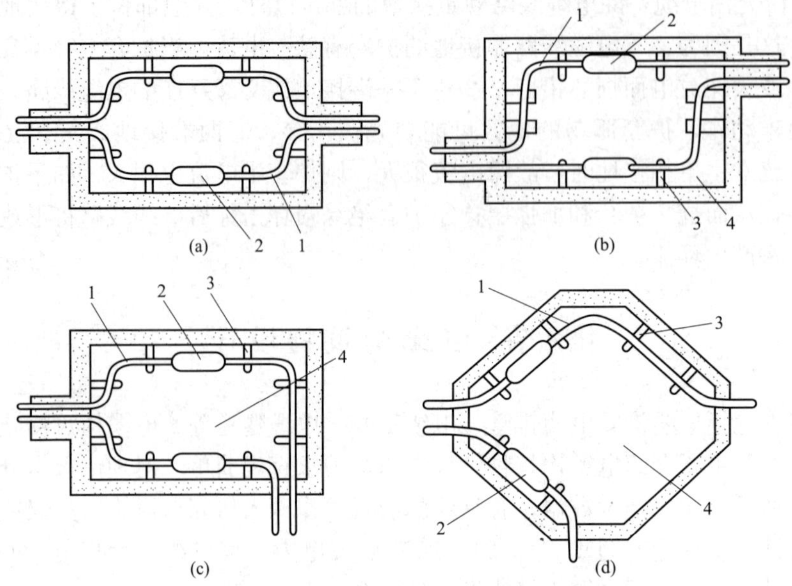

图 2－30　常见电缆井坑的布置形式

(a) 形式一；(b) 形式二；(c) 形式三；(d) 形式四

1—电缆；2—电缆中间接头；3—电缆支架；4—电缆井

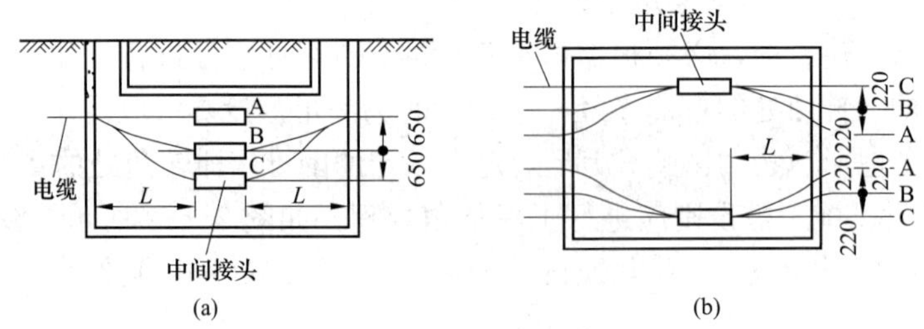

图 2－31　电缆工作井的主要尺寸

(a) 侧面；(b) 平面

$$L=\sqrt{(Nd)^2-\left(Nd-\frac{x}{2}\right)} \tag{2-80}$$

式中：L 为弯曲部分的投影长度，mm；N 为电缆弯曲半径的最小允许倍数；d 为电缆半径，mm；x 为高程差，mm。

假设电缆外径为 120mm，允许弯曲半径为 20mm。由图 2－33 所示设计图，根据式（2－80）可知电缆平面弯曲所需的长度为

$$L=\sqrt{(Nd)^2-\left(Nd-\frac{x}{2}\right)}=\sqrt{(20\times120)^2-\left(20\times120-\frac{220\times2}{2}\right)}\approx2400\,(\text{mm})$$

有的电缆中间接头或终端头附近还预留有一定的备用电缆长度。该备用电缆的一段一般做成“S”形敷设，按照上述的计算方法，也可确定“S”形的最小宽度和长度，并计算出预留的电缆长度。

2. 电缆固定方式及部件

(1) 电缆固定方式分为挠性固定和刚性固定。

1) 电缆挠性固定（见图 2-32)。《电力工程电缆设计规范》(GB 50217—2007) 定义电缆挠性固定为，使电缆随热胀冷缩可沿固定处轴向角度变化或稍有横移的固定方式。

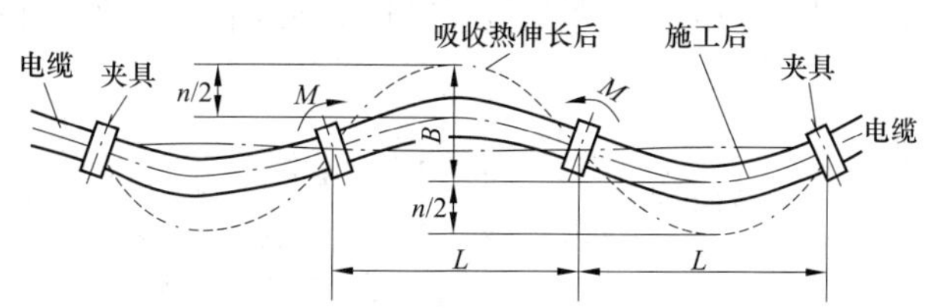

图 2-32 电缆挠性固定（水平蛇行敷设）示意图

2) 电缆刚性固定（见图 2-33)。《电力工程电缆设计规范》(GB 50217—2007) 定义电缆刚性固定为，使电缆不随热胀冷缩发生位移的夹紧固定方式。即相邻夹具之间的电缆在受重力和热胀冷缩作用时，不发生位移。尤其在电缆的端部宜采用该固定方式。

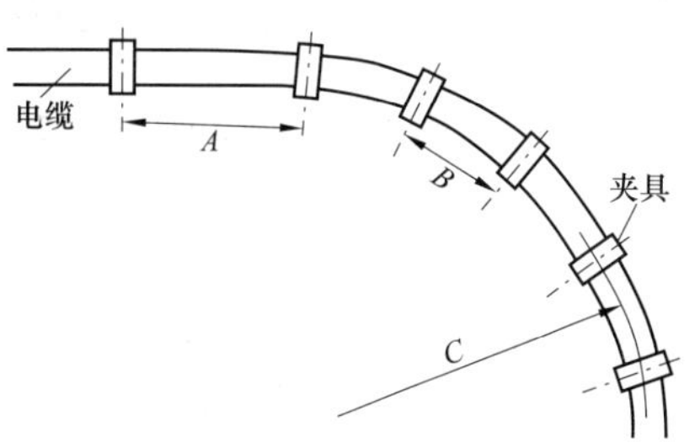

图 2-33 电缆刚性固定

A—直线段夹具间距；B—弯曲段夹具间距；C—弯曲半径

(2) 电缆固定用部件的选择。除交流单芯电力电缆外，可采用经防腐处理的扁钢制夹具、尼龙扎带或镀塑金属扎带；强腐蚀环境，应采用尼龙扎带或镀塑金属扎带；交流单芯电力电缆的刚性固定，宜采用铝合金等不构成磁性闭合回路的夹具；其他固定方式，可采用尼龙扎带或绳索，不得用铁丝直接捆扎电缆。

电缆在隧道和电缆沟内宜保持的最小允许距离见表 2-21。

表 2-21 电缆在隧道和电缆沟内宜保持的最小允许距离 (GB 50217—2007) mm

项目		电缆隧道	电缆沟
高度		1900	不作规定
两边有电缆架时，架间水平净距（通道宽）		1000	500
一边有电缆架时，架间水平净距（通道宽）		900	450
电缆架各层间垂直净距	10kV 及以下电力电缆	200	150
	20kV 或 35kV 电力电缆	250	200
	110kV 电力电缆	不小于 2D+50（D 为电缆外径）	
	控制电缆	100	36
电力电缆间水平净距		不小于电缆外径	

3. 蛇行弧设计

按定量参数要求减少电缆轴向热应力或有助自由伸缩量增大而使电缆呈蛇行的敷设方式，称为电缆的蛇行敷设。该敷设方式分水平蛇行弧和垂直弧，以下根据 DL/T 5221—2016《城市电力电缆线路设计技术规定》介绍蛇行方向设计方法。

(1) 水平蛇行弧设计。

1) 根据图 2－32 所示水平蛇行弧敷设示意图，其水平蛇行弧横向滑移量在《城市电力电缆线路设计技术规定》(DL/T 5221—2016) 的推荐计算公式为

$$n=\sqrt{B^2+1.6Lm}-B \tag{2-81}$$

式中：m 为电缆热胀冷缩量，mm；B 为蛇行弧宽度，mm；L 为半个蛇行长度，mm；n 为横向滑移量，mm。

当导体温升 t (K) 为 $t\leqslant\frac{1}{AE\alpha}(\mu WL+2f)$ 时，电缆热胀冷缩量 m 为

$$m=\frac{(AE\alpha t-2f)^2}{4\mu WEA} \tag{2-82}$$

当 $t>\frac{1}{AE\alpha}(\mu WL+2f)$ 时，电缆热胀冷缩量 m 计算式为

$$m=\frac{L}{2}\left[\alpha t-\frac{1}{AE}\left(\frac{\mu WL}{2}+2f\right)\right] \tag{2-83}$$

式中：L 为电缆长度，mm；W 为电缆单位长度的重力，N/mm；A 为电缆导体截面积，mm；f 为电缆的反作用力，N；μ 为摩擦系数；α 为电缆的线胀系数，1/K；E 为电缆的杨氏模量，见表 2－22。

表 2－22　蛇行弧横向力计算用常数 (DL/T 5221—2016)

电缆类型	电缆线膨胀系数 α (K^{-1})	电缆的反作用力 (N)	导体温升 T (K)		电缆的杨氏模量 (N/mm^2)
充油电缆	16.5×10^{-6}	1000	单芯	55	50 000
			三芯	50	30 000
交联电缆	20×10^{-6}	1000	单芯	55	30 000
			三芯扭绞	60	5000

2) 水平蛇行弧轴向力的计算公式见表 2－23。

表 2－23　水平蛇行弧轴向力计算公式 (DL/T 5221—2016)

有无金属套	原点校正值	敷设方式	温度下降时	温度上升时
无	—	水平蛇行	$+\frac{\mu WL^2}{2B}\times0.8$	$-\frac{8EI}{B^2}\times\frac{\alpha t}{2}-\frac{EI}{(B+n)^2}\times\frac{\alpha t}{2}-\frac{\mu WL^2}{2(B+n)^2}\times0.8$
		垂直蛇行	$+\frac{\mu WL^2}{2B}\times0.8$	$-\frac{8EI}{B^2}\times\frac{\alpha t}{2}-\frac{8EI}{2(B+n)^2}\times0.8+\frac{8WL^2}{2(B+n)}\times0.8$
有	$+\frac{8EI}{B^2}\times\frac{\alpha t}{2}$	水平蛇行	$+\frac{8EI}{B^2}\times\frac{\alpha t}{2}+\frac{\mu WL^2}{2B}\times0.8$	$-\frac{8EI}{(B+n)^2}\times\frac{\alpha t}{2}+\frac{\mu WL^2}{2(B+n)}\times0.8$
		垂直蛇行	$+\frac{8EI}{B^2}\times\frac{\alpha t}{2}+\frac{\mu WL^2}{2B}\times0.8$	$-\frac{8EI}{(B+n)^2}\times\frac{\alpha t}{2}+\frac{\mu WL^2}{2(B+n)}\times0.8$

注　1. “＋”表示承受拉伸力，“－”表示承受压缩力。

2. 其他符号含义如下：W—电缆单位质量，N/mm；L—蛇行弧半个节距长度，mm；EI—电缆抗弯刚度，N·mm²；n—电缆幅向滑移量，mm；B—蛇行弧幅宽，mm；t—温升（见表 2－32），K；α—电缆的线膨胀系数（见表 2－32），1/℃；μ—摩擦因数。

电缆的抗弯刚性 EI，与电缆类型结构有关。DL/T 5221—2016《城市电力电缆线路设计技术规定》推荐电缆的抗弯刚性 EI 计算方法为

充油电缆护套电缆轴 $EI=251d_{m}^{3.5}$

充油铝皱纹护套电缆 $EI=14.4d_{S}^{3.54}$

交联电缆 $EI=E_{C}I_{C}+E_{i}I_{i}+E_{m}I_{m}$

其中 $I_{C}=\frac{\pi}{64}d_{C}^{4}\approx0.2d_{C}^{4}$

$$I_{i}=\frac{\pi}{64}(d_{i}^{4}-d_{C}^{4})\approx0.2(d_{i}^{4}-d_{C}^{4})$$

$$I_{m}=\frac{\pi}{8}d_{m}^{3}\times\tau$$

式中：E_{C} 为导体层杨氏模量，一般取大于 500N/mm²；E_{i} 为绝缘层杨氏模量，一般取大于 400N/mm²；E_{m} 为金属护套杨氏模量，铝护套取 1000～1300N/mm²，不锈钢取 5000～1000N/mm²；I_{C} 为导体断面次力矩；I_{i} 为绝缘层断面次力矩；I_{m} 为金属护套断面次力矩；d_{C} 为导体外径，mm；d_{i} 为绝缘层外径，mm；d_{m} 为金属护套外径，mm；d_{S} 为金属护套平均外径，mm；τ 为金属护套厚度，mm。

3）水平蛇行敷设电缆的固定。为了节约工程建设费用，仅在每隔 4、5 个蛇行弧的变曲点以及隧道或电力电缆沟的转弯处和末端部位设紧固式夹具，其他的变曲点设置能使电缆可轴向滑动的中间夹具后用具有足够强度的尼龙绳绑扎。水平蛇行敷设电缆用尼龙绳强度 F 计算式为

$$F\geqslant2.04\times10^{-5}\frac{I_{max}^{2}l}{S}K=2.04\times10^{-5}\frac{I_{max}^{2}l}{S}\times2.5=5.1\times10^{-5}\frac{I_{max}^{2}l}{S}\qquad(2-84)$$

式中：I_{max} 为最大短路电流，A；l 为两绑扎点距离，mm；S 为两相电力电缆中心距离，m；K 为安全系数，一般取 2.5。

（2）垂直蛇行弧设计。垂直蛇行弧同样有下向滑移量、电缆热伸缩量、轴向移动量和电缆的固定技术问题。

垂直蛇行弧下向滑移量可按式（2－81）计算；电缆热伸缩量可按式（2－82）、式（2－83）计算；垂直蛇行弧轴向力的计算见表 2－22；垂直蛇弧形式安装的电缆固定，一般都在蛇行弧的弧顶固定。工程实际中，一般可在 8～10 个蛇行弧的弧顶、隧道或电缆沟的转弯处和末端部位的弧顶设紧固夹具，其他弧顶可用足够强度的尼龙绳绑扎。

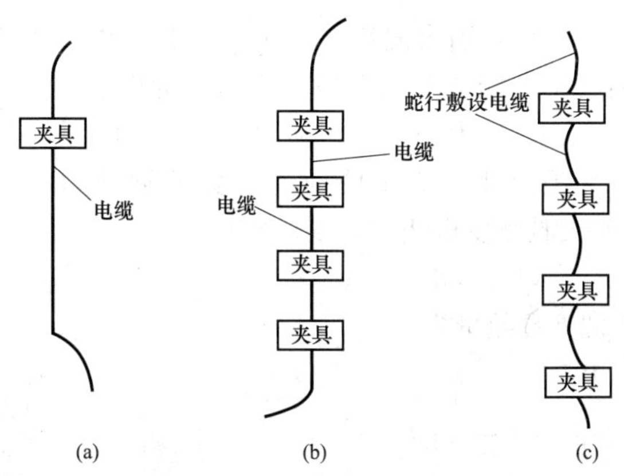

图 2－34 垂直敷设固定方式
(a) 直线敷设顶部一点固定方式；(b) 直线敷设多点固定方式；(c) 蛇行敷设多点固定方式

二、垂直敷设

在竖井内和杆（塔）上敷设电缆，称为垂直敷设。敷设方式的选择和电缆固定夹具数量，取决于电缆本体单位长度重量（N/m）及投入运行后电缆的温度变化所出现的热伸缩量和轴向力。

垂直敷设固定方式（DL/T 5221—2016）如图 2－34 所示。图 2－34（a）所示敷设固定方式适用于高差不大，电缆重量较

轻，采用顶部一点支持固定，此时电缆热伸缩由底部弯曲处吸收。图 2－34（b）所示敷设固定方式适用于单位长度重量较重，但热伸缩轴向力不大的电缆垂直敷设；图 2－34（c）所示敷设固定方式适用于热伸缩轴向力很大，但可降低热伸缩轴向力的垂直敷设。

下面根据 DL/T 5221—2016《城市电力电缆线路设计技术规定》介绍垂直敷设相关设计计算方法。

1. 垂直敷设直线段敷设顶部一点固定所需电缆夹具数量

设电缆夹具数量 N 必须满足以下计算条件

$$N=\frac{LWS_f}{F}\geqslant\frac{4LW}{F} \tag{2-85}$$

式中：L 为电缆垂直敷设部分电缆的长度，m；W 为电缆单位长度重量，N/m；S_f 为安全系数，取 $S_f\geqslant 4$；F 为夹具对电缆的紧握力，N。

2. 垂直敷设直线段敷设多点固定对夹具的要求

垂直敷设直线段敷设多点固定方式的夹具安装间距 L 必须满足式（2－86）要求

$$L\leqslant\frac{FS_f}{W} \tag{2-86}$$

除考虑垂直敷设直线段敷设多点固定夹具之间距离外，还应考虑当地温度影响因素。

3. 垂直蛇行敷设上端所需夹具数量

固定夹具安装位置如图 2－35 所示。当温度上升电缆伸长、温度下降电缆收缩时，垂直蛇行敷设上端夹具数量为

$$\left.\begin{aligned} N_1 &\geqslant \frac{\left(F_{a1}-\dfrac{WL}{2}-W_1\right)S_f}{F} \\ N_2 &\geqslant \frac{\left(F_{a2}+\dfrac{WL}{2}-W_1\right)S_f}{F} \end{aligned}\right\} \tag{2-87}$$

式中：N_1、N_2 分别为温度上升电缆伸长或温度下降电缆收缩时，上端夹具的数量，只；W 为电缆单位长度重量，N/m；L 为一个蛇行弧两端的夹具间距，m；F_{a1}、F_{a2} 为温度上升、下降时蛇行弧的轴向力，N；W_1 为上端夹具承受电缆的重量，N/m。

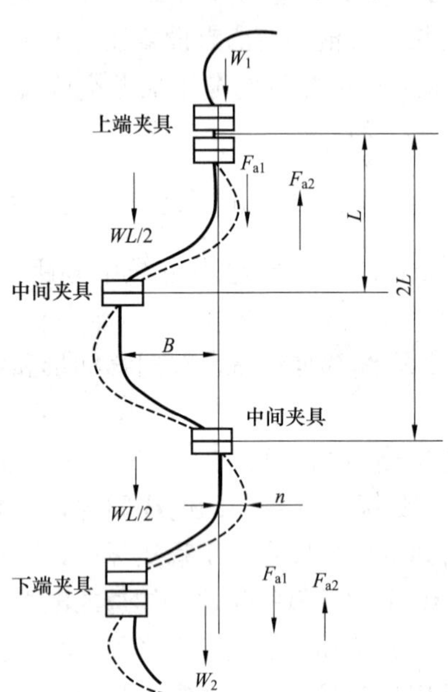

图 2－35 固定夹具安装位置

计算出的 N_1、N_2 比较取大者。

当温度下降电缆收缩时，垂直蛇行敷设下端夹具数量为

$$\left.\begin{aligned} N_3 &\geqslant \frac{4\left(F_{a1}+\dfrac{WL}{2}+W_2\right)}{F} \\ N_4 &\geqslant \frac{4\left(F_{a2}-\dfrac{WL}{2}-W_2\right)}{F} \end{aligned}\right\} \tag{2-88}$$

式中：N_3、N_4 分别为温度上升电缆伸长或温度下降电缆收缩时，下端夹具的数量，只；W_2 为下端夹具承受电缆的重量，N/m。

计算出 N_3、N_4 值，以取大者为宜。

式（2-87)、式（2-88）中温度上升电缆伸长或温度下降电缆收缩时的轴向力 F_{a1}、F_{a2} 为

$$\left.\begin{aligned} F_{a1} &= +\frac{8EI}{(B+n)^2}\times\frac{\alpha t}{2} = +\frac{4EI\alpha t}{(B+n)^2} \\ F_{a2} &= -\frac{8EI}{B^2}\times\frac{\alpha t}{2} = -\frac{4EI\alpha t}{B^2} \end{aligned}\right\} \tag{2-89}$$

$$n=\sqrt{B^2+1.6\alpha\times t\times L^2}-B$$

式中：n 为蛇行弧幅向的滑移量，mm；B 为蛇行弧幅宽，mm；α 为电缆的线膨胀系数，充油电缆取 $16.5\times10^{-6}\mathrm{K}^{-1}$，交联电缆取 $20.0\times10^{-6}\mathrm{K}^{-1}$；$t$ 为温升，K；EI 为电缆抗弯刚度，$\mathrm{N\cdot mm^2}$。

电缆抗弯刚度计算：充油铅护套电缆的电缆抗弯刚度 EI 为

$$EI=251d_{\mathrm{m}}^{3.5} \tag{2-90}$$

式中：d_{m} 为金属护套外径，mm。

充油铝皱纹护套电缆的电缆抗弯刚度 EI 为

$$EI=14.4d_{\mathrm{S}}^{3.94} \tag{2-91}$$

式中：d_{S} 为铝皱纹金属护套平均外径，mm。

交联电缆的电缆抗弯刚度 EI 为

$$EI=E_{\mathrm{C}}I_{\mathrm{C}}+E_{\mathrm{i}}I_{\mathrm{i}}+E_{\mathrm{m}}I_{\mathrm{m}} \tag{2-92}$$

式中：E_{C}、E_{i}、E_{m} 分别为导体、绝缘层、金属护套的杨氏模量，$\mathrm{N/mm^2}$；I_{C}、I_{i}、I_{m} 分别为导体、绝缘层、金属护套断面次力矩。

其中

$$I_{\mathrm{C}}=\frac{\pi}{64}d_{\mathrm{c}}^4\approx0.2d_{\mathrm{c}}^4 \tag{2-93}$$

$$I_{\mathrm{i}}=\frac{\pi}{64}(d_{\mathrm{i}}^4-d_{\mathrm{c}}^4)\approx0.2(d_{\mathrm{i}}^4-d_{\mathrm{c}}^4) \tag{2-94}$$

$$I_{\mathrm{m}}=\frac{\pi}{8}(d_{\mathrm{m}}^3-\tau)\approx0.33(d_{\mathrm{m}}^3-\tau) \tag{2-95}$$

$$I_{\mathrm{m}}=\frac{\pi}{8}(d_{\mathrm{m}}^3\times\tau)\approx0.33d_{\mathrm{m}}^3\tau \tag{2-96}$$

式中：d_{C}、d_{i}、d_{m} 分别为导体、绝缘层、金属护套外径，m；τ 为金属护套厚度，mm。

为了应用方便，垂直蛇行敷设情况下，导体的杨氏模量一般应大于 $500\mathrm{N/mm^2}$；绝缘层的杨氏模量取 $400\mathrm{N/mm^2}$；金属护套的杨氏模量，对铝护套取 $1000\sim13\,000\mathrm{N/mm^2}$。

三、桥梁敷设设计

电缆敷设在桥梁上的称为桥梁敷设。

桥梁跨距有短、有长，短跨距桥梁（全座桥梁中间无桥面板伸缩缝）上敷设电缆采用排管敷设，在桥梁两端的陆地上设能吸收电缆热伸缩量用的工井。在长跨距桥梁（在中间桥墩上设有桥面板伸缩缝，如吊索桥、斜拉桥等）上敷设的电缆除全线采用蛇行敷设外，还要在紧靠桥面板伸缩缝处设置吸收桥梁伸缩专用的伸缩弧和能吸收桥梁的振动及翘角等的装置。

《城市电力电缆设计技术规定》（DL/T 5221—2016）对伸缩弧的解释为：在电缆线路局部地段，把电缆敷设成圆弧形，如设在排管管道两端的工井处，则用以吸收来自排管中的电缆热收缩量；如伸缩弧设在大跨距的桥梁上，则用以吸收由于桥梁主体热伸缩引起的电缆伸缩量。

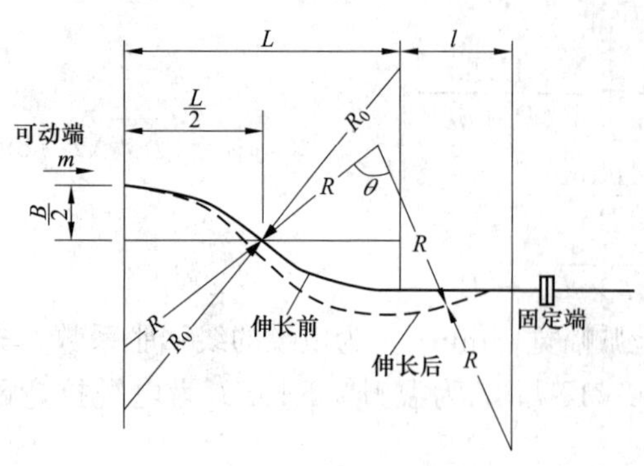

图 2-36 吸收桥梁伸缩专用的伸缩弧计算示意图

（1）计算梁伸长后电缆的弯曲半径 R。如图 2-36 所示。R 计算式为

$$R=\frac{1}{2\theta}\left(\frac{L^2+B^2}{2B}\arcsin\frac{2LB}{L^2+B^2}+l\right) \tag{2-97}$$

$$\frac{\sqrt{(L+l-m)^2+B^2}}{\dfrac{L^2+B^2}{2B}\arcsin\dfrac{2LB}{L^2+B^2}+l}=\frac{2\sin\dfrac{\theta}{2}}{\theta} \tag{2-98}$$

式中：R 为梁伸长后电缆的弯曲半径，m；L 为伸长后弧弯曲部位长度，mm；B 为伸缩弧幅宽，mm；l 为伸缩弧直线部位长度，mm；θ 为伸缩弧变形后的圆心角，rad；m 为桥梁伸缩量（取伸缩缝长度），mm。

（2）电缆金属护套畸变量。考虑电缆基本组成的特性，有金属护套的电缆，其金属护套会因伸缩而产生疲劳畸变。该疲劳畸变值 ε 应控制在以下条件下，即

$$\varepsilon=\frac{rm_d}{LBK}\leqslant\varepsilon_0 \tag{2-99}$$

式中：r 为电缆金属护套外半径，mm；m_d 为桥梁日伸缩量，mm；L 为伸缩弧长，mm；B 为伸缩弧幅宽，mm；K 为系数，如图 2-37 所示；ε_0 为金属护套材料疲劳值，见表 2-34。

（3）桥梁振动对电缆的传达率。当桥梁上出现激振力 F_P（N）时，传达到电缆的振动力为 F_0（N），则桥梁振动对电缆的传达率 τ 为

$$\left.\begin{aligned}\tau&=\frac{F_P}{F_0}=\left|\frac{1}{1-\left(\dfrac{n}{f}\right)^2}\right|\\ f&=\frac{1}{2\pi}\sqrt{\frac{K\times1000}{m}}\end{aligned}\right\} \tag{2-100}$$

式中：n 为激振力的振动频率，一般为 5～30Hz；f 为防振橡胶的固有振动频率，Hz；K 为一只防振橡胶的弹簧常数，N/mm²；m 为一只防振橡胶的承重量，N。

关于防振效果的判断，当 $\dfrac{n}{f}=1$，振动传达率 $\tau\rightarrow\infty$ 时，为谐振；当 $\dfrac{n}{f}=1.4$，振动传达率 $\tau=1$ 时，无防振效果；当 $\dfrac{n}{f}<1.4$，$\tau<1$ 表明有防振效果。为了防振，一般应考虑 $\dfrac{n}{f}=2\sim3$。

四、排管敷设设计

1. 排管的工井尺寸设计

（1）在排管的工井中设置工井的间距必须按敷设在同一排管中重量最重、允许牵引力和

允许侧压力最小的一根电缆计算决定。

（2）工井长度应根据敷设在同一工井内最长的电缆接头以及能吸收来自排管内电缆的热伸缩所需的伸缩弧尺寸决定，且伸缩弧的尺寸应满足电缆寿命周期内电缆金属护套不出现疲劳现象。

（3）工井净宽应根据安装在同一工井内直径最大的电缆接头盒接头数量以及施工机具安置所占空间设计。

（4）排管工井尺寸。排管工井所需尺寸，如图 2－37 所示。

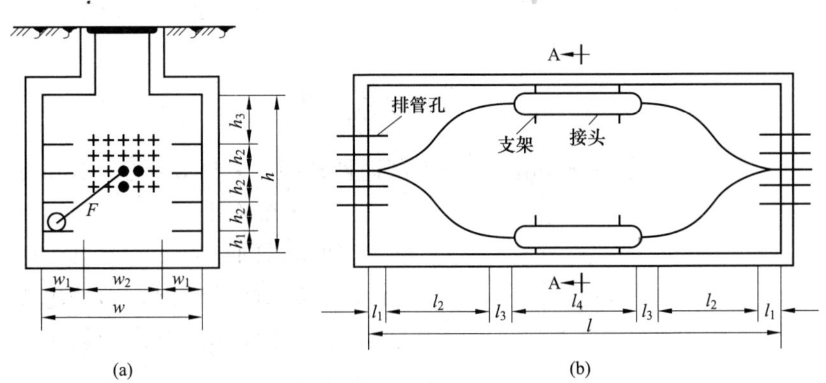

图 2－37　工井尺寸示意图

(a) A—A 断面图；(b) 平面图

h_1—支架离地高度（取 0.8m）；h_2—支架间净距，m；h_3—支架至顶板净距，取 0.15m，m；h—工井净高（不应小于 1.8m），m；w_1—支架宽度，m；w_2—施工作业所需空间，取≥1.0m；w—工井总宽，m；F—伸缩弧幅值，m；l_1—在排管孔口部位电缆的直线长度，一般取 0.1m；l_2—伸缩弧所需长度，m；l_3—在接头部位电缆的直线长度，m；l_4—接头长度，m；l—工井总长，m

2. 排管设计

（1）排管管径尺寸要求。当 1 孔敷设 1 根电缆（电缆最大外直径为 d）时，则电缆排管内径 D 至少为 $D \geqslant 1.5d$，且应满足 $D \geqslant d+30\text{mm}$。若 1 孔敷设 3 根电缆，则 $2.85d \geqslant D \geqslant 2.16d+300\text{mm}$，式中 $2.16d$ 表示 3 根电缆品字形排列的包络径。

（2）排管管体允许折角和弯曲半径的计算。敷设在混凝土管、陶瓷管、水泥石棉管内的电缆，宜使用塑料护套电缆，电缆线路转弯（折角）处的最大允许折角 ψ（见图 2－38）为

$$\psi = 2\arctan\frac{x}{l} \tag{2-101}$$

其中

$$x = \frac{lD\sqrt{l^2-4D^2+4d^2}-dl^2}{l^2-4D^2} \tag{2-102}$$

式中：l 为试通器长度，一般为 800mm；D 为电缆排管（硬质）的内直径，mm；d 为试通器外径，一般 $d=D-10\text{mm}$。

若使用软质材料管（管子的内直径为 D，单位为 mm）穿管敷设，排管允许的最小弯曲半径 R（见图 2－39）应为

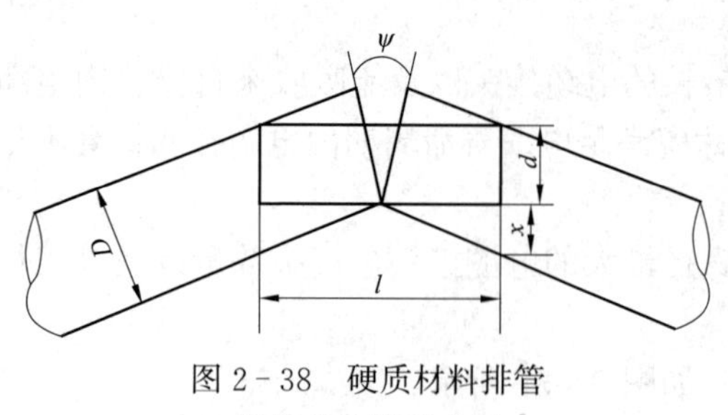

图 2-38 硬质材料排管的折角计算示意图

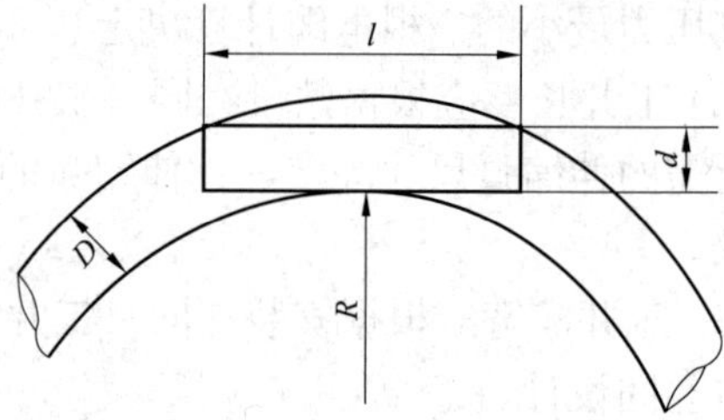

图 2-39 软质材料管允许的最小弯曲半径计算示意图

$$R=\frac{(l/2)^2-D^2+d^2}{2(D-d)} \tag{2-103}$$

式中：l 为试通器长度，一般为 800mm；d 为试通器外径，一般 $d=D-10$mm。

3. 伸缩弧计算

伸缩弧的计算示意图如图 2-40 所示。计算应考虑两种情况，即按电缆允许最小弯曲半径的计算和按电缆金属护套允许畸变量的计算。

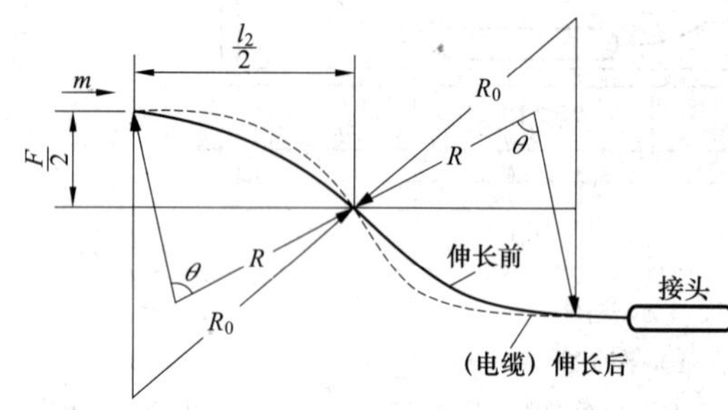

图 2-40 伸缩弧的计算示意图

按电缆允许最小弯曲半径 R_0 计算，其值应大于电缆的允许最小弯曲半径，即 $R_0<R$，而伸缩弧直线长度 l_2 应满足 $l_2 \geqslant \sqrt{4R_0F-F^2}$。

式中：F 为伸缩弧幅值，mm。

按电缆金属护套允许畸变量计算，此时伸缩弧直线长度 l_2' 应满足

$$l_2' \geqslant \frac{2rm+\sqrt{(2m)^2-F^4\varepsilon^2}}{F\varepsilon} \tag{2-104}$$

$$\varepsilon=\frac{rm}{l_2FK} \leqslant \varepsilon_0 \tag{2-105}$$

式中：r 为金属护套半径，mm；m 为电缆热伸缩量，mm；K 为系数，如图 2-41 所示；ε 为金属护套疲劳设计值，按式（2-99）计算，式中 m_d 应换成 m；ε_0 为金属护套材料疲劳值，见表 2-24。

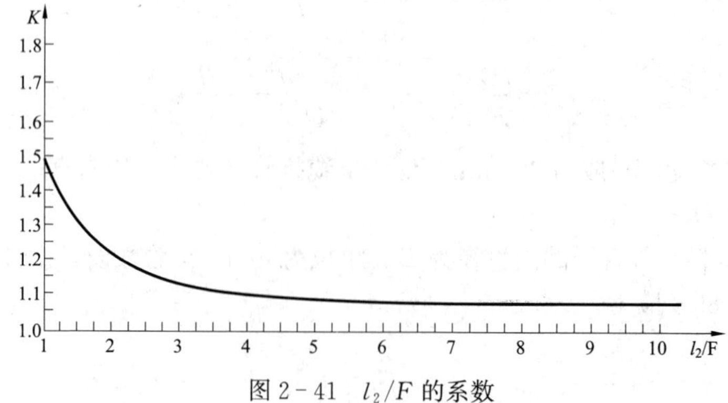

图 2-41 l_2/F 的系数

表 2-24　金属护套材料疲劳值

材料	疲劳值 ε_0（$\times10^{-2}$）	材料	疲劳值 ε_0（$\times10^{-2}$）
纯铅护套	0.1	铝（平、皱纹）护套	0.3
铝合金护套	0.15	不锈钢护套	0.45

4. 排管中的电缆热伸缩量计算

排管布置有水平布置、斜坡布置等方式，其电缆热伸缩量的计算方法如下。

（1）在水平排管中，其电缆热伸缩量临界温度（单位：℃）为 $T_{C1}=\dfrac{\mu WL+2f}{EA\alpha}$，电缆的电缆热伸缩量 m 应分两种情况：

当 $T\leqslant T_{C1}$ 时（有不滑动点），m 为

$$m=\frac{(\alpha TEA-2f)^2}{4EA\mu W} \tag{2-106}$$

当 $T>T_{C1}$ 时（无不滑动点），m 为

$$m=\frac{L}{2}\left(\alpha T-\frac{\mu WL+4f}{2EA}\right) \tag{2-107}$$

式中：T 为电缆导体的温升（见表 2-22）；W 为电缆重量，N/m；L 为两工作井之间的距离，m；μ 为摩擦系数（取 0.3）；f 为电缆的反作用力（见表 2-22），N；E 为电缆的弹性模量，N/mm^2；A 为电缆导体截面积，m^2；α 为电缆的线膨胀系数（见表 2-22），K^{-1}。

（2）在有斜坡（坡度角为 θ）的排管中，电缆热伸缩量临界温度为 $T_{C2}=\dfrac{DWL+2f}{EA\alpha}$（℃），则电缆热伸缩量 m 的计算如下：

向高端的电缆热伸缩量 m_G 为

$$m_G=\frac{(EA\alpha T-2f)^2}{2EA(S_1+S_2)W} \tag{2-108}$$

向低端的电缆热伸缩量 m_D 为

$$m_D=\frac{(EA\alpha T-2f)^2}{2EA(S_1+S_2)W} \tag{2-109}$$

当 $T>T_{C2}$ 时（无滑动点），每次热循环后电缆向低端滑动量 m_{wd} 为

$$m_{Wd}=\frac{1}{EA}(EA\alpha T-S_1WL-2f)\frac{S_2-S_1}{S_2+S_1}L \tag{2-110}$$

式中：S_1、S_2 分别为电缆倾斜直线敷设时的受力。$S_i=\mu\cos\theta-\sin\theta$，$S_2=\mu\cos\theta+\sin\theta$，其中 θ 为坡度角。

五、拘束力 F_C 计算

电缆金属护层容许应变确定的拘束力，可粗略计算为

$$F_C=\delta S$$

$$S=\pi d b \delta$$

式中：S 为金属护层截面积，mm^2；δ 为金属护层容许应力，kg/mm^2；d 为电缆平均直径，m；b 为金属护层厚度，mm。

当已知电缆的最大短路电流 I_{max}（A），水平蛇行敷设两绑扎点固定间距离 l，两相电缆中心距离 S（m）时，取安全系数 $K=2.5$，则所选维尼龙绳强度 P（N）应满足计算条件

$$P \geqslant 2.04 \times 10^{-5}\frac{I_{max}^2}{S}K$$

第三章　电力电缆的敷设

第一节　电力电缆的运输、保管及质量检查

一、电力电缆运输

电线电缆运输前首先应检查电缆包装是否完好，电缆合格证填写是否规范，电缆端封头是否严密，并牢固固定在电缆盘上，电缆盘侧板是否有松动和脱落等现象，确认无问题后，方可进行运输。

1. 电缆盘知识

电缆盘，也可称储缆盘，一般由两个侧板和一个筒体焊接而成，有的还需要在里面加两个轴套和一个导管。

常用电缆盘有全木盘、全钢盘、型钢复合盘具及塑料树脂盘具等。对于重要工程用电缆或出口电缆，电缆盘开档内都钉有防护封板，护板应紧贴电缆包固定，以保证运输时电缆盘受到撞击，防护封板可起到较好的防护作用。

为了保证储缆盘有足够容缆能力，电缆盘的大小应根据电缆总长度 L、电缆盘绕最小允许弯曲半径 r、电缆允许最大承载侧压力（F_C），电缆单位长度重量 G_1 和电缆外径 ϕ 确定。

电缆盘外径 R 计算式为

$$R=\frac{\frac{2\phi L}{\pi nc}+r^2}{2}=\frac{\frac{2\phi L}{3.14\times n\times 0.91}+r^2}{2}\approx 0.35\frac{\phi L}{n}+0.5r^2 \quad (3-1)$$

$$n=F_C/G_1 \quad (3-2)$$

$$H=h+0.5\text{m} \quad (3-3)$$

$$h=n\phi \quad (3-4)$$

式中：n 为假定电缆允许堆放的最大层数；H 为电缆盘内圈的最小高度，mm；h 为电缆盘允许堆放的最大允许高度（电缆盘外圈的最小高度），mm。

一般来说，大型电缆盘直径超过 1m，有的甚至达到 5m 以上。

电缆盘型号，一般以类别、系列、结构、规格尺寸（侧板直径×筒径×外宽）表示。如 PL/1　500×250×375 型表示：全木结构电缆盘，侧板直径 500mm，筒径 250mm，外宽 375mm。

常用（部分）电缆盘规格尺寸见表 3-1，供参考。

表 3-1　常用（部分）电缆盘规格尺寸　mm

规格	侧板直径	筒径	外宽	内宽	轴孔直径	协行孔直径	协行孔与轴孔间距	装载容量（dm）
500	500	250	375	250	56	28	71	36.8
630	630	315	475	315	56	28	160	73.6
710	710	400	560	400	80	40	160	108.1
800	800	400	600	450	80	40	160	170.0

续表

规格	侧板直径	筒径	外宽	内宽	轴孔直径	协行孔直径	协行孔与轴孔间距	装载容量（dm）
900	900	500 450	600	450	80	40	160	197.9 214.7
2500	2500	1800 1600 1250	1400		125			2647.7 2161.8 2689.6 3030.3
2800	2800	1800	1700	1400	160		500	5058.0

2. 电缆盘运输

根据现行《电气装置安装工程电缆线路施工及验收规范》（GB 50168—2006）及《高压充油电缆施工工艺规程》（DL/T 453—1991）规定，500kV 及以下电力电缆的运输与保管的一般要求如下：

（1）在车辆、船舶等运输工具上，电缆盘因纵横交错排放，电缆盘必须放稳，两侧用钢丝绳牢固固定在运输车辆上，并在电缆盘底部用三角楔塞好，防止运输时电缆盘晃动、互撞或翻倒。

例如，一个电缆盘绕有长 500m 电压等级为 330kV 的充油电缆，其直径约 4m，质量约 20t。该大型电缆盘运输时，应注意选择公路运输；若采用载重汽车运输，应注意汽车高度符合交通道路上桥梁、涵洞等的高度限制；若超过限制时，可采用专用拖车，以降低运输高度。如图 3-1 所示为电缆盘运输。

一般质量级（如 6、8t）的电缆盘，除用汽车运输外，也可用拖车（见图 3-2）运输。拖车不仅有利于运输也方便电缆的敷放。

(a)

(b)

图 3-1 电缆线盘运输

（a）大型平板车运输；（b）专用电缆拖动装置运输

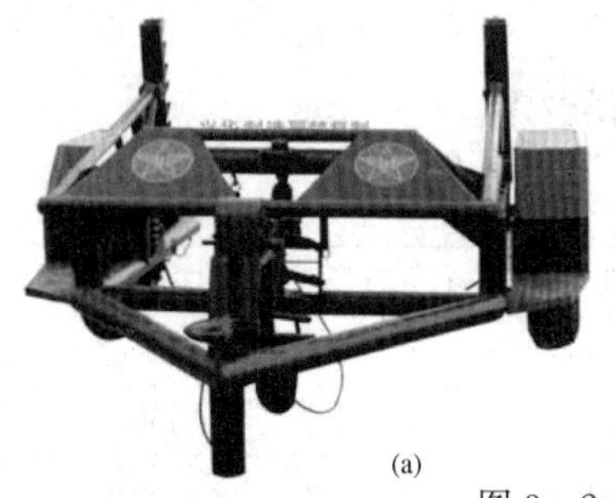

(a)

(b)

图 3-2 电缆拖车

（a）双稳机电缆拖车（加强型）（b）液压折叠电缆拖车

(2) 充油电缆按国家有关标准和技术要求进行生产验收、外观检查，出厂前应将电缆盘包装好，以保证安全运输，避免外力或机械损伤。

充油电缆的运输还应配专人监护。充油电缆盘不得平放运输；电缆盘及盘上附件应完好无损，电缆与压力箱间的油管应固定，不得损伤，压力箱应牢固；电缆及其封端应无漏油迹象，压力箱应符合电缆油压变化的要求；经常保持一定的油压，以防止空气和水分侵入。

(3) 运输车上的电缆盘除要求垫塞牢固外，还应防止太阳光直接照射。因为电缆的外护层为黑色，阳光照射会使电缆温度升高，从而使电缆的油压升高；若电缆端头的铅护套保护不好，会使端头铅套破裂漏油。

3. 电缆盘的装卸

装卸电缆盘一般采用吊车（见图 3-3），但严禁几盘同时装卸，因为几盘起吊会导致电缆受力不均，重心不稳，容易发生滑脱和翻落。

吊装时，也不得磕碰、吊斜，起吊点要正确，要轻吊轻放。电缆盘（不论有无托架）放置的位置应整平，且不得有大于 5°的斜面，电缆盘与盘之间的距离不小于 2m。

卸车时如果没有起重设备，严禁将电缆盘从运输车上直接推下；大型电缆盘需要用起重机械或三脚架手动葫芦卸车；较小型电缆盘（或盘上只装少量电缆）可以用木板搭成斜坡，用绳子或绞车拉住电缆盘，沿斜坡慢慢滚下，防止电缆盘滚动时遭受机械损伤。

图 3-3　吊车（正确）装卸电缆盘

电缆盘侧板上标有电缆盘滚动方向或牵引头拉出方向的箭头。电缆盘在地面上滚动必须控制在小距离范围内，滚动的方向必须按照电缆盘侧面上的箭头方向（顺着电缆的缠紧方向），反向滚动会使电缆退绕而松散、脱落。电缆盘平卧运输会使电缆缠绕松脱，造成电缆与电缆盘损坏，这是不允许的。

电缆盘拆包装时，先拆除托架，然后由上而下、从外向里进行折包，要注意拆外包铁皮时不要碰伤电缆，拆包时尽量避免大风大雨天气。折包之后应先做护套耐压试验，以确认护套绝缘性能无问题。

海底电缆因制造长度较长（以便减少接头），其包装也不同于其他电缆。一般将电缆盘绕于一个储缆盘或回转台上，以备装运到敷缆船，由敷缆船将电缆运到敷设地区。敷缆船是专门为敷设电缆而设计和建造的，船上必须备有龙门吊、绞缆轴、充油系统等设施，但也可用其他专门为敷设电缆而附加机械设备的船只。

30m 以下的短段电缆，一般按不小于电缆允许的最小弯曲半径卷成圈子，至少捆紧四处后搬运。

二、电缆及其附件的保管及储存

电缆及其附件运到工地后，一般都要运到仓库存放保管，其存放和保管时间有时会较长。该期间必须妥善保管，以免造成损伤，影响使用。根据《电气装置安装工程电缆线路施工及验收规范》（以下简称《施工及验收》）（GB 50168—2006）规定，电缆及其附件的保管及储存应注意以下几点。

（1）电缆应储存在干燥的地方，有搭盖的遮棚，电缆盘下应放置枕垫，以免陷入泥土中。电缆盘不许平卧放置。

（2）对充油电缆的备品，还应定期检查其油压是否在规定范围内和有无渗漏现象。DL/T 453—1991《高压充油电缆施工工艺规程》规定，存放过程中应定期检查电缆及附件是否完好，油压是否正常，有无漏油现象，并做记录；如存放时间较长可加装油压报警装置，防止油压降至最低值。如电缆油压降至零或出现负压，电缆内易吸进空气和潮气。失压进气后，严禁滚动电缆盘，以免空气和水分在电缆内窜动。由于充油电缆的油压随环境温度的升降而增减，在存放时应使压力箱内的油有一定的容量，以保证电缆在环境最低温度时，其油压不低于0.05MPa。

（3）运行中各级电压的电缆和附件一般均备有事故备品，以便满足一次事故后替换损坏电缆和附件的需要，其数量应考虑节约资金和根据过去运行经验决定。有的备品可由电缆网络中的指定机构，集中储备。

（4）电缆线路有部分通过桥梁或者排管者，应各有一段事故备品。其长度应能够跨越整个桥梁和排管的距离。

（5）水底电缆因检修困难，修复时间较长，故允许将事故备用电缆事先和电缆线路平行敷设。一般陆地上电缆线路不应事先敷设一条（或一相）备用电缆。

（6）各电缆运行部门应制定有关事故备品的管理办法。动用事故备品应根据事故备品管理办法执行。

除执行上述规定外，还应考虑以下问题：

（1）为了防止电缆终端头及中间接头使用的绝缘附件和材料受潮、变质，应将其存放在干燥室内。存放的充油电缆绝缘纸卷筒，密封应良好。

（2）防火涂料、包带、涂料等防火材料，应根据材料性能和保管要求储存和保管；施工单位一定要严格按厂家的产品技术性能要求（包装、温度、时间、环境等）保管、存放，否则会使材料失效、报废。

（3）电缆在保管期间，应定期滚动（夏季3个月一次，其他季节可酌情延期）。滚动时，将向下存放盘边滚翻朝上，以免底面受潮腐烂。存放时还应经常注意电缆封头是否完好无损。

（4）电缆储存期限从产品出厂期算起，一般不宜超过一年半，最长不超过两年。

三、电缆的质量检查

电缆的成型要经过许多复杂制造工艺，各工序有时难免出现一些问题。这些问题不一定会在生产过程及出厂试验时被发现。因此，安装使用中有必要对所选用电缆作质量检查，以保证电缆能可靠地运行。

电缆物理性能的检查方法，通常是从待敷设的整盘电缆的末端割下一段样品，从最外层开始至电缆线芯逐层进行剖验。

1. 电缆外护套的质量检查

在被检样品的一截面的相互垂直的两个方向用游标卡尺测量其外径，取其平均值，以此确定是否符合国家有关标要求；外被层麻被的相互黏结是否均匀一致；铠装层的钢带是否平直、无裂缝和凸缘；外层钢带是否盖严；内层钢带的绕包是否缠绕紧密，有无滑动现象。有钢丝铠装结构的电缆，测量其直径、层数、每层根数和包绕方向等都必须符合国家的有关标准规定。

内衬层的检查方法与外被层相同。内衬层在金属护套上应黏结紧密，无皱褶或隆起问题。

2. 金属护套的质量检查

先把金属护套烘热并用汽油棉纱将其表面擦净，用肉眼观察金属护套表面是否光滑、有无混杂的颗粒、氧化物、气孔和裂缝等，并在待检电缆护套圆周上确定均匀分布的5点，测量护套外径取其平均值。在电缆150mm处将护套割断拔下，并剪开敷平在光滑的钢板上展开轻轻敲平，在其最薄部分测量3处，查验最小厚度。另外，在护套的圆周方向等距离测量5点厚度，取其平均值确定最大厚度。所测厚度应符合国家的标称厚度规定：如各种分相铅包电缆，铅护套厚度为1.15～2.5mm；有铠装层（或麻被）保护的电缆，铅护套厚度为1.05～1.95mm。

将护套端直径扩张至原有直径的数倍（铅护套为1.5倍，合金铅护套为1.3倍），检查扩张端口，应无裂痕和断裂现象。

3. 绝缘层的质量检查

被检查电缆外表的纸带应包缠整齐坚固，无凹陷、皱褶、裂口、擦伤等；浸渍油不应有结晶和受潮现象。

用千分尺直接测量绝缘层的厚度、外径，数纸层数目及测每层绝缘的厚度、宽度，检查缠绕方向及包缠方式等，均应符合制造厂家的规定。

纸带重合间隙指绝缘纸在不少于一个节距长度内的间隙，当不被它的上一层绝缘纸遮盖住，即为一个重合间隙。电压在6kV及以上的电缆不允许有超过三层以上的纸带重合间隙。

4. 导电线芯的质量检查

电缆的导电线芯应平整光滑，无倒刺、卷转、擦伤等问题，线芯表面无过多的氧化现象。导电线芯截面积应符合电缆额定载流量、热稳定电流、允许电压降、经济电流密度等指标的要求。

对于多芯扇形线芯断面，应做对称性检查，如图3-4所示。检查结果符合下述要求：①扇形短轴通过电缆的几何中心，其歪曲角不超过10°～15°；②线芯形状与结构与制造厂家提供的规格相符。

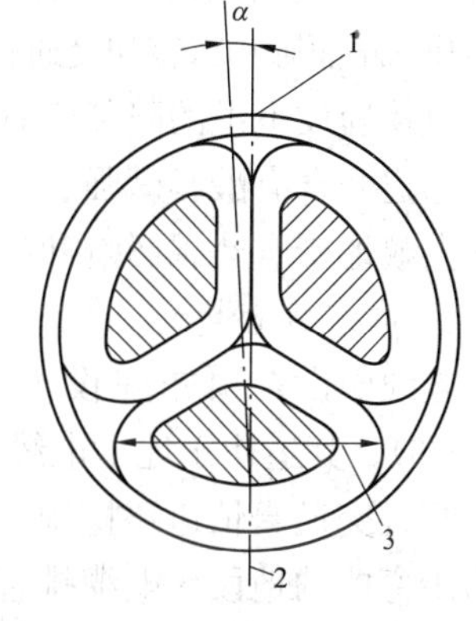

图3-4　三芯扇形电缆对称性检查
1—电缆对称几何中心；2—扇形的短轴；3—扇形的长轴；α—歪曲角

5. 潮气的检测

电缆潮气的检测可采用油检法或火检法。

油检法：撕去电缆末端一段纸浸入140～150℃的电缆油中，若有泡沫出现，说明有潮气、严重受潮，要处理潮气；可再割掉300～500mm长的电缆，再次进行潮气试验，直到切割到没有潮气现象为止。

火检法：用火点燃撕下的绝缘纸条，如果有“辟辟”声音或出现白泡沫，表明绝缘受潮，处理方法同油检法。

除上述检测方法外，利用绝缘电阻试验，可发现电缆绝缘整体受潮或贯通性的缺陷，即通过吸收比试验，电缆绝缘受潮程度能明显检测出来。吸收比试验，见第六章第二节电力电缆试验第一部分绝缘电阻测试中的论述。

第二节　中低压电力电缆敷设方式及要求

一、中低压电力电缆敷设方式

1. 电缆线路直接埋设

电缆线路直接埋设在地面下0.7～1.5m深的壕沟中的敷设方式，称为电缆线路直埋敷设，见图 3－5。《电力工程电缆设计规范》（GB 50217—2007）规定，电缆敷设入地下壕沟中沿沟底铺有垫层，电缆上铺有覆盖层，且加设保护板再埋齐地坪的敷设方式，适用于市区人行道、公园绿地及公共建筑间的边缘地带，是最经济简便的敷设方式，应优先采用。

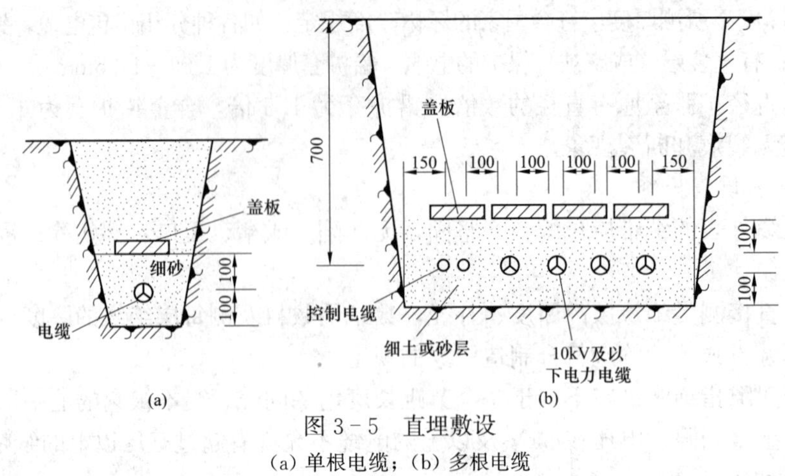

图 3－5 直埋敷设

(a) 单根电缆；(b) 多根电缆

电缆线路直接埋设的主要优点是：①电缆散热良好；②转弯敷设方便；③施工简便、施工工期短、便于维修；④造价低，工程材料最省；⑤线路输送容量大。电缆线路直埋设敷设方式的不足之处在于：①容易遭受外力破坏；②巡视、寻找漏油故障点不方便；③增设、拆除、故障修理都要开挖路面影响市容和交通；④不能可靠地防止外部机械损伤；⑤易受土壤的化学作用。

直接埋设电缆的路径选择应符合《电力工程电缆设计规范》（GB 50217—2007）的规定：①避开含有酸、碱强腐蚀或杂散电流电化腐蚀严重影响的地段；②未采用防护措施时，避开白蚁地带、热源影响和易遭受外力损伤的区段。

2. 电缆排管敷设

电缆敷设在预先埋设于地下管子中的一种电缆安装方式，称为电缆排管敷设（见图 3－6）。其适用于地下电缆与公路、铁路交叉，地下电缆通过房屋、广场等地段，城市道路狭窄且交通繁忙道路挖掘困难的通道等，电缆条数（一般在 10～20 根间）较多的情况与道路少弯曲的地段。电缆排管敷设的主要优点：①外力破坏很少；②寻找漏油故障点方便；③增设、拆除和更换方便；④占地小，能承受大的荷重；⑤电缆之间无相互影响。电缆排管敷设不足之处是：①土建工程投资大，管道建设费用大，且工期较长；②管道弯曲半径大；③电缆热伸缩容易引起金属护套疲劳，管道有斜坡时要采取防止滑落措施；④电缆散热条件差，使载流量受限制；⑤当管道内的电缆或工井接头发生故障时，往往要换两座工井段间的整根电缆，不仅费用高，而且更换也较困难。

电缆排管敷设，可选用混凝土排管、铸铁排管（经防腐处理）、玻璃钢电缆导管、PVC－U 电力管或 UPVC 电力管等。

玻璃钢电缆导管质量只有铸铁管的 1/4，混凝土排管质量的 1/10。安装施工简捷方便，一人即可抬动，两人便可就地安装，能大大缩短施工周期，降低安装费用。同时又可避免道路开挖暴露时间过长，影响城市交通秩序等问题。PVC－U 电力管或 UPVC 电力管，对电缆起导向和保护作用，可用于腐蚀性土壤和地下水等众多化学流体的侵蚀地段。该管以聚氯乙烯树脂为主要原料，加入适量助剂，经挤出成型的塑料管材，不易被腐蚀，使用寿命长。

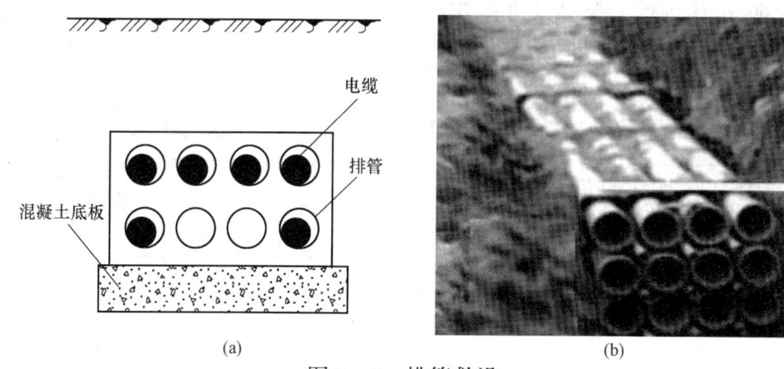

图 3－6　排管敷设

(a) 排管敷设示意图；(b) 电缆线路排管敷设

3. 电缆沟敷设

电缆敷设在预先砌好的电缆沟中的敷设方式，称为电缆沟敷设。电缆沟一般采用混凝土或砖砌结构，砌顶部用盖板（可开启）覆盖，且与地坪相齐或稍有上下。电缆沟敷设适用于变电站（所）出线及重要街道，电缆沟条数多或多种电压等级线路平行的地段，穿越公路、铁路等地段。电缆沟敷设设计和某电力电缆建设施工敷设实景如图 3－7 所示。根据敷设电缆的数量，可在电缆沟的双侧或单侧装置支架，电缆应固定在支架上。在支架之间或支架与沟壁之间，留有一定通道。

电缆沟敷设方式的优点是：①造价低、占地较小；②检修更换电缆较方便；③走线容易且灵活方便；④适用于不能直埋地下且无机动车负载的通道，如人行道、变电站内、工厂厂区等处所。其不足之处是：①施工检查及更换电缆时须搬动大量笨重的盖板；②施工时外物不慎落入沟中时易将电缆碰伤。

根据《电力工程电缆设计规范》（GB 50217—2007）的规定，在有化学腐蚀液体或高温熔化金属溢流的场所或在载重车辆频繁经过的地段，以及经常有工业水溢流、可燃粉油弥漫的厂房内等场所，不得使用电缆沟敷设。有防爆、防火要求的明敷电缆应采用埋砂敷设的电缆沟。

电缆沟敷设电缆，首先要按图挖好直埋电缆沟，铺完底砂，并清除沟内杂物，然后敷设电缆。电缆敷设完毕后要马上再填砂，填砂后还要铺砖或者混凝土板，再在板上盖土，保证电缆不受损害。

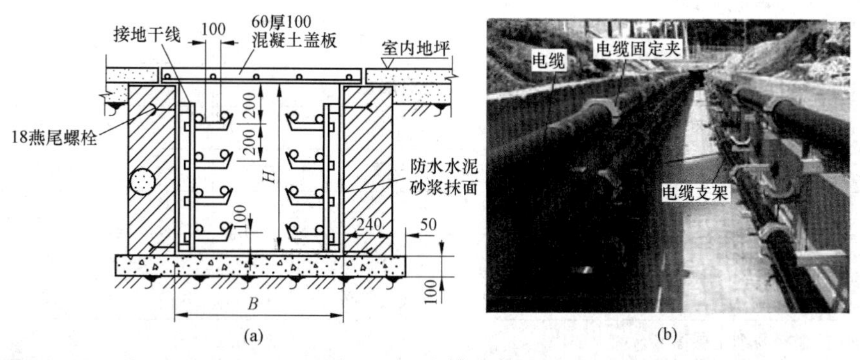

图 3－7　电缆沟敷设

(a) 电缆沟敷设设计；(b) 电缆沟敷设实景

如图 3－8 所示为电缆沟敷设基本流程。

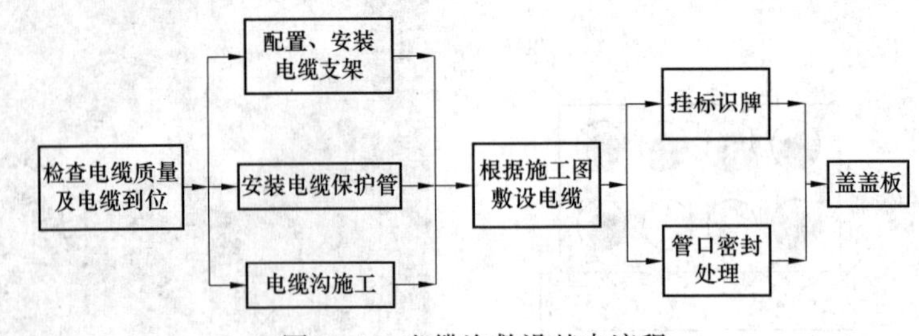

图 3－8 电缆沟敷设基本流程

电缆沟的墙体根据电缆沟所处位置和地质条件可以选用砖砌、条石、钢筋混凝土等材料，电缆沟盖板通常采用钢筋混凝土材料，在变电站内、车行道上等特殊区段也可以采用玻璃钢纤维等复合材料电缆沟盖板，以达到坚固耐用、美观的目的。如图 3－9 所示为某电缆线路段电缆沟上的电缆盖板。直埋电缆沟敷设质量标准要求，见表 3－2。

图 3－9 某电缆线路段电缆沟上的电缆沟盖板

表 3－2 直埋电缆沟敷设质量标准

控制项目		质量标准
埋设深度（m）	电缆为 10kV 及以下	0.7
	电缆为 35kV 及以上	1.0
	电缆穿越农田时	另加 2
电缆与建筑物基础距离（m）	0.6	
电缆与行道树距离（m）	0.1	
电缆平行净距（m）	无隔板	0.5
	有隔板	0.25
电缆与热力管道净距（m）	平行	2
	交叉	0.5
电缆与其他管道净距（m）		0.5
电缆与铁道平行净距（m）	一般	3
	电气化铁道	10
电缆与保护盖板间细土层厚（m）	0.15	

根据《电力工程电缆设计规范》（GB 50217—2007）的规定，可归纳电缆沟敷设电缆基本要求如下：

(1) 敷设在不填黄沙的电缆沟（包括户内）内的电缆，为了防火，应采用裸铠装或非易（或阻）燃性外护层的电缆。

(2) 电缆线路上如有接头，为防止接头故障时危急邻近电缆，应将接头用防火保护盒保护或采取其他防火措施。

(3) 电缆沟深度应由远景规划敷设电缆根数决定，但沟深不宜大于 1.5m，净深小于 0.6m 的电缆沟，可把电缆敷设在沟底板上，不设支架和施工通道。

(4) 电缆沟应能实现排水畅通，电缆沟的纵向排水坡度，不宜小于 0.5%，沿排水方向在标高最低部位宜设集水坑。

(5) 电缆沟的支架布置应符合有关规程的要求，电缆支架应表面光滑无毛刺，满足所需的承载力及防火防腐要求。

电力电缆和控制电缆应分别安装在沟的两边支架上。若不具备条件时，则应将电力电缆安置在控制电缆之上的支架上。

(6) 金属支架、电缆的金属护套和铠装层应全部和接地装置连接（除有绝缘要求的），以避免电缆外皮与金属支架间产生电位差，发生交流电蚀或电位差过高危及人身安全。

电缆沟内的金属结构物均需采取镀锌或涂防锈漆的防腐措施。接地应符合国家现行相关标准的要求。

(7) 电缆固定于支架上，水平装置时，外径不大于 50mm 的电力电缆及控制电缆，每隔 0.6m 一个支撑；外径大于 50mm 的电力电缆，每隔 1.0m 一个支撑。排成正三角形的单芯电缆，应每隔 1.0m 用绑带扎牢。垂直装置时，每隔 1.0～1.5m 应加以固定。

4. 电缆隧道敷设

电缆敷设在地下隧道内，称为电缆隧道敷设。《电力工程电缆设计规范》（GB 50217—2007）定义：容纳电缆数量较多，有供安装和巡视的通道，有通风、排水、照明等附属设施的电缆构筑物称为电缆隧道。

电缆隧道（矩形隧道、圆形隧道）敷设适用于电缆线路高度密集的地段（如发电厂和大型变电站）或路径难度较大的区段（如穿越机场跑道和江底），位于有腐蚀性液体或经常有地面水流溢的场所，或含有 35kV 以上高压电缆等场所。如图 3-10 所示为某电缆线路隧道敷设电缆实景。

(a)

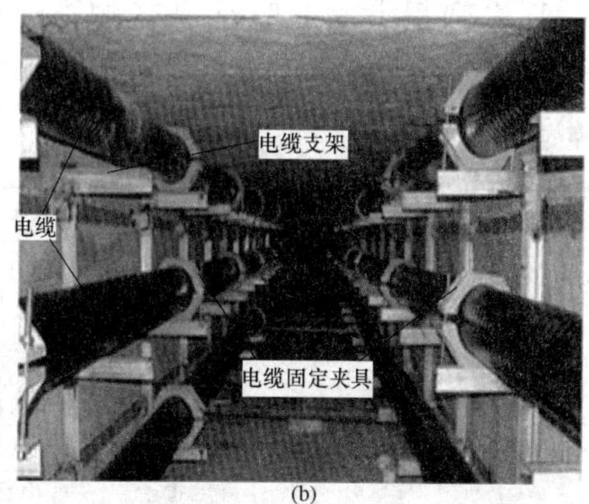

(b)

图 3-10 电缆隧道敷设

(a) 圆形隧道；(b) 矩形隧道

电缆隧道敷设方式分在混凝土槽中敷设和在隧道侧壁上悬挂敷设两种方式。第一种敷设方式将是电缆敷设在混凝土槽中，混凝土槽设在隧道下部紧靠隧道侧壁处。第二种敷设方式又分为钢索悬挂敷设和钢骨尼龙钩悬挂敷设。钢索悬挂敷设是在隧道侧壁上安装支持钢索的托架，用挂钩将电缆挂在钢索上。钢骨尼龙钩敷设是将挂钩挂在隧道侧壁上，而电缆则直接挂在挂钩上。

采用电缆隧道敷设的优点：①维护、检修及更换电缆方便；②能可靠地防止外力破坏；敷设时不受外界条件影响；③寻找故障漏点方便，修复、恢复送电快。该方式也存在一些问题：①建设隧道工作量大，土建材料量大；②工期长，建设费用大；③占地大；④与其他地下构筑物交叉不易避让；⑤附属设施多。

5. 电缆敷设在支架、梯架或托盘上

电缆敷设在支架、梯架或托盘上的敷设方式。一般来说，电缆支架通常用于电缆沟内，桥架用于地面。电缆支架是用角钢焊接手工制作而成，桥架是由生产厂家生产，桥架有保护电缆的作用，而支架只有支撑电缆的作用。

在支架、梯架或托盘上敷设电缆应以国家规范为准，详见本章第六节。

6. 架空绝缘电缆敷设

架空绝缘电缆敷设，简称架空敷设，它是将电缆架挂在电杆或建筑物墙上，并距地面有一定高度的一种电缆建筑方式。

常见电缆架空敷设有支架和梯架敷设、架空廊道（即电缆桥）敷设和钢索悬挂敷设。支架和梯架敷设，适用于厂房内、厂房间的配电线路。其结构简单，敷设方便。架空廊道（即电缆桥）敷设，适用于电缆根数较多，负荷又较集中的室外，主要供配电线路用，如从总变压器到各高压配电所、厂房的线路，电缆桥也可与工艺管道合用支柱。钢索悬挂敷设，适用于电缆根数少，地下敷设困难的场合，或用于短期使用的临时设备。

悬挂电缆敷设方式的优点：①敷设电缆无需挖掘土方；②电缆悬挂在杆塔（或电缆捆绑在钢索）上，则不会被地下水浸蚀；③电缆悬挂在高空，一般能可靠防止外力破坏。悬挂电缆敷设方式的不足之处：①由于必须进行高空作业，故不如直埋电缆方便；②一旦悬吊不当，将有可能损伤电缆。

目前，我国生产和使用最多的 10kV 架空绝缘电缆是黑色交联聚乙烯绝缘无外屏蔽单芯电缆。与这种电缆相配套的附件有终端头、直通接头和分支接头，分别如图 3－11、图 3－12 所示。

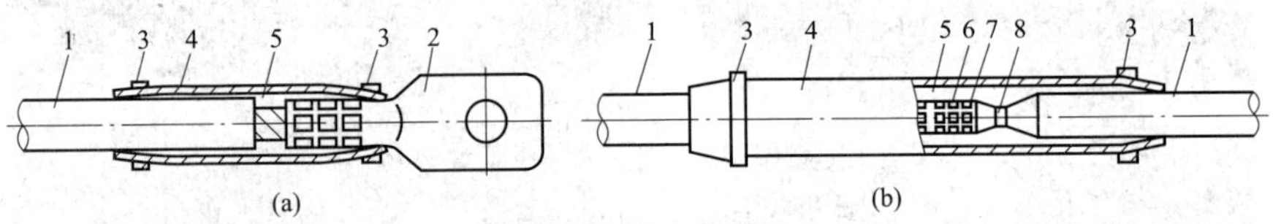

图 3－11　架空绝缘电缆终端头、直通式接头

(a) 终端头；(b) 直通式接头

1—电缆；2—端子；3—锁紧条；4—耐漏痕橡胶；5—绝缘橡胶；6—半导电带；7—半导电橡胶自粘带；8—导体

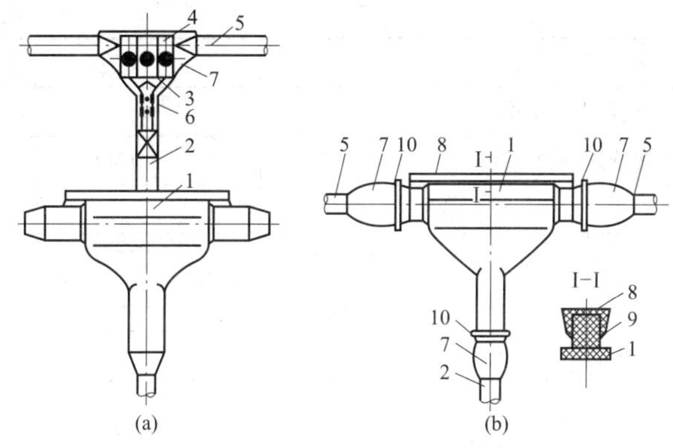

图 3-12　架空绝缘电缆分支接头

(a) 安装中的分支接头；(b) 安装后的分支接头

1—橡胶预制绝缘体；2—分支电缆；3—分支连接金具；4—压板；5—干线电缆；6—半导电带；7—绝缘橡胶自粘带；8—不锈钢套夹；9—不锈钢衬板；10—不锈钢锁紧条

架空绝缘电缆用金具有握着电缆承受拉力的张力金具（又称耐张线夹）和握着电缆使其悬挂在支撑物上的悬挂金具（又称悬挂线夹），如图 3-13 所示。

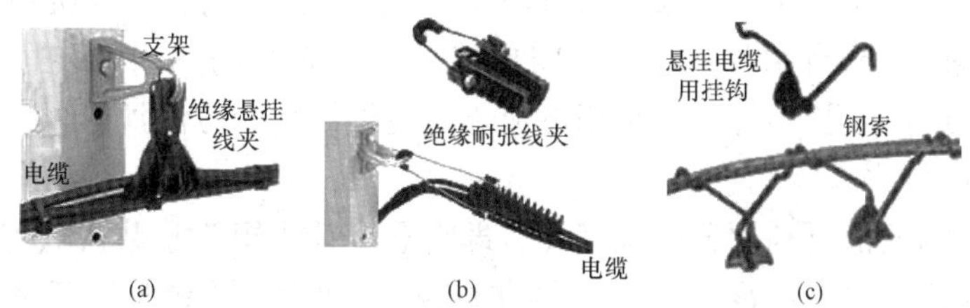

图 3-13　架空绝缘电缆敷设

(a) 电缆悬挂安装；(b) 电缆耐张安装；(c) 电缆钢索悬挂安装

施工时，先在电杆或建筑物墙上装好挂钩和悬挂线，再将架空绝缘电缆的悬挂线装在悬挂线夹中。安装时应注意，架空绝缘电缆的悬挂线的两端必须接地；在长线路上，架空绝缘电缆的金属带也须每隔一定距离加以接地，并保证不接地部分的长度小于 1km。架空绝缘电缆敷设时，敷设温度应不低于−20℃。电缆敷设允许弯曲半径应满足以下要求：电缆外径 D 小于 25mm 者，电缆弯曲半径应不小于 $4D$；电缆外径 D 大于 25mm 者，电缆弯曲半径应不小于 $6D$。

二、中低压电力电缆线路敷设的一般要求

1. 电缆允许弯曲半径

常用电力电缆无论采用何种方式敷设，其弯曲半径应符合表 3-3 的要求。

表 3-3　　电缆最小允许弯曲半径

电缆型式		多芯	单芯
控制电缆		$10D$	
橡皮绝缘电力电缆	无铅包、钢铠装护套	$10D$	
	裸铅包护套	$15D$	
	钢铠护套	$20D$	

续表

<table>
<tr><th colspan="3">电 缆 型 式</th><th>多芯</th><th>单 芯</th></tr>
<tr><td colspan="3">聚氯乙烯绝缘电力电缆</td><td colspan="2">10D</td></tr>
<tr><td colspan="3">交联聚乙烯绝缘电力电缆</td><td>15D</td><td>20D</td></tr>
<tr><td rowspan="3">油浸纸绝缘
电力电缆</td><td colspan="2">铅包</td><td colspan="2">30D</td></tr>
<tr><td rowspan="2">铅 包</td><td>有铠装</td><td>15D</td><td>20D</td></tr>
<tr><td>无铠装</td><td>20D</td><td></td></tr>
<tr><td colspan="3">自容式充油（铅包）电力电缆</td><td></td><td>20D</td></tr>
</table>

注 1. D 表示电缆外径。

2. 摘自《电气装置安装工程电缆线路施工及验收规范》(GB 50168—2006)。

2. 电缆线路允许敷设高差

电缆线路的最高点和最低点之间的最大高度允许位差，见表 3－4。如果超过表 3－3 的规定，要采用适用于高落差的塑料电缆、油浸纸滴干绝缘电缆、不滴流浸渍剂绝缘电缆，或在电缆中间增加塞止式接头。

3. 电缆最低允许敷设温度

在敷设前 24h 内的平均温度以及敷设现场的温度不应低于表 3－5 所列值，否则应将电缆预热。电缆预热的方法有两种：一种是将电缆放在有暖气的室内或装有防火电炉的帐篷里，这种方法需要时间较长；另一种是用电流通过电缆导线的方法加热，但加热电流不能大于电缆的额定电流。

检查电缆表面温度值可利用普通温度计，即将温度计水银头紧贴在电缆外皮上以显示温度。加热后电缆表面的温度不得低于 5℃，同时应尽快敷设，放置时间不允许超过 1h。电流加热法常为小容量的三相低压变压器（高压侧额定电压 380V），或者交流电焊机。加热时，将电缆一端三相电缆芯短接，一端接至变压器低压侧，电源部分应有电压调节和保险设备，以防电缆过载损伤。

表 3－4　电力电缆最大允许敷设位差（GB 50168—2006）　m

<table>
<tr><th>电缆额定电压（kV）</th><th>电缆护层结构</th><th>铅 套</th><th>铝 套</th></tr>
<tr><td rowspan="2">1～3</td><td>无铠装</td><td>20</td><td>25</td></tr>
<tr><td>有铠装</td><td>25</td><td>25</td></tr>
<tr><td>6～10</td><td>无铠装或有铠装</td><td>15</td><td>20</td></tr>
<tr><td>25～35</td><td>无铠装或有铠装</td><td>5</td><td>—</td></tr>
<tr><td>不滴流电缆、塑料绝缘电缆、
橡皮绝缘电缆</td><td colspan="3">无限制</td></tr>
<tr><td>自容式充油电缆（110～330kV）
ZQCY22 型
ZQCY25 型</td><td>
30
150（暂定）</td><td></td><td></td></tr>
</table>

注 1. 35kV 电缆采取防止油干枯的有效措施时（如使用能补注油的充油式终端头），最大位差可达 10m。

2. 水底电缆的最低点指最低水位的水平面。

表 3-5　电缆允许敷设最低温度（GB 50168—2006）

电缆类型	电缆结构	允许敷设最低温度（℃）
油浸纸绝缘电力电缆	充油电缆	−10
	其他油纸电缆	0
橡皮绝缘电力电缆	橡皮或聚乙烯护套	−15
	裸铅套	−20
	铅护套钢带铠装	−7
塑料绝缘电缆		0
控制电缆	耐寒护套	−20
	橡皮绝缘聚氯乙烯护套	−15
	聚氯乙烯绝缘聚乙烯护套	−10

4. 电缆之间，电缆与管道、铁路、公路间的最小净距

电缆之间，电缆与管道、铁路、公路等平行交叉的最小净距，应符合《施工及验收》（GB 50168—2006）的规定。电缆直接埋地或空气中敷设如图 3-14 所示。

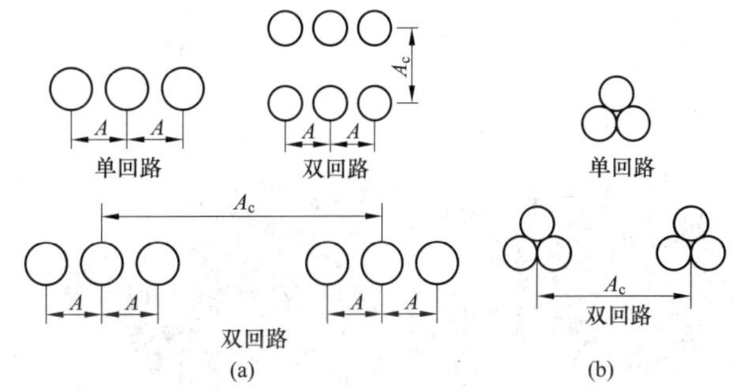

图 3-14　直接埋地或空气中敷设

(a) 平行敷设；(b) 三角敷设

A—电缆与电缆之间的距离（相与相之间的距离）；A_C—电缆线路（回路）之间的距离

最小净距不仅是敷设应注意的技术常识，也是电缆线路设计应重视的问题。

5. 直埋电缆引出地面的保护措施及电缆线路段出、入管口处的密封处理

(1) 直埋地下电缆埋设深度应遵守《电力电缆线路运行规程》（DL/T 1253—2013）和《电气装置安装工程电缆线路施工及验收规范》（GB 5016—2006）的要求。当电缆自地下引出地面时，应将地面 2.0m 长的一段用电缆保护管（塑料或金属）加以保护，金属管埋入地下 0.1m，以防外力机械破损电缆。电缆引出地面时的保护如图 3-15 所示。放在室内的铠装电缆如无机械损伤可能，可不加保护，但对无铠装的电缆则应加保护。电缆通过立墙引入室内与铁路、公路交叉敷设时，应穿管敷设。电缆保护管内径按电缆外径的 1.5～1.7 倍选择。

(2) 电缆线路段出、入管口处的密封处理。对直埋电缆自土沟引进电缆沟、隧道、建筑物及穿入管子。

(3) 直埋电缆自土沟引进隧道、人井及建筑物时，应穿在管中，并在管口加以堵塞，防

止水分、小动物（如老鼠）进出电缆沟、隧道、建筑物及穿入管子等处，应做好可靠密封，以避免水分浸入，小动物（如老鼠、蛇）进出电缆沟、隧道内、建筑物及管子中，引起电缆咬伤，短路等电缆事故。图 3-16 所示为电缆线路段出、入管口处的密封处理事例。

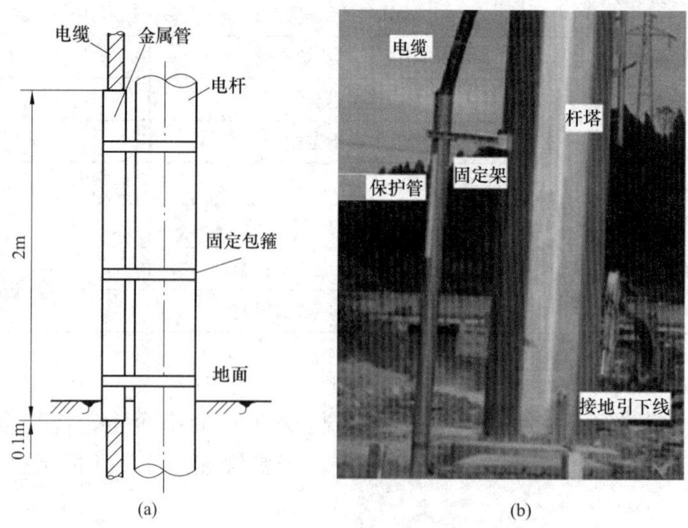

图 3-15 电缆引出地面时的保护

(a) 电缆引出地面尺寸要求；(b) 工程应用实景

图 3-16 某电缆线路段电缆出、入管口处的密封处理

6. 电缆构筑物的积水

在水电站的大坝廊道或发电厂的较低位置的电缆构筑物很容易积水。积水原因涉及多方面，如廊道渗水、构筑物围墙封闭不严等，使得隧道、夹层、电缆沟等处积水。

(1) 电缆构筑物积水对电缆的影响如下：

1) 电缆护层绝缘下降及出现零值和铅护套被腐蚀，特别是当麻被护层电缆在敷设过程中沥青脱落、油浸麻被松扭、外护层间滑动裂纹等，都会给外部积水浸入护层内部造成通路，促使电缆损坏。

2) 电缆的使用寿命大大降低。例如，挤塑型电缆，在运输及敷设中有擦伤或挤破，虽经修补但质量不能保证，或有小的较深的刀伤未被检查出来时，若将电缆浸入水中，水一旦浸入电缆内部就会破坏电缆的绝缘造成事故。

3) 电缆构筑物内经常积水，将会使周围环境湿度增大，将支架及夹具的金属部件严重锈蚀，支架强度明显降低，无法承受电缆荷重，会引起支架断裂。

(2) 做好电缆积水的排水工作应考虑以下事项：

1) 敷设时，首要对所要敷设的电缆的护层质量进行逐段检查，发现问题应及时处理。

2）施工时，必须对敷设电缆线路的电缆构筑物的土建质量进行认真验收，构筑物应有不小于1%的排水坡度。除水电站的排水廊道（敷设有电缆时），电缆构筑物不应作为排水沟，同时，地面排水也不应排入电缆的构筑物内。另外，敷设电缆时的气温也不能太低，一般不低于0℃。气温过低时充油电缆的油黏度较大，电缆受弯时绝缘层间滑动困难，易受损坏，同时沥青容易脆裂脱落。同样挤塑型护套电缆在过低气温下也容易变脆龟裂。如果由于低温造成护层损伤，一旦被水浸泡，也会使护层绝缘强度降低，引发电缆线路故障。

3）电缆构筑物（隧道、夹层、电缆沟）内均应设排水设施，无排水设施的构筑物应考虑在适当位置设置排水井、装排水泵，以便能随时排积水。

4）有条件时，应在比较潮湿的电缆构筑物内安装良好的通风设备防湿。这不仅可以降低电缆热损、提高电缆载流量，还对巡视检修工作有积极作用。风机定期运行，使内外气流交换，对降低电缆护层、支架、夹具等金属部件腐蚀都有效。

第三节 电力电缆的陆地敷设施工

电力电缆的敷设方式，根据敷设的位置分陆地敷设、水下敷设和悬挂（架空型）敷设三种。本节主要介绍陆地敷设施工。

一、概述

1. 电缆陆地敷设施工起讫端的选择原则

对于比较复杂的电缆路径，由于环境条件的限制，如何安全可靠地敷设，选择好敷设的起讫端在电缆线路施工设计中是一个极其重要的环节。起讫端选择的一般原则考虑：

(1) 尽可能减少敷设牵引力。电缆敷设应从较高端向较低端敷设，以便减少敷设牵引力，同时对于截断多余的电缆也有利。在坡降较大或竖井中敷设电缆时，可在高的一端向下滑放而不牵引。

(2) 采用一端向另一端敷设牵引。当电缆敷设牵引施工选择一端向另一端敷设时，须考虑宽畅且运输方便的敷设场地作为敷设起点。尤其是水电站，这个原则有可能成为主要的选择条件。因为运输电缆盘时一般采用平板拖车装运，这就要求被牵引的首端场地有放置电缆和车辆的回旋余地。

(3) 避免电缆在敷设时受损。根据电缆线路设计要求的最小计算牵引力和侧压力选择起讫点，以保证电缆在敷设时不受损伤。

(4) 尽量将电缆盘靠近电缆敷设就位点。电缆盘的放盘位置尽量靠近电缆敷设就位的地方，以便减少电缆出盘后的牵引距离。另外，对于电缆路线路径较复杂的“咽喉”段，宜靠近敷设的终点。

2. 电缆敷设路径确定后，设计书编制的内容和要求

在选择电缆的敷设路径后，应编制设计书。设计书由设计部门完成，它是施工的依据。设计书由封面、目录、说明、设计图纸、材料表五个部分组成：

(1) 封面，包括工程的名称、账号，设计的部门，日期等。

(2) 目录，按次序列出设计书的全部内容，以便于查找设计书的相关内容。

(3) 说明，叙述工程的一些具体事项和要求。例如，工程中需新放或替换电缆的线路名

称和数量，需要制作的电缆附件的类型、数量和编号，替换下的电缆的处理（就地停运或拆除带回）等。施工人员应仔细阅读设计说明，并按其要求施工。

（4）设计图纸，包括电缆走向图、电缆线路剖面图、电缆支架图等。其中电缆走向图应画出电缆的敷设路径。

对施工人员来说，应在施工前按电缆走向图到现场进行勘察，了解电缆的实际路径。如果发现设计与现场实际情况有出入，应上报主管技术部门。此外，由于从设计到施工有一段时间差，在这期间施工环境可能有所变化，甚至会有很大变化，这将影响即将进行施工的电缆路径。为了确保施工的合理性和准确性，施工单位的技术部门必须在施工前首先对设计图纸进行详细审校，确认无误后再交到施工班组，有条件的还应向施工人员交底、布置工作，最后才由施工人员施工。在施工过程中，一旦发现问题，应立即停止施工，并向主管技术部门反映，会同运行单位，经研究决定后再继续施工。如果问题较大，影响面较广，则必须与设计、运行单位共同研究，并由设计部门发出设计变更通知，然后再按变更后的设计图纸继续施工。

电缆线路剖面图应给出平行敷设的电缆的剖面，以便于施工、运行管理人员对电缆进行区分，并且施工中应严格按照设计书规定的剖面位置敷设电缆，以免将来认错电缆。另外，在某些场所，如变电站电缆夹层、电缆隧道、排管进出口等连接电缆工井中，为了运行检修及维护方便，同时为了整洁美观，常制作电缆支架以支撑电缆。

（5）材料表，包括电缆材料表，电缆支架材料表。施工部门根据材料表准备电缆材料、附件材料及相应的工具。

二、电缆直埋敷设施工

《城市电力电缆设计技术规定》（DL/T 5221—2016）规定，直埋敷设是把电缆放入开挖好的壕沟内，沿线在电缆上铺设一定厚度的砂土或细土后盖上预制钢筋混凝土保护板，最后回填土，夯实与地面齐平的敷设方式。

1. 直埋敷设的技术要求

（1）电缆沟对于一般土质，沟顶应比沟底大 200mm，并在沟底敷以 100mm 的细砂或软土。沟底敷的细砂或软土，不允许有石块或其他硬质杂物，且敷垫细砂或软土后的电缆沟深度应保证电缆表面距地面不小于 0.7m；穿越农田时，不小于 1m。在寒冷地区电缆应埋于冻土层以下。直埋深度超过 1.1m 时，可以不考虑上部压力的机械损伤。在进入建筑物、与地下建筑物交叉及绕过地下建筑物处，可浅埋，但应采取保护措施（一般采用穿保护管的措施）。电缆沟的宽度应满足相关规定，如电缆沟槽的两侧应有 0.3m 的通道，以方便敷设。电缆沟的转弯处，应挖成圆弧形，以保证电缆弯曲半径所要求的尺寸。

（2）电缆线路相互交叉时，高压电缆应在低压电缆下方。如果其中一条电缆在交叉点前后 1m 范围内有穿管保护或用隔板隔开时，最小允许距离为 0.15m。

（3）与热力管道接近或交叉时，如有隔热措施，平行和交叉的最小距离分别为 0.5m 和 0.15m。

（4）电缆从地面引出时，应从地面下 0.2m 至地上 2m 加装钢管或角钢防护，以防止机械损伤。确无机械损伤处敷设的铠装电缆可不加防护。

（5）与建筑物基础的距离，应能保证电缆埋设在建筑物散水以外；电缆引入建筑物时应穿管保护，保护管亦应超出建筑物散水以外。

（6）线路路径上有可能使电缆受到机械性损伤、化学作用、地下电流、振动、热影响、腐殖物质、虫鼠等危害的地段，应采取保护措施。

(7) 施放完毕后，应在其上面再铺设一层100mm厚的细砂或软土，然后再铺盖一层用钢筋混凝土预制成的电缆保护板或砖块，其覆盖宽度应超过电缆两侧各50mm。

(8) 电缆中间接头盒外面应有防止机械损伤的保护盒，塑料电缆中间接头除外。

(9) 郊区及空旷地带的电缆线路，应竖立电缆位置标志。

(10) 直埋电缆敷设的埋深，是从防护电缆安全和兼顾经济性综合考虑的。我国已颁布的《电力电缆运行规程》和《发电厂、变电站电缆选择与敷设设计规程》中给出的埋深要求，经长期实践证明可行，与国外相近。国外对电缆直埋敷设允许最小埋深的规定值见表3-6。

表3-6　国外对电缆直埋敷设允许最小埋深的规定值

国别及其规范标准	电缆允许最小埋深(m)
苏联1985年颁布的《电气安装规程》	0.5(在引入建筑物5m) 0.7(35kV以下电缆，除某些情况外) 1.0(35kV以下电缆横跨街道广场时，35kV以下电缆)
美国《电气法规》	0.6(0.6kV以下电缆) 0.75(0.6～22kV) 0.9(22～40kV) 1.05(40kV)
日本《电气设备技术基准》	1.2(有载重车经过) 0.6(其他情况)
瑞典《电气装置设计及维护规程》(SND-FS-1978)	0.45(24kV及以下电缆) 0.65(24kV以上电缆)

2. 做好复测、路径、放样划线工作

按照施工设计的电缆路径图，复测电缆设计路径，并在主要点，如直线段的中点、上下坡、过障碍、拐弯、中间接头和需特殊预留电缆的地点等位置，补加标桩。

根据设计图纸和复测结果，拟定敷设电缆线路的走向，进行划线。敷设一条电缆时，开挖宽度为0.4～0.5m；同沟敷设两条电缆时，开挖宽度为0.6m左右。

3. 选用电缆输送机械及辅助机具

电缆输送机械适用于大规模城市电网改造，适合大截面、长距离电缆敷设，可降低劳动强度，提高施工质量。

(1) 电缆输送机。电缆输送机分滚轮式、履带式等。

如图3-17所示为部分电缆输送机。有关电缆输送机的技术特性及使用，见相关产品技术说明。为保证电缆悬空，履带式输送机布置在电缆敷设的直线段[见图3-18(a)]，两台输送机的距离不得大于30～50m，且中间每3m放一台直线滑车；电缆转弯[见图3-18(b)]时，输送机应布置在直线段部位；电缆上坡时，输送机应按图3-18(c)所示布置。

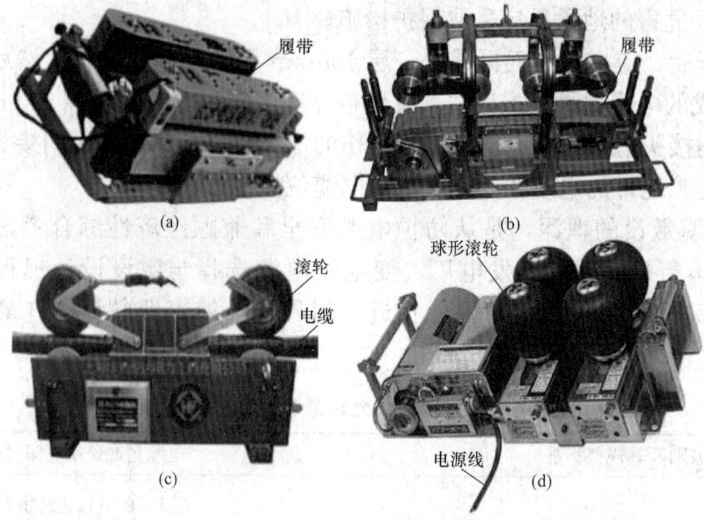

图 3-17 电缆输送机

(a) 履带式输送机（DSJ-150 型）；(b) 履带式输送机；(c) 滚轮输送机（XBD-Ⅰ型）；(d) 四球型输送机（IS-200FBO-4X 型）

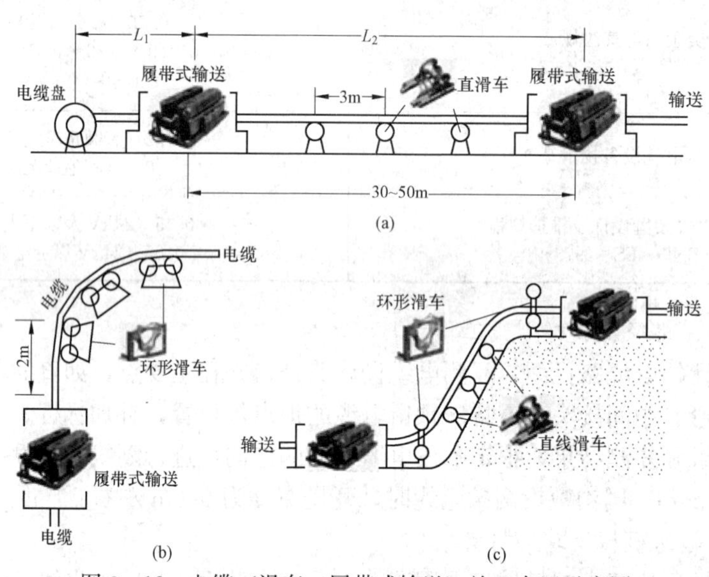

图 3-18 电缆（滑车，履带式输送）施工布置示意图

(a) 输送机布置在直线部位（滑车，履带式输送）施工布置示意图；(b) 转弯时；(c) 上坡时

在水平面敷设时［见图 3-18（a)］，电缆盘与履带式输送机的间距 L_1（单位：m)，可按式（3-5）计算确定

$$L_1=\frac{pK_2}{9.81W\mu K_1+T_0} \tag{3-5}$$

在水平面敷设时，两台履带式输送机的间距 L_2（单位：m)，可按式（3-6）计算确定

$$L_2=\frac{pK_2}{9.81W\mu K_1} \tag{3-6}$$

在斜面敷设时，履带式输送机作制动时的间距 L_2'(单位：m)，可按式（3-7）计算确定

$$L_2' = \frac{pK_2}{9.81W(\mu\cos\theta - \sin\theta)K_1 + T_0} \tag{3-7}$$

式中：p 为履带式输送机的牵缆出力，N；W 为电缆单位长度质量，kg/m；μ 为摩擦系数，取 0.2；K_1 为安全系数，取 1.0～2.0；T_0 为起始张力，取 500～1000N；K_2 为系数，单芯电缆取 1.0，3 芯电缆取 0.6～0.7；θ 为斜面坡度角，rad。

(2) 电缆校直机、电缆弯管机。为了方便敷设，电力电缆从电缆盘展放到待敷设直线线路上不是直线状时，必须将其校直，可用图 3-19 (a) 所示电缆校直机进行校直。

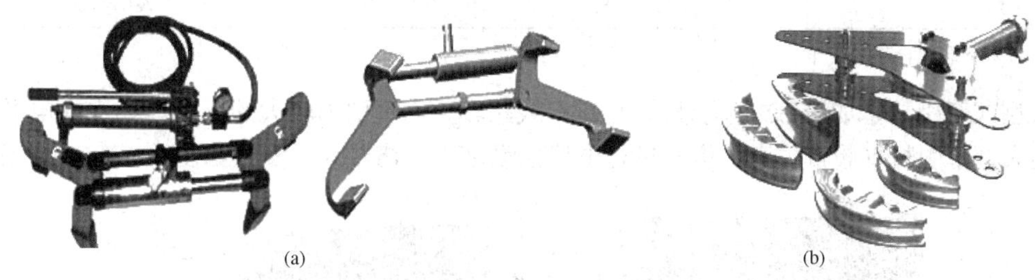

(a)　(b)

图 3-19　电缆（液压、机械式）校直机外形实物图例

(a) 电缆（液压、机械式）校直机 (b) 电缆弯管机

对于转弯地段的电缆，应按设计规定有一定的弯曲半径，有的在保护管内敷设，这时可采用图 3-19 (b) 所示电缆弯管机进行处理，以满足电缆线路工程安装弯曲半径的要求，达到预期的目的。电缆弯管机，具有拆装简便，不需用固定底脚，可随意移动的特点，适用于施工现场对电缆保护钢管及大截面电缆的弯曲。电缆弯管机有手动液压操作、机械操作等。

(3) 电缆牵引机。电缆牵引机（绞磨）是电缆敷设时，用作牵引的成套机械。它由牵引头和收线架几大部件组成，可用于电力电缆、通信电缆、架空线的牵引，也可用于其他需要牵引的场合，可单独使用。

如图 3-20 所示为电缆牵引机（绞磨）及卷线盘。图 3-20 (a) 所示为电缆牵引机，该机具有减速机构合理，速度稳定，牵引力恒定，并可加装智能控制装置，实现定速度、定扭矩的数字控制，主要技术参数见表 3-7。用小型电缆牵引机进行电缆敷设施工实景如图 3-21 (a) 所示。

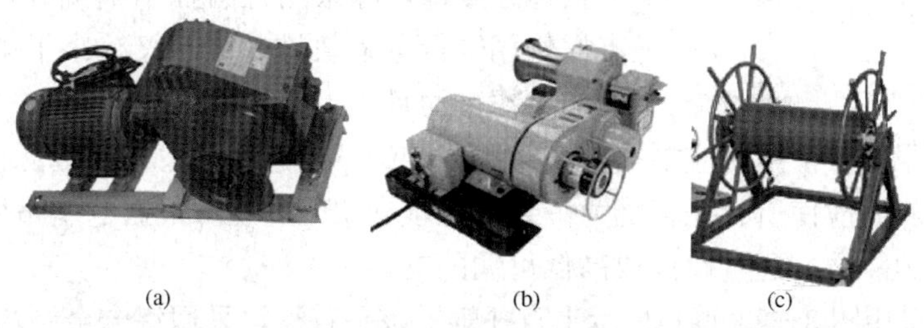

(a)　(b)　(c)

图 3-20　电缆牵引机（绞磨）及卷线盘

(a)、(b) 电缆牵引机（绞磨）；(c) 卷线盘

表 3-7　　电缆牵引机技术参数

型号	JQY-18	JQY-30	JQY-50
牵引力（kN）	18	30	50
最大牵引力（kN）	30	40	55
电源（V）	AC380V		
电机功率（kW）	3	4	5.5
牵引速度（m/min）	6		
适用钢丝绳直径（mm）	13	15	15
外形尺寸（mm×mm×mm）	1310×520×480	1430×700×720	1430×700×720
	780×730×782	780×730×782	780×730×782

注　技术参数引自某产品样本。

大型式牵引机，如履带式牵引机，宜用在线路较直而牵引力较大的场所，如水底电缆敷设等。用大型牵引机（履带式牵引机）进行电缆敷设施工（洛君线）实景如图 3-21（b）所示。

(a)

(b)

图 3-21　电缆机械敷设施工实景

(a) 小型牵引机（汽油机动力）敷设；(b) 大型牵引机（履带式牵引机）敷设

（4）电动滚筒、履带式牵引机。在牵引敷设弯曲较多或线路很长的电缆时，其牵引力往往会大于电缆允许值，此时宜用电动滚筒（见图 3-22）和履带式牵引机。电动滚筒的推动力为 0.5～1.0kN。电动滚筒具有输送电缆和支持电缆（相当于托辊）的作用。

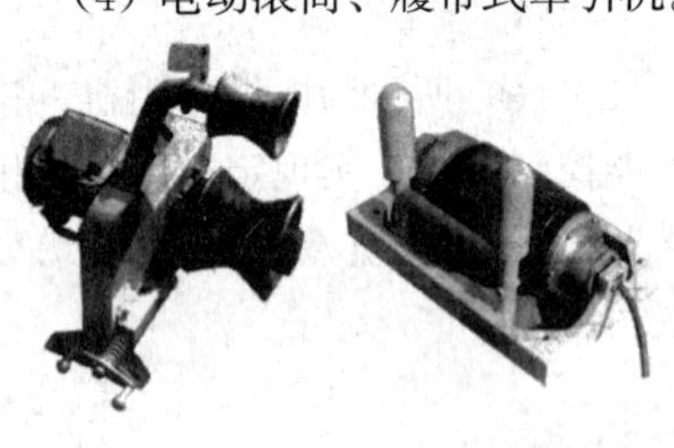

图 3-22　电动滚筒产品图示

（5）电缆托辊牵引电缆时，为了不使电缆直接在地面上拖拉摩擦，除采用人力扛抬电缆外，可借助托棍的支撑作用进行电缆敷设，这不仅减小了电缆拖拉时与地面的摩擦，而且省力、方便。

托辊的种类很多，使用时应根据电缆线路路径的不同选用合适的类型。托辊的布置应牢固可靠，避免倾斜，应使所有托辊受力一致。托辊支架的高度可根据电缆路径的具体情况设计，应使托辊受力一致，还可设计成高低可调的支架。

在平直段可采用图 3-23（a）所示平直托辊。该平直托辊采用铝合金制造，具有强度高，质量轻，使用灵活方便等特点。它可以单个使用，也可连接成串做下井、转弯用。HCL-1、HCL-2 型放缆滑车适用于外径小于或等于 180mm 的电缆。托辊间的距离应考虑适度，根据电缆的外径确定，一般为 1.5～2m。过小并无坏处，但使用的托辊相应就多，不仅大大增加了施工准备工作，还不经济；托辊间距离过大会使电缆的弛度增加，导致牵引力增大，容易使托辊支架倾斜，严重时，电缆在牵引过程中还会转动，呈螺旋形前进，造成电缆扭转，使电缆绝缘受到损伤。故弯曲段应适当减少托辊间距。

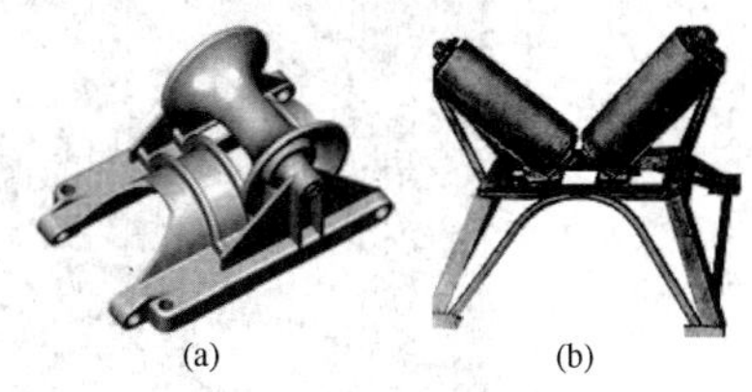

图 3-23 电缆托辊

(a) 平直托辊；(b) 电缆托辊 V 型布置

安装在水平弯曲段的转角支架应设置适当数量的立式托辊，起导向作用。导向托辊［见图 3-24（a）］的间距应适当小些，以便降低对电缆的侧压力。当转角为 90°时，导向托辊以 4～6 个布置为宜。

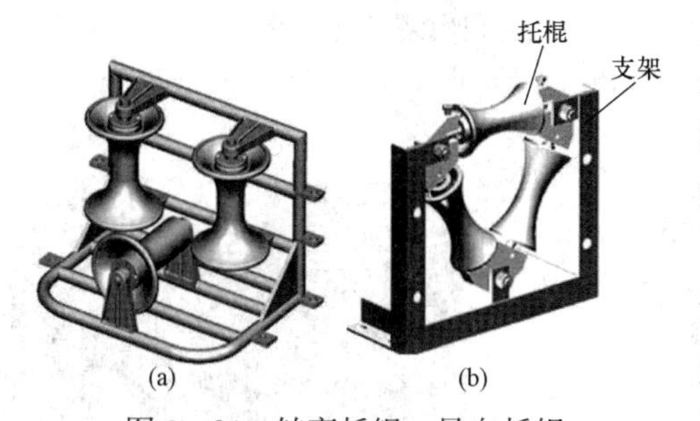

图 3-24 转弯托辊、导向托辊

(a) 导向托辊；(b) ZLC 型转弯托辊

图 3-24（b）所示为 ZLC 型转弯托辊。其是电缆施工中必不可少的工具，与 HCL、HCS 型放缆滑车配套使用，可解决电缆敷设施工中电缆转弯十分困难且极易损坏电缆绝缘的问题。

在建筑物、沟道及保护管的进出口，应考虑设置导向托辊框架，或在管道口设置如图 3-25 所示的管口防护喇叭，用以保证牵引过程中电缆不被刮破擦伤。管口防护喇叭结构由两半合成，敷设完后可逐个拆除。

电缆敷设施工中也常采用图 3-26 所示托辊及保护滑车装置对进出口电缆进行保护。如图 3-26 所示为敷设电缆中利用托辊及保护滑车对进出井口电缆进行保护。

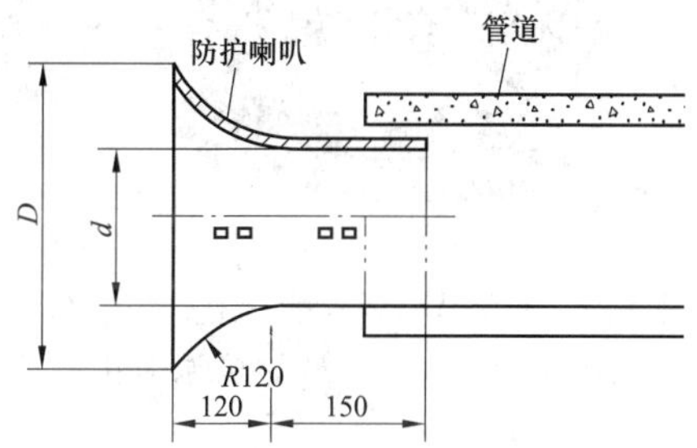

图 3-25 管口防护喇叭

D—管口防护喇叭大端管口直径，$D=1.2d$

（6）放线滑车。为满足特殊要求，如用于电缆沟或窄巷隧道中在壁侧分层置放敷设电缆时，与牵引机具配套，以减少电缆放缆过程中的摩擦和支撑电缆至合适位置，还开发设计了图 3-28（a）所示的撑壁放线滑车（HCB 型）。其适用于 0.8～1.25m 宽的沟（墙）壁内悬空撑壁使用，滑轮采用铝合金制造，支撑杆采用高强度碳结钢制造，方便灵活，承载力大。为了适用于各种条件的电缆敷设，有的厂家还生产制造了图 3-28（b）所示的圆式电缆放线滑车。

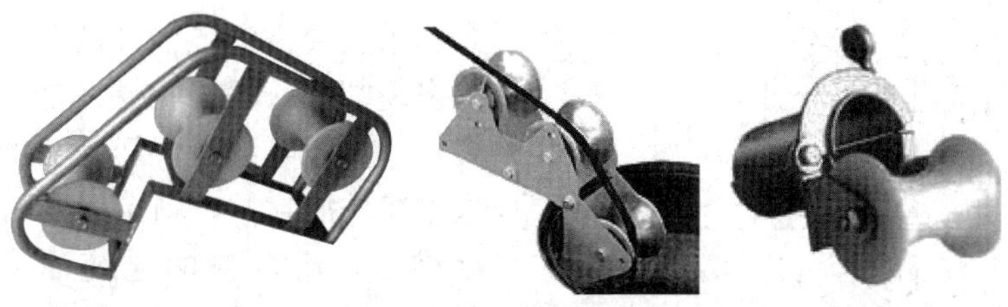

图 3-26 （坑口）托辊及保护滑车

（7）牵引头。牵引头（见图 3-29）是卷扬机的钢丝绳与电缆导线的连接部件（或称过渡线），能承受大于电缆导线允许的牵引力。

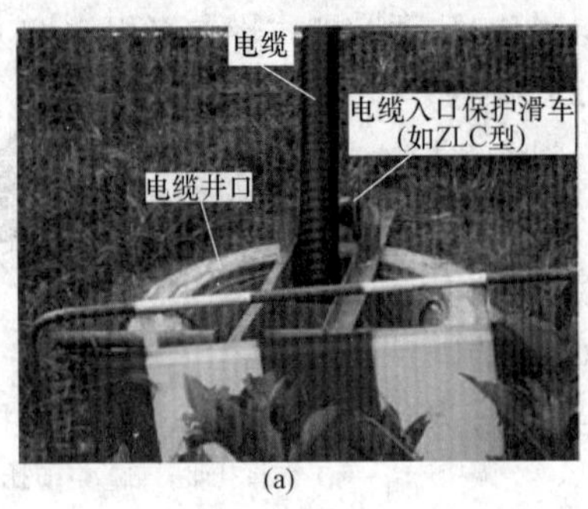

图 3－27　敷设电缆中利用托辊及保护滑车对进出井口电缆进行保护

（a）正面图；（b）侧面图

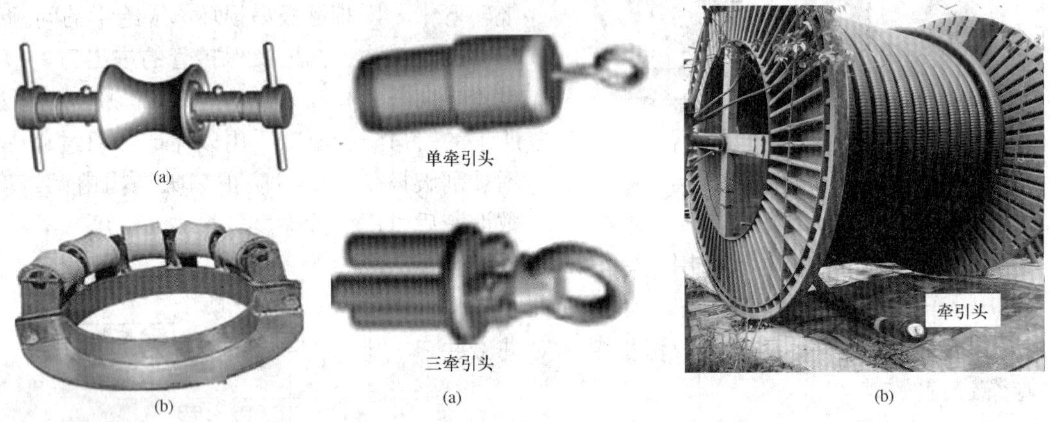

图 3－28　适用特殊要求的电缆放线滑车

（a）撑壁放缆滑车；（b）圆式电缆放缆滑车

图 3－29　电缆牵引头

（a）电缆牵引头；（b）已制作好的电缆牵引头

《高压充油电缆施工工艺规程》（DL 453—1991）推荐图 3－30 所示的牵引头与单芯充油电缆连接，牵引头上设置有油嘴，其作用是便于与压力箱的油箱连接，保持电缆内部油压稳定。牵引头的另一个作用是密封单芯充油电缆的端部。

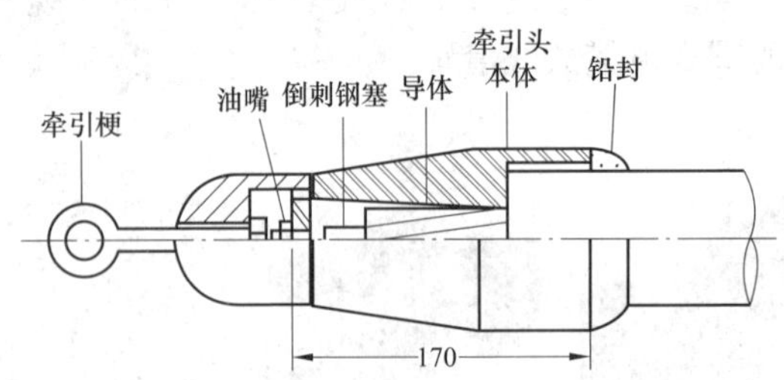

图 3－30　牵引头与单芯充油电缆的连接

《高压充油电缆施工工艺规程》（DL 453—1991）推荐的装配电缆牵引头的方法是：①用合格电缆油冲洗电缆头各部件，剥除电缆端部一段外护层及加强带，清扫铅护套；②关闭电缆盘上压力箱的供油阀门，除去电缆的原封帽，剥端部 8cm 长的铅护套及绝缘纸，用合格的电缆油冲洗电缆端部；③拔除油道内 15cm 长的螺旋管，微开压力箱供油阀门，冲洗油道后关闭，插入楔塞形梗；④套上牵引套，并在顶端加一帽罩，用手锤击帽罩接塞芯梗，使线芯胀开，从而使导体与牵引头内壁卡紧；⑤搪铅；⑥待铅封冷却后，微开电缆盘上压力箱供油阀门，冲洗端部，排除牵引头内油污及空气，安装油嘴及闷头；⑦旋上牵引梗套；⑧敷设钢丝绳至电缆首端，安装防捻器及牵引强度限制器，连接牵引头进行牵引。

牵引头在使用前应在短段电缆上进行拉力试验，以免牵引时滑脱或断裂，必要时须做密封试验，防止敷设电缆过程中漏油。

牵引头与电缆导线连接时，应先从电缆盘上牵引出一段电缆，并将其端部抬起比邻近电缆高出 0.5m，然后进行连接。

如图 3－31 所示为高压塑料电缆牵引。

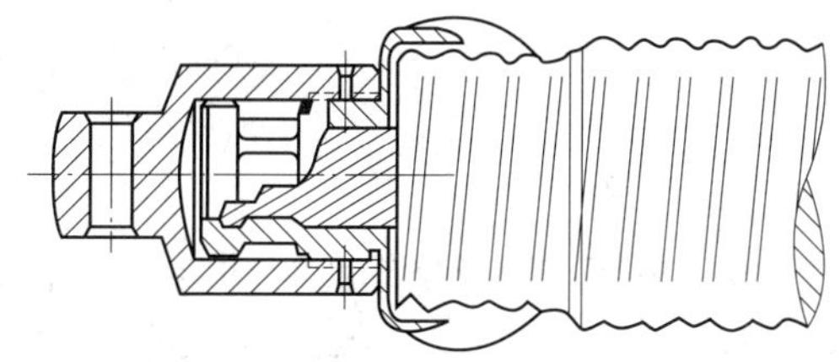

图 3－31 高压塑料电缆牵引端

(8) 牵引网套。牵引网套又称蛇皮套，用细钢丝（也有用尼龙绳或白麻绳）由人工编织而成，分单头、双头。

牵引作业时，选用的牵引网套应经过计算方可使用，放线时应连接和握紧各种钢芯铝绞线或电缆，能通过各类放线滑车。

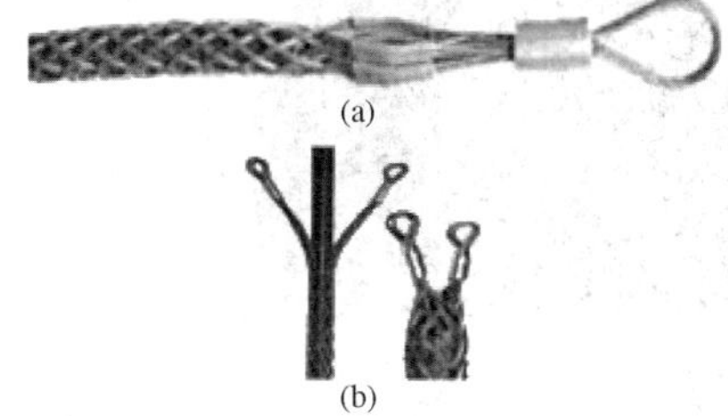

图 3－32 牵引网套

(a) 单头；(b) 双头

(9) 防捻器和张力计。为了及时消除钢丝绳或电缆的扭转应力，在牵引钢丝绳和电缆之间设一防捻器，其两侧可以相对旋转，并具有耐牵引的抗张强度，施工实例如图 3－33 所示。

张力计，用来监视敷设电缆实际的牵引力和侧压力大小的装置。它可装在卷扬机的一侧，也可装在牵引头端，依据牵引力的大小和张力计的种类而定。安装在卷扬机侧的张力计还可以设置带有控制接点的仪器，在牵引过程中若张力超过允许值，可立即切断控制系统而停止牵引。液压张力计及其工程应用如图 3－34 所示。

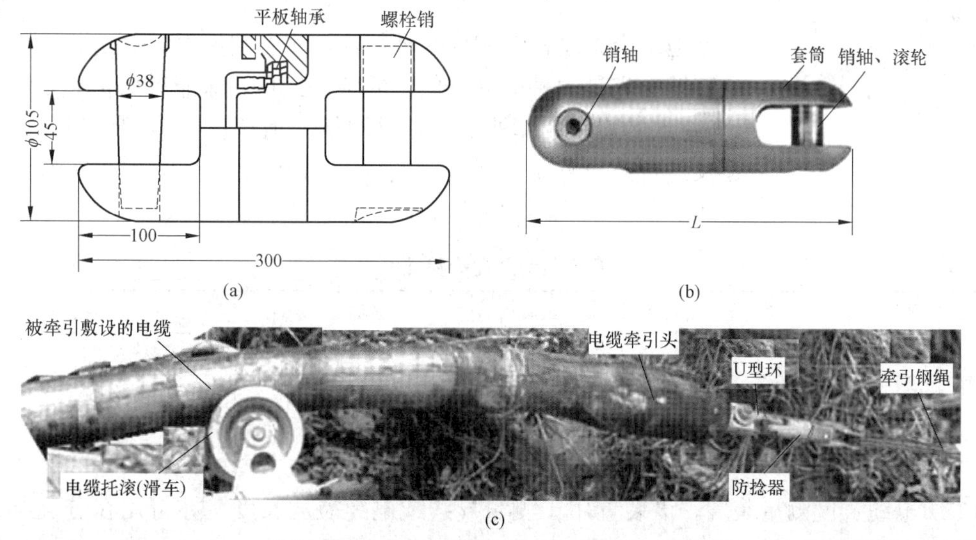

图 3－33 防捻器及在某施工现场应用图例

(a) 结构图；(b) 实物图；(c) 施工实景

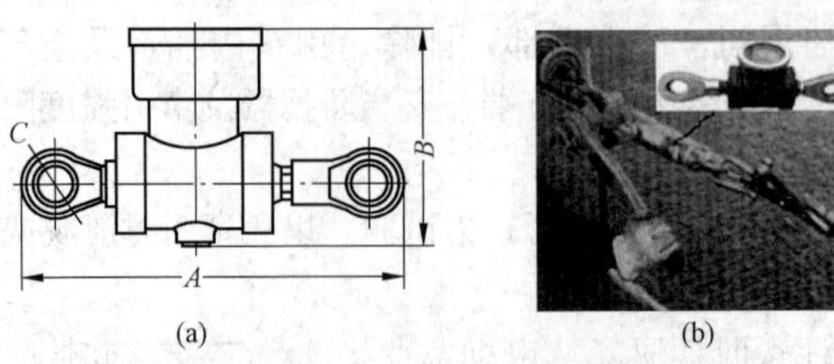

图 3-34 液压张力计及某工程应用

(a) 结构示意图；(b) 工程应用

(10) 电缆支架及电缆盘制动装置。充油电缆的质量很大，连同电缆盘多达 30 多 t，因此要有电缆盘放线支架支持。对放线支架的要求是必须坚固，且质量轻，稳定性好。电缆放线支架（配有液压顶升装置）如图 3-35 所示。

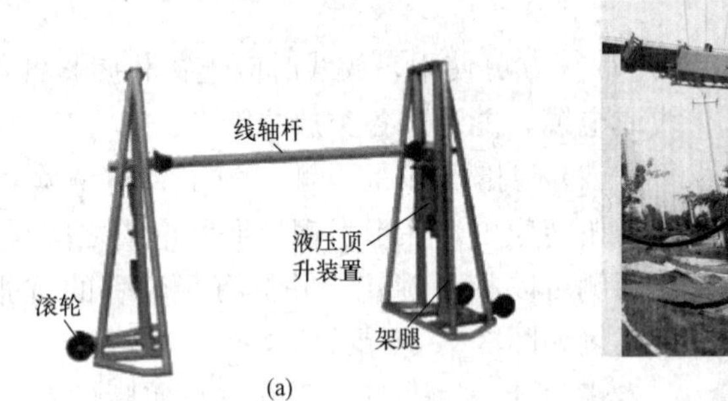

图 3-35 电缆放线支架（配有液压顶升装置）

(a) 电缆放线支架（配有液压顶升）；(b) 工程实景（电缆从线盘正确方向）

图 3-36 玻璃钢穿孔器

为了在牵引敷设电缆的过程中及紧急情况下，能及时制动电缆盘，防止电缆盘继续滚动而造成电缆折弯的装置称制动装置。如 4m 以下的电缆盘，可采用木板制动或盘缘带人工制动。

(11) 电缆敷设辅助工具。由复合材料制成的玻璃钢穿孔器，较好地结合了刚性及韧性两种特征，具有耐腐蚀、耐磨损、寿命长的特性。它是一种能反复使用的穿孔工具，除能有效提高敷设电缆（光缆）的工作效率外，还可以测量管道长度，清理管道，验收管道及进行敷设作业。玻璃钢穿孔器如图 3-36 所示，其参数见表 3-8。

表 3-8　玻璃钢穿孔器参数

名称	参数	名称	参数
杆径（mm）	11～14	最小弯曲半径（mm）	295
杆长（m）	100～400	牵引断裂张力（N）	4500*g*
温度范围（℃）	－40～＋80	线密度（g/m）	150g/m

(12) 电缆长度测量装置。该装置用于测量导线或电缆展放长度，亦可用在分裂导线安装间隔棒时测量距离的装置。图 3-37 (a) 所示装置可测量电缆直径不大于 50mm 电缆的展放长度，图 3-35 (b) 所示为手推式测距车（数字显测距）。

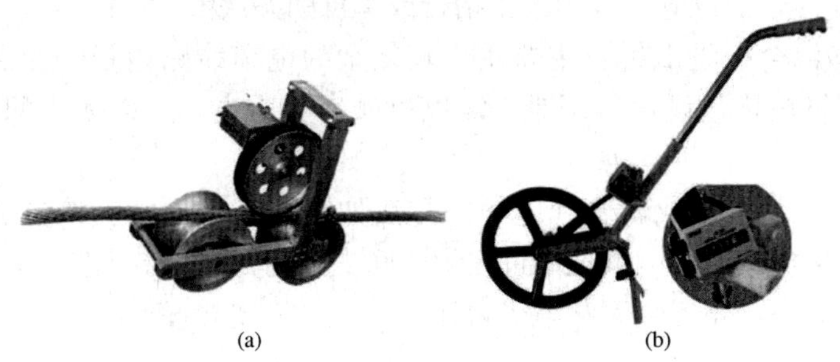

图 3－37　电缆长度测量装置产品图例

(a) 自行式测距车；(b) 手推式测距车（数字显测距）

4. 电缆直埋敷设

直埋电缆的敷设和牵引程序如图 3－38 所示。在进行直埋电缆敷设施工时应按下述工艺执行：

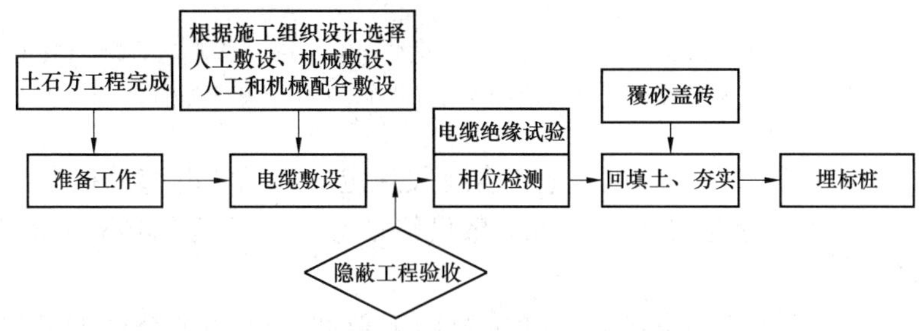

图 3－38　直埋电缆的敷设和牵引程序

(1) 电缆线路附属土建验收监测，电缆支架的安装检查，管道疏通等，并根据现场实际情况编制电缆敷设作业指导书。

(2) 开挖样洞。电缆敷设线路图不详细的（如地下管线、电缆、水沟等），应考虑沿电缆线路走向图，开挖足够数量的样洞和样沟，以便摸清地下管线布置情况，以确定电缆敷设的位置及不损坏电缆和其他管线、电缆相互之间及管道与管道，以及电缆与管道、构筑物等最小允许间距。

(3) 开挖槽沟、布置过路管道。根据施工图，开挖沟槽，即对经常出现需要穿越公共道路或桥梁等场所，为了避免牵引电缆时对公共交通的影响，常采用的处理方法是横越道路部分的一段路事先埋设多孔导管。导管的顶部一般不低于地坪 1m，导管孔数留有 50%的备用孔。埋设横越道路的导管中心线不论在平面和垂直方向都需保持直线，这就需要先挖出一半长度的横断道路电缆沟土方，在其上临时铺平通行钢板，然后开挖另一半横断道路的电缆沟土方，并在确定沟中无障碍物，能保持导管成一直线，方可浇筑、振捣所需混凝土导管，并做好养护工作，最后覆土填平。

上述 (2)、(3) 项工作，根据实际情况考虑是否有必要进行。

(4) 在搬运电缆盘前，应核对电缆盘上的标识，如电压、截面、型号是否符合工程设计书上的要求。对无压力的油纸电缆，则还应检验电缆盘两端头油纸和导线内是否含油。

(5) 直埋电缆牵引敷设方法有人工敷设、机械敷设和人工敷设与机械敷设配合三种。无论采用何种方法，敷设电缆都不允许电缆与地面发生摩擦。

1）人工敷设电缆，敷设电缆采用人工抬行或肩抗的办法敷设电缆。

2）人力和机械混合敷设电缆，主要用于较复杂的电缆线路敷设，如敷设现场转弯多，施工难度大，采用机械化敷设比较困难，需以机械牵引为主，辅以人力配合进行电缆牵引敷设。

3）机械牵引，人工配合敷设直埋电缆的方法如图 3－39 所示。该方法采用直接牵引，即在汽车上支放卷扬机牵引，电缆拖牵过程中中间支放托辊处派专人监视，为了准确掌握电缆敷设时的牵引力大小，靠近牵引端串张力计。

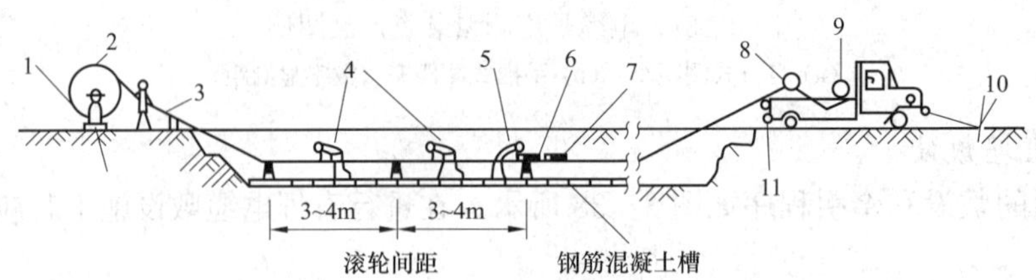

图 3－39 直埋电缆牵引敷设施工示意图

1—制动器；2—电缆盘；3—电缆；4—作业人（电缆转弯处）；5—作业人（履带机监视）；6—履带机；7—防捻器；8—张力计；9—卷扬机车；10—锚锭装置；11—千斤顶

用机械敷设电缆的最大牵引强度，应符合有关规定，如充油电缆总拉力不应超过 27N。用机械敷设电缆的速度不应超过 15m/min，敷设路径愈复杂或额定电压愈高的电缆，施放速度应相应降低。

敷设完毕后，应测试护层电阻。110kV 及以上单芯电缆外护套应能通过直流 10kV、1min 的耐压试验。

三、穿越道路等工程施工

采用电缆直埋方式，当穿越公路、铁路、城市街道等地区时，应埋设保护管。但在上述地段及不能开挖的道路，通常用顶管法施工技术设置保护管。其是继盾构施工之后发展起来的一种土层地下工程施工方法，主要用于地下进水管、排水管、煤气管、电信电缆管的施工，不需要开挖面层，且能够穿越公路、铁道、河川、地面建筑物、地下构筑物以及各种地下管线等，是一种非开挖敷设地下管道的施工方法。

1. 螺旋钻头顶管法施工

螺旋钻头顶管法施工，适用于路宽在 20m 以内的硬土、黏土地段，不适用于渣土、水浆土、砂砾等。

螺旋式顶管法，是利用螺旋钻进行施工的一种方法。施工时，先准备顶进坑，将螺旋钻机水平安装在坑内，再利用螺旋杆传输钻压和扭矩，推进机头前进，利用钻机的顶进油缸向前顶进管节，机头掘削下来的土通过螺旋钻杆从管中输送到坑内。基本施工工艺：开挖工作坑（工作坑需两个，一个主坑、一个副坑，分别设在拟顶管段的两端，主坑安装螺旋钻进设备，副坑出土及下管）→安装设备（主要设备有螺旋钻机）→钻孔→扩孔（利用高压水泵提供破土动力，钻机向扩孔钻头提供前进力和回转力）→安管→拆除设备。螺旋式顶管法施工的优点是施工时无振动、噪声小、质量轻、操作方便、施工人员少、基坑小。

2. 液压顶管机施工

液压（双缸）顶管机的外形及其施工如图 3－40 所示。液压顶管机施工，可在地表

1.2～3.5m以下穿越公路、铁路及其他障碍物，可一次成功敷设地下小口径水泥管道、天然气管道、中小型自来水管道及电力、电信、电缆管道等，而不破坏地表。某电力建设单位采用液压顶管机施工实景如图3-41所示。

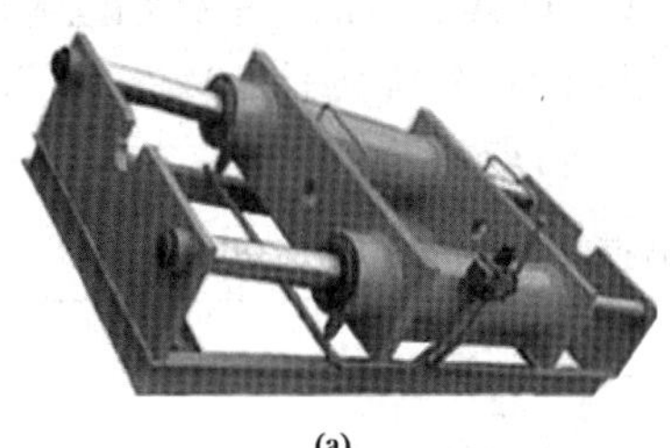
(a)

(b)

图3-40　液压（双缸）顶管机的外形及其施工

(a)液压（双缸）顶管机的外形；(b)液压（单缸）顶管机施工图例

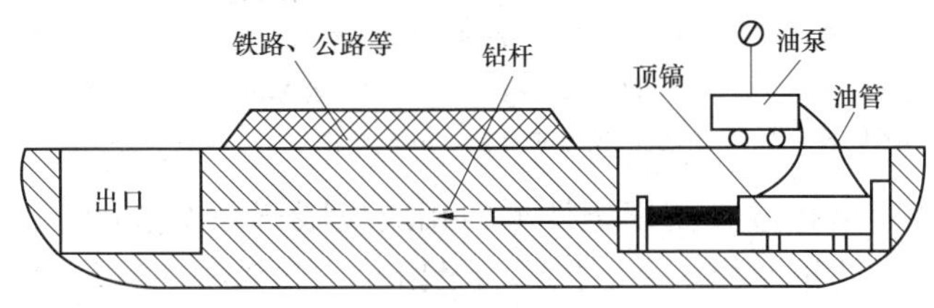

图3-41　液压顶管机施工布置示意图

3. 铁锤冲击法施工

铁锤冲击法施工，也仅适用于软土、灰渣、砂砾土或路面不宽的场所。施工时，同样在道路的一端挖一操作坑，其长度为保护管加锤的冲击距离，另一端可挖小坑，其余要求同螺旋钻头顶管法。如图3-42所示为铁锤冲击顶管法施工布置示意图，施工原理是利用铁锤自摆打击管顶帽，使管向前步进，直到打通为止。

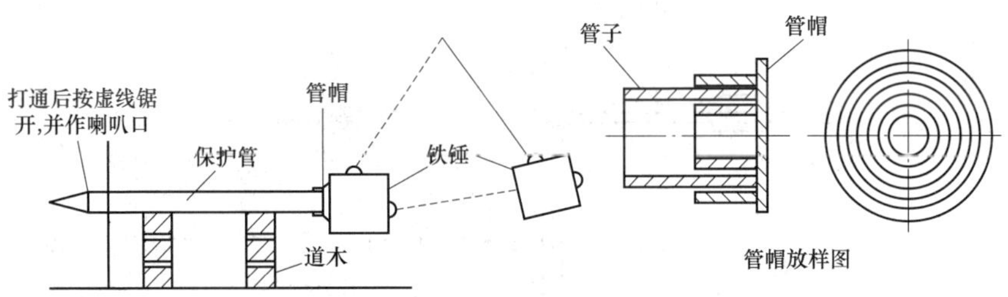

图3-42　铁锤冲击顶管法布置示意图

四、采用钢丝绳绑扎牵引敷设电缆施工

1. 电缆牵引钢丝绳的选用计算

承受荷重而绕过滑轮或卷筒的钢丝绳，主要受拉伸和弯曲的作用。通常按强度选择钢丝绳时，仅按纯拉伸计算。对因弯曲而引起的弯曲应力影响，以及因钢丝反复弯曲而引起的疲劳（耐久性）问题，则适当地提高滑轮或卷筒槽底直径D对钢丝绳直径d的比值D/d和加大安全系数K，来予以适当的控制和补偿。

钢丝绳的允许最大使用拉力T_{max}（N），可按下式计算

$$T_{max}=\frac{T_b}{K} \tag{3-8}$$

其中，T_b 为钢丝绳的有效破断拉力（N），当现场缺少双重绕捻普通结构铜丝绳的有效破断拉力数据时，可以按表3－9所列的经验算式计算其近似值，镀锌钢丝绳绕捻的钢丝绳，因镀锌退火现象，其有效破断拉力较光面钢丝绕捻的钢丝绳约低10%；K 为安全系数，对直接用人力或绞盘通过滑车组用人力或绞盘的，K 可取4.5。

表3－9 双重缠捻普通结构钢丝绳有效破断拉力近似值 N

钢丝绳品种	有效破断拉力		说明
硬钢丝绳	$55c^2$	$542d^2$	
半硬钢丝绳	$44c^2$	$434d^2$	
软钢丝绳	$37c^2$	$365d^2$	本计算式适用于6×24mm、6×30 mm的软钢丝绳

注 1. 硬钢丝绳是指由7股钢丝绳捻成的钢丝绳，钢丝的公称抗拉强度为1400N/mm²；半硬钢丝绳是指由6股钢丝绳和绳中心1个麻芯绞捻成的钢丝绳，钢丝的公称抗拉强度为1400N/mm²；软钢丝绳指由6股中心夹有麻芯的钢丝绳和绳中心1个麻芯绞捻成的钢丝绳，钢丝的公称抗拉强度为1400N/mm²；

2. C 是钢丝绳的圆周长，mm；d 是钢丝绳的直径，mm。

由于钢丝绳在使用中超过其使用条件下的相应极限弯曲次数后，很快就会出现疲劳破损，这个极限弯曲次数与钢丝绳所受的拉应力及滑轮或卷筒槽底直径对钢丝绳直径的比值 e 有密切关系，因此为保证在不同使用条件下的钢丝绳具有足够的耐久性。除了规定安全系数 K 外，还规定了允许最小的滑轮或卷筒槽底直径对钢丝绳直径的比值 D/d，滑轮或卷筒的允许最小槽底直径 D，可按 $D\geqslant(e-1)\ d$ 计算确定；d 为钢丝绳的直径（cm）；最小槽底直径 D 决定于起重牵引设备型式和使用条件的系数，对于起重滑轮 D 可取11～12；对于平推绞磨和机动绞磨，D 可取10～11。

2. 钢丝绳绑扎牵引敷设电缆施工

电缆牵引敷设，可采用钢丝绳绑扎牵引敷设电缆施工，如图3－43所示。

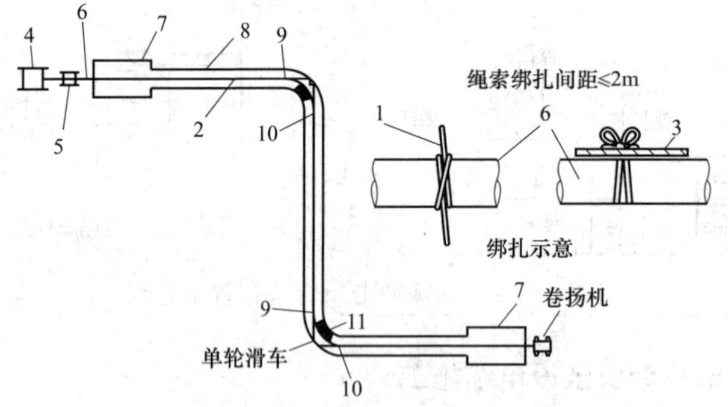

图3－43 采用钢丝绳绑扎牵引敷设电缆施工示意图

1—绑扎绳索；2，6—牵引钢丝绳；3—电缆；4—电缆盘；5—装在拖车上的钢丝绳盘；7—接头坑或接头井；8—电缆沟或道；9—进单轮滑车前解除绑扎绳索；10—再绑扎；11—弧形护套

在复杂的电缆线路上采用这种敷设电缆的方法，其整根电缆的牵引力完全由钢丝绳承担。如果绑扎适当，将会使电缆护套多点受力均匀，不会超过最大牵引强度允许值。《高压

充油电缆施工工艺规程》(DL/T 453—1991)明确指出，为了简化施工，进行间隔式绑扎。但应进行计算，被绑扎的一段所能牵引电缆的最大长度，其牵引力不得超过电缆护套的允许牵引速度。同时，绑扎工艺要好，不允许牵引时滑脱损伤电缆外护层。被绑扎于电缆上的钢丝绳宜采用旧绳，防止由于钢丝绳松劲而导致的电缆扭转。钢丝绳应绑扎在电缆受弯曲的内测以减少电缆的扭转，还具有相应减少侧压力的作用。

采用 ϕ5～6mm 尼龙绳双股绑扎，每根长度 5～6m。具体绑扎方法，参见《高压充油电缆施工工艺规程》(DL/T 453—1991)的规定，此处不再介绍。

五、电缆埋设施工其他工艺

1. 埋设隔热层

电缆的埋设与热力管道交叉平行敷设，如不能满足最小允许距离时，应在接近或交叉点前后 1m 范围内作隔热处理。隔热材料一般采用 250mm 厚的泡沫混凝土、石棉水泥板、150mm 厚的软木或玻璃丝板。所用材料必须具有隔热和防腐蚀的性能。根据规定所埋设的隔热材料除热力沟的宽度外，两边各应伸出 2m。电缆沟宜从隔热后沟的下面穿过，任何时候不能将电缆平行敷设在热力沟的上方和下方。穿过热力沟部分的电缆除采用阁隔热层外，还应穿石棉水泥管保护。

若敷设电缆不能满足规定时，应采用相应的技术措施，具体要求见相关规定。

2. 覆土填沟

全部电缆展放在滑轮上后，就可逐段将电缆提起移出滑轮放在沟底，并检查电缆有无损伤。然后在上面覆以 100mm 厚的软土或砂层盖没电缆，并对电缆外护套进行电压为 10kV，时间为 1min 的直流耐压检验，以检验外套在电缆牵引过程中是否有损。检验合格后，在软土层或砂层上再覆盖一层厚约 50mm 钢筋混凝土板或具有醒目标志的识别板，防止检修挖掘时误伤电缆。最后可在保护板上用杂土回填至地面。

直埋电缆回填土前，应经隐蔽工程验收合格。回填土应无杂物，且每回填 0.2～0.3m 整实一次，防松土沉降，最后一层应高出地面 0.1～0.2m 的高度。

3. 埋设电缆标示桩及绘制竣工图

(1) 电缆标示桩、电缆标志牌设置。电缆标示桩，在建筑物密集的地段，应沿电缆线路每隔 100～200m 及在线路转弯处埋设用水泥制作的“地下电缆”标志桩，并在电缆线路图中标明。标志桩(见图 3-44)的底部宜浇在水泥基础内，以此避免日后倾斜或反倒。

图 3-44 电缆线路标志桩图例

电缆标志牌，应装设在电缆终端头、接头、拐弯处、夹层内、隧道及竖井的两端等地方。标志牌的规格应统一，挂装应牢固，并能防腐。标志牌上应注明线路编号，电缆的型号、规格及起讫点，并联使用的电缆应有顺序。标志牌的字迹应清晰且不易脱落。直埋电缆应在线路的拐角处、中间接头处。

(2) 绘制电缆竣工图。电缆竣工图应在原始设计图纸的基础上进行绘制，凡与原设计方案不符的部分，均应按实际敷设情况在竣工图中予以更正，以方便日后运行检修。电缆工程竣工后，应完成精确的电缆竣工图。内容包括设计及更改后实际的电缆走向、电缆与沿途各参照物之间的相对位置、各主要位置的电缆排列断面图等。电缆竣工图绘制的具体要求：①比例一般为1∶500，根据实际需要，地下管线密集处可取1∶100，管线偏少段可取1∶1000；②标志符号（如常用的道路建筑的简单图形符号）；③为运行和检修方便，可在竣工图下方设记录栏，以便日后检修和图纸修改时进行记录。

六、电力电缆在排管内敷设

1. 排管敷设设计

排管用的管材有硅砂玻璃纤维环氧树脂复合管、吸冲击聚乙烯管，敷设三芯电缆还可以使用钢管、铸铁管或钢筋混凝土压力管。随着塑料技术的应用，有的采用高强度塑料管，从而省去了混凝土浇筑工序。排管的衬管常用纤维水泥管、聚氯乙烯波纹塑料管、高强红泥塑料管等。

《电力工程电缆设计规范》(GB 50217—2007)，规定排管设计应符合下列要求：

(1) 排管所需孔数除按电网规划敷设电缆根数外，还需有适当备用孔供更新电缆用。

(2) 供敷设单芯电缆用的排管管材，应选用非磁性并符合环保要求的管材。供敷设三芯电缆用的排管管材，还可使用内壁光滑的钢筋混凝土管或镀锌钢管。

(3) 排管管材顶部土壤覆盖深度不宜小于有关规定。

(4) 排管管径，对于1孔敷设1根电缆（电缆直径为d）用的管径D宜符合$D\geqslant 1.5d$计算要求。

(5) 排管尽可能做成直线，若需避让障碍物，可做成圆弧状排管，但圆弧半径不能小于12m；如使用硬质管，则在两管镶接处的折角度不得大于2.5°。

(6) 排管通过地基稳定地段，如管子能承受和地面动负载者，可在管子镶接处用钢筋混凝土或支座做局部加固。通过地基不稳定地段的排管必须在两工井之间用钢筋混凝土做全线加固。

对于排管的工井，应符合下列要求：

(1) 在排管的工井中设置工井的间距必须按敷设在同一排管中重量最重考虑。允许牵引力和允许侧压力的最小值根据电缆计算决定。

(2) 工井长度应根据敷设在同一工井内最长的电缆接头以及能吸收来自排管内电缆的热伸缩所需的伸缩弧尺寸决定，且伸缩弧的尺寸应满足电缆在寿命周期内电缆金属护套不出现疲劳现象。

(3) 工井净宽应根据安装在同一工井内直径最大的电缆接头盒接头数量以及施工机具安置所占空间设计。

2. 排管敷设技术要求

(1) 穿入管内的电缆应符合设计要求，排管孔应按发展预留适当备用。其电缆排管在电缆敷设前，应进行疏通，清除杂物，排管内部应无积水。排管的地基应坚实、不得有沉陷。为了保证排管敷设电缆安全、顺利进行。排管敷设应注意以下技术要求：

1) 排管管子内壁要求光滑，以保证敷设时不损伤电缆外护套。

2) 裸铠装的裸控制电缆不得与其他外护层的电缆穿入同一根管内。

3) 有接头的工作井内的电缆应有重叠，重叠长度一般不超过1.5m。

4) 工作井应有良好的接地装置，在井壁应有预埋的拉环以方便敷设时牵引。

(2) 敷设时的牵引力不得超过电缆最大的允许拉力。为了减少电缆和管道壁间的摩擦阻力，以利于牵引，可在电缆入管前电缆的外护套表面涂以润滑剂（如滑石粉等），润滑剂不得采用对电缆外护套有腐蚀作用的材料。

(3) 排管的埋设深度，自管子的顶部到地面的距离，一般地区不得小于0.7m；在人行道下不得小于0.5m；室内不得小于0.2m。电缆管应有倾向人孔井0.1%的排水坡度，电缆接头可放在井坑里。

(4) 为了便于敷设及检测电缆，埋设的电缆管，其直线段每隔30m的地方以及转弯和分支的地方设置一人孔井，人孔井的深度应不小于1.8m，大小应满足施工和运行要求。

(5) 电缆敷设时，还应特别注意，避免机械损伤电缆外护套，如在排管口套以波纹聚乙烯或铝合金制成的光滑喇叭管保护电缆；如电缆盘距离工井口较远，应在工井口内、外安装滚轮支架组或采用保护套管，确保电缆牵引时有足够的弯曲半径，减少牵引时的摩擦阻力，以避免电缆护套受损。

3. 排管敷设电缆的程序

(1) 检查排管中的管子和管子的连接，目前普遍采用承插式接口。因此，牵引电缆的方向必须自管子的大头至小头逆向牵引，以防止电缆外护层在牵引过程中被擦损。

对由排管块组成的插销连接，施工前，还需检查管孔是否错位，检查的机具除（DL/T 453—1991）《高压充油电缆施工工艺规程》推荐的图3-45所示排管疏通棒（俗称铁牛）外，还可采用专用管孔内壁检查工业电视机来完成。

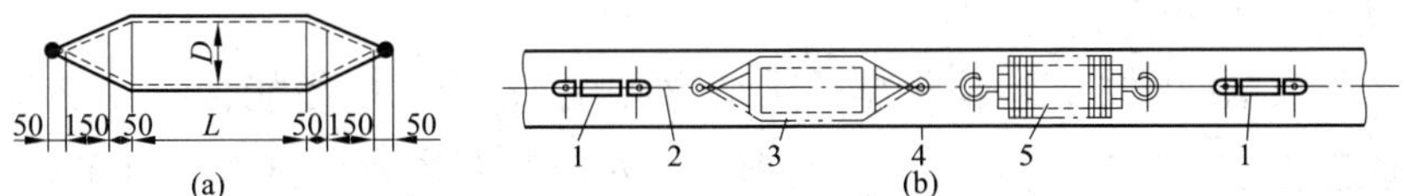

图3-45　试验棒及用试验棒疏通管路示意图（DL/T 453—1991）

(a) 试验棒结构图；(b) 用试验棒疏通管路示意图

1—防捻器；2—钢丝绳；3—试验棒；4—管路；5—圆形钢丝刷

疏通棒的规格尺寸见表3-10。

表3-10　疏通棒的规格尺寸（DL/T 453—1991）　mm

管路内径	试验棒外径 D	试验棒长度		
250	240	1000	800	600
200	190			
175	165			
150	8140			
130	120			
100	90			

注　试验棒以钢管制成。

(2) 排管电缆牵引。电缆排管敷设的工具与直埋电缆基本相同。排管内敷设电缆牵引方式布置示意图如图3-46所示。

排管内电缆牵引，可在一孔内同时牵引三根电缆，但应校核阻塞率。排管内敷设电缆牵引的方法，通常是把电缆盘放在人井底面较高的人井口外边一侧，然后用预先穿过排管的钢

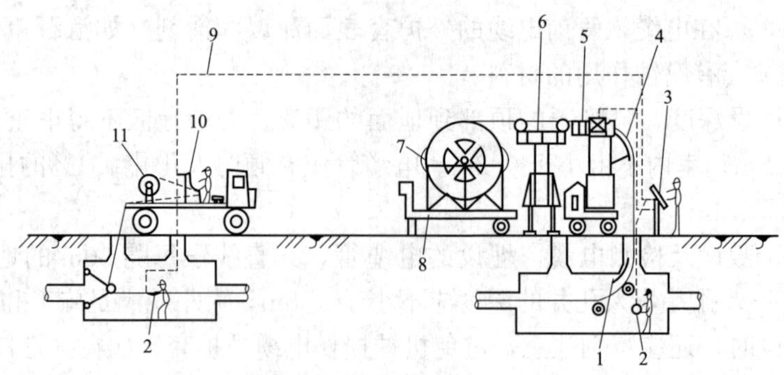

图 3-46 排管内敷设电缆牵引方式布置示意图

1—R 形护板；2—卷扬机按钮；3—卷扬机及履带牵引机控制台；4—滑车组；5—履带牵引机；6—敷设脚手架；7—手动电缆盘制动装置；8—电缆盘拖车；9—卷扬机摇控及通信用控制电缆；10—卷扬机控制台；11—卷扬机

丝绳与电缆牵引端连接，拖过排管引到另一个井底面较低的人井。

牵引力的大小，与排管对电缆摩擦系数有关，一般为电缆重量的 50%～70%。当排管电缆线路中间有弯曲部分时，为了减少电缆在敷设过程中的拉力，宜将电缆盘放在靠近排管弯曲一端的人井外边。

七、桥梁、隧道等构筑物的敷设方式和方法

1. 电力电缆在桥梁上敷设

在桥梁上敷设电缆的方式，应根据桥梁结构及特点决定。电缆能否借用城市桥梁跨越江河，首先要考虑交通、行人、桥梁和电缆本身安全。还要视敷设所需的空间，以及对桥梁所增加的荷重而定。

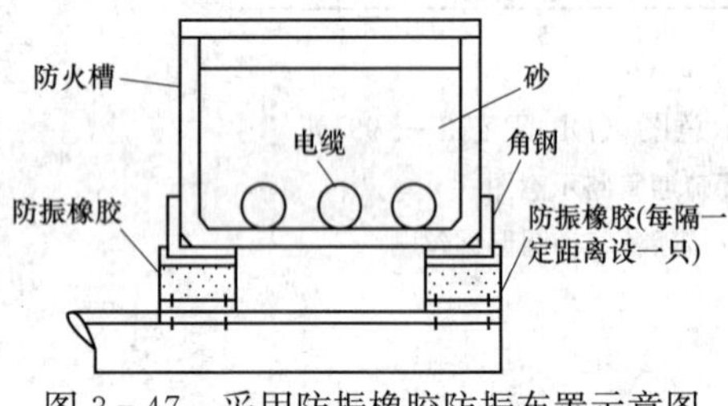

图 3-47 采用防振橡胶防振布置示意图

敷设电缆前，应有防振措施。DL/T 5221—2007《城市电力电缆线路设计技术规定》推荐图 3-47 所示方式，如垫以弹性材料制成的衬垫防振方法。露天敷设电缆应避免太阳直接照射，必要时可以加装遮阳罩，以避免电缆过热老化，使用裸露铠装电缆时还应涂沥青漆，以防锈。在桥的两端靠近平地处和桥伸缩处应留有电缆松弛部分，以防电缆由于桥结构胀缩而受到损坏。木桥上的电缆应穿在铁管中，在其他材料结构的桥上敷设电缆时，应敷设在人行道下的电缆沟中或耐火材料制成的管中。在大跨度桥梁上，还要采取特殊措施来防止由于桥梁的热伸缩、挠曲和振动而加速电缆金属护套疲劳。如图 3-48 为吸收桥梁热伸缩方法。

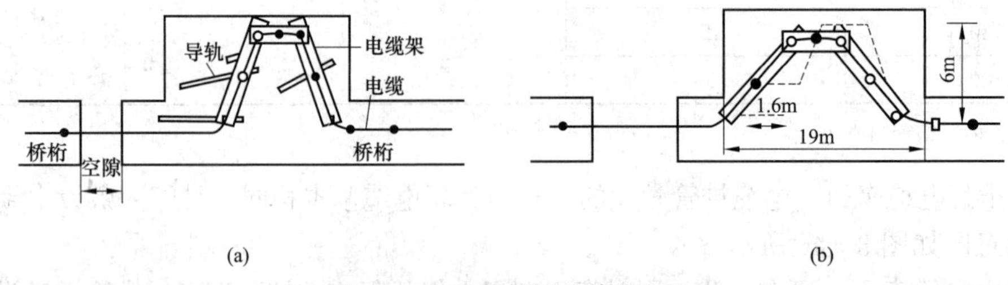

图 3-48 吸收桥梁热伸缩方法

(a) 桥梁热伸长时；(b) 桥梁收缩时

2. 电力电缆在隧道内敷设

《电力工程电缆线路设计技术规定》(GB 50217—2007)规定，隧道敷设电缆应符合下列要求：

(1) 敷设在房屋内、隧道内和不填砂土的电缆沟内的电缆，应采用裸铠装或非易燃性外护层的电缆。电缆线路如有接头，应在接头的周围采取防止火焰蔓延的措施。

电缆沟与电缆隧道的防火，应符合相关规程的有关规定。

(2) 电缆在隧道和电缆沟内，宜保持最小允许距离，应满足表 3-11 的规定。

表 3-11 电缆在隧道和电缆沟内，宜保持最小允许距离（GB 50217—2007） mm

名称		电缆隧道	电缆沟
高度		1900	不作规定
两边有电缆架时，架间水平净距（通道宽）		1000	500
一边有电缆架时，架间水平净距（通道宽）		900	450
电缆架各层间垂直净距	电力电缆：10kV 及以下	200	150
	20kV 或 35kV	250	200
	110kV	不小于 $2D+50$ （D 电缆外径）	
	控制电缆	100	36
电力电缆间水平净距		但不小于电缆外径	

(3) 电缆固定于建筑物上，水平装置时，电力电缆外径大于 50mm 的，每隔 1000mm 宜加支撑；电力电缆外径小于 50mm 的和控制电缆，每隔 600mm 宜加支撑；排成正三角形的单芯电缆每隔 1000mm 应用绑带扎牢。垂直装置时，电力电缆每隔 1000～1500mm 应加固定。对于截面积为 $1500mm^2$ 或更大的电缆，将其固定在建筑物上时，应充分注意电缆因负荷变化而热胀冷缩所引起的机械力问题，应根据整条电缆线路刚度均匀一致的原则，选用刚性或挠性固定方式。

(4) 电缆隧道和沟的全长应装设有连续的接地线，接地线的两头和接地极连通。电缆铅包和铠装除了有绝缘要求以外应全部互相连接并和接地线连接起来。

(5) 装在户外以及人井、隧道和电缆沟内的金属结构物均应全部镀锌或涂以防锈漆。

(6) 电缆隧道和电缆沟应有良好的排水设施，电缆隧道还应具有良好的通风设施。

隧道中电缆敷设有直埋和排管两种牵引方式，但滚轮的可以装置在电缆架或立柱金具上，也可平放在通道上。

当隧道不足 400m 时，可将电缆盘放在隧道口一侧，用人工拉线向隧道里铺设，其具体方法与直埋电缆敷设大体相同。

对于深度较深的电缆隧道敷设，其特点是电缆隧道深度较深、距离也较长，进出口还有竖井连接。在这类隧道内敷设电缆，实际上是电缆隧道和电缆竖井的综合敷设，电缆落差大(竖井中)、线路长、敷设难度大。就目前来讲，为了获得较大的牵引力，同时为了控制、指挥容易，应在使用卷扬机的基础上增加电缆输送机。

如图 3-49 所示为过江隧道内敷设电缆施工布置示意图，其基本工艺如下：

(1) 将电缆输送机临时固定于隧道和竖井的支架上（具体位置应根据牵引力的计算来确定)，与卷扬机（在另一竖井出口处，图中未画出）一起由一个联动装置控制，控制装置的控

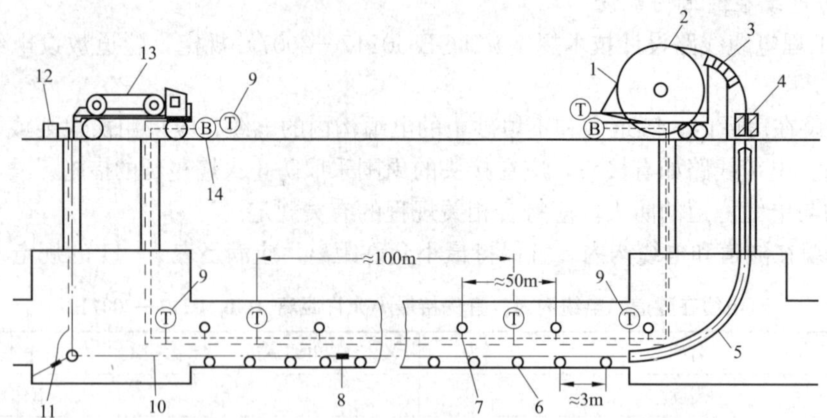

图 3-49 过江隧道内敷设电缆施工布置示意图

1—电缆盘手动装置；2—电缆盘；3—上弯曲滑轮组；4—履带牵引机；5—波纹保护管；6—滑车；7—警急停机按钮；8—防捻器；9—通信设施；10—牵引钢丝绳；11—张力传感器；12—张力自动记录仪；13—卷扬机；14—警急停机音响报警器

制台设置在电缆盘（置于竖井的顶部）附近，其可控制电缆的展放速度并使电缆保持一致性。

(2) 敷设时，起动输送机将电缆逐渐从竖井中送入，电缆的一端由输送机以接力的方式输送至所需的位置。当电缆展放到另一端竖井底处后，此时该竖井顶部的卷扬机将投入提升电缆的工作，与在竖井临时安装的电缆输送机（起夹紧、输送作用）一同将电缆提送至井口，完成电缆的展放工作。

(3) 导线截面积较大的电缆，由于热胀冷缩机械力有较大的移动量，或在设有坡度的隧道内，或由于电缆绕在盘上时的残剩弧状变形，形成电缆向下滑或自由拱起。因此，应根据设计要求确定电缆固定的蛇形节距和幅度，以便减少上述现象的移动量和分散金属护套的蠕变应力，蛇形节距一般以 4～6m 为宜，偏幅的波幅值取节距的 5%为好。另外，由于敷设在隧道中的电缆和电缆之间没有隔离层，当某一根电缆击穿起火时，将会蔓延到隧道中的全部电缆。因此必须按规定做好防火措施。

对于高落差竖井中充油电缆的敷设，还必须注意控制油压，具体情况将在第五节介绍。

八、电缆敷设质量管理及竣工验收

电力电缆线路安装敷设场所有多种，无论哪种场所，都应实现一次工程竣工验收合格。而优质的施工质量是与现场施工人员的工作责任心密切相关的，必须高度重视。

1. 现场施工的质量检验

现场施工的质量检验，包括三个方面。

(1) 自检，即每个施工人员对自己具体施工部分进行的检查。除要求有较好的施工技术水平外，还必须有一定的责任感。自验合格后方可进行互验。

(2) 互检，同一施工现场的人员相互检验，以便发现问题自行解决，尤其是关键的工序和全部工作结束时，要认真检查施工的质量，发现质量问题要及时解决，严把质量关，确保施工质量。

(3) 作为质量管理的职能部门应严格履行监督管理职能，并不定期和不定点的派人到施工现场进行质量监督及检查。由于电缆线路的隐蔽性，有些质量问题要待其线路运行一定时期后才可能暴露出来，这就要求施工现场的负责人应正确、真实填写施工质量报表，并上报管理部门。电缆线路敷设的质量报表一般应包括电缆线路工程的开、竣工日期，电缆型号和起止地点，线路位置简明示意图，施工器具和方法及电缆牵引力计算，现场施工负责人和各施工人员的施工内容或项目，施工中发生异常情况的处理记录等。

2. 竣工验收

电缆线路和施工结束后必须做好竣工验收工作。

电缆施工过程中，工程建设管理单位或运行管理部门应派驻工地代表，经常进行监督和分阶段验收。电缆线路竣工的验收，应由电缆运行部门、设计部门和施工安装部门的代表组成的验收小组来进行。

如果验收结果未达到设计和运行的要求，运行单位有权拒绝接收或要求施工单位限期整改，然后进行复验，直到合格为止。

第四节　水下电缆的敷设

水下电缆敷设，指电缆敷设在水底的一种电缆安装方式。主要用于海岛与大陆或海岛之间的电网连接，横跨大河或港湾以连接陆上架空输电线路，陆地与海上石油平台之间的相互连接。

水下电缆敷设主要包括电缆路径勘查清理、水下敷设和冲埋三个阶段。

一、水下电缆选择及电缆订货长度

1. 水下电缆选择

目前国内外使用的水下电缆主要有浸渍纸绝缘电缆、自容式充油电缆、交联聚乙烯绝缘电缆。

2. 水下电缆订货长度

水下电缆订货长度，除依据敷设路径的实测长度外，还应考虑水底的地形起伏，敷设时各种施工方法造成的偏移轴线距离大小及其他因素影响，并应留有充足的余量。按照我国目前施工的水平，推荐的水下电缆订货长度余量见表 3－12。

表 3－12　　**水下电缆订货长度余量推荐值**

电缆路径长度（km）	敷设施工电缆余量（%）	边敷设、边深埋施工电缆余量（%）
＜1	5～10	3～5
1～3	4～7	2～4
＞3	3～5	21～3

另外，在确定水下电缆订货长度时，还应考虑电缆发生故障需修理所用的备品电缆长度。

二、水下电缆路径选择

广阔的海底、江底和河底并不是每处都适合敷设电缆，确定水下电缆路径比确定陆上电缆路径复杂得多。因此，水下电缆路径的选择要周密考虑，应满足电缆不易受机械性损伤，能实施可靠防护，敷设作业方便，经济合理等要求。

1. 水下电缆路径调查

为了更好的选择电缆路径，首先应进行路径调查。路径调查应根据国家颁布的有关规范和工程特点进行，目前执行的规范有《海道测量规范》（GB 12327—1998）、《海图图式》（GB 12319—1998）、《港口工程技术规范》（JTJ 244—2005）。

（1）两端登陆点调查：了解和调查登陆点及浅水区域有无对电缆安全运行构成威胁的各种因素，如岸坡抛石、海水养殖的网箱、插桩及附近有无工厂排出的腐蚀液等。

（2）水底地形、地质调查：了解水下地形和路径最大水深；了解水底不同土质情况及其分布，以便采用较经济、可靠的方法保护电缆。

（3）水底障碍物的调查：调查礁石等障碍物的性质、形状、大小和位置，并将调查结果绘制在路径平面图上。

（4）水文气象调查：调查潮汐特征，潮流或水流、风况、波浪，以及海水温度、盐度、气体等。

上述调查项目也可征得设计同意，从当地水文站、气象台站等处获得。

（5）其他项目的调查：包括水域船舶航行情况，如船舶大小、吃水深度、船舶锚型等；渔业生产方式，如插网或抛锚深度等；滩涂的海水养殖及青苗、绿化的赔偿等。

2. 水下电缆路径的选择及敷设深度

《电力工程电缆线路设计技术规定》（GB 50217—2007）明确指出：

（1）水下电缆路径的选择，应满足电缆不易受机械性损伤、能实施可靠防护、敷设作业方便、经济合理等要求，且应符合下列规定：

1）电缆宜敷设在河床稳定、流速较缓、岸边不易被冲刷、海底无石山或沉船等障碍、少有沉锚和拖网渔船活动的水域。

2）电缆不宜敷设在码头、渡口、水工构筑物附近，且不宜敷设在疏浚挖泥区和规划筑港地带。

（2）水下电缆不得悬空于水中，应埋置于水底。在通航水道等需防范外部机械力损伤的水域，电缆应埋置于水底适当深度的沟槽中，并应加以稳固覆盖保护；浅水区埋深不宜小于0.5m，深水航道的埋深不宜小于2m。

（3）水下电缆严禁交叉、重叠。相邻的电缆应保持足够的安全间距，且应符合下列规定：

1）主航道内，电缆间距不宜小于平均最大水深的1.2倍，引至岸边间距应适当缩小。

2）在非通航的流速未超过1m/s的小河中，同回路单芯电缆间距不得小于0.5m，不同回路电缆间距不得小于5m。

3）除上述情况外，应按水的流速和电缆埋深等因素确定。

（4）水下的电缆与工业管道之间的水平距离，不宜小于50m；受条件限制时，不得小于15m。

（5）水下电缆引至岸上的区段，应采取适合敷设条件的防护措施，且应符合下列规定：

1）岸边稳定时，应采用保护管、沟槽敷设电缆，必要时可设置工作井连接，管沟下端宜置于最低水位下不小于1m处。

2）岸边未稳定时，宜采取迂回形式敷设以预留适当备用长度的电缆。

（6）水下电缆的两岸，应设置醒目的警告标志。

3. 电力电缆水下敷设规定

按通航船舶的吨位和河床的土质情况，水下电缆敷设可分为浮埋、浅埋和深埋三种。

（1）浮埋，利用电缆自重下沉或放在坚硬的泥质河床上的埋设方式称浮埋，也有将水泥装入麻袋，覆盖在电缆上的。浮埋一般适用于不通航或船只稀少的内河航道。在船只锚链长度不及水深的海洋或没有抛锚可能的海域内，也有不覆盖水泥袋而直接将电缆放在河床上的敷设方式。

（2）浅埋，电缆敷设水底后，使用高压水泵将电缆周围泥沙吹散，利用电缆的自重沉入泥土中，深度一般达1m左右，称浅埋。适用于小型船只出入的水域和海底电缆接近堤岸浅滩登陆地段。

（3）深埋，电缆埋设在河床下3～5m（大于大型船只的锚齿长度），称深埋，适用于大型船舶往来的海域。它的优点是能用电缆埋设机敷设电缆，也可用挖泥船将河床挖成需要深度的电缆沟，待电缆敷入沟内后覆土回填。

电力电缆水下敷设，应执行《电力电缆线路运行规程》（DL/T 1253—2013）规定：

（1）水底电缆应用金属丝铠装，如果受拉力不大，允许使用钢带铠装的电缆；在受拉力大的情况下，因单层铠装丝容易退扭会使电缆打圈，应尽可能采用预扭或绞向相反的双层金属丝铠装。

（2）水底电缆，应是整根的，但允许有软接头。电缆的全长，尽可能埋设在河床下至少0.5m深。

（3）水底电缆如不能埋深，应有防止外力损伤的措施。并按照航务部门的规定设置固定的警告标志和河岸监视。在航运频繁的河道内，应尽量在水底电缆的防护区内架设防护钢索。

（4）水底电缆线路平行敷设时，不能埋设时，平行敷设间距尽可能保持最高水位水深的2倍；埋设时，平行敷设间距按埋设方式或埋设机的工作活动能力而定。

（5）水底充油电缆的油压整定，除了考虑因负荷变化产生的油压变化外，还应考虑在水的最深处的电缆内部油压必须大于该处最高水位时的水压，防止铅包有渗漏时水分侵入电缆内部。

三、水下电缆工程施工准备工作

1. 水下电缆工程敷设施工用船舶

为铺设和修理海底电缆或通信电缆而设计的船舶，称为海（或水）底电缆敷设船。

第一类，直接参加电缆敷设或埋深作业的专业施工船舶。一般分为敷设施工船、埋设施工船、敷设和埋设并行的施工船。

第二类，不直接参与电缆施工的辅助船舶，仅在电缆施工中配合专业船舶正常作业而提供必不可少的技术、后勤保障的船舶。如普通的水上船舶、拖轮、锚艇、潜水工作船和交通艇等。

用于水底电缆施工的敷设船，其船舱或甲板要有足够的空间，除能装载工程所用的电缆外，还能满足电缆敷设的弯曲半径、盘绕半径和退扭高度的要求。对于缆舱设在甲板上的敷设船，还必须有足够宽的通道，供施工人员安全通行和操作。在满足水底电缆及其设备装载的前提下，尽可能用吃水较小的船只作为敷设船。其他如通信设施、导航定位设施及供电能力等均应满足工程的具体要求。

2. 水下电缆敷设作业用敷设、埋设机具

敷设、埋设机具有退扭架、溜槽、布缆机、计米器、张力测定器、入水槽、入水角度指

示器和埋深作业用埋设机等。

(1) 退扭架。由于电缆在盘绕装船时会出现扭转现象而产生扭应力，敷设应使用退扭架退扭。

国内外海底电缆敷设较为常用的退扭方式，均是在海底电缆敷设施工船上装设固定的退扭架。

退扭架的主要参数是退扭高度（缆舱内最上一层电缆至退扭架顶部入门的高度），一般情况下，水底电缆出厂时，制造厂会对退扭高度提出明确要求。一般情况下大约等于0.7倍的缆圈外径。

退扭架可采用钢桁架结构搭设，顶部设有平台，供安装半圆溜槽、瞭望台、桅杆等设施，同时还必须设有供人员上下的梯子。考虑有时电缆采用整体吊装形式交货，设计时应考虑退扭架能整体吊装和脱卸的要求。对临时应急的电缆敷设工程，亦可采用现有的钢梁、支架等替代退扭架。

图3-50所示为（国网厦门电力公司海缆施工）缠绕在电缆敷设船上的海底电缆及退扭架实景。图3-51所示为某地（洛君线）在湖泊中敷设电缆时扭架现场布置实景。其退扭架的高度为15m，电缆的外径为186mm，每米质量约为66.6kg，电缆的弯曲半径为5m。

图3-50 缠绕在电缆敷设船上的海底电缆及退扭架实景

图3-51 某地（洛君线）在湖泊中敷设电缆时扭架现场布置实景

又如，由于环境条件的限制，某电力局在敷设220kV PPLP复合纸绝缘海底电缆时，根据海上施工环境的特殊性，为了防止电缆因自身应力释放，发生打扭等事故，当无法采用常规固定式缆盘时，可结合退扭架对电缆进行退扭，对相关的设备进行改进，实现了对海缆进行退扭的处理工作，该工程采用了旋转式缆盘直接退扭的方式，施工船上的电缆转盘设计最大荷载为1500t。

(2) 溜槽。电缆敷设时的通道，能使电缆保持一定的形状和满足一定的要求，通过各机具敷入水中装置。溜槽有半圆溜槽、斜溜槽、过渡溜槽、平溜槽4种形式。半圆溜槽和过渡溜槽都有弧形，其半径应大于规定的电缆允许最小弯曲半径。溜槽内设有托轮、挡轮等装置，不仅使电缆运动时不受损伤，而且减少了对电缆的摩擦阻力。

(3) 布缆机。用于牵引电缆和制动电缆的装置。当电缆在登陆作业或浅水段敷设作业时，电缆需要一定的牵引力才能从缆舱内，外退扭架送入水中，即牵引电缆。当电缆在深水区域敷设时，敷设船上的电缆会受水中电缆自重的影响而快速滑入水中，如果不加以控制，电缆有可能在水中打扭、套结而发生事故，这时布缆机起制动电缆的作用。通过布缆机的制动，可以使入水段的电缆保持一定的张力，防止电缆在水中打扭、套结，还能较好地控制电缆敷设余量。

（4）计米器。用来测量敷设电缆长度的计量装置，即可单独设置，又可作为布缆机的一部分。施工时电缆的长度测量，是通过计米器滚筒上的转数表进行表示的。因此，计米器除了滚筒直径要精确外，还必须保持电缆和滚筒之间无相对运动。为此，要在计米滚筒上设置压紧电缆的装置和清扫滚筒表面沥青等物的装置，以保证测量计数准确。

（5）张力测定器。用来检测电缆在施工时所承受张力的装置。其工作原理是当电缆通过张力测定器时，在其内部会产生一定的弯曲，当电缆受到轴向拉力后，在弯曲处势必会产生法向拉、压力，通过压力传感器测量法向拉、压力，经过计算处理或用拉力器标定其法向压力和拉力的比例常数后，可测出张力值。

（6）入水槽。其是敷设船上电缆入水前的最后一个机具。电缆通过入水槽既会受到电缆对它产生的压力，又会受到由船舶调向、偏位所产生的侧向力。因此入水槽的设计安装必须牢固可靠。施工时，应将入水槽与电缆容易发生摩擦的地方，设置托轮和挡轮，并要求这些轮子（托轮、挡轮）必须能支持住电缆产生的压力，同时又能运转灵活自如。

（7）入水角度指示器。其是测量电缆入水时电缆和水平面间夹角的装置。通过观察入水角度，可了解到电缆在水底的情景和估算出电缆所受张力的大小。

（8）其他辅助机具。包括电缆登陆时的牵引卷扬机、充气浮胎、电缆托轮、绑扎电缆用的绳索、木撬杠等。

如图 3－52 所示为（国网厦门电力公司海缆水下敷设施工）某水下电缆捆绑在浮包上漂浮（牵引敷设）的实景图。

(a)

(b)

图 3－52　某水下电缆捆绑在浮包上漂浮（牵引敷设）的实景图

四、水下电力电缆的埋设

近年来，随着水底电缆施工技术的不断发展和完善，尤其是水下埋设机的开发研制和成功应用，水底电缆敷设工程已得到广泛应用。

电缆埋设在水底，可以防止因船舶抛锚、渔业捕捞对电缆产生的机械损坏和因水底流速使电缆和水底发生的摩擦、震动等。

水底电缆埋设与陆地敷设的施工方法基本相同，主要包括电缆路由勘查清理、海缆敷设和冲埋保护三个阶段。电缆敷设时要通过控制敷设船的航行速度、电缆释放速度来控制电缆的入水角度以及敷设张力，避免由于弯曲半径过小或张力过大而损伤电缆。在施工的最后阶段，主要是对海底电缆进行深埋保护，减小复杂的海洋环境对海底电缆的影响，保证运行安全。

水下埋设电缆，还分人工埋深、机械埋深两种方法。

浅滩以上地段部分的埋设，通常由人工开挖或机械开挖沟槽，然后置入电缆，填上细砂，盖上水泥盖板或套上关节套管，再回填土。埋设深度一般为1.5m，水域内可由潜水员持高压水枪沿电缆冲埋。若用水下机械埋设电缆，则开挖深度可达3m甚至更深。水域内电缆上部的回填土一般为自然回填。

对电缆设计路径上存在少量基岩、孤石处的埋设，一般应在电缆敷设前，由潜水员钻孔、填炸药爆破清渣，或浇注水下混凝土保护电缆。例如，国家电网福建省某公司承建的某海底电缆敷设施工，首先在浅滩段敷设时，电缆敷设船停在距离海岸4.5km的地方，从船尾“吐”出海缆，将其放置在浮包（图3-50中实际为汽车内胎）上，再通过岸上的牵引机牵引上岸，电缆上岸后拆除浮包，使电缆下沉至海底。上岸敷设时，电缆敷设船距海岸大约1km，开始电缆牵引上岸。电缆将从敷设船送出，捆绑在浮包上漂浮，使用工作船将电缆端部牵引至岸边。电缆到达岸边后，使用陆上牵引机牵引至终端站内。浮包将从船上一侧拆除，电缆自然下沉，放置在预定的电缆路由上。

1. 用于水底电缆埋设的机械及施工方法

用于水底电缆埋设的机械有犁式开沟机、水力喷射埋设机和机械切削式埋设机等。

(1) 犁式开沟机敷设水底电缆及施工方法。犁式开沟机，分单犁刀和多犁刀，一般用于水深50m以内的水域和软土体层地段。施工方法是边敷边埋设，利用埋设船自航或锚牵引埋设机，犁刀开出沟槽后将电缆置于所开的沟槽内。

(2) 水力喷射埋设机及施工方法。水力喷射埋设机，主要应用在砂性土、黏性土类的水域段。该埋设机的特点是埋深可达2.5～10m；速度慢，一般为60～400m/h；牵引力较小。施工方法是先敷设后埋设或边敷设边埋设的作业方式。施工时埋设船绞锚带动埋设机前进，高压水泵喷射水流切割土体形成沟槽后将电缆埋置其中。

例如，穿越琼州海峡与海南电网联通的海底电缆线路，采用3根海底电缆，每根全长约32km，敷设在沙地及淤泥区段，即进行高压冲水形成一条大约2m深的沟槽，将电缆埋入其中，随后用旁边的沙土将其覆盖，以实现保护电缆的目的；在珊瑚礁及黏土区，则使用切割机切割一条0.6～1.2m深的沟槽，然后把电缆埋入沟槽，再覆盖上水泥盖板等硬质物体进行保护。

(3) 机械切削式埋设机及施工方法。机械切削式埋设机有圆盘切削和链刀切削。适用于先敷设后埋设和边敷设边埋设的作业，适用土质范围广，可在硬土层甚至强风化层切割开槽。埋深一般在2.5m以内，但造价高。施工方法，是船自行前进，犁刀开出沟槽后将电缆置于埋沟槽，并可回填部分覆盖土。

综上所述，水底施工机械的施工方法是先将水底电缆敷设好后再进行埋设和边敷设边埋设的施工。前者主要用于已敷电缆的埋深，包括已运行一段时间的电缆和电缆发生故障及打捞修理后电缆的埋深，后者则用于新建水底电缆工程的埋深。

浅水、滩涂和登陆段的埋设亦可采用先敷设后埋深的方法。这些区域除了采用埋深方法保护电缆外，往往还采用在电缆上部覆上水泥盖板和在电缆上套铸铁关节套管或钢质关节套管进行保护。铸铁关节套管，如图 3-53 所示。

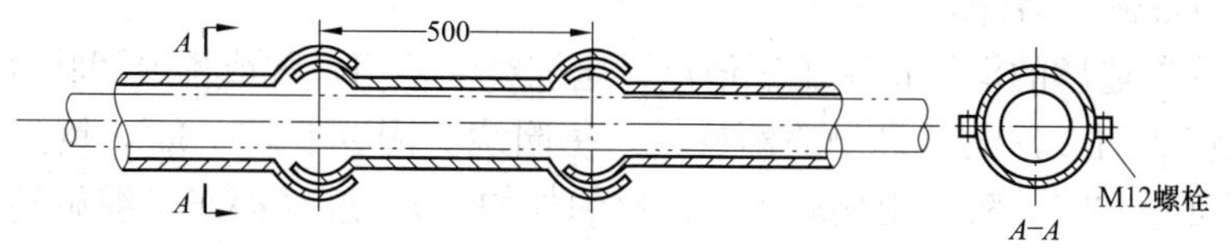

图 3-53 铸铁关节套管（单位：mm）

边敷设边埋设的施工方法与先敷设后埋设的施工方法相比，有施工工期短、船位控制精度低、操作容易等优点。因此，目前被广泛应用于新建的水底电缆工程。

2. 根据电缆运输包装方式选用敷设方法

除上述介绍的水底施工所用机械及施工方法外，还可根据电缆运输包装方式，分以下几种方式。

(1) 盘装敷设。将电缆直接由电缆盘上展出的一种施工方法，类似于陆上敷设电缆，施工工具和施工方法较简单。即在水域不太宽（大约 2km），且流速小的河道上施工时，可将电缆盘放在岸上由对岸钢丝牵引敷设。施工特点是必须将电缆浮悬在水面上。当在江面宽广、流速大、航行船只频繁处（例如，长江中、下游及黄浦江等）施工时，应将电缆装在敷设船上，边航行、边展放电缆。该敷设方式须选用电缆盘的支架及轴、控制电缆放出速度和张力的制动装置、尺码计和入水槽等，这些设备和工具也可用于筒装敷设和圈装敷设。

(2) 筒装敷设。用于电缆单根长度超过盘装时的敷设。在制造大长度海底电缆过程中，将要交货的整根电缆圈绕储存在圆形的电缆仓内，出厂时将电缆自仓内拉出经栈桥送至码头，圈绕在运输船上的托盘或圆筒上。当电缆送至托盘的顶上，经导轮将电缆送下，在托盘内一匝一匝、一层一层装。筒装电缆通常用大型浮吊或运输船上的吊杆装卸，从运输船直接卸至敷设船上。筒装电缆敷设工具较复杂。由于筒内的圈绕电缆每放出一圈，电缆要扭转 360°，因而要在电缆筒上方安装一定高度的退扭架，使每米电缆的扭转角在允许值内，从而使施工船装备复杂化。

(3) 圈装敷设。圈装敷设，又分为转盘圈装敷设和散装圈装敷设两种。

转盘圈装敷设，将电缆置于有滚轮可自由转动的圆盘上，盘边有驱动机，电缆可随转盘旋转放出，类似盘装电缆的敷设。其优点是电缆在装载或放出时不会被扭转，对绝缘不会产生不良影响，适用于大长度超高压海底电缆的敷设。

散装圈装敷设，当单根电缆的重量超过起吊设备的起吊能力时，采用圈装包装将电缆直接圈绕在船舱内或甲板上，简称散装圈装。它的最大特点是不受电缆长度的限制，特别适用于超高压海底电缆的敷设。

圈装电缆的敷设方法与筒装电缆相同，即可使用垂直退扭架，也可采用转盘敷设，在装载及敷设的专用船上不设退扭架，由栈桥将电缆自转盘出口处送至入水槽。

五、全球定位系统

水底电缆敷设时，确定电缆按设计的路径敷设是极其重要的。但在江河、湖泊、海域上，要确定敷设船所在位置，仅靠六分仪是不可能达到设计精度要求的。由于全球定位系统

（GPS）的成功研制，将其应用到电缆水底敷设，对其进行导航定位，具有极高的精度，它能使敷设电缆的定位精度精确到5m左右。有关于GPS内容，请参考相关文献。

六、水底电缆退扭力计算

为了将电缆制造厂的电缆送至施工地点，电缆经常采用盘装或堆成圈状或筒装状。电缆自直线状态盘绕成圆形，电缆自身逐渐旋转，每圈绕一周要旋转360°，钢丝铠装将旋紧或旋松（通常用旋紧方向，防止旋松后胀破钢丝的外护层），这些都来是缆旋转的铠装捻紧力的作用，即电缆潜在的退扭力。当电缆自圈状再转变成直线状态时（如自电缆敷设船施放电缆时），潜在的退扭力有促使电缆旋转恢复其原状的趋势。由于退扭力是由不同钢丝结构和不同盘绕方式形成的，较难用公式表达，因此计算张力至少保持不小于电缆在水中自由悬挂部分的重量。

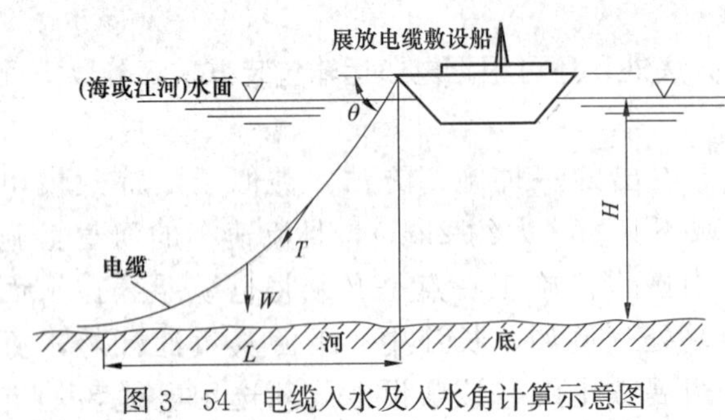

图3-54　电缆入水及入水角计算示意图

水底电缆敷设时入水点距离船缘底点水平长度L的计算。如图3-54所示，L为入水点距离船缘底点水平长度为

$$L=H\frac{\sinh^{-1}(\tan\theta)}{\sec\theta-1} \quad (3-9)$$

式中：H为水深与船高的总高度，m；θ为敷设电缆时的入水角（°）。

$\frac{\sinh^{-1}(\tan\theta)}{\sec\theta-1}$及$\frac{1}{1-\cos\theta}$，可依据$\theta$的取值计算，编程计算。

水下电缆敷设时要通过敷设船的航行速度、电缆释放速度ν来控制电缆的入水角θ以及敷设张力T，避免由于弯曲过小或张力T过大而损伤电缆。即电缆的张力T与敷设电缆时的入水角θ的关系可用下式表示

$$T=WH\left[1-\frac{V}{v\sin\theta}(1+\lambda-\cos\theta)\right]=WH\left[1-\frac{(0.8-\cos\theta)V}{v\sin\theta}\right] \quad (3-10)$$

式中：V、v为船速、电缆入水角速度，可取$v=V$；λ为松弛系数，取0.2；W为电缆在水中的重量，N/m。

若停船，此时电缆的张力T'与敷设电缆时的入水角θ的关系可用下式表示

$$T'=\frac{9.81WH}{1-\cos\theta} \quad (3-11)$$

制动器所需的制动力T''（N）可用下式表示

$$T''=2(WD+T_0) \quad (3-12)$$

式中　T_0——残余张力，可近似取9810N；

D——最大水深，m。

第五节　充油电缆、高落差电缆的敷设

充油电缆敷设方法与其他电缆基本相同。但因充油电缆体积大、质量大，结构复杂，在

施工技术方面比普通中、低压电缆的要求严格得多。因此，必须根据工程设计书了解整个工程概况，并结合工程的具体要求和特点，选择电缆敷设机具，拟定电缆就位方案，制定施工计划、编写施工作业指导书，以便合理地进行工程管理和施工人员的配备，从施工管理、技术、安全及质量上建立起有效的工程管理网络。

一、高落差电缆的敷设

高落差电缆是指电缆两个端头的水平位置差大，或电缆线路上最高点与最低点位置差大。水平位置差是决定电缆低终端头的结构及其制作安装的重要依据。最高点与最低点的位置差是设计电缆本体的护层结构及合理选择电缆设计方案的重要参数。

然而，高落差电缆敷设的显著特点是位于电缆线路下端的净油压较高，上部的铅护套承受下部电缆的重量较高。由此可见，敷设高落差电缆比普通电缆困难得多，一旦出现异常情况（如下端漏油）及故障（加固带为单向缠绕，则垂直敷设时，电缆会产生扭转），处理起来是极其困难的。因此，《高压充油电缆施工工艺规程》（DL/T 453—1991）明确指出，敷设时要特别注意，且应采取适当的安全措施：

(1) 在竖井敷设高落差电缆时，应设置适当数量的爬梯及休息平台，以便于施工、维护和检修。

(2) 高落差电缆出厂前，电缆的外端头应采用特制铜封帽。

(3) 到现场后若发现未加固，敷设前可按图3-55及以下工艺进行加固处理：①铜封帽长200～250mm，预镀锡100mm左右，经清扫后，用合格的电缆油冲洗；②剥除（不要剪掉）电缆端部450mm以内的外护层，清扫铅护套；③关闭盘上压力箱阀门，除去原有封帽，套装特制封帽，搪铅；④开起压力箱供油阀门冲洗端部，排除封帽内油污及空气，安装封帽闷头；⑤绕包环氧玻璃丝带，一端绕包至封帽端部，绕包的厚度不少于4层；⑥恢复加强铜带及外护层，外包5mm的橡皮作为缓冲保护。

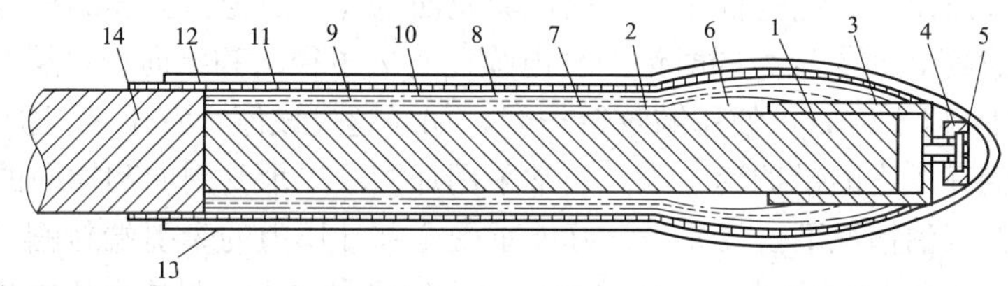

图3-55　加固电缆牵引端（DL/T 453—1991）

1—绝缘屏蔽；2—铅护层；3—铜封帽；4—耐油橡胶；5—密封螺帽；6—铅封；7—环氧玻璃丝带；8—径向加固铜带；9—环氧玻璃丝带；10—轴向加固铜带；11—密绕 ϕ2mm 镀锌铁丝加固；12—塑料带；13—橡皮；14—麻护层

1. 排油敷设

高落差充油电缆排油敷设方法有两种：充气状态下敷设和真空状态下敷设。

充气状态下敷设电缆，是在敷设之前将电缆内的油放空，并充以一定压力的 CO_2 或 N_2 气体，消除电缆内部静油压的影响。这种敷设存在的问题是，为了抽出电缆中气体，要在敷设完后进行长时间的真空处理。

真空状态下敷设电缆，是在电缆的一端接上真空泵抽真空，另一端排油。随油从低端流出，电缆内部的静油压降低到几个大气压后方可敷设电缆。放油操作的位置及放出的油量必须适当，该位置与电缆最高点之间的差值应保持两个真空油柱的高度，以保证牵引端一旦密封不良，只能向外渗油而不能向电缆内进气。这个油柱压力还有益于减少转角处侧压力的影响。真空状态下敷设电缆时，牵引端到达竖井内的排油位置后，将电缆盘上的剩余电缆全部拉出，然后接上真空泵抽真空。位于尾端的抽真空装置应有注油分支接头，以便随时向电缆补油。如图 3－56 所示为高落差电缆真空敷设排油操作示意图。

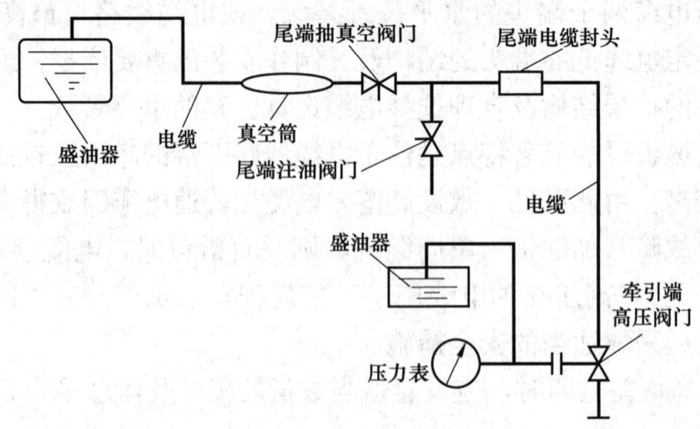

图 3－56 高落差电缆真空敷设排油操作示意图

2. 高压油下敷设

高压油下敷设，指在电缆充满油情况下进行的电缆敷设。由于高落差的影响会使电缆下端的油柱静压力很高，易使铅护套在敷设过程中胀破；而上部的铅护套要承受下部电缆的重量，易使电缆护套拉断；如果加固带为单向缠绕机构，在垂直敷设时，电缆会产生扭转，甚至旋转，这些都可能会扭坏电缆，对电缆敷设不利。

为此，在高压油下敷设电缆时应考虑以下几方面问题：

(1) 高油压下敷设的电缆应首先采用铝护套充油电缆。因为铝护套的机械强度比铅护套高，耐油压性能良好，质量轻，同时铝护套电缆还省去了径向和纵向加强层结构。当静油压力在 1.0～1.2MPa 以下时，可使用皱纹铝护套，如果超过该值，宜用平铝护套。

(2) 对于承受高压力的铅护套电缆，通常采用加固层以承受周向和轴向的应力。

(3) 在电缆充满油情况下，要先设计好能承受全部油压力的牵引端封帽。封帽用铜材制作，与铅焊接时有很好的可焊性，同时用耐高油压的铅封增强。封帽的铅封增强方法可采用环氧树脂和玻璃丝带交替涂刷和缠绕补强的工艺，实践证明其性能优良可靠。

二、电缆敷设过程中的防扭转措施及注意事项

1. 施工中的防扭转措施

电缆扭转对电缆绝缘纸及金属护套是不利的。电缆的过度扭转会使绝缘纸发皱、发松，甚至断裂，因此必须采取相应措施，限制或减小电缆敷设过程中的扭转。

(1) 在竖井中安装两根与电缆平行的钢丝绳滑道，在电缆上每隔一段距离依次绑扎与电缆垂直的交叉棒。交叉棒可在钢丝绳上滑动，到达竖井底部后，再依次解开，以限制电缆的扭转。

(2) 用旧钢丝绳或退扭的新钢丝绳牵引电缆，并将牵引钢丝绳绑扎在线路转角处电缆内侧，经验证明有减小扭转角的实际效果。

2. 敷设高落差充油电缆的注意事项

(1) 在竖井中敷设电缆，竖井中应设置爬梯或楼梯，每隔4～5m设置一个平台。

(2) 在电缆出现漏油的紧急情况下，可使用敷设电缆的供油系统对漏油的电缆充以干燥氮气。该方法是一种有效的应急措施，其缺点是会给以后的真空处理带来困难。

(3) 当电缆被牵引到终端头设计位置后，悬垂在竖井中的电缆不能放置时间太长，应及时入槽固定。因为竖井中的电缆重量由钢丝绳承担，不太安全。

(4) 采取一定的防火措施。

(5) 电缆井为垂直的且周围无障碍时，敷设速度一般为3～4m/min，有斜坡度时敷设速度应为0.5～2m/min。

(6) 电缆施放完后，宜由下端头开始逐段就位固定电缆。

第六节　电缆支架、桥架敷设

一、电缆支架

电缆支架，起支承电缆的作用。不仅较省力，而且也不易损伤电缆外护套，同时电缆托架也易于整齐排列，无挠度，外形美观，易于防火。

1. 一般规定

根据《城市电力电缆线路设计技术规定》(DL/T 5221—2016)、《电力电缆线路设计规范》(GB 50217—2007) 规定及要求。

(1) 电缆支架材料。电缆支架除支持工作电流大于1500A的交流系统单芯电缆外，宜选用钢制。在强腐蚀环境中，选用其他材料电缆支架、桥架，应符合下列规定：

1) 电缆沟中普通支架（臂式支架），可选用耐腐蚀的刚性材料制成。

2) 缆桥架组成的梯架、托盘，可选用满足工程条件的阻燃性玻璃钢制成。

3) 技术经济综合较优时，可选用铝合金制电缆桥架。

(2) 金属制品的电缆支架应做防腐蚀处理，且应符合下列规定：

1) 大容量发电厂等密集配置场所或重要回路的钢制电缆桥架，应从一次性防腐处理具有的耐久性，按工程环境和耐久要求，选用合适的防腐处理方式。

2) 在强腐蚀环境，宜采用热浸锌等耐久性较高的防腐处理。

3) 型钢制臂式支架，轻腐蚀环境或非重要性回路的电缆桥架，可用涂漆处理。

(3) 电缆支架的强度应满足电缆及其附件荷重和安装维护的受力要求，且应符合下列规定：

1) 有可能短暂上人时，计入900N的附加集中荷载。

2) 机械化施工时，计入纵向拉力、横向推力和滑轮重量等的影响。

3) 在户外时，计入可能有覆冰、雪和大风的附加荷载。

4) 电缆桥架的组成结构，应满足强度、刚度及稳定性要求，且应符合下列规定：①桥架的承载能力，不得超过使桥架最初产生永久变形时的最大荷载除以安全系数（取1.5）的数值。②梯架、托盘在允许均布承载作用下的相对挠度值，钢制不宜大于1/200，铝合金制不宜大于1/300。③钢制托臂在允许承载下的偏斜与臂长比值，不宜大于1/100。

2. 电缆支架类型

常用电缆支架有角钢支架、圆钢支架、装配式支架、铸铁支架，以及组合式玻璃纤维复合电缆支架。

角钢支架如图 3－57（a）所示。由现场焊接，被广泛用于沟、隧道及夹层内。根据使用场所不同，分隧道用支架、竖井用支架、电缆沟用支架、吊架、夹层内支架等，格架层间距离一般为 150～200mm（当用槽盒时为 250～300mm）。

圆钢支架如图 3－57（b）所示。采用圆钢制成立柱与格架后焊接而成，其长度一般不超过 350mm；圆钢支架比角钢支架节省钢材 20%～25%，但圆钢支架加工复杂，强度差，因而只适用于电缆数量少的吊架或小电缆沟支架。

装配式支架如图 3－57（c）所示。由工厂制作（格架用钢板冲压成需要的孔眼），现场装配，一般用于无腐蚀的场所，不适用于架空及较潮湿的沟和隧道内。格架长有 200、300、400mm 三种规格。

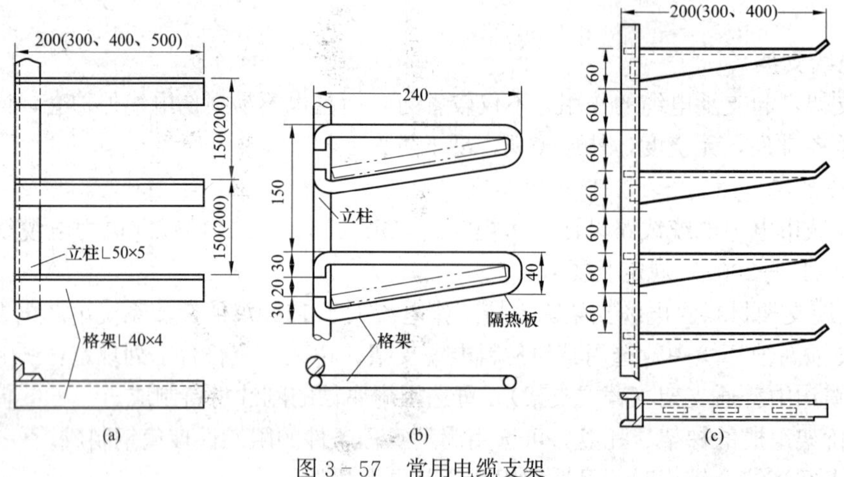

图 3－57 常用电缆支架

（a）角钢支架；（b）圆钢支架；（c）装配式支架

组合式玻璃纤维复合电缆支架，具有优越的电气性能，耐腐蚀性能，质轻及工程设计容易、灵活等优点，其机械性能可与部分金属材料相媲美，广泛应用于电缆沟工程、变电站工程、市政工程、电力工程等工程中。如图 3－58 所示为组合式玻璃纤维复合电缆支架及其在电缆沟中的安装。

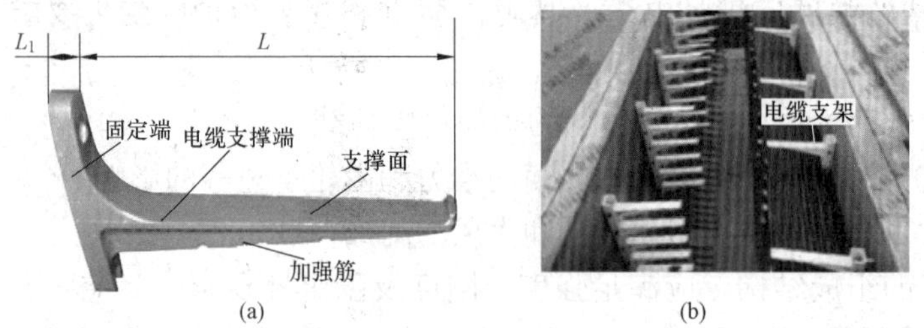

图 3－58 组合式玻璃纤维复合电缆支架及其在电缆沟中的安装

（a）组合式玻璃纤维复合电缆支架；（b）电缆沟中安装

3．电缆支架明敷要求

电缆明敷，应沿全长安装电缆支架、挂钩或吊绳等支持。

（1）最大跨距要求。如在满足支持件的承载能力和不损电缆的外护层及其缆芯的条件下，且电缆相互间能排列整齐，中、低压电缆在水平敷设时，普通支架（臂式支架）以800mm跨距实施配置，一般效果较好。对于小截面全塑型电缆，工程中常取缩小一半跨距的方法实施安装。

（2）电缆支架层间的垂直距离，应满足电缆能方便敷设和固定，且在多根电缆同置于一层支架上时，有更换或增设任一电缆的可能。电缆支架层间垂直距离的最小允许值宜符合表3－13所列数值。

表3－13 电缆支架层间垂直距离的最小允许值（GB 50217—2007） mm

<table>
<tr><th colspan="2">电缆电压级和类型、敷设特征</th><th>普通支架、吊架</th><th>桥架</th></tr>
<tr><td colspan="2">控制电缆明敷</td><td>120</td><td>200</td></tr>
<tr><td rowspan="6">电力电缆明敷</td><td>10kV及以下，但6～10kV交联聚乙烯电缆除外</td><td>150～200</td><td>250</td></tr>
<tr><td>6～10kV交联聚乙烯</td><td>200～250</td><td>300</td></tr>
<tr><td>35kV单芯</td><td rowspan="2">250</td><td rowspan="2">300</td></tr>
<tr><td>110kV，每层1根</td></tr>
<tr><td>35kV三芯</td><td rowspan="2">300</td><td rowspan="2">350</td></tr>
<tr><td>110～220kV，每层1根以上</td></tr>
<tr><td colspan="2">电缆敷设在槽盒中</td><td>$h+80$</td><td>$h+100$</td></tr>
</table>

注 h 表示槽盒外壳高度。

（3）水平敷设情况下电缆支架的最上层、最下层布置尺寸，应符合下列规定：

1）最上层支架距构筑物顶板或梁底的最小净距，应满足电缆引接至上侧柜盘时的允许弯曲半径要求，且不宜小于表3－14所列数再加上80～150mm的和值。

2）最上层支架距其他设备装置的净距，不得小于300mm，当无法满足时应设置防护板。

3）最下层支架距地坪、沟道底部的净距，不宜小于表3－14所列的数值。

表3－14 最下层电缆支架距地坪、沟道底部的允许最小净距（GB 50217—2007） mm

<table>
<tr><th colspan="2">电缆敷设场所及其特征</th><th>垂直净距</th></tr>
<tr><td colspan="2">电缆沟</td><td>50～100</td></tr>
<tr><td colspan="2">隧 道</td><td>100～150</td></tr>
<tr><td rowspan="2">电缆夹层</td><td>除下项外的情况</td><td>200</td></tr>
<tr><td>至少在一侧不小于800mm宽通道处</td><td>1400</td></tr>
<tr><td colspan="2">公共廊道中电缆支架无围栏防护</td><td>1500～2000</td></tr>
<tr><td colspan="2">厂房内</td><td>2000</td></tr>
<tr><td rowspan="2">厂房外</td><td>无车辆通过可能</td><td>2500</td></tr>
<tr><td>有车辆通过时</td><td>4500</td></tr>
</table>

（4）直接支持电缆的普通支架、吊架的允许跨距应符合《电力工程电缆设计规范》（GB 50217—2017）第6章电缆的支持与固定的规定，此外限于篇幅不予列举。

二、电缆桥架

在工程设计中，桥架的布置应根据经济合理性、技术可行性、运行安全性等因素综合比较，以确定最佳方案，还要充分满足施工安装、维护检修及电缆敷设的要求。

1. 桥架类型

桥架类型较多，目前国内厂家制造常见产品举例如下。

(1) 托盘式电缆桥架（见图 3－59），有水平（三通、四通、弯通）型桥架、托盘式垂直（上弯通、下弯通、垂直转动弯通）型桥架，具有质量轻、载荷大、造型美观、结构简单、安装方便等优点，既适用于动力电缆的安装，也适用于控制电缆的安装。

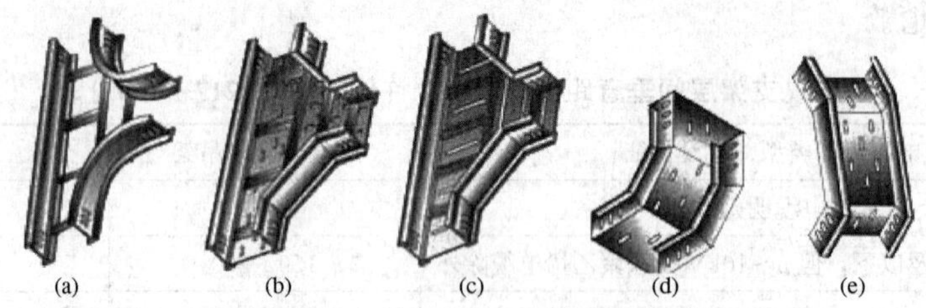

图 3－59　铝合金电缆（三通）桥架（XQJ－LQJ 型）

(a) XQJ－LQJ 型桥架—T 型（三通）；(b) XQJ－LQJ 型桥架—P 型（三通）；(c) XQJ－LQJ 型桥架—C 型（三通）；(d) 托盘式垂直凹弯通；(e) 托盘式垂直凸弯通

(2) 槽式电缆桥架（见图 3－60）。一种全封闭型电缆桥架，适用于敷设计算机、通信电缆、热电偶电缆及其他高灵敏系统的控制电缆的敷设。该类桥架对控制电缆屏蔽干扰和严重腐蚀环境中电缆的防护都有较好的效果。

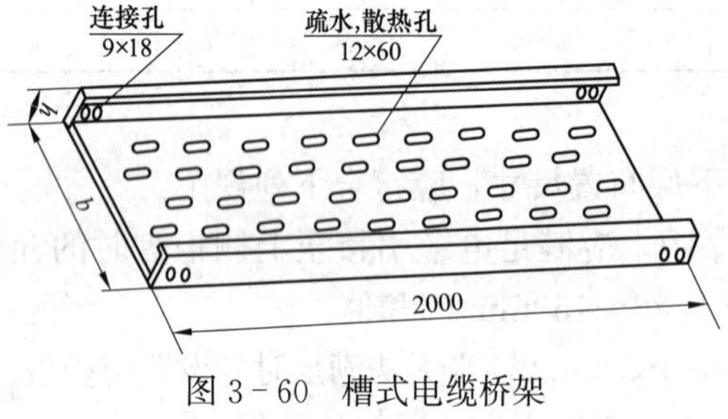

图 3－60　槽式电缆桥架

(3) 梯级式电缆桥架（见图 3－61），具有质量轻、结构简单、成本低、强大、造型别具、安装方便、散热、透气性好等优点，可使用最小量化的连接螺栓，适用于高低压动力电缆的敷设。

除上述电缆桥架外，还有跨距电缆桥架、立柱、托臂等。如图 3－62 所示为立柱、托臂的安装。有关电缆桥架、槽式电缆桥架、立柱、托臂等的基本技术尺寸参数，以及最大允许均布载荷及变形量，可查阅厂家提供的产品说明书。

图 3－61　梯级式电缆桥架

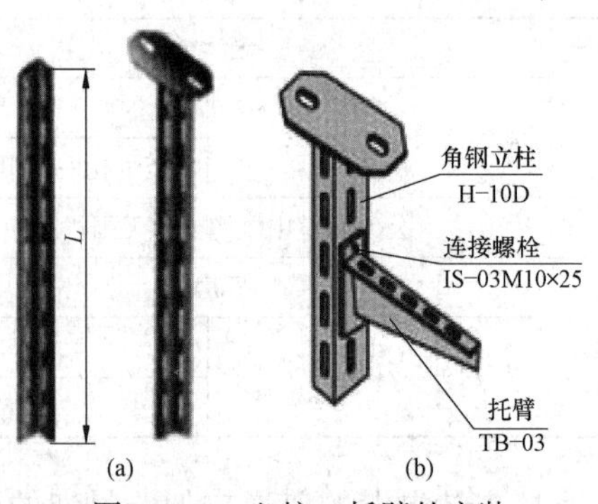

图 3－62　立柱、托臂的安装

(a) XQJ－H－01D 角钢立柱；(b) XQJ－TB－03 电线槽托臂

2. 电缆槽盒

槽盒可直接安装在桥架上或支架上，用专用挂钩螺栓（配专用垫片）固定或用普通螺栓固定，槽盒之间接头用普通螺栓（配专用垫片）连接，如图 3-63 所示。在安装槽盒时，如遇现场实际变更，管道交叉或有引出电缆等情况，根据现场情况可对槽盒进行切割安装。

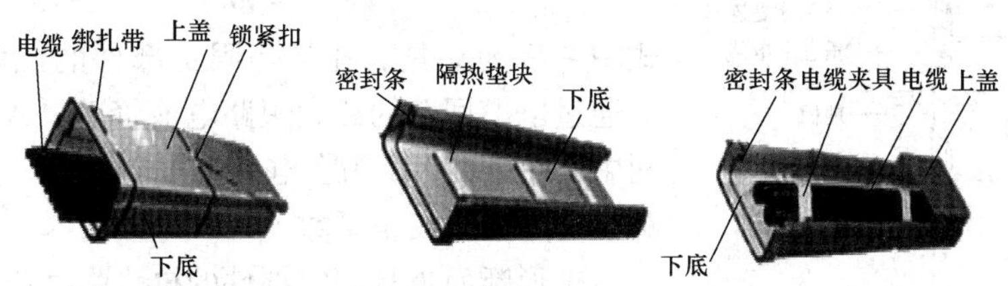

图 3-63 电缆槽盒安装电缆示意图

电缆槽盒安装应牢固、整齐，与钢桥架（支架）平行或垂直。安装在室外或含油设备下部时，卡条开口向下安装。

高压类槽盒内夹具配置间距、数量与盒体电缆线路短路电流值、蛇形敷设方式等要求相关。品字形配置的 3 根单芯电缆夹具允许最大间距，可按短路电流值 i_y（kA）确定。即电缆夹具允许最大间距 L（m）为

$$L=\frac{2000}{i_y} \tag{3-13}$$

捆扎带、锁紧扣以每隔 1m 距离对槽盒外围进行捆扎，以提高槽盒的整体刚度。当槽盒内敷设高压电缆时，如需考虑盒内电缆弧光短路时产生的压力释放，可在捆扎时留有一定的余度。

三、中低压电缆明敷设固定部位

1. 电缆线路敷设

垂直敷设电缆，应在上、下端和中间适当位置固定；水平敷设电缆，应在首末端、转弯处以及接头的两侧固定，直线段至少每 100m 处设一固定部位；斜坡敷设，要因地制宜确定固定部位。

2. 沿电缆长度方向的固定要求

沿电缆长度方向需隔一定的间隙进行一次固定，宜每隔 10m 设一固定部位。

3. 分支电缆的固定与托挂安装

分支电缆的固定与托挂安装，有专门的固定夹具和托挂架，如图 3-64 所示。

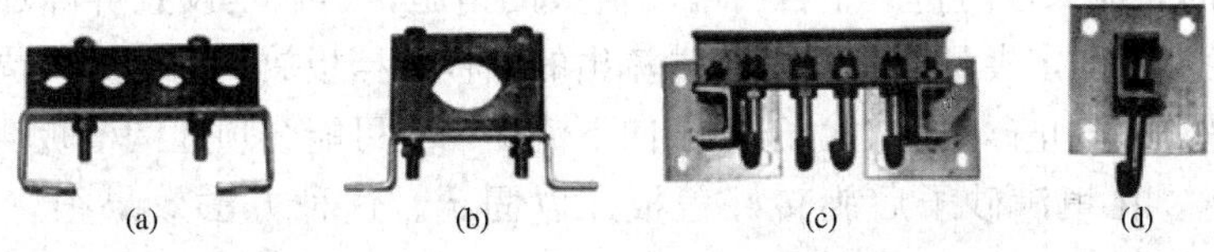

图 3-64 分支电缆固定夹具和托挂架

(a) 单芯固定夹具；(b) 多芯固定夹具；(c) 单芯托挂架；(d) 多芯托挂架

图 3-65 所示为江西太平洋电缆有限公司推荐的分支电缆安装设计图例。

4. 交流单芯电力电缆固定

按短路电动力条件确定，即根据《电力电缆线路设计规范》（GB 50217—2007）的规定，交流单芯电力电缆固定部件的机械强度应验算短路电动力条件，即短路电动力应满足

$$F \geqslant \frac{2.05 i^2 LK}{D} \times 10^{-7} \tag{3-14}$$

式中：F 为夹具、扎带等固定部件的抗张强度，N；i 为通过电缆回路的最大短路电流峰值，A；D 为电缆相间中心距，m；L 为在电缆上安置夹具、扎带等相邻跨距，m；K 为安全系数，K 大于 2。

矩形断面夹具固定部件的抗张强度应为

$$F = bh\sigma \tag{3-15}$$

式中：b 为夹具厚度，mm；h 为夹具宽度，mm；σ 为夹具材料允许拉力，对铝合金夹具可取 $\sigma = 80 \times 10^6$ Pa。

电缆夹具选用。《城市电力电缆线路设计技术规定》（DL/T 5221—2016）指出，电缆夹具应使用非磁性铝合金夹具隔断环路减少因单芯电缆而引起的涡流和磁性损耗而导致发热。

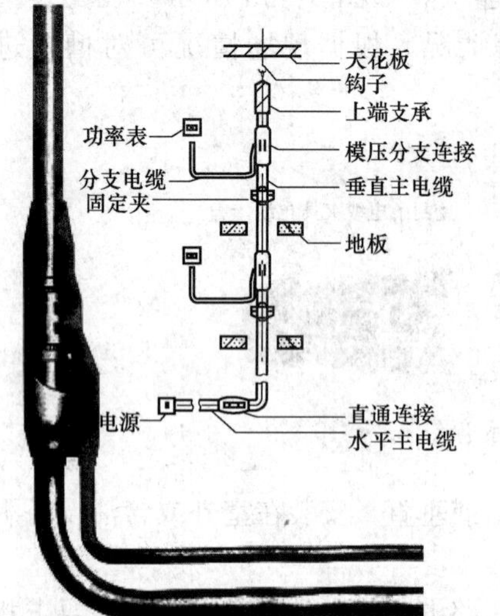

图 3-65 分支电缆安装设计图例

四、高压电缆明敷固定

电缆固定目的，是将电缆的重力和因热胀冷缩产生的热机械力分散各个夹具上或得到释放，使电缆免受机械损伤。

因此，正确设计和使用电缆夹具是高压电缆敷设的重要环节。固定电缆的夹具，一般从三个方面考虑：一是材质，二是组合型式，三是使用场合。

1. 电缆明敷固定的基本要求

电缆的固定夹具安装，一般从一端向另一端进行，也可从中间向两端进行（适用于两端裕度较大情况）。但不允许从两端同时进行，以免电缆线路施工中出现电缆长度不足或过多的现象，造成中部的夹具无法安装。

对于高落差电缆，竖井里固定夹具的安装必须从竖井底部开始向上进行，将电缆承受的重力逐步予以清除。如果由上向下安装，当上部第一个夹具安装固定后，上部的卷扬机即失去了调整电缆长度的作用，整个竖井中夹具的安装将无法进行。

在斜坡上固定电缆时，为了防止火灾蔓延，在斜坡上设置沟槽，并填粗细适度的河砂。当斜面超过 30°时，应采取防止砂子自身滑动流失的措施，通常是设置屏障加以控制。为了方便，可在所设计的固定夹具上，装设防砂流出的挡板。挡板放入沟槽中，周围的缝隙用防水腻子堵塞。另外在各止砂区段，由于砂子向下流动，有可能会顶起沟槽板。为此可在沟槽的两边预埋螺丝，在填满砂子后旋转好盖板加以固定。这种方法效果很好，但工艺较为复杂。

2. 高压电缆明敷固定用附件

高压电缆固定线夹，用于固定电缆的摆放位置，其夹紧结构采用螺栓紧固。高压电缆固定线夹类型较多，图 3-66、图 3-67 分别为 JGP 型高压用三芯电缆固定夹、JGW 型高压用

电缆固定夹、JGH 型高压用电缆固定夹。它们都采用高强度防腐铝合金材料制造，固定摆放，其夹紧机构采用螺栓紧固，固定夹结构紧凑合理，安装方便灵活，不损伤电缆。

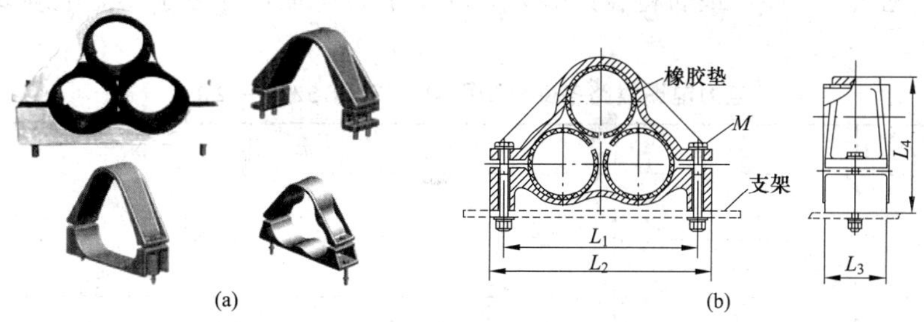

图 3－66 JGP 型高压用三芯电缆固定夹

(a) 外形图；(b) 结构图

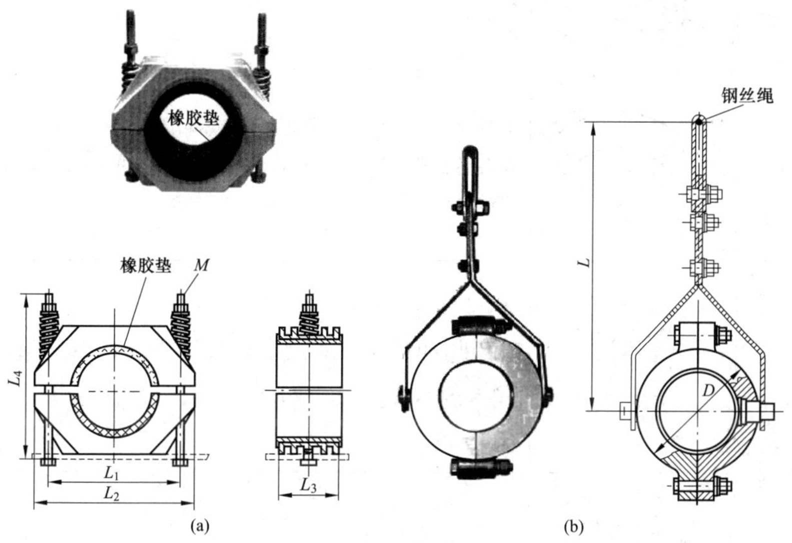

图 3－67 JGW 型、JGH 型高压电缆线路用电缆固定夹

(a) JGW 型；(b) JGH 型

JGP 型适用于三芯电缆固定夹紧安装；JGW 型、JGH 型适用于电缆固定夹紧安装；JGX 型适用于高压悬挂电缆固定夹夹紧安装。

35kV 以上的高压电缆明敷固定在竖井或高差斜段，为保证整条电缆线路刚度一致，即考虑热胀冷缩的力学效应，采用挠性固定或刚性固定的方式。

第七节 电力电缆敷设计算

电缆敷设牵引力，主要作用在电缆的金属导体上，部分作用在金属套或铠装上。但垂直方向敷设的电缆（如竖井电缆和海底电缆)，其牵引力主要作用在铠装上。由于自容式充油电缆一般都比较重，敷设过程中除牵引力外还有侧压力和扭转力。

当牵引力超过电缆的允许值时，往往易于拉坏电缆。因此，必须计算电缆敷设牵引力。

一、电缆总牵引力计算

电力电缆线路各部分牵引力按表 3-15 所列的各种情况分别进行简单计算，计算中关于摩擦系数 μ，见表 3-16，最后将各部分计算的牵引力相加，即可求得全电缆线路所需要的总牵引力。

表 3-15　　电力电缆线路各部分牵引力（DL/T 5221—2005）

弯曲种类	示意图	牵引力（N）
水平直线牵引	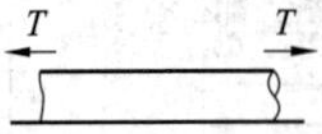	$T=9.8\mu WL$
倾斜直线牵引	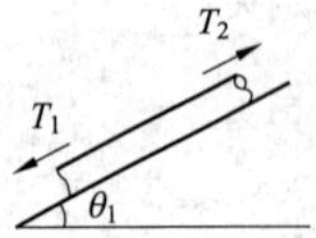	$T_1=9.8WL(\mu\cos\theta_1+\sin\theta_1)$ $T_2=9.8WL(\mu\cos\theta_1-\sin\theta_1)$
水平弯曲牵引	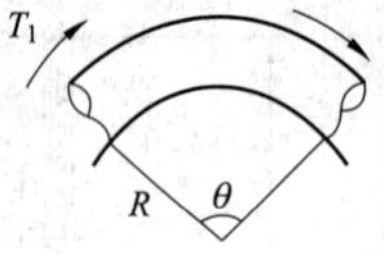	布勒公式：$T_2=9.8WR\,\mathrm{sh}\{\mu\theta+\mathrm{arsh}[T_1/(9.8WR)]\}$ 李芬堡公式：$T_2=T_1\mathrm{ch}(\mu\theta)+\sqrt{T_1^2+(9.8WR)^2}\,\mathrm{sh}(\mu\theta)$ 欧拉公式：$T_2=T_1e^{\mu\theta}$
垂直弯曲牵引　凸曲面	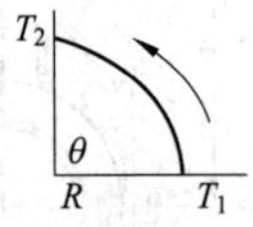	$T_2=[9.8WR/(1+\mu^2)][(1-\mu^2)\sin\theta+2\mu(e^{\mu\theta}-\cos\theta)e^{\mu\frac{\pi}{2}}]+T_1e^{\mu\theta}$ 当 $\theta=\frac{\pi}{2}$ 时，$T_2=[9.8WR/(1+\mu^2)][(1-\mu^2)+2\mu e^{\mu\theta/2}]+T_1e^{\mu\theta/2}$
垂直弯曲牵引　凸曲面	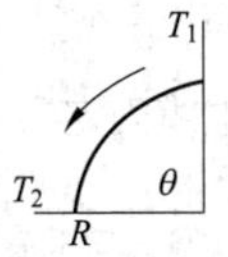	$T_2=T_1e^{\mu\theta}-[9.8WR/(1+\mu^2)][2\mu\sin\theta-(1-\mu^2)(e^{\mu\theta}-\cos\theta)]$ 当 $\theta=\frac{\pi}{2}$ 时，$T_2=T_1e^{\mu\pi/2}+[9.8WR/(1+\mu^2)][2\mu-(1-\mu^2)e^{\mu\pi/2}]$
垂直弯曲牵引　凹曲面	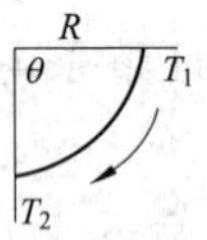	$T_2=T_1e^{\mu\theta}-[9.8WR/(1+\mu^2)][(1-\mu^2)\sin\theta+2\mu(e^{\mu\theta}-\cos\theta)]$ 当 $\theta=\frac{\pi}{2}$ 时，$T_2=T_1e^{\mu\pi/2}-[9.8WR/(1+\mu^2)][(1-\mu^2)+2\mu e^{\mu\pi/2}]$
垂直弯曲牵引　凹曲面	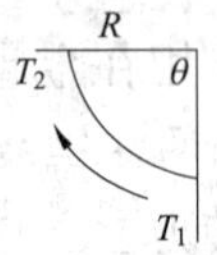	$T_2=T_1e^{\mu\theta}-[9.8WR/(1+\mu^2)][2\mu\sin\theta-(1-\mu^2)(e^{\mu\theta}-\cos\theta)]$ 当 $\theta=\frac{\pi}{2}$ 时，$T_2=T_1e^{\mu\pi/2}-[9.8WR/(1+\mu^2)][2\mu-(1-\mu^2)e^{\mu\theta/2}]$

续表

弯曲种类		示意图	牵引力（N）
倾斜面上垂直牵引	凸曲面	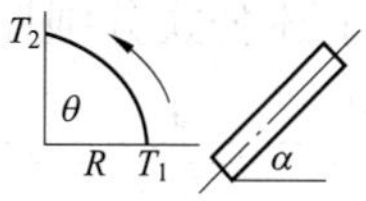	$T_2=T_1e^{\mu\theta}+[9.8WR\sin\alpha/(1+\mu^2)][(1-\mu^2)\sin\theta-2\mu(e^{\mu\theta}-\cos\theta)]$
		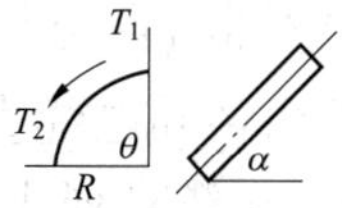	$T_2=T_1e^{\mu\theta}+[9.8WR\sin\alpha/(1+\mu^2)][(1-\mu^2)(e^{\mu\theta}-\cos\theta)-2\mu\sin\theta]$
	凹曲面	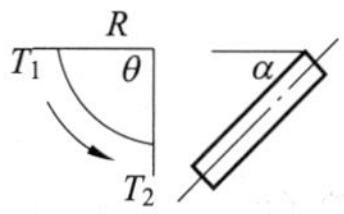	$T_2=T_1e^{\mu\theta}+[9.8WR\sin\alpha/(1+\mu^2)][2\mu(e^{\mu\theta}-\cos\theta)-(1-\mu^2)\sin\theta]$
		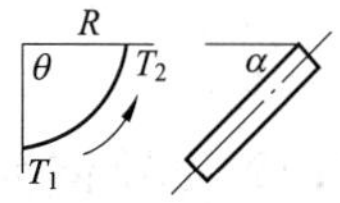	$T_2=T_1e^{\mu\theta}-[9.8WR\sin\alpha/(1+\mu^2)][(1+\mu^2)(e^{\mu\theta}-\cos\theta)+2\mu\sin\theta]$

注　T—牵引力，N；μ—摩擦系数；W—单位长度电缆的重量，N/m；L—电缆长度，m；θ—弯曲部分的圆心角，rad；T_1—弯曲前的牵引力，N；T_2—弯曲后的牵引力，N；α—电缆变曲部分平面的倾斜角，rad；R—电缆的弯曲半径，mm；d—电缆内径，mm；D—电缆外径，mm；K_1、K_2—质量增加系数。

表 3-16　　各种牵引条件下的摩擦系数 μ（GB 50168—2006）

牵引时的条件	摩擦系数	牵引时的条件	摩擦系数
钢管内牵引	0.17～0.19	混凝土管内牵引有润滑剂	0.3～0.4
塑料管内牵引	0.4	滚轮上牵引	0.1～0.2
混凝土管内牵引无润滑剂	0.5～0.7	砂中牵引	1.5～3.5
混凝土管内牵引有水	0.2～0.4	—	—

注　混凝土管包括石棉水泥管。

钢管或排管孔内有三根电缆的线路，根据钢管的缆芯或电缆在排管孔内布置形式的不同，应验算管道内弯曲侧压力 P。

三角形布置时，侧压力 P 为

$$P=\frac{TK_1}{2R} \tag{3-16}$$

摇篮形布置时，侧压力 P 为

$$P=\frac{(3K_2-2)T}{3R} \tag{3-17}$$

式中：K_1、K_2 为电缆芯呈三角形排列和摇篮形排列（见图 3－68）时的重量增加系数；R 为电缆的弯曲半径，mm。

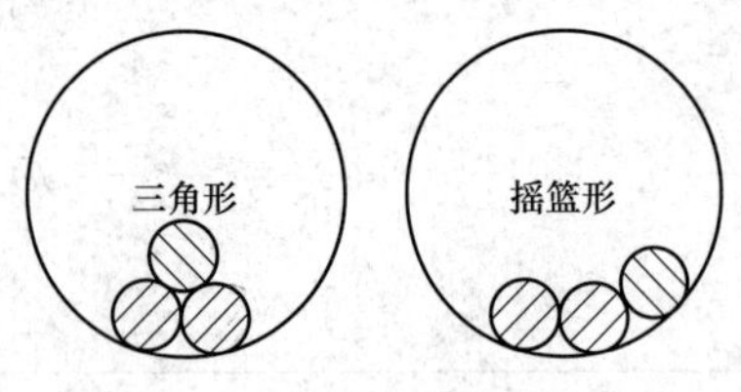

图 3－68　电缆及缆芯排列方式

通常把牵引力增加折算成电缆重量的增加，称之重量增加系数，可分别按下述公式分别计算

$$K_1=\frac{1}{\sqrt{1-\sqrt{\left(\frac{d}{D-d}\right)^2}}} \tag{3-18}$$

$$K_2=1+\frac{4}{3}\left(\frac{d}{D-d}\right)^2 \tag{3-19}$$

式中：D、d 分别为排管孔的内径和电缆直径。当排管孔的内径和电缆直径之比 D/d 大于 3.15 或小于 2.85 时，电缆芯排成三角形；当大于 3.15 时，电缆排列成摇篮形。选用管径不能在 2.85～3.15 倍电缆外径 d 的范围内。2.85～3.15，即称为管径的阻塞率。对于管道内仅为 1 孔 1 根电缆时，则侧压力为 $P=\frac{T}{R}$。

二、电缆受力最大允许牵引力计算

电缆最大允许牵引力原则上按电缆受力材料抗张强度的 1/4 考虑，即抗张强度乘以材料的断面积为最大牵引力。随牵引方法的不同而不同，通常电缆最大允许牵引力的计算公式为

$$[T_m]=K\delta nS \tag{3-20}$$

式中：K 为校正系数，电力电缆取 1，控制电缆取 0.6；δ 为导体允许抗拉强度（见表 3－17），N/mm^2；S 为电缆的截面积，mm^2；n 为电缆根数。

根据《电气装置安装工程电缆线路施工及验收规范》（GB 50168—2006）的规定：用机械敷设电缆时的最大牵引强度宜符合表 3－17 的规定，充油电缆总应力不超过 27kN。

表 3－17　　电缆最大牵引强度（GB 50168—2006）　　N/mm^2

牵引方式	牵引头			钢丝绳套	
受力部位	铜芯	铝芯	铅套	铅套	塑料护套
允许牵引强度	70	40	10	40	7

电缆受力允许值，根据上述计算原则，在牵引以下各材料的电缆时，对于单芯电缆也可按表 3－18 推荐的方法计算。当牵引力同时作用在电缆的不同材料时，允许值只计算其牵引强度较大的一种及其截面积。装有牵引端时允许拉力只计算导体允许张力。

表 3－18　　不同材料的单芯电缆的最大允许值

电缆材料	最大允许牵引力 T	备注
铜芯电缆导体	$T=68A_C$	A_C 为导体截面积（mm^2）
铝芯电缆导体	$T=39A_C$	
聚乙烯护套电缆	$T=4A_i$	A_i 为绝缘层截面积（mm^2）
交联聚乙烯绝缘	$T=6A_i$	

续表

电缆材料	最大允许牵引力 T	备注
聚氯乙烯护套	$T=7A_j$	A_j 为外护层截面积（mm^2）
铅合金护套	$T=10A_s$	A_S 为金属护护层截面（mm^2）
铝护套波纹套除外	$T=19A_s$	

三、滑轮侧压力计算

侧压力，指作用在电缆上与其本体呈垂直方向的压力。侧压力主要产生在牵引电缆弯曲部分，控制侧压力可避免电缆外护层遭受损伤，避免电缆在转弯处受压变形。自容式充油电缆当受到过大的侧压力时，还会导致油道永久变形。

电缆的侧压力与电缆的结构和转弯处的施工设置状态有关。电缆的侧压力包括滑动允许值和滚动允许值。可根据电缆生产厂家提供的技术条件或按表 3－19 的规定计算确定。

电缆最大侧压力允许值，见表 3－19 所示。

表 3－19　电缆最大侧压力允许值

电缆种类	滑动（KN/ m）	滚动（每只滚轮）
铅套	3	0.5
波纹	3	0.5
无金属套橡塑电缆	3	2
钢管电缆	7	1

施工时，电缆敷设牵引通过有弯曲位置段时，用滑轮代替弧形扳在施工实践中是一种切实可行的施工方法，这时滑轮上所承受的侧压力 P，应按下述两种情况分别考虑。侧压力 P 的计算示意图如图 3－69 所示。

（1）在转弯处经圆弧滑板电缆滚动时的侧压力，与牵引力 T（N）成正比，与弯曲半径 R（mm）成反比，即可按钢管或排管内仅为 1 孔 1 根计算侧压力，即

$$P=\frac{T}{R}$$

（2）转弯处设置滚轮，电缆在滚轮上受到的侧压力，与各滚轮之间的夹角或滚轮间距有关。每支滚轮对电缆侧压力 P 为

$$P\approx 2T\sin\frac{\theta}{2}\approx 2T\,\frac{0.5l}{R}=\frac{Tl}{R} \qquad (3-21)$$

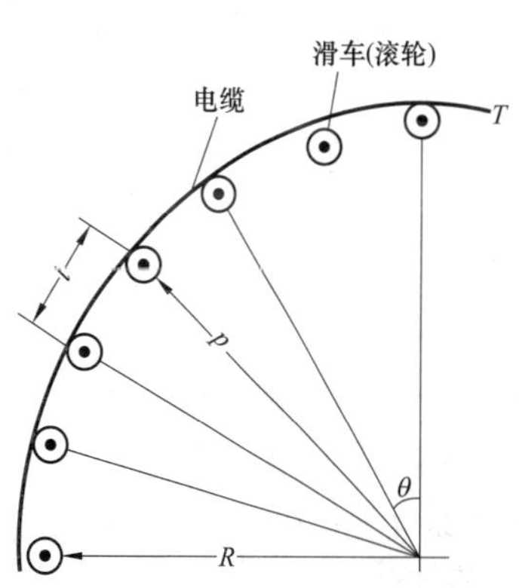

图 3－69　侧压力 P 的计算示意图

式中：R 为滚轮转弯处的圆弧半径，mm；θ 为滑轮间平均夹角，rad；l 为滑轮间距，mm。

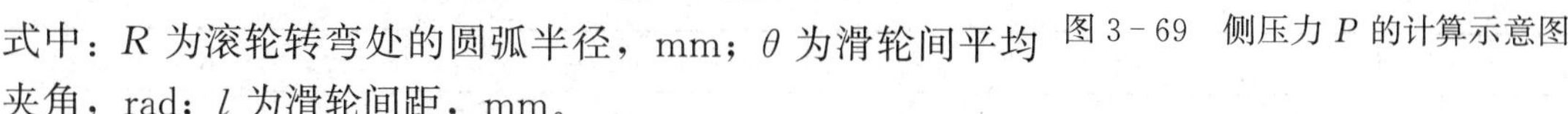

（3）当电缆处于 90°转弯工作状态时，每支滚轮上的侧压力 P 为

$$P=\frac{T}{2(n-1)} \qquad (3-22)$$

计算出每支滚轮的压力后，就可推知在转弯处需配置多少个滚轮。

由上述计算可知，降低侧压力的措施是减少牵引力和增加弯曲半径。为控制转弯处使用特制的呈L状的滚轮，均匀设置在以 R 为半径的圆弧上，间距要小。为防止牵引电缆通过滚轮时导致滚轮移动和发生倾翻事故，应注意每个滚轮转动应灵活，滚轮必须安装牢固。

从电缆结构来看，电缆侧压力 P_m，对于分相统包电缆可取2500N/m；其他挤塑绝缘或自容式充油电缆可取3000N/m。也就是说采用上述方法计算的侧压力，必须小于标准规定的侧压力，才是安全的。

四、其他作用力的计算

电缆的扭转力是指电缆由直线状态转变为圈形状态时或由圈形状态转变为直线状态时产生的旋转机械力的总称。这种力又分为扭转力和退扭力。前者是由线状态转变为圈形状态时产生的旋转机械力，如海底电缆制成后进行圈装时就会产生扭转力。后者与之相反，是储存的扭转力产生的旋转机械力，如海底电缆敷设时即产生退扭力。

工程实践表明，如果牵引电缆产生的扭转力超过一定限度时，会导致电缆护层和绝缘损伤，有时所积聚在电缆上的扭转力，还会使电缆卷成“小圈”，应特别注意控制。

如在敷设海底电缆敷设时的允许扭转力以圈形周长的扭转角不大于25°/m为限度。退扭架高度以不小于圈形内圈周长或外直径为限度，一般不小于0.7倍电缆圈型外圆直径。

（一）直埋电缆承载能力验算

直埋电缆的压力计算示意图如图3-70所示。直埋电缆回填土后，（承压面积按梯形结构考虑）其单位长度电缆的垂直压力 P_0（N/m）为

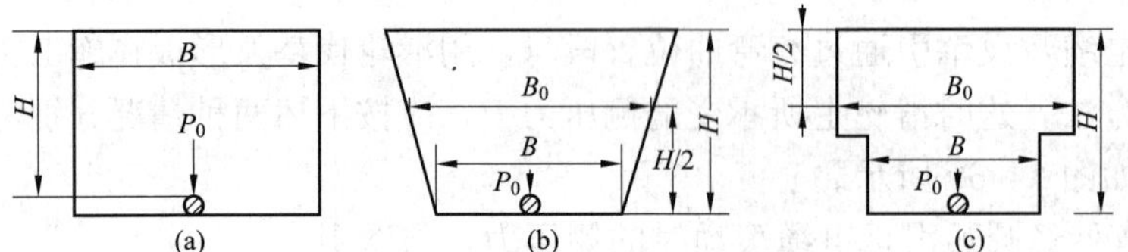

图3-70　直埋电缆的压力计算示意图

（a）直壁沟槽；（b）斜壁沟槽；（c）阶梯壁沟槽

$$P_0=9.81n_0K\rho H\frac{B+D}{2}\approx 4.9n_0K\rho H(B+D) \tag{3-23}$$

式中：n_0 为超载系数，取1.4；K 为土壤垂直压力系数（见表3-20）；ρ 为土壤密度，对于夯实土可取1800kg/m；H 为电缆上部回填土高度，m；B 为与电缆顶平的沟角度，m；D 为电缆直径，m。

表3-20　土壤垂直压力系数 K

H/B_0	K	H/B_0	K
1	0.88	6	0.49
2	0.78	7	0.45
3	0.70	8	0.40
4	0.62	9	0.37
5	0.55	10	0.35

上述计算基于以下两点假设：

(1) 假设压力沿电缆均匀分布；

(2) 电缆受回填土的侧压力约为垂直压力的 1/6～1/3。

(二) 沿电缆四周的压力分布验算

沿电缆四周的压力分布如图 3-71 所示。假设电缆不变形，回填土对电缆的顶端压力 P_0（N/m）与电缆径向压力 P_θ 之间的夹角为 θ，则沿电缆四周的压力分布为

$$P_\theta = P_0\left(1-\frac{\theta}{1-\pi}\right) \tag{3-24}$$

如 $\theta=\frac{\pi}{2}\approx 1.573$ 时，$P_\theta=\frac{P_0}{3}\approx 0.333P_0$。

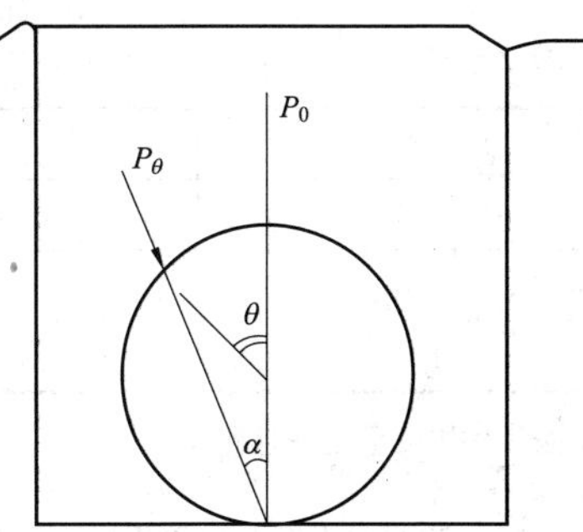

图 3-71 沿电缆四周的压力分布

(三) 地上荷重对电缆的压力验算

地上荷重对电缆的压力示意图如图 3-72 所示。

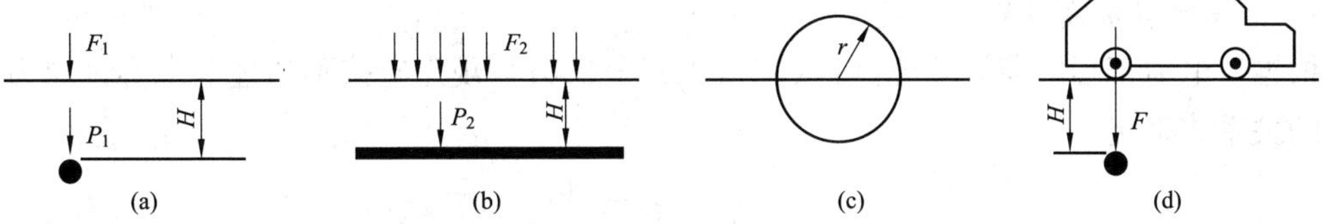

图 3-72 地上荷重对电缆的压力示意图

(a) 集中荷重；(b) 线性荷重；(c) 均布荷重；(d) 汽车荷重

(1) 在集中荷重 F_1（kg）的作用下，电缆单位长度所受最大垂直压力 P_1（N/m）为

$$P_1 = 0.636\frac{F_1 D}{H}\times 9.81 = 6.24\frac{F_1 D}{H} \tag{3-25}$$

式中：H 为电缆深度，m；D 为电缆直径，m。

(2) 在线性荷重 F_2（kg）的作用下，电缆单位长度所受最大垂直压力 P_2（N）为

$$P_2 = 0.750\frac{F_2 D}{H}\times 9.81 = 7.35\frac{F_2 D}{H} \tag{3-26}$$

(3) 在均布荷重 F_3（kg）的作用下，电缆单位长度所受最大垂直压力 P_3（N/m）为

$$P_3 = 9.81\alpha F_3 D \tag{3-27}$$

α 可按式 (3-28) 计算

$$\alpha = 1-\left[1+\frac{1}{1+(r/H)}\right]^2 \tag{3-28}$$

式中：r 为均布荷重半径，m。

(4) 地面汽车静重对单位长度电缆的最大垂直压力 P_4（N）为

$$P_4 = nCF \tag{3-29}$$

$$F=0.365\times9.81T\approx3.651T \tag{3-30}$$

式中：n 为超载系数，一般取 1.2；C 为载重系数（见表 3－21）；F 为汽车后轮压力，N；T 为汽车载重量，kg。

表 3－21 载重系数 C 值表

H	C	H	C
0.5	0.12	1.2	0.63
0.8	0.06	1.5	0.015
1.0	0.045	2	0.01

注 表中 H 为电缆埋深。

（5）直埋电缆可能受到的最大垂直压力 P_{max} 为

$$P_{max}=P_0+P_n \tag{3-31}$$

式中：P_0 为回填土压力，N/m；P_n 为地上荷重之压力，N/m。

（四）电缆穿管敷设时的容许最大管长计算

1. 电缆穿管敷设时的容许最大管长

根据《电力工程电缆设计规范》（GB 50217—2007）规定应按不超过电缆容许拉力和侧压力的关系式确定，即

$$T_{i\to n}\leqslant T_m \tag{3-32}$$

或

$$T\leqslant T_m \tag{3-33}$$

$$T_j\leqslant T_m\ (j=1,\ 2\cdots) \tag{3-34}$$

式中：$T_{i\to n}$ 为从电缆送入管端起至第 n 个直线段拉出时的牵引力，N；$T_{j\to m}$ 为从电缆送入管端起至第 m 个弯曲段拉出时的牵引力，N；T_j 为电缆在第 j 个弯曲段的侧压力，N/m；T_m 为电缆容许侧压力，其中分相统包电缆 T_m 取 2500N/m。

其他挤塑绝缘或自容式充电缆 T_m 取 3000N/m。

2. 水平管路的电缆牵引力和弯曲管段电缆的侧压力

水平管路的电缆牵引力计算，应考虑直线段、弯曲段等情况，计算方法可参考前述表 3－15 所列公式。

（五）牵引力与侧压力计算实例

电力电缆敷设前，施工组织设计的一个重要环节是对所敷设电缆线路在敷设牵引过程中可能承受的牵引力和侧压力进行计算。

【例 3－1】 某电力电缆线路敷设如图 3－73 所示，电力电缆的质量为 32kg/m，其线芯为铜芯截面积为 845mm^2。整条电力电缆线路除第 7 处～第 8 处之间有 15m 必须穿越塑料管外，其余施工处均可将电缆放置在滚轮上牵引敷设通过。施工设计拟定在第 2 处～第 3 处 90°弯曲段放 4 只垂直滚轮；在第 4 处～第 7 处、第 8 处～第 11 处的 45°弯曲段放 3 只垂直滚轮。试计算电力电缆放在第 1 处～第 12 处，总的牵引力和侧压力各是多大？

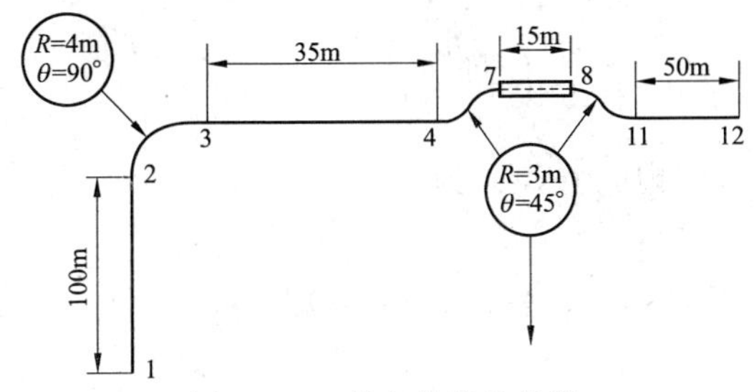

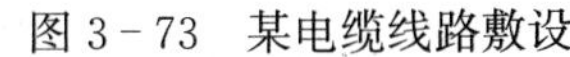
图 3-73　某电缆线路敷设

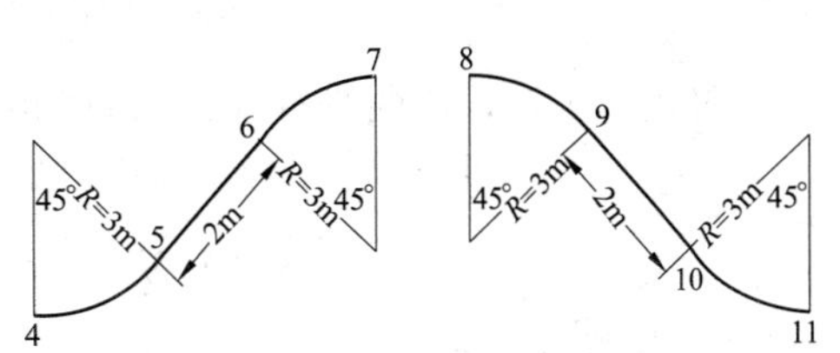

图 3-74　电缆线路敷设施工牵引力和侧压力计算

解　1. 计算电缆第 1～12 处总的牵引力和侧压力

根据题意，先假定电缆盘放置在 1 处，其牵引方向顺次由 1→2→3→…→11→12 处。

通过塑料管段的摩擦系数 μ 取 0.4，通过滚轮时摩擦系数 μ 取 0.2。

(1) 计算电缆盘处 1→2 处的牵引力。电缆敷设牵引线路长为 100m，且为直线段，因电缆刚从电缆线盘 1 引出，根据牵引计算的基本原则，因电缆盘孔和轴的摩擦力可折计算成施放 15m［《电力工程电缆设计规程》(GB 50217—2007) 推荐按 20m 左右长度考虑］左右长度的重量，即摩擦力 T_u 为

$$T_u=15W\times9.8=15\times32\times9.8=4704\ (\text{N})$$

(2) 从电缆盘 1→2 处，其中 $T_u=15W\times9.8=15\times32\times9.8=4704$ (N) 为铺线预拉力，即

$$T_2=15W\times9.8+9.8L_{1\to2}W\mu=15\times32\times9.8+9.8\times100\times32\times0.2=10\ 976\ (\text{N})$$

(3) 电缆由 2→3，弯曲角为$\frac{\pi}{2}$，由欧拉公式得

$$T_3=T_2e^{\mu\theta}=10\ 976e^{0.2\pi/2}=15\ 026\ (\text{N})$$

由图 3-71 知，弯曲半径 4m，弯曲角为$\frac{\pi}{2}$，侧压力 $R_{2\to3}$ 为

$$R_{2\to3}=2T_3\sin\frac{\theta}{2}=2\times15\ 026\times\sin\frac{90^\circ}{2}=21\ 249\ (\text{N})$$

(4) 电缆由 3→4

$$T_4=T_3+9.8L_{3\to4}W\mu=15\ 026+9.8\times35\times32\times0.2=17\ 221.2\ (\text{N})$$

(5) 电缆由 4→5

$$T_5=T_4e^{\mu\theta}=17\ 221.2\times e^{0.2\pi/4}=20\ 149\ (\text{N})$$

(6) 电缆由 5→6

$$T_6=T_5+9.8L_{5\to6}W\mu=20\ 149+9.8\times2.0\times32\times0.2=20\ 274\ (\text{N})$$

(7) 电缆由 6→7

$$T_7=T_6e^{\mu\theta}=20\ 274\times e^{0.2\pi/4}=23\ 721\ (\text{N})$$

由图 3-72 知弯曲半径 3m，弯曲角为$\frac{\pi}{4}$，侧压力 $R_{6\to7}$ 为

$$R_{6\to7}=2T_7\sin\frac{\theta}{2}=2\times23\ 721\times\sin\frac{90^0}{2}=33\ 542\ (\text{N})$$

(8) 电缆由 7→8

$$T_8=T_7+9.8L_{7\to8}W\mu'=23\ 721+9.8\times15\times32\times0.4=25\ 603\ (\text{N})$$

（9）电缆由 8→9

$$T_9=T_8e^{\mu\theta}=25\ 603\times e^{0.2\pi/4}=29\ 955\ (N)$$

由图 3－72 知，弯曲半径 3m，弯曲角为$\frac{\pi}{4}$，侧压力 $R_{8\to9}$ 为

$$R_{8\to9}=2T_9\sin\frac{\theta}{2}=2\times29\ 955\times\sin\frac{90^0}{2}=43\ 256\ (N)$$

（10）电缆由 9→10

$$T_{10}=T_9+9.8L_{9\to10}W\mu=29\ 955+9.8\times2\times32\times0.2=30\ 080\ (N)$$

（11）电缆由 10→11

$$T_{11}=T_{10}e^{\mu\theta_2}=30\ 080\times e^{0.2\pi/4}=35\ 194\ (N)$$

由图 3－72 知，弯曲半径 3m，弯曲角为$\frac{\pi}{4}$，侧压力 $R_{10\to11}$ 为

$$R_{10\to11}=2T_{11}\sin\frac{\theta}{2}=2\times35\ 194\times\sin\frac{90^0}{2}=49\ 764\ (N)$$

（12）电缆由 11→12

$$T_{12}=T_{11}+9.8L_{11\to12}W\mu'=35\ 194+9.8\times50\times32\times0.2=38\ 330\ (N)$$

2. 计算电缆第 12→1 处时总的牵引力和侧压力

若从 12 处（电缆盘）牵引到 1 处，其计算结果则大不相同，如电缆从 12 处→…→2 处，再由 2 处→1 处，经计算 2 处→1 处的累计牵引力为 33.26kN，比较电缆从 1 处（电盘）→…→12 处，再由 11 处→12 处的累计牵引力为 38.30kN。这两种牵引电缆的牵引方向不同，即累计牵引力差为 38.30－33.36＝5.4（kN）。为了证明因牵引方向不同计算结果也不同的事实，现计算如下。

（1）从电缆盘到 12 处，其中 $15W\times9.8$ 为敷线预拉力。

（2）电缆由电缆盘→11

$$T_{11}=15\times32\times9.8+9.8\times50\times32\times0.2=7840\ (N)$$

（3）电缆由 11→10

$$T_{10}=T_{11}e^{\mu\theta_2}=7840\times e^{0.2\times\frac{\pi}{4}}=9173\ (N)$$

（4）电缆由 10→9

$$T_9=9173+9.8\times2\times32\times0.2=9298\ (N)$$

（5）电缆由 9→8

$$T_8=9298\times e^{\mu\times\pi/4}=10\ 879\ (N)$$

（6）电缆由 8→7

$$T_7=10\ 879+9.8\times15\times32\times0.4=12\ 761\ (N)$$

（7）电缆由 7→6

$$T_6=12\ 761\times e^{\mu\pi/4}=14\ 930\ (N)$$

（8）电缆由 6→5

$$T_5=14\ 930+9.8\times2\times32\times0.2=15\ 055\ (N)$$

（9）电缆由 5→4

$$T_4=150\ 055\times e^{\mu\pi/4}=17\ 615\ (N)$$

（10）电缆由 4→3

$$T_3=17\ 615+9.8\times35\times32\times0.2=19\ 810\ (\mathrm{N})$$

（11）电缆由 3→2

$$T_2=19\ 810\times e^{\mu\pi/4}=23\ 178\ (\mathrm{N})$$

（12）电缆由 2→1

$$T_1=23\ 178+9.8\times100\times2\times0.2=23\ 570\ (\mathrm{N})$$

为了减少上述繁琐的工计算，又便于得出最小的牵引力和侧压力，宜将各种计算写入计算机程序，然后按不同牵引方向计算，比较计算结果，以此定出合适的牵引方向。特别是电缆线路较长时，为了减少电缆牵引张力，可通过计算机进行优化分段，得出更加合理的施工牵引方案。

（六）架空绝缘电缆的张力计算

电缆陆地敷设不一定都要埋设在地下、管道、竖井等场所，有时也采用架空敷设。架空敷设的电缆主要承受负荷张力。下面介绍电缆架空敷设张力的计算方法。

1. 垂直悬挂时电缆的张力计算

如图 3-75（a）所示，电缆垂直悬挂时，悬点 A 处的张力为

$$\left.\begin{aligned}P_A&=Wl\\P_B&=0\end{aligned}\right\}\qquad(3-35)$$

2. 水平悬挂时电缆的张力计算

如图 3-75（b）所示，水平悬挂（挂点悬点 A、B 处在同一高度）时，电缆在悬点 A、B 处及电缆 C 处的张力为

$$\left.\begin{aligned}P_A&=P_B=P_C+Wh\\P_C&=\frac{l^2W}{8h}\end{aligned}\right\}\qquad(3-36)$$

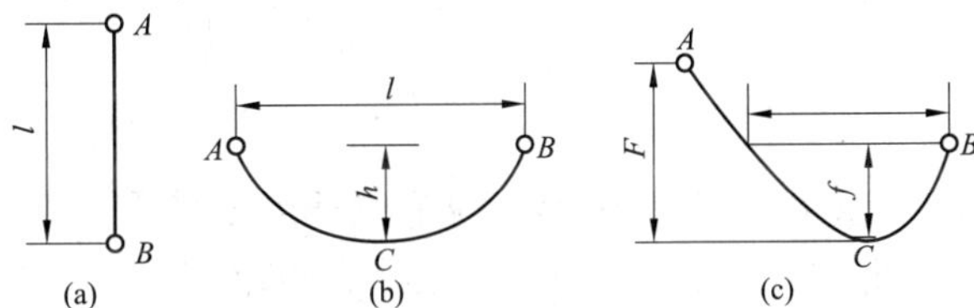

图 3-75　架空电缆的张力计算示意图

（a）垂直悬挂；（b）水平悬挂；（c）斜度悬挂

3. 斜度悬挂时电缆的张力 P 计算

如图 3-75（c）所示，斜度悬挂（挂点 A、B 不在同一高度）时，电缆在高悬点 A 处的张力最大，A、B、C 三处的张力为

$$\left.\begin{aligned}P_A&=P_C+WF\\P_B&=P_C+Wf\\P_C&=\frac{l^2W}{8f}\end{aligned}\right\}\qquad(3-37)$$

式中：P 为张力，kN；W 为单位长度电缆的负荷，kN/m；l 为电缆的长度，m；h、F、f

为电缆悬挂在不同情况下的弧垂，m。

上述计算架空电缆悬挂张力中有关单位长度电缆的负荷 W，应分别考虑，即具体计算方法为：

如图 3-76（a）所示，只考虑电缆重量，其单位长度电缆的负荷 W 为

$$W=W_1 \tag{3-38}$$

如图 3-76（b）所示，考虑电缆覆冰作用，其单位长度电缆的负荷 W 的计算式为

$$\left.\begin{aligned} &W=W_1+W_2 \\ &W_2=\pi b(D+b)\gamma \end{aligned}\right\} \tag{3-39}$$

如图 3-76（c）所示，考虑电缆风力作用，其单位长度电缆的负荷 W 的计算式为

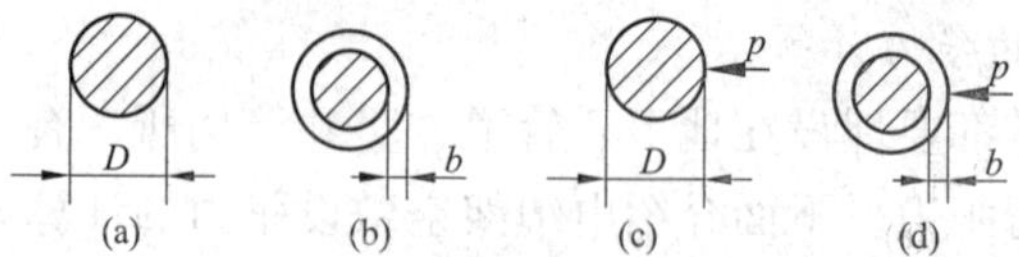

图 3-76　单位长度电缆负荷计算

（a）电缆重量；（b）覆冰作用；（c）风力作用；（d）覆冰和风力作用

$$\left.\begin{aligned} &W=\sqrt{W_1^2+W_3^2} \\ &W_3=aDv^2 \\ &a=\frac{\alpha K}{16}=0.0638 \end{aligned}\right\} \tag{3-40}$$

如图 3-76（d）所示，考虑电缆覆冰和风力，其单位长度电缆的负荷 W 的计算式为

$$\left.\begin{aligned} &W=\sqrt{(W_1+W_2)^2+W_4^2} \\ &W_4=a(D+2b)v^2 \\ &a=\frac{\alpha K}{16}=0.0638 \end{aligned}\right\} \tag{3-41}$$

式中：W_1 为单位长度电缆重力，kN/m；W_2 为单位长度电缆覆冰重力，kN/m；W_3 为垂直作用于单位长度电缆纵轴上的水平方向风力，kN/m；W_4 为单位长度电缆覆冰时所受风力，kN/m；D 为电缆外径，m；b 为覆冰厚度，m；γ 为覆冰密度（0.9），t/m^3；α 为风速不均匀系数，一般取 0.85，电缆长度不大时取 1.0；K 为空气动力系数，一般取 1.2；v 为垂直作用于电缆纵轴上的水平风速，m/s。

第四章　中低压电缆附件及制作

第一节　电缆附件的基本概念

一、电缆附件的概念

电缆附件，指用于电缆线之间的连接或电缆线路与电气设备之间的连接，保证电能可靠传输的部件。常用的电缆附件有电缆终端头、电缆中间接头、连接管及接线端子、钢板接线槽、电缆桥架等。它是电缆线路中不可缺少的组成部分，同时也是整个线路中最薄弱的环节。因此，电缆附件的质量对整个电缆线路的安全运行具有极其重要的作用。

电缆附件的种类繁多，具有不同类型的特点及局限性，一般不能相互取代。

常用的电缆附件有电缆终端头、电缆中间接头、连接管及接线端子、钢板接线槽、电缆桥架等。本章介绍35kV及以下（俗称中低压）电缆附件的类型、制作方法等。

1. 电缆中间接头

由于电缆制造长度有限，在一条电缆线路中间总有若干接头，只有将各电缆连接起来才能正常工作，这种用来连接电缆与电缆的附件称为电缆中间接头，简称接头。电缆中间接头的外壳称为电缆中间接头盒。

2. 电缆终端头

在电力电缆线路中连接其他电气设备，且位于一段电缆末端的终端封头，称为电缆终端接头或电缆头，通称电缆端头或简称终端；按安装的场所分户外式、户内式两处。按照线芯材料分铜芯电缆接头、铝芯电缆接头。电缆线路中的电缆，只有配置电缆终端头才能与其他输变电设备（如架空线、变压器等）相连接。

充油电缆线路，除有电缆中间接头和电缆终端外，通常还应安装塞止式连接盒、压力油箱等附件。

如图4-1所示为电缆终端在电缆线路中的安装。

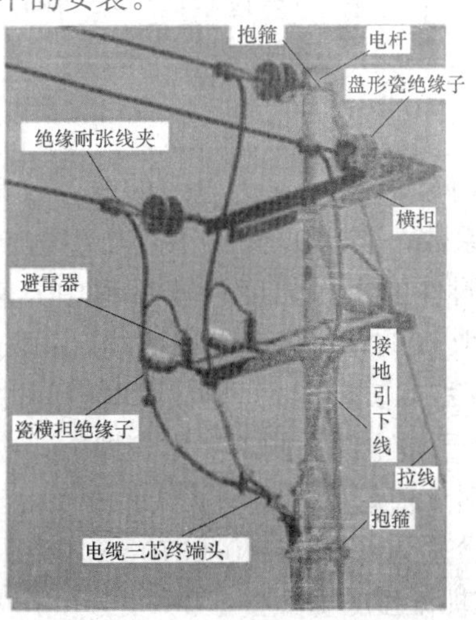

图4-1　电缆终端的安装

按其用途一般分为终端连接及中间连接，终端连接分为户内终端和户外终端，一般情况户外终端是指露天电缆接头，户内终端是指室内连接电缆与电气设备的接头；中间连接有直通式和绝缘式两种。

二、对电缆附件的要求

1. 绝缘要求

电缆附件的绝缘结构应能满足电缆线路在各种状态下长期、安全、稳定运行的要求，且有一定裕度。所用绝缘材料不应在运行条件下加速老化而导致绝缘电气强度降低。

电缆终端位于电缆线路的末端，在电力系统出现内、外过电压时，侵入波能在末端反射叠加，因此要求电缆终端的绝缘强度不低于电缆本体的绝缘水平。

2. 密封要求

电缆附件的结构应能有效防止外界水分和有害物质侵入绝缘介质中，并防止接头内部的绝缘剂向外流失，避免“呼吸”现象发生，保持气密性。电缆头必须有可靠的密封，而密封质量又直接取决于密封水平和密封方法。

电缆附件的密封强度要求是能够经受其内部最大油压的程度，即保证电缆接头不漏油的基本条件是

$$P_b \geqslant 1.1 \sim 1.25P \tag{4-1}$$

$$P = P_1 + P_2 + P_3 + P_4 \tag{4-2}$$

$$P_2 \approx 9806.5\rho L\alpha \tag{4-3}$$

$$P_3 \approx 98\ 067W\beta \tag{4-4}$$

式中：P_b 为电缆接头的密封强度，Pa；P 为电缆内部最大油压；P_1 为电缆制造过程中残余油压，新电缆一般取 981～4903Pa，已运行的电缆可忽略不计；P_2 为电缆作垂直敷设时，两端标准高差引起的净油压，Pa；ρ 为电缆油的密度，g/cm^3；α 为阻止系数；P_3 为电缆因受热而引起的热膨胀油压，Pa；P_4 为电缆短路故障时瞬间冲击油压，Pa；β 为与温度有关的比例系数，km/cm^2；W 为单位长度电缆内的含油量，kg/km。

$$W = \left(\frac{\pi D^2}{4} - nSK_2\right)K_2\rho \tag{4-5}$$

式中：D 为铅包内径，mm；n 为电缆的线芯数目；S 为导线截面积，mm^2；K_1 为压缩导线补偿制作工艺系数，取 0.97～1；K_2 为电缆内部所含浸渍油的比例，取 0.55。

在进行电缆附件的密封强度计算过程中，其相关参数取值的选取应考虑：当温度为 65～80 ℃时，ρ 取 0.94；对多股绞线电缆，α 取 0.725。当温度为 20 ℃时，ρ 取 0.97；对单股绞线电缆，α 取 0.1。电缆短路故障时瞬间冲击油压为 P_4，对于环氧树脂可考虑 $P_4 <$ 980 067 Pa；对于干包电缆头则不考虑，即 $P_4 = 0$。与温度有关的比例系数 β 比较小，当铅包温度接近常温时 β 值趋近于零。从试验方面得出几种不同铅包温度（35、40、45、50℃和 55℃）时的 β 值分别为 0.0055、0.0070、0.0075、0.0080 和 0.0085。

3. 电缆附件机械强度要求

为了抵抗线路上可能遭遇的几种机械应力损伤和短路时的电动应力，电缆附件应有足够

的机械强度。固定敷设的电力电缆，其连接点的抗拉强度应不低于导体本身抗拉强度的60%。

4. 电缆附件电气强度要求

电缆附件应能经受住直流耐压试验。它与安装地点的海拔 H（m）有关，即当电缆终端在海拔1000 m以上地区应用时，试验电压为标准规定的耐受电压乘以海拔校正系数 K_a。其中，海拔校正系数为

$$K_a=\frac{1}{1.1-H\times10^{-4}} \tag{4-6}$$

除上述几项基本要求外，电缆附件还应具有结构简单、体积小、质量轻、材料省、成本低、安装维修简便和良好的外观造型等特点。

三、影响电缆附件质量的主要因素

影响电缆附件质量的主要因素，主要表现在以下几方面：

(1) 电气绝缘性能，即绝缘材料的绝缘电阻、击穿强度、介电常数、介质损耗、抗漏电痕迹性能，以及热性能、老化性能、散热性等；

(2) 电缆的质量和电缆敷设时的影响；

(3) 安装工艺影响，主要是工艺合理性及人员技术水平；

(4) 环境影响，如日晒、雨淋、污染、气温变化等。

四、电缆终端和中间接头型号

1. 字母和数字标注法

国家机械工业行业标准规定，以汉语拼音字母和数字标注电缆终端和中间接头型号，如图4-2所示。

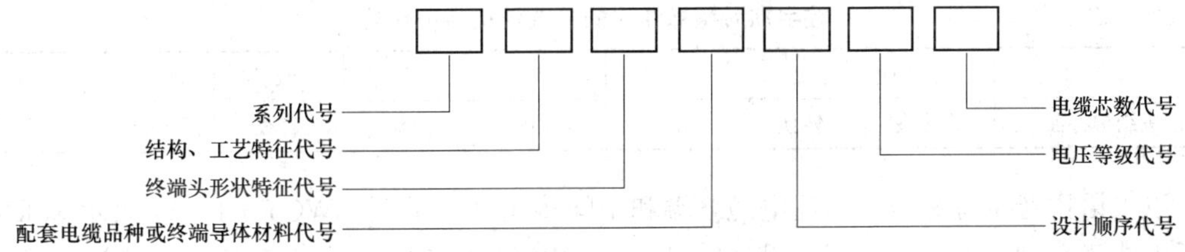

图4-2　电缆终端和中间接头型号

2. 数字加后缀标注法

国内电缆终端和中间接头型号的另一种标注方法是以4位数再加后缀表示，型号和组成顺序，如图4-3所示。

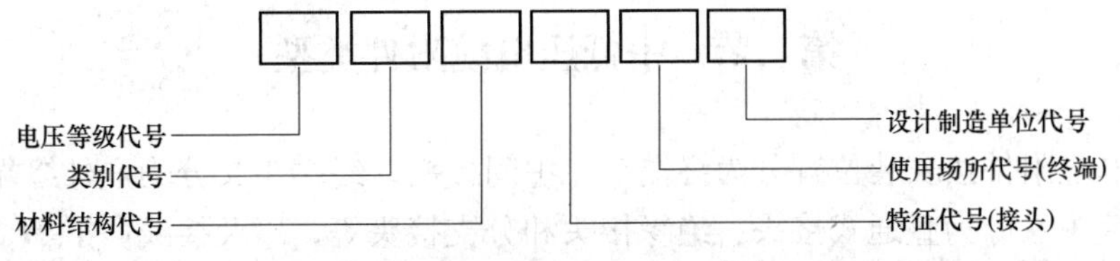

图4-3　国内电缆终端和中间接头型号

（1）电压等级代号见表4-1。

表4-1 数字加后缀标注法的电压等级代号

代号	1	2	3	5	7	8
电压等级（kV）	1	6～10	20	35	110	220

（2）类别代号见表4-2。

表4-2 数字加后缀标注法的类别代号

代号	0～4	5～9
类别	接头	终端头

（3）材料、结构代号见表4-3。

表4-3 数字加后缀标注法的材料、结构代号

代号	0	1	2	3	4	5	6	7	9
材料、结构	沥青	塑料带	冷缩	预制	插入	模塑	油中	热缩	气体

（4）终端使用场所代号见表4-4。

表4-4 数字加后缀标注法的终端使用场所代号

代号	0	奇数	偶数
使用场所	变压器，GIS	户内	户外

（5）接头结构特征代号见表4-5。

表4-5 数字加后缀标注法的接头结构特征代号

代号	0	2	3	4	5	6	7	8
接头结构特征	软接头	转换	分支	赛止	过渡	直线	绝缘	直通

以汉语拼音字母和数字标注电缆终端和中间接头型号举例：WCT-1-51表示35kV油浸纸电缆瓷套型单芯户外终端，设计序号为1；WCTJ3-51表示35kV挤抱电缆瓷套型单芯户外终端，设计序号为3；WCYL-1-23表示6kV挤包油纸电缆圆形铝合金瓷套型三芯户外终端，设计序号为1；NRSZ-2-33表示10kV油浸纸热收缩式型三芯户内终端，设计序号为2；JHZ-2-33表示10kV油浸纸环氧浇注直通型接头，设计序号为2。

（6）设计、制造单位代号。如红旗电缆厂代号为HQ，上海电缆厂代号为SH。

第二节 中低压电缆附件类型

中低压电缆附件按安装位置分为终端头、中间接头。终端头又分为户外终端头、户内终端头；中间接头又分为直通式接头、绝缘接头和分支接头等，以及接线鼻子等。

中低压电缆附件按电缆接头所用材料不同又分为热缩电缆、冷缩电缆、绕包型电缆（分带材绕包与成型纸卷绕包）、模塑型电缆、预制件装配型电缆、浇注（树脂）型电缆、注塑

型电缆等。

中低压电缆附件，除按材料不同分类外，还可按电缆附件品种分类，见表 4－6。

表 4－6　　中低压电缆附件品种分类

类别	品种	用　途
电缆终端头	户内终端	安装在室内环境下（不经受风雪和阳光照射）运行的电缆末端，以便使电缆与供用电设备相连接
	户外终端	安装在户外环境下（能经受风雪和阳光照射）运行的电缆末端，以便使电缆与空间线或室外运行的供用电设备相连接
	设备终端头（包括固定式和可分离式两类）	电缆与供用电设备直接连接的端头，高压导电金属处于全绝缘状态，而不裸露在空气中
电缆中间接头	直通接头（普通接头）	连接两根同型号的相邻电缆接头
	分支接头	将支线电缆连接到干线电缆上去。支线电缆与干线电缆近乎垂直的接头称为 T 型分支接头，近乎平行的接头称 Y 型接头，在干线电缆某处同时分出两根分支电缆，称 X 型支接头
	过渡接头	连接两根不同绝缘类型的电缆附件，例如，将油浸纸电缆与交联电缆（或分相型或屏蔽型）连接
	转换接头	用于一根或多芯电缆的相互连接，或连接不同芯数的电缆（如二芯电缆与三芯电缆相互连接）
	堵油接头（或称塞止接头）	用于落差大于规定值的黏性浸渍纸绝缘电缆线路里，截断油路（或将充油电缆线路分隔成两段供油，即分隔油段的中间连接），防止高端电缆绝缘干枯，低端电缆绝缘油压超过规定值
	绝缘接头	《电工术语 电缆 》(GB/T 2900.10—2013) 定义为，将电缆的金属套、接地屏蔽层和绝缘屏蔽在电气上断开的接头，多用于大长度的单芯电缆线路的接头
	软接头	接头制成后允许弯曲呈弧形状，用于生产大长度水底电缆时，在制造厂将两根半成品在铠装之前相互连接。软接头，也用于检修，在现场用手工制作成检修接头

一、热缩电缆附件

热收缩材料电缆是以橡塑［聚乙烯、乙烯-醋酸乙烯（EVA）及乙丙橡胶］为基本材料，用辐射或化学方法使聚合物的线性分子链交联或网联，获得“弹性记忆效应”，经扩张至特定尺寸，使用时适当加热即可自行回缩到扩张前的尺寸，这种特性即称为交联高分子的“记忆效应”。

1. 辐射交联热缩电缆附件基本组成

如图 4－4、图 4－5 所示为辐射交联热缩电缆附件的外形及基本组成结构。

热收缩防雨裙，主要用于电力电缆的终端中，可有效防止污水流的形成，并可增大爬电距离。

热缩管，经加热、扩张、冷却后即成为具有“记忆效应”的管件，即包覆在被保护的物件上，加热到一定温度后会收缩并紧密地包裹在该物体上，能获得较好的机械强度、耐温性能、耐化学溶剂性能、耐热氧老化性能。

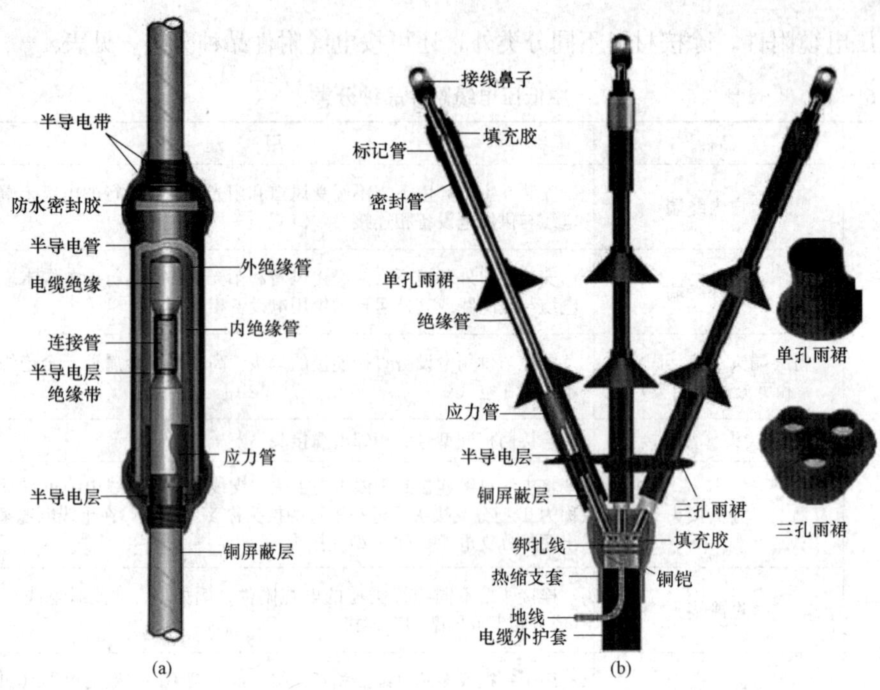

图 4-4　辐射交联热缩中间接头、终端头外形及基本组成结构

（a）中间接头；（b）终端头

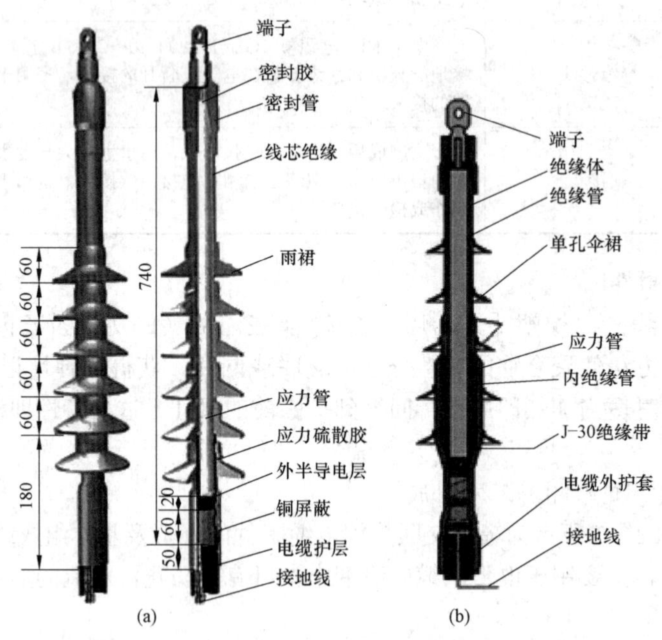

图 4-5　热缩终端头外形及基本组成结构

（a）（26/35kV 交联电缆）单芯终端头；（b）72kV 直流除尘电缆热缩单芯终端头

应力管，要使电缆可靠运行，电缆头制作中应力管非常重要。然而，应力管是在不破坏主绝缘层的基础上，才能达到分散电应力的效果。

接线鼻子，与电力线连接。

三孔伞裙，起分支手套作用。

填充胶，起密封作用，防水分、潮气进入。

密封管，与填充胶有相同作用。

2. 交联热缩电缆附件的特点

(1) 辐射交联热缩电缆附件可用于严寒、湿热、沿海和工业污染地区，可安装于户内和户外环境，适用于油浸纸绝缘电缆和橡塑绝缘电缆。

(2) 一套附件可适用于几个规格截面的电缆。

(3) 适用于多回路电缆相连和窄小的配电柜。

(4) 安装简单，操作方便，效率高，不用包绕、灌胶、铅封，不用特殊工具。

3. 交联热缩电缆附件的型号、规格表示方法

辐射交联热缩电缆附件的型号、规格表示方法，如图 4-6 所示。

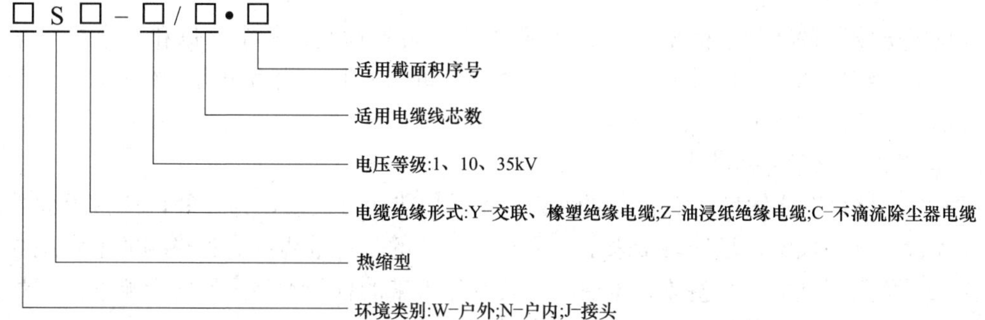

图 4-6　辐射交联热缩电缆附件的型号、规格表示方法

电缆截面积序号表示的截面积见表 4-7；电缆线芯数，三芯可省略；引线绝缘管长度，标准长度可省略，单位为 mm。

表 4-7　电缆截面积序号

电压	序号	电缆截面积
10kV 及以下	1	25～50mm^2
	2	70～120mm^2
	3	150～240mm^2
	4	300mm^2 及以上
35kV	5	50～120mm^2
	6	150～300mm^2

例如，WSY-10/3.2 表示 10kV 交联电缆户外热缩终端，适用于截面积为 70～120mm^2 的三芯电缆；WSY-10/1.3 表示 10kV 交联聚乙烯电缆户外热缩终端，适用于截面积为 150～240mm^2 的单芯电缆；JSZ-10/3.1 表示 10kV 油浸纸绝缘电缆热缩中间接头，适用于截面积为 25～50mm^2 的三芯电缆；JSY-1/3.2 表示低压橡塑电缆热缩接头，适用于截面积

为 70～120 mm^2 的三芯电缆。

4. 热缩附件安装注意事项

（1）收缩热缩附件时用火不宜太猛，以免灼伤材料，火焰沿圆周方向均匀摆动向前收缩。

（2）收终端手套时应从中间往两端收缩，收终端热缩管时应从下端往上收缩，收中间热缩管时从中间往两端收缩。

（3）收应力管时，应力管必须与屏蔽层搭接，应力管的上端超过屏蔽断口以上 60mm 以上的长度。

（4）安装接头时应注意：①应力管不要搭到铜屏蔽层上，只需搭在外半导电层上；②电缆绝缘的端部必须削成锥体，锥面要求光滑；③在压接连管前应先检查所有配件是否都套入电缆。

二、预制式电缆附件

预制式电缆附件，又称预制装配式电缆附件，是 20 世纪 70 年代末研制成功的新型电缆附件，在中、低压挤包绝缘电缆线路中应用很普遍。

1. 产品规格型号表示

预制式电缆附件产品规格型号中的字母“YZ”表示预制，其余字母和数字参见第一节中“四、电缆终端和中间接头型号”。例如，10kV 单芯电缆，截面积为 240mm^2，预制式的户内终端，即表示为 NYZ－10/1.9。

2. 预制式电缆附件的特点

（1）由于材料性能优良，安装简便快捷，无需加热即可安装，弹性好，使得界面性能得到较大改善。这不仅给现场安装带来了方便，更重要的是将电缆接头和终端的增强绝缘和屏蔽层在工厂预先就做成一个整体，将现场安装制作带来的各种不利因素的影响降到了最低程度，因此成为近年来中、低压以及高压电缆采用的主要形式。

（2）应用几何结构法即应力锥来处理应力集中问题。

（3）该类电缆附件，存在的不足在于对电缆的绝缘层外径尺寸要求高，通常的过盈量在 2～5mm（即电缆绝缘外径要大于电缆附件的内孔直径 2～5mm）。若过盈量过小，电缆附件将出现故障；若过盈量过大，电缆附件安装则非常困难。在中间接头上问题特别突出，安装既不方便，又常常会成为故障点。另外，还应注意附件的尺寸与待安装的电缆的尺寸配合要符合规定的要求。为了便于安装也需采用硅脂润滑界面，填充界面的气隙；而保证安装后的紧密性，除自身橡胶弹力起一定密封作用外，有时还采用密封胶及弹性夹具来增强密封。

三、冷缩式电缆附件

冷收缩式电缆附件，是电缆附件行业中的高新技术产品。因其采用了冷收缩技术（又称预扩张技术），即采用机械手段将具有“弹性记忆”效应的橡胶（硅橡胶、乙丙橡胶）制件在其弹性范围内预先扩张，套入塑料骨架支撑固定。安装时，只需将塑料骨架抽出，橡胶件迅速收缩并紧箍于被包覆物上，使电气附件的性能更加优异、适应性更强、安装更快捷、运行更可靠。

如图 4－7、图 4－8 所示为长沙某有限公司产品展示中心提供的电缆附件作法图。

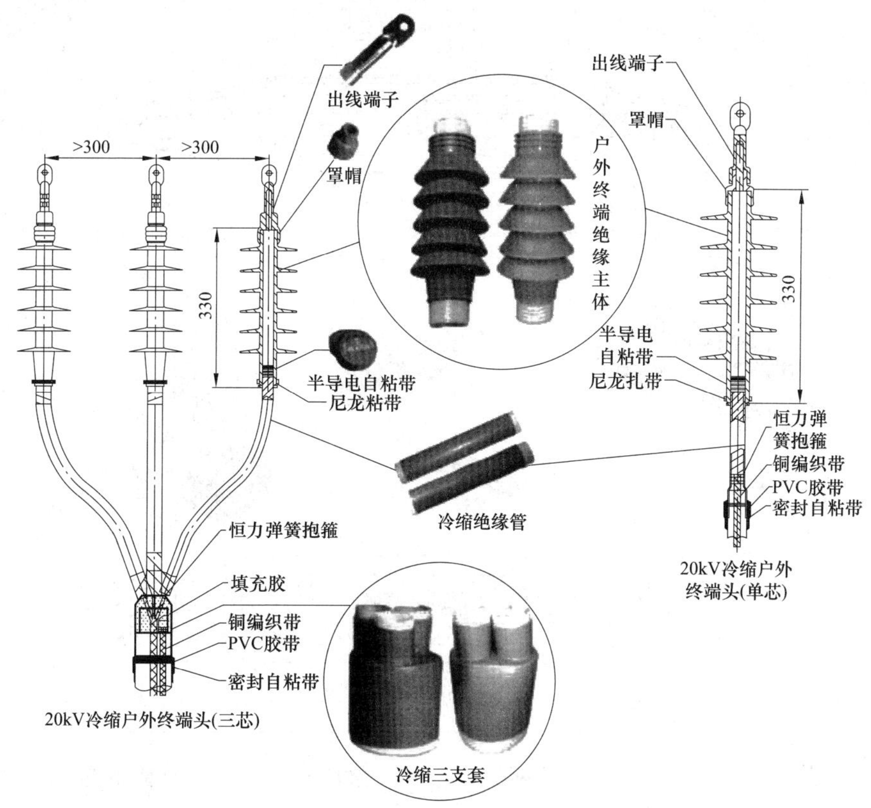

图 4－7　20kV 级三芯、单芯户外冷缩电缆终端头作法图

如图 4－9 所示为（江苏达胜热缩材料有限公司、南京固力发电气有限公司等）8.7/15kV 全冷缩电缆中间头作法图。

1. 冷（收）缩式电力电缆附件的特点

冷缩电缆附件省去了热缩产品所采用火焰加热的麻烦和不安全因素。主要特点如下：

(1) 安装便利。采用冷缩技术，不需要加热及使用特殊安装工具，只需轻轻抽取芯绳，接地采用恒力弹簧，无需焊接或铜绑线，施工省时省力省空间，尤其适合施工空间狭小的场所。

(2) 用预扩张技术。冷缩电缆附件终端在制作时，采用预扩张技术构造。安装后电缆环向压力均匀，线芯可于安装后调整，因此每种规格可适用于多种电缆线径，对电缆线径兼容性强。

(3) 结构紧凑。冷电缆终端头从结构上讲，为整体预制式紧凑设计。将电应力控制管、外绝缘保护及雨裙设计成一体化，多适用于聚乙烯电缆、交联聚乙烯电缆和乙丙橡胶电缆等。

(4) 性能可靠。冷缩电缆附件终端的应电力常数、介电强度、绝缘电阻和介质损耗因数保持长期稳定，通过这种应力控制方法，可将终端表面的高电场强度降至 15V/mm 的安全范围，此时电缆屏蔽切断处附近的高电位移向电缆末端，而不是集中在电缆屏蔽切断处附近，使得电缆终端外绝缘电场分布趋于均匀，提高了外绝缘的放电电压，并且使整个电缆终端直径减小，形状系数增大，其效果是提高了放电电压。

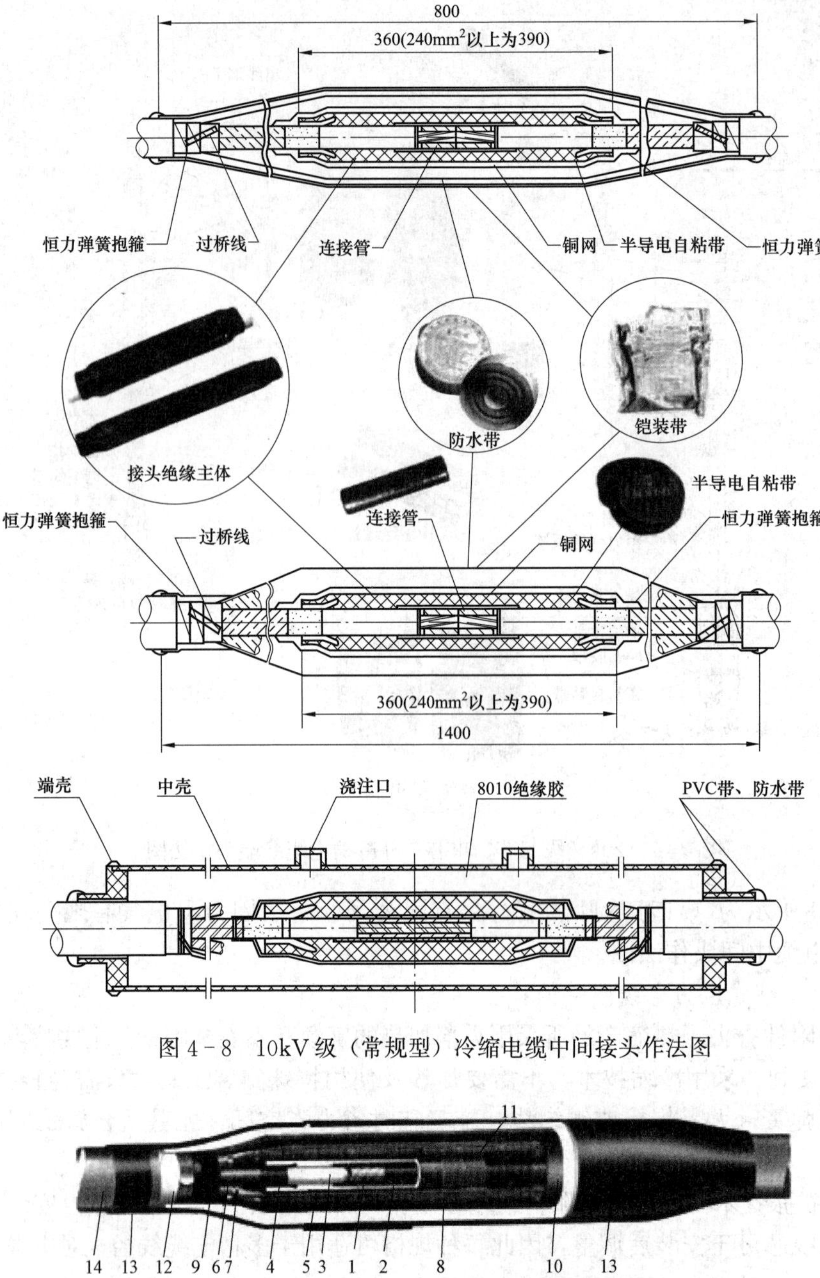

图 4-8 10kV级（常规型）冷缩电缆中间接头作法图

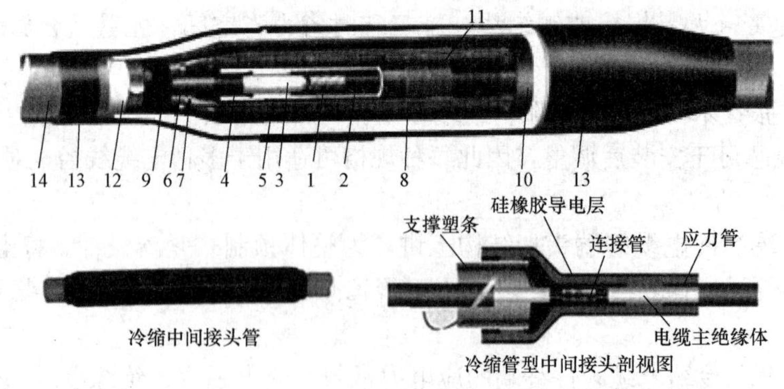

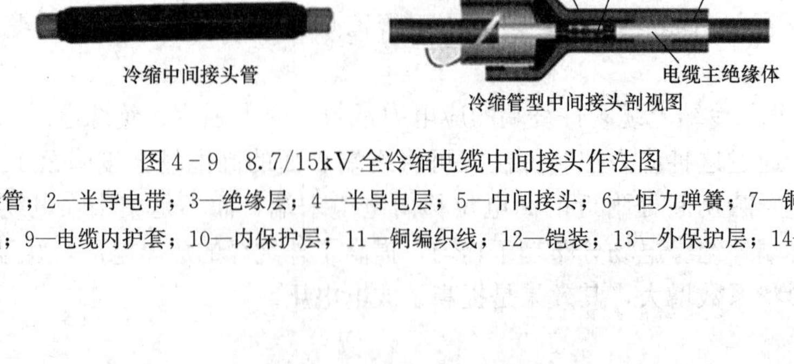

图 4-9 8.7/15kV全冷缩电缆中间接头作法图

1—连接管；2—半导电带；3—绝缘层；4—半导电层；5—中间接头；6—恒力弹簧；7—铜屏蔽层；8—铜编绞线；9—电缆内护套；10—内保护层；11—铜编织线；12—铠装；13—外保护层；14—电缆外护套

（5）良好的疏水性能。冷缩电缆终端外绝缘材料为高品质硅橡胶材料，水滴在上面会自动滚落，不形成导电的水膜，故具有良好的疏水性能。冷缩电缆终端外绝缘材料还有极强的绝缘性、抗电痕性、耐腐蚀性及抗紫外线性，其长期使用性能稳定。

（6）冷缩式附件。按扩张状况冷缩式附件还可分为工厂扩张式和现场扩张式两种。

一般 35kV 及以下电压等级的冷缩式附件多采用工厂扩张式，其有效安装期在 6 个月内，但最长安装期限不得超过两年，否则电缆附件的使用寿命将受到影响。

66kV 及以上电压等级的冷缩式附件则多为现场扩张式，安装期限不受限制，但需采用专用工具进行安装，专用工具一般附件制造厂均能提供，安装十分方便，安装质量可靠。冷缩电力电缆附件系列产品，也可根据使用情况分为户内和户外用电缆附件。

2. 冷缩式电缆附件安装注意事项

（1）安装前检查冷缩件，不允许有开裂现象，同时应避免利器和刀片划伤冷缩件；

（2）安装前不要抽冷缩件的支撑骨架；

（3）三芯终端三叉口包绕填充胶后，在填充胶的上半部分包一层 PVC 胶带，以免抽骨架时把填充胶抽出来；

（4）严格按工艺尺寸进行剥切，并做好临时标记，冷缩件收缩好后应与标记齐平，切冷缩绝缘管时不可造成纵向切痕；

（5）安装接头时，冷缩件骨架条伸出端应先套入较长的一端以便抽拉骨架；

（6）安装接头时，电缆绝缘端头不能削成锥体，压接伸长后应重新确定两绝缘之间的中心位置，以此中心为标准向一端量取工艺尺寸并做好标记，连接管压接打磨后不要包绕任何绝缘带，只需冷缩件收缩即可。

3. 冷缩式电缆附件型号表示

图 4—10 所示为某电缆附件厂提供的冷缩电缆附件型号表示及型号说明举例。

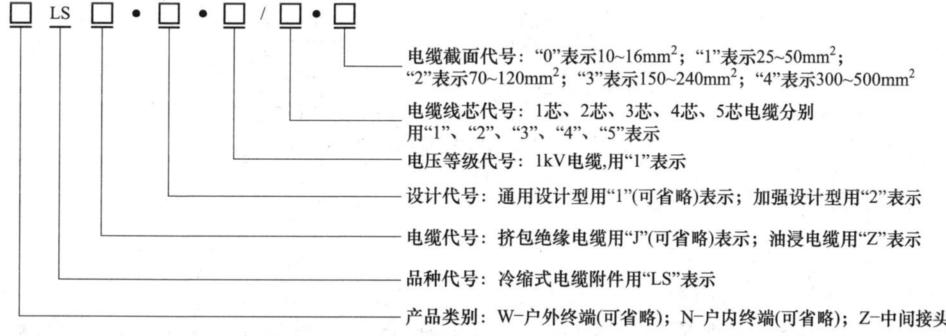

图 4－10　冷缩式电缆附件型号表示及型号说明

四、浇注式终端

由预制式外壳、套管和上盖三个部分组成。现场进行安装时将液体或加热后呈液态的绝缘材料作为终端的主绝缘，浇注在现场配好的壳体内，一般用于 10kV 及以下的油浸纸电缆终端中。

在施工现场用漏斗向终端灌注绝缘胶的操作，如图 4－11 所示，向终端灌注绝缘胶应根据电缆的运行温度、电缆的使用电压以及环境温度等条件选择。电缆头在灌胶之前接头盒要

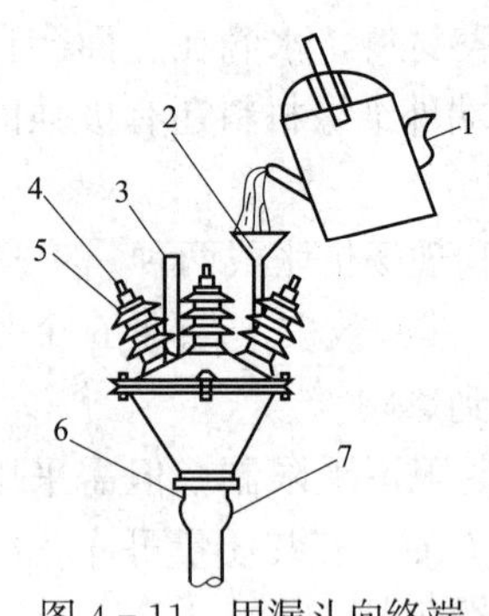

图 4-11　用漏斗向终端灌注绝缘胶

1—沥青壶；2—长井漏斗；3—排气管；4—出线铜杆；5—磁套管；6—铅压盖；7—封铅

加热到 60～70℃，以防绝缘胶与冷的接头盒不黏附以及冷却后绝缘胶与接头盒本体之间产生间隙。灌胶时要分 2～3 次进行，第一次灌注一般要让绝缘胶超过电缆端部剥切部分的全部表面，再灌注到终端盒或接头盒的顶部，最后再补灌一次。

灌注铅套管或铜套管接头盒时，应从接头盒的一个灌注孔灌入直到另一个灌注孔流出的绝缘胶（如固性树脂环氧树脂、聚氨酯或丙烯酸酯等）不含气泡为止。

灌注电缆油（松香基绝缘胶）可以一次灌满。灌注工作完成后，将灌注孔密封，可以封焊或用螺栓将接头盒的盖紧固。为了使胶灌注得饱满，在灌注孔上装一个长漏斗，漏斗上部应放一筛子用于过滤杂质。

五、10～35kV 以下油浸纸电缆附件

1. 10kV 及以下油浸纸电缆终端品种、结构和型号

10kV 及以下油浸纸电缆终端结构部分，如图 4-12～图 4-15 所示。

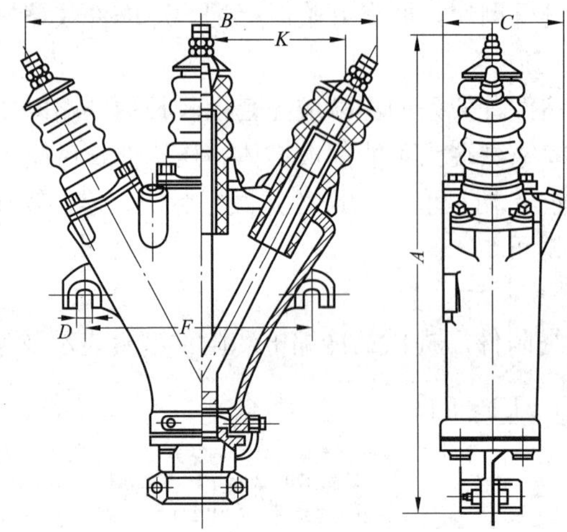

图 4-12　NS 电缆终端头

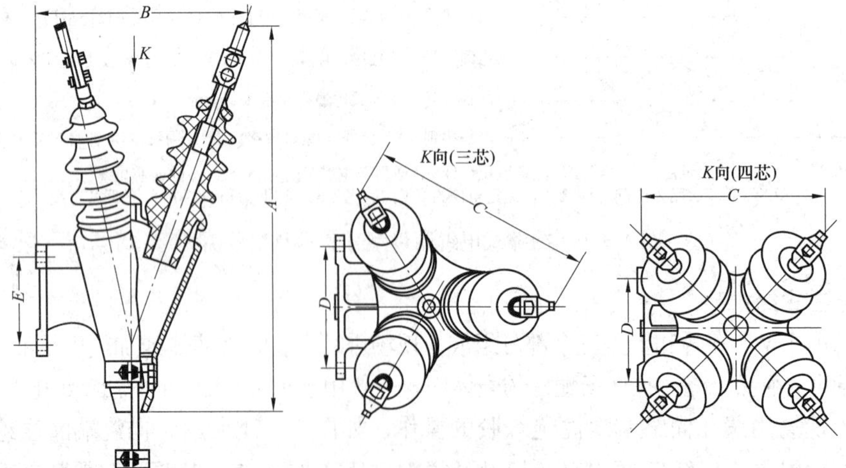

图 4-13　WDZ 型电缆终端

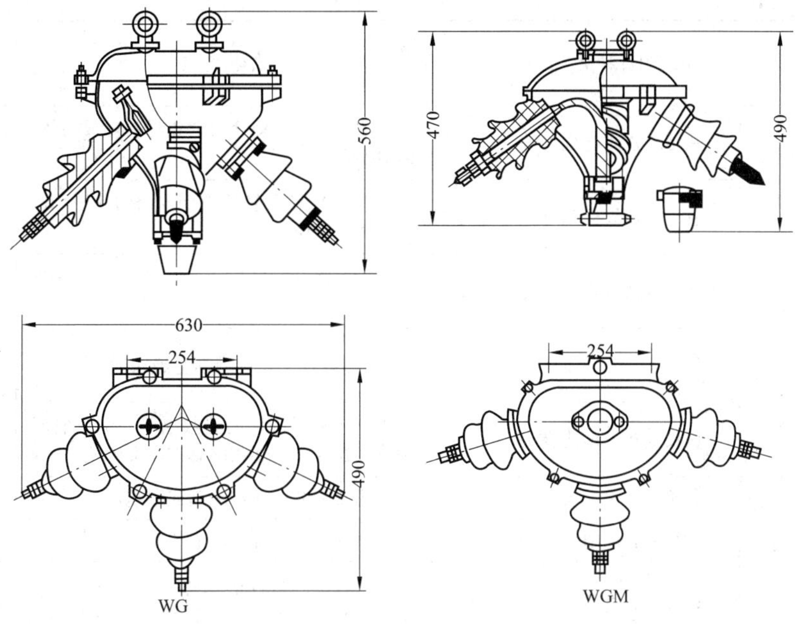

图 4-14　WG/WGM 型护外倒挂式电缆终端

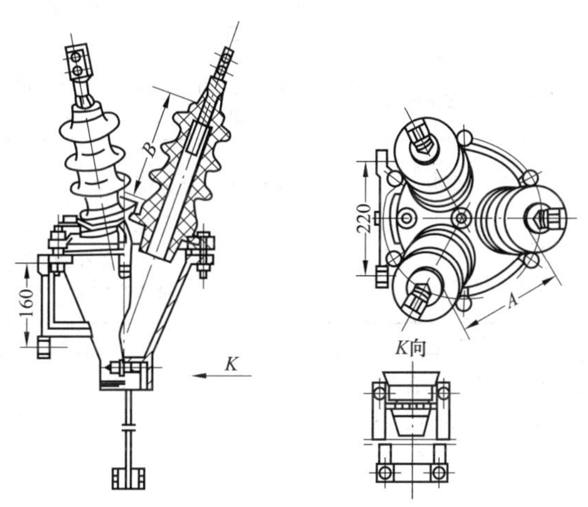

图 4-15　WD-××型电缆终端

表 4-8 列举了（部分）10kV 及以下（多芯电缆）、35kV（单芯电缆）油浸纸绝缘电缆附件的种类、结构和型号。

表 4-8　　油浸纸绝缘电缆附件种类、结构和型号（部分）

电压等级	电缆附件种类		结构特点	型号	
				旧	新
10kV 及以下（多芯电缆）	户外终端头	鼎足式铸铁（盒）电缆终端头	铸铁盒盒体、盒盖瓷套（沿圆周向上均匀分布，内灌沥青绝缘剂	WDZ	WCY
		鼎足式铝合金整体（盒）式电缆终端头	铝合金盒（盒体、盒盖为一体）加瓷套，内灌沥青绝缘剂	WDC	WCYL

续表

电压等级	电缆附件种类		结构特点	型号	
				旧	新
10kV及以下（多芯电缆）	户外终端头	鼎足式瓷质电缆终端头	盒体、盒盖及瓷套用电瓷材料做成一体，内灌沥青绝缘剂	WDC	WCYC
		鼎足式环氧树脂电缆终端头	盒体、盒盖和套管全氧树脂工厂预制，现场浇铸氧树脂	WDH	WHZ
		扇形铸铁（盒）电缆终端头	3个瓷套向上排在一个平面上，内灌沥青绝缘剂	WS	WCS
		倒挂式铸铁（盒）电缆终端头	3个瓷套向下，内灌沥青绝缘剂	WG	WCG
		热收缩式电缆终端头	用具有不同特性的热收缩管及分支管套雨罩等在现场加热收缩套在电缆末端	WRS	WRSZ
	户内终端头	尼龙电缆终端头	尼龙盒加灌沥青绝缘剂或电缆油	NTN	NS
		环氧树脂电缆终端头	塑料盒，现场浇铸环氧树脂	NDH	NHZ
		热收缩式电缆终端头	用具有不同特性的热收缩管及分支管套雨罩等在现场加热收缩套在电缆末端	NRS	NRSZ
	直通接头	铅套管式电缆终端头	用铅套管现场封焊在电缆金属护套（铅或铝）上，作为接头盒，内灌沥青绝缘剂或电缆油	—	JQ
		铸铁盒整体式电缆终端头	3个瓷套向上排在一个平面上，内灌沥青绝缘剂	LB	JZ
35kV（单芯电缆）	终端头（户内外均用）	瓷套管式电缆终端头	由铜或铝合金尾管加瓷套管构成	558乙型、WTC-511	WTC-1-51
	直通接头	铅套管式电缆接头	用铅套管现场封焊在电缆金属护套上，作为接头盒，内灌电缆油	JQ	WCT-2-51

注 1. 新型号中字母：C—瓷；D—鼎足式；J—接头；H—氧树脂；N—户内；G—倒挂；Q—铅套；S—扇形；T—套管；W—户外；Y—圆形；Z—铸铁。

2. 其他型号：RS—热收缩；LB—LB型。

2. 35kV及以下电缆终端

常见的电缆终端有5791型户内、558乙型、WTC511/512型、511型压力式和WTC-551型等。

（1）5791型户内电缆终端和558乙型电缆终端。5791型户内终端又称为NTS-511型或聚丙烯外壳电缆终端，如图4-16（a）所示，其上下壳体用聚丙烯塑料整体挤塑而成，与广泛使用的558乙型电缆终端（见图4-15）相比具有体积小、节省金属等优点，不足之处是密封差，仅用于室内。558乙型电缆终端，适用于35kV分相铅包或铝包，标称截面积为50～240mm^2，铜芯或铝芯的绝缘纸电缆。

（2）WTC511/512型电缆终端。WTC511/512型电缆终端的性能比558乙型电缆终端有所改进，多两个瓷裙，基本结构如图4-17所示，主要技术参数见表4-9。WTC511电缆终端盒，是为静电除尘器电缆设计的终端接头。其工作电压为直流72.5kV，是高压静电除尘的重要设备，主要截面积为50～120mm^2，重度烟尘环境下能很好工作，采用高压、高强度电瓷套管，耐腐蚀、易清洗、不燃烧、不会老化。WTC512 电缆终端盒，是在较重污秽环境下使用的 35kV 单相电缆终端盒，适用于适用截面积为 25～240mm² 的 XLPE 绝缘电力电缆，是特殊环境下较理想的 35kV 电压等级的终端接线盒。

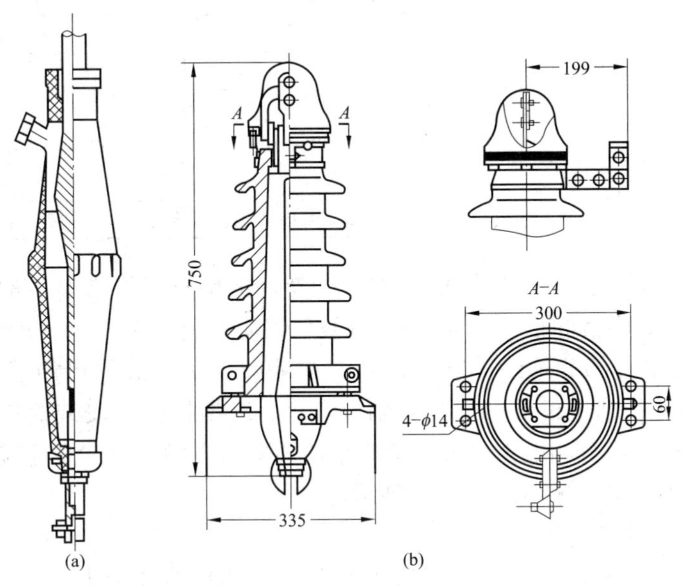

图 4－16　5791 型户内电缆终端和 558 乙型电缆终端

(a) 5791 型；(b) 558 乙型

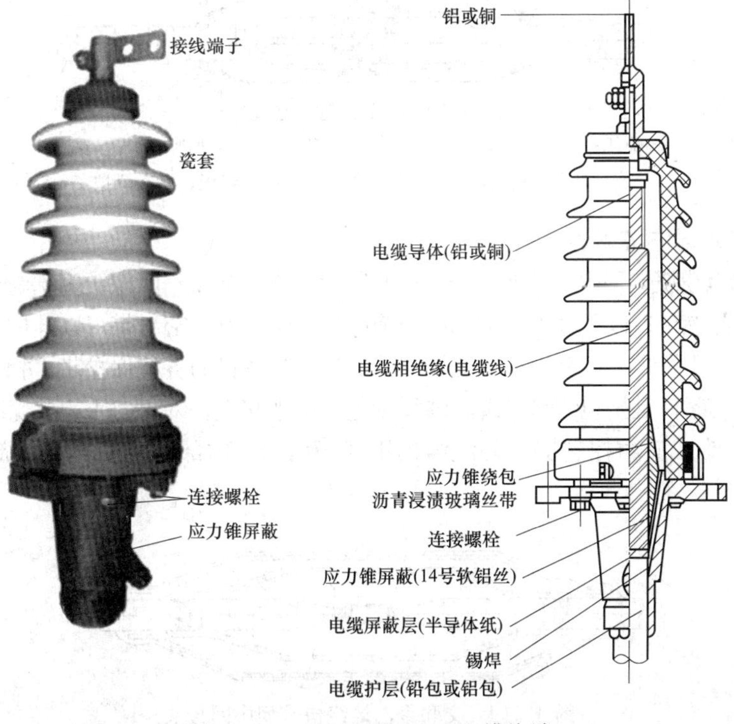

图 4－17　WTC511/512 型电缆终端

表 4-9 WTC 511/512 型压力式电力电缆终端主要技术参数

规格型号 项目	511	512
电压等级	DC72.5kV 单芯	AC35kV 单芯
适用电缆芯截面积	50～120mm^2	50～240mm^2
适用电缆截面积安装孔中心距	240mm	240mm
安装孔径	$\phi18$	$\phi18$
外形尺寸	82.5cm×27.5cm×27.5cm	82.5cm×27.5cm×27.5cm
质量	17.2kg	17.2kg
备注	产品有 A、B 两种型式，其中 A 为压装结构，B 为焊接结构	

511/512 型压力式电力电缆终端的底部有一特制的倒置于终端盒内的环形（标有刻度线）玻璃缸，当注入电缆油时，环形缸内空气被压缩使终端头内产生一定的压力，电缆油因其压力而保持电缆垂直部分绝缘不会干涸，这样就减少了事故的可能性。其是在 WTC-511/512 型电缆终端基础上设计的，具有结构合理、互换性强、安装简单等特点，适用于 35kV 电压等级的纸绝缘分相电力电缆、交联聚乙烯电力电缆、滤尘器电缆的终端安装，标称截面积为 50～240mm^2，有 A、B 型两种结构。

3. 10kV 油浸纸绝缘电缆中间接头

10kV 油浸纸绝缘电缆中间接头，有铅套管接头、环氧树脂接头、铸铁整体接头。如图 4-18 所示为 10kV 及下油浸纸绝缘电缆中间接头。

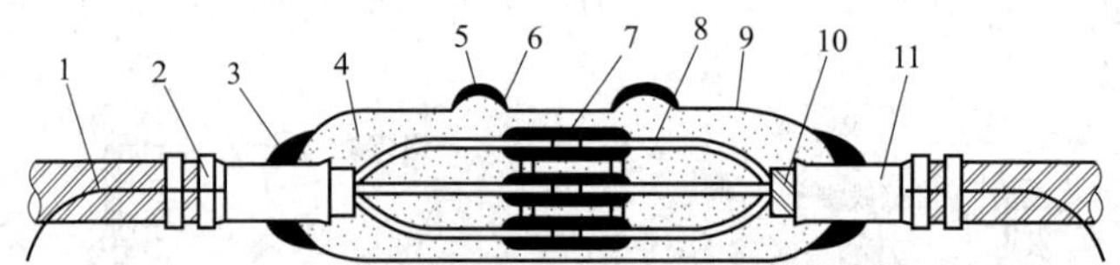

图 4-18 10kV 油浸纸绝缘电缆中间接头

1—接地线；2—钢带卡子；3—搪铅；4—绝缘胶；5—加胶孔；6—铅封；7—连接管；8—瓷撑板；9—铅套管；10—统包绝缘；11—铅护套

六、交联聚乙烯电缆附件

交联聚乙烯电缆绕包型中间接头如图 4-19 所示，通常是以乙丙橡胶为基材的绝缘带、半导电带、控制带、阻燃带；以丁基橡胶为基材的绝缘带、半导电、密封带；以硅橡胶为基材的绝缘带、抗泄电痕带、阻燃带。还有以聚氯乙烯或其他塑料为基材的各种保护带、相色带和低压绝缘带等。绕包式电缆附件是挤包绝缘电缆和油浸纸绝缘电缆接头。对于 20kV 电缆终端头，一般只用带材绕包应力锥或应力控制层，外绝缘仍用瓷套结构，内部浇灌液体绝缘剂。

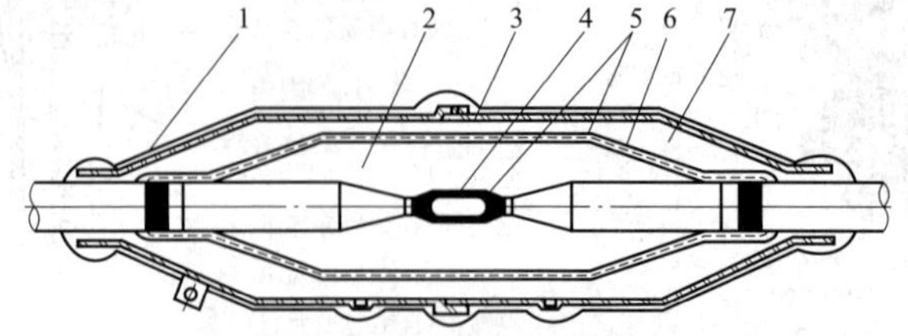

图 4-19 交联聚乙烯绕包带型中间接头

1—防水层；2—绝缘带；3—外壳；4—压接管；5—屏蔽带；6—金属编织带；7—防水浇铸剂

如图 4－20 所示为 6～15kV 交联聚乙烯绝缘电力电缆户外终端头。

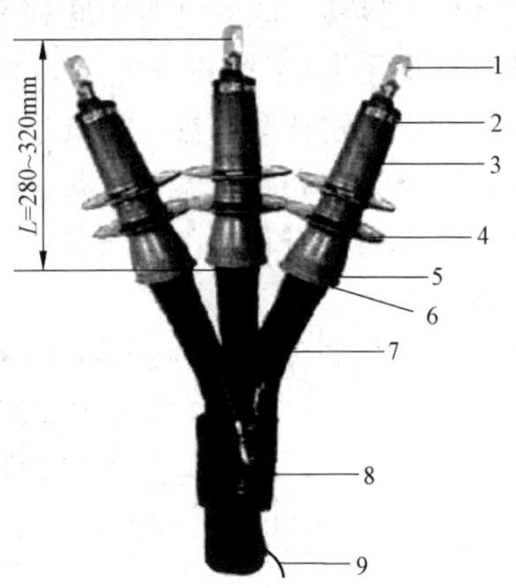

图 4－20　6～15kV 交联聚乙烯绝缘电力电缆户外终端头实物

1—接线鼻子；2—软管夹；3—顶帽；4—雨裙；5—预应力锥；6—集流环；7—半导电层、绝缘自粘带；8—三叉密封手套、扎线；9—接地线

七、常用电缆中间接头

(1) LB 型、LBT 型、LL 型电缆中间接头（见图 4－21）。外壳用铸铁或铝合金整体制成，两端电缆引入处及灌注处用机械密封，具有安装方便，结构简单的特点，适用于隧道、直埋敷设的铜芯、铝芯，纸绝缘铅包或铝包，皱纹钢管以及橡皮塑料护套等三芯及四芯电缆（电缆标称截面积为 16～240mm^2）中间接头安装。

LL 系列整体式铸铝电缆接头，适用于 20kV 电压等级的线路，其导线标称截面积为 25～24mm^2；35kV 电压等级的线路，其导线标称截面积为 50～240mm^2，分相铅（铝）包，皱纹钢管护套等电缆在电缆沟或隧道和地下直埋中使用。该系列电缆接头在电缆线路中不仅起连接电缆导体作用，还有密封绝缘和保护作用。电缆线芯绕包后放在金属或塑料模子中，灌注环氧树脂，固化后除去模具。

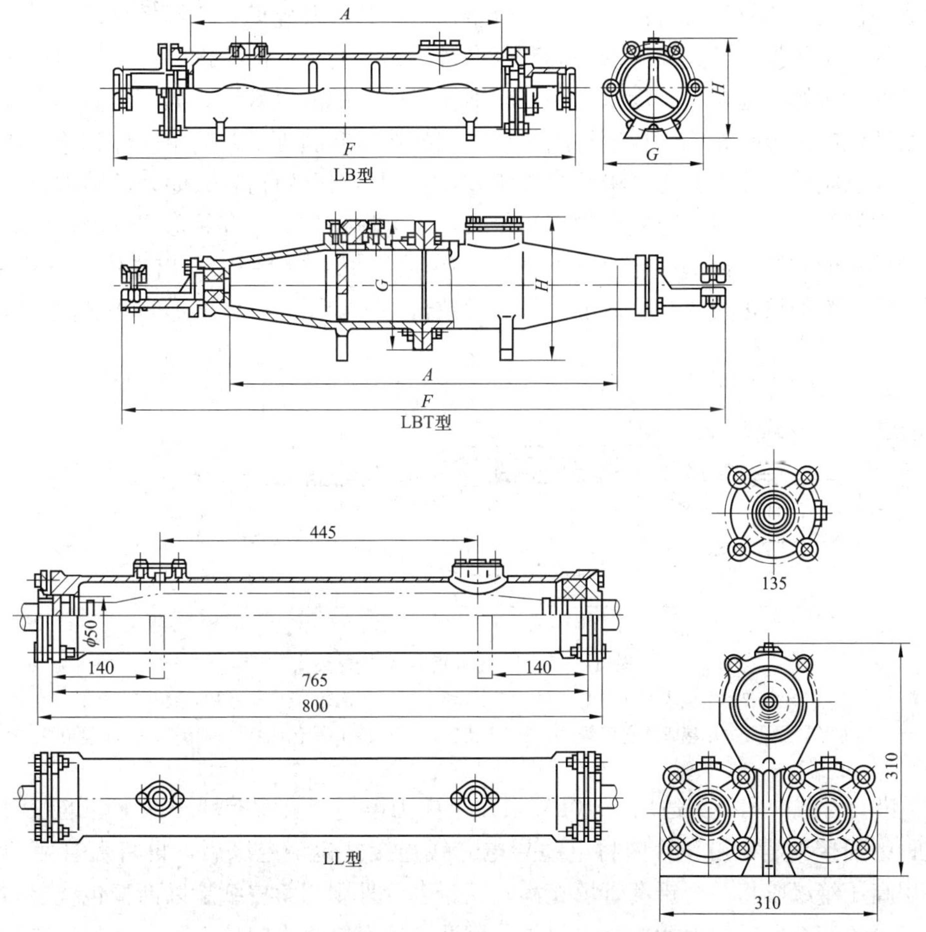

图 4－21　LB 型、LBT 型、LL 型电缆中间接头

(2) 塑料、橡皮电缆中间接头。一般用硬质聚氯乙烯制成。分为带浇口和小带浇口两种，适用于10kV及以下电压等级，如图4-22所示。该类接头能承受一定的径向外力，可直接埋设，耐化学腐蚀，尤其适用于潮湿和有化学腐蚀的地区。其可与自粘橡胶带、聚氯乙烯带、半导体布带、聚氯乙烯透明粘胶带、密封圈和绝缘胶等组成一个完整的防潮密封体系，该体系具有可靠的电气和机械性能，可保证电缆安全运行。

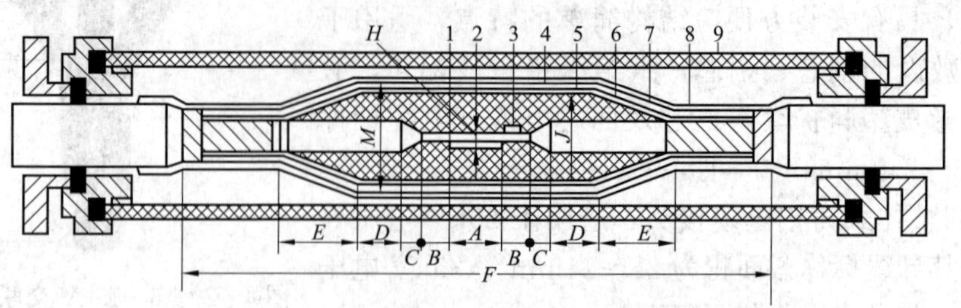

图4-22 1～10kV塑料、橡皮电缆中间接头

1—连接管；2—自粘性橡胶带；3—半导带（或纸）；4—铝屏蔽带；5—软铜丝；6—塑料粘带；7—布带；8—多股镀锡铜带；9—塑料连接盒

(3) 环氧树脂电缆中间接头。电缆线芯绕包后放在金属或塑料模具中，灌注环氧树脂，固化后去除模具。模具种类有铁皮模、铝合金模、塑料模及瓷模。金属模具需要脱模，塑料及瓷质两种不需脱模。防止线芯沿轴向和径向渗油是工艺控制的关键，应严格保证内外密封时性能良好，否则埋地敷设易渗水击穿。其适用于电缆的隧道敷设，如用于直埋敷设应注意密封。与其他电缆接头相比，环氧树脂电缆中间接头具有施工工艺简单、体积小、成本低等优点；其缺点是质量比铅套管式中间接头稍差，特别是线路负荷较大时，故障率较高。其原因主要是中间接头的环氧树脂复合物浇注量大，不易搅拌均匀，容易形成气泡，同时接头壳体两端及外表面与接头内部冷却速度不一样，产生应力，在接头内部出现纵向和横向裂纹，在运行电压下沿裂纹进行树枝状放电，最后导致击穿。如图4-23所示为环氧树脂电缆中间接头。

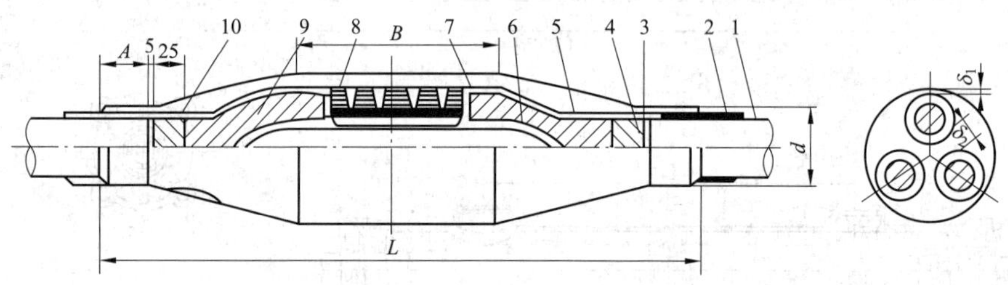

图4-23 环氧树脂电缆中间接头

1—铅包；2—铅包表面涂包绝缘层；3—半导电纸；4—统包纸；5—线芯涂包绝缘层；6—线芯绝缘层；7—压接管涂包绝缘层；8—压接管；9—三叉口涂包绝缘层；10—统包涂包绝缘层

(4) 铅套管式中间接头适用于10kV及以下电力电缆，宜直接埋于地下、电缆沟或隧道内。这种中间接头是在铅套管内将电缆导电芯线连接并包绕绝缘后，再将套管两端封铅密封，并用高压绝缘胶将整个铅套管填充满，而铅套管外则用桑皮纸涂以沥青包绕层防腐，最后将铅套管置于金属或水泥槽内加以保护。因此，铅套管式中间接头具有密封性能好、绝缘

强度高、化学性能稳定、使用寿命长等优点，其不足之处是机械强度差，且消耗有色金属较多，价格较贵一些。所以，设计出采用铸铁壳体密封的中间接头，称为铸铁盒式中间接头。它的主要部分是铸铁壳，壳内灌绝缘胶，两端及浇注孔等处采用橡皮压装密封。由于采用橡皮压装密封，因此简化了施工工艺，提高了机械强度，但其密封性能却不如铅套管式中间接头，因而使用受到一定限制。铅套管式中间接头如图 4－24 所示。

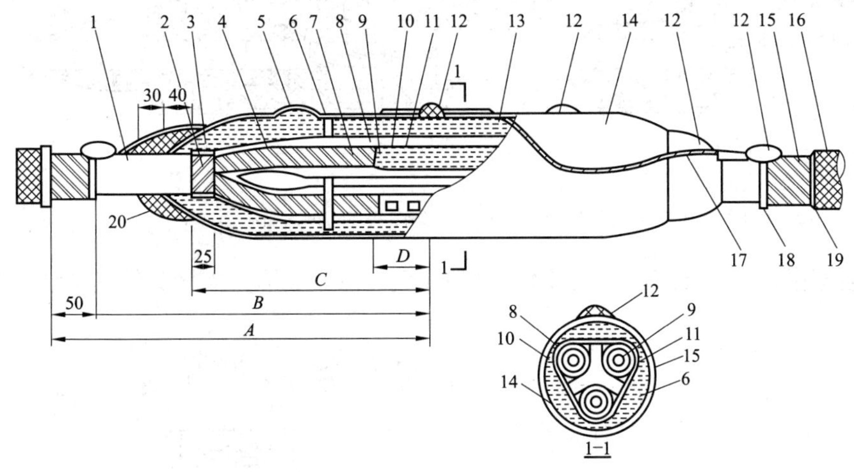

图 4－24 铅套管式中间接头

1—铅（铝）包；2—统包绝缘；3—油浸黑玻璃漆带 6 层；4—油浸黑玻璃漆带 4 层；5—封铅盖；6—瓷隔板；7—线芯绝缘；8—线芯增绕绝缘；9—线芯；10—铝箔纸填满压坑；11—连接管；12—封铅；13—沥青绝缘胶；14—铅套管；15—铠装；16—麻被护层；17—接地线；18—扎线Ⅰ；19—扎线Ⅱ；20—油浸白布带

八、其他接头

1. 电缆分支接头

电缆分支接头是将三根或四根电缆相互连接在一起的电缆接头。通常用在一条 20kV 及以下的主电缆线路支接另一条电缆线路时，有时也用在 110kV 电缆线路上。电缆分支接头可以根据电缆线路的方向，连接成各种不同形式的分支，如垂直于主电缆或与主电缆成某一个角度等。

按电缆分去接头外形的不同，其可分为 H 形、T 形、Y 形 3 种，T 形和 Y 形的使用较多，T 形接头也称为 T 字接头。

电缆分支接头的特点是一条线路可同时送电到两个或三个地点或用户，其缺点是接头内的绝缘不易处理，接头壳体密封也较困难，因此它不适用于高压电缆线路。电缆分支接头的另一缺点是当分支电缆故障时，主电缆必须同时停电才能修理。

(1) H 形分支接头。H 形分支接头可代替电缆分支箱，不占地面空间，可安装在电缆沟或电缆井内，也可直埋敷设。所有零件均工厂成型，现场插入式导电连接，安装方便。其适用于电压为 6/10kV、8.7/10kV、8.7/15kV 的单芯或三芯交联聚乙烯绝缘及橡胶绝缘电力电缆，具有支连接 、密封和绝缘作用。如图 4－25 所示为 H 形分支接头基本结构。

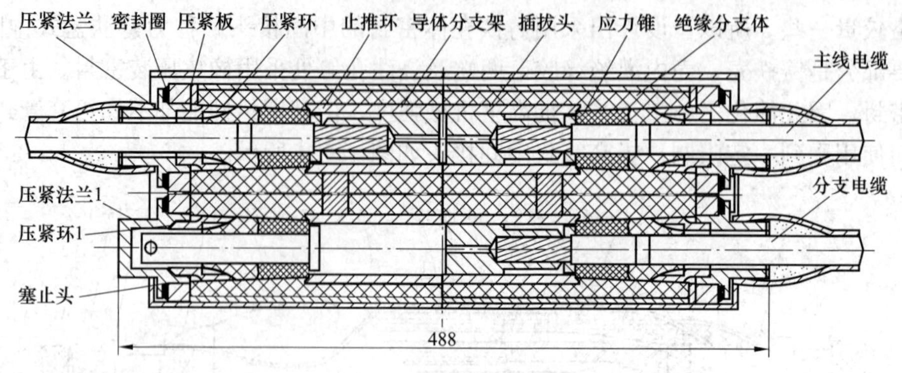

图 4-25　H 形分支接头的基本结构

(2) 电缆用 T 形分支接头。如图 4-26 所示为 10kV T 形分支接头的基本结构图例之一。

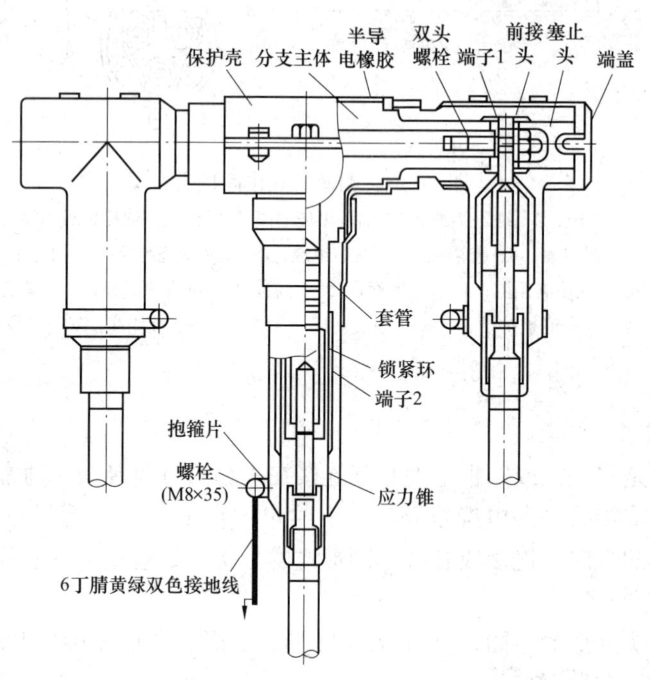

图 4-26　10kV T 形分支接头的基本结构图例之一

T 形分支接头适用于电压为 6/10kV、8.7/10kV、8.7/15kV 的单芯或三芯交联聚乙烯绝缘及橡胶绝缘电力电缆，起分支连接作用，可形成多路电缆分支。T 形分支接头完全可以代替电缆分支箱。该分支接头具有结构紧凑、体积小的特点，可安装在电缆井的侧壁平台上，也可直接埋于地下，大大节省了安装空间。分支接头，不仅能将电缆与电缆进行分支连接，也可在杆上将架空裸线与电缆进行分支连接，满足各种不同分支形式的安装。

T 形分支接头的绝缘主体外壳由高强度、耐腐蚀的不锈钢材料制造，具有全屏蔽、防水、防潮性和防机械外力损伤的功能，能在各种恶劣环境条件下可靠运行。

(3) Y 形分支接头。其适用于不同电压等级的安装。如图 4-27 所示为 10kV Y 形分支接头结构。该产品具有结构紧凑、体积小、所需安装空间小的特点，不仅能安装在电缆井或电缆沟内，还能直埋敷设。安装时，只需将处理好的电缆插入即可，极为方便，因分支主体无任何填充剂或绝缘气体，在运行中完全不需要维护。

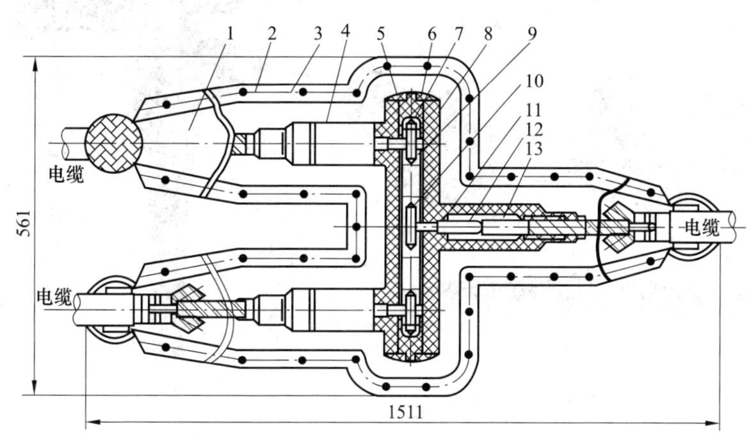

图 4-27　10kV Y 形分支接头结构

1—上保护壳；2—下保护壳；3—绝缘浇注剂；4—铜网；5—端盖；6—塞止头；7—双头螺；8—后接头；9—主导体；10—双联螺栓；11—三通头；12—端子；13—应力锥

Y 形分支接头的分支主体一般由热固性树脂或绝缘橡胶真空注射而成，其是一个整体实心模件，无需加任何绝缘浇注剂或绝缘气体，分支主体外壳为一金属构件，可防水、防潮、耐机械应力损伤。

2. 电缆插拔式快捷接头

随着城市电网电缆化进程的快速发展，在不间断供电状态下，为了安全快速完成故障段电缆线路的抢修工作，同时又能有效跨接故障线路段，保证用户临时用电的安全可靠。

电缆插拔式快捷接头可用于交联聚乙烯绝缘及橡胶绝缘的电力电缆之间的连接，同时还可连接控制信号电缆，以及恶劣环境挖掘施工设备的供电系统。如地铁、公路、铁路、引水等隧道及矿山开采项目。可直接埋于地下，也可安装在电缆沟或电缆井内，其安装环境温度为－40～＋40℃。安装时，只需将处理好的电缆插入即可，极为方便，因分支主体无任何填充剂或绝缘气体，在运行中完全不需要维护。

如图 4-28 (a) 所示为电缆插拔式快捷接头，将插头、插座安装在电缆两端，待电缆运至施工现场后，将插头插入插座中，即可使用。其主要用于：20kV 及以下，电缆截面积为 300mm^2 以下，电缆芯数为 3、4、5 芯的电缆安装。如图 4-28 (b) 所示为美国 COOPER 公司生产 200A 插拔式肘型电缆接头（简称肘型头），其为全绝缘，全密封可带电触摸的插入式终端头，主要用于美式箱式变压器、户外环网开关柜和电缆分接箱的高压电气连接中。

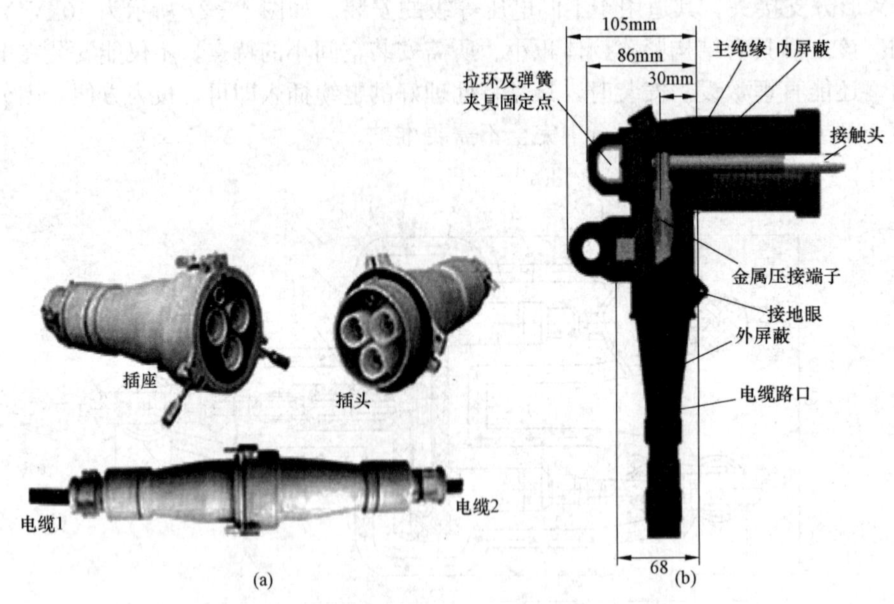

图 4-28　电缆插拔式快捷接头

(a) 1～20kV 插拔式快捷接头；(b) 200A 插拔式肘型电缆接头

第三节　中低压电力电缆附件安装

电缆附件不同于其他工业产品，工厂不能提供完整的电缆附件产品，只是提供附件的材料、部件，也就是说它必须通过现场安装在电缆上以后才构成实际的、完整的电缆附件。然而，安装制作电缆附件的同时必定会导致原有电缆绝缘、密封及屏蔽的破坏。因此，电缆附件的作用就是恢复电缆原有的导电线芯、绝缘、屏蔽、密封保护等。

一、电力电缆连接方法

电力电缆导体连接，是制作安装各种型式电缆头的重要组成部分，它对线路长期安全运行十分重要。

实践证明，凡是连接器材、工模具设计良好，施工工艺及操作合理的导体连接，其接头都能达到电阻小而稳定，有足够的机械抗拉强度，能经受一定次数的短路冲击，并具有耐振动、耐腐蚀等特性。

电力电缆导体连接方法有压接法、焊接法。导体连接处的要求是在传输电流时温度升高值不超过电缆导体温度升高值，并能承受电缆导体允许的张力。

压接法，采用适当的机械压力使导体之间或导体与连接金具之间取得电气传导的接触界面的方法。这种方法按导体在连接之后是否可拆卸，又可分为夹紧（可拆卸）连接与压缩（不可拆卸或称死连接）连接两种。

焊接法，仅用于小截面积的电缆芯连接。

电缆线芯的连接，按线芯材料分铝芯电缆的连接和铜芯电缆的连接。前者，一般采用压接法；后者，一般采用焊接法或压接法。

1. 电缆导体压接连接设备及配套金具

(1) 压接连接用设备及压接方法。对连接导体的金具与导体施加径向压力，靠压应力产生的塑性变形，使导体和金具的压缩部位紧密接触构成导电通路。

压接连接用设备分机械式和液压式两类，如图 4-29 所示。

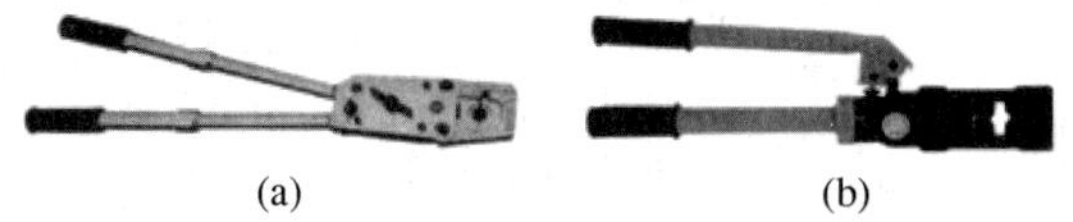

图 4-29　压接连接设备系列产品（部分）
(a) 机械式；(b) 液压式

图 4-30 中的液压式分体压接钳具有压力传递稳定可靠、自重轻、压力大、操作轻便、易于维护等优点。

按压模连接用压模的形状是否对称，可将压接分局部压接和整体压接两类。

局部压接，又称为坑压或点压，所需压力较小，压接部位的伸率也较小，但由于压坑会引起电场畸变，故用在高电场下时需采取填平压坑方法以保持电场均匀。

整体压接，又称为环压或围压，这种压接连接方法是目前国内中低压电缆接头使用最广泛的一种连接方法。需压力较大，压缩后，压接部位伸率也较大，但压接部位变形比较均匀，并可塑造成各种需要的接头。

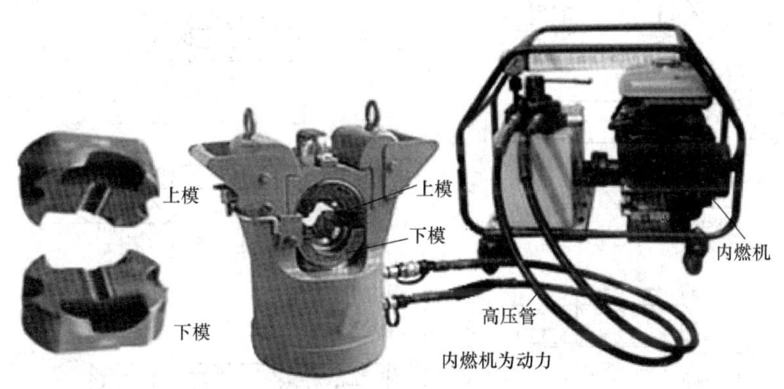

图 4-30　液压式分体压接钳与液压泵

因电缆导线材料有铝芯、铜芯，故局部压接模具也有铝芯、铜芯之分。就模具本身而言，又分阳模和阴模，如图 4-31 所示。

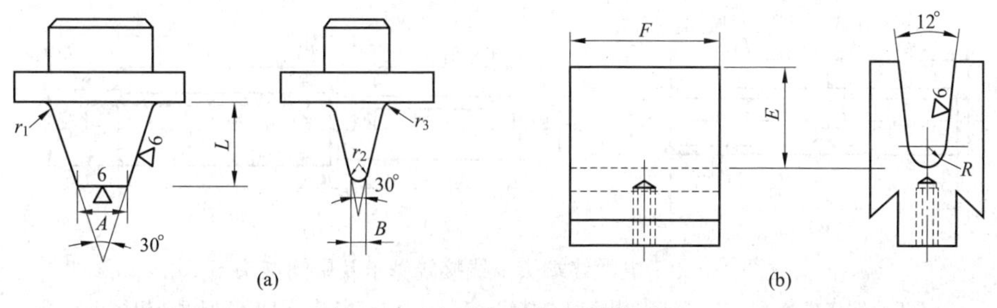

图 4-31　电缆铝芯局部压接模具
(a) 阳模；(b) 阴模

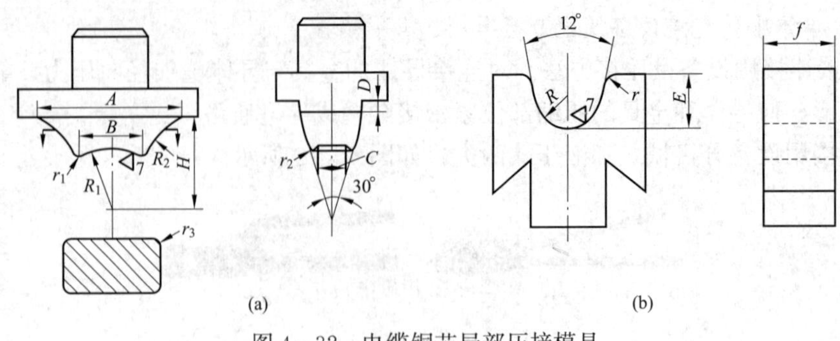

图 4－32 电缆铜芯局部压接模具

(a) 阳模；(b) 阴模

(2) 配套金具。配套金具有用于电缆终端连接及电缆出线接线端子金具和电缆中间的中间接头。

如图 4－33 所示为电缆终端头出线接线鼻及中间接头金具。使用时应注意，铝线芯导体只能配铝接头压接，而不宜配铜接头。因为铜和铝金属标准电极电位相差较大（铜为＋0.345V，铝为－1.67V）；当有电介质存在时，将形成以铝为负极，铜为正极的原电池，使铝产生电化腐蚀，从而增大接触电阻；另外，铜和铝的弹性模数和热膨胀系数相差很大，在运行中经多次冷热（通电与断电）循环后，会使接点处产生较大间隙，影响接触而产生恶性循环。

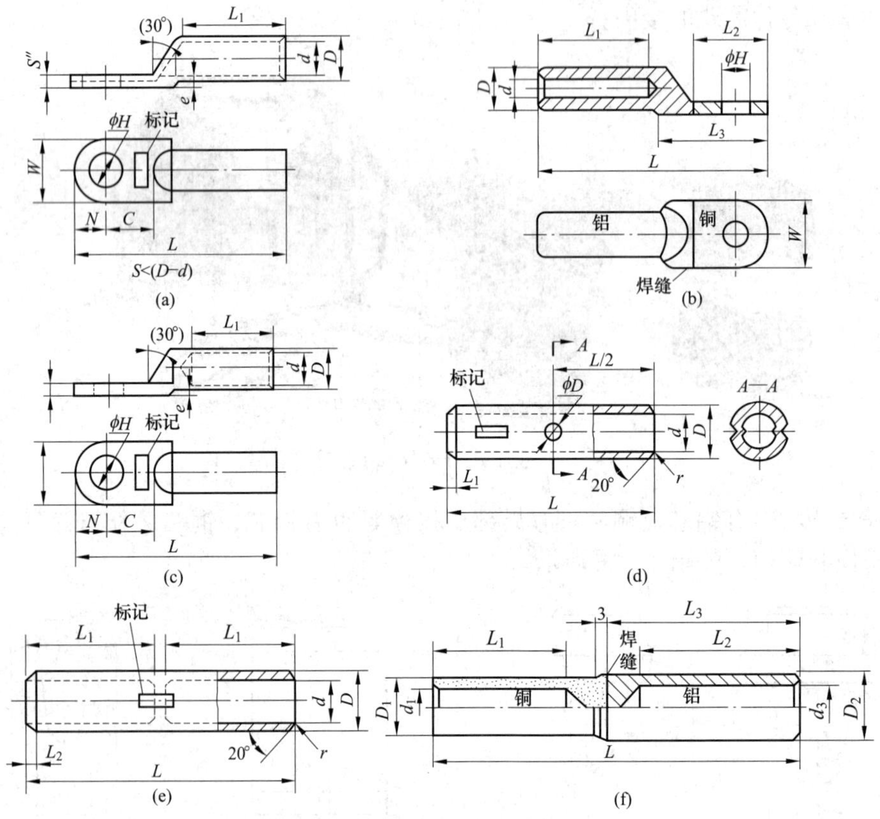

图 4－33 电缆终端头出线接线鼻子及中间接头

(a) DT 型铜接线鼻子；(b) DTL 型铜 LV3 接线鼻子；(c) DTM 型及 DLM 型铜或铝接线鼻子；(d) GT 型铜连接管（直通式）(e) GLM 型铝连接管（堵油式）；(f) GTLM 型铜铝连接管

压接用的连接管，有圆形管、椭圆形管和骆驼形管三种。电压等级在66kV及一些和导体截面积在600mm^2以下的电缆都采用圆形管作为中间接头压接管；高于110kV电压等级，尺寸大于800 mm^2的电缆，则应采用椭圆形连接管；并要求缩短连接管尺寸和增大连接管对导体的紧握力时，最好采用骆驼形连接管进行压接。

当圆形连接管采用“圆→六角→圆”压接工艺方式压接时，其被连接的电缆导体外径为d_c（单位：mm），电缆导体截面积为A（单位：mm^2）时，其圆形压接管的连接孔径d_0（单位：mm）应为

$$d_0=(1+0.03)d_c+\alpha=1.03d_c+\alpha \tag{4-7}$$

式中：α为导体插入所需的间隙（单位：mm），导体外径在4mm以下时取0.1；导体外径为4～16mm时取0.2；导体外径为16～63mm时取0.3。

充油电缆中空油道内插入加强钢管（加强钢管外径为D_1，单位：mm）时，其压前连接管的外径D_0（单位：mm）应为

$$D_0=1.303\sqrt{2A+\frac{\pi}{4}D_1^2}+1 \tag{4-8}$$

当椭圆形连接管采用“椭圆→圆”压接工艺方式压接时，要求连接管的孔径d_0（单位：mm）按式（4-7）计算。电缆导体的外径d_c（单位：mm）按式（4-7）计算。对于椭圆形连接管，其压接前椭圆形连接管短径的外径D_0（单位：mm）和连接管长径的外径a_0（单位：mm），分别按式（4-9）和式（4-10）计算。

$$D_0=C_0-\beta=2\sqrt{\frac{2A}{\pi}}+1-\beta \tag{4-9}$$

$$a_0=D_0+\frac{1}{D_0}\left\{\frac{\pi}{4}\left[1.06(C_0+\gamma)+(d_0+\delta)-D_0^2\right]-A\right\} \tag{4-10}$$

式中：C_0为压接后连接管的外径，mm；β为$A\leqslant150mm^2$时取0.5，$A=200\sim400$mm时取1.0；γ为压接模制造尺寸允许误差，mm；δ为椭圆形连接管制造尺寸误差，mm。
其余符号的含义同前。

压接用连接管全长度L（单位：mm）为

$$L=2(l+l_x)=2[l+2(D_0+d_0-2)] \tag{4-11}$$

其中

$$l=\frac{\sigma_c AK}{\pi d_c p_0 l_c}\approx\frac{0.3537\sigma_c A}{d_c} \tag{4-12}$$

式中：l为压接用连接管有效连接长度，mm；l_c为压延率，取1.1；K为安全系数，取1.1；p_0为连接管的紧握力，MPa，铜取0.9；l_x为连接管斜面长度，mm。
其余符号含义同前。

锡焊连接用连接管如图4-34所示，若导体的截面积为A（单位：mm^2），通常可取导体截面积的1.1～1.4倍考虑，则连接管外径D（单位：mm）、连接管的长度L（单位：mm）可分别按式（4-13）、式（4-14）计算。

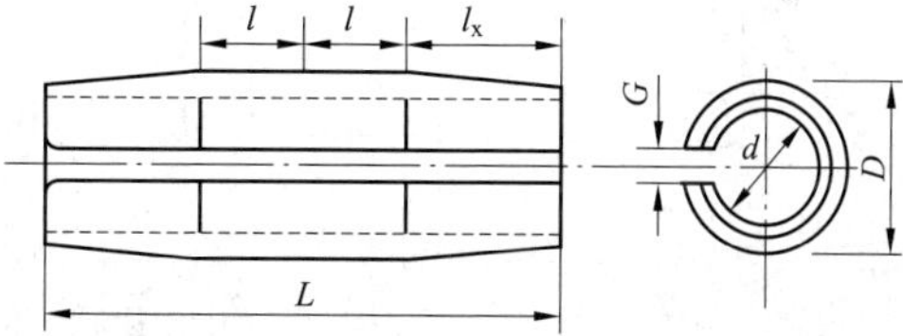

图4-34　锡焊连接用连接管

连接管外径 D 为

$$D=\frac{G}{\pi}+\sqrt{d^2(1-\rho_s)-\frac{2G}{\pi}d+\frac{4}{\pi}A+\frac{G}{\pi^2}}$$
$$\approx 0.318G+\sqrt{0.89d^2-0.64Gd+1.273A+0.101G} \tag{4-13}$$

连接管的长度 L 为

$$L=\frac{20}{\pi d}A \tag{4-14}$$

式中：d 为连接管内径，mm；ρ_s 为锡焊的导电率，一般取 11%；G 为连接管槽宽，mm。

2. 电缆端头出线用连接端子用螺栓连接金具

所谓“接线端子”，用途广泛。它是用来连接各类电控配电设备、成套装置、多回路电表箱及组合式终端电器箱中起转接线的金属附件。

电缆端头用连接端子，用于电力电缆与电气设备铜端的过度连接的端子，可称为电缆金具。它分为圆形、半圆扇形、叉形等端子。根据电缆端头的制作组成材料分铜镀锡端子、黄铜端子、铝材质端子和不锈钢端子。

电缆端头用连接端子，根据安装工艺分为螺栓或螺旋端子和电缆终端头用压缩型出线端子。

螺栓或螺旋端子金具，属于机械连接，连接时通过拧紧螺栓，对线夹和导体的接触面施加一定压力，以增加接触面积，减小接触电阻。连接后是可以拆卸的。该机械连接的优点是工艺比较简单，它适用于低压电缆的导体连接。

线夹和导体的接触面有时采用螺纹状结构，在拧紧螺栓时，能够使其紧紧“咬住”导体表面，以达到良好的导电和机械性能。拧紧线夹螺栓，应使用力矩扳手，使连接线夹与导体之间达到合适的紧固力，螺栓紧固力矩。

螺栓或螺旋端子（见图 4－35）。除用于地下电缆与架空绝缘电线的连接外，还可用于高压电器接线装置以及汇流排连接。

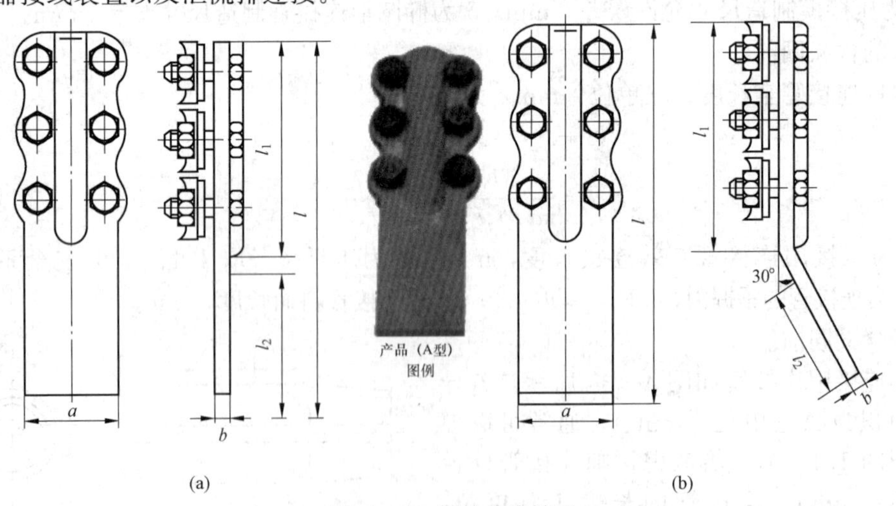

图 4－35 螺栓接线端子

(a) SL－×A 型式示意图；(b) SL－×B 型式示意图

螺栓夹紧扭矩 T 与紧固力 F 的关系为

$$T=\frac{1}{2}F\left[d_2\tan(\rho+\beta)+d_w\mu_w\right] \tag{4-15}$$

$$\beta=\tan^{-1}\frac{l}{\pi d_2} \tag{4-16}$$

式中：d_2 为螺纹的有效直径，mm；β 为螺纹的升角；l 为螺纹的升角所包围的直线长度，mm；μ_w 为螺栓和座面的摩擦系数；d_w 为考虑到螺栓和座面摩擦系数作用的直径，mm。

亦可将 d_2 和 d_w 以螺纹的公称直径 d 表示，以 K 代表扭矩系数，即在有润滑状态时 $K=0.1\sim0.3$，无润滑状态时 $K=0.1\sim0.5$，一般 $K=0.2$。于是有

$$T=KFd \tag{4-17}$$

3. 钎焊连接

电缆线路的焊接主要是指对电缆护套的焊接、缆芯与缆芯，缆芯与线鼻子的焊接。

钎焊连接，按焊接钎料工作温度和焊接机械强度分硬钎焊和软钎焊两种，前者较后者机械强度要高，而相应焊接工作温度也高。按钎焊加热方法不同又可分为气体火焰钎焊、烙铁钎焊、高频感应钎焊及浸沉钎焊等多种。其中软钎焊是线缆导体连接现场施工使用较多的一种。

电缆护套反应钎焊目前有两种形式：一是铅护套的钎焊；二是铝护套的钎焊。

(1) 铅护套封铅。铅护套封铅的操作方法常用的有触铅法和浇铅法两种。

1) 触铅法。其是一种纸绝缘、金属内护套电缆常用的密封方法，其密封操作容易、性能可靠，并具有一定的机械强度，适用于电缆内护套的接头、终端密封。铅封的工作过程称为搪铅，是电缆头的密封方法之一。封铅常用的操作方法有涂擦法和浇焊法。这两种搪铅工艺的共同特点是都要用喷灯加热，以喷灯加热封铅部位，将其粘牢于封铅部位上面，并用牛（羊）油浸渍过的抹布在加热部位来回揉拭，使之形成所需的形状和尺寸。

进行封铅工艺操作，必须准备好所需的主要材料和工具，如硬脂酸、喷灯等。

硬脂酸是一种化工产品，在接头密封时可消除密封部位的污物和氧化膜，并使该部位迅速冷却。

喷灯如图 4-36 所示，在封铅法（搪铅）工艺过程中主要用来加热。喷灯加热工艺，即先用喷灯预热封焊部位，到一定温度时用硬脂酸清除封焊部位的氧化物及污物，然后熔化封铅条，并均匀地加到封焊部位，然后可用喷灯将封铅加热至糊状时，一手拿抹布将封铅逐步在封焊部位周圈抹至光滑、无砂眼和如图 4-37 要求的尺寸即可。

图 4-36　喷灯

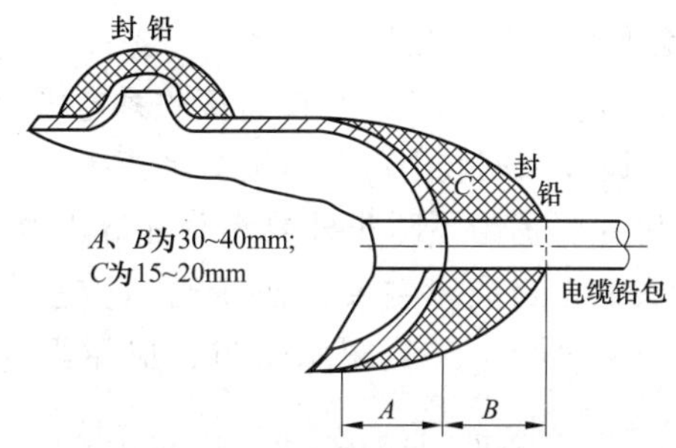

图 4-37　封铅密封的要求尺寸

2）浇铅法，将配制好的封铅条放在铅缸中，使其加热熔化呈液态，温度不宜过高（可将白纸放入缸内熔液中，取出后纸呈焦黄色为宜）。此时在预热和清洁好的封焊部位处，一手拿一块大的抹布托在下面，另一手用铁勺取熔化的封铅逐渐泼浇在封焊部位，此时必须边浇边用抹布揩抹，使封铅均匀分布在封焊部位周圈，然后用喷灯加热，抹成即可。

（2）铝护套的封铅。目前铝护套封铅有两种常用方法。

1）刮擦搪铅钎焊：首先将焊接处和焊条表面用刮刀或小锯条刮掉其氧化层，然后在铝包表面加上一层锌锡合金底料，再用上述的触铅法进行搪铅，有时也采用中间接头——铅手套连接钎焊。

2）低温反应钎焊：准备工作同铅护套施工工艺相同。首先应清除铝包表面的油污，用细钢丝刷沿纵向将铝护套表面刷亮，用喷灯沿铝护套表面均匀加热为1～2min，铝护套表面温度为145～160℃（可用蜡笔状焊剂擦拭加热铝表面，如焊剂熔化，以呈现一层薄薄的胶水状为准）时，将反应溶剂涂在铝包表面上，反应溶剂熔融成淡黄色胶水状，并均匀流布于铝护套表面，再继续加热至溶剂起泡，并冒出白烟，直至铝护套表面呈现出一层灰白色的分布均匀的残渣（如白纸灰烬）为止。此时，移去喷灯用干净抹布或棉纱头擦去残渣，露出发亮的金属涂层，然后在合金镀层上涂一层锌锚合金底料，最后按铅护套工艺施工钎焊。

4. 熔焊连接

使用开口或有浇注孔的镀锡金具（连接管或出线梗），将熔化的焊锡（成分是锡、铅各50%）填注在导体和金具之间，以此完成导体和金具连接的方法，称为锡焊连接。也就说，应用焊接设备或焊料燃烧反应产生高温将导体熔化，使导体相互熔融连接的一种连接方法。

熔焊连接包括利用电焊机的电弧焊、利用棒状焊料对接的摩擦焊（可用于铜铝过渡连接）以及铝热剂焊，适用于大截面积铝导体的氩弧焊，也是一种熔焊连接技术。

电弧焊，利用低压大电流放电时电弧产生的热量而连接的方法。用这种方法连接导体，一般都不需连接金具而是靠导体相互熔融连接，如等直径导体连接。

铝热剂焊，是利用（铝）热剂（铁的氧化物和铝粉等量混合物）燃烧反应产生近的3000℃高温，对连接部位进行加热使导体熔融而连接的方法。这种方法多用于接地极板等接地装置的连接。

摩擦焊，是利用金属棒状焊件（如铜、铝棒）相对旋转摩擦生热，使接合处加热到塑性状态，然后迅速停止旋转，并加上轴向顶锻压力而达到连接的方法。这种方法用于铜铝导体过渡连接金具的加工。

除上述方法外，还可用“药包焊”连接，多用于架空线线路导线间的连接。

二、电缆附件密封及处理

电缆接头密封工艺的质量往往直接关系电缆接头能否正常安全运行，必须重视密封处理这一环节，在设计和安装上应予以充分考虑。

电缆密封主要是为了防止外界水分和导电介质的侵入并使电缆接头内的绝缘材料不被损坏。电缆头的密封质量主要取决于密封方法。目前，电缆接头的密封方法主要有封铅密封、橡皮压装密封、环氧树脂密封、尼龙绳绑扎密封、自黏性橡胶带绕包密封和热收缩管密封。

1. 热缩法

热收缩预制件密封是利用聚合物调料弹性记忆效应的原理制成的热收缩预制件，在使用中对其加热，使与其配套的密封剂和黏结剂在加热过程中熔化，流满预制件与电缆间的空隙，从而达到密封的目的。

热缩法的热缩材料有交联聚乙烯型和硅橡胶型两大类材料。

用热缩法操作时应注意：①正确选择管径，尤其是应注意热缩管材的收缩比；②热缩时应在密封部位涂好热熔胶，热熔胶是用作填充和黏合的，可使密封良好，否则是达不到密封要求的，安装热缩管前管内预先涂好热熔胶；③加热温度应均匀和控制在不使材料过热碳化的同时，应特别注意必须从中间向两端逐步热缩，以避免内部的空气残留。

2. 尼龙绳绑扎密封、自黏性橡胶带绕包密封

(1) 尼龙绳绑扎密封。用聚氯乙烯软手套、聚氯乙烯软管及聚氯乙烯带制作电缆堵油密封套后，再用直径为1～1.5mm的尼龙绳绑扎密封套的各个端部和衔接部分，以达到密封的效果。为了保证密封套的密封强度，需在密封套外包设加固层，加固层的材料应选用强度高、吸水性小的绝缘带，一段可采用黄蜡带、黑蜡带、黑玻璃漆带等。

(2) 自黏性橡胶带绕包密封。它是用自黏性良好的橡胶带包绕电缆接头并经一定时间后自黏成一整体而起到电线接头密封堵油的密封方法。但由于自黏性橡胶带的耐油压水平远不如环氧树脂密封，并且机械强度低、不耐光、易龟裂。所以电缆密封时，还要在其绕包层外面加两层黑色聚氯乙烯带作保护。

3. 垫圈、橡皮压接密封法

在不能用封焊或其他方法进行密封而需密封的部位，可采用垫圈、橡皮密封。

例如，终端的瓷套管等地方，往往采用垫圈进行密封。该方法较简单，只需在需密封部位的两面设计（加工）成平面，其间放入垫圈用螺栓挟紧即可，密封垫圈的形状与密封处形状相同，其材料有石棉纸、铅、软木、橡胶等。

橡皮压装密封，比封铅密封施工简便。虽然其密封性能、耐老化性能和机械性能不如封铅密封。

4. 模塑法

模塑法是利用塑料加热到一定温度后两接触面熔合而到达密封的目的，仅用于塑料电缆的接头。例如，聚氯乙烯电缆接头，在需密封的部位外，直接用聚氯乙烯带包绕2～3层，然后将模具夹紧在接头外，加温到140℃后，保持30min即可热熔合成一体。对聚乙烯或交联聚乙烯电缆接头，由于其是非极性材料而无法直接黏合，因此需先在包绕加强绝缘前先包2～3层未硫化的乙丙橡胶带，在加强绝缘外再包绕2～3层未硫化的乙丙糠胶带，然后用模具夹紧加热到160～170℃保持30～45min，这样乙丙橡胶带在硫化的过程中，就会与聚乙烯或交联聚乙烯紧密地黏合在一起，形成一个良好的密封层。

5. 环氧树脂密封

环氧树脂密封是利用环氧树脂复合物与铅（铝）包及接线端子的黏结力来达到密封目的的方法。密封的质量主要取决于铅（铝）包和接线端子黏结面的处理情况。因此，操作时应将铅（铝）包及接线端子黏结面部位用粗齿锉刀交叉锉动，并要求其即干净（结合面绝对不能有氧化层、油污）又粗糙，以保证用环氧树脂黏结合的效果。

三、中低压电缆接头安装工机具及材料

1. 线芯绝缘层剥切工具及电缆校直及电缆弯曲工具

(1) 线芯绝缘层剥切工具。电缆线芯绝缘层的剥切必须选用绝缘层剥切工具，如图4-38所示。

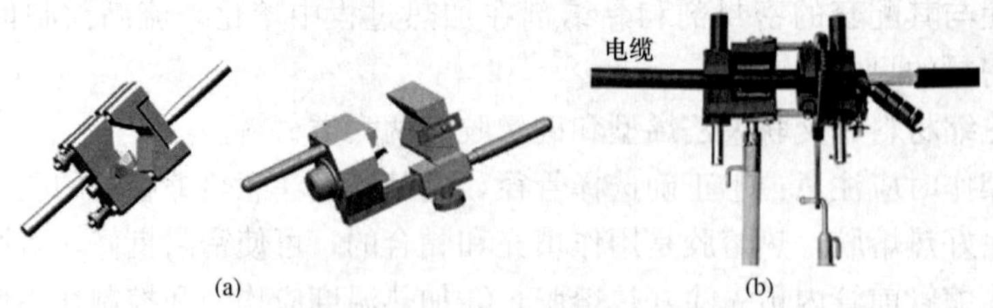

图 4-38 线芯绝缘层剥切工具
(a) 电缆剥削刀；(b) DDX 带电架空电缆削皮器

DDX 型带电架空电缆削皮器，可在带电情况下削去架空电缆的绝缘，裸露出导线线芯，为带电接火作业创造条件；这种削皮器具有成本低、速度快、操作简单、便捷高效、不受地理环境等限制的特点。特别凸轮压紧式削皮器，用于剥除绝缘导线外皮效果好，操作简单，切削速度快，其独特的刀型设计较好地解决了导线偏心的问题，切除导线范围为 30～300mm^2，削皮器本体自重为 0.4kg，携带方便。

电缆线芯绝缘层的剥切步程序为：核相→分开线芯→电缆线芯锯切→剥切线芯绝缘层→制作反应力锥。

(2) 电缆校直机及电缆弯曲工具。已在第三章中介绍，此处不再重复。

2. 电缆接头安装常用材料

(1) 包绕绝缘材料。电缆终端和接头制作，都须包绕附加绝缘屏蔽层、密封层、保护层，需要使用各种绝缘包带、屏蔽包带等。绕包材料在塑料电缆附件制作中主要起绝缘、保护均匀电场分布等作用，其质量与电缆附件的质量密切关系。

一般来说，适用于 10kV 及以下的包绕绝缘材料有油浸纸绝缘电缆的聚氯乙烯带、黑玻璃漆布带和塑料电缆的自粘丁基橡胶带；适用于 35kV 及以下的有油浸纸绝缘的聚乙烯带和塑料的自粘乙丙胶带、自黏性硅橡胶带；适用于 110kV 及以上的有充油电缆绝缘皱纹纸，高压电缆纸卷和交联聚乙烯电缆的高压自黏性硅橡胶带。

(2) 屏蔽材料。塑料接头的电缆外屏蔽层的连接材料有铝箔、扁裸铜辨子线和铜屏蔽防波套 3 种。

(3) 灌注绝缘材料。灌注绝缘材料（如沥青基绝缘胶、聚氨酯电缆胶、20 冷浇环氧剂等）在各种电缆终端和接头内，主要起增强绝缘和密封防潮作用。

沥青基绝缘胶是石油高分子烃混合物，用于浇灌电缆附件中的沥青基绝缘胶，要求交流击穿强度高，收缩率小，黏附性强和软化点适当，不得含有游离硫和酸、碱性物质。一般按所用地区条件选用，1 号沥青基绝缘胶适用于东北、华北；2 号、3 号、4 号适用于华南地区；5 号软化点高，主要用于我国南方各地区，适用于 10kV 及以下户内、外环氧树脂电缆终端头和接头，也可以用于有阻燃要求的供电场合。

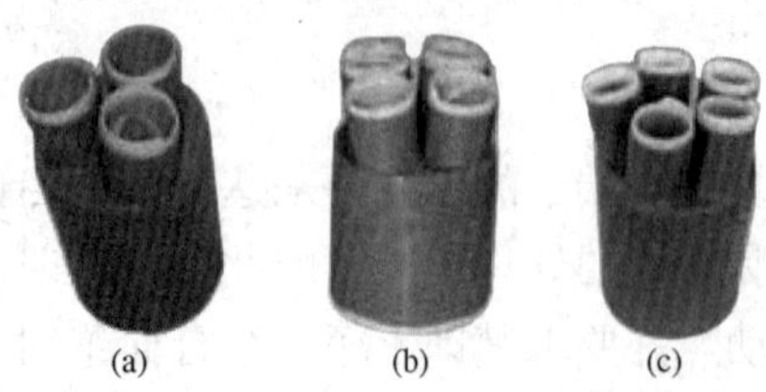

图 4-39 1kV 冷缩分支手套产品实物图例
(a) 三芯；(b) 四芯；(c) 五芯

3. 中低压塑料电缆终端制作所需专用材料

(1) 分支手套。其主要用于电缆分叉处的绝缘和密封保护，有二、三、四、五、六芯指套。图 4-39 所示为某公司研发成功的 1kV 冷缩三芯、四芯、五芯指套。这种分支手套具有以下特性：

①优良的绝缘性、耐候性、高弹性和密封跟随性，安装后始终保持与电缆本体内界面紧密结合，可防止潮气进入，确保运行安全，可靠；②抗污秽、耐老化、憎水性好，具有优良的耐寒耐热性，特别适用于高寒、潮湿、盐雾及重污染地区；③ 适用于多回路电源并联和窄小的配电柜；④安装简便，省时省力。

(2) 防雨罩（见图 4－40）。其是由黑色硬质聚氯乙烯塑料注射成型，能保证电缆终端有足够高的湿闪电压。雨罩有 4 个阶梯，使用时可根据电缆线芯外径绝缘尺寸的大小锯去其不相对应尺寸。

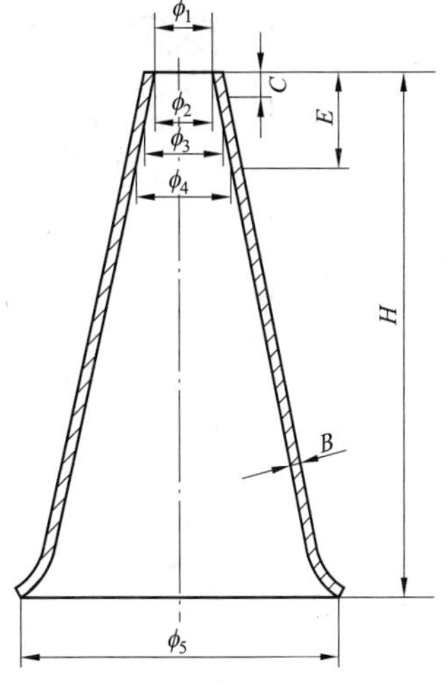

图 4－40　防雨罩的外形结构

(3) 撑板。为了保持绝缘线芯之间以及绝缘线芯与铅套之间的距离，保持接头中三相接头位于铅磁管中间的位置以及相间绝缘和安装方便，需使用撑板，三芯电缆接头用瓷撑板如图 4－41 所示。若无适用的瓷撑板，可以用绝缘带卷成小卷垫在两个电缆芯中间，再用绝缘带将两芯扎紧。在环氧树脂接头中，可用环氧树脂浇铸取代瓷撑板，如图 4－42 所示。

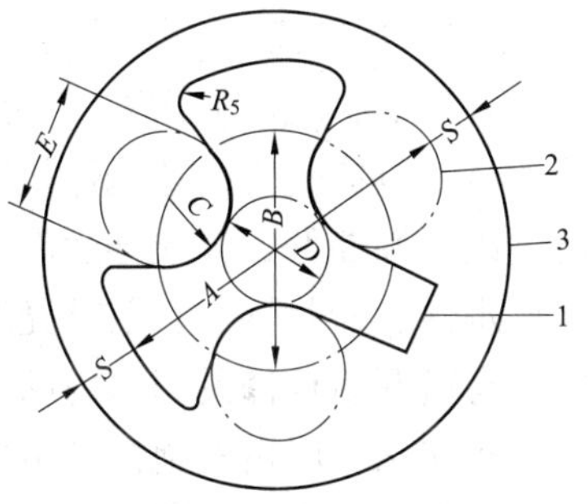

图 4－41　三芯电缆接头用瓷撑板

1—瓷撑板；2—绝缘线芯；3—铅套管

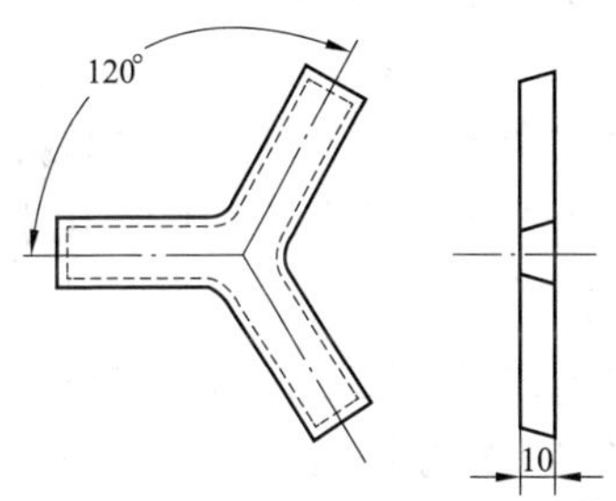

图 4－42　环氧树脂浇铸撑板

(4) 接地箱与接地母排一个作用，就是汇集接地线的连接设备。它可根据不同用途分为直接接地保护箱、三相交叉互联接地箱以及三相六线接地箱等。

1) 接地箱，用于电缆金属层的直接接地保护或保护接地。

2) 接地保护箱（长沙电缆附件厂产品中心展示的接地保护箱），其结构和外形如图 4－43 所示，用于电力电缆的金属护层直接接地。它采用不锈钢或玻璃钢制成的产品，其内部接线采用铜板镀银，导电性能优良，是一种安全可靠的接地装置；由于箱体采用不锈钢板制成，具有机械强度高，密封性能好，并具有良好的阻燃性。同时，有的还可与 FCD 型交叉互连箱配套使用，构成整个电缆线路的接地保护系统，保证电缆安全运行。图内部接线板采用铜板镀银制成，因而导电性能可靠，及用于高压单芯电力电缆的金属护层的直接接地或保护接地。护层保护器采用 ZnO 压敏电阻作为保护元件。

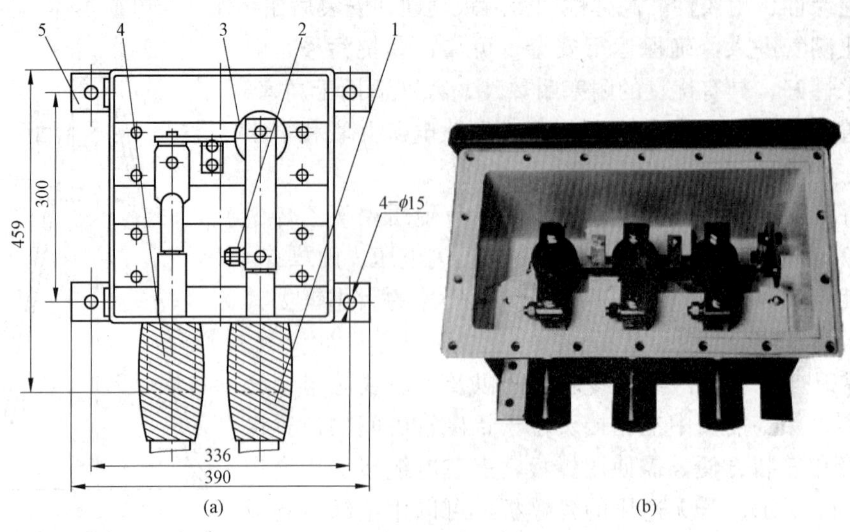

图 4-43 接地保护箱

(a) 结构装配图；(b) 外形结构图

1—进线端口；2—线芯夹座螺母；3—护层保护器；4—接地端子；5—固定脚板

3）交叉互连箱（长沙电缆附件厂产品中心展示的交叉互连箱），其结构装配图和外形结构图如图 4-44 所示，内部含有电缆护层保护器、连接铜排、铜鼻子等。保护器采用 ZnO 压敏电阻作为保护元件，无串联间隙，保护器性能优良，具有优良的非线性伏安特性曲线性能。既有瓷套式金属氧化物避雷器的优点，又有电气绝缘性能好、介质强度高。抗漏痕、抗电蚀，耐热、耐老化、防爆等优良的化学稳定性、憎水性、密封性。目前外壳箱体多采用不锈钢制作，表面喷塑，具有防雨、防蚀，箱体上安装有可开启检修的门；内部连接一般均采用紫铜排，表面镀锡，连接方式为同轴电缆连接，三相交叉三联后接地。其主要用于限制金属护套和绝缘接头绝缘段两侧冲击过电压的升高，控制金属护套的感应电压，减少、消除护层上的环形电流，提高电缆的送电容量，防止电缆外护层被击穿，确保电缆能安全可靠的运行。

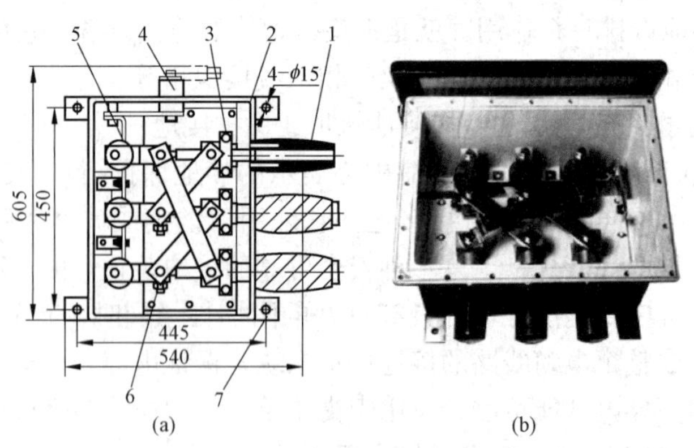

图 4-44 交叉互联箱

(a) 结构装配图；(b) 外形结构图

1—进线端口；2—密封盖（有机玻璃）；3—外线芯夹座螺栓；4—接地端子；5—保护器；6—内线夹座螺母；7—固定脚板

4）电缆分支箱，用于电力电缆的分接和转接。电缆分支箱的产品类型较多，主要用于电缆分支连接。多用于10kV电力系统中电缆分接的电缆分支箱产品。该电缆分支箱的特点是连接方式简单、灵活方便、安全可靠，柜体采用2mm不锈钢板，坚固耐用。其带电部分为全绝缘、全密封结构，如采用防洪可触摸型电缆头，还可以耐洪水侵袭，极大地提高了供电可靠性。该产品广泛用于城市工业小区、住宅小区、商业中心、矿区机场、铁道、风力发电站、开闭站和钢铁、石油、化工、水泥等大型企业以及其他场合的配电网中，特别适合城市道路电网改造工程。

电缆转接作用，在一条比较长的线路上，电缆线无法满足线路长度要求时必定要使用电缆接头转接，即电缆线路的电缆分接。根据经验，对于较短的电缆线路多用中间接头实现电缆与电缆的连接，而当电缆线路长度超过1000m以上且中间接头较多时，为了确保电缆线路的安全，应考虑在该线路中设置电缆分支箱进行转接为宜。电缆分接，指电缆线路较长且有多根小截面积电缆往往要与主干大截面电缆出线，宜采用电缆分支箱将主干电缆线路分流到若干小截面积电缆线路连接，以减少电缆的浪费，尤其是用于城市电网的路灯供电小用户供电的分支电缆线路，设置电缆分支箱分接，更体现出电缆分支箱的优越性。

四、中低压电缆附件一般制作工艺说明

电缆附件，一般是在电缆敷设就位后在现场进行制作。其制作方法很多，下面介绍中低压各型电缆附件一般制作工艺，以求实现举一反三的作用。

1. 压接前的准备

检查、核对连接用的金具和压模的型号规格。

电缆潮气的检测可采用油检法或火检法。

完成电缆端的剥削，并将导电线芯插入连接管或端子圆筒内，对于三芯电缆的中间连接，应先将一根电缆的三芯分别插好，然后再将另一根电缆的三芯按相位对应插入连接管的另一端。

如图4-45所示为三芯统包纸绝缘电缆剥切。

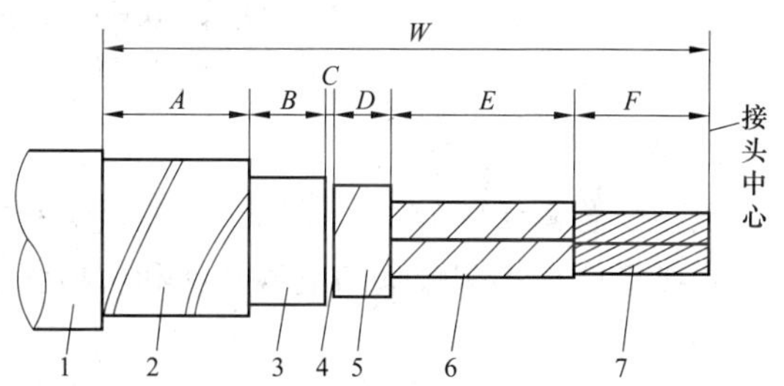

图4-45　三芯统包纸绝缘电缆剥切

1—外被层段；2—铠装层；3—铅（铝）护套；4—半导电层；5—统包绝缘；6—线芯绝缘；7—电缆导电线芯

（1）中低压电缆线路的接头、堵油接头和终端头A段（铠装裸露部分）的长度可取70～100mm。分相铅包电缆A段取值同上。

（2）铅、铝护套的剥切长度B段的取值应使其能与接地线相连。如果只要求连接地线，而接头盒颈部在铠装部分塞紧时，则应不小于35mm。考虑到终端盒下端有一定的长度（如WDH及TNT终端）时，可取150mm；分相铅包电缆的接头，铅护套部分剥切长度B与相连接地线以及在接头盒颈部进行搪铅所需的尺寸有关，同时也与分相铅包电缆线芯允许的弯曲半径有关，一般为铅护套直径的10～12.5倍。

（3）半导电层剥切长度C取5mm即可，目的是附加一个与保护套串联的大电阻，从而能限制铅或铝护套边缘的放电现象。对于10kV以上的、有应力锥的接头，纸绝缘C为零或负数，应在B的端口被扩大后，剥除半导电纸至扩大口内。

（4）为了降低铅或铝包切断处的电场强度，当电压等级小于1kV时，D取20mm，电压等级在 3kV 及以上的电缆，D 取 25mm；分相铅包电缆没有统包绝缘剥切要求，因此不存在该项值。

(5) 根据电缆接头的型式和电压的等级，确定 E 值；靠近统包绝缘边缘的直线部分的长度可取 20mm；分相铅包电缆的线芯绝缘剥切长度 E 值的确定，也应如此。

(6) 线芯裸露长度 F 一般比接线鼻子内孔深度长 10mm，或比连接管的一半长 5～10mm。当采用熔焊铝导电线芯时，为了保证可靠的散热比，以及加装冷却器的方便，可加长到 35mm。分相铅包电缆的线芯绝缘剥切长度 F 值，按相同方法确定。

电缆线芯绝缘层的剥切步骤为：核相→分开线芯→电缆线芯锯切→剥切线芯绝缘层→制作反应力锥。

分开线芯时，要考虑电缆线路截面积的大小。小截面积电缆可以用手弯曲分开绝缘线芯。较大截面积的电缆，由于绝缘线芯比较粗硬，不易成型，可借助于图 4－46（a）所示的分开线芯模具进行分芯操作：即将线芯模具推入三芯电缆线中间［见图 4－46（b）］，用手握着线芯末端向里弯曲（绝缘线芯的弯曲半径应控制在电缆圆形绝缘线芯直径，或扇形绝缘线芯高度的 10 倍以上），使三芯间距相等且相互平行。若电缆线芯的截面积较大时，可设计专用分线架。

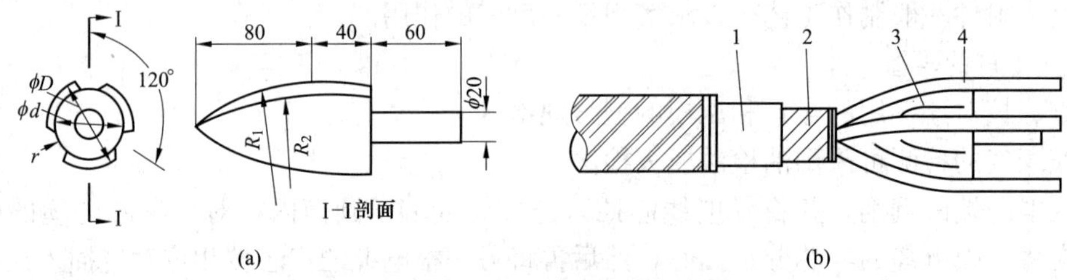

图 4－46　分开线芯模具及借助模具分开线芯示意图

(a) 分开线芯模具；(b) 借助模具分开线芯示意图

1—护套；2—统包绝缘；3—分开线芯模具；4—绝缘线芯

2. 电缆线芯锯切

电缆线芯锯切应分别考虑用于电缆接头和电缆终端的情况。锯切时，要求尺寸准、断面齐，否则会严重影响接头的电气性能和机械强度。

3. 剥切梯步

为了改善电缆接头处的电场分布情况和避免电缆接头处应力集中的问题，在电缆接头压接工艺完成后，按照设计要求应将电缆末端绝缘做梯级剥切。

(1) 油浸纸绝缘电缆剥切梯步方法。将已锯下的一根接头线芯分开，并数出绝缘纸的总层数，然后按图 4－47 所示尺寸及百分比（相对总层数而言），用锋利的刀逐步剥切。绝缘层外的半导电纸应剥除至距铅护套口处约 5mm，为包绕方便，最好在梯步剥切好后，按纸绝缘绕包方向用油浸丝线将每层扎牢，以免包绕绝缘松开。

(2) 交联电缆的剥切梯步方法。由于交联电缆的绝缘层是整体的，可采用刀具削制电缆接头成锥形，即所谓的“削铅笔头”法。

常用的削制方法有：①采用专用工具削制，即用专用卷刀，俗称卷笔刀；②采用刀具或玻璃刮削方法，先用刀削至锥形基本形成后，再用刀或碎玻璃片刮平，与专用工具削制方法一样要砂平、打光和清洁表面。

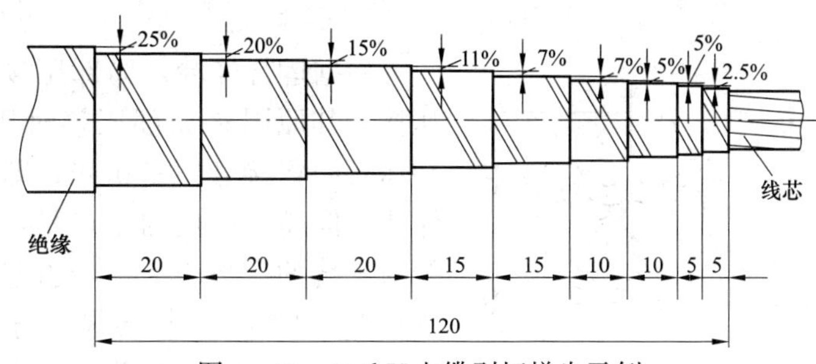

图 4-47 351kV 电缆剥切梯步示例

4. 电缆导体压接

电缆压接分局部压接和整体压接两种工艺。

(1) 局部压接。局部压接就是将连接管或接线鼻子接管部分（对于连接管是四个点，对于接线鼻子是两个点）压接成特殊规格的坑状。

局部点压顺序和压坑间及压坑边缘的距离示意图如图 4-48 所示。每道压痕位置的选择应按连接管或端子圆筒上标定的位置和表 4-10 规定进行，压坑轴向中心线或六角形整体压接中其内接圆对边的中心线均应在同一直线上。压接程度以上下模接触（指液压钳）或达到压钳规定的有效行程为准。每压完一个压痕，应停留 10～15s，然后除去压力。压好后用细齿锉刀锉去压坑边缘及连接管端部因受压而翘起的棱角，并用砂纸打光，然后用蘸有汽油的棉布揩干净。对油浸纸绝缘电缆的导体连接接头用加热到 120～130℃的电缆油冲洗，以除去潮气及污秽，然后再包绕接头处的绝缘。

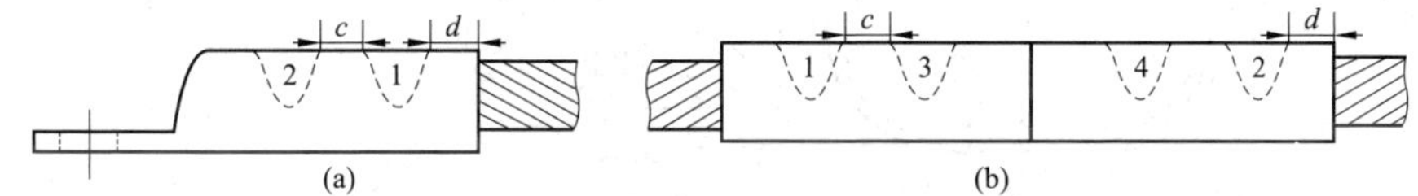

图 4-48 局部点压顺序和压坑间及压坑边缘的距离示意图

(a) 接线鼻子；(b) 连接管

表 4-10 局部点压顺序和压坑之间及压坑边缘的距离

电缆标称截面积（mm^2）	压坑之间及压坑边缘的距离（mm）		压接顺序
	c	d	
50	3	3	
70	3	4	
95	3	4	1→2
120	4	5	
150	4	5	1→2→3→4
185	5	6	
240	6		

6kV 及以上的电缆若采用局部压接，其压接后应在连接管表面包一层金属化纸或两层铝箔，以消除因压坑引起电场畸变的作用，对于纸绝缘电缆应先用沥青绝缘胶（或环氧树脂）填实压坑，然后再绕包金属屏蔽。接线端子则可根据要求，不一定要填实压坑和包铝

箔等。

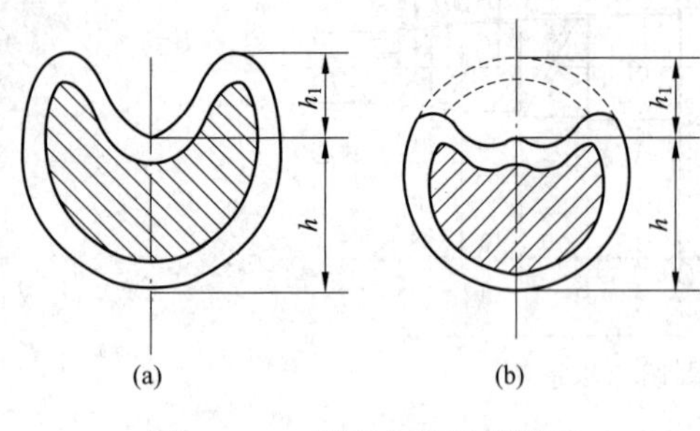

图 4－49　局部点压后的断面
(a) 铝芯；(b) 铜芯

根据运行经验，局部压接的质量优于整体压接，其原因是局部压接时压坑的形状特殊，在运行中铝接管不易扩张，即能保持稳定的压缩比。但局部压接的缺点是：接头的连接管压接后压坑的变形较大，会引起电场畸变，特别是在高压电缆中一定要采取防电场畸变的措施；在纸绝缘电缆的户内头上，容易从压坑表面渗漏电缆油。

局部点压后的断面如图 4－49 所示。

局部点压后的断面尺寸，可用外卡尺检查，并应符合有关规定。检查局部点压用外卡尺，如图 4－49 所示。

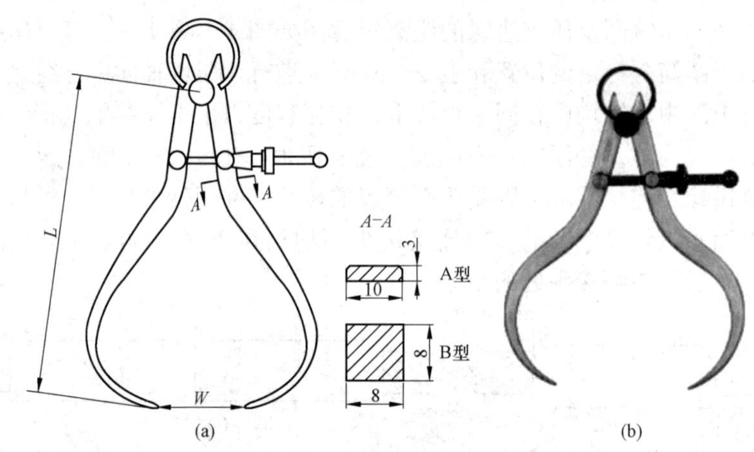

图 4－50　外卡尺结构、产品实物图例
(a) 结构示意图；(b) 产品实物

(2) 整体围压。整体围压是沿整个连接管或接线端子接管部分均匀地进行挤压。

如图 4－51 所示为整体围压示意图。它须分两次或多次进行，各次压接的顺序与局部点压不同。为使压接处平整，各施压段可以互相重叠 1～2mm。压接铝连接管时，导线会因蠕变而伸长，为了防导线从管壁退出，应从导线端部开始压接。整体围压的优点是压接管比较平直，形状好，容易解决连接管处电场过于集中的问题，因此应用也较广泛。

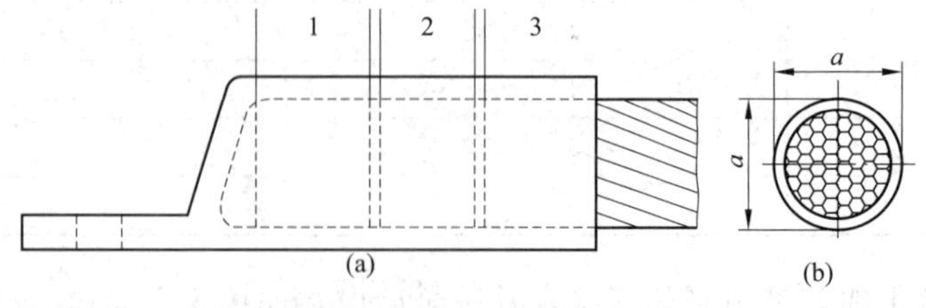

图 4－51　整体围压示意图
(a) 整体围压；(b) 整体围压后的断面

压钳操作方法，应按压钳生产厂压钳说明书规定的程序进行。

第四节　中低压电缆中间接头制作工艺

一、10kV 及以下油浸渍纸绝缘电缆的接头制作

现以 10kV 及以下油浸渍纸绝缘电缆中间接头为例，介绍接头制作的基本方法。

(1) 确定电缆中间接头剥切尺寸。如图 4－52 所示，A 为 3 倍钢带宽度；B 为 110～145mm；D 为 255mm；E 为绝缘线芯长度（按实际情况决定）；F 为连接管长度之半加 10mm。

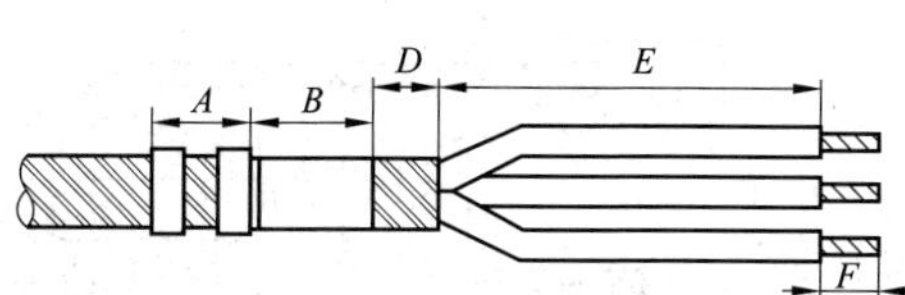

图 4－52　10kV 及以下电缆中间接头剥切尺寸

(2) 放平电缆并校直，确定电缆中间接头的中心位置，除留下 150～200mm 的重叠外，将其余的电缆锯除，并检查电缆有无潮气。再剥除麻被层，打钢卡子，锯、剥钢铠，并用棉纱蘸汽油擦净铅护套。

(3) 将开好的两个加胶孔的铅套管套在铅护套上，并自中心向两边各量铅套管长度之半减去 30～40mm，在该处刻一圆环深痕，进行剖铅、胀铅口操作。

(4) 剥去长度为连接管长度之半加 10mm 各芯末端绝缘纸，再用手或模具分开线芯，然后压接或焊接连接管与线芯导体。

(5) 排除绝缘线芯和连接管的潮气后，用油浸黑玻璃丝带在各绝缘线芯上从两端向中心沿绝缘纸绕向包绕一层，并将连接管两端空隙包平。绝缘带包绕的长度和厚度应符合表 4－11 的要求。但应注意 10kV 及以上的接头制作时，多在三芯间放置两个（间距为连接管的长度加 100mm）瓷撑板，用绝缘带绑牢两块绝缘瓷撑板，再按除潮工艺对线芯进行除潮。

表 4－11　　10kV 及以下油浸渍纸绝缘电缆中间接头连接管处包绕尺寸

电压（kV）	1～3	6	10
包绕长度为连接管长度加右侧数值（mm）	110（包括两端各 25mm 的坡度）	110（包括两端各 30mm 的坡度）	240（包括两端各 45mm 的坡度）
包绕厚度（mm）	5	10	15

(6) 先按工艺要求完成铅套管两端收口的操作。收口完毕，拆除临时包扎白布带，进行搪铅。收口时，应注意防止铅套开裂、折叠及损伤电缆铅护套。

(7) 灌绝缘胶及进行接头密封。用加热至 160～180℃的绝缘胶，由一加胶孔灌入铅套管内，灌到没过上面的绝缘线芯。待冷却到 60～70℃，再灌第二次，灌满为止。待冷却到 60℃以下，再灌第三次。灌满后，盖上加胶孔盖，用封铅封牢。

完成上述操作后，将铅套管、铅护套及钢铠用裸铜线连接焊牢，作为接地线。然后装设，其他保护盒（一般由铸铁、铁板或混凝土制成）。装好后，盒内灌满沥青。此外，隧道内的接头，应在铅套管表面刷一层防腐漆。

二、6kV 交联聚氯乙烯绝缘电缆中间接头

中低压塑料电缆中间接头，按适应于线路中的电压等级分 1、3、6、10kV 和 35kV 用塑料电缆中间接头。下面以 6kV 交联聚氯乙烯绝缘电缆中间接头为例介绍其制作方法。其他

电压等级的交联聚氯乙烯绝缘电缆中间接头制作工艺基本相同，可参考该方法。

（1）电缆中间接头准备。校直两根电缆，并将中间盒及盒体两端分别套在两根电缆上。确定电缆的中心位置并做记号。按照图4-53和表4-12中给出的相应尺寸确定剥切长度。用削塑钳剥除塑料护套，在剖塑口处保留20mm长的一段钢带，将其余的钢带剥除。删钢带前要用钢丝将保留的钢带绑扎两道。

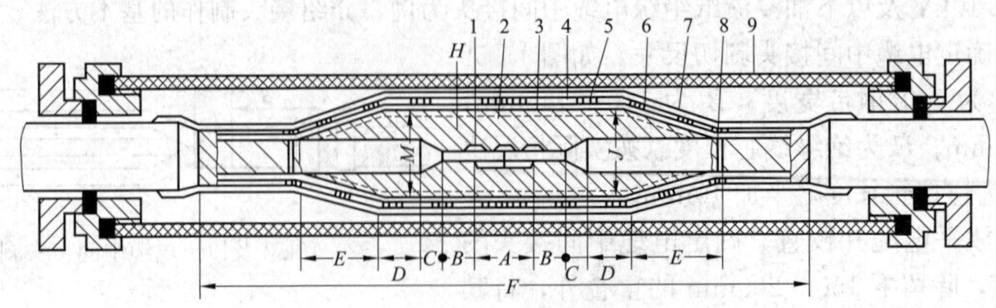

图4-53 6kV聚氯乙烯电缆中间接头结构

1—连接管；2—自黏性橡胶带；3—半导带（或纸）；4—铝屏蔽带；5—软铜丝；6—塑料粘带；7—布带；8—多股镀锡铜带；9—塑料连接

注：(1) 直接可用屏蔽铜丝代替4、5；(2) 部分尺寸参数见表4-7

表4-12 6kV聚氯乙烯电缆中间接头（部分）结构尺寸表

<table>
<tr><th rowspan="2">电缆标称截面积（mm^2）</th><th colspan="8">各部尺寸（mm）</th></tr>
<tr><th>A</th><th>B</th><th>C</th><th>D</th><th>E</th><th>F</th><th>H</th><th>M</th></tr>
<tr><td>16</td><td rowspan="7">连接管外径长度</td><td rowspan="3">10</td><td rowspan="3">20</td><td rowspan="3">30</td><td rowspan="3">80</td><td>400</td><td rowspan="7">连接管外径</td><td rowspan="7">连接管外径+20</td></tr>
<tr><td>25</td><td>500</td></tr>
<tr><td>50</td><td>530</td></tr>
<tr><td>150</td><td rowspan="4">15</td><td rowspan="4">28</td><td rowspan="4">30</td><td rowspan="4">90</td><td>680</td></tr>
<tr><td>185</td><td>710</td></tr>
<tr><td>240</td><td>770</td></tr>
<tr><td>300</td><td>780</td></tr>
</table>

（2）剥除电缆内护层及填充物。用分相塞尺将三相线芯分开并将其临时扎好，弯曲电缆芯并锯齐后，再剥除绝缘线芯金属屏蔽层，6kV（及10kV）电缆的金属屏蔽层一般为铜带，切断处先用铜丝扎紧，再将末端屏蔽层删除，切断口要整齐，不可伤及内部半导电层。

（3）剥除线芯绝缘表面半导电层。6kV（及10kV）电缆线芯绝缘层外的半导电层除保留的一段以外要完全剥除，若为不可剥离的半导电层，可以用刀具（玻璃）刮削。但伤及的绝缘厚度不可多于0.5mm，留下的半导电层末端要削成锥形，表面要光滑，不可呈台阶形。

（4）连接导线。按照（$B+A/2$）的长度剥除线芯末端绝缘及10kV电缆导电线芯表面的半导电层，并将绝缘削成圆形（即反应力锥），切削时，不可伤及导电线芯。采用与导线相应规格的连接管，用压接或焊接方法将两根电缆导线连接起来。若为压接，压接前应去除连接管内表面氧化层并涂以凡士林，导线表面也要涂以凡士林。导线连接后，去除连接管表面的毛刺和飞边，再用汽油湿润的白布将连接处的金属粉尘擦净。

(5) 绕包绝缘。进行绕包绝缘前应先用汽油浸过的白布揩干净线芯、绝缘表面，汽油挥发后，对于6kV（及10kV）电缆，先用半导电橡胶自粘带将导线连接管上的压坑及连接管两端部与导线之间的台阶填包平整，以起到均匀电场作用。但注意不可包到线芯绝缘锥面（反力锥）上（见图4-54，1kV及3kV电缆无此工序）。

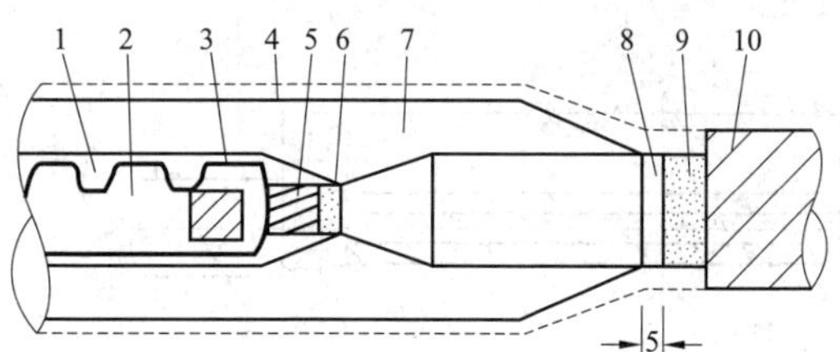

图4-54　6kV（10kV）聚氯乙烯电缆中间接头包绕示意图

1—压坑；2—连接管；3—半导带橡胶包绕的导线屏蔽带；4—包绕的绝缘表面半导电层；5—导线；6—导线屏蔽层；7—自粘带包绕的绝缘层；8—线芯绝缘；9—线芯绝缘表面半导电层；10—金属屏蔽层

自粘橡胶带按图4-54及表4-7中给出的数据绕包接头绝缘。绕包时需将自粘橡胶带的宽度拉伸到原宽度的3/5～1/2进行半叠绕绕包，而且注意不可与电缆线芯绝缘表面的半导电层搭接，整个绕包过程要保持清洁和干燥。

注意，对于1kV及3kV电缆，只需用聚氯乙烯胶粘带以半叠绕方式绕包三层，达到防水密封目的即可。

(6) 绕包屏蔽层。在接头绕包绝缘的外表面上以半叠绕方式包绕一层半导电橡胶带，并与两端线芯绝缘表面的半导电层搭接，要求绕包连续无空隙。

用厚度约为0.09mm的铝带以半叠绕方式一次平滑地紧密卷绕在接头的半导电层上，并与电缆两端头的金属屏蔽层有约20mm的重叠，用钢线在整个屏蔽层上往返交叉缠绕，并用多股铜丝扎紧在电缆金属屏蔽上，要求有可靠的电气连接。此部分工作也可以采用铜丝屏蔽网套在接头半导电层外面（在连接管安装前，先把铜屏蔽网套套在电缆线芯上，并移至线芯一端），拉紧后再用铜丝扎紧在电缆金属屏蔽上，使其有可靠的电气连接。最后将钢带上的铜扎线与接头金属屏蔽连接起来。

注意，1kV及3kV电缆无绕包屏蔽层工序。

(7) 绕包保护层。用聚氯乙烯胶粘带以半叠绕方式在接头金属屏蔽层上绕包两层并与电缆聚氯乙烯护套搭接。拆除临时扎的分相塞尺。

将电缆多芯合并后用白布带或聚氯乙烯带扎紧，再用自粘橡胶带在整个接头上包绕3～4层，外面加包两层聚氯乙烯绝缘带保护。对于灌注绝缘胶的接头（即带有浇注口的中间接头盒），在白布带外不必再包其他任何带材。

(8) 安装连接盒。先将处理好的电缆线芯两端置于中间连接盒体的中间位置，将密封圈装好，旋紧螺盖。如果不需灌胶，则工艺到此为止。如果需要灌胶，则将1号沥青绝缘胶加热到略高于胶的固化温度，从连接盒一个浇注口灌入，直到绝缘胶从连接盒的另一个口冒出时为止。

三、10kV交联聚乙烯电缆绕包中间接头制作

(1) 安装准备及剥外护套、钢铠、内衬层。确定接头中心后按图4-55确定L的尺寸，将电缆三相缆芯分开（可用分开线芯模具），从中心锯断缆芯。分相剥除铜屏蔽带、外半导电屏蔽层。

(2) 按图4-56，分相剥除铜屏蔽带、外半导电屏蔽层。切削绝缘及反应力锥（铅笔头），并用专用砂纸将绝缘表面打磨光滑。

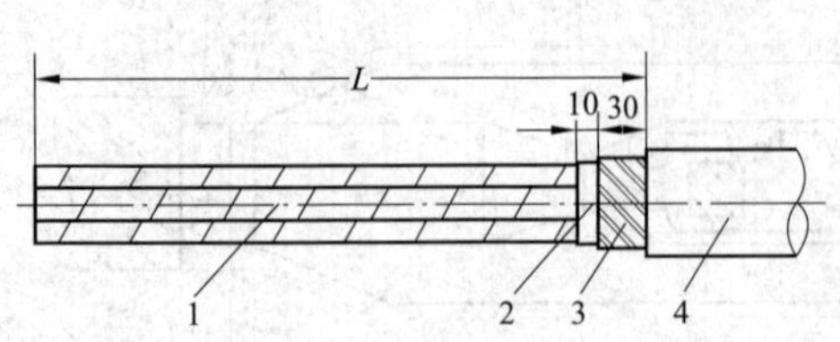

图 4-55 外护套、钢铠、内衬层剥除尺寸要求

1—铜屏蔽带；2—内衬层；3—外护套；4—钢铠

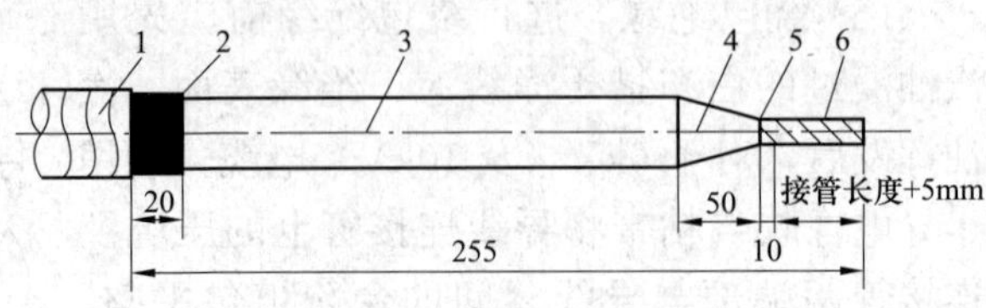

图 4-56 切削绝缘及反应力锥尺寸

1—铜屏蔽带；2—外半导电层；3—交联绝缘；4—反应力锥导体；5—应力锥；6—内半导电层

(3) 压接连接管。用锉刀和砂纸将连接管毛边打磨光滑，若采用点压，应将压坑用铝箔纸填实；再用无水酒精将绝缘、半导体及连接管表面清洁处理，连接臂外包半导电带。

(4) 用卡尺测量接管外径中心 ϕd，包绕 J-30 自粘绝缘胶带或 3Mseotch 23 绝缘带，绝缘外径绕包至 $\phi d+16\text{mm}$，然后包绕外半导电屏蔽、金属屏蔽、焊接地线。如果金属屏蔽采用同套式，应在接管压接前预先套入各相线芯，如图 4-57 所示。

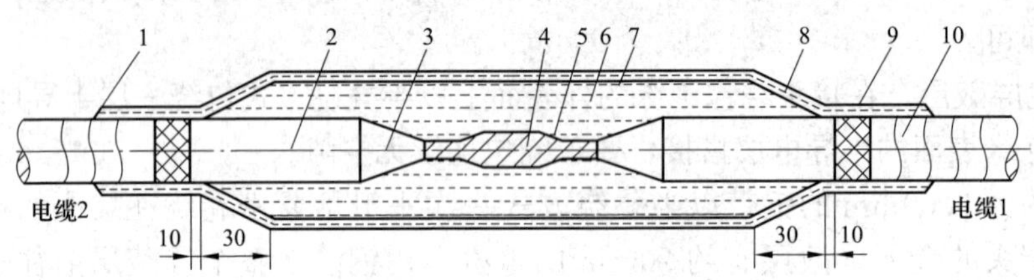

图 4-57 10kV 交联电缆绕包型接头结构

1—扎线、焊锡；2—XLPE 绝缘；3—反应力锥；4、6—半导电带（1/2 搭盖，100%拉伸，两层）；5—J-30 绝缘带（1/2，100%拉伸）；7—金属屏蔽网；8—应力锥；9—外半导电层；10—铜屏蔽带

(5) 装保护盒。将缝隙处用密封泥填实后灌注密封绝缘胶，待其基本固化好；再盖上灌胶孔封盖并用 PVC 粘胶带包紧密封（配比以及调和应按厂家说明书要求进行）。如果接头安装在干燥无水的隧道或电缆槽时，可不用保护盒，但要安装热缩管，而且在热缩前应将三相线芯间的空腔用密封泥填实。

四、10kV 交联聚乙烯电缆热缩中间接头的制作

(1) 安装准备及剥外护套、钢铠、内衬层。将待连接的两根电缆（电缆 1、电缆 2）调平放直，重叠 200～300mm，确定接头中心后，按图 4-58 除外护套、铠装层和内衬层。

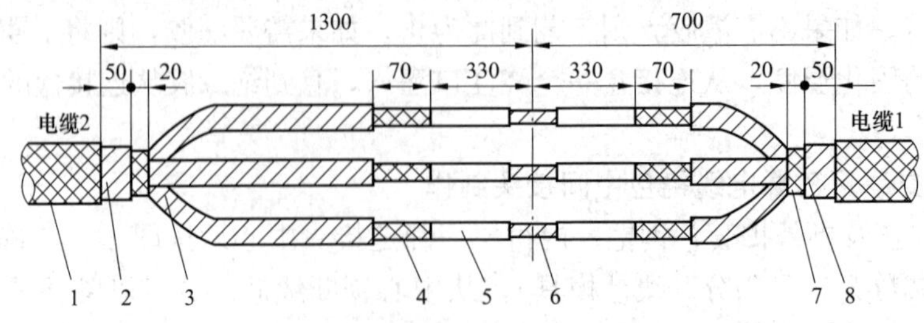

图 4-58 中间接头的制作方法

1—外护层；2—铠装；3—铜屏蔽层；4—外导电层；5—绝缘层；6—导电线芯；7—内护层；8—铜绑线

（2）根据图 4－58，量取所需要尺寸，剥除外护层，在距断口 50mm 处的铠装上绑扎铜绑线，其余铠装剥除。留 20mm 内护层，其余剥除，并摘去填充物。

锯导电线芯，剥铜屏蔽及外半导电层。

（3）套热缩外保护管。在线芯压接前，必须将所有的热缩管套入电缆 1、电缆 2 的两端，即热缩外保护管长、短两根分别套入电缆的长、短两侧；将热缩绝缘管、铜丝网套分别套入各相的长端。在线芯压接前，必须将所有的热缩管（有长端和短端之分，热缩绝缘管、铜丝网套）分别套入各相的长端完成套热缩外保护管的工艺。

（4）压接连接管。用锉刀和砂纸将连接管毛边打磨光滑，用无水酒精清洁连接管，连接臂外包半导电带，再包自粘绝缘橡胶带与电缆绝缘外径包平。在外半导电层的端口包绕应力控制胶（黄色），包灭外半导电层和绝缘各 10mm。

（5）用喷灯加热热缩绝缘管移至接头中心，用铜丝网套将两端铜带连通，将热缩管绝缘管移至接头中心，从中心向两侧均匀加热（用喷灯）收缩，用铜丝网套将两端铜带连通。再将接地线与钢铠、铜带和钢网连通，将外保护管移至中心分别热缩。注意热缩前先将电缆外护套用砂纸打毛，并包热熔胶。

装机械保护盒时，注意待接头完全冷却后，才可移动接头。

五、35kV 交联聚氯乙烯电缆热缩中间接头制作

如图 4－59 所示为某公司提供的关于 35kV 交联聚氯乙烯电缆接头做法示意图，基本工艺归纳如下。

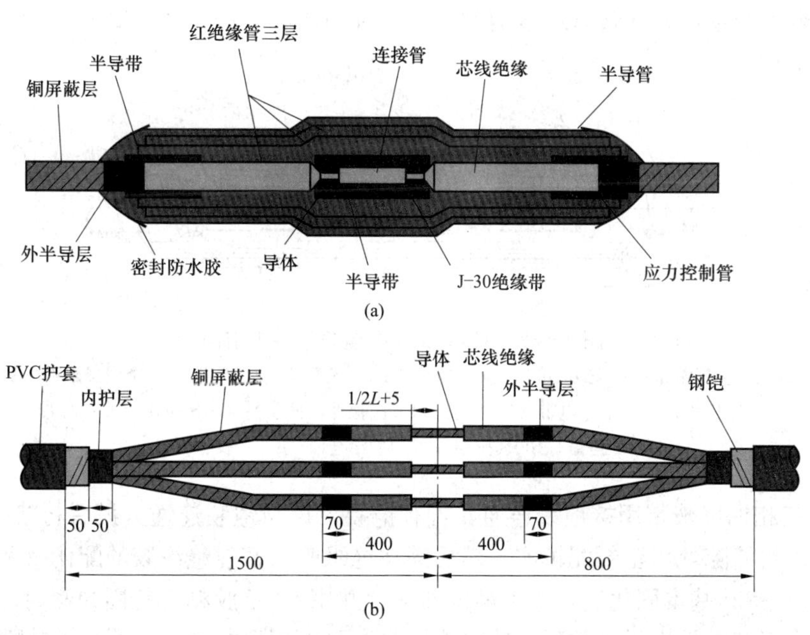

图 4－59　35kV 交联聚氯乙烯电缆接头做法示意图

（a）单芯中间接头做法图；（b）三芯中间接头做法图

（1）确定中间接头制作中心位置，再进行锯切电缆，剥切外护套、钢铠、内衬层系列工艺。

（2）按图 4－60 分相剥除铜带、外半导电屏蔽，切削绝缘、反应力锥（铅笔头），并用

专用砂纸打磨光滑。

用锉刀和砂纸将接管毛边打磨光滑，将两端电缆分别导入压接连接管。若采用点压，应将压坑用铝箔纸填实。

(3) 包绕半导电带和应力控制带。用无水酒精对绝缘、半导体以及接管表面进行清洁处理，然后分别包绕半导电带和应力控制带（银灰面向外），如图 4－61 所示。

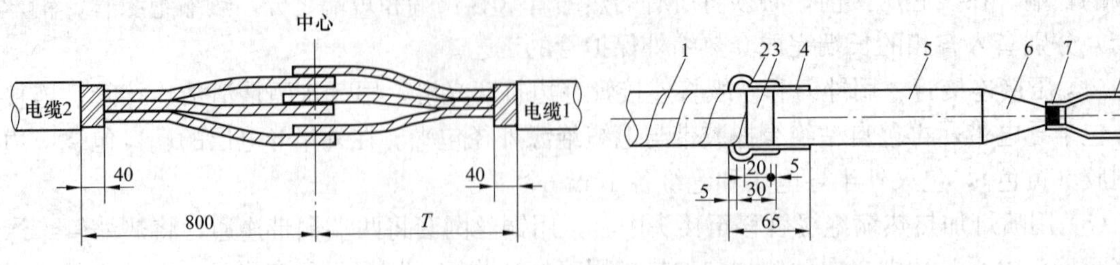

图 4－60　中间接头的制作方法

图 4－61　包绕半导电带和应力控制带

1—铜屏蔽带；2—半导电带（1/2 搭盖 100%拉伸、两层）；3—外半导电层；4—Scotch2220 应力控制带（1/2 搭盖、100%拉伸、两层）；5—交联电聚乙烯绝缘；6—反应力锥；7—内半导电层；8—接管

(4) 用卡尺测量接管外径后，包绕自黏性橡胶绝缘带至设计要求的外直径尺寸，然后再包绕外半导电屏蔽带，并在接管压接前预先套入各相线芯。如图 4－62 所示为 35kV 交联电缆绕包接头结构。

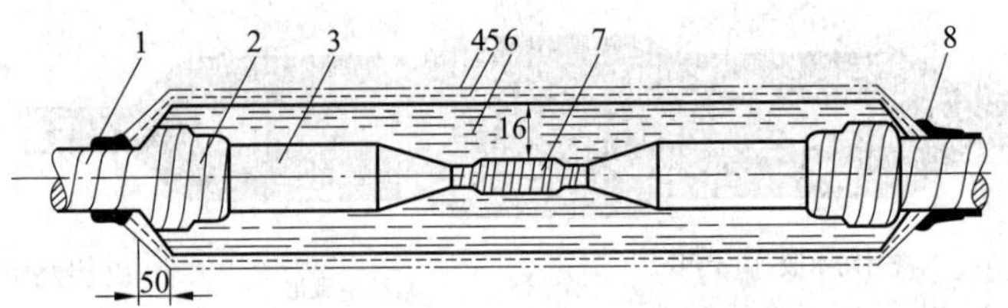

图 4－62　35kV 交联电缆绕包接头结构

1—铜屏蔽带；2—Scotch2220 应力控制带；3—交联聚乙烯绝缘；4—金属屏蔽网（1/2 搭盖）；5—半导电带（1/2 搭盖、100%拉伸、两层）；6—Scotch23 号绝缘带（1/2 搭盖、100%拉伸）；7—半导电带；8—扎线、焊接

(5) 将三相铜屏蔽带用接地线连通，若有铠装，再与铠装连通，最后将接头两端连通。装上保护盒，将缝隙处用密封泥填实，然后灌注绝缘胶（密封绝缘胶的配比及调和应按说明书要求进行），待其基本固化后，盖上灌浇孔盖，并用 PVC 胶粘带扎固并密封。

如果接头安装在干燥无水的隧道或电缆层时，可不用保护盒。但要装上热缩管，而且在热缩前，应将三相线芯间的空隙用密封泥填实。

六、35kV 交联聚乙烯电缆预制中间接头的制作

(1) 确定接头中心，按图 4－63 剥切电缆，将外保护热缩管套入。将电缆三相线芯角尺分开，按接头中心锯齐电缆。

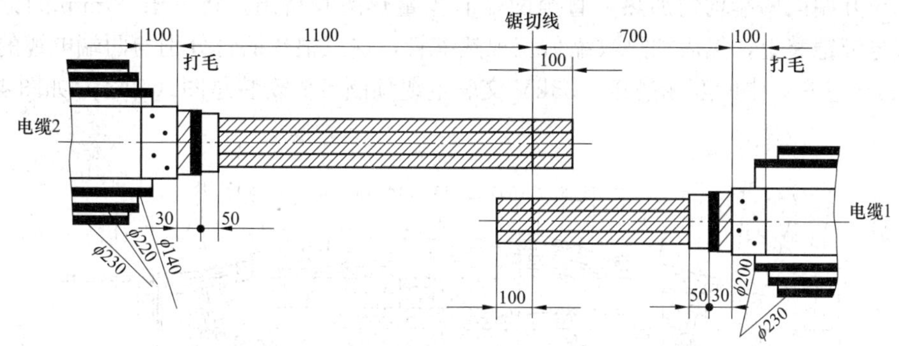

图 4-63　交联聚乙烯电缆预制中间接头的制作

（2）内护套前留 370mm 铜屏蔽带，其余剥除。从接头中心开始剥去 200mm（如截面积为 400～500mm^2，则剥去 200mm）外半导电层。用砂纸打磨紧接绝缘层的半导电层使其与绝缘光滑过渡。

（3）按连接管的 1/2 长度剥切电缆绝缘，将连接管套入剥切较长的缆芯上，用压接钳压两道，压痕错开。

（4）用锉刀或砂纸打磨掉连接管上的毛刺、尖角，用专用清洁剂清洁连接管和电缆绝缘。

（5）分别在接头预制件内部、电缆绝缘层及半导电层上，均匀涂一层硅脂，然后用力一次性将接头预制体推入剥切较长的电缆上，直到电缆绝缘从另一端露出为止。用干净的纸擦去多余的硅脂，如图 4-64 所示。

（6）将剥得较短的一端电缆线芯插入连接管，用压钳压接二次，用锉刀或砂纸打去毛刺，然后用清洗剂清洁连接管和电缆绝缘，用相色带做好标记（粘面朝外）。同样方法处理其余两相。

（7）在三根电缆的绝缘层上均匀地涂一层硅脂，将三个预制件用力拉过连接管及电缆绝缘直到最终位置，与相色带做的标记相接，擦去多余的硅油，如图 4-65 所示。

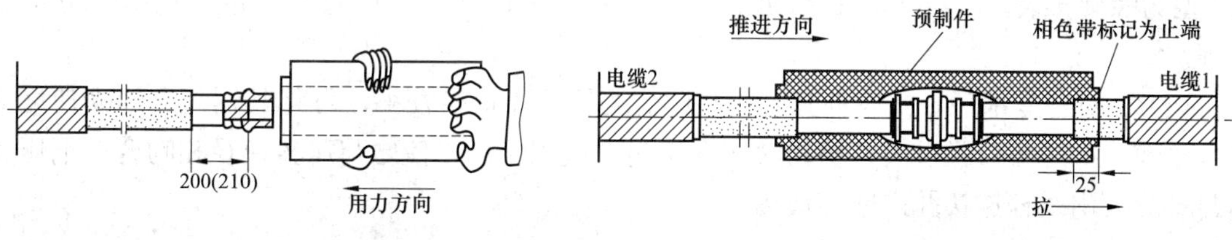

图 4-64　预制推入安装就位

图 4-65　预制操作过程

（8）在接头两端面用半导电带绕成与接头相同外径的台阶，然后以半重叠的方式在接头外部绕一层半导电带。从一端电缆的内护套前部开始以半重叠的方式绕一层铜编织网至另一端电缆的内护套前端，将铜编织带的两端拉紧，分别焊在电缆的铜屏蔽上，同样处理其他两相。在两内护套端部分别包绕一约 20mm 宽的密封泥，然后将三相并拢，用密封泥填满三相的间隙。

（9）将两根 ϕ200 的热缩管拉至接头中间，其端部分别与内护套搭盖。用喷灯从直通接头中间部位开始向两端均匀加热，直至两端有少量热溶胶挤出。将一根 25mm 的铜编织带焊在两端电缆铠装上，然后加热收缩另三根热缩管，这三根热缩管分别与两端电缆的外护套搭接 100mm 左右，中间互相搭接。35kV 交联电缆预制接头安装总图（三芯）如图 4－66 所示。

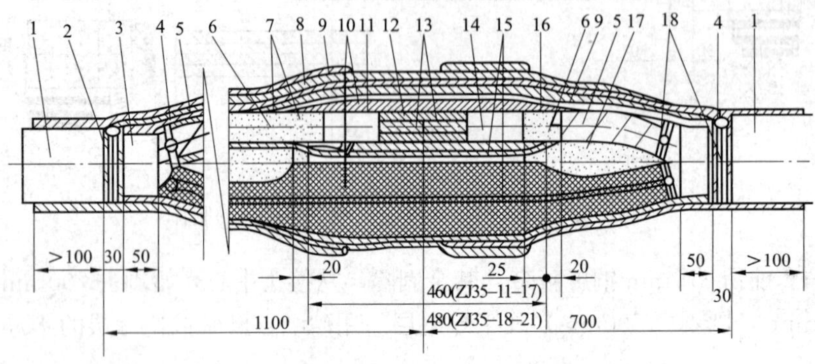

图 4－66　35kV 交联电缆预制接头安装总图（三芯）

1—电缆外护套；2—电缆铠装；3—电缆内护套；4—焊点；5—电缆屏蔽层；
6—电缆半导电层；7—热缩内护套；8—铜编织带（连接电缆铠装用）；9—热缩外护套；
10—铜编织网；11—预制件；12—连接管；13—电缆导体；14—电缆绝缘层；
15—铜编织带（连接电缆铜屏蔽层用）；16—半导电带缠绕体；17—密封填料；18—铜扎线

第五节　中低压电缆终端头制作

一、10kV 户外电缆终端的制作

256 型户外终端由铸铁壳体与瓷套管组成，其为鼎足式铸铁电缆终端，属此类终端的还有 WD 系列，两者安装方法大致相同，不同之处主要有两点：进线套密封方式不同，WD 系列为橡皮压装，256 型为封铅；瓷套管与壳体之间装配方式不同，WD 系列为橡皮压装，256 型为螺旋压装。现以 256 型鼎足式电缆终端（见图 4－67）为例，介绍其制作方法及步骤。

（1）核对各零部件，并检查其有无缺陷。当铜压盖口径较小，可将其锯短、锉光使之能套入电缆。如压盖口径过大，搪铅时应在铅包上垫以铅皮，使之与压盖口径相吻合。铜压盖铅封部分及出线杆连接孔内壁应镀锡。

（2）检查电缆有无潮气。

（3）距电缆末端 1000mm 处绑一道绑线，剥去麻包。自电缆末端 830mm 处起绑两道绑线。锯剥钢铠，剥切尺寸如图 4－68 所示。其中，B 为铜压盖长度加 900mm（一般为 300mm）；E 为绝缘线芯长度；F 为出线杆连接孔深加 10mm。用喷灯加热护套的保护层后并剥去，再用浸有汽油的棉纱擦净铅护套，完成制作准备。

（4）剖铅、胀铅包、剥统包绝缘。套铜压盖套于电缆铝护套上，用白布带将预留铅护套临时包好。距电缆末端 530mm 处，进行剖铅，胀喇叭口。去除剩余的统包绝缘纸及绝缘线芯间的填充物，用模具或其他方法分开三芯，并用油浸白布带将绝缘线芯临时包好，最后校

对好相位。

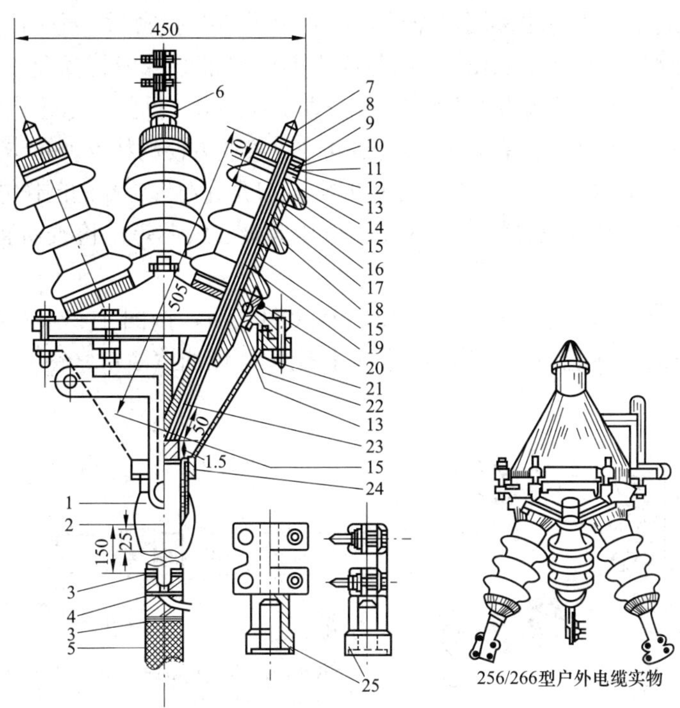

图 4－67　256 型鼎足式电缆终端结构

1—铅封；2—铅护套；3—ϕ2.0mm 铜绑线；4—铜带铠装；5—护层；6—帽罩；7—引线铜柱；8—铜帽；9—垫圈；10—涂相色漆；11—锡焊或压接；12—橡皮垫圈；13—铝锑合金填料；14—铜卡环；15—油浸玻璃丝带；16—绝缘线芯；17—油浸纸绝缘；18—瓷套管；19—绝缘胶；20—黄丹粉甘油；21—红丹粉酚醛漆；22—大盖；23—相色纸；24—终端盒；25—帽罩式线夹

(5) 压接或焊接出线杆。去除电缆末端线芯的绝缘纸，压接或焊接出线杆。

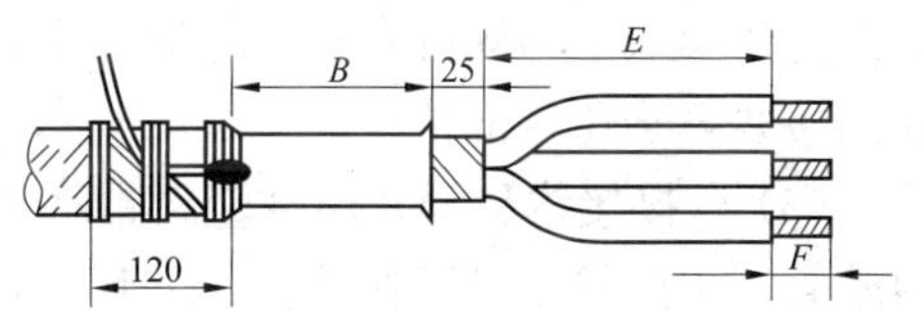

图 4－68　256 型电缆终端结构剥切尺寸

(6) 包绕绝缘及去潮气。拆除临时包带及剥去相色纸，用 140～150℃的电缆复灌油，浇注自喇叭口至线芯末端，排除线芯绝缘的潮气反复 2～3 次。拆除统包绝缘纸上的临时包带，包绕四层黑玻璃丝带，再用电缆油除潮气 2 次。

(7) 安装电缆终端盒上、下盖。将电缆终端的下半部套在电缆上，在上盖的橡皮垫上涂一层黏合漆，然后将上盖装上。根据已确定好的相位，将电缆绝缘线芯穿在瓷套管中，并使出线杆露出套管。调整好上盖位，旋紧密封螺丝，装好出线杆的胶皮垫。

(8) 灌注绝缘胶。松开出线杆的铜帽，防雨帽和胶皮垫；用喷灯将终端盒预热到 40℃左右后灌注绝缘胶（见图 4－10）。绝缘胶灌完后进行密封，在各接缝外刷一层黏合剂，拧紧出线杆的防雨帽和铜帽，并用锡焊密封方法将出线杆的螺纹与铜帽接触密封。

最后将安装好的终端盒刷上黑漆，在电缆铅护套上刷防腐漆，标出相色，固定终端盒，即完成电缆终端的制作及安装。

二、10kV 及以下尼龙电缆终端的制作

NTN 型户内尼龙电缆终端采用尼龙外壳，使用耐油橡胶密封，适用于 1～10kV，三芯或四芯，标称截面积为 16～240mm^2 的铜芯或铝芯油浸纸绝缘或橡塑绝缘电力电缆。NTN 型尼龙电缆终端结构的另一结构为改进型 NTN 尼龙电缆终端（见图 4－69），它为整体式，壳盖出线采用机械固定密封装置，具有体积小、密封可靠、安装方便的特点。壳体上半部有聚氯乙烯软管与热收缩管两种不同结构。下面仅介绍改进型 NTN 尼龙电缆终端的制作方法。

(1) 准备工作。核对电缆名称、截面积、电压等级、线芯等。检查所备制作电缆终端头的材料是否齐全。

(2) 用加热至 130℃的电缆油检验电缆纸有无潮气后，按图 4－70 及图中规定的尺寸，剥去电缆麻被及铠装，注意不可损伤铅（铝）护套，用煤油擦净铅（铝）护套表面，并焊好接地线。

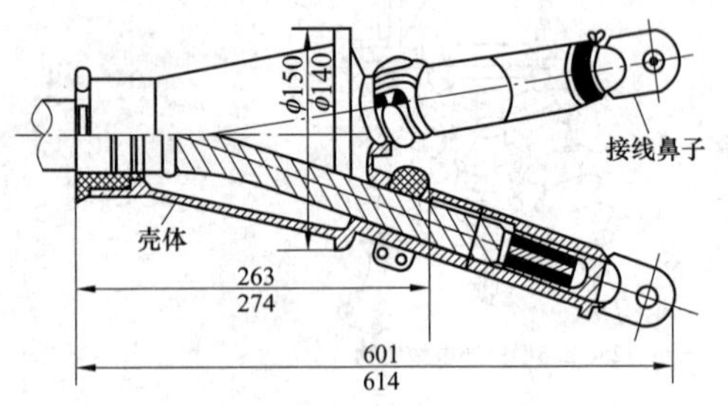

图 4－69 改进型 NTN 尼龙电缆终端结构

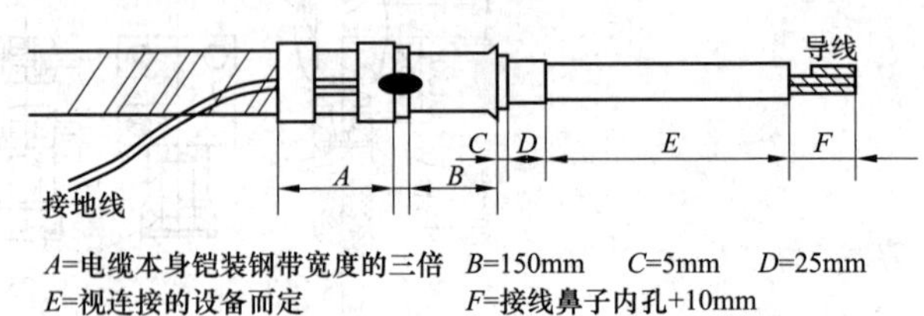

图 4－70 尼龙电缆终端结构剥切尺寸

(3) 先套上进线套的压装螺帽，压接及橡胶密封圈，剥切铅护套，然后胀铅包口使之成喇叭口形状后，再装上尼龙壳体，使剥铅口在壳体底部平口上方并相距约 5mm，拧紧进线套压装螺帽。

(4) 用聚氯乙烯透明带以半叠缠法将电缆绝缘线芯包绕两层，上下两端扎牢，将以热油加热过的聚氧乙烯软管套在绝缘线芯上，下端软管套在壳体上出线口上面，上端软管翻回，让出接线鼻子压接部位。

(5) 压接接线鼻子，用窄塑料带将压接接线鼻子与导电线芯连接处填平，包齐，再将塑料软管翻出到接线鼻子接管上；并用 $\phi1.0$～$\phi1.5$mm 的尼龙绳在接线鼻子处将塑料软管绑扎牢固。在尼龙壳体上盖出线口处将机械紧固装置卡紧。

(6) 自尼龙壳体上益上的注油孔注入电缆油或沥青基绝缘胶，第一次灌到壳体平口，冷却后再加灌到满为止。

三、6～15kV 冷缩单芯电缆终端制作工艺

目前大多使用的电缆头是热缩式和冷缩式两种。有关冷缩式电缆头与热缩式电缆头的特性已在前面介绍过，此处不再重复。热缩式电缆头与冷缩式电缆头相比，其主要优点是成本低，所以目前在 6kV 以上电压等级，广泛使用冷缩式电缆头。

现根据某公司提供的相关电缆接头产品安装技术工艺说明书来介绍电缆终端的制作工艺。

(1) 剥外护套（见图 4－71），自电缆端头剥除电缆外护套，长度为 $L+340$mm（L 为端子孔深），保留 30mm 铠装及 10mm 内护套，其余均剥去，如无铠装则该步及后与之相关工

序省去。用胶粘带将铜屏蔽带的端头临时包好，清理填充物。

(2) 焊接地线，确定安装尺寸。用扎线将截面积较小的铜编织带扎紧在铠装上，用锡焊牢或用恒力弹簧抱紧；将另一根铜编织带用扎线扎紧在内护套以上 20mm 处的铜屏蔽上，用锡焊牢（见图 4－72）或用恒力弹簧抱紧。自外护套断口处至其以下 25mm 长范围内的铜编织带均需进行渗锡处理，掀起两铜编织带，在电缆内外护套断口上绕一层填充胶，将两铜编织带压入其中，再在外面包绕 1～2 层填充胶，然后在绕包的填充胶外再包绕一层胶粘带（注意：两铜编织带要相互绝缘，绕包后的外径应小于绝缘管内径）；在离外护套断口大约 40mm 位置将铜编织带固定。在距电缆端头 $L+217$mm（L 为端子孔深，含雨罩深度）处，用胶粘带做好标记。

(3) 冷缩绝缘管套入电缆。将冷缩绝缘管套入电缆（见图 4－73），绝缘管上端与标记齐平，另一端与电缆外护套自然搭接。从标记处起收缩绝缘管（注意：冷缩绝缘管收缩好后，其顶端需与标记齐平）。

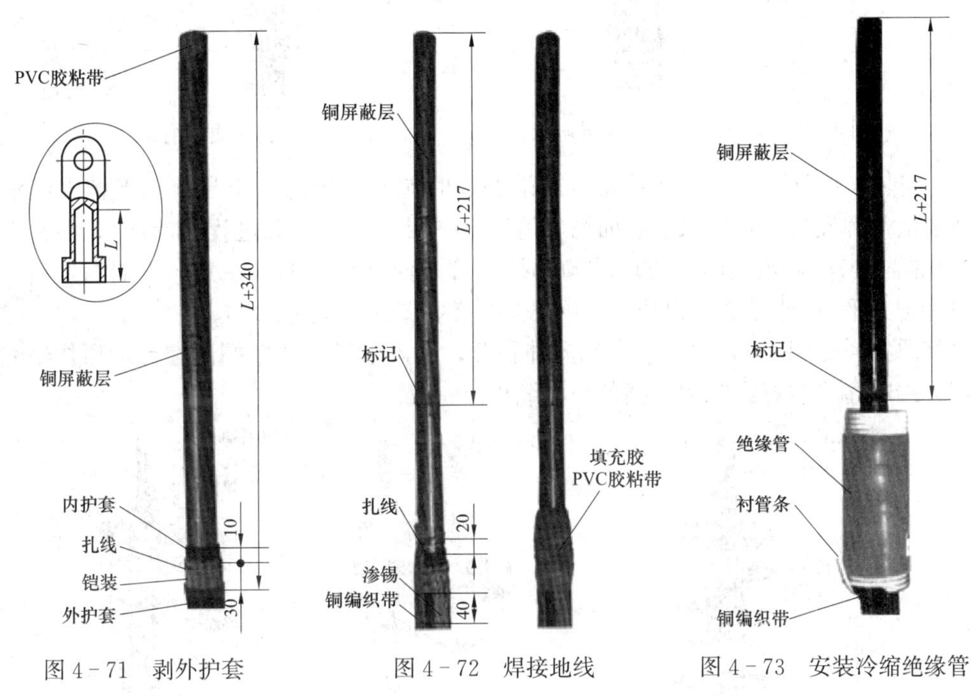

图 4－71　剥外护套　　图 4－72　焊接地线　　图 4－73　安装冷缩绝缘管

(4) 剥铜屏蔽层、半导电层。在绝缘管下端包绕 2～3 层 DJ－20 绝缘带外面用胶粘带包好，加强密封。自冷缩绝缘管端口向上量取 15mm 长铜屏蔽层，其余铜屏蔽层去掉；自冷缩绝缘管端口向上量取长 30mm 长半导电层，其余半导电层去掉（见图 4－74）。将绝缘表面用砂带打磨去除吸附在绝缘表面的半导电粉尘，将半导电层末端整理成小斜坡，使之平滑过渡；绕两层半导电带将铜屏蔽层与外半导电层之间的台阶盖住。

(5) 剥去线芯绝缘及内屏蔽层。自电缆末端剥去线芯绝缘及内屏蔽层（见图 4－75），长度为 Lmm（L 为端子孔深）；将绝缘层端头倒角，用细砂带将绝缘层表面砂光。复核绝缘长度为 195mm。在外半导电层端口以下 55mm 处用胶粘带做好标记［以上 (3) ～ (5) 工序中的电缆相关剥切尺寸可通过所配标尺量取］。

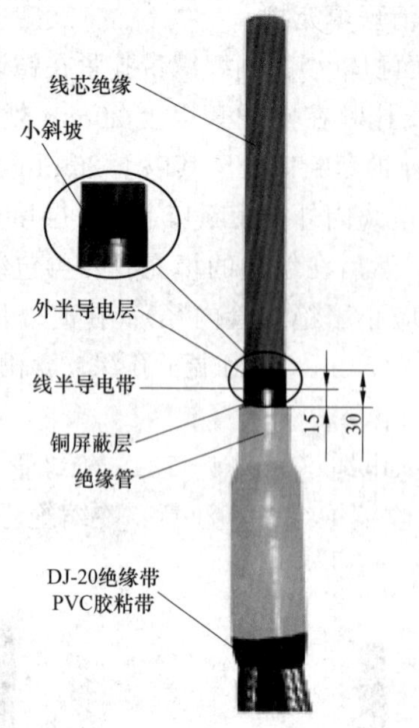

图 4－74　剥铜屏蔽层、半导电层

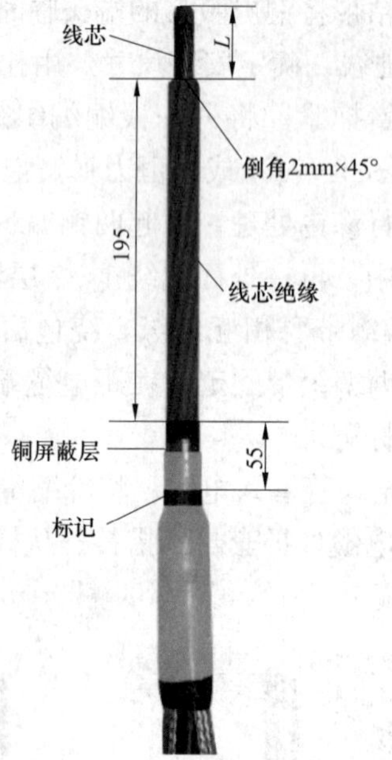

线芯
L
倒角2mm×45°
195
线芯绝缘
铜屏蔽层
55
标记

图 4－75　剥去线芯绝缘

（6）安装终端及罩帽。用粘带将线芯端头临时包好，用清洁巾从上至下把电缆清洗干净，待清洁剂挥发后，在绝缘层表面均匀地涂上一层硅脂（注意过程的清洁），将冷缩终端套入（见图 4－76），沿逆时针方向均匀抽掉衬管条使终端收缩（注意：终端缩好后，终端下端与标记齐平）；抹尽挤出的硅脂，用尼龙扎带扎紧终端尾部。

再将罩帽［见图 4－77（a）］大端向外翻开，套入电缆，待罩帽内腔台阶顶住绝缘，再将罩帽大端罩住（注意：罩帽的颜色与电缆相位一致）。

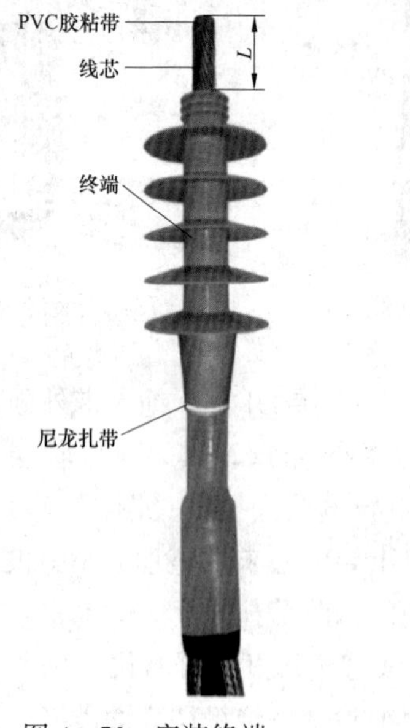

图 4－76　安装终端

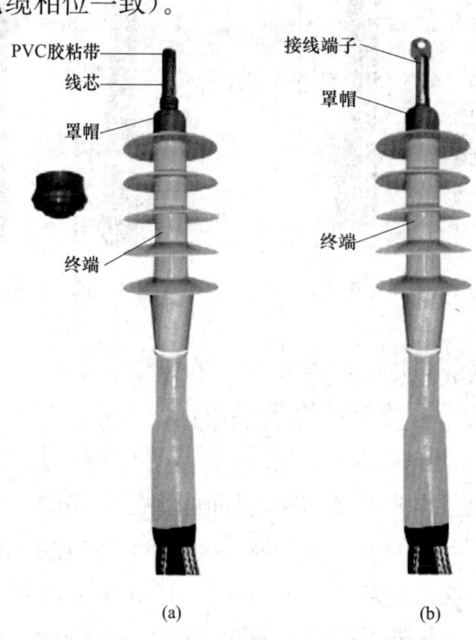

图 4－77　安装罩帽及压接接线端

（a）安装罩帽；（b）压接接线端子

(7) 压接接线端子、连接地线。除去临时包在线芯端头上的胶粘带，将接线端子套在线芯上（注意：必须将接线端子雨罩罩在罩帽端口上），压接接线端子。将接地铜编织带与地网连接好［见图 4－77（b）］，安装完毕。

四、6～15kV 户外冷缩（三芯）电缆终端制作工艺

现以某厂的 6～15kV 户外冷缩电缆终端制作为例，介绍电缆终端的制作工艺。

(1) 剥外护套、铠装和内护套。自电缆端头剥除电缆外护套（见图 4－78），长度为 800mm，保留 30mm 铠装（用扎线扎紧）及 10mm 内护套，其余均剥去，如无铠装则该步及后与之相关工序省去。用胶粘带将铜屏蔽带的端头临时包好，清理填充物，将三相分开。

(2) 焊接地线，缠绕密封填充胶。用锉刀打毛铠装表面，用扎线将一根铜编织带扎紧在铠装上，用锡焊牢或用恒力弹簧抱紧；将另一根铜编织带分成三股，分别用扎线扎紧在内护套以上 30mm 处的三相铜屏蔽上，用锡焊牢（见图 4－79）或用恒力弹簧抱紧。自外护套断口处至其以下 40mm 长范围内的铜编织带均需进行渗锡处理后，掀起两铜编织带，在电缆内外护套断口上绕两层填充胶，将两铜编织带压入其中，再在外面包绕几层填充胶，再分别缠一包三叉口，然后在绕包的填充胶外上半部分再包绕一层胶粘带（注意：两铜编织带要相互绝缘，绕包后的外径应小于绝缘管内径）；在离外护套断口 50～60mm 位置将铜编织带固定。

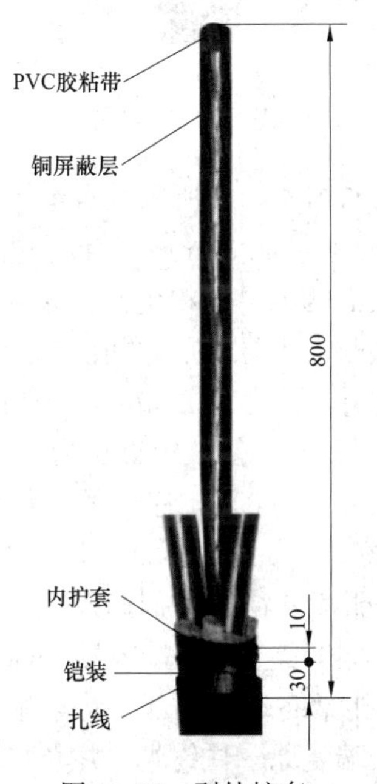

图 4－78　剥外护套

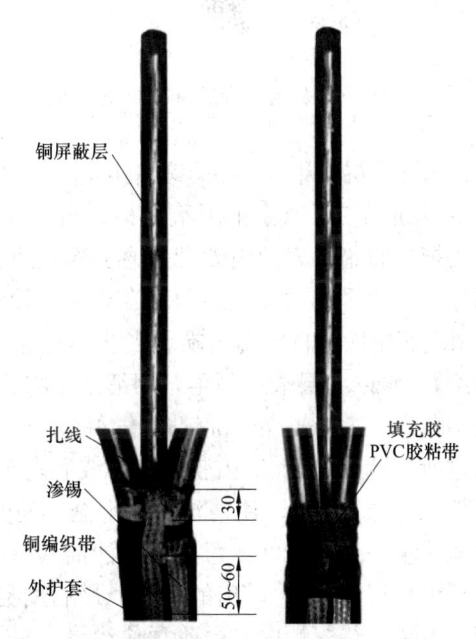

图 4－79　焊接地线、铠装和内护套剥外护套

(3) 安装分支手套，确定尺寸。将分支手套套至三叉口的根部（见图 4－80），按相应的规程收缩分支手套（冷缩分支手套：沿逆时方向均匀抽掉管条，先抽掉尾管部分，再分别抽掉指套部分；热缩分支手套按由分支手套根部向两端加热收缩）。然后在手套下端用 DJ－20 绝缘带包缠 2 层胶带，加强密封。

(4) 绝缘管套入电缆。将一根冷缩管套入电缆（见图 4－81）一相（衬管条伸出的一端后入电缆），一端与分支手套指管搭接 20mm，沿逆时针方向均匀抽掉衬管条，收缩该冷缩

管，在距电缆端头 $L+225$mm（L 为端子孔深，含雨罩深度）处，用胶粘带做好标记（标记以上冷缩管去掉）。

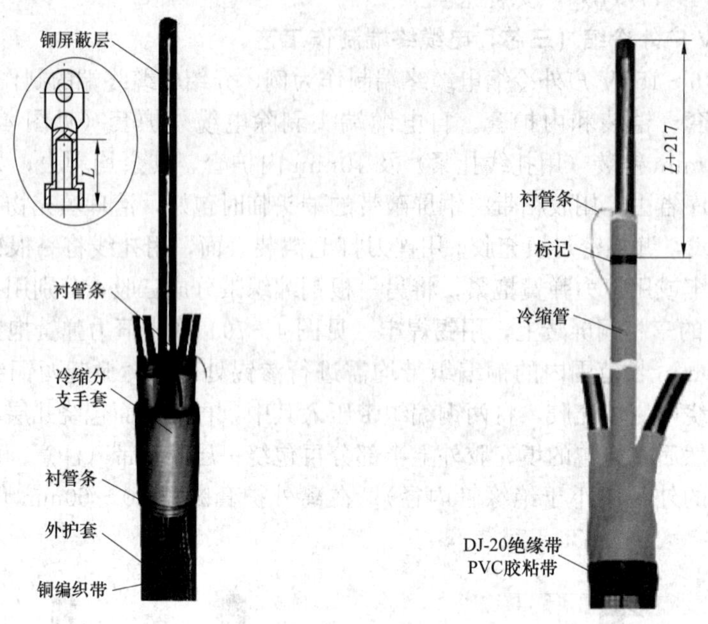

图 4－80　安装分支手套缠绕密封填充胶　　图 4－81　安装冷缩终端

（5）剥铜屏蔽层、半导电层。剥铜屏蔽层、半导电层如图 4－82 所示。自绝缘管端口量取 15mm 长铜屏蔽层，其余铜屏蔽去掉；自绝缘管端口向上量取 30mm 长半导电层，其余半导电层去掉；将绝缘表面用砂带打磨去除吸附在绝缘表面的半导电粉尘，半导电层末端整理成小斜坡，使之平滑过渡；缠两层半导电层带将屏蔽层与外半导电层之间的台阶盖住。

（6）剥线芯绝缘。自电缆末端剥去线芯绝缘及内屏蔽层，长度为 Lmm（L 为端子孔深，含雨罩深度）；将绝缘层端头倒角，用细砂带将绝缘层表面砂光。复核绝缘长为 195mm。在半导电上端口以下 55mm 处用胶粘带做好标记［以上（4）～（6）工序中的电缆相关剥切尺寸可通过所配标尺量取］，用胶粘带将线芯端头临时包好。

（7）安装终端、罩帽。用清洁巾从上至下把各相清洗干净，待清洁剂挥发后，在绝缘层表面均匀地涂上一层硅脂（注意过程的清洁），将终端套入电缆直至终端末端与标记对齐为止（不能超出标记）；抹尽挤出的硅脂。最后用尼龙扎带扎紧终端的尾部。将罩帽大端向外翻开，套入电缆，待罩帽内腔台阶顶住绝缘，再将罩帽大端复原罩住终端（注意：罩帽的颜色与电缆相位一致）。安装终端、罩帽如图 4－82 所示。

（8）压接接线端子、连接地线。除去临时包在线芯端头上的胶粘带，将接线端子套在线芯上（注意：必须将接线端子雨罩罩在罩帽端口上），压接接线端子（见图 4－83）。按此工艺处理其他两相。将接地铜编织带与地网连接好，安装完毕。

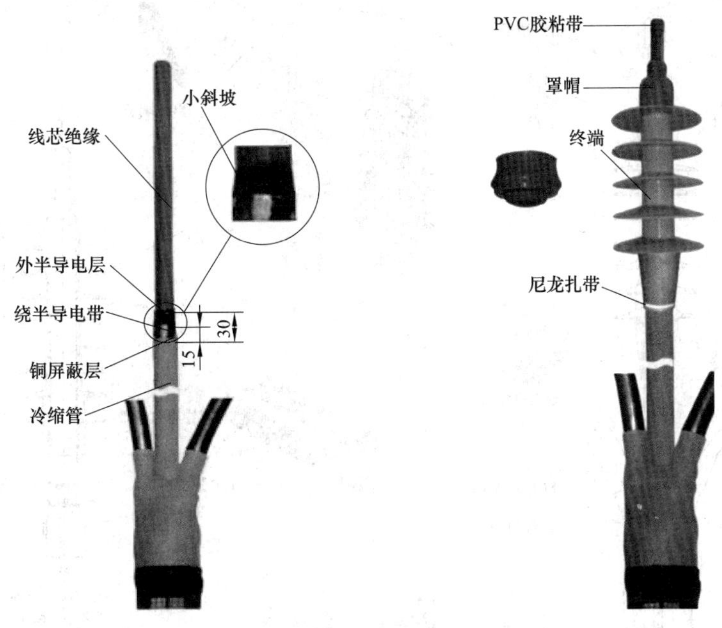

图 4－82　剥铜屏蔽层、半导电层　　图 4－83　安装终端、罩帽

6～15kV 户内、户外冷缩三芯电缆终端制作工艺，与 6～15kV 户外冷缩电缆终端制作工艺基本相同，仅无安装罩帽。同样 35kV 户内、户外冷缩单芯、三芯电缆终端制作工艺，与上述电缆终端制作工艺基本相同，不再重复。如图 4－84 所示为 35kV 户外冷缩单芯、三芯电缆终端制作工艺。

图 4－84　压接接线鼻子、连接地

五、6～15kV 预制单芯电缆终端制作工艺

（1）剥外护套（见图 4－85）。自电缆端头剥除电缆外护套，长度为 L＋340mm（L 为端子孔深），保留 30mm 铠装及 10mm 内护套，其余均剥去，如无铠装则该步及后与之相关工序省去。用胶粘带将铜屏蔽带的端头临时包好，清理填充物。

（2）焊接地线，确定安装尺寸。用扎线将截面积较小的铜编织带扎紧在铠装上，用锡焊牢或用恒力弹簧抱紧；将另一根铜编织带用扎线扎紧在内护套以上 20mm 处的铜屏蔽上，用锡焊牢（见图 4－86）或用恒力弹簧抱紧。自外护套断口处至其以下 25mm 长范围内的铜编织带均需进行渗锡处理，掀起两铜编织带，在电缆内外护套断口上绕一层填充胶，将两铜编织带压入其中，再在外面包绕 1～2 层填充胶，然后在绕包的填充胶外再包绕一层胶粘带（注意：两铜编织带要相互绝缘，绕包后的外径应小于绝缘管内径）；在离外护套断口大约 40mm 位置将铜编织带固定。在距电缆端头 L＋225mm（L 为端子孔深，含雨罩深度）处，用胶粘带做好标记。

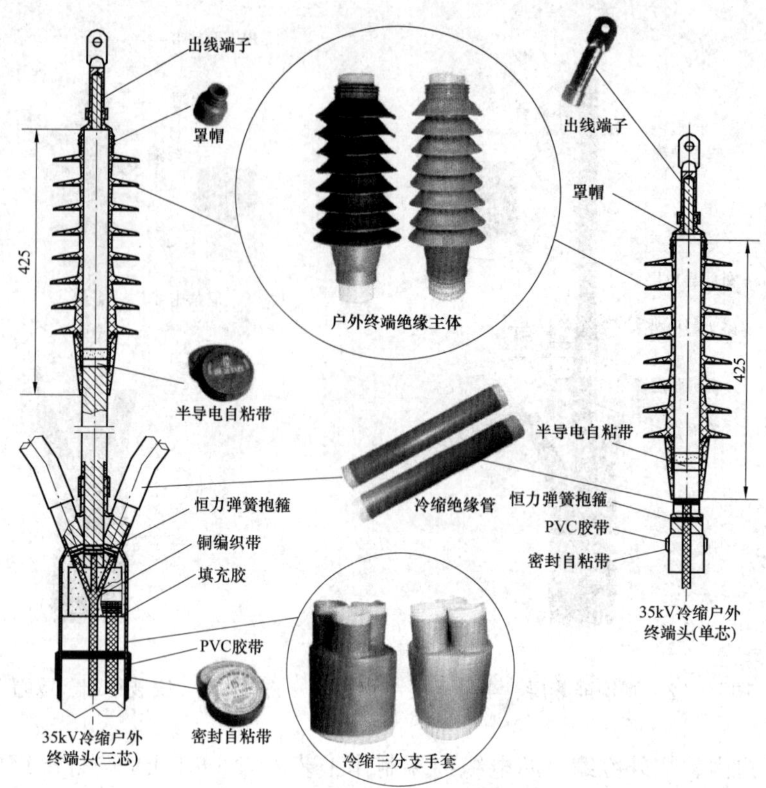

图 4－85　35kV 户外冷缩单芯、三芯电缆终端制作图法图例

(3) 冷缩绝缘管套入电缆。将绝缘管套入电缆（见图 4－88)，绝缘管上端与标记齐平，另一端与电缆外护套自然搭接。从标记处起收缩绝缘管（注意：冷缩绝缘管缩好后，其顶端需与标记齐平)。

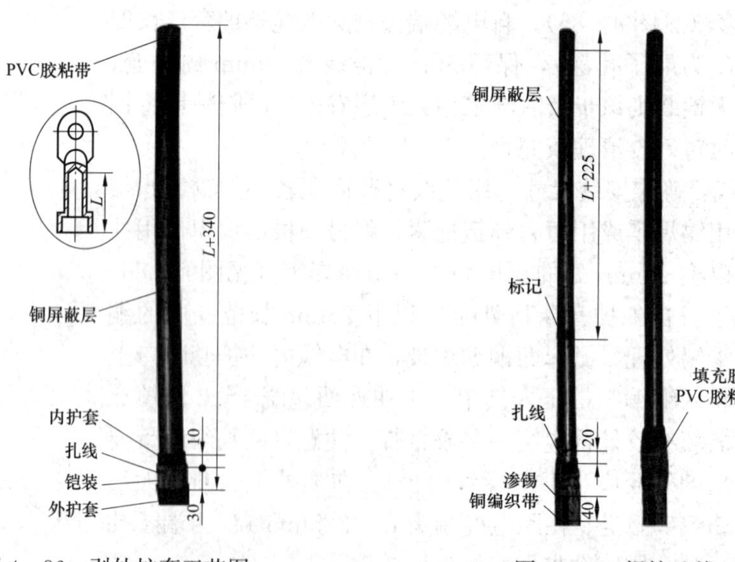

图 4－86　剥外护套工艺图　　　　图 4－87　焊接地线

（4）剥铜屏蔽层、半导电层。在绝缘管下端包绕 2～3 层 DJ－20 绝缘带，外面用胶粘带包好，加强密封。自冷缩绝缘管端口向上量取 15mm 长铜屏蔽层，其余铜屏蔽层去掉；自冷缩绝缘管端口向上量取长 30mm 长半导电层，其余半导电层去掉（见图 4－89）。将绝缘表面用砂带打磨去除吸附在绝缘表面的半导电粉尘，将半导电层末端整理成小斜坡，使之平滑过渡；绕两层半导电带将铜屏蔽层与外半导电层之间的台阶盖住。

（5）剥去线芯绝缘及内屏蔽层。自电缆末端剥去线芯绝缘及内屏蔽层（见图 4－90），长度为 L（mm）（L 为端子孔深）；将绝缘层端头倒角，用细砂带将绝缘层表面砂光。复核绝缘长度为 195mm。在外半导电层端口以下 55mm 处用胶粘带做好标记［以上（3）～（5）工序中的电缆相关剥切尺寸可通过所配标尺量取］。

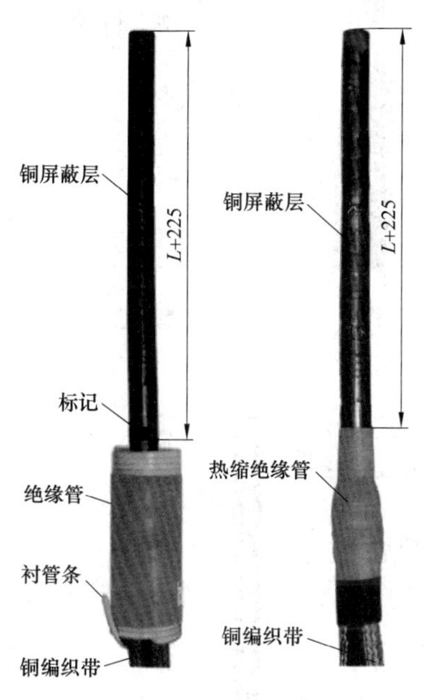

图 4－88　绝缘管套入电缆

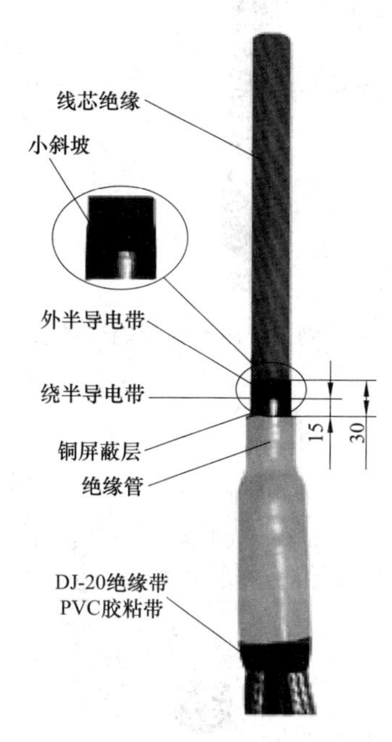

图 4－89　剥铜屏蔽层、半导电层

（6）安装终端及罩帽。用粘带将线芯端头临时包好，用清洁巾从上至下把电缆清洗干净待清洁剂挥发后，在绝缘层表面均匀地涂上一层硅脂（注意过程的清洁），将冷缩终端套入（见图 4－90），沿逆时针方向均匀抽掉衬管条使终端收缩（注意：终端缩好后，终端下端与标记齐平）；抹尽挤出的硅脂，用尼龙扎带扎紧终端尾部。

再将罩帽（见图 4－92）大端向外翻开，套入电缆，待罩帽内腔台阶顶住绝缘，再将罩帽大端复原罩住端（注意：罩帽的颜色与电缆相位一致）。

（7）压接接线端子、连接地线。除去临时包在线芯端头上的胶粘带，将接线端子套在线芯上（注意：必须将接线端子雨罩罩在罩帽端口上），压接接线端子。将接地铜编织带与地网连接好，安装完毕。

六、6～15kV 预制三芯电缆终端制作

（1）剥外护套（见图 4－93）。自电缆端头剥除电缆外护套，长度为 800mm，保留 30mm 铠装（用扎线扎紧）及 10mm 内护套，其余均剥去，如无铠装则该步及后与之相关工序省去。用胶粘带将铜屏蔽带的端头临时包好，清理填充物，将三相分开。

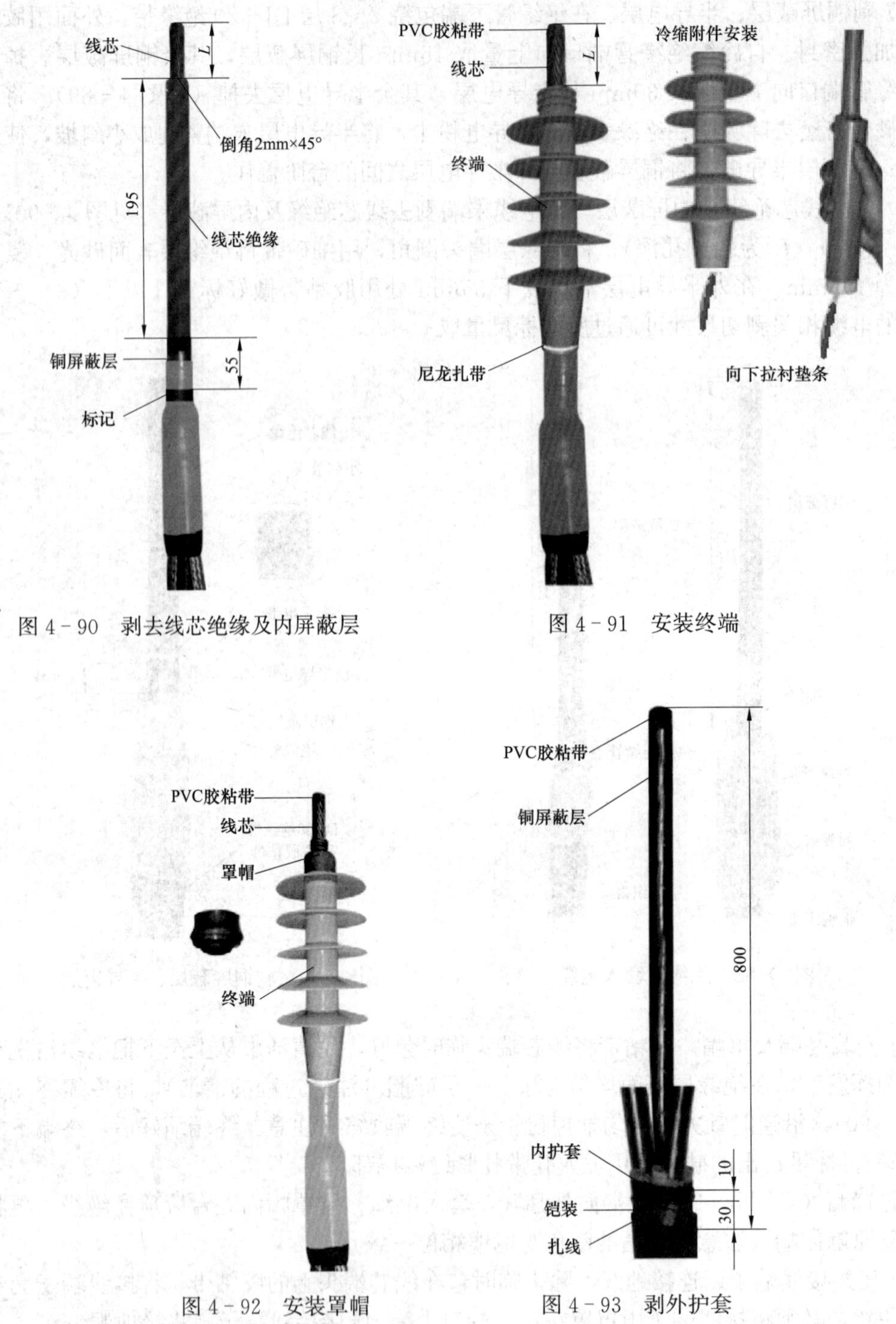

图 4-90　剥去线芯绝缘及内屏蔽层

图 4-91　安装终端

图 4-92　安装罩帽

图 4-93　剥外护套

（2）焊接地线，确定安装尺寸。用锉刀打毛铠装表面，用扎线将一根铜编织带扎紧在铠装上，用锡焊牢或用恒力弹簧抱紧；将另一根铜编织带分成三股，分别用扎线扎紧在内护套以上 30mm 处的三相铜屏蔽上，用锡焊牢（见图 4-94）或用恒力弹簧抱紧。在自外护套断口处至其以下 40mm 长范围内的铜编织带均进行渗锡处理后，掀起两铜编织带，在电缆内外护套断口上绕两层填充胶，将两铜编织带压入其中，再在外面包绕几层填充胶，再分别缠一包三叉口，然后在绕包的填充胶外上半部分再包绕一层胶粘带（注意：两铜编织带要相互绝缘，绕包后的外径应小于绝缘管内径）；在离外护套断口 50～60mm 位置将铜编织带固定。

（3）安装分支手套，确定尺寸。将绝分支手套套至三叉口的根部（见图 4－95），按相应的规程收缩分支手套（冷缩分支手套沿逆时方向均匀抽掉管条，先抽掉尾管部分，再分别抽掉指套部分；热缩分支手套按由分支手套根部向两端加热收缩）。然后在手套下端用 DJ－20 绝缘带包缠两层胶带，加强密封。

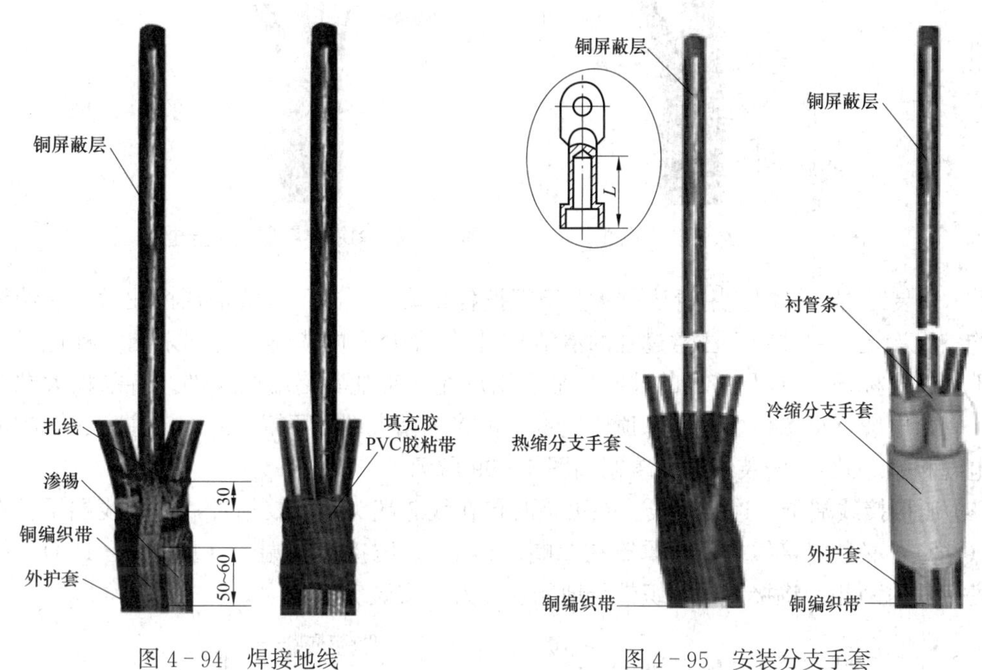

图 4－94　焊接地线　　图 4－95　安装分支手套

（4）绝缘管套入电缆。将一根冷缩管套入电缆（见图 4－96）一相（衬管条伸出的一端后入电缆），一端与分支手套指管搭接 20mm，沿逆时针方向均匀抽掉衬管条，收缩该冷缩管，在距电缆端头为 $L+225$mm（L 为端子孔深，含雨罩深度）处，用胶粘带做好标记（标记以上冷缩管去掉）。

（5）剥铜屏蔽层、半导电层。自绝缘管端口量取 15mm 长铜屏蔽层，其余铜屏蔽去掉；自绝缘管端口向上量取 30mm 长半导电层，其余半导电层去掉；将绝缘表面用砂带打磨去除吸附在绝缘表面的半导电粉尘，将半导电层末端整理成小斜坡，使之平滑过渡；缠两层半导电层带将屏蔽层与外半导电层之间的台阶盖住。该工艺过程如图 4－97 所示。

（6）剥线芯绝缘。自电缆末端剥去线芯绝缘及内屏蔽层（见图 4－98），长度为 Lmm（L 为端子孔深，含雨罩深度）；将绝缘层端头倒角，用细砂带将绝缘层表面砂光。复核绝缘长为 195mm。在半导电上端口以下 55mm 处用胶粘带做好标记［以上（4）～（6）工序中的电缆相关剥切尺寸可通过所配标尺量取］，用胶粘带将线芯端头临时包好。

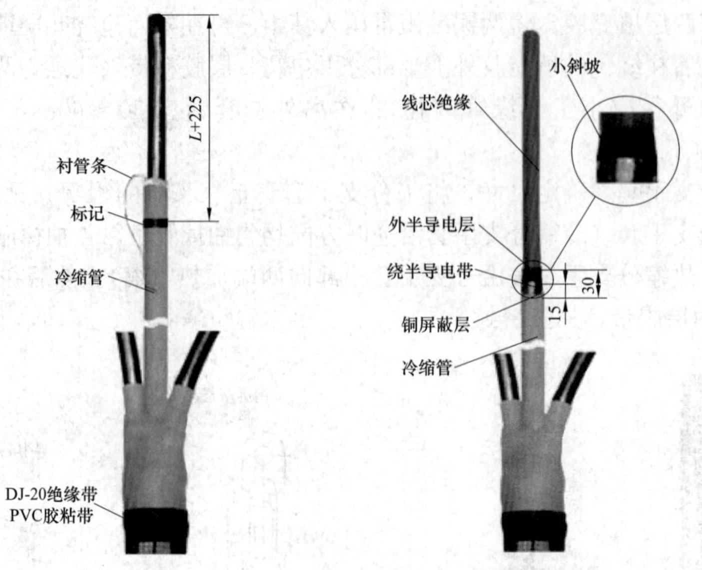

图 4-96　绝缘管套入电缆　　　　图 4-97　剥铜屏蔽层、半导电层

(7) 安装终端、罩帽。用清洁巾从上至下把各相清洗干净，待清洁剂挥发后，在绝缘层表面均匀地涂上一层硅脂（注意过程的清洁），将终端套入电缆直至终端末端与标记对齐为止（不能超出标记）；抹尽挤出的硅脂。最后用尼龙扎带扎紧终端的尾部。将罩帽大端向外翻开，套入电缆，待罩帽内腔台阶顶住绝缘，再将罩帽大端复原罩住终端（注意：罩帽的颜色与电缆相位一致）。安装终端、罩帽如图 4-99 所示。

(8) 压接接线端子、连接地线。除去临时包在线芯端头上的胶粘带，将接线端子套在线芯上（注意：必须将接线端子雨罩罩在罩帽端口上），压接接线端子（见图 4-100）。按此工艺处理其他两相。将接地铜编织带与地网连接好，安装完毕。

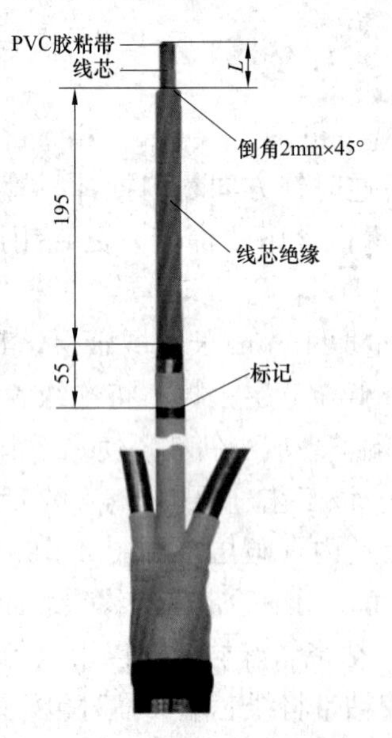

图 4-98　剥线芯绝缘

图 4-99　安装终端、罩帽

6～15kV户内预制单芯、三芯电缆终端制作工艺，与6～15kV户外预制电缆终端制作工艺基本相同，仅无安装罩帽。同样35kV户内预制单芯、三芯电缆终端制作工艺，与上述电缆终端制作工艺基本相同，不再重复。如图4-101所示为某电缆附件厂家提供的已制作好的三芯电缆终端实例。

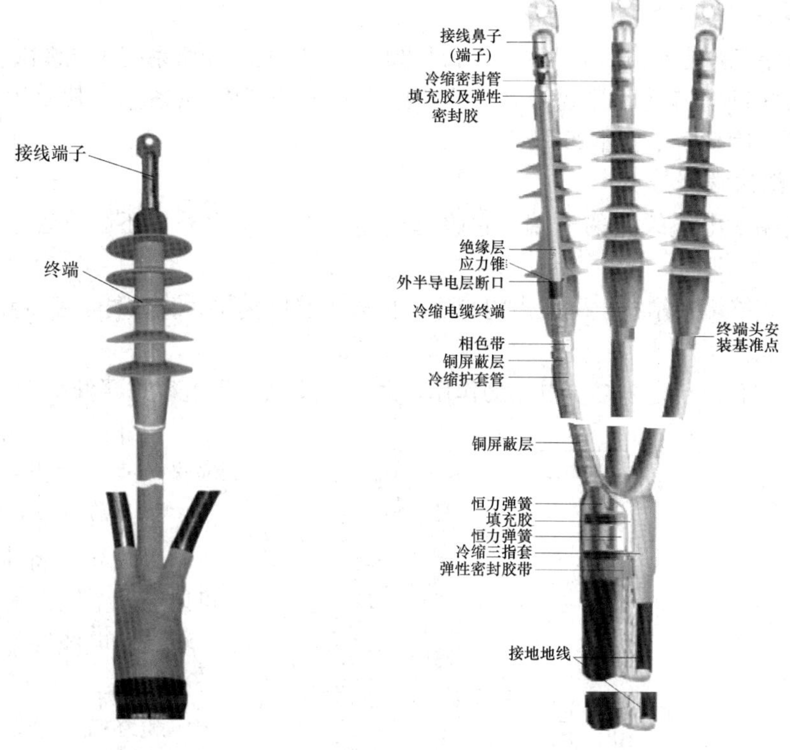

图4-100　压接端子、连接地线

图4-101　装成型的预制三芯电缆终端实例

第五章　高压电缆附件及制作

第一节　高 压 电 缆 附 件

本章介绍高压电缆附件，是指 110kV 及以上高压电缆线路系统用电缆附件。

由于我国目前有些地区还使用 66kV 中性点非有效接地系统，其使用的电缆通常与 110kV 相当，因此也归为本章介绍。

一、电缆终端

电缆终端在电缆线路的末端，它除起密封电缆的作用外，还起改善电缆末端电场的作用。

高压电缆终端在结构上一般由内绝缘、内外绝缘隔离层、出线杆、密封结构、屏蔽帽和固定金具组成。

内绝缘具有改善电缆终端电场的作用，通常有增强式和电容式两种结构。

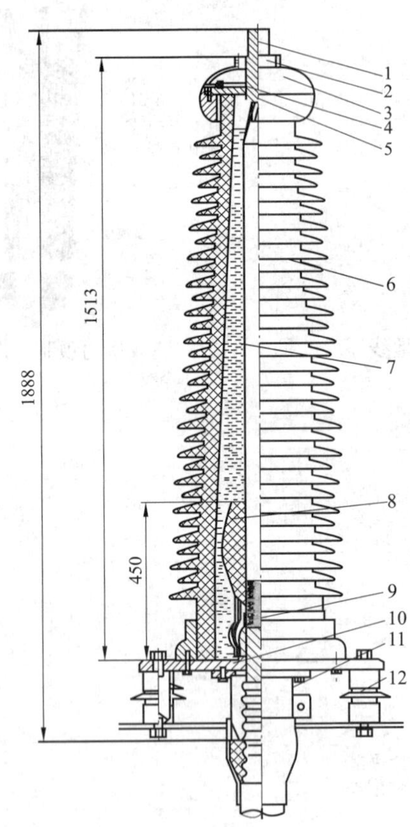

图 5 - 1　64/110kV 瓷套充油式户外终端
（产品型号：YJZWC4/YJ）
1—压接棒；2—帽罩；3—均压罩；4—压紧板 2；
5—压紧板 1；6—瓷套管；7—填充绝缘油；8—应力锥；
9—冷缩密封管；10—底板；11—尾管；12—支撑绝缘子

内外绝缘隔离层可保护电缆绝缘免受外界媒质的影响，一般由瓷套（或复合）管组成。

出线杆，将电缆导体引出，可以与架空线或其他设备相连。

高压电缆终端按结构形式可分敞开式、全封闭变电站（所）用电缆终端与油浸变压器用终端（俗称象鼻终端）以及预制式电缆终端等；按电场分布的控制方式可分为绝缘增绕式电缆终端、电容式电缆终端、折射率控制电缆终端及电阻控制式电缆终端。

1. 敞开式终端

敞开式终端用于连接电缆与架空线，与变压器套管、其他电器设备相连，通常采用瓷套管作内、外绝缘隔离，以防止水分与空气进入电缆，同时也可防止浸渍剂逸出。

（1）充油增绕式电缆终端。如图 5 - 1 所示为某电缆厂家提供的 64/110kV 瓷套充油式户外终端产品实物图及结构图例，主要由接线柱（或称接线柱或称出线梗）、应力锥、应力锥罩、瓷套和尾管等零件组成。因外部套有瓷套，且在增绕纸卷外套上一个在制造厂内预制成型的应力锥环氧树脂套（目的是增强绝缘），故称瓷套增绕式（充油）电缆终端。该类电缆终端的瓷套采用高强度的无机材料电瓷制成，具有良好的耐气候性、抗漏痕、抗电蚀能力和憎水性能。增绕绝缘纸卷是切制成型的油浸纸该类电缆终端，由于环氧树脂具备较高的各向同性介质强度，因而有利于提高端部的内绝缘电气强度，使内瓷套的接地法兰屏蔽，改善了瓷套表面的电场分布，提高了终端的滑闪放电电压。

瓷套式电缆终端，具有历史悠久，运行稳定可靠的特点，适用于高密度聚乙烯绝缘、交联聚乙烯绝缘和乙丙橡胶绝缘电缆与架空线，或与交压器接线端配套使用及其他电器设备相连。

YJZWC4/YJ 系列 64/110kV 瓷套充油式户外终端性能指标见表 5 - 1。如图 5 - 2 所示为 110～220kV 充油电缆环氧树脂增强终端。如图 5 - 3 所示为 330kV 充油电缆电容饼式终端。如图 5 - 4 所示 500kV 充油电缆电容锥式终端。在终端内绝缘中附加电容元件，使终端的电场分布更为合理，从而实现减少终端的结构尺寸，终端内附加电容元件的方法通常有两种：一种是将预制的电容饼套在电缆上，形成一组串联电容器，称为电容饼式终端；另一种是将一组一定尺寸的金属箔逐个嵌入增绕纸卷内，也同样形成一组串联电容，称为电容锥式终端。

表 5 - 1　　YJZWC4/YJ 系列 64/110kV 瓷套充油式户外终端性能指标

序号	内容	性能指标	序号	内　容	性能指标
1	型式（瓷外套）	瓷外套、瓷和合金铝	10	外绝缘爬电距离（mm）	≥4005
2	型号	YJZWC4/YJ	11	外绝缘干弧距离（mm）	1220
3	长期连续运行允许载流量（A）（90℃）	不小于连接电缆	12	额定工频 1min 耐受电压（kV）	230
4	短路时附件承受电流（kA，3s）	不小于连接电缆	13	额定雷电冲击耐受电压峰值（kV）	550
5	预制应力锥半导电材料	进口液态硅橡胶	14	额定操作冲击耐受电压峰值（kV）	550
6	预制应力锥绝缘材料	进口液态硅橡胶	15	瓷套（复合外套）内绝缘剂种类	聚异丁烯
7	尺寸（直径/高度）（mm）	瓷外套 ϕ405/1820	16	最大允许水平拉力（kN）	≥2
8	质量（kg）	120	17	支柱小绝缘子	符合 GB/T 775
9	污秽等级	Ⅳ级			

除上述介绍的敞开式终端外，还有封闭式终端，主要用于电缆与 SF_6 气体绝缘全封闭式组合电器连接，还可用于与电力变压器引出线相连接。

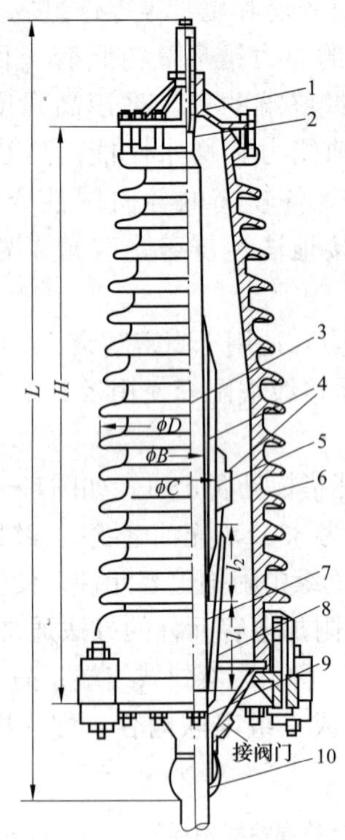

图 5-2 110～220 kV 充油电缆环氧树脂增强终端

1—出线梗；2—压接芯管；3—电缆绝缘；4—增绕绝缘；5—环氧增强件；6—瓷套；7—应力锥；8—环氧支撑架；9—支撑架固定扎线；10—铅封

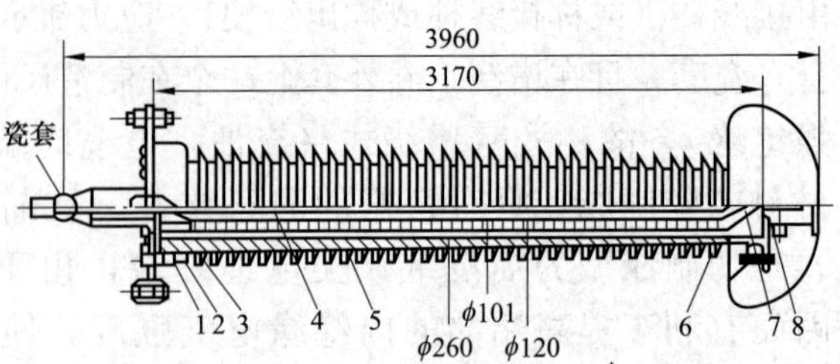

图 5-3 330kV 充油电缆电容饼式终端

1—应力锥屏蔽锥；2、7—引接软线；3—支撑板；4—增绕绝缘；5—电容饼；6—填充皱纹绝缘纸；8—出线梗

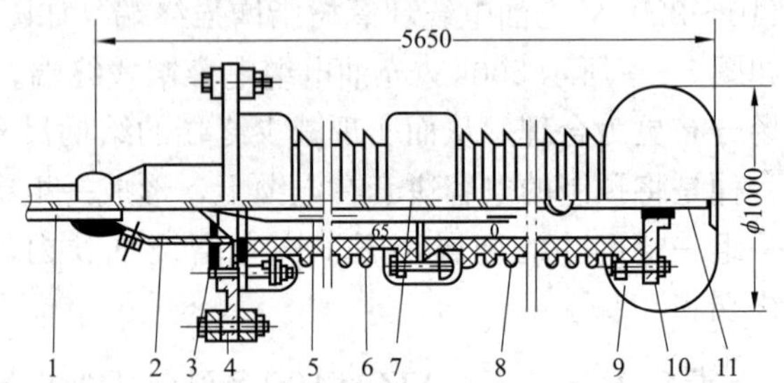

图 5-4 500kV 充油电缆电容锥式终端

1—电缆铅包；2—尾管；3—应力锥；4—底板；5—电容锥；6—下瓷套；7—工厂绝缘；8—上瓷套；9—屏蔽帽；10—顶盖；11—出线梗

(2) 高落差终端。对于高落差充油电缆线路底部的终端，如果瓷套强度不足于承受高压油压，往往采用双室式结构。在增绕绝缘的外面装置一个环氧玻璃钢筒，由它承受高压油，而瓷套处在低油压工作状态。如图 5-5 所示为 220kV 双室式高落差终端的结构，在环氧玻璃钢筒及瓷套之间是低油压工作室，用一个容量的压力箱来补偿热胀冷缩油的变化。

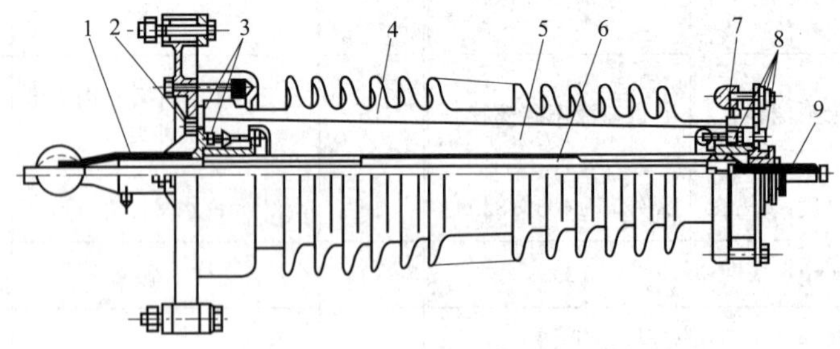

图 5-5 220kV 双室式高落差终端

1—尾管；2—应力锥托架；3—密封结构；4—瓷套；5—外腔油；6—内腔电容锥；7—环氧树脂玻璃筒；8—密封结构；9—尾管

(3) 钢管充油电缆终端。钢管充油电缆终端的绝缘结构一般与充油电缆终端相同，但在电缆末端处有一个分歧钢管，各相电缆通过它接到终端上。另一不同点是钢管电缆终端一般为半塞止结构，即终端油与电缆油不直接相通，而是经过一个旁路管道相连。

(4) 塑料高压电缆敞开式终端。如图 5-6 所示为交联高压电缆敞开式终端，也称塑料高压电缆敞开式终端，广泛使用预制附件式。一般都在工厂应用硅橡胶材料整体成型，因此安装时只需按要求处理好本体后，将电缆主体套入电缆终端头位置即可。该型电缆终端，不仅安装方便，还具有无油、防爆、体积小、质量轻、易维护等特性。

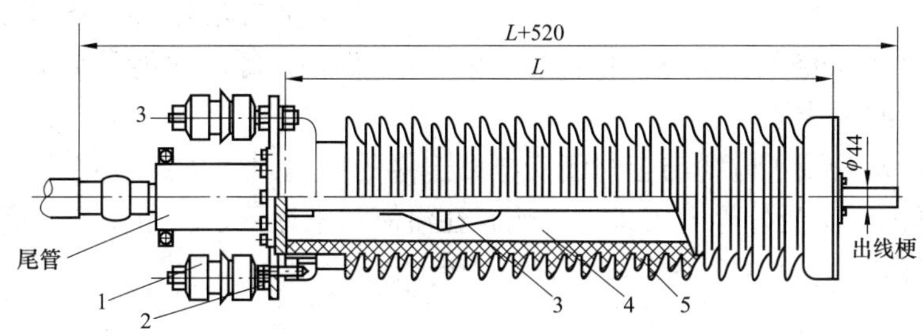

图 5-6　110kV 交联高压电缆敞开式终端

1—绝缘子；2—底板；3—预制件；4—绝缘（硅油）；5—瓷套

在有些结构中，为了提高增强件与电缆表面的接触压力以提高绝缘性能，在乙丙橡胶增强件的上部加上一个环氧支撑座，在橡胶件下件部加一个弹簧压缩金具，用螺栓调整压力，使橡胶件牢固压在环氧支撑件及电缆绝缘上，从而提高绝缘性能。图 5-7 所示的 220kV 交联聚乙烯绝缘电缆（XLPE）户外终端即为该类结构。

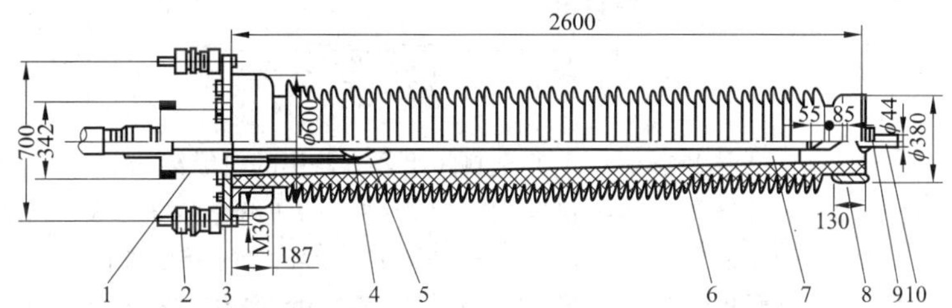

图 5-7　220kV 交联聚乙烯绝缘电缆（XLPE）户外终端

1—尾管；2—支撑绝缘子；3—底板；4—橡胶应力锥；5—环氧套管；
6—瓷套；7—绝缘油；8—上法兰；9—定位环；10—出线杆

为了提高 330kV 及以上交联电缆终端的电性能，也有采用油浸纸电容锥结构的。它与充油电缆敞开室终端一样，但在结构上要考虑交联聚乙烯绝缘电缆（XLPE）膨胀系数远高于油纸，在电缆热膨胀中容易损坏油纸电容锥，因此在电缆绝缘与油纸锥之间设有缓冲层，以吸收电缆绝缘的热胀冷缩，防止油纸电容锥的损耗。终端中充以硅油，尾管处装有弹性波纹元件，补偿套管内油的热胀冷缩。

2. 全封闭变电站用电缆终端

封闭终端头与敞开式终端头在结构上很相似，也是由内绝缘（增绕式或电容式）、外绝缘（瓷套或环氧树脂套管）、出线杆（导线接头）、密封结构（耐油橡胶）和屏蔽罩（灭晕罩）等组成的。因此，其制造工艺也与敞开式终端极为相似。

连接电缆与 SF_6 气体绝缘全封闭组合电器的电缆终端，称为全封闭组合电器用电缆终端，又称为气中终端或气体绝缘终端（简称 GIS 终端），电缆终端其置于变压器油中。

按填充物气体绝缘终端可分为干式气体绝缘终端和含绝缘填充剂气体绝缘终端两种。气体绝缘终端是 SF_6 组合电器开关实现电缆进线的必须产品，也用于电缆与变压器的连接。终端外部填充 SF_6 气体或变压器油。GIS 终端应采用预制应力锥加环氧套管的组合型结构，带弹簧的锥形托盘紧顶预制应力锥，使之紧靠环氧套管锥形壁。终端内不需添加任何绝缘浇筑剂，密封性能可靠，绝缘强度高，性能稳定，能满足 GIS 开关和变压器运行的要求。

如图 5－8 所示为用于电缆与全封闭变电站连接的终端封闭于 SF_6 绝缘气体中的电缆终端。它的结构紧凑，不受外界大气条件影响，在沿海污染地区、城市中心及高海拔应用越来越多。110kV XLPE 电缆 GIS 终端如图 5－9 所示。

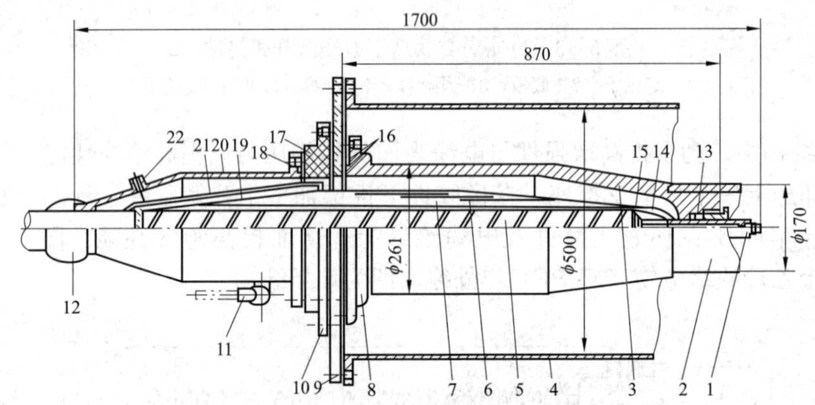

图 5－8　220kV（SF_6）全封闭组合电器用的电缆终端

1—下出线杆；2—高压屏蔽；3—环氧树脂套管；4—外壳；5—电缆线芯绝缘；6—电容极板；7—油纸电容锥；8—套管法兰；9—底板；10—卡环；11—接地端子；12—铅封；13—轴封垫；14—绝缘皱纹纸；15—极板引线；16、18—“O”型密封圈；17—护层绝缘套管；19—半导体皱纹纸；20—尾管；21—电容锥支架；22—尾管阀座

3. 象鼻式电缆终端

象鼻式电缆终端（见图 5－10），在结构上有直接式和间接式两种。

直接式是指电缆终端顶部与变压器顶端机械的连接在一起，并封闭在一个单一的顶屏蔽罩内，具有结构简单的特点，但是一旦发生事故，则无法分清是电缆制造质量的问题还是变压器套管制造的质量问题，修复也困难。

间接式是指电缆终端顶部与变压器套管顶部在机械上分开，各自有一个顶端屏蔽，电气连接由一个绝缘连臂相连，因而比前者复杂，但查找问题方便，而且两个终端分处两方，一旦发生事故可以分别加以处理。故在高电压系统中一般都采用间接式。

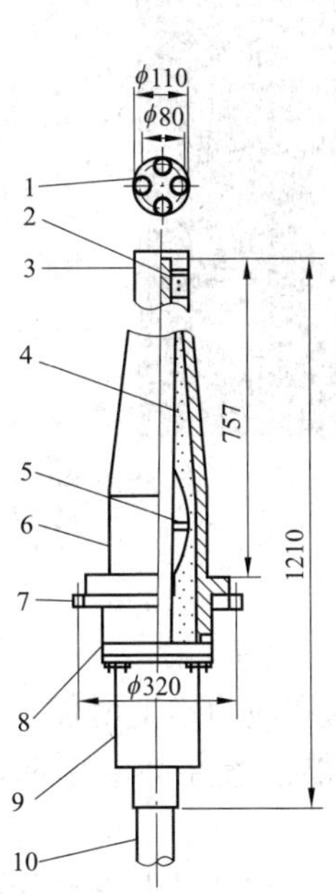

图 5-9　110kV XLPE 电缆 GIS 终端

1—终端与 GIS 结合面；2—导电金具；3—屏蔽罩；4—绝缘油；5—电缆绝缘；6—应力锥；7—环养套管；8—卡环；9—密封底座；10—尾管

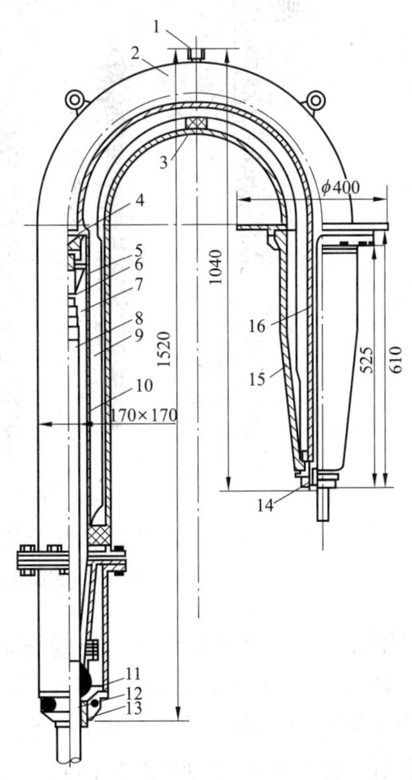

图 5-10　110kV 象鼻式电缆终端

1—油嘴；2—壳体；3—衬垫；4—电缆连接触头；5—电缆连接头；6—电缆导线；7—增绕绝缘；8—线芯绝缘；9—主绝缘；10—胶木筒；11—铅封；12—电缆铅护套；13—防震罩；14—套管引出触头；15—瓷套；16—导电杆

4. 预制式电缆终端

预制型电缆终端的种类很多。传统的预制型终端的内绝缘采用预制应力锥控制电场，外绝缘是瓷套管（或环氧树脂套管）。套管与应力锥之间一般充硅油或者聚丁烯、聚异丁烯等绝缘油。出厂时，制造厂提供的是橡胶预制应力锥、瓷套、绝缘油等零部件，在现场安装时再装配成终端。现代预制型终端因采用外绝缘硅橡胶制作雨裙，也称复合套管式端终端。复合套管通常由玻璃纤维增强环氧树脂空心套管外覆硅橡胶雨裙组成，该结构具有良好的耐漏电痕特性和疏水性，优良的耐污性、抗紫外线及良好的抗老化性，尤其是在终端发生意外事故时，具有显著的安全防爆性，不伤及人员和设备。复合套管户外终端用于挤出型绝缘电力电缆；并用于铁塔上与架空线连接、变电站内与变压器、电气开关等设备连接。预制型终端有 3 种基本结构。

(1) 将橡胶预制应力锥机械扩张后套在电缆的绝缘层上的预制式电缆终端（见图 5-11，用于铁塔上与架空线连接）。先在工厂将乙丙橡胶或硅橡胶预制成橡胶增强件，安装时只需按要求处理好本体后，将电缆主体套入电缆终端位置即可，这种终端具有无油、防爆、体积小、质量轻、易维护等特性。

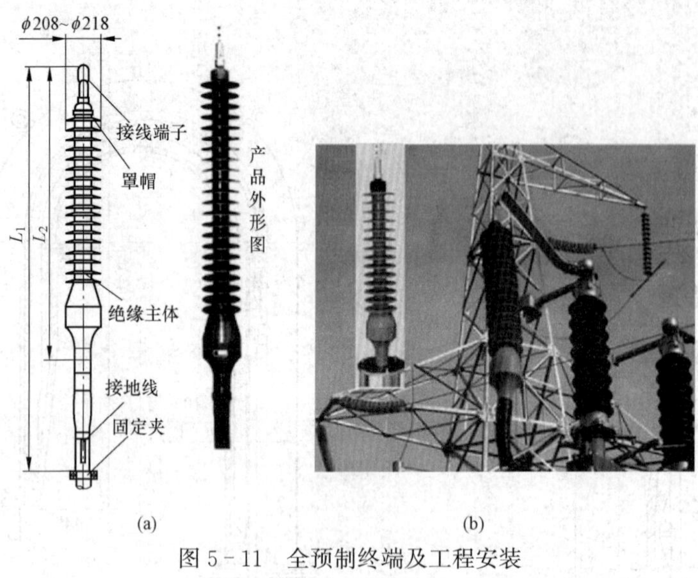

图 5-11　全预制终端及工程安装

(a) 66kV 全预制终端；(b) 工程安装

（2）采用弹簧压紧装置的预制式电缆终端（见图 5-12）。即在应力锥上增加一套机械弹簧装置以保持应力锥与电缆之间界面上的应力恒定，这种结构能延缓在高电场和热场作用下，橡胶应力锥老化后引起的界面压力松弛的问题。

（3）采用一种非橡胶应力锥的预制式电缆终端（见图 5-13）。在设计上它既能提供可靠的应力控制，又能避开应力锥与电缆绝缘直接接触。

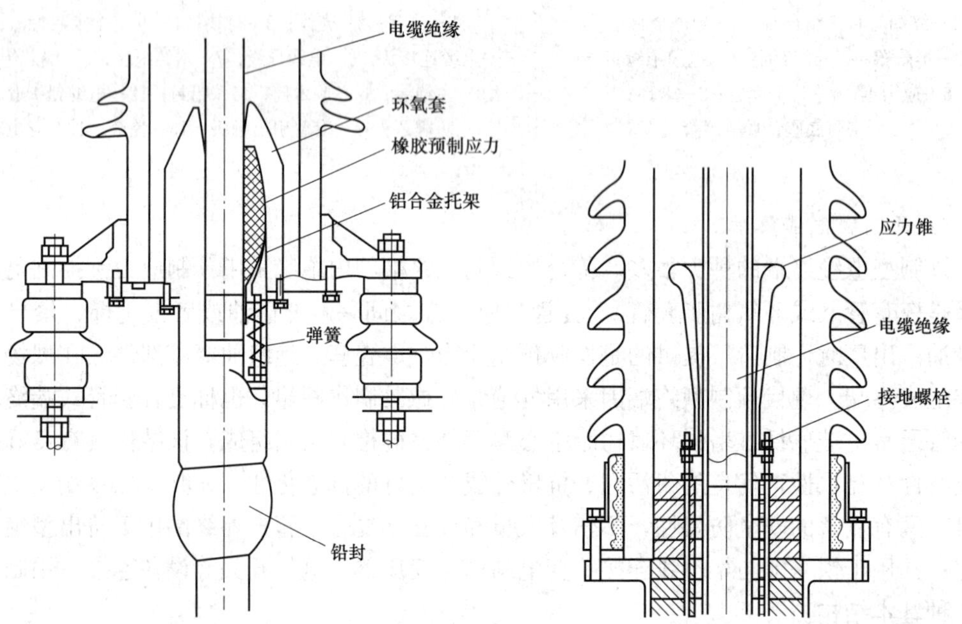

图 5-12　采用弹簧压紧装置的预制式电缆终端　　图 5-13　非橡胶应力锥型的预制式电缆终端

如图 5-14 所示为某电缆附件厂提供的额定电压 64/110kV 型号 YJZWG4 的硅橡胶支柱型插拔式终端产品图例及结构图。该型终端具有良好的防污闪特性，且不须加任何绝缘油、气介质，为干式终端，具有结构紧凑、无油、无瓷、防爆、安装方便、易维护等特点。

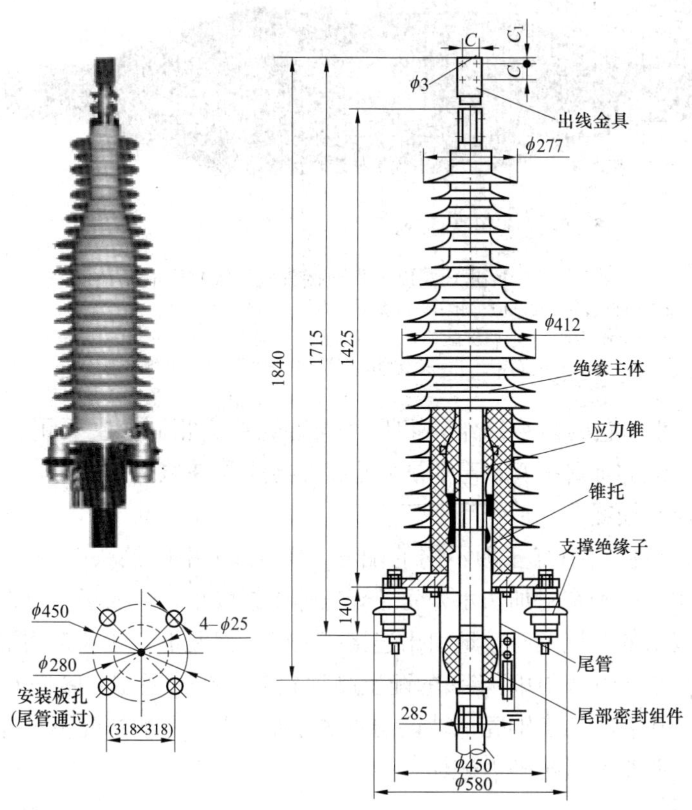

图 5－14　64/110kV 硅橡胶支柱型插拔式终端
（产品型号：YJZWG4）

整个终端由环氧套管和插拔头可分拆的两部分组成。外绝缘硅橡胶雨裙采用大小伞裙结构，外形呈锥形。预制应力锥加环氧树脂、硅橡胶组合绝缘结构型式，并由带弹簧的锥形托盘紧顶应力锥于环氧套锥形壁上。

预制式电缆终端，采用外绝缘硅橡胶制作雨裙，也称复合套管式终端。

二、高压电缆中间接头

接头用于电缆自身的连接，有连接接头、绝缘中间接头，对充油电缆及钢管电缆还有塞止式接头等。

1. 普通型接头、绝缘型接头

35kV 及以上电缆中间接头有两种结构形式，一种是直通型，一种是绝缘型。

(1) 普通接头，也称直通接头。它用于连接两根相邻电缆。在高压电缆线路中，直通接头除连接缆芯导体保证电气连通外，对自容式充油电缆的连接头必须保持线芯中油流畅通。

如图 5－15 所示为 170kV 及以下直通接头（三维）产品制造图（选自烟台星华电器自控有限公司网页），为了便于安装应力锥、接头本体，均采用材料弹性优良的硅橡胶制作，仅徒手即可套入；金属屏蔽罩 7 应用法拉第笼技术制作，安装在机械连接管 1 外，更有利于热传递；防水的技术措施采用外护套电热缩管 9 保护。这种接头可用于安装不同截面积的电缆接头，即制作不同截面积的过渡接头，安装时必须快速加热，并徒手操作，并保证徒手操作的被加热处具有光滑连续的连接表面。

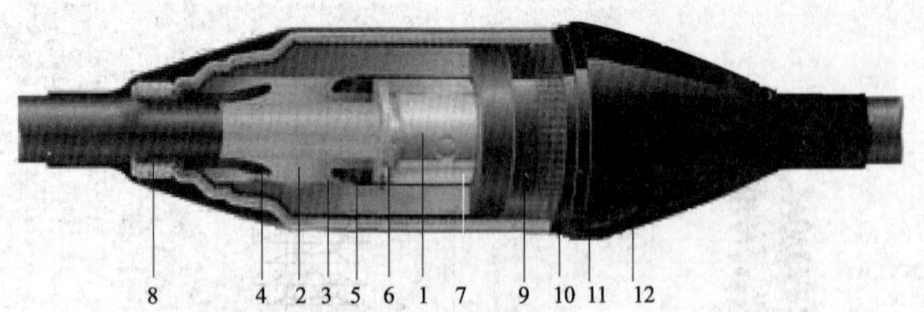

图 5-15　170kV 及以下直通接头（三维）产品制造图

1—机械接管；2—应力锥；3—接头本体；4—应力锥电极；5—高压电极；6—防缩环；7—金属屏蔽罩；8—免焊接屏蔽连接装置；9—导电热缩管；10—铜网带；11—绝缘热缩管；12—带防水层外保护管

(2) 绝缘型接头。它的内绝缘结构和尺寸与普通接头相同，主要用于大长度电缆线路中，使接头两端电缆的金属护套或金属屏蔽层及半导电层在电气上断开，以便交叉互连，减少护层（或屏蔽层）损耗。

直通型、绝缘型接头都有多种不同的配置。如 35kV 中间接头一般就有两种不同的配置，一种是常规型，一种是附加防水外壳及聚氨酯密封胶型。一般场所可选用常规型冷缩中间接头；在长年浸水的环境及有接地引出连接接地箱的情况下，建议选用附加防水外壳及聚氨酯密封胶产品。如 110kV 中间接头的配置品种较多，有普通型、带防水铜壳型、带复合绝缘防水铜壳型，还有带防水铜壳加玻璃钢防水外壳型等。一般情况下可选用带复合绝缘防水铜壳型，即密封防水又可抗外力破坏。

2. 塞止式接头

塞止式接头是使油浸纸绝缘电缆的浸渍剂或充油电缆的电缆油在接头的两侧相互隔离的电缆接头。

塞止式接头是连接两根电缆，并用耐压阻隔件将一个电缆中流体与另一根电缆的绝缘流体隔开的附件。这种接头只作电缆的电气连接，而将被连接的电缆油道在接头处隔开，使其不能相互流通。塞止接头，分割了电缆线路油压，使各油段电缆内部压力不超过允许值，并减小油压变化，防止电缆发生事故时漏油扩大到整条电缆线路。

塞止式接头主要用于落差大于规定值的黏性浸渍纸绝缘电缆线路中，截断油路，防止高端电缆绝缘干枯，低端电缆绝缘油压超过规定值。

110kV 单室式塞止中间接头如图 5-16 所示，通常用一个环氧树脂套管将两根电缆的油流分开。

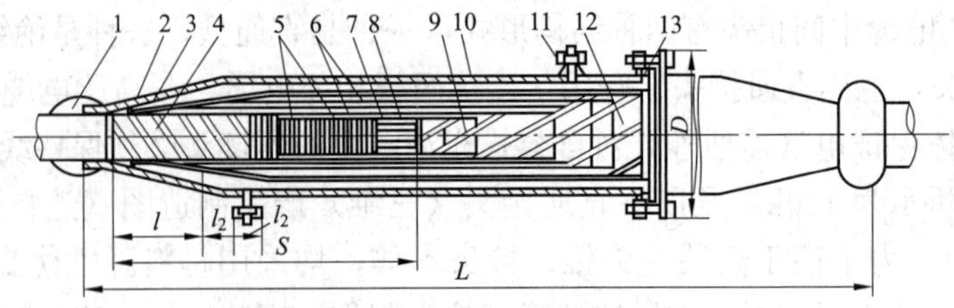

图 5-16　110kV 单室式塞止中间接头

1—铅封；2—接地屏蔽；3—半导体屏蔽；4—电缆；5—填充绝缘；6—增绕绝缘；7—芯管；8—压接管；9—油道；10—外壳；11—油嘴；12—环氧树脂塞止套管；13—密封垫圈

220kV 双室式塞止中间接头如图 5-17 所示，用两个环氧树脂套管将两根电缆的油流分开，在两段电缆的塞止管上面有一外腔，及一内腔，内、外腔相通。

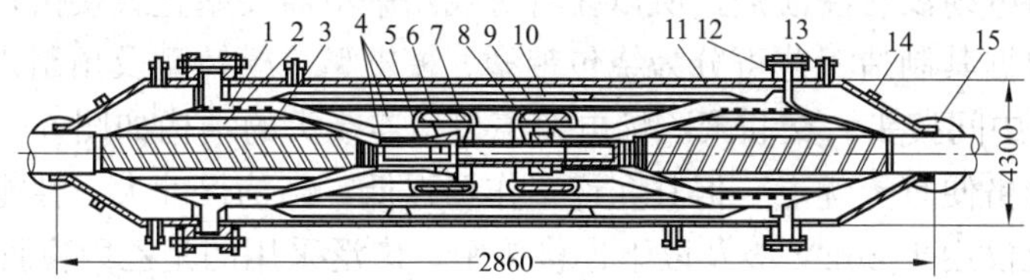

图 5-17　220kV 双室式塞止中间接头

1—环氧树脂塞止套管；2—电缆增绕绝缘；3—电缆；4—填充绝缘；5—芯管；6—导体连接；7—带有绝缘的电极；8—轴封螺母；9—密封垫圈；10—外腔增绕绝缘；11—外壳；12—密封；13—油嘴；14—接线端子；15—铅封

3. 钢管充油电缆接头

钢管充油电缆接头有普通连接头（见图 5-18）和半塞止接头（见图 5-19）两种。

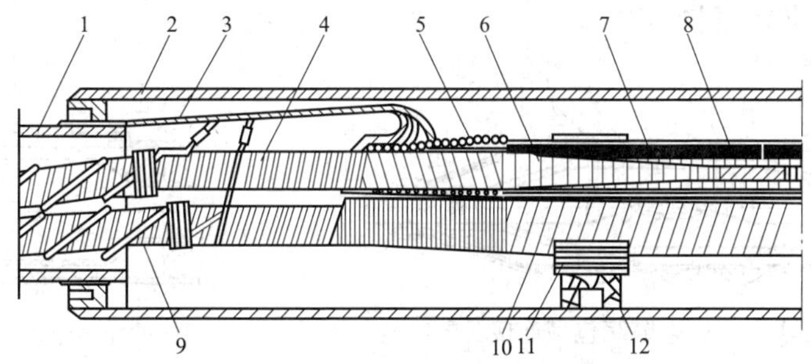

图 5-18　钢管充油电缆普通连接中间接头的结构

1—电缆钢管；2—接头钢管；3—接地线；4—电缆芯；5—应力锥接地屏蔽；6—反应力锥阶梯；7—增绕绝缘；8— 导体连接管 ；9—滑丝；10— 增绕绝缘屏蔽 ；11— 纸卷；12—浸渍过的支架

普通连接接头，用于电缆制造长度连接，它的内绝缘结构一般与自容式充油电缆接头相同，其外壳是一个直径稍大于电缆管道的钢管。半塞止接头，用于较长的钢管充油电缆线路。它是为避免一旦发生漏油事故大量电缆油的流失，而设计的接头，用来分隔供油区段，使两区段的油经过电缆绝缘层或旁路管流通。

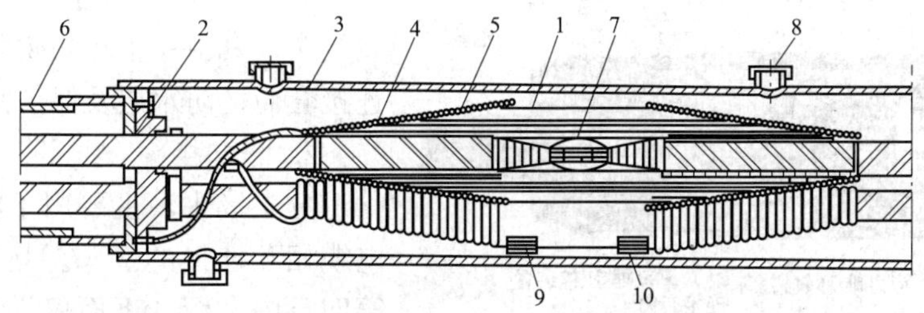

图 5-19　钢管充油电缆半塞止中间接头的结构

1—增绕绝缘屏蔽；2—半塞止结构；3—接头钢管；4—应力锥接地屏蔽；5—增绕绝缘；6—电缆钢管；7—导体连接管 ；8—油嘴 ；9—纸卷 ；10—支架

三、其他高压电缆中间接头、分支接头

1. 高压电缆中间接头

由于高压塑料电缆没有浸渍剂，所以在自身线路中不需要塞止式接头，只需要普通接头与绝缘连接头。根据其制造工艺可分为绕包带型、模塑型、模铸型及预制式4种。

(1) 绕包带型中间接头。交联聚乙烯电缆绕包型连接头的结构如图5-20所示。它具有接头工艺简便、价格便宜等优点。但其允许工作场强低，结构尺寸大、性能低，安装时劳动强度较大，基本上仅用于66kV级及以下连接头中，广泛采用的是乙丙橡胶绝缘自粘带。

(2) 模塑（铸）型中间接头。其性能优良，主要用于220kV及以上电压等级的塑料电缆中。模铸型中间接头的结构尺寸一般都比模塑型中间接头小一些，适于安装在位置较狭小的地方。

模塑（铸）中间接头用自粘带绕包成型的连接头。结构型式及制作工作与绕包带型相同，用与电缆绝缘相同的绝缘带（交联聚乙烯电缆用化学交联聚乙烯带或辐射交联聚乙烯带）代替自黏性乙丙橡胶带进行绕包后，再进行绝缘屏蔽。用该方法做成的接头，不但具有比自粘点绕包结构好的优点，而且热性能与力学性能与电缆相当，结构也紧凑。如图5-21所示为加热模塑工艺示意图。

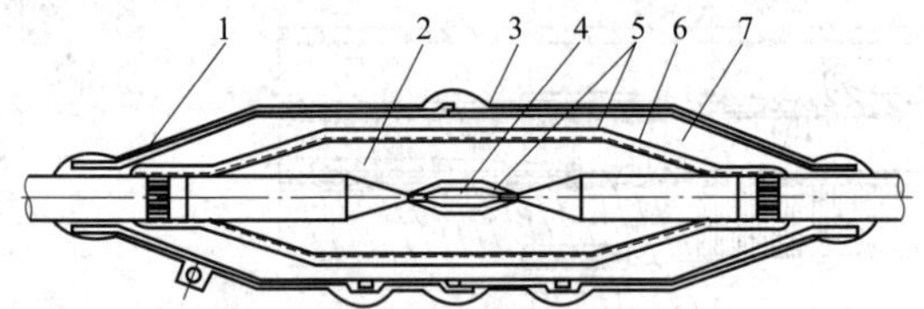

图5-20 交联聚乙烯电缆绕包型连接头的结构

1—防水带；2—绝缘带；3—外壳；4—压接套；5—屏蔽带；6—金属编织带；7—防水浇铸剂

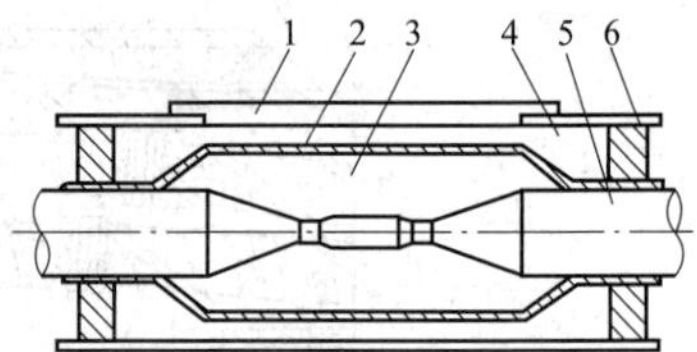

图5-21 加热模塑工艺示意图

1—观察窗口；2—透明四氟化树脂带；3—辐射聚乙烯带；4—温度计；5—电缆绝缘；6—可分开金属加热套

(3) 预制式中间接头。预制式中间接头目前有两大类。一类是用整体乙丙橡胶或硅橡胶预制成型的预制式中间接头；另一类是高压屏蔽浇铸在环氧元件中，两侧电缆用乙丙橡胶预制件做成应力锥，并用弹簧施加压力到应力锥上的一种预制成型的预制式中间接头。

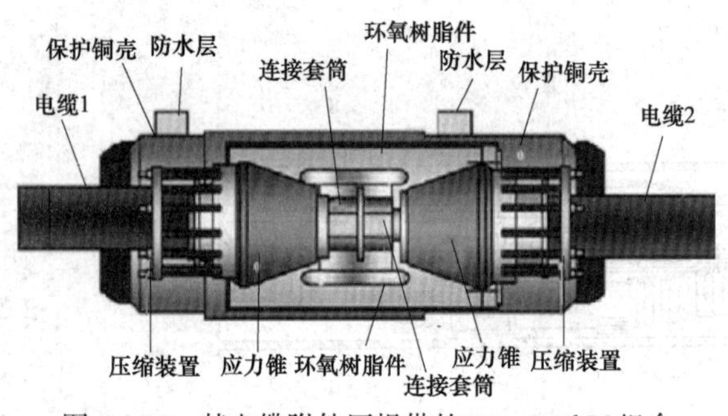

图5-22 某电缆附件厂提供的66～220kV组合（三维）预制式中间接头

如图5-22所示为某电缆附件厂提供的66～220kV组合（三维）预制式中间接头，其由一个环氧树脂件、应力锥、连接套筒、防水层及保护铜壳等组成。

2. 分支接头

分支接头，主要用于将三根或四根电缆相互连接的接头。其基本类型已在第四章中介绍。下面仅举用于高压电缆线路中的分支接头。

如图5-23所示为长沙电缆附件厂制作的YJJFG-64/110kV交联聚乙烯绝缘电力电缆干式“Y”形分支接头，专用于高压支

线电缆与高压干线电缆相互“Y”接及双分支，其适用电缆标称截面积为 240～1600mm² 的交联聚乙烯绝缘电力电缆的分支安装。

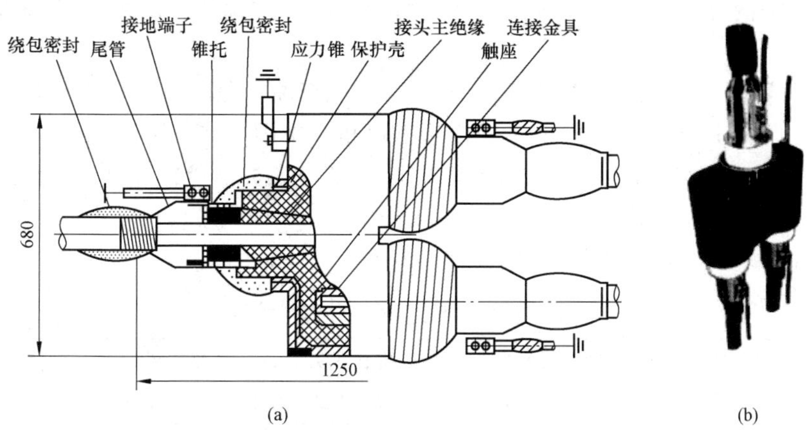

图 5-23　YJJFG-64/110kV 交联聚乙烯绝缘电力电缆干式“Y”形分支接头
(a) 形状图；(b) 产品外形

如图 5-24 所示为分支接头，其适用于额定电压为 64/110kV、截面积为 240～1000mm² 的交联聚乙烯绝缘电力电缆。该插拔式电缆分支接头，专用于高压支线电缆与高压干线电缆的相互“Y”接及双分支接。

安装时只需将电缆处理好后，装上应力锥并套入插拔头，然后一起插入任一插拔座，紧固相关零部件即可；当电网改造或更换电缆时，可将电缆拔出，更换少量零部件即可重新安装运行，具有易于安装维护等特点，能减少停电时间过长造成的损失。

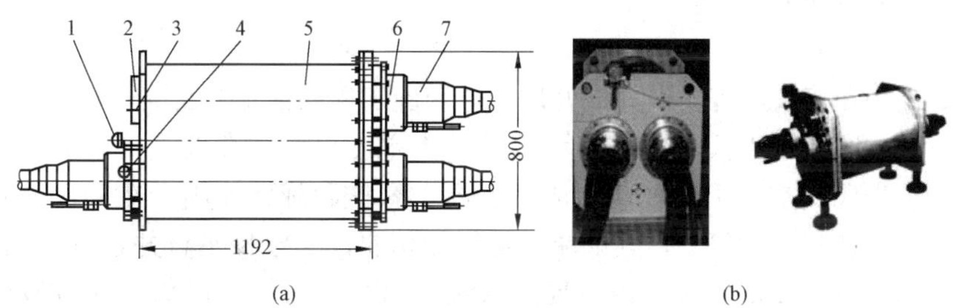

图 5-24　分支接头与安装结构示意图
(a) 结构图；(b) 产品外形
1—报警器；2—防爆膜；3—进气滑；4—压力表；5—分支箱体；6—插拔座；7—插拔头

四、电缆终端和中间接头的型号

国产充油电缆附件的型号表示方法如图 5-25 所示。

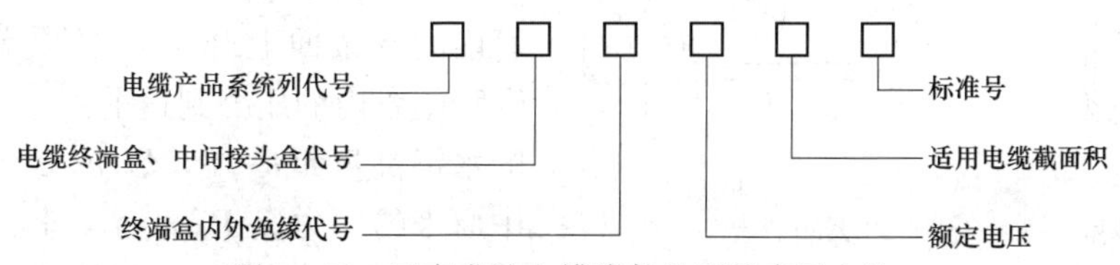

图 5-25　国产充油电缆附件的型号表示方法

电缆产品系列、电缆接头盒的代号：CY—自容式充油电缆；QZK—开闭式终端头；ZF—封闭式终墙头；JT—直接接头；JS—塞止接头。

电缆终端头内绝缘代号：1—增绕式绝缘；2—电容式绝缘。电缆终端头外绝缘代号：1—普通瓷套。

例如：CYZK11 110/240GB 9326—3 表示自容式充油电缆用的普通型增绕绝缘开闭式终端盒，额定电压为 110kV，用于 $40mm^2$ 电缆截面积，采用标准号为 GB 9326—3。

YJI220/600GB 932—4 自容式充油电缆用的直接接头盒，额定电压为 220kV，用于 $600mm^2$ 电缆截面积，采用标准为 GB 932—4。

充油电缆终端的型号及外形尺寸见表 5-2。

表 5-2 充油电缆终端的型号及外形尺寸表

型　　号	额定电压（kV）	瓷套最大外径（mm）	瓷套高度（mm）	终端高度（mm）	参考质量（kg/km）
CYZK11（普通）	110/220/330	420/510/600	1300/2200/3170	1700/2650/3990	400/700/1200
CYZF（SF_6 封闭）	110//220/330	220/260/300	700/1000/1130	1600/2100/2300	200/250/400
CYZX（油封闭）	110/220/330	300/390/435	1200/1700/2100	6315/6895/4600	500/590/550
CYZKG（高落差）	110/220	410/600	1300/2200	1800/2900	400/850

第二节　高压充油电缆附件制作

一、制作充油电缆附件的专用工具及设备

DL/T 453—1991《高压充油电缆施工工艺规程》指出，制作充油电缆终端、接头的专用工具及设备主要有如下类型。

1. 麦氏真空表

制作充油终端和接头，需要做真空处理，电缆施工用的油也要真空脱气。真空处理时要求测量其真空度。即使用麦氏真空表，该装置的真空度由汞柱高度直接读取，一般量程为 0.06～0.65Pa。麦氏真空表用硬玻璃制成，为便于悬挂和旋转而固定在一块木板上，在玻璃泡 B 的上端连有闭口毛细管 C，其下端与毛细管相连，C 与 D 平行并且有相同的管径，E 管中装有适量的水银，A 是一根直径与真空系统相通的开口管，H 管端用橡胶管接入被检测容器真空系统。

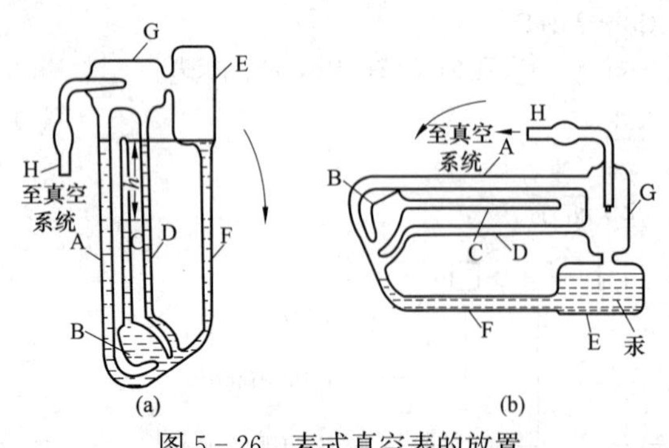

图 5-26　麦式真空表的放置
(a) 测量时直立；(b) 不测量时平放

测量时应按图 5-26（a）所示方式悬挂，此时 E 中的水银流向 A、D 和 B 泡，并将 B 泡及其上端管中的稀薄气体与玻璃容器隔离，稀薄气体的体积被压缩至 C 管上端，内部压力相应增大。当真空表直立到 A、D 管内的水银面上升与 C 管顶端相齐时，开管和闭管内的压力到达平衡，C 管比 D 管中的水银高度低一端，以 h 表示，玻璃泡 B 中原来的压力以 P_0 表示，其体积（包括 C 管体积）设为 V_0。当其体积被压缩后，压

力增大到 P_1 时，体积压缩到 V_1 时，根据波义耳定律，有

$$P_1V_0=P_1V_1 \tag{5-1}$$

因 A、D 管上端仍与被测容器相通，压力可以认为不变，这时 P_1 应为 D 管上端气体压力 P_0 与 C、D 管水银面高度差 h 产生的总和，即

$$P_1=P_0+h \tag{5-2}$$

若将式（5-2）代入式（5-1）并简化得

$$P_0=\frac{V_1}{V_0-V_1}h \tag{5-3}$$

由于大玻璃泡（图 5-26 中 B）的容积 V_0 比毛细管（图 5-27 中 C）V_1 容积大得多，故式（5-3）可近似的写成

$$P_0=\frac{V_1}{V_{01}}h \tag{5-4}$$

C 管 h 段毛细管的体积为

$$V_1=\frac{1}{4}\pi d^2h \tag{5-5}$$

式中：d 为毛细管 C 的直径。

将式（5-5）代入式（5-4）并简化得

$$P_0=\frac{\pi d^2}{4V_0}h^2 \tag{5-6}$$

其中，d、V_0 为真空表的固定常数，P_0 与 h 二次方成正比，因此从水银面高度差 h 值可检测得容器中的压力 P_0。

有关麦氏真空表的使用，请按厂家说明书规定操作。麦氏真空表不使用时应平放，如图 5-26（b）所示。因麦氏真空表不经常使用，长时间在高真空度下，水银容易挥发而被抽出，或由于真空度降低，油及油蒸汽将侵入真空表内，都有可能影响检测的准确性。

2. 冷冻盒

冷冻盒的作用是在测寻充油电缆故障时，或在有落差的充油电缆线路中制作终端头时，将油冷冻至胶状或凝固状态，以阻止油的流动。冷冻充油电缆时通常用液氮作为冷冻剂，液氮的液化温度为-196℃，运输时用杜拉瓶保存。图 5-27 为一典型的冷冻盒结构，常用铜皮和铁皮制成。

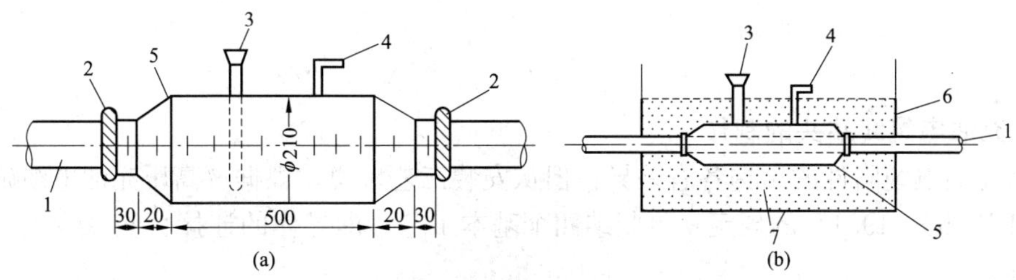

图 5-27　冷冻盒的结构

1—电缆；2—石棉密封；3—液氮注入口；4—氮气出口；
5—冷冻盒；6—保温箱；7—保温层

为了便于装拆，冷冻盒一般做成两半，使用时将两半包在电缆上，用螺栓紧固，再用毛毡圈等进行密封。

冷冻盒内有长短各异的两根管子，长管作为注入液氮用，短管用于排出气体。

冷冻盒外的保温层，通常由珍珠岩组成，其厚度一般在100mm以上。

3. 线铊

110kV接头梯步集中为2～3段，用刀削不仅不圆整，并且会使绝缘纸带松散，所以要用线铊钢丝在纸绝缘外一张一张撕剥，这样可使梯步均匀，纸绝缘不会松散。

如图5-28所示为用线铊钢丝剥削反应力锥的示意图，线铊的钢丝可用直径约为0.29mm的钢丝玄，铊为用铅浇铸成的直径为40mm、高为50mm的重铊。

4. 盛油容器

因不同油种不可混合，所以有专用的容器，一般包括用铝或锌板制作的壶、盆、桶、勺及漏斗等。

5. 感应加热桶

充油电缆的增绕绝缘材料，制造厂加工后方可浸在高压电缆油内，一般以铁桶包装出厂，但在制作充油电缆终端接头时，其增绕纸卷在使用要热到65～70℃。为了防止加热时过热老化及保证闪点低的高压电缆油的安全及油温过高不宜用，一般用明火加热，而采用感应加热法。感应加热桶如图5-29所示。

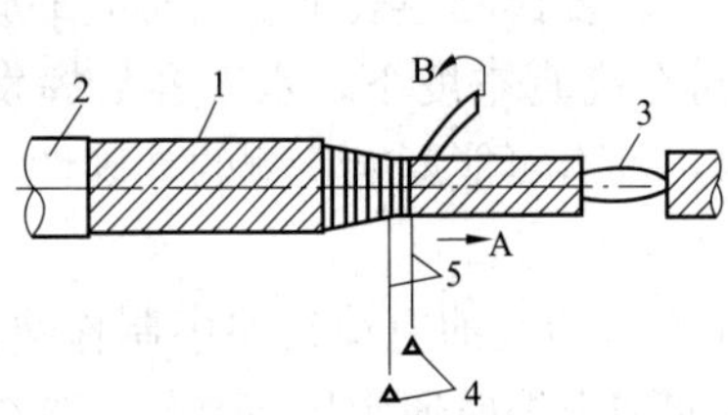

图5-28 用线铊钢丝剥削反应力锥的示意图

1—电缆线芯绝缘；2—电缆铅护套；3—压接套管；4—重铊；5—钢丝；A—钢丝移动方向；B—撕掉电缆纸

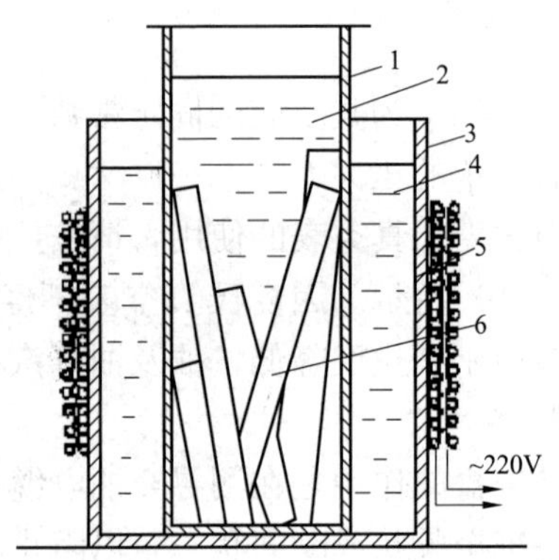

图5-29 感应加热桶

1—纸卷桶；2—绝缘油；3—感应加热桶；4—导热介质（油）；5—感应加热线卷；6—纸卷

二、充油电缆终端头的制作

尽管充油电缆附件的结构各有差异，但从安装工艺来说，根据《高压充油电缆施工工艺规程》（DL 453—1991）的规定，可归纳四个基本工艺，即导体的连接、绝缘绕包、搪铅和真空注油。

1. 制作准备及检查

(1) 现场准备及技术要求。按高压充油电缆附件制作技术要求，做好现场准备及检查工作。

为避免脏物污染绝缘和减少绝缘吸潮，制作现场应保持环境的清洁和干燥，相对湿度应不超过70%。在湿度较高的洞、室内制作中终端时，可用电炉加温干燥或安装合适的空气去湿装置，在室外施工，应尽可能选择干燥晴朗天气，绝不可在大雾或雨天施工。如果有风和尘土或者湿度很高，还应搭建合适的帐篷作为工作间。

电缆吊起就位，通常电缆在终端头支架内吊起后，电缆顶端距离终端头支架平面应不小于500mm，如图5-30所示。

电缆的弯曲半径应大于电缆的长度，且至少保证为电缆外径的20倍以上。为了保证电缆的另一端有足够容量的压力油，应接压力箱，以维持电缆在任何时候都保持在0.02MPa的油压。

将电缆吊起后，根据终端头支架结构决定剥切电缆外护层的终止点位置，一般取尾管下200～300mm，剥去终止点以上的电缆铅护套外的护层。为了便于剥削护层，可用喷灯均匀移动加热电缆外护层，再用铜丝将外护层终止点处的加强带捆绑固定并留出适当长度（以能恢复绕包到尾管铅封处为宜），用溶剂将其洗净卷绕保留。

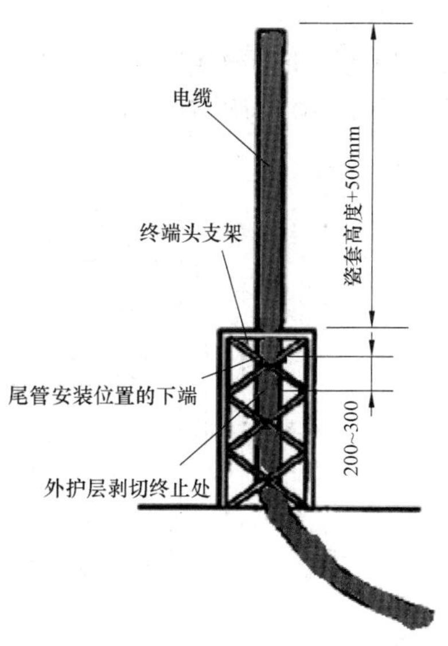

图5-30　电缆从终端头支架内吊起

（2）工具器材准备。制作电缆终端头前应做好工具器材准备，如刀、卡尺、油压钳和模具、扳手、钢丝钳、加热桶、麦氏真空表、喷灯等，并应清洁及保持干燥。

（3）终端盒零部件检查。施工前必须认真阅读制造厂提供的图样和安装说明书等有关技术资料。检查所有的零部件，以及施工前对电缆本体、压力箱、纸卷桶分别取油样进行测试。

2. 安装电缆及剥切电缆护层

高压充油电缆的重量较大，要搁置在临时支架上操作。接头的操作位置应置于电缆供油段的最高点，以防在制作接头的过程中电缆内的油过多流失和电缆绝缘进气受潮。两根被连接电缆的其余端应接上有足够容量的压力箱，确保在任何时候都能维持正常油压条件。

3. 剖铅、切断电缆线芯

按设计图样规定尺寸要求进行剖铅、切断电缆线芯。通常剖铅长度根据瓷套管高度决定。例如，当瓷套管高度为1200mm，出线杆孔深度为820mm时，剖铅长度为1260mm。

剖铅方法，即用弯刀在电缆的终端头铅护套终点上做圆周切口，如图5-31所示，并在被切铅护套全长划出相距10mm的两道轴向切口，先拉掉10mm铅条，然后剥铅护套。

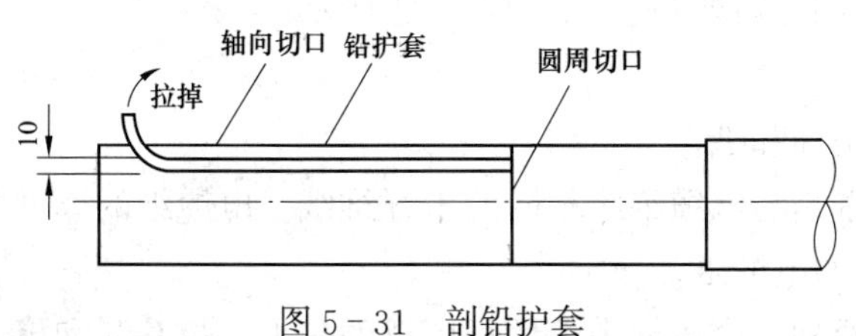

图5-31　剖铅护套

4. 导线压接

电缆终端头、中间接头的导线压接的质量，除要求应具有良好的电气强度和机械强度外，还必须保证导线接头处油路畅通。因此，施工应在油道中垫衬钢芯衬芯。导线连接用的钢芯如图5-32所示。

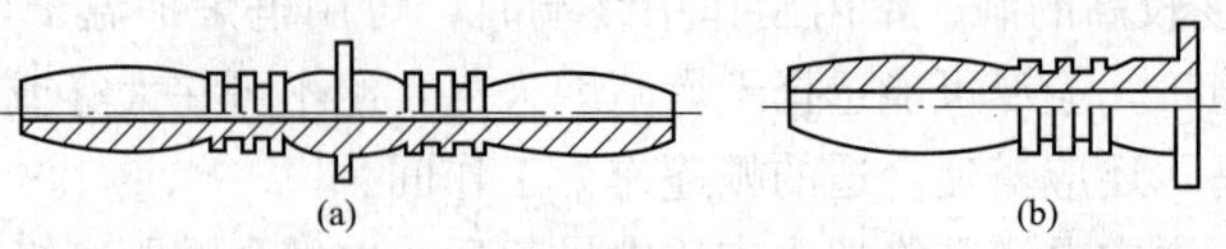

图 5-32 导线连接用的钢芯

（a）供中间接头用；（b）供终端头用

中间接头的导线连接采用压接连接。图 5-33（a）及表 5-3 所示为压接管的结构尺寸。图 5-33（b）为压接完后的情况。

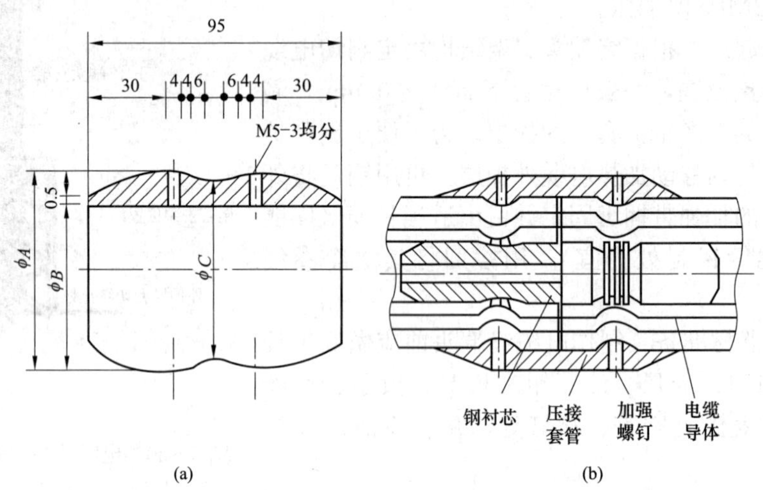

图 5-33 充油电缆直通中间接头导线连接

（a）压接套管；（b）导线连接压接后

表 5-3　电缆接头压接套管尺寸

套管部位	电缆截面积（mm^2）		
	33	41	52
ϕA（mm）	33	41	52
ϕB（mm）	24	29.4	38.6
ϕC（mm）	31	38	48.4

终端出线杆与电缆导线连接，可用卡接和压接方式，如图 5-34 所示。

5. 绝缘绕包

充油电缆绝缘绕包，主要采用的材料是油和纸。

终端头、中间接头的增绕绝缘所用的纸是与电缆绝缘相同的木纤维纸。电缆纸的厚度常为 125μm，有时也用 100μm 或 75μm 厚度的电缆纸。

充油电缆使用的油有矿物油和合成油两种，合成油中使用最广泛的是十二烷基苯和聚丁烯油。

（1）增绕绝缘式终端内绝缘绕包。剥除铅护套口 20mm 以上的半导电屏蔽纸（碳黑纸），留下 20mm 半导电屏蔽纸，以便终端与电缆屏蔽连接用。

按图样规定的尺寸，做绕包处理，并按顺序将各个纸卷包在电缆绝缘线芯上。

环氧套上的应力锥与增绕纸的应力应光滑过渡，如图 5－35 所示。应力锥的尺寸和形状必须符合图样的规定。

沿应力锥表面，从削铅口向上绕包半导体皱纹纸，其下端与上述电缆铅护套口上留出的 20mm 半导体屏蔽纸重叠，上端绕到环氧套的应力锥上 25mm 处为止。全部半导体纸应连续，不能留出空白点。

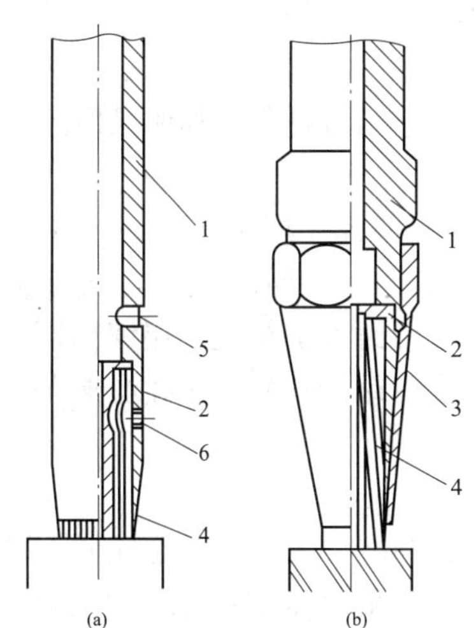

图 5－34　充油电缆终端出线杆与电缆导线连接

(a) 压接连接；(b) 卡接连接

1—出线杆；2—钢芯衬芯；3—卡接母线；

4—电缆导线；5—油孔；6—加强螺钉

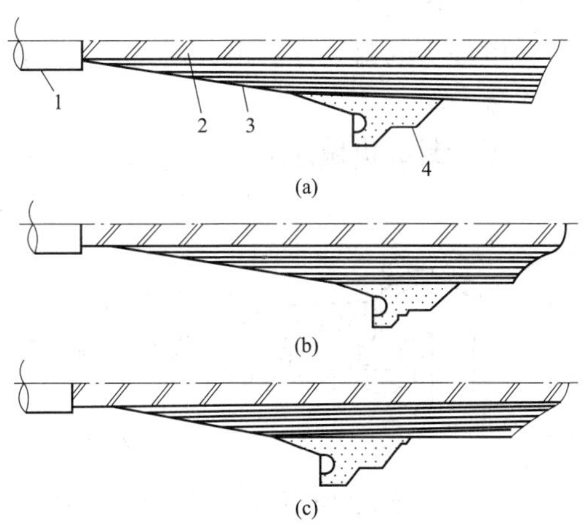

图 5－35　环氧套安装位置

(a) 正确；(b) 不良；(c) 错误

1—铅护套；2—绝缘线芯；

3—增绕纸绝缘应力锥；4—环氧套

在电缆铅护套上密绕 3～5 匝编织镀锡铜带，接着沿应力锥斜面连续绕到应力锥顶部。然后，将编织铜带转 90°折回到应力锥斜面上。用锡焊将编织铜带匝间和折回部分焊在一起，编织铜带的末段与铅护套焊牢。电缆终端头应力锥半导体屏蔽处理后的情况应如图 5－36 所示。

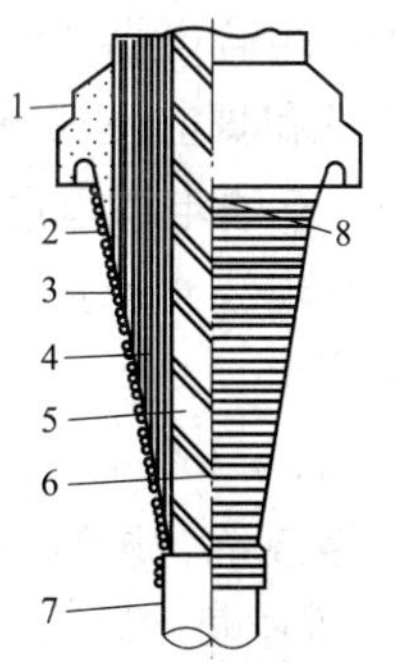

图 5－36　电缆终端头应力锥半导体屏蔽处理

1—环氧套；2—编织镀锡铜带；

3—半导体皱纹纸；4—增绕纸绝缘应力锥；5—电缆线芯绝缘；

6—锡焊；7—电缆铅护套；

8—编制铜带转折处

(2) 电容锥式终端头内绝缘绕包及电容饼式终端头内绝缘绕包。电容锥式终端头内绝缘的绕包方法、电容饼式终端头内绝缘的绕包方法与上述增绕式终端头内绝缘的绕包基本相同。

电容锥式终端头内绝缘绕包及电容饼式终端头内绝缘绕包，都没有环氧套。因此，电容锥式终端头内绝缘绕包方法是在内绝缘纸层内附加若干个电容极板（铝箔）。

电容饼式终端头，不是在内绝缘层中附加电容极板，而是将工厂预制的电容饼元件逐个套在电缆增绕线卷上。

电容锥式终端头内绝缘绕包基本工艺是：①检查极板；②制作极板安装高度标尺；③按标尺标定极板位置进行绝缘绕包，直到最后一号极板绕包纸卷完成，最后一号极板需用与 0

号极板同样的方法引出电极引线；④将 0 号极板的引出线与终端头的出线杆连接，最后将一号极板的引出线与应力锥半导体屏蔽相连。

电容饼式终端头内绝缘绕包方法：①检查工厂预制的电容饼元件，并将电容饼元件与增绕纸放在感应桶加热中预热到 60～70℃；②完成少量的增绕纸卷后，依次将撑板和各个电容饼元件套在增绕纸卷外；③将顶上一个电容饼上端引出线与终端头出线杆连接，最底下一个电容饼下端引出线与应力锥半导体屏蔽相连接；④安装瓷套，完成搪铅工艺；⑤终端制作完，还应用压力箱油冲洗及对终端头进行真空注油处理。

6. 搪铅及用铜丝增强电缆接头

搪铅是电缆头的密封方法之一，尤其重要，必须按工艺流程进行，具体操作已再前述说明，不再重复。

为了加强铅封的机械强度，有时还可以在铅封外紧密绕扎一层 1.0～2.0mm 的镀锡铜丝并用锡焊固定，如图 5－37 所示。这一方法可在双层铅封中使用，即在第一层铅封 2 上绕扎一层镀锡铜丝 3，然后在铜丝上再缠第二层铅封，适用于有落差线路的低端接头和终端头的铅封。

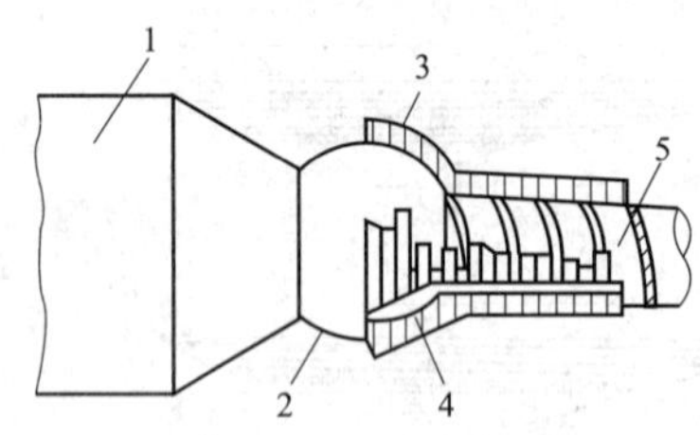

图 5－37 用铜丝增强电缆接头
1—钢套管；2—铅封；3—镀锡铜丝；4—锡焊；5—电缆加强铜带

7. 真空注油

终端头和接头是在标准大气环境中进行制作的，不仅绝缘中会吸收一些潮气，而且纸层中也会夹含大量空气，因此接头安装完成后必须做真空处理。除去绝缘中的空气和潮气之后，再在真空状态下将合格的电缆油注入终端头或接头内，按标准进行真空注油。

上述主要介绍开敞式终端头的基本制作工艺。

关于气中终端和油中终端头的制作工艺，从施工角度来看，可完全参考上述方法执行。由于气中终端和油中终端头的结构尺寸较小，制造厂多将内绝缘电容锥在厂内预制好，现场施工时只要将内预制电容锥套在电缆上即可，制作工艺比开敞式终端头简单得多。如 220kV 全封闭式组合电器用终端的基本工艺：准备工作→预制电容锥安装→安装环氧绝缘套管→搪铅→冲洗和真空注油→终端头装入封闭室内。

三、充油电缆直通接头的制作

充油电缆直通接头制作与 110kV 充油电缆终端制作相同。下面介绍直通接头的制作方法及程序。

1. 准备工作

场地准备、组装检查和加热绝缘材料与 110kV 充油电缆终端的方法相同。

2. 剥护层

（1）220kV 直通接头，麻护层剥切尺寸是长端为 21.2mm，短端为 900mm（绝缘接头为两侧各 1520mm）。

（2）锯铜带自中心起两侧各为 700mm，松开 400 mm，揩干净并绕包在铅包上。

（3）揩净铅包，包临时塑料带，套入铜套管时不应碰到护层的沥青，绝缘接头套铜套管时，要注意接地柱的方向应该成对，并套入绝缘法兰。

剥去电缆外护层后 ，用汽油擦净电缆护套，将电缆接头套管分别套在被连接的两根电缆上，如图 5－38 所示，图中 A 表示裸铅护套长度，B 表示 1/2 接头长度。

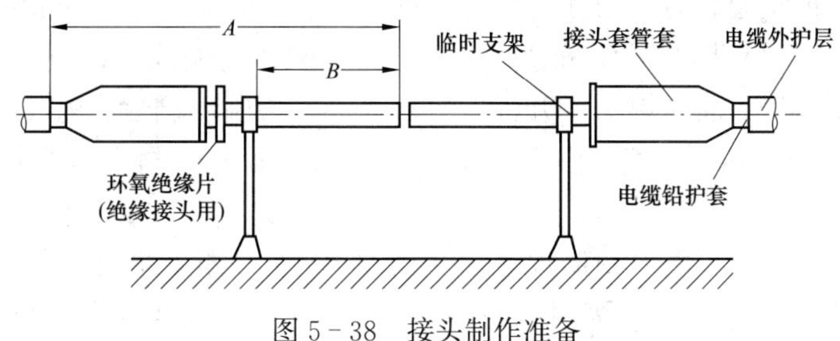

图 5－38　接头制作准备

3. 剖铅

实施接头制作，剖铅工艺时，先根据放到临时支架上电缆，再从中心分别到两侧长度为 685mm 处锯断，并将锯屑冲洗干净后，并至剖铅口处包缠干净的临时塑料带 270mm 后，切除电缆纸，完成电缆的剖铅工艺。

4. 导线压接

插入钢衬芯并套上压接管，按工艺技术要求，用油压钳压接。

5. 切剥反应力锥

剥去两段被连接的电缆的铅护套，并分别在这两段电缆的线芯绝缘上切削反应力锥。最后用热油冲洗净反应力锥上残留的纸屑和工艺过程中污物。

6. 绕包内绝缘屏蔽

先在压接套管上均匀、平整地绕包半导体皱纹纸，两端与反应力锥端部的电缆半导体纸相搭接。在直径变化处绕包皱纹纸应注意平滑过渡、服贴，严禁出现空白点，翘角等问题。然后按图 5－39 所示方法，包绕编织铜带。

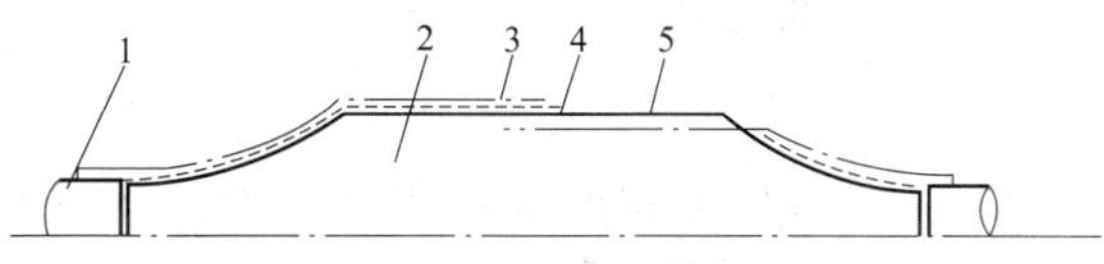

图 5－39　绝缘接头绝缘屏蔽结构
1—电缆铅护套；2—接头绝缘；
3—编织铜带（点线表示）；
4—半导体皱纹纸（短虚线表示）；5—编织铜带

对于绝缘接头，其外层的半导体纸和编织铜带是断开的，并且要求有足够的绝缘强度。

7. 安装套管与搪铅和恢复加强铜带

将预先放置在电缆上的套管拉入接头的内绝缘上，注意不要碰坏内绝缘，固定好套管的位置后，搪铅。封铅冷却后，立即恢复加强铜带，并按标准进行真空注油。

8. 安装沥青盒和灌注沥青胶

将两半沥青盒罩在接头上用螺栓连接，同时将制造厂提供的沥青胶加热熔化，从沥青盒的注入孔徐徐注入，直到灌满。

9. 其他工序

完成上述工序后，再接引下线、包护层及安装混凝土保护盒或绝缘保护盒。

因充油电缆绝缘接头实际上是直通接头的一种，其导线连接和内绝缘与直通接头相同，仅仅是增绕绝缘外面的半导体纸和金属屏蔽是断开的。因此，制作方法是一样的，此处就不再重述。

四、220kV 塞止接头的制作

220kV 塞止接头的制作与电缆直通接头的制作基本相同。基本制作程序为：现场准备

→剥护层→剖铅→压接→用线铊剥切梯步→绕包纸卷及装环氧套管→组装塞止外壳及封铅。

绕包纸卷和装环氧套管时，应注意要绕包两端内腔纸卷，绕包时要勤冲洗。绕包外腔纸卷，在两端应力锥上包炭黑皱纹纸和直径为2.6mm的镀锡铜线。铜线与铅包焊接，冲洗。套入环氧套管，压接杆卡装密封后，开大两端压力箱，检验环氧套管内腔油道是否畅通。压接杆伸出（单室为130mm，双室为65mm）环氧套管端面后，再套入高压屏蔽电极及安装引线。

组装塞止外壳及封铅，将密封圈放入法兰槽内，拧紧螺栓，并注意拧紧力矩均匀，同时注意油嘴应在垂直的位置。关闭两端压力箱，拆下所有闷头；再在两端封铅，并分两次进行，最后绕加强带。

上述工序完成后，按标准规定进行真空注油。

五、有落差的电缆线路接头的制作

1. 有落差的电缆线路终端头和接头的制作方法

真空法，适用于电缆线路落差为11～30m的下终端头接头制作。施工时必须在电缆上端的封帽外再套装一个附加封帽，将电缆封帽和附加封帽清洗干净，套装后在附加封帽上接压力箱并用真空注油的方法使附加封帽内充满油，保持一定的正压力，如图5-40所示。下终端头端制作完毕（包括真空注油）后，再拆除上端的附加封帽。

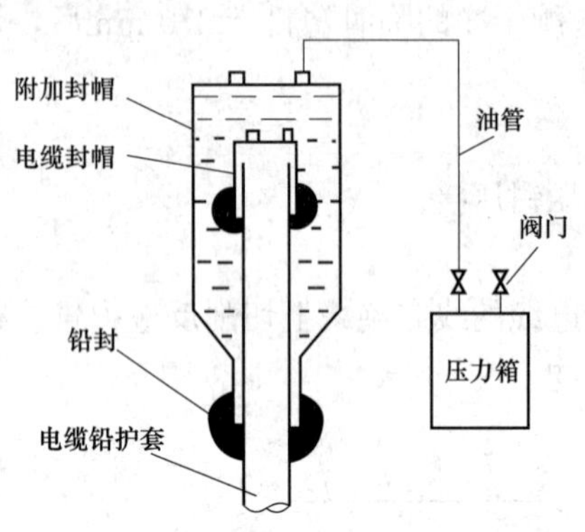

图5-40　真空法制作高落差终端头时电缆上终端密封处理

冷冻法，冷冻法制作高落差电缆下终端头如图5-41所示，冷冻点应选择在距下终端头10～15m处，避免冷冻点靠电缆终端头太近而影响搪铅和增加液氮消耗量。

2. 冷冻法施工工艺及冷冻的安全措施

（1）在电缆选定的冷冻点处装冷冻盒，并用湿毛毡加上用水调和的石棉泥塞缝密封。

（2）套上保温箱，将液氮瓶（杜拉瓶）以10kPa压强从冷冻盒的注入孔注入微量液氮，预冷5～10min。

如果施工中冷冻盒缝隙处密封不良，有液氮和氮气泄出，可用毛刷沾水在泄漏处涂刷，直至密封良好。

（3）在保温箱内填入珍珠岩，装上箱保温，继续注入液氮并及时补气，使冷冻盒充满液氮直至电缆油冻结（全部冷冻时间为1～2h）。

（4）开启电缆封端螺帽检查电缆油，如果只有少量油溢出，经一段时间后不再有油溢出，表明油已冻结，每隔15～30min补充一次液氮。

（5）电缆头制作完毕并真空注油后，停止注入液氮，拆除保温箱和冷冻盒，让电缆自行解冻。制作一个

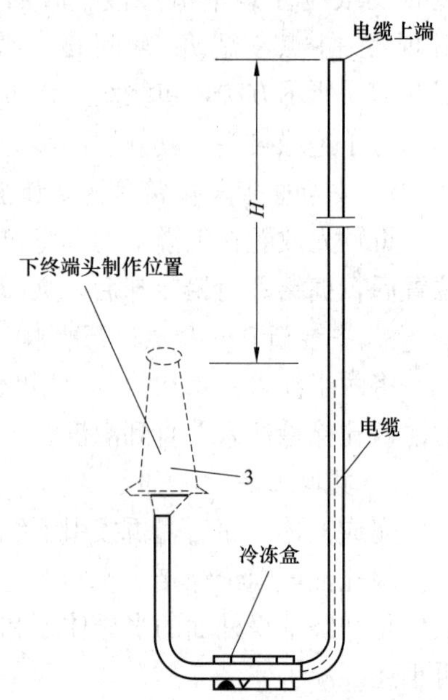

图5-41　冷冻法制作高落差电缆下终端头

220kV 终端头需要液氮约 150L，冷冻时间约为 15h。

冷冻的安全措施（DL 453—1991《高压充油电缆施工工艺规程》）的规定：

1）操作人员应戴面罩、帆布手套和脚套，以防液氮溅出冻伤皮肤，严禁用手模冷冻设备；

2）氮液瓶和冷冻盒的出气口不应堵死，非操作人员应远离冷冻部位；

3）冷冻场地通风良好，以免工作人员窒息；

4）冷冻盒的出气口和注入口宜包绝缘材料；

5）搬运液氮瓶时应轻拿轻放，存放和运输时应打开排气阀，使压力表指示为零，禁止倾斜和放倒。

六、充油电缆油真空注油和油务管理

充油电缆油务工作的基本任务是监视电缆本体及其终端、接头等附件的电缆油的性能，保证施工及检修用油的合格。油务工作主要包括电缆油的处理、取样及施工中的油务管理等工作。

1. 充油电缆真空注油

（1）油处理装置。充油电缆油的处理主要是电缆油的去气，用于除去电缆中的气体及向电缆终端注油的装置，称为油处理装置或称为油车。

如图 5－42 所示为油处理装置示意图。它由贮油罐、真空泵、油泵、去气缸、过滤器、加热器、阀门和不锈钢管等组成。贮油罐为密封容器，通常由铝合金和不锈钢制成。国产油处理装置通常容积为 300L 左右，可满足一个 220kV 或 330kV 开敞式终端头的需油量。贮油罐侧壁装有油位指示器，可显示出贮油罐内的贮油量。油泵是油循环和注油出油的动力源。去气缸，一般是一个直径为 250mm 的透明玻璃圆筒。去气缸内装有喷油嘴，可将电缆油喷成雾状提高脱气效果。过滤器用高围（2000 围以上）钢丝或陶质滤棒制成，加热器一般采用间接式电热元件，即电缆油不与加热元件直接接触，电缆油在密封的螺旋管内流动，电热元件在外管加热。

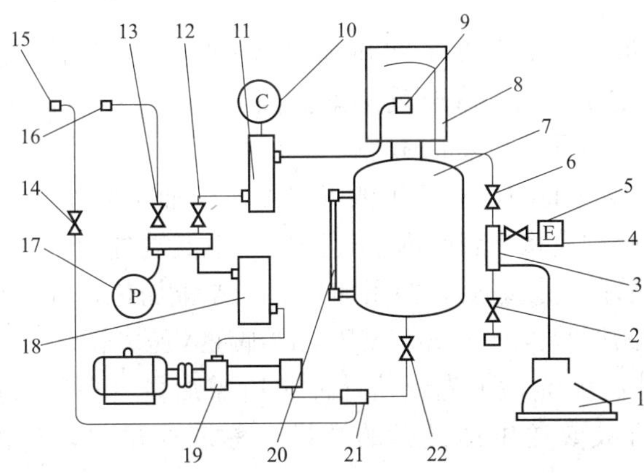

图 5－42　油处理装置示意图

1—真空泵；2—油气分离器放油阀；3—油气分离器；4—麦氏真空表；5、6—真空检测阀；7—贮油罐；8—去气缸；9—喷油嘴；10—触点温度计；11—加热器；12—喷油阀；13—出油阀；14—进油阀；15—进油接口；16—出油接口；17—压力表；18—过滤器；19—油泵；20—油位管；21—三通接头；22—循环阀

DL/T 596—1996《电力设备预防性试验规程》规定：充油电力设备在注油后应有足够的静置时间才可进行耐压试验。如果制造厂没有规定静置时间，则应依据设备的额定电压：500kV电压等级应大于72h；220及330kV电压等级应大于48h；110kV及以下电压等级应大于24h。

（2）电缆油的真空脱气处理。充油电缆是否进行真空加油，将直接影响其设备中氧气、残留总气体、水分的含量，从而影响油质的氧化速度和设备运行的可靠性。因此，必须对进气后的充油电缆及时进行真空处理。

在图5-41中，电缆油的真空脱气处理主要经过进油、脱气和出油三个基本程序。

1）进油处理。进油前应检查被处理油的介质损耗因数，介质损耗因数合格的油方可进入处理装置。油车进油前要先开启真空泵，抽去气缸及贮油灌内的气体。当真空度达到26Pa后将装有滤网的吸油管插入油桶，打开进油阀、喷油阀和真空阀（其他阀门均关闭），开启油泵，油即进入贮油灌内，为了不影响脱气效率，当油位管指示贮油灌油量达3/4高度时，关闭进油阀停止进油，因为贮油灌内油量过多会影响脱气效率。去气缸的结构如图5-43所示。

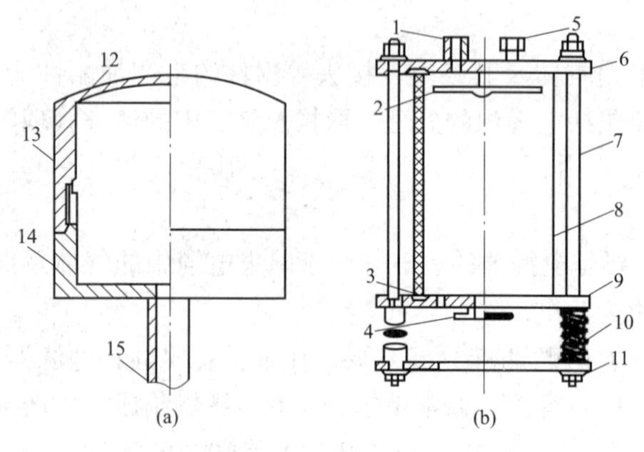

图5-43 去气缸结构

（a）去气缸；（b）去气缸内的喷油嘴

1—抽真空管接头；2—挡油板；3—密封垫圈；4—法兰；5—真空表管接头；6—上盖；7—螺栓4根；8—玻璃圆筒；9—下盖；10—弹簧；11—基础板；12—喷油孔；13—盒盖；14—盒底；15—油管

2）脱气处理。在进油工作结束后，关闭进油阀，开启循环阀，真空泵和油泵继续运转，油即进行循环脱气。

此时，可根据去气缸内喷油情况，所喷出的油柱到气缸8时能四壁溅开。脱气时，油温度为40～50℃，过高的油温将影响真空度。当温度低于30℃时，可用加热器加热，当经过一定的时间（一般为2～3h）循环脱气，整个真空系统内的真空度逐渐提高，直到真空度达到6.5Pa时，去气缸喷出的油柱已无明显气泡，即可以结束脱气工作。

3）出油处理。先将要补油的压力箱用油管与油车出油接口连接。接出油管时，注意不能将空气混入油管中，必须先将油管路内空气排尽（用低端进油，高端排气的办法），然后在喷油的情况下连接。管路连接好后，关闭加热器，停止加热，开启出油阀，调节喷油阀，减少喷油量，使压力表的读数为0.3～0.4MPa，油即注入压力箱。

如果用油车直接冲洗电缆，事先应估计冲洗所需油量（单位长度电缆在整个温度变化过程中从供油设备所吸或送供油设备的油量，称需油量。），将出油接口通过油管与电缆连接。

2. 电缆油的取样

电缆油取样时应保证试验油不被污染、受潮，取好油样的玻璃瓶应密封，避光保存于相对湿度不超过70%的试验室内。当油温度低于环境温度，或相对湿度高于75%时，不允许取油样。有风、沙、雨、雪和雾的天气也不宜取油样，确实要取油样时，必须有有效防止油受潮及受污染的措施。电缆敷设后取油样及终端头、接头取油样时应避免电缆终端头、接头的油样与压力箱的油混合，应保证取得的油样的真实性。取油样前必须用被取的油将取样器的容器进行刷洗。刷洗时不得用手触及取样器和与油样接触的部分。

(1) 容器（油桶或纸卷桶）中取油样。自容器中取油样时，应取自容器中电缆油最有可能被污染的容器下部（ 离桶底约 50mm）的油。装油样的容器应用广口玻璃瓶，并且最好为琥珀色的，如果用透明的玻璃瓶，则取样后暴露在日光中的时间不应超过 5min。装油样的玻璃瓶，取样前必须用中性洗涤剂彻底清洗，再用大量自来水冲洗，然后用蒸馏水冲洗，滴干后再放入烘箱内（温度 105～110℃）烘 1h。清洗时不允许用容易脱落纤维的破布或棉纱等擦拭容器。另外，在试瓶上用标签标明油桶、电缆或终端头的名称、编号、取样日期、气候等。

在油桶、纸卷桶中取油样时可用吸油管（见图 5－44）吸取容器中电缆。吸油管使用前必须按清洗、干燥试油瓶的方法进行彻底清洗、干燥，然后立即密封，以防污染和受潮，只有在使用前才能启封。在油桶和纸卷桶中取油样，必须在其运到场地放置 8h 以后再进行，并逐个抽油做试验。

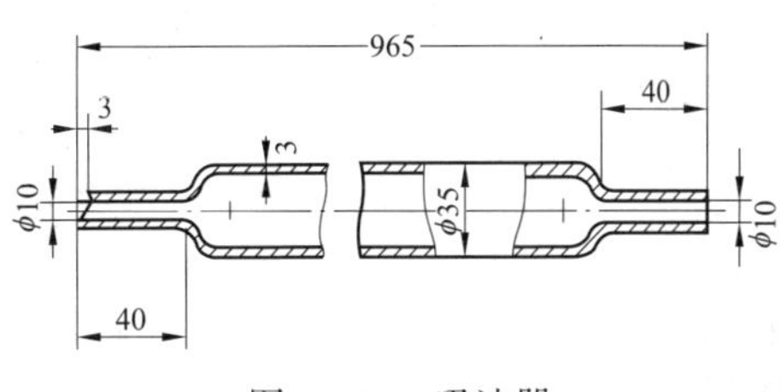

图 5－44　吸油器

(2) 安装前取油样。对新到货的压力箱和电缆，在安装敷设前应取油样进行试验。

首先用不脱纤维的清洁布擦去压力箱阀门或电缆封端帽上的污物和尘埃；再卸下压力箱阀门或电缆封帽上的堵头，开启阀门放掉一部分（约为 300mL）油冲洗排油口和涮洗试油瓶，最后将电缆油慢慢地灌入油瓶中。取电缆中的试油时要防止电缆进气，取试油的一端电缆应向上倾斜或垂直，电缆盘压力箱油压不宜低于 0.1MPa，否则应将压力箱补油后再取试油。

(3) 电缆施工后取油样。图 5－45 为《高压充油电缆施工工艺规程》（DL 453—1991）推荐的关于取电缆本体油样的示意图。

首先将 A 端的压力箱 14 关闭，打开 B 端压力箱，此时从 A 端的电缆双孔封端上取出的油样才是真实的电缆的油样。反之，当 A 端压力箱 1 不关闭时，从 A 端取出的电缆油样就混合了 A 端压力箱的油样。如果 B 端没有压力箱，则应先接上临时压力箱以维持电缆线路的正常油压。如果取油样时，压力表 2 的读数小于最小允许油压则必须补充对端油压。

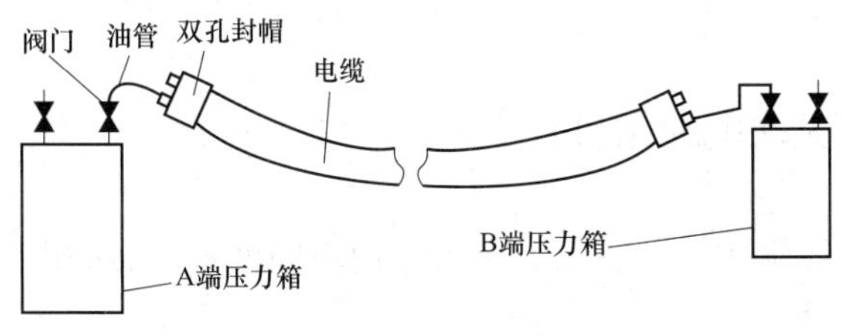

图 5－45　取电缆本体油样的示意图

值得注意的问题，取样应在终端安装完毕且充油达到设计油压并静置 72h 后进行；电缆终端的油样取自出线杆，接头的油样取自上油嘴。其他取油样事项与取压力箱油样相同；当在终端头尾管取油样时，防止空气进入尾管，严禁关闭对端压力箱。

电缆线路各取样位置及油量见表 5－4。

表 5-4　　电缆取油样部位及油量

取样部件	终端头		接头（直通接头、绝缘接头、塞止接头）	
取样时间	施工时	竣工及运行时	施工时	竣工及运行时（限于塞止接头）
取样部位	下尾管	下尾管	上油嘴	上油嘴
取油样数量	耐压及介损试验二瓶分析一瓶	耐压及介损试验二瓶，色谱分析一瓶	耐压及介损试验二瓶	耐压及介损试验二瓶，色谱分析一瓶

从终端头尾管取油样的管路示意图如图 5-46 所示，如果取油样时压力表 2 的读数小于允许油压，则必须补充对端压力箱的油压。

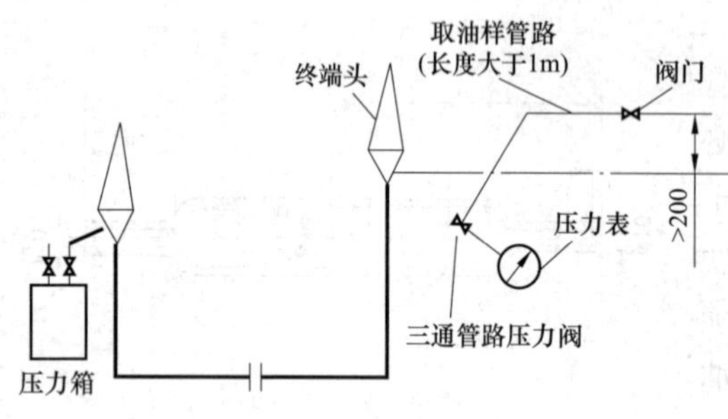

图 5-46　从终端头尾管取油样的管路示意图

3. 施工中的油务管理工作

施工中的油务工作包括电缆的锯断及封铅、油管路的连接和电缆油的管理。

(1) 电缆的锯断及封铅。锯断电缆前要使待锯电缆高出两侧电缆，以防电缆进气及沥青进入电缆。电缆锯断后，拉出一段油道螺旋管并除去铜末。

为了有利于排除封帽头内的气体，应先铅封下油嘴再铅封上油嘴。对双孔螺帽封铅后，再开启对端压力箱排出因搪铅造成的过热油。

(2) 油管路的连接。用焊锡丝焊接油铅管与油嘴，松香及焊锡不得漏入铅管内，焊后要用合格的电缆油冲洗干净。钢管与油嘴的焊接可用铜焊或银焊，焊后必须清除内壁氧化皮并用电缆油冲洗。

各种临时性油管用后应放尽油并滴干，并将其两端封保管、待用。

油管路连接必须采用低处进油高处排气，喷油连接的方式进行操作，以免空气混入。喷油连接时必须清除空气，无气泡后再连接。

(3) 严格管理电缆油。用于灌装合格电缆油的新油桶必须经专业单位清洗干净。盛放废油的空桶如重新用于灌装合格油，必须按新桶清洗办法清洗干净后才能使用。

冲洗过电缆、电缆终端、中间接头的油及电缆纸卷桶的剩油可以回收，称为回收油。冲洗过的油、管路剩油及油试验回收油称为废油。回收油、废油二者不能混，要分别保管。

第三节　高压交联电缆附件制作

高压交联电缆终端及接头与高压充油电缆附件安装有很大区别，而不同型式的交联电缆终端与接头也有所不同。

一、气体绝缘密封 GIS 终端安装

本工艺依据某公司提供的相关电缆接头产品安装技术工艺说明介绍 JYZGG-64/110kV 交联聚乙烯绝缘电力电缆气体绝缘密封 GIS 终端的安装方法。

1. 制作准备及电缆处理

(1) 清理待安装终端零件是否齐全，产品是否符合电缆的要求，同时应仔细阅读其产品

说明书等。

（2）将电缆末端锯齐，并确保电缆末端高出 GIS 开关底部法兰平面 600mm 后，为了便于安装，应将电缆临时固定于电缆安装架上为宜。

（3）处理电缆金属屏蔽。

1）铝护套电缆金属屏蔽处理：①自电缆末端下量 1200mm 为 PVC 外护套末端（见图 5-47）后，从 PVC 外护套末端向上剥去 300mm 长 PVC 外护套，再在 PVC 外护套末端向上量 100～250mm 段铝护套做搪铅处理。自电缆末端下量 130mm 段刮去表面的石墨。②确定铝护套末端，即自电缆末端下量 960mm 为铝护套末端，其余剥去，并将铝包断口倒圆；用线扎紧并焊牢铜编织带（35mm^2×0.25m×4 根）于搪锡的铝护套段上。

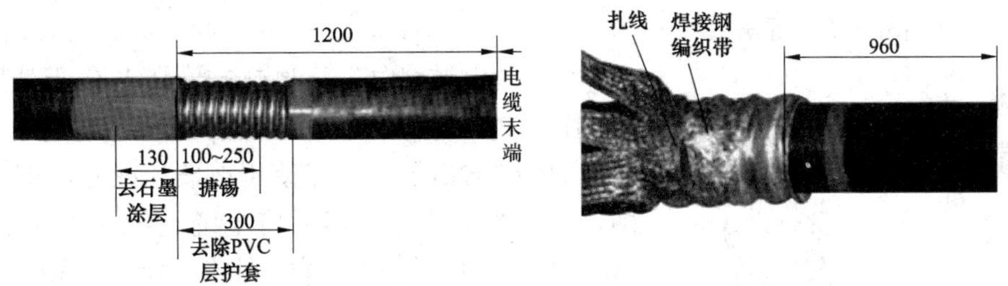

图 5-47　铝护套电缆金属屏蔽处理

2）铜丝屏蔽电缆处理。确定 PVC 护套末端并搪铅、去石墨，自电缆末端［见图 5-48(a)］下量 1000mm 为 PVC 外护套末端，剥去此末端以上的 PVC 外护套；从 PVC 外套末端 270mm 段刮去 PVC 外护套表面的石墨涂层后，在 PVC 护套末端上量取 40mm 处，用铜扎线将铜屏蔽线扎牢，扎牢后用焊锡焊牢铜屏蔽线、带，并在扎紧处将铜屏蔽线反折［见图 5-48（b)］，保留反折的铜屏蔽线 500mm，其余铜屏蔽线剪去。

3）铜丝屏蔽加铅护套电缆处理。自电缆末端（见图 5-48）下量 1200mm 为 PVC 外护套末端，剥去此末端以上的 PVC 外护套，保留 50mm 的铜线，其余铜线剪去；自电缆末端下量 960mm 为铅护套末端，其余铅护套剥去，并清除剩余铅护套表面［见图 5-49（b)］，最后去掉石墨层，焊接铜编织带。

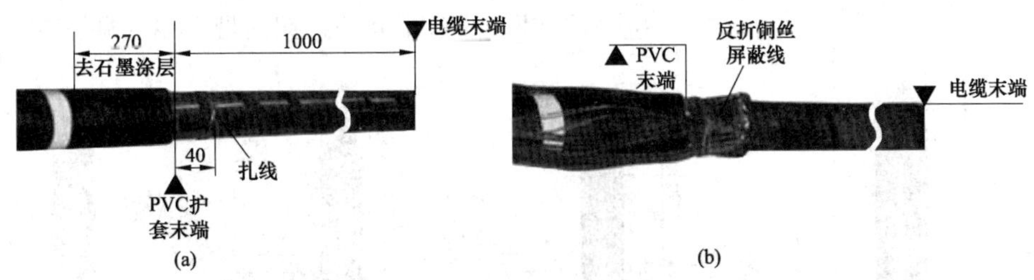

图 5-48　确定 PVC 护套末端及反折铜丝

（a）确定 PVC 护套末端；（b）反折铜丝

（4）以 PVC 护套的末端向上 300mm 处为起点向上绕包加热带，对电缆做 75～80℃历时连续 3h 加热以消除机械应力并校直电缆，温度不宜超过 80℃。

（5）自金属屏蔽端向上量 40mm 长包绕一层 PVC 胶粘带，将 PVC 胶粘带以上半导电缓冲层去掉。

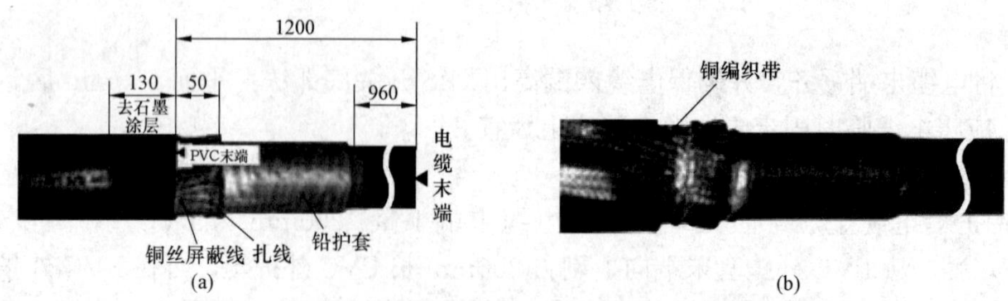

图 5-49 确定 PVC 护套末端、清除铅护套

(a) 确定 PVC 护套末端；(b) 清除铅护套

（6）自电缆端向下量取 70mm 剥去主绝缘，自主绝缘端向下量 70mm 将主绝缘削成铅笔状，上端露出 5mm 导体屏蔽。

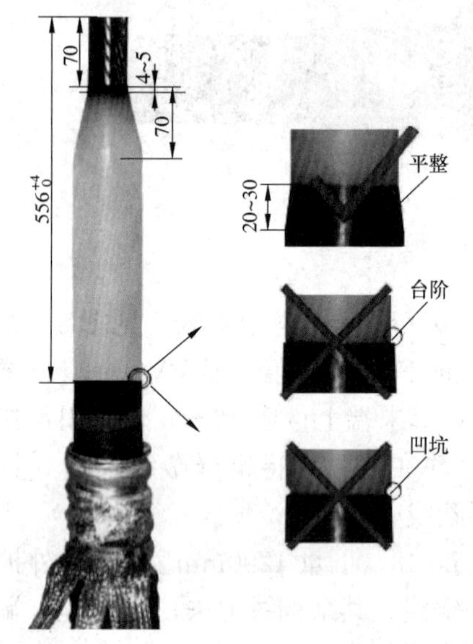

图 5-50 用 PVC 胶带作为带临时标记、电缆绝缘表面打磨要求

（7）自电缆端向下量取 556_{0}^{+4}mm 长作为外导电层端（见图 5-50），并用 PVC 胶带作为带临时标记，去掉标记以上的外半导电层，只能使用玻璃片或专用刨刀小心刮削，要求光亮平滑，然后将电缆绝缘表面再次用 120、240、320、600 号砂纸打磨，外半径导电层端向上 300mm 以内的表面要精细打磨，并去掉临时标记，将外半导电层末端 20～3mm 长打磨成斜坡，使其与主绝缘平滑过渡。

（8）测量并记录正交两方向的主绝缘外径、外半导电层外径，所测值与应力锥比较，应大于应力锥内径 2～5mm。

（9）用清洁布清理外半导电层表面。然后自半导电缓冲层开始以半重叠绕包一层 PVC 带，包至距外半导电端以下 90mm 处，然后再返回。自外半导电层末端以下 90mm 起到金属屏蔽端止，自上而下先半重绕包一层铅带，然后自下而上再半重叠绕包一层镀锡铜网带，铅带、铜网带与金属屏蔽搭接 15～20mm，铜带用镀锡铜扎线交叉扎紧后焊锡，再从铜带网顶起自上而下重叠绕包一层透明 PVC 带并盖过铜网带下端（见图 5-51）。

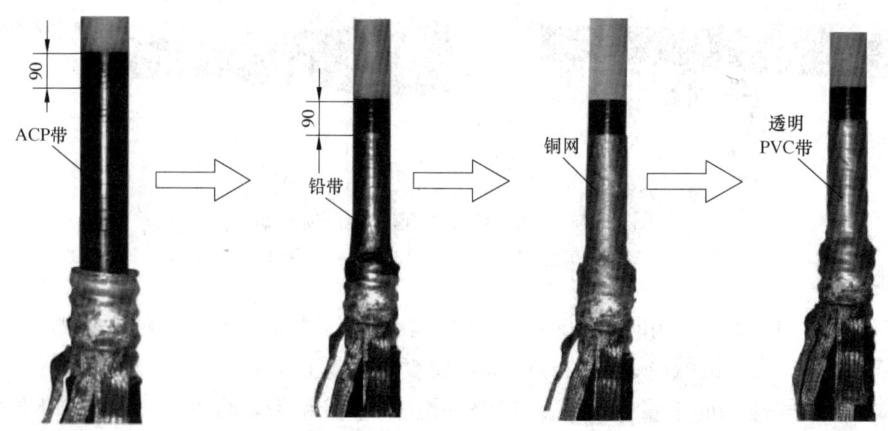

图 5-51 绕包铅带、铜带、焊锡及绕包 PVC 带等工艺

2. 装配应力锥

首先依次套入热缩管、尾管、密封圈（ϕ190×ϕ5.7）、锤托再装法兰垫圈和法兰（安装方向应凹面朝上）。再用浸有清洁剂（应力锥只能用无水酒精——乙醇）的清洁巾分别将应力锥内外表面、电缆绝缘表面及半导电层清洁干净并待其清洁剂完全挥发，再做下一工艺。

自外半导电层末端向下量 60mm PVC 胶带并做标记，然后在电缆绝缘表面、应力锥内孔涂硅油，将应力锥套入电缆内，应力锥底部标记平齐。

用塑料薄膜重叠绕包一层透明 PVC 带（见图 5－52），将电缆和应力锥临时包好。再将接线柱套入线芯并按表 5－5 选用适当压模压接好，去除压接处的尖角毛刺，用清洁巾将金属粉尘清理干净

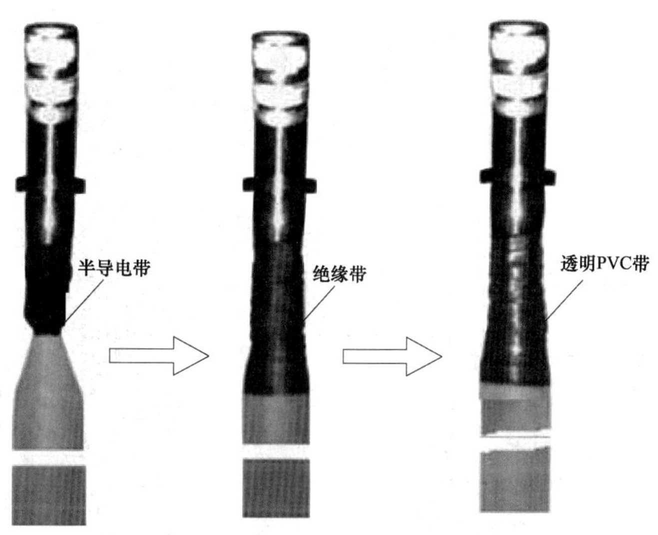

图 5－52　重叠绕包一层透明 PVC 带工艺

表 5－5　铜接线柱压接外径 *D*、压模规格选配表

项目	1	2	3	4	5	6	7	8	9
电缆截面积	240	300	400	500 630	700 800	1000	1200	1400	1600
D	ϕ31	ϕ35	ϕ40	ϕ47	ϕ54	ϕ58	ϕ64	ϕ66	ϕ70

清理干净铅笔头处的硅油，用半导电自粘带从导体屏蔽到接线处以半重叠绕包两层；然后在其上绕包乙丙橡胶自粘带，并把接线柱与铅笔头间的凹坑填平；再用透明 PVC 带以半重叠绕包两层盖过橡胶自粘带。套入应立锥前应用自粘带 PVC 带绕包电缆导体 3～5 层，以防应力锥表面被导体挂损，套入之后拆除临时 PVC 带。

3. 组装电缆终端

（1）去掉电缆绝缘及应力锥上的临时包带，在应力锥上的锥体表面均匀抹一层硅油，套入挡圈，将密封圈 ϕ53×ϕ4.5 放入接线柱的凹槽中，将已进行清洁处理的环氧套管套入电缆，直至接线柱从环氧套上孔露出（见图 5－53），然后将螺母套在接线柱上并拧紧；将顶部的

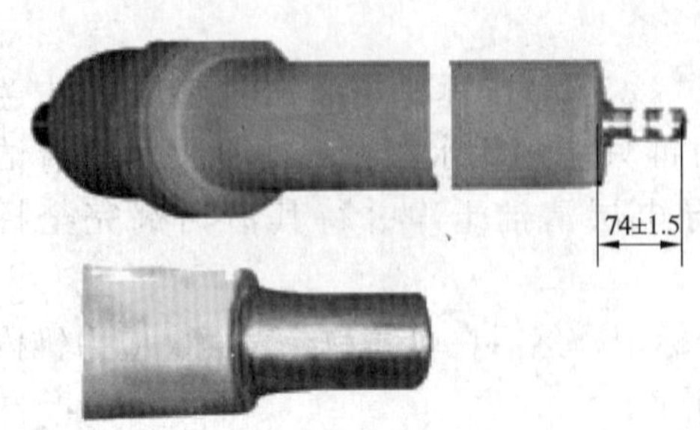

图 5-53 清理铅笔头、绕包橡胶自粘带等工艺

密封圈放置环氧套管顶部凹槽中，将接头套入接线柱中，拧紧顶部的螺钉，整体装配之后接头与环氧套管顶部不允许有间隙，然后将螺母套在接线柱上并拧紧。

（2）组装（见图 5-54）时除保证除螺杆固于环氧套管底部外，还应注意使 A、B 面重合。完成该工艺后，并再装上锥托及紧应力锥后，收紧螺母套入收紧螺杆及保证 D、C 面重合的工艺后，最后将一根长 400mm、截面积为 10mm^2 的镀锡锌编织带的另一端用锡焊牢于金属屏蔽上，套入并拧紧第二螺母。

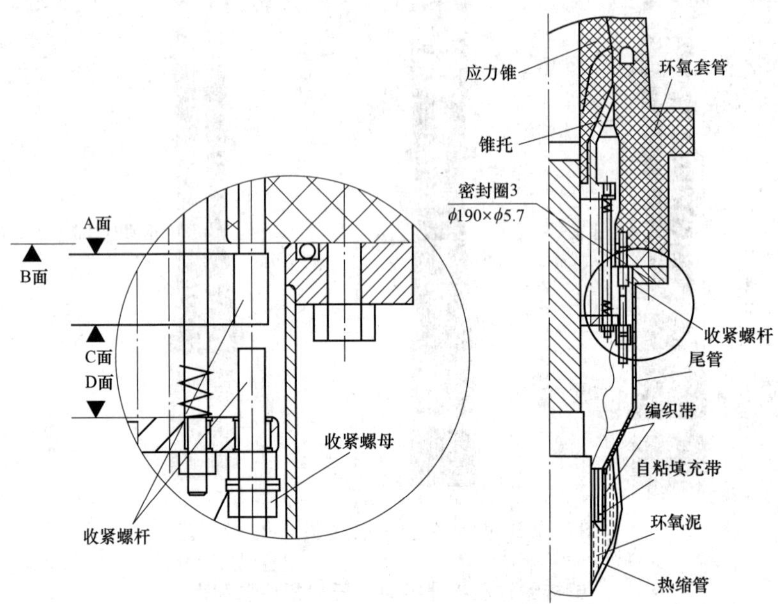

图 5-54 组装电缆终端要求及结构示意图

粘填充带在金属屏蔽末端及以下 40mm 范围内进行填充包绕，包至外径接近尾管下端内并放于尾管凹槽中，装上尾管。

（3）将铜编织带的另一端反折向上，用铜扎线扎紧在尾管末端并焊接牢固，装上尾管。缩管移至尾管处加热收缩，要求上部与尾管搭接，下部与外拉护套搭接。

（4）把终端装入组合电器后，固定好法兰盘，将地线部分接地，即完成本终端安装。

二、“H”电缆分支接头制作

本工艺依据某公司提供的相关电缆接头产品安装技术工艺说明介绍“H”电缆分支接头制作工艺。

（1）根据本接头的结构特点，先确定接头的安装位置。将离接头约 1500mm 长度内电缆校直，并确定电缆对接位置，如图 5-55（a）所示。

（2）将主线电缆及各支线电缆在基准线处锯齐（各切断处在后续工序中称为电缆末端），自电缆末端向下量取电缆约 1500mm 做临时标记。

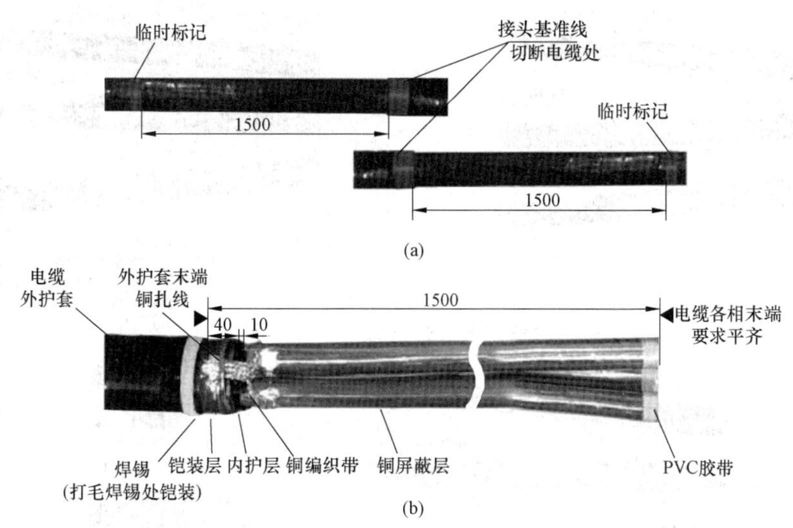

图 5－55　电缆处理及剥切、处理电缆铠装

(a) 电缆处理；(b) 剥切、处理电缆铠装

(3) 按图 5－55 (b) 所示剥切、处理电缆（若无电缆铠装，该工艺不考虑）。

(4) 缠绕密封垫圈。在电缆外护套断口上缠绕几层填充胶后，再分别缠包三叉口；但缠包后的外直径应小于分支手套内直径缠绕密封垫圈如图 5－56 所示。

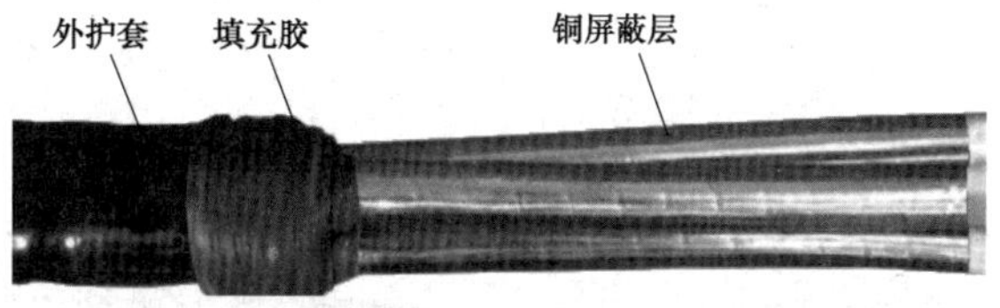

图 5－56　缠绕密封垫圈

(5) 安装收缩分支手套及热缩管。安装收缩分支手套及热缩管如图 5－57 所示，将热缩分支手套至三叉口根部，并加热（可用酒精喷灯加热）后，再套入热缩管。注意：每相收缩两根热缩管，各接口处搭接约 30mm；去掉距电缆端头 260mm＋L 范围内（L 为端子孔深）的热缩管。

(6) 剥铜屏蔽层、半导电层及线芯绝缘及尺寸处理。按图 5－58 所示，分别剥铜屏蔽层、半导电层及线芯绝缘及尺寸处理。

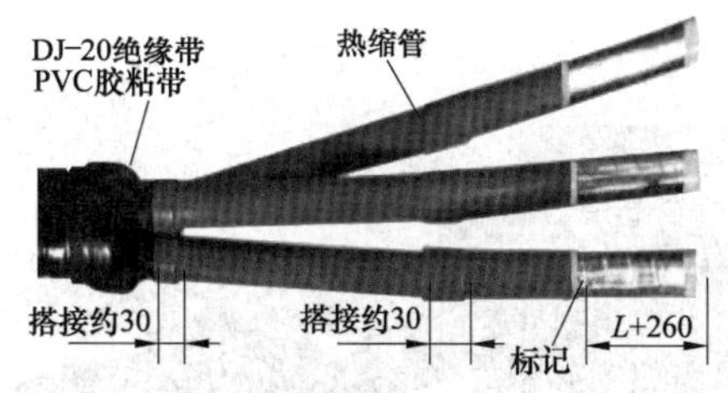

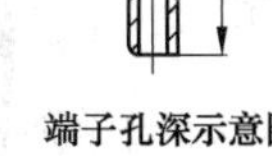

图 5－57　安装收缩分支手套及热缩管

(7) 套应力锥、压接端子、焊接地线。先将应力锥、线芯绝缘清洁干燥并涂抹硅油，分别按图 5－59、图 5－60 所示依次套入应力锤、压接端子各部件。焊接地线如图 5－61 所示。

(8) 接头主体安装。基本程序如下：

1) 首先将已处理好的电缆进行分支，再将相应的电缆各相分别与待要插入的接头主体拔孔预对接。

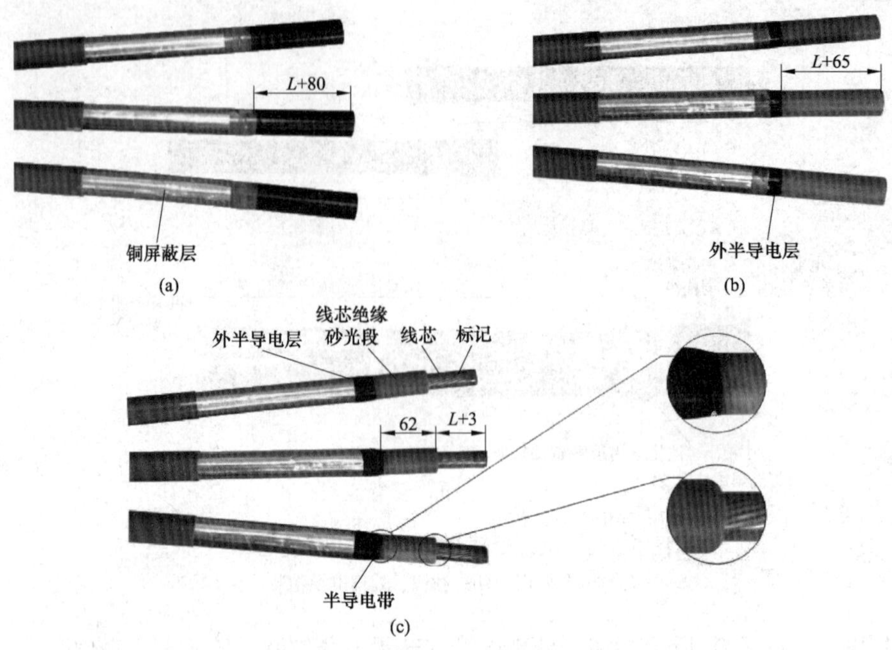

图 5-58 剥铜屏蔽层、半导电层及线芯绝缘及尺寸处理

(a) 剥铜屏蔽层；(b) 剥半导点层；(c) 剥削芯绝缘及尺寸处理

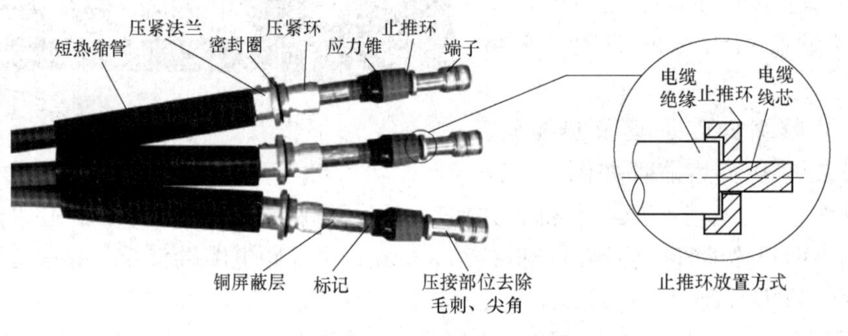

图 5-59 压接端子

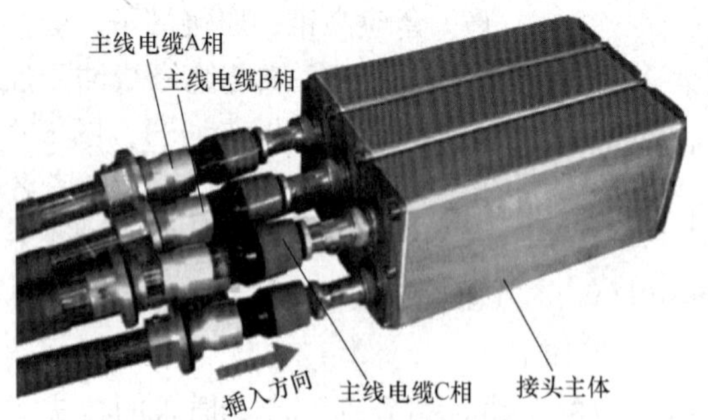

图 5-60 接头主体安装

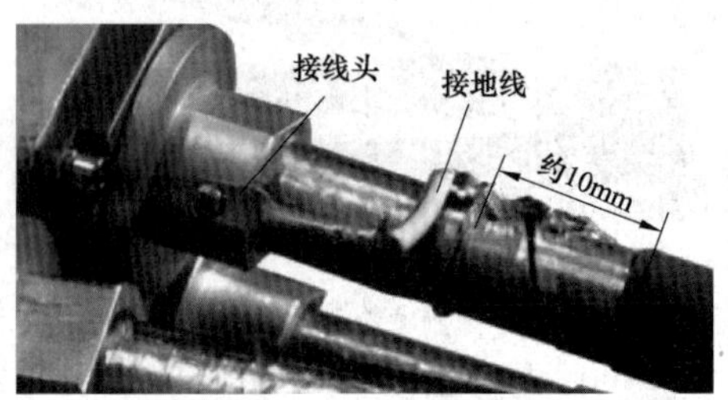

图 5-61 焊接地线

2）去除电缆上的保鲜膜，清洁并吹干（可用电吹风机）接头主体内孔及应力锥外表面，在主体内锥面及应力锥绝缘部分涂抹硅油后，将相应各支线插入接头主体（各支线插入深度应基本一致）。

按上述方法处理各相电缆后，再用防水胶带把电缆各相与压紧法兰内孔空隙填满，并把铜扎线完全包住，最后将热收缩管收缩到压紧法兰尾部。当电缆为两回或三回时，可在相应插拔孔中装入塞止接头后，再装上压紧法兰1拧紧，如图5－63所示。

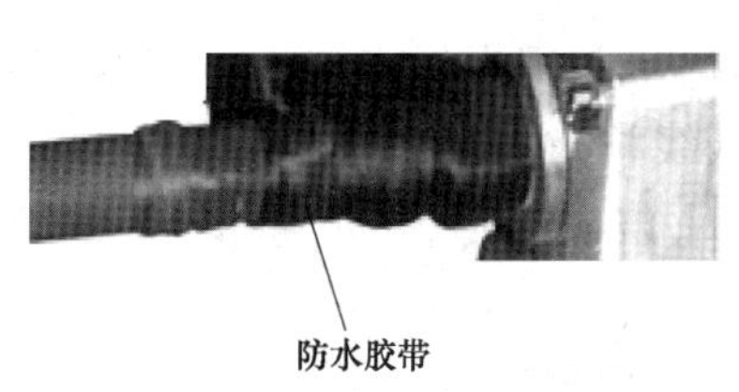

图5－62 用防水胶带填满电缆各相与压紧法兰内孔空隙

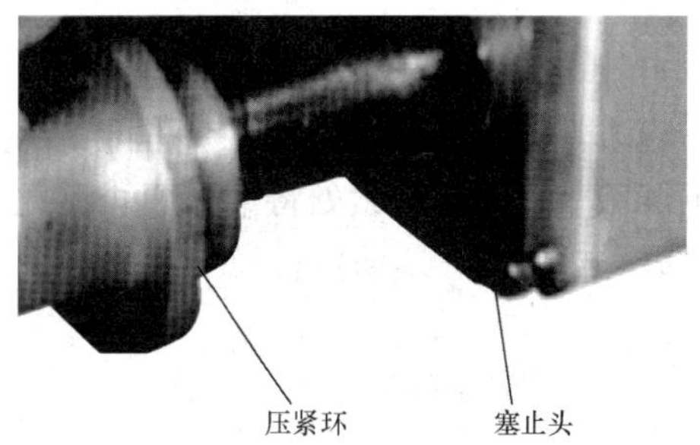

图5－63 安装塞止接头

3）将收紧螺杆拧入接头主体端板后，并用夹板把应力锥（或塞止头）压入接头主体内，直到夹板进入插拔孔约10mm，再拆下夹板、收紧螺杆。

4）将密封圈放入压紧法兰（见图5－64）的密封槽内后，再涂抹上RTV硅胶，将压紧法兰拧入端板内，并按上述同样方法直到将其余分支安装完成为止。

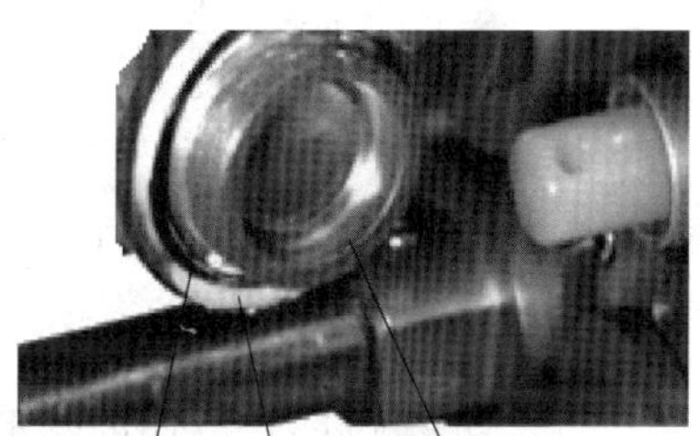

图5－64 压装拧紧法兰1

5）焊接地线及尾部处理。完成上述安装后，将安装好的分支主替装入保护箱，盖上箱盖，拧紧螺栓，并清理现场，至此分支接头安装完毕。

三、高压交联电缆中间接头制作

交联聚乙烯绝缘（YJJTⅠ、YJJⅠ－110kV）电力电缆整体预制橡胶绝缘加长直通接头、绝缘接头的安装工艺，依据某公司产品安装指导介绍如下。

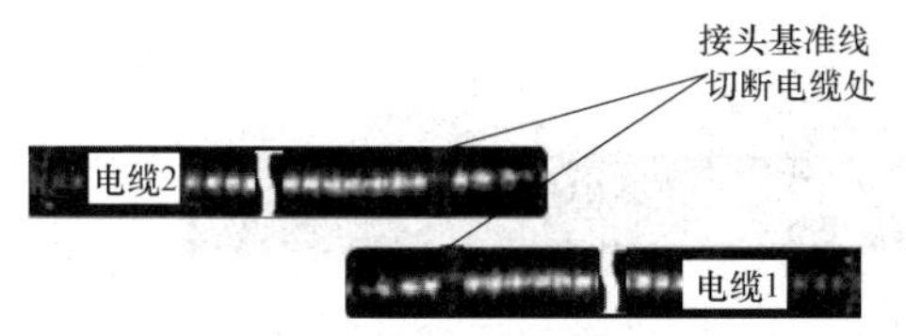

图5－65 电缆切断

（1）电缆切断与处理。根据本接头的结构特点，先确定接头的安装位置，按图5－65所示将电缆切断。

（2）电缆金属屏蔽处理。由于电缆的种类及用途不同，电缆金属有铝护套、铜丝屏蔽、铜丝屏蔽加铅护套等。因此，安装时必须根据其金属屏蔽的类型做不同的处理。

铝护套电缆金属屏蔽处理（见图5－66）：先将电缆1的金属外护套去掉980mm，露出金属外护套500mm后；将两根电缆自外护套断口下260～280mm的石墨去掉。

铜丝屏蔽电缆金属屏蔽处理：将电缆1自金属外护套末端向左量30mm处，电缆2外

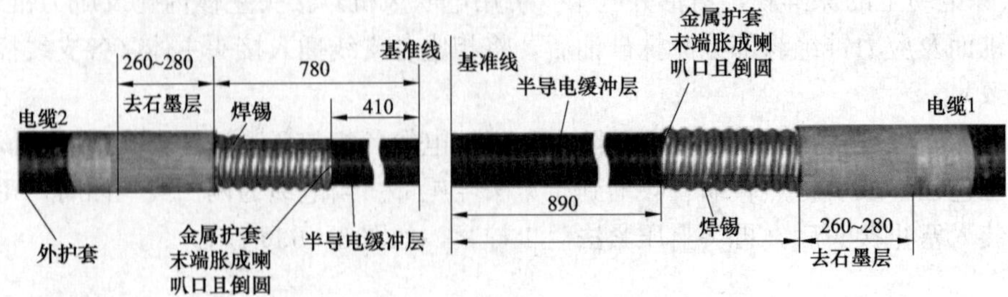

图 5-66 铝护套电缆金属屏蔽处理

护套末端向右量 30mm 处，用铜扎线将铜丝屏蔽线扎牢后，并用焊锡焊牢铜丝屏蔽带线，铜屏蔽带，并在扎紧处将铜屏蔽线反扎及保留反折铜屏蔽线长 500mm，剪去其余的铜屏蔽带线，如图 5-67 所示。

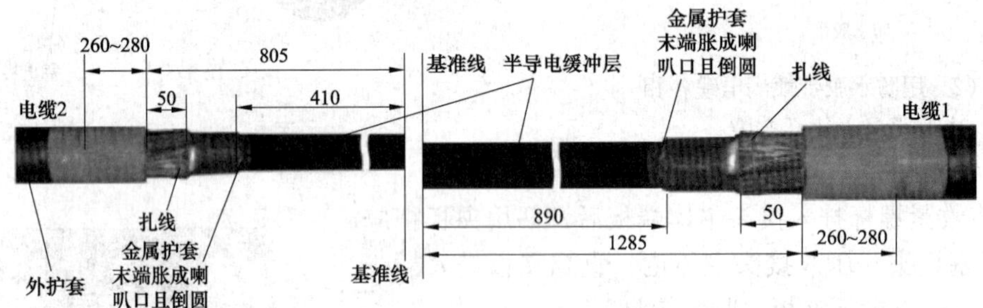

图 5-67 铜丝屏蔽电缆金属屏蔽处理

1）在电缆的半导电层缠绕加热带，对其进行连续 3h 加热，保持温度在 75～80℃（严禁超过 80℃）范围内，以便消除电缆的机械应力。

2）待冷却后，将两根电缆金属护套末端以上的全部半导电缓冲层去掉，电缆 1、电缆 2 端头去掉 300^{+3}_{-2}mm。但注意在进行该工艺操作时不要损伤绝缘。

3）去掉电缆上的半导电缓冲层，并按图 5-68 剥出电缆 1、电缆 2 的线芯，并露出线芯 83～85mm。

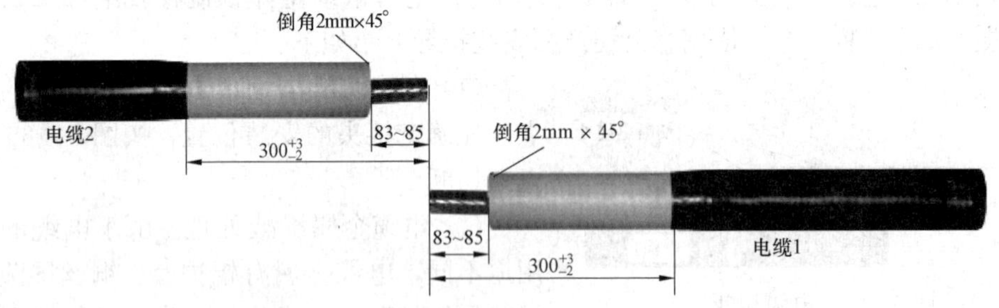

图 5-68 去掉电缆上的半导电缓冲层

4）将电缆上的半导电层加工成一长 20～30mm 的斜坡后，再先后用 120、320 号及 600 号砂带打磨斜坡使其与绝缘层平滑过渡，并要求过渡处不得有凹凸不平或台阶，如图 5-69 所示（图中打“√”为正确的打磨工艺，即符合要求）。值得注意的问题，剥削半导电层时不允许用半导电层刀或绝缘剥削刀，只能用玻璃片或专用刨刀刮削，其打磨段应十分光滑且呈抛光面状。

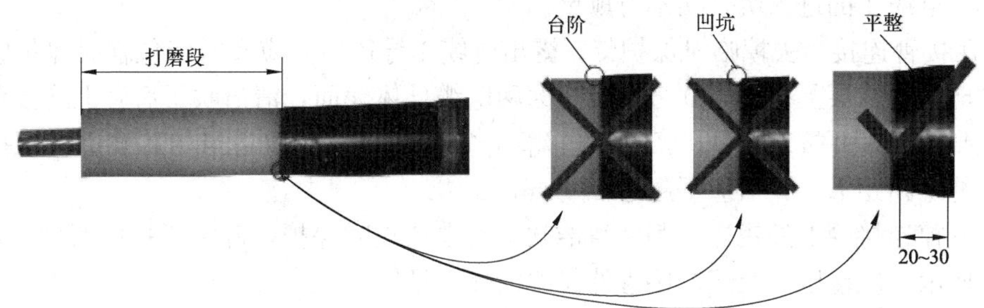

图 5－69　打磨电缆绝缘层的要求

5）用清洁毛巾把两根电缆绝缘层和半导电层清洁干净，吹风机吹干，最后在其上缠包一层保鲜膜；在电缆导体上缠包一层 PVC 胶粘带。

（3）套装零部件。将热缩管、铜保护管、密封圈、环套绝缘圈（仅绝缘接头）等零部件依次套在电缆上，如图 5－70 所示。

进行该安装工艺时应在电缆 1 上套入一大一小两根热压缩管，在电缆 2 上套入一根小热压缩管。直通接头只有一个铜保护壳的法兰上有密封槽，绝缘接头两个铜保护壳的法兰上均有密封槽，并检查密封槽内一定要带密封圈。

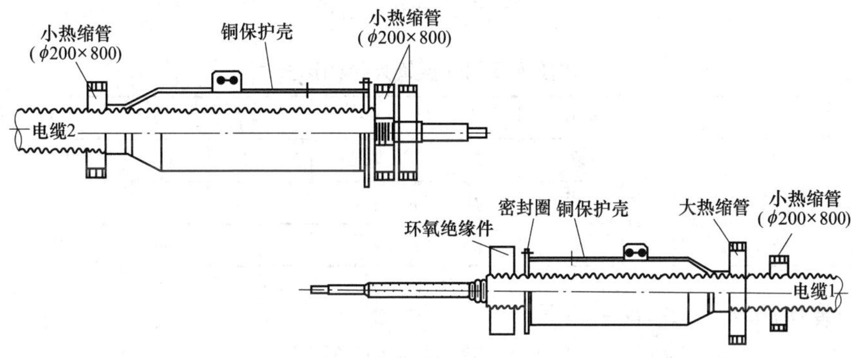

图 5－70　套装零部件尺寸位置图

在电缆 1 适当位置安装定位夹。去掉保鲜膜，在电缆 1 的绝缘表面、半导电表面涂上一层硅油后，将已用无水乙醇（酒精）清洁并吹干的整体预制橡胶绝缘件内表面涂硅油。通过专用工具使整体预制橡胶绝缘件套入电缆 1，直到电缆导体完全露出后卸下专用工具，用保鲜膜作临时保护。套装零部件安装工艺如图 5－71 所示。

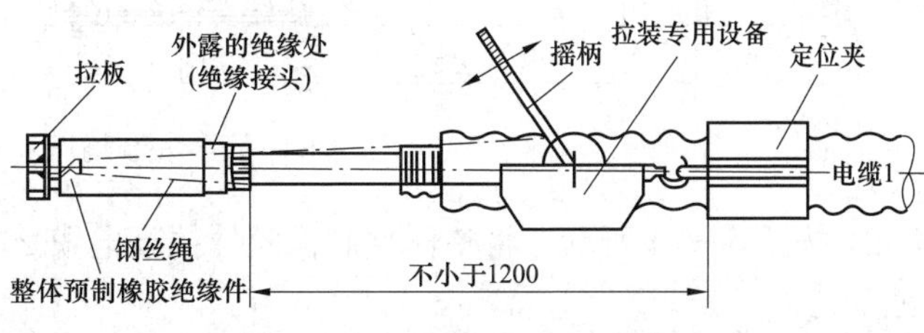

图 5－71　套装零部件安装工艺

但进行该工艺程序时，应注意：①整体预制橡胶绝缘件胶只能用无水乙醇清洁（不可使用其他清洁剂清洁）；②对于绝缘接头，预制橡胶绝缘件有一小段未注半导电的一端应先套电缆 1；

③在电缆 1 上套入整体预制橡胶绝缘件时，对绝缘接头应把整体预制橡胶绝缘件的含绝缘段的一端作为电缆 1 的进入端，切不可颠倒。

（4）压接管连接。去掉临时保护带，露出电缆 1 导体后，应及时绕包临时保护膜以防铜屑等掉到电缆绝缘层上；用 120 号砂带打磨两电缆导体表面，清洁吹干后套上连接管，确定导体插接到位后，并按表 5－5（D 铜连接管外径）的尺寸选取适当的压模进行压接；压接后量取两绝缘间距 L，其值应不超过 210mm。

最后锉掉连接管上的锐边毛刺并清洁吹干后去掉临时保护，确定压接中心即 1/2 处，如图 5－72 所示。压接压模及铜连接管外径的选择，见表 5－6。

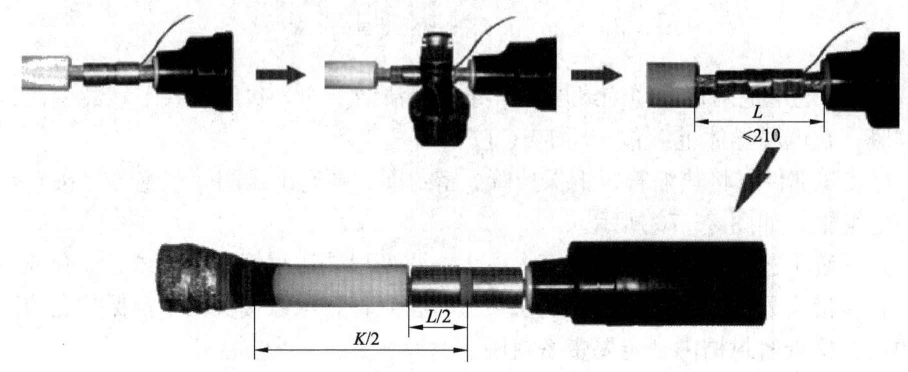

图 5－72　压接管连接

表 5－6　压接压模及铜连接管外径的选择表

项目	1	2	3	4	5	6	7	8	9
电缆截面积	240	300	400	500	630	700、800	1000	1400	1600
D（铜芯电缆）	ϕ31	ϕ35	ϕ40	ϕ40	ϕ54	ϕ54	ϕ58	ϕ66	ϕ70
D（铝芯电缆）	ϕ31	ϕ35	ϕ40	ϕ47	ϕ58	ϕ50	ϕ64	ϕ70	ϕ75

（5）安装均压套。基本程序如下：

1）按图 5－73 按量取套在电缆 1 上的整体预制橡胶件的长度 K，从 L 中心起向电缆 2 方向量取 $K/2$，以此作出定位标记；去掉临时保护膜，将电缆 2 的绝缘层表面清洁吹干之后。在均压套的外表面与电缆 2 的绝缘层表面涂上一层硅油。

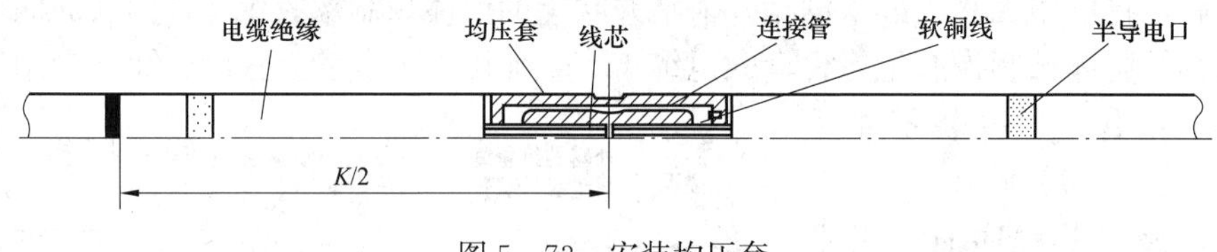

图 5－73　安装均压套

2）按图 5－74 所示，将整体预制橡胶件拉至电缆 2，其端部与定位标记平齐，完成定位标记工艺。

3）将两层半叠包防水带（见图 5－75）缠于铜扎线与环氧泥上，并盖住护套 50mm；将小热压压缩管套到尾管包扎处；加热使其收压缩至少盖住电缆护套 50mm，另一端盖过尾管上的热缩管。

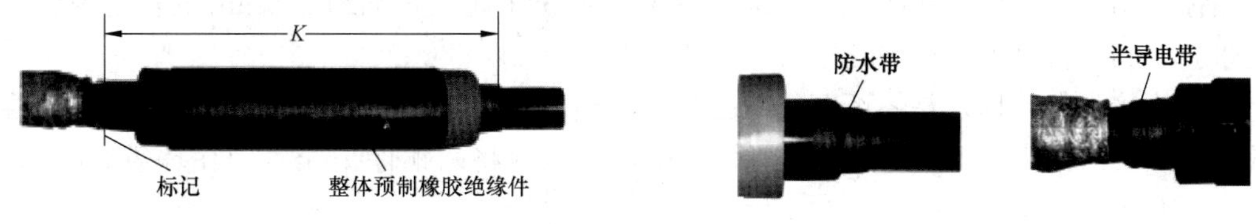

图 5－74　定位标记　　图 5－75　缠两层防水带以加强密封

4）将已混合好的树脂（8016 树脂胶）浇入钢铜保护壳中，直到浇满为止，将法兰上的螺栓头用填充胶或环氧泥填平，在两法兰（绝缘接头含环氧绝缘圈，下同）上缠 5～6 层自黏性橡胶带，将一根大热缩管套到接头中心位置加热使其收缩，在两法兰上的热缩管外缠 3～4 层 PVC 胶带以使热缩管与两法兰良好贴合，热缩管必须盖过两法兰或将铜保护壳盖住，热缩管的一头用防水带包缠 3～4 层以加强密封。

（6）电缆与接头外屏蔽处理。在整体预制橡胶绝缘件的两端点缠两层防水带以加强密封，然后从两电缆的金属屏蔽层端头开始缠一层半导电自粘带到整体预制橡胶绝缘件两端应力锥处，并用半导电自粘带将两应力锥处的台阶填平。

1）绝缘接头的处理，从电缆 2 的金属护套开始先绕一层铅带，再在铅带上绕一层铜带直到整体预制橡胶绝缘件另一端的绝缘为止，并用铜带扎线扎紧。交叉处及金属护套上用锡焊牢。从电缆 1 的金属护套上开始先绕一层铅带再在铅带上绕一层铜带直到整体预制橡胶绝缘件端头（金属带不能缠绕到整体预制橡胶绝缘件绝缘段上）的应力锥为止，然后将铜扎线交叉扎在铜网带上。交叉处及金属护套上用锡焊牢。金属带与金属护套搭接 20mm 左右。然后在整体预制橡胶绝缘端段绕 6～8 层 DJ－S0 自粘绝缘带，即完成绝缘接头的处理。

2）直通接头的处理，从电缆 2 的金属套开始先缠绕一层带再在铅带上缠绕一层铜带直到整体预制橡胶绝缘件另一端的电缆 1 的金属护套为止，并用铜扎线扎紧，交叉处及金属护套上用锡焊牢。金属带与金属护套搭接 20mm 左右，如图 5－76 所示。

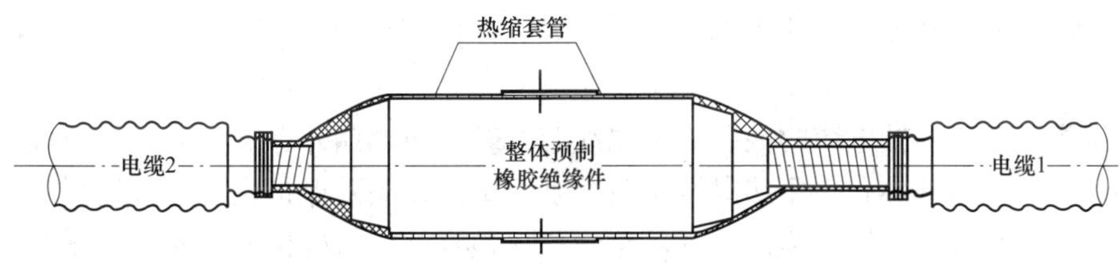

图 5－76　电缆与直通接头的外屏蔽处理

（7）装铜保护壳处理。将两根 ϕ200mm×800mm 的加热管加热收缩，两端分别与金属护套搭接约 50mm，如图 5－77 所示。

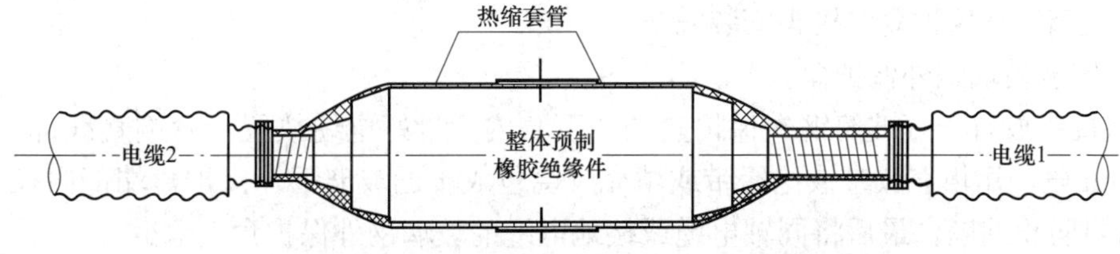

图 5－77　装铜保护壳处理对绝缘接头的处理

铝护套及铜丝屏蔽加铅护套电缆，在铝或铅护套上距其末端约 155mm 处包绕橡胶带或填充带，直到外径接近铜保护壳端口内径为止。

对绝缘接头的处理，是将环氧绝缘圈移至两金属护套端口中心处分别在两铜保护壳法兰上的密封圈槽内涂 RTV 硅胶，密封圈装入内，用螺栓将两铜保护壳紧固在环氧绝缘圈上，如图 5-78 所示。

(8) 尾部处理。

1) 将哈夫内衬套入尾管的尾部，用铜扎线把哈夫内衬固定在电缆金属护套上，然后在铜保护壳尾部到电缆金属护套的圆周上进行封铅处理，如图 5-79 所示。

图 5-78 装铜保护壳时的绝缘接头的处理

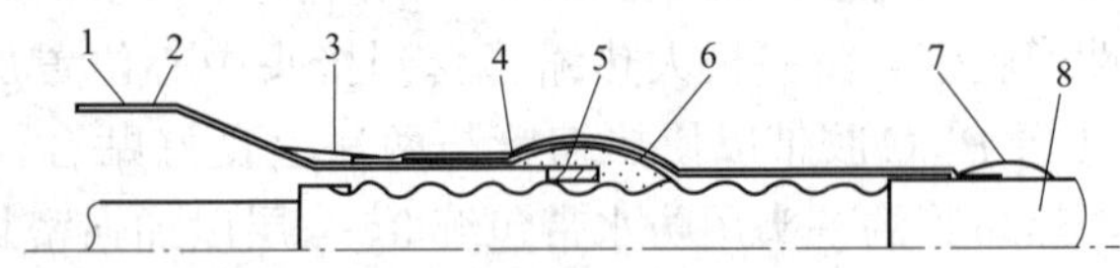

图 5-79 尾部处理

1、4—热缩管；2—保护壳；3、7—防水带；5—哈夫内衬；6—封铅；8—外护套

2) 自电缆外护套至铜保护壳热缩管部位的范围内半叠绕包 2～3 层防水带（电缆金属护套裸露部位可多绕包几层）防水带与电缆外护套和铜保护壳上的热缩管各搭接 50mm 左右，然后将 ϕ200mm×800mm 热缩管在绕包防水带部位收缩好，要求热缩管与铜保护壳的热缩管搭接在 50mm 左右。

3) 将已混合好的树脂（8016 树脂胶）浇入铜保护壳中直到浇满为止，再将法兰上的螺栓头用填充胶或环氧泥填平，并在两法兰（绝缘缘接头含环氧绝缘圈，下同）上绕 5～6 层自黏性橡胶绝缘带，将一根大热缩管套到接头中心位置加热使其收缩在两法兰上的热缩管外缠 3～4 层 PV 胶带以使热缩管与两法兰良好贴合，热缩管必须盖过两法兰或将铜保护壳盖住，热缩管的端头用防水带也绕 2～3 层以加强密封。

(9) 接地电缆的连接。接地电缆的连接，应分别考虑绝缘接头、直通接头的接地连接安装。

绝缘接头一般在同轴电缆的内、外导电线芯（若配玻璃钢外保护盒时，应将同轴电缆穿过玻璃外保护护盒顶部小孔）压接线端子后分别与绝缘接头两保护壳上的接地耳连接好，并用环氧泥或填充胶等，将轴电缆内、外芯绝缘与接地耳处密封好再通过交叉互联箱连接后进行接地。

直通接头一般用接地电缆导电线芯（若配玻璃钢外保护盒时，应将接地电缆穿过玻璃钢外保护盒顶小孔）压接线端子后与直通接头两保护壳上的接地耳（仅一只）连接好，并用环氧泥或填充胶等，将接地电缆与接地耳处密封好再通接地箱或接地保护箱连接后进行接地，至此不含玻璃钢外保护盒的接头安装完毕。

(10) 安装玻璃钢外保护盒。

1) 将接头放置于（玻璃钢外保护盒的）下盒内，量好电缆放置于盒端直线部分，每端长约 50mm 段，用填充胶带或绝缘带或填充胶绕包成接近玻璃钢外保护盒端部内径的圆柱，以利于密封防止漏胶，最后将同轴电缆或接地电缆的玻璃钢外保护盒上盒盖好。

2) 已混合好的树脂（8016 树脂胶）浇入铜保护壳中，直到浇满为止，盖好盒盖，清理现场，安装即完毕。

YJJTⅠ、YJJJⅠ-64/110kV 交联聚乙烯绝电力电缆整体预制橡胶直通接头、绝缘接头的结构图，分别如图 5-80、图 5-81 所示。

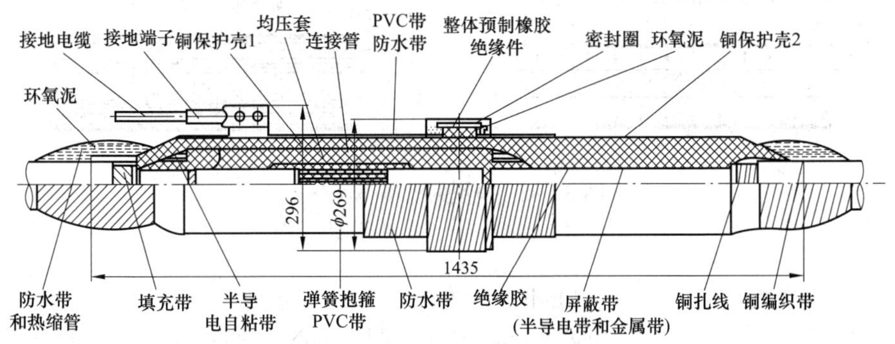

图 5-80　交联聚乙烯绝缘电力电缆整体预制橡胶直通接头结构图

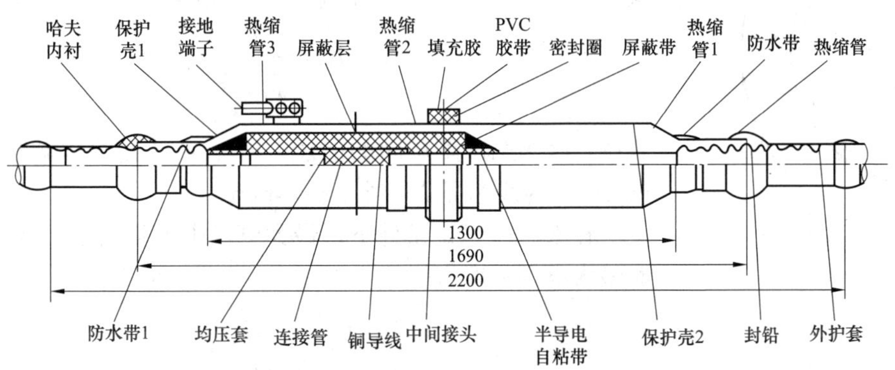

图 5-81　交联聚乙烯绝缘电力电缆整体绝缘接头结构图

上述以电力电缆整体预制橡胶绝缘加长直通接头、绝缘接头的制作工艺为例说明了其制作的基本方法；对交联聚乙烯绝缘（YJJTⅠ、YJJJⅠ-64/110kV）直通接头、绝缘接头、交联聚乙烯绝缘直通接头、绝缘截面积为 240～1600mm^2、交联聚乙烯绝缘（YJJTⅠ、YJJJⅠ-48/66kV）直通接头、绝缘接头的安装，也可参考该方法制作。

第四节　高压电缆附件设计

一、电缆绝缘层中的电场分布

电缆的电场强度分布通常有两种形式，如图 5-82 所示。径向电场，其磁力线沿电缆径向分布；轴向电场，其磁力线沿电缆轴向分布。

1. 均匀介质单芯电缆的电场分布

防止电场应力的损坏，主要靠电缆的绝缘厚度和采用不同介质常数的绝缘材料来保证。一般情况下 500V 及以下小截面橡皮、塑料电缆和 1000V 及以下浸渍纸绝缘电缆的绝缘厚度是由工艺最小厚度决定的，1000V 及以下橡皮、塑料电缆和 3kV 浸渍纸绝缘电缆的绝缘厚度则是由机械强度决定；10kV 及以上电缆的绝缘厚度是由电气强度来确定的。

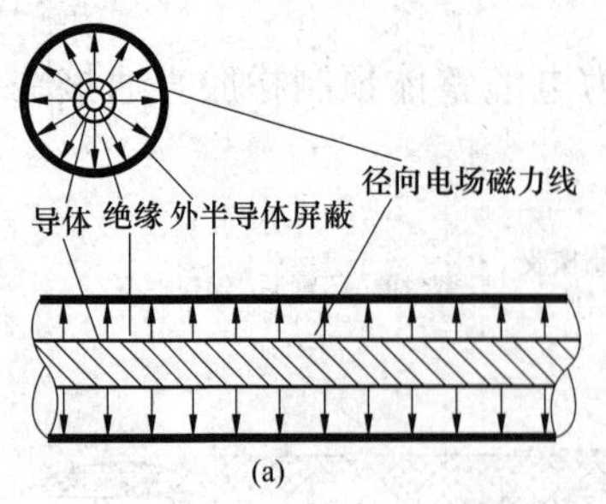

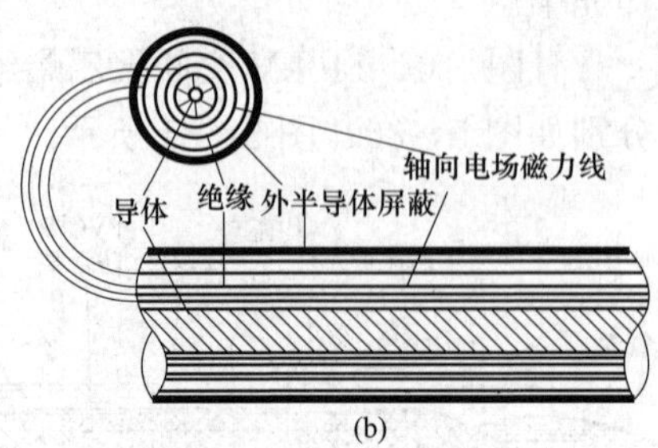

图 5－82 电缆的电场强度分布

(a) 径向电场分布；(b) 轴向电场分布

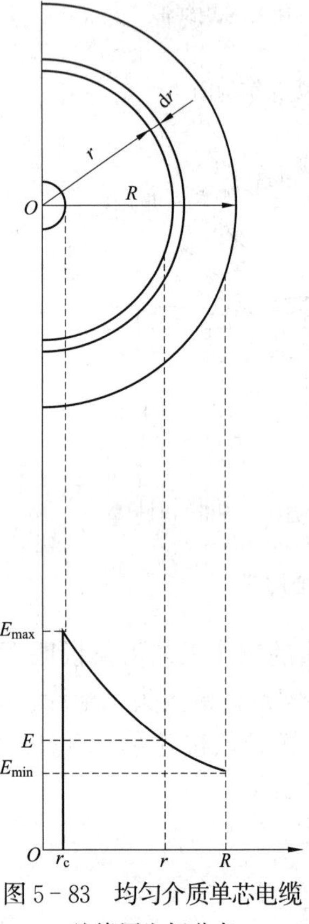

图 5－83 均匀介质单芯电缆绝缘层电场分布

(1) 不分阶绝缘厚度的确定。

如图 5－83 所示，假定垂直于轴向的每个截面的电场是均匀分布的，而平面电流分布仅与半径 r 有关，可以计算出单芯电缆绝缘层内在距线芯中心 r 处的电场强度（单位：kV/ mm）为

$$E_r=\frac{U}{r\ln\frac{R}{r_c}} \tag{5-7}$$

式中：U 为两屏蔽层间的电压，kV；R 为绝缘屏蔽层内半径，mm；r_c 为线芯屏蔽层外半径，mm。

在 R、r_c 恒定条件下，最大电场强度显然位于线表面，这时最大电场强度为

$$E_{max}=\frac{U}{r\ln\frac{R}{r_c}} \tag{5-8}$$

最小电场强度位于绝缘屏蔽层内表面上，最小电场强度为

$$E_{min}=\frac{U}{R\ln\frac{R}{r_c}} \tag{5-9}$$

平均电场强度为

$$E_{av}=\frac{U}{R-r_c} \tag{5-10}$$

绝缘层利用系数为

$$\eta=\frac{E_{av}}{E_{max}}=\frac{r_c}{R-r_c}\ln\frac{R}{r_c} \tag{5-11}$$

绝缘层利用系数 η 越接近 1，则表示绝缘中电场越均匀，绝缘利用越充分。如图 5－84 为均匀介质单芯电缆绝缘层电场分布。

(2) 分阶绝缘厚度的确定。分阶绝缘厚度确定依据为

$$E_1\varepsilon_1 r_1=E_2\varepsilon_2 r_2=\cdots=E_n\varepsilon_n r_n \tag{5-12}$$

式中：E_1、E_2、…、E_n 为各分阶绝缘层材料的长期工频冲穿场强，kV/ mm；r_1、r_2、…、r_n 为导线半径和各分阶绝缘层的半径，mm；ε_1、ε_2、…、ε_n 为各分阶绝缘层材料的介电

常数。

一般 10～35kV 电缆的绝缘厚度是由长期工频电气强度决定的；110kV 及以上电缆的绝缘厚度是雷电冲击电气强度所决定的。表 5－7 和表 5－8 分别列出了油浸纸绝缘电缆最大工作场强和各种塑料电缆的平均工作场强。

表 5－7　　油浸纸绝缘电缆最大工作场强

电压等级（kV）	1～10	1～10	110	220
黏性浸渍纸绝缘电缆（kV/mm）	3～5	3～5		
自容式、钢管充油电缆（kV/mm）			8～10	10～12

表 5－8　　各种塑料电缆的平均工作场强（工频）

电压型式	电压等级（kV）	平均工作场强（kV/ mm）
聚氯乙烯电缆	35kV 及以下	1～2
聚氯乙烯电缆	35kV 及以下	1.5～2.5
	110kV 及上下	3.5～5.5
交联聚乙烯电缆	35kV 及以下	1.5～2.5
	110kV 及以上	3.5～5

各种橡皮电缆的平均工作场强为 1～2kV/mm。

2. 均匀介质多芯（三芯）电缆绝缘中电场分布

对于统包绝缘三芯电缆，有的线芯为扇形线芯，这时的电场分布不是很均匀，但它们的场强计算还是可以借用单芯圆线芯电场强度的计算公式进行。

扇形线芯中 A、B、C 三点的场强分布如图 5－84 所示，其场强分布的大小可近似按式（5－13）计算。

$$\left.\begin{aligned} E_A &= \frac{U_O}{R_1 \ln\left(1+\dfrac{\Delta}{r_1}\right)} \\ E_B &= \frac{U_O}{r_1 \ln\left(1+\dfrac{\Delta}{r_1}\right)} \\ E_A &= \frac{U_O}{r_2 \ln\left(1+\dfrac{\Delta}{r_1}\right)} \end{aligned}\right\} \tag{5-13}$$

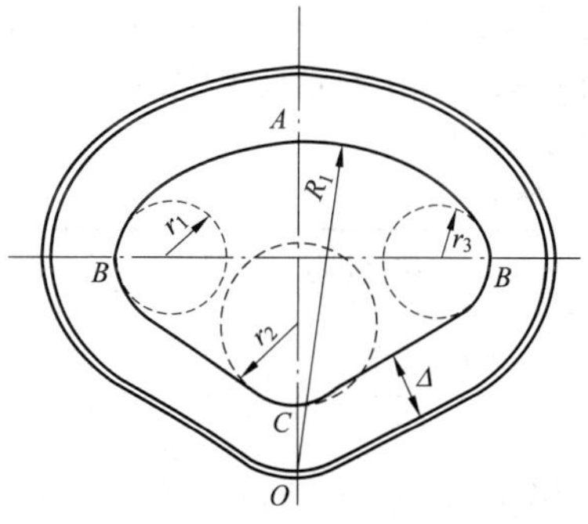

图 5－84　计算扇形线芯电场强度说明

式中：R_1、r_1、r_2 分别为 A、B、C 处曲率半径，mm；Δ 为绝缘层厚度，mm；U_O 为相电压，kV。

对于分相屏蔽或分相铅包型电缆，若为圆形线芯，则每一相相当于一根单芯电缆，所以它的电场分布与单芯电缆完全一样，绝缘中各处的电场强度均可用式（5－7）表示，最大、最小场强均可用式（5－8）、式（5－9）进行计算。

二、电缆绝缘厚度的设计

电缆的绝缘厚度，一般是根据电缆在设计使用期限内能安全承受电力系统中各种电压（工频、冲击、操作、故障过电压等）条件来确定的。

1. 用最大场强公式计算绝缘厚度

电缆绝缘层中，最大场强出现在线芯表面，若所用绝缘材料的击穿强度大于最大场强，利用式（5－8）可计算绝缘厚度，即

$$\frac{G}{m} \geqslant E_{\max} \tag{5-14}$$

取等值有

$$\frac{G}{m} = \frac{U}{r_c \ln \frac{R}{r_c}}$$

换算后得

$$\Delta = R - r_c = r_c\left[\exp\left(\frac{mU}{Gr_c}\right) - 1\right] \tag{5-15}$$

式中：U 为长期试验电压（工频或冲击），kV；G 为绝缘层长期击穿强度（工频或冲击），kV/mm；m 为安全裕度系数，一般取 1.2～1.6；r_c 为线芯屏蔽半径，mm；R 为绝缘外半径，mm；Δ 为绝缘层厚度，mm。

式（5－15）中几个物理量取值应考虑以下事项：

(1) 在工频电压或冲击电压时的取值要求：在工频电压时取（2.5～3）U_{ph}（相电压），对于中心点直接接地系统，$U_{ph}=U_L/\sqrt{3}$（U_L 为额定线电压），对于中心点经消弧线圈接地系统，考虑到消弧线圈上的压降，则相电压要增加 15%左右。在冲击电压时，主要依据雷电冲击耐受电压来计算，一般取（7～10）U_{ph}，表 5－9 是电力电缆的雷电冲击耐受电压，即基本绝缘水平（*BIL*）。

计算时基本绝缘水平的取值不应超过相应电压等级中所列雷电冲击耐受电压的最高值。如需更高的绝缘水平，可用更高电压等级的电缆。

(2) 对不同电缆的工频击穿强度和冲击击穿强度取值的规定：黏性油浸纸绝缘电缆的长期工频击穿强度取 10kV/mm，冲击击穿强度取 100kV/mm；35kV 及以下塑料、橡皮电缆的长期工频击穿强度取 10kV/mm，冲击击穿强度取 40～60kV/mm。

表 5－9 电力电缆的雷电冲击耐受电压

额定电压（kV）	3	6	10	15	20	35	63	110	220	330	500
允许最高工作电压（kV）	3.5	6.9	11.5	17.5	23.0	40.5	69.0	126	253	363	550
标准雷击耐受电压（kV）	—	—	—	105	125	200	325	450 550		1050 1175 1300	1425 1550 1675

2. 用平均场强原理计算绝缘厚度

绝缘层材料的击穿强度受线芯半径影响，半径越大，材料击穿强度越低。根据式（5－8），线芯越大，最大场强越小，导致绝缘厚度减薄，但材料击穿强度的降低，反过来又会导致绝缘加厚。但对于塑料、橡胶、充气电缆的绝缘厚度的计算，常采用式（5－10）进行绝缘厚度计算。

在工频电压作用下，有

$$\Delta = \frac{U_{phmax}}{G_1} K_1 K_2 K_3 \quad (5-16)$$

在冲击电压作用下，有

$$\Delta = \frac{BIL}{G_1} K'_1 K'_2 K'_3 \quad (5-17)$$

式中：Δ 为绝缘厚度，mm；BIL 为基本绝缘水平，根据电缆额定电压查表 5－8 可得其标准雷电冲击耐受电压值，kV；U_{phmax} 为最大工作相电压（$1.15U_L/\sqrt{3} \approx 0.664U_L$，$U_L$ 为线电压），kV；K_1、K'_1分别为工频电压、冲击电压下击穿强度的温度系数，通过室温下和90℃时的击穿强度比值取得，一般 $K_1=1.1$、$K'_1=1.1 \sim 1.2$；K_2、K'_2 分别为工频电压、冲击电压下的老化系数，根据各种电缆自身的寿命曲线得出，一般 $K_2=4$，$K'_2=1.1$；K_3、K'_3 分别为工频电压、冲击电压下的安全系数，一般均取 1.1；G_1、G_2 分别为工频电压、冲击电压下橡塑绝缘材料的击穿强度，交联聚乙烯电缆的取值参见表 5－10。

表 5－10　　交联聚乙烯绝缘材料的击穿强度

电压等级（kV）	击穿强度（kV/mm）	
	G_1	G_2
≤35	10～15	40～50
66	20	50
154	20	50
275	30	60
500	31	65

【例 5－1】　已知 35kV、线芯截面积为 400mm² 的交联聚乙烯单芯电缆，其线芯屏蔽层的外半径 $r_c=11.7$mm。试设计计算其绝缘厚度。

解　由题意知交联聚乙烯单芯电缆为塑料电缆，故采用式（5－16）计算。

先取 $U_{phmax}=1.15\times35/\sqrt{3}$，$K_1=1.1$，$K_2=4$，$K_3=1.1$；再根据表 5－6，取 $G_1=10$kV/mm；考虑承受工频电压时，根据式（5－16）得

$$\Delta = \frac{U_{phmax}}{G_1} K_1 K_2 K_3 = \frac{1.15\times35}{10\times\sqrt{3}} \times 1.1 \times 4 \times 1.1 = 10.23\ (\text{mm})$$

考虑承受冲击电压时，根据式（5－17）计算，并根据表 5－8，对 35kV 电缆耐受标准雷击电压，取 $BIL=200$kV，$K'_1=1.2$，$K'_2=1.1$，$K'_3=1.1$；再根据表 5－9 取 $G_2=40$kV/mm，可计算出绝缘厚度为

$$\Delta = \frac{BIL}{G_1} K'_1 K'_2 K'_3 = \frac{200}{40} \times 1.2 \times 1.1 \times 1.1 = 7.26\ (\text{mm})$$

通过计算比较，绝缘厚度应以工频电压下计算为准，取 $\Delta=10.23$mm，则绝缘外半径为

$$R = r_c + \Delta = 11.7 + 10.23 = 21.93\ (\text{mm})$$

三、电缆附件设计原理

1. 电缆终端的电场分布

在制作电缆头后，剥去了屏蔽层，改变了电缆原有的电场分布，将产生对绝缘极为不利的切向电场（沿导线轴向的电力线）。如图 5－85 所示为电缆终端的电场分布，左边为被剥

除铅套的情况，右边为被剥除铅套及绝缘层的情况，当电缆的屏蔽切断后，在外屏蔽口将产生应力集中现象，如图 5 - 86 所示。

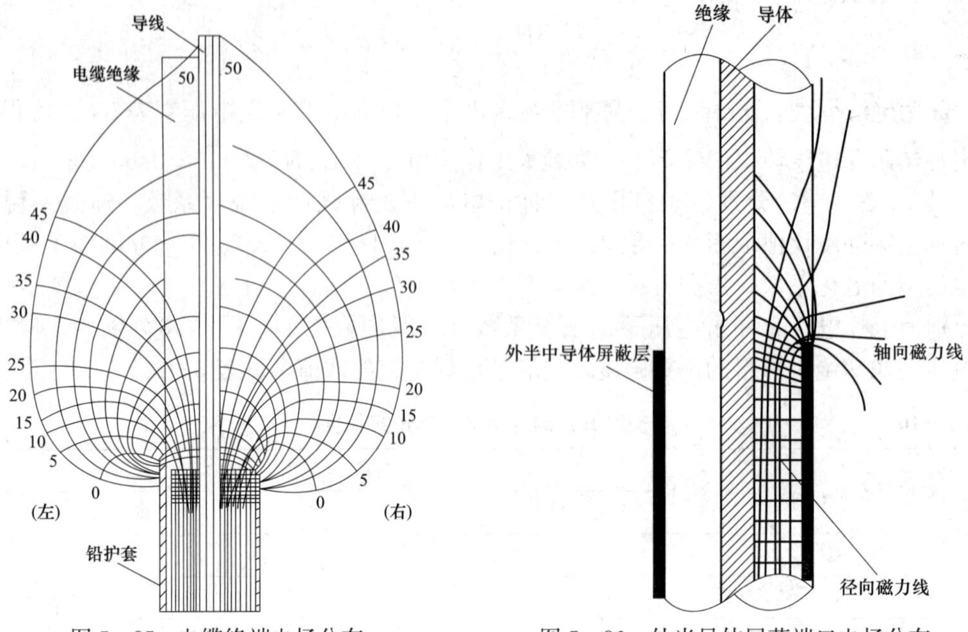

图 5 - 85　电缆终端电场分布　　图 5 - 86　外半导体屏蔽端口电场分布

为了防止电缆过早被击穿，必须在屏蔽端口套装一只应力锥用以分散电应力，如图 5 - 87 所示，应力锥主要由绝缘和半导体两部分组成，其中绝缘部分用以增强电缆绝缘，半导体部分与电缆外半导体屏蔽结合，以控制磁力线，使其等电位分布，这样可使屏蔽端口磁力线间隔拉开，不至于产生空间电离。由此可见，电缆终端处的电场分布比电缆本体复杂得多，电场不仅有垂直绝缘层纸带方向的分量（径向分量），还有沿绝缘层纸带方向的分量（轴向分量），沿电缆长度方向电场分布也不均匀，比较集中在线芯、铅套处，而且在靠近铅套边缘处电场强度最大。

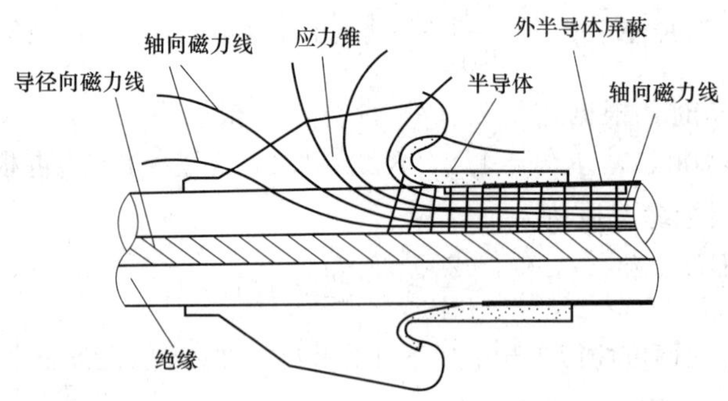

图 5 - 87　应力锥对磁力线分布影响

电缆终端的电场强度为

$$E_X=\sqrt{\frac{\varepsilon_r}{R_e\varepsilon_m K}}U_0\left\{\left[\frac{\sqrt{\frac{\varepsilon_r}{R_e\varepsilon_m K}}(L-x)}{\text{sh}\left[\sqrt{\frac{\varepsilon_r}{R_e\varepsilon_m K}}\times L\right]}\right]\right\} \tag{5-18}$$

式中：ε_r 为电缆绝缘层材料相对介电常数；ε_m 为周围媒质相对介电常数；K 为与周围媒质和绝缘层表面有关的常数；R_e 为等效半径，等于［$R\ln$（R/r_c），R 为绝缘层外半径，r_c 为电缆线芯半径］，mm；U_0 为电缆线芯与铅套间电压，kV；L 为剥去铅套部分的长度，mm。

由式（5－12）可知当 L 相当大时，即 $\sqrt{\frac{\varepsilon_r}{R_e\varepsilon_m K}}\times L\geqslant 1.5$，$\text{sh}\sqrt{\frac{\varepsilon_r}{R_e\varepsilon_m K}}\times L\approx 1$，改变 L 不可能使金属护套附近的场强减少，也就是说，增大 L 不能提高放电压。不同长度 L 电缆末端处电压分布如图 5－88 所示。

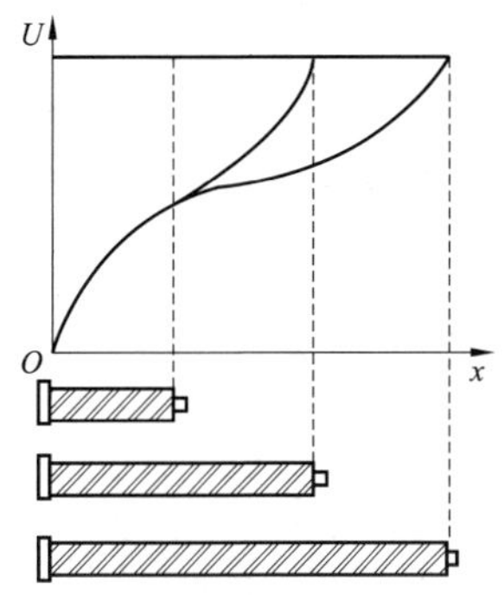

图 5－88　不同长度 L 电缆末端处电压分布

2. 改善电场分布的措施

改善电场分布的常见措施是胀喇叭口、预留统包绝缘、剥除半导电屏蔽和绕包应力锥。但近年来，特别是交联聚乙烯绝缘电力电缆的冷缩附件和预制附件研制、已成型的应力锥，而热缩附件中也有热缩应力控制管，制作电缆端头时可直接安装，无须手工制作应力锥，就能实现改善电场分布的目的。

电缆附件制作时应注意常见措施的基本工艺，如胀喇叭口就是在电缆铅（铝）包割断处，把铅（铝）边缘撬起，使之成为喇叭口状，这个工艺称为胀铅。经过胀铅后的喇叭口边缘应光滑、圆整、对称，不能有毛刺，否则在毛刺处又会造成新的不均匀电场分布。绕包应力锥，即用绝缘包带和导电金属材料绕包成锥体，人为地将屏蔽层扩大，以达到均匀电场的目的。

四、反应力锥的设计

反应力锥是指填充绝缘与电缆绝缘的交接面，即电缆绝缘表面到线芯表面的过渡曲面。它是连接接头盒的薄弱环节，是设计和制造的关键部位。

电缆制造厂的绝缘和手工绕包的加强绝缘是两种不同的绝缘材料。由于电场分布不一样，所以会在同一层绝缘上相邻两点之间产生一定的电位差，这就是轴向场强。而制作反应力锥的目的就是为了改善这一部分的电场分布，加强绝缘与电缆制造厂绝缘的交接面称为反应力锥（俗称铅笔头），它是接头的薄弱环节，设计不完善的接头往往容易沿此面发生闪络，继而导致击穿，反应力锥的形状是根据沿此面轴向场强为一常数（或小于某一常数）而确定的，为了简化接头施工工艺，一般反应力锥采用直线形状，而不采用曲线形状。根据图 5－89，反应力锥面上的

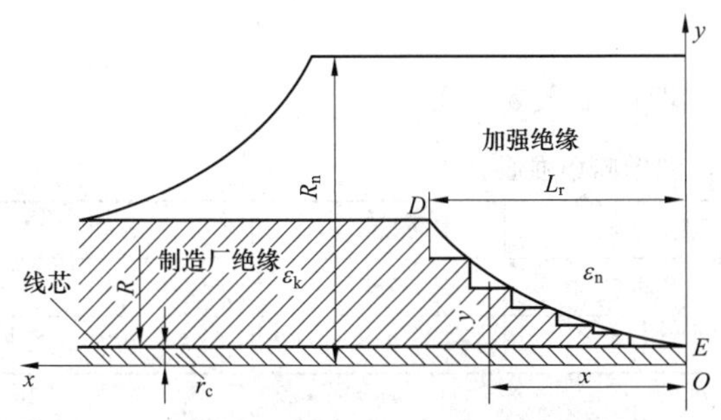

图 5－89　直线锥面代替理想应力锥面

轴向场强为

$$E_T=\frac{d}{dy}\left[\frac{U\frac{1}{\varepsilon_n}\ln\frac{R_n}{y}}{\frac{1}{\varepsilon_k}\ln\frac{y}{r_c}+\frac{1}{\varepsilon_n}\ln\frac{R_n}{y}}\right]\frac{dy}{dx}=\frac{d}{dx}\left(\frac{U\ln\frac{R_n}{y}}{\ln py^q}\right)\frac{dy}{dx} \tag{5-19}$$

式（5－13）E_T 为一个常数，将其变换，并对 x 积分得

$$x=\int_{r_c}^{y}\frac{d}{dy}\left[\frac{U\ln\frac{R_n}{y}}{\ln py^q}\right]dy=\frac{U\ln\frac{y_c}{r_c}}{E_T\ln py^q} \tag{5-20}$$

于是，反应力锥沿电缆长度方向的长度 L_T 的计算式为

$$L_T=\frac{U}{E_T}\times\frac{\ln\frac{R}{r_c}}{\ln pR^q} \tag{5-21}$$

其中

$$\left.\begin{aligned}p&=\frac{R_n}{r_c^m}\\ m&=\frac{\varepsilon_n}{\varepsilon_k}\\ q&=m-1\end{aligned}\right\}$$

式中：U 为电缆承受的电压，即为电缆接头设计电压，kV；E_T 为反应力锥沿电缆轴向的场强，kN/mm；R 为电缆绝缘半径，mm；r_c 为电缆线芯半径，mm；p、m、q 为常数；R_n 为电缆加强（增绕）绝缘半径，mm；ε_n、ε_k 为加强绝缘、电缆制造厂绝缘的相对介电常数。

如果加强绝缘采用与电缆制造厂绝缘相同的材料，即 $\varepsilon_n=\varepsilon_k$，则式（5－21）可简化为

$$L_T=\frac{U}{E_T}\times\frac{\ln\frac{R}{r_c}}{\ln\frac{R_n}{r_c}} \tag{5-22}$$

从式（5－22）中可以看出，轴向场强 E_T 值取得越小，反引应力锥越平，长度越长，即接头的长度越长。油纸电缆的轴向场强一般取电缆径向场强的 50%～90%。在计算反应力锥时，若 U 为设计电压，则取 $E_T=1\sim2$kV/mm；若 U 为工频电压，则取 $E_T=2\sim0.4$kV/mm。

各电压等级电缆接头设计电压和轴向场强的取值见表 5－11。

表 5－11 电缆接头设计电压和轴向场强值

电缆额定电压（kV）	110	220	330	500
接头设计电压（kV）	325	605	750	1010
轴向场强（kV/ mm）	1.8	1.8	2.0	2.0

五、增绕绝缘厚度的确定

接头加强（增绕）绝缘的厚度可根据连接接头盒绝缘最大允许场强来确定。由于填充绝

缘层和增绕绝缘层均在敷设安装工地手工包绕，因此连接接头盒的最大允许工作场强比电缆本体低，一般为电缆本体最大允许工作场强的60%～70%。线芯表面与接管连接处的不光滑等情况，会增加线芯表面的场强，因此在设计时，连接盒在线芯表面最大工作场强取为电缆本体最大工作场强的45%～55%。线芯连接管处的最大场强为

$$E_{\mathrm{T}}=\frac{U}{r_1\ln\frac{R_{\mathrm{n}}}{r_1}} \tag{5-23}$$

式中：U 为电缆接头电压，即为电缆接头设计电压，kV；E_{T} 为线芯连接管表面的允许工作场强，kV/mm；R_{c} 为电缆加强（增绕）绝缘外半径，mm；r_1 为电缆线芯连接管外径，mm。

将式（5－22）变换后可得

$$R_{\mathrm{n}}=r_1\exp\left(\frac{U}{r_1E_{\mathrm{T}}}\right) \tag{5-24}$$

因而得电缆加强（增绕）绝缘厚度为

$$\Delta_{\mathrm{n}}=R_{\mathrm{n}}-R=r_1\exp\left(\frac{U}{r_1E_{\mathrm{T}}}\right)-R \tag{5-25}$$

式中：R 为电缆绝缘外半径。

六、中间接头内绝缘设计

中间接头内绝缘设计，可参考图5－90所示。其连接管的内径 d_0 连接管截面积 A_1（单位：mm^2）为 $A_1=\mu A_{\mathrm{C}}=1.05A_{\mathrm{C}}$，式中 μ 为压接后精加工磨耗系数；连接管的长度 l_1（单位：mm）为 $l_1=K_2r_1$，K_2 为系数，一般取6～8；连接管外半径 D（单位：mm）；连接管两端的斜坡长度 L_{T} 按式（5－16）设计计算。

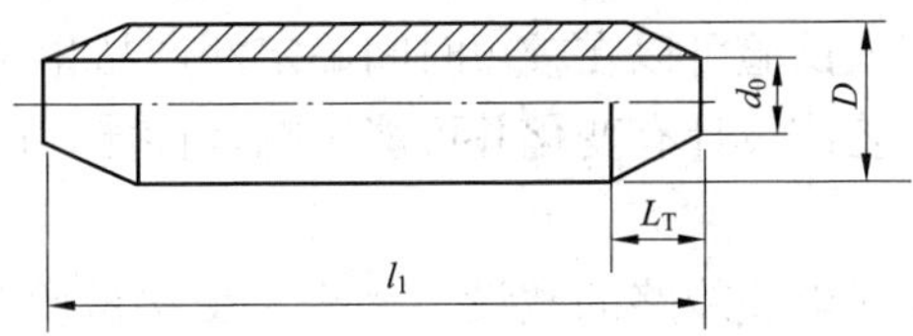

图5－90　连接管尺寸示意图

第六章　电力电缆试验及电缆故障测寻

第一节　概　　述

电缆产品不仅在设计和制造过程中有可能存在一些瑕疵问题，而且在运输、安装（多属隐蔽工程）、施工过程中也可能出现质量上的问题，甚至出现损坏，由此将造成一些潜在性故障，需要运行一段时间才可能暴露出来。因此，为了防止已安装运行的电缆线路发生绝缘故障及检验在电缆施工安装中的电缆的电气性能是否符合安全运行的需要，都必须做一定的试验，以便发现和检查电缆线路的缺陷，确保设备健康、安全投入运行，并不断通过试验积累数据和经验，为制定反事故措施、设备技术改造和改进运行管理工作提供科学依据。

一、电力电缆试验项目

电力电缆试验，主要指在电缆生产和安装敷设后进行的试验。

1. 电缆生产试验

电缆生产试验，通常指例行试验、抽样试验、型式试验等。

例行试验，是制造厂对所有电缆成品均应进行的试验，通过该试验可发现电缆生产过程中的偶然性缺陷，校验电缆产品质量是否与设计要求一致。

抽样试验，也称特殊试验。它是根据一定取样规则，从一批产品中抽出一部分电缆长度进行的试验。与例行试验目的一样，但因试验手续比较复杂，或在试验过程中可能损伤电缆，故仅取一部分试样进行试验。

型式试验，主要是对新型产品被大量使用前所作的试验。经过型式试验证明该产品能满足运行性能要求，或经过型式试验可以在较短时间确定新产品相对老产品的质量和新产品的寿命。除非电缆的材料、工艺或设计有变化并可能影响其性能，产品的型式试验不必重复。

2. 交接试验

承接电缆施工单位在完成电缆线路的敷设、接头、交接试验等工作后，必须组织设计、运行单位对其所施工的电缆线路进行验收，以证实证线路的电气性能达到设计要求和符合安全运行规定所进行的电气试验，即称为电缆线路交接试验，也称竣工试验或称安装后检查及预防试验。

竣工验收参加的人员除了施工单位的施工管理人员、运行单位长期派驻的施工监理 人员以外，还主要包括运行单位的技术管理人员、质量管理人员、资料管理人员等，以及设计单位该项目的主设计人员。

预防性试验，为了发现运行中设备的隐患，预防可能发生的事故或设备损坏而对设备进行的检查、试验或监测，也包括取油样或气样进行的试验。

国内外专家一致认为对电力电缆线路的预防性试验方法有绝缘电阻测试、直流耐压试验、泄漏电流试验、交流耐压试验、介质损耗因数试验、局部放电测试试验、电缆的油样试验等。

3. 电缆线路的修后试验

在电缆线路发生故障并进行了故障修复后，运行单位为试验线路的电气性能是否符合重新投入运行的要求而进行的电气试验，称为电缆线路的修后试验。其主要内容与电缆线路的交接试验相同。

4. 电缆的电气参数试验

电缆的电气参数包括导体交流电阻、电容和电抗，以及线路正序、零序阻抗等。

由于三相单芯长电缆线路中换位段分得不均匀和三相电缆不对称布置时，金属护套在两端互联接地后会产生感应电流，从而导致这些参数的理论计算值和实际数值之间的误差较大，即必须以实测参数值为准。因此，110kV 及以上电力电缆线路投运前都必须对其电气参数进行实际测量，以保证数据的准确性，以及为电力系统调度提供正确的数据和为继电保护整定提供依据。

中低电缆的电缆结构主要是分相屏蔽型或统包型，其线芯排列对称，因此其参数的理论数值与敷设后的实际数值相差不大，可以考虑不对上述电气参数进行试验。

除电缆线路电气试验外，因电缆线路的特殊性，还应实施油样试验、油流试验和交叉互联系统试验等。

二、电力电缆试验项目、周期和标准

1. 电力电缆预防试验和交接的试验项目、周期和标准

电力电缆预防试验和交接的试验项目、周期和标准见表 6－1。

表 6－1　　电力电缆的试验项目、周期及标准

<table>
<tr><th>序号</th><th>项目</th><th>周期</th><th colspan="3">标准</th><th>说明</th></tr>
<tr><td>1</td><td>测量绝缘电阻</td><td>1～3 年一次</td><td colspan="3">绝缘电阻自行规定</td><td>（1）1000V 以下的电缆用 1000V 绝缘电阻表，1000 及以上的用 2500V 绝缘电阻表；
（2）对绝缘护层有要求的电缆，应用 500V 绝缘电阻表测护层的绝缘电阻和警报系统的绝缘电阻</td></tr>
<tr><td rowspan="6">2</td><td rowspan="6"></td><td rowspan="6"></td><td colspan="3">（1）试验电压标准如下：</td><td rowspan="6">泄漏电流突然变化，随时间增长或随试验电压不成比例急剧上升，应尽可能找出原因，加以消除。必要时，可视具体情况酌情提高试验电压或延长耐压持续时间，电缆泄漏只作为判断绝缘的参考，不能作为是否能投入运行的标准，有怀疑时，应缩短试验周期最大一相泄漏电流，对于 10kV 及以上者，小于 20μA 时；6kV 及下者，小于 10μA 时，不平衡系统自行规定</td></tr>
<tr><td>电源类型</td><td>额定电压（kV）</td><td>试验电压</td></tr>
<tr><td>油纸绝缘电缆</td><td>1～10
15～35
63～110
220
330</td><td>5 倍额定电压
4 倍额定电压
2.6 倍额定电压
2.3 倍额定电压
2 倍额定电压</td></tr>
<tr><td>橡胶绝缘电缆</td><td>2～35</td><td>2.5 倍额定电压</td></tr>
<tr><td>塑料绝缘电缆</td><td>2～35</td><td>2.5 倍额定电压</td></tr>
<tr><td colspan="3">（2）试验持时间为 5min；
（3）三相不平衡系统除塑电缆外，不平衡系统应不大于 2</td></tr>
<tr><td>3</td><td>检查电缆线路的相位</td><td></td><td colspan="3">两端相位一致</td><td>运行中重装接线盒或拆过接线头</td></tr>
<tr><td>4</td><td>充油电缆绝缘的电气强度试验</td><td>2～3 年一次</td><td colspan="3">新油不小于 50kV，运行中的油不小于 45kV</td><td></td></tr>
<tr><td>5</td><td>充油电缆绝缘的介质损耗因数</td><td>2～3 年一次</td><td colspan="3">在 100±2 时，新油不大于 0.45%</td><td></td></tr>
</table>

2. 电缆试验报告

电缆试验报告是电缆常规试验项目的技术参数和设备绝缘状况的综合体现，是极为重要的技术资料。在进行电缆试验前应明确试验目的、试验理由，并确定好所用仪器和仪表，同时根据情况绘制接线图。试验报告应填写的主要内容有：①电缆运行的编号和名称；②电缆的型号、规范和试验日期；③各个试验项目名称和测量数据；④试验结论和意见；⑤试验环境；⑥试验人员、操作人员应签字，并报请负责人、审查负责等审查签注意见。

三、试验安全技术措施

电缆线路试验的首要工作是将所有与试验电缆有电联系的电源全部停电，并将已停电的电缆，再用合格的验电器进行三相验电，验证表面电缆线路确已无电压后，在工作电缆的两端分别悬挂好短路接地线；同时还应在工作地点及周围的有关设备上悬挂相应的标示牌，装设必要的栅栏，提醒或告诫所有工作人员，同时限制工作人员的活动范围。

在完成上述准备后，试验负责人在试验开始前，应再次检查安全措施布置是否符合现场实际要求，试验接线是否正确无误、试验设备的选择是否符合现场试验要求等。而后通知所有与试验无关人员撤离试验区域，并派专人看守试验区域内的各个通道。

试验工作人员在得到工作负责人明确的许可后，方可进行接通电源试验。试验中变换线或试验完毕时，试验人员必须首先切断试验电源，并对试验设备和试验电缆放电接地后，方可进行其他工作。

进行电缆线路试验时，操作人员活动范围和与带设备的最小安全距离，应遵守表 6-2 的规定。

表 6-2 操作人员活动范围和与带电设备的最小安全距离

电压等级（kV）	6～10	25～35	60～110	220
不设防护栅时（m）	0.7	1.0	1.5	3.0
设防护栅栏时（m）	0.35	0.6	1.0	2.0

第二节 电力电缆试验

下面介绍绝缘电阻测试、泄漏电流试验、直流耐压试验和电缆相位核对试验。

一、绝缘电阻测试

电力电缆的绝缘电阻，是指电缆芯线对外皮或电缆某芯线对其他芯线及外皮间的绝缘电阻。它可以初步判断电缆绝缘受老化的缺陷，也能判断出电缆在耐压试验时绝缘是否有缺陷等问题。

1. 绝缘电阻测试的意义

测量电缆绝缘电阻最基本的方法是在被试电缆两端施加一个恒定的直流试验电压，该电压产生一个通过电缆试品的电流，借助仪表测量出电缆的电流—时间特性，就可以换算出电缆的绝缘电阻—时间的变化特性或某一特定时间下的绝缘电阻值。

事实上，加上测试电压后，从理论原理看，流经绝缘内部的电流有充电电流（因介质极化而产生的电流）、不可逆吸收电流（因绝缘材料中的电解导电而产生的电流，数秒后减至零）、可逆吸收电流（绝缘材料的位移电流，在施加电压的瞬间达到最大值，但慢慢趋于位移稳定，经数分钟后基本消失）和电导电流（因绝缘材料中的自由离子及混杂的导电杂质所产生的电流，与电压施加时间无关）。由此可见，前三种电流不是恒定的，只有电导电流，又称泄漏电流，是恒定。这里只有恒定的电导电流所对应的体积绝缘电阻，才能作为研究对象，判断所测绝缘电阻的大小，实现判断绝缘的好坏、优劣程度。如当绝缘物受潮、脏污或开裂时，绝缘内离子会增加，电导电流会剧增，绝缘电阻值会下降。

2. 绝缘电阻测量试验

所谓绝缘电阻测量试验，就是通过仪器测出与时间有关电导电流的试验。目前测量绝缘电阻的仪器有各种数字式绝缘电阻表、高绝缘电阻测量仪高阻计、防静电表面电阻测量仪表、数字式导体电阻测量仪表等。

绝缘电阻表，一般都由手摇直流发电机、磁电式流比计、三个接线柱（即 L：线路端、E：接地端、G：屏蔽端）组成。如图 6－1 所示为绝缘电阻表（手摇）接线原理图，两个线圈固定在同一轴上且相互垂直。一个线圈与电阻 R 串联，另一个线圈与被测电阻 R_x 串联，两者并联接于直流电源。

手摇式绝缘电阻表，具有操作简单、便于携带等优点。其计量单位是兆欧，常用“MΩ”表示。在施工中多用绝缘电阻表法测量电阻，其仪器有 ZC－7 、ZC－8 型等绝缘电阻表。

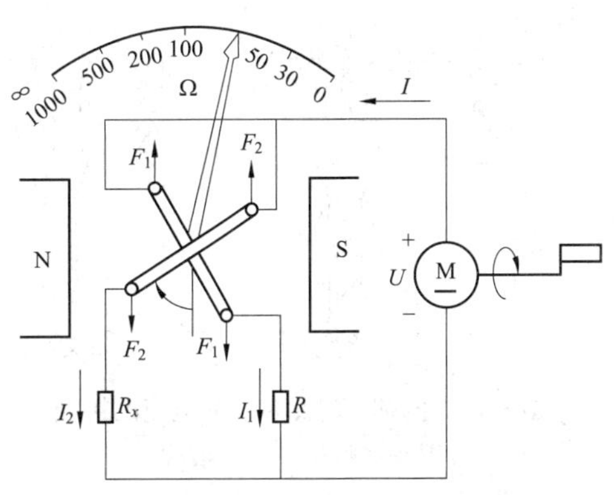

图 6－1　绝缘电阻表（手摇）接线原理图

绝缘电阻表也称摇表、梅格表等，用绝缘电阻表法测量电缆绝缘电阻步骤如下：

（1）测量前应正确选用表计的量程，使表计的额定电压与被测电气设备的额定电压相适应，500V 以下电缆选用 500V 绝缘电阻表，500V 以上电缆选用 1000V 或 2500V 绝缘电阻表。测量范围的选用原则是，不要使测量范围过多超出被测绝缘电阻的数值，以免读数时产生较大的误差。

（2）将绝缘电阻表进行一次开路和短路试验，检查绝缘电阻表是否良好。试验时，先将绝缘电阻表两测量连接线开路，摇动手柄，指针应指在“∞”位置，然后将两连接线短路一下，轻轻摇动手柄（注意时间不可太长，转速不可太快，以免烧坏表头），指针应指向“0”，否则说明绝缘电阻表有故障，需要检修。

（3）断开电源，将电缆线芯接地并充分放电，一般放电时间不少于 2min。但应注意进行充分放电操作，应使用绝缘工具（如绝缘棒、钳等）将接地线挂到电缆芯线上，不得用手直接触及放电导线。

（4）用干燥清洁的柔软布清洁被测对象的表面，并保持干燥，以减小误差。

（5）测量时必须正确接线。绝缘电阻表共有 3 个接线端（L、E、G），测量回路对地电阻时，L 端与回路的裸露导体连接，E 端连接接地线或金属外壳；测量回路的绝缘电阻时，回路的首端与尾端分别与 L、E 端连接；测量电缆的绝缘电阻时，为防止电缆表面泄漏电流对测量精度的影响，应将电缆的屏蔽层接至 G 端。屏蔽环可用熔丝在线芯绝缘上缠几道构成，熔丝必须与线芯绝缘紧密接触。恒定转速摇动手柄，待指针稳定后记录绝缘电阻的数值。

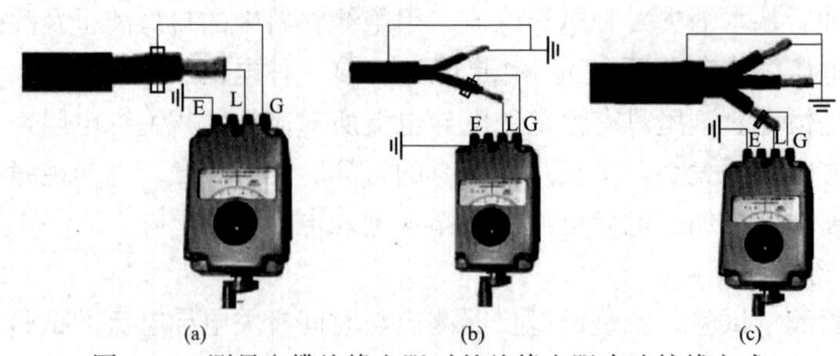

图 6-2　测量电缆绝缘电阻时的绝缘电阻表法接线方式

(a) 单芯电缆；(b) 二芯电缆；(c) 三芯电缆

如图 6-2 所示为测量单芯电缆、二芯电缆、三芯电缆绝缘电阻时的绝缘电阻表法的接线方式，四芯、五芯电缆绝缘电阻的检测方法基本相同。检测多芯电缆的绝缘电阻时，应将未被检测的多芯（如四芯、五芯）导体、金属屏蔽或金属套盒铠装层一起接地（接绝缘电阻表的 E 端），待检测线芯接绝缘电阻表的 L 端。

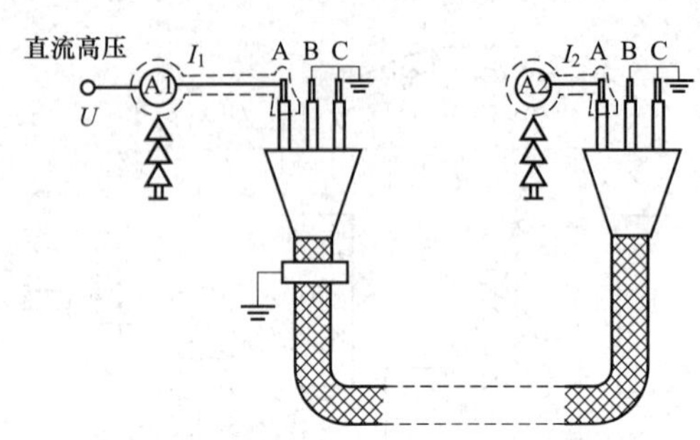

图 6-3　两端同时测量泄漏电流的接线（用非试验相作为屏蔽线）

现场采用两端同时测量的方法，其接线如图 6-3 所示，即在非高压电源端增加一个测量微安表，同时记录两端的泄漏电流值。这时高压电源端测得的泄漏电流包含电缆绝缘的泄漏电流和表面泄漏电流、杂散电流，而另一端测量的是表面泄漏电流和杂散电流，则电缆的泄漏电流为两者的差。另一种简便有效的方法是在施加电压相和非施加电压相之间放置一个绝缘板，或将绝缘手套套在施加电压的那一相电缆终端上，以改善局部电场分布，减小电晕的影响。

3. 绝缘电阻值换算

为了便于比较，一般都将不同温度时测量出的绝缘电阻值换算为温度为 20℃长度为 1km 时的值，即

$$R_{20/\mathrm{km}} = K_t R_t L \tag{6-1}$$

式中　$R_{20/\mathrm{km}}$——电缆在 20℃时每千米的绝缘电阻，Ω；

R_t——电缆长度为 L 时，在 t℃时的绝缘电阻；

L——电缆长度，km；

K_t——温度系数，油浸纸绝缘电缆的温度系数见表 6-3。

表 6-3　　电缆的温度系数

测量时电缆温度（℃）	0	5	10	15	20	25	30	35	40
温度系数 K_t	0.48	0.57	0.7	0.85	1.0	1.13	1.41	1.66	1.92

表 6-4　　绝缘电阻值参考值

序号	电压等级	绝缘种类	绝缘电阻（MΩ）
1	3kV 及以下	黏性浸油纸绝缘	≥50
2	6kV 及以上	黏性浸油纸绝缘	≥100

续表

序号	电压等级	绝缘种类	绝缘电阻（MΩ）
3	3kV 及以下	干绝缘	≥100
4	6～10kV	干绝缘	≥200
5	6～10kV	不滴流	≥200
6	0.5kV	聚氯乙烯绝缘	≥30
7	1kV	聚氯乙烯绝缘	≥40
8	3kV	聚氯乙烯绝缘	≥50
9	6kV	聚氯乙烯绝缘	≥60
10	6～10kV	交联聚乙烯绝缘	≥1000
11	35kV	交联聚乙烯绝缘	≥2500

注　本表中所列电阻值为中低压电缆换算到20℃时每千米的最低绝缘（部分）电阻值。

试验规程未对电缆绝缘电阻值做具体规定，是否合格，可自行规定。一般可根据表6－3～表6－5所示为各类中低压电缆敷设换算到20℃的每千米最低绝缘（部分）电阻考虑。

4. 测量电缆绝缘电阻的注意事项

由于电力电缆的绝缘电阻与电缆的长度、测量时的温度以及电缆终端头或套管表面脏秽、潮湿程度等有较多关系。因此，试验前必须将导电线芯及电缆金属护套接地使其充分放电，并根据被测电缆的额度电压选择适当的绝缘电阻表，同时将电缆终端表面擦拭干净，并进行表面屏蔽。测量时应将绝缘电阻表放置在平稳且无较大振动的地方，并按有关要求检查绝缘电阻表是否工作正常；每次测完绝缘电阻后都要将电缆放电、接地，电缆线路越长其接地时间也就越长，一般不少于1min。

绝缘电阻表是一种计量仪器，必须定期送专业检验部门做检验，以保证测量的正确性，保管时也应放置在干燥的地方，避免因受潮而降低绝缘性能。

应对测得的电缆绝缘电阻进行综合分析判断，即与交接及历次试验值以及不同相测量值进行比较，若有明显差异应查找原因及时纠正。多芯电缆在测量绝缘电阻后，可以用不平衡系数来分析判断其绝缘状况。不平衡系数等于同一电缆中各缆芯线绝缘电阻中的最大值与最小值之比，一般应不大于2.5。

良好电缆的绝缘电阻一般不能低于表6－5所列数值。值得注意的是，当电缆长度小于500m时绝缘电阻值可不必按长度换算，直接用表中数值即可。

表6－5　　电缆长度为500m、温度为20℃电缆的绝缘电阻

电缆额定电压（kV）	1kV 及以下	3kV 及以下	6～10kV	20～35kV
绝缘电阻（MΩ）	10	200	400	600

5. 吸收比试验

《电力设备预防性试验规程》（DL/T 596—2005）吸收比指在同一次试验中，用2500V的绝缘电阻表测得60s时的绝缘电阻值（用 R_{60} 表示）与15s时的绝缘电阻值（用 R_{15} 表示）之比（用 K 表示），即 $K=\frac{R_{60}}{R_{15}}$。

通过吸收比试验不仅能明显发现电缆绝缘整体受潮或贯通性的缺陷，反应电缆绝缘的受潮程度。同样，也可用于对电机和变压器等电容量较大电气设备绝缘状况的判断。

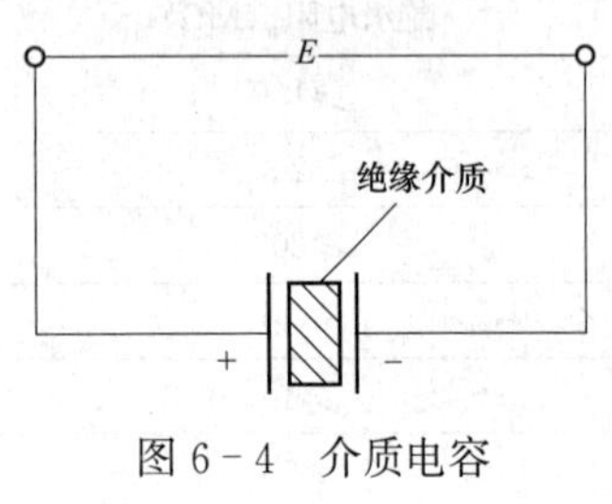

图 6-4 介质电容

吸收比试验原理，将电缆中的绝缘体看成由一绝缘介质组成的电容器（见图 6-4），直流电压施加于电容器之初，有较大的充电电流，稳定以后，则只有微小的泄漏电流流过绝缘体。若电缆绝缘受潮严重，则泄漏电流会大大增加，因时间而变化的充电电流影响就比较小，其吸收比 $K=\frac{R_{60}}{R_{15}}\approx 1$；若绝缘没有受潮，则吸收比 $K=\frac{R_{60}}{R_{15}}\geqslant 1.3$。

二、泄漏电流试验

泄漏电流是指电缆的耐压试验中，在直流电压作用一定时间以后，极化过程结束，这时流过绝缘介质的电流。

泄漏电流试验，要比绝缘电阻试验更有效。不过，泄漏电流试验和直流耐压试验通常都是同时进行的。

泄漏电流试验的原理与用绝缘电阻表测量绝缘电阻的原理完全相同，不过泄漏电流试验中所用的直流电源是由高压整流装置供给的，用微安表指示电流。根据泄漏电流的变化规律来判断绝缘的劣化程度。

试验时，将试验电压逐渐升高，根据其相应的泄漏电流与耐压试验前后的泄漏电流的比值，判断电缆线路的工作状况。

大量试验表明，泄漏电流与外施电压的关系曲线如图 6-5 所示，曲线在一定范围内（0A 段）是近似直线。当电压增加到 B 点以后，电流的增长要比电压的增长快得多，如图中 BC 线段所示。到 C 点以后，如果电压再增加，则电流急剧增加，其伏安特性曲线不再呈直线发展。

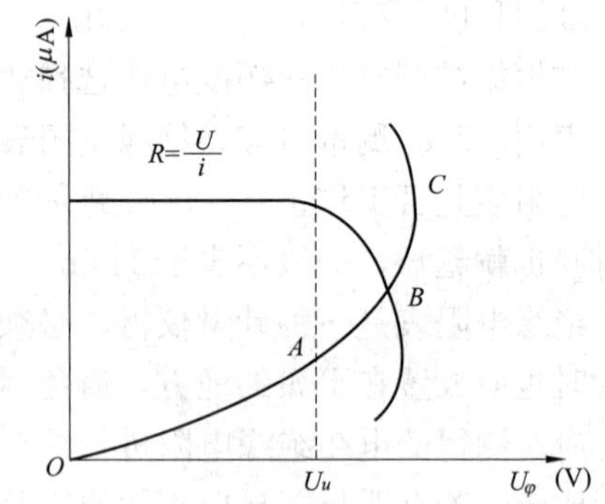

图 6-5 泄漏电流与外施电压的关系曲线

从图 6-5 中可观察到每阶段电压下电随时间的下降情况，以及电流随电压逐渐升高的增长情况。

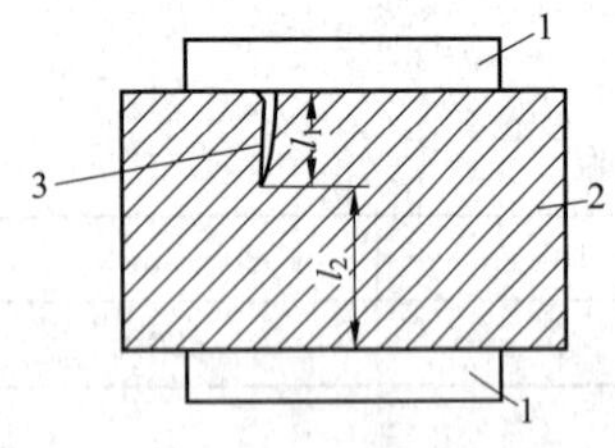

图 6-6 绝缘中存在非贯穿性裂纹示意图

1—电极；2—绝缘；3—裂纹

由于有缺陷的绝缘在不同电压下，其缺陷会有不同程度的发展，如图 6-6 所示。绝缘中有非贯穿性裂纹，裂纹 l_1 并未将两极沟通，还保留一段比较良好的绝缘 l_2。在较低的电压下，由于有一段良好绝缘 l_2，泄漏电流仍可维持在一个比较小的数值，所以用绝缘电阻表测量绝缘电阻时难以发现。如将试验电压提高，由于 l_1 的电导较大，试验电压几乎全部加在 l_2 上，当电压足够高时，裂纹将发展，于是泄漏电流的增长比电压的增长快得多。所以测量直流电压下的泄漏电流，对发现绝缘内部缺陷有特殊的意义。

1. 试验设备

电缆线路的泄漏电流试验，所需设备包括调压器、高压试验变压器、高压硅堆、保护器等设备。

调压器的调压范围的大小根据试验电压的需要进行选择。一般调压器的输出电压为0～250V，若试验变压器的一次电压为200V，则调压器的容量一般选择与试验变压器容量相等即可；若试验变压器的一次电压为100V左右，则调压器的容量应比试验变压器容量大一倍左右。一般10kV及以下的电缆试验，选用0.2～0.5kVA的调压器；35kV的电缆试验，选用1～2kVA的调压器。调压器的输出电压计算为

$$U_{ab} \approx \frac{U_{DC}}{1.414} \approx 0.707U_{DC} \tag{6-2}$$

式中：U_{ab} 为调压器输出的交流电压，V；U_{DC} 为电缆的直流测试电压，V；K 为试验变压器的变压比。

【例6-1】 有一条10kV纸绝缘电力电缆，要求进行60kV直流耐压试验，并在1/4、1/2、3/4全电压及全电压时测量泄漏电流。如试验变压器的一次电压为100V，二次电压为50kV，求各试验时低压侧应加多大的电压？

解 根据式（6-2）可求得试验变压器的变压比 K，即

$$K = U_2/U_1 = 5\times10^3/100 = 500$$

当整流后的电压为 U_{ab}=600kV时，变压器的低压侧应加交流电压为

$$U_{ab} = U_{DC}/1.414K = 60\times10^3/(1.414\times500) = 84.9\,(\text{kV})$$

在1/4全电压时，变压器的低压侧应加交流电压为

$$U_{ab} = (1/4)U_{DC} = (1/4)\times84.9 = 21.2\,(\text{V})$$

根据上述方法，可求得在1/2、3/4全电压时，变压器低压侧应加交流电压值分别为42.2、63.6V。

高压试验变压器，将调压器输出的电压升高至试验电压。因高压试验变压器的质量较重，故选择时除主要应考虑质量轻外，还要根据泄漏电流的大小考虑合适的调压容量。

高压硅堆，将试验变压器输出的高压交流电进行整流，变为高压直流电。由于高压硅堆承受过电流性能差、极容易烧坏，故选择高压硅堆时应考虑一定的安全系数。

保护器，用来保护硅堆，限制试验时对电缆进行充电的充电电流和电缆发生击穿时的短路电流。

交流电压表，用来测量试验变压器的一次电压。微安表用来测量电缆的泄漏电流。熔断器，在电缆线路或试验设备发生故障时，起熔断作用，防止损坏试验设备。

2. 泄漏电流影响因素分析

下面简要介绍影响测量泄漏电流的主要因素，并做必要的分析，这对促进泄漏电流试验的正确进行，得到较为准确的试验数据及结果，是有较大帮助的。

（1）高压引线的影响。因高压引线及高压输出端均暴露在空气中，其对地、对绝缘支撑物和邻近设备等均有一定的杂散电流、泄漏电流流过。电流流过试样内部的体积电流、高压硅堆及硅堆至微安表高压引出线对地杂散电流，高压引出线及高压端通过空气对地杂散电流，它们的作用都将影响其试验结果的准确性。

（2）温度的影响。不同温度影响下的泄漏电流值，可参考《电力设备预防性试验规程》（DL/T 596—2005），此处限于篇幅不予介绍。

（3）电源电压的非正弦波形对测量结果的影响。为了克服其影响，可考虑：①用波形畸变小的自耦变压器调压；②选择电源时最好用波形不易畸变的线电压；③直接在高压侧测量直流高压。

（4）加压速度对泄漏电流测量结果的影响。为了得到较为准确的数据，应采取逐级加压的方式并规定相应的升压速度和电压稳定时间。

（5）残余电荷的影响。主要表现在残余电荷与直流输出电压同极性时，泄漏电流试验有偏小误差；极性相反时，有偏大误差。

（6）直流输出电压极性对泄漏电流测量结果的影响。例如，电缆绝缘受潮，电缆线芯加正极性试验电压时，由于绝缘中的水分带正电，在电场作用下，水分被排斥移向铅包，造成绝缘中水分相对减少，泄漏电流偏小；在电场作用下，水分由铅包渗过绝缘向电缆芯集中，使绝缘中的水增加，泄漏电流增大。由此可见，一般加负极性直流输出电压，能更严格地判断受潮程度。

3. 泄漏电流测量与绝缘电阻测量相比的优点

（1）试验电压较高，并能随意调节。

（2）用微安表监测泄漏电流，灵敏度高，可多次重复比较。

（3）可将泄漏电流测量值换算为绝缘电阻值。由于绝缘电阻表的负载特性，其输出的端电压与被试验品绝缘电阻值大小有关，不一定是绝缘电阻表铭牌标准电压。因此，绝缘电阻表测量出的绝缘电阻，一般不能换算出泄漏电流值。

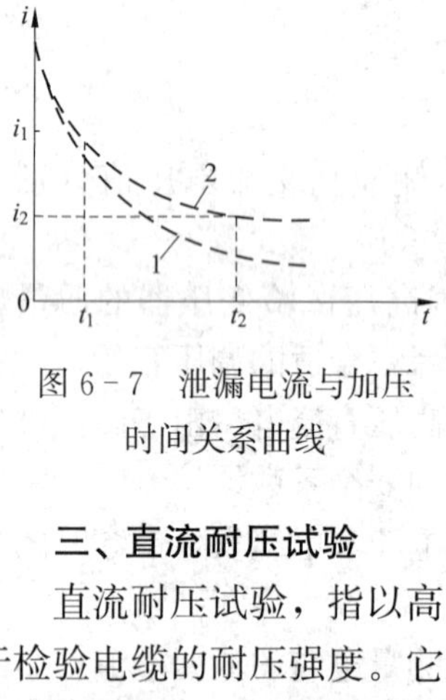

（4）泄漏电流试验时可以作出泄漏电流与加压时间关系曲线和泄漏电流与所加电压的关系曲线，通过该曲线可以判断绝缘状况。图 6－7 为泄漏电流随加压时间变化的过程，实际上就是吸收电流的变化过程。

图 6－7　泄漏电流与加压时间关系曲线

因此，泄漏电流试验，实质上是观察每阶段电压下电流随时间的下降情况，以及电流随电压逐渐升高的增长情况。电缆出厂时多进行交流耐压试验，而电缆线路的预防试验和交接验收试验，目前普遍采用直流耐压试验。

三、直流耐压试验

直流耐压试验，指以高于电流额度电压数倍的直流电压对电缆进行的耐压试验。目的在于检验电缆的耐压强度。它对发现绝缘介质中的气饱，机械损伤等局部缺陷比较有利。因为在直流电压下，绝缘介质中的电位将按电阻分布，所以当介质有缺陷时，电压主要与被缺陷部分串联的未损坏介质的电阻承受，较有利于发现介质缺陷。

有研究表明，XLPE 电力电缆在直流电场作用下，空间电荷的附加电场效应会加强水树枝尖端处的电场强度，进而引发介质局部放电，释放出大量高能带电粒子，这些高能带电粒子不断轰击水树枝端部和水树枝通道壁的介质分子链段，使得介质分子链段断链、降解，水树枝快速转变成电树枝，加速了 XLPE 电力电缆绝缘性能早期劣化，大大缩短了电缆的运行寿命。所以，一些电缆使用量较大的发达国家在 XLPE 电力电缆的预防性试验中均取消了直流耐压试验，相继推出了振荡波电压试验、0.1Hz 超低频电压试验和工频电压试验。不过近年来，从国内外的试验和运行经验表明直流耐压试验不能有效地发现交联电缆中的绝缘缺陷，甚至还会造成电缆的绝缘隐患。因此，新修编的电气设备预防性试验规程中有关电缆预防性试验方法的规定不再推荐直流耐压试验，国内外有关部门广泛推荐采用交流耐压取代传统的直流耐压。

1. 直流耐压试验与交流试验比较的优点

（1）对于长电缆线路，所需试验设备容量小。

（2）在直流电压作用下，介质损耗小，高压下对良好绝缘的损伤小。

（3）直流耐压试验的同时可监测泄漏电流及其变化曲线，采用微安表测量灵敏度高，反映绝缘老化、受潮比较灵敏。

（4）直流耐压试验不仅对检查绝缘中的气泡、机械损伤等局部缺陷是比较有效的方法，还能发现交流耐压试验不易发现的一些缺陷。

2. 试验接线方法

直流耐压试验的基本方法是在电缆绝缘上加上高于工作电压一定倍数的电压值，并保持一定时间，试验时可同时进行直流泄漏电流测量，测量微安表可接在高压侧，也可接在低压侧。测泄漏电流时的电压为5～60kV。下面介绍直流耐压试验的几种接线方法。

（1）微安表接在高压侧测量泄漏电流的接线方式。此时，变压器只有一只引出线套管时，可采用图6－8（a）所示的试验线路。为了防止电缆表面的泄漏电流和高压引线的电晕电流，可按图6－8（a）中虚线所示的方法进行屏蔽；高压引线采用屏蔽线，把屏蔽线一端的屏蔽层接到微安表的电源侧；电缆套管上作一屏蔽环，与屏蔽层连接；微安表本身也装在金属屏蔽罩内。这样的接线方式，使得微安表中只有电缆的泄漏电流流过，而不受外界的影响（如杂散电流），保证了测量的准确性。

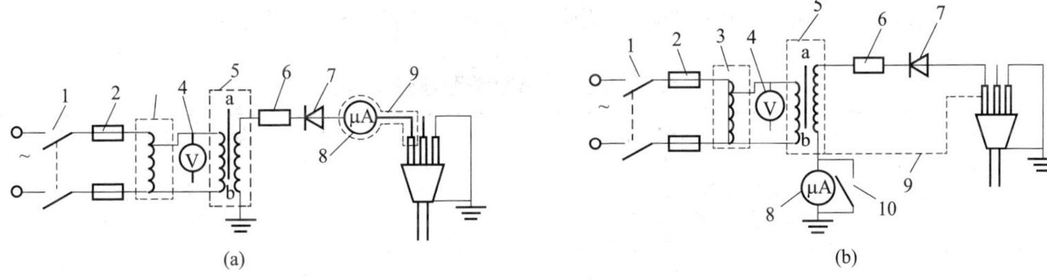

图6－8　微安表处在不同位置时的接线图

（a）微安表处在高压侧；（b）微安表处在低压侧

1—电源开关；2—熔断器；3—调压器；4—交流电压表；5—升压变压器；6—保护器；7—硅堆；8—微安表；9—屏蔽线 ；10—短路开关

（2）微安表接在低压侧测量泄漏电流的接线方式，与微安表处于高压侧时的接线方式相比，读数安全且切换量方便，不需要绝缘棒操作。由于微安表处于低压侧，低压电流对地的寄生电流会通过微安表，对测量结果虽无影响，但测量结果的误差确定受到环境、气候和试验变压器的绝缘状况影响，在杂散电流的作用下，使得读数困难。因此，将电缆套管表面的泄漏电流按图6－8（b）中图虚线所示方法进行屏蔽，在靠近的一端作屏蔽环，用导线将表面的泄漏电流引至微安表的电源侧，使其不经过微安表以消除其影响。这种接线方式，仅在试验电压（10kV以下）较低的试验项目中使用。

当需要较高试验电压，而倍压线路又不可能满足要求时，可采用多级串联整流线路。如图6－9所示为倍压整流线路接线图。

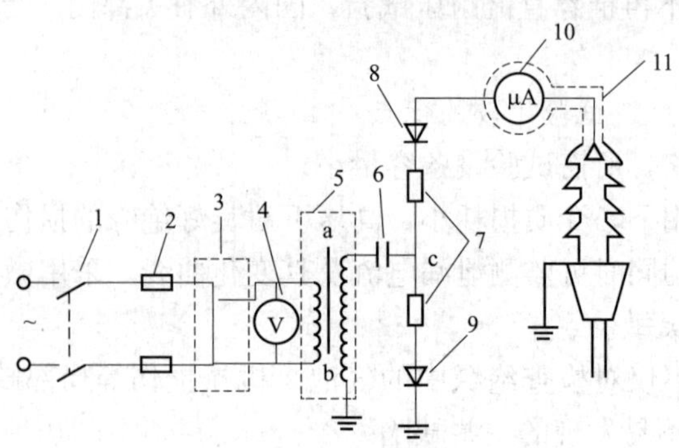

图 6-9 倍压整流线路接线图

1—电源开关；2—熔断路；3—调压器；4—交流电压表；5—升压变压器；6—电容；7—保护器；8—高压硅堆；9—高压硅堆；10—微安表；11—屏蔽

3. 电缆线路直流耐压的试验电压规定

试验电压值与电缆绝缘的质量有关，也与避雷器的残压和预防性试验周期有一定的关系。因为试验电压太低不能保证较长时间的安全运行，而试验电压过高会使电缆提早损坏，在制定试验标准时要权衡利弊。

试验时，对电力电缆的主绝缘做直流耐压试验，测量其绝缘电阻时，应分别在每相上进行试验或测量，此时其他两相金属护套盒铠装一起接地。

进行电力电缆线路直流耐压的试验电压（负极性），应注意以下事项：

(1) 35kV 及以下电缆线路直流耐压试验电压应符合表 6-6 的规定。

表 6-6　35kV 及以下电缆线路直流耐压试验电压

电缆类型	额定电压 (kV) U_0/U	交接试验		预防性试验		故障修理或改接后	
		直流试验电压 (kV)	时间 (min)	直流试验电压 (kV)	时间	直流试验电压 (kV)	时间 (min)
油纸绝缘电缆	6.6	36	5	33	5	33	5
	8.7/10	50	5	47	5	47	5
	26/35	140	5	130	5	130	5
交联聚乙烯绝缘电缆	6.6	25	5	—	—	25	5
	8.7/10	25	5	—	—	25	5
	26/35	78	5	—	—	50	5

注　U_0 为电缆设计电压；U 为直流耐压试验电压。

(2) 110～220kV 电缆线路直流耐压试验电压应符合表 6-7 的规定。

(3) 额定电压为 1kV 以下的低压电缆线路可以用 1000V 或 2500V 绝缘电阻表测量导体对地和导体之间绝缘电阻代替直流耐压试验。

表 6-7　　110～220kV 电缆线路直流耐压试验电压

电缆类型	额定电压 (kV) U_0/U	交接试验		预防性试验	故障修理后或改接后	
		直流试验电压 (kV)	时间 (min)		直流试验电压 (kV)	时间 (min)
自容式充油电缆	64/110	275	15	1000V 绝缘电阻表测护层绝缘电阻	254	15
	127/220	510	15		510	15
交联聚乙烯电缆	64/110	192	15		192	5
	127/220	—			—	

注　220kV 交联聚乙烯绝缘电缆建议不进行直流耐压试验而采取交流耐压试验或交流变频谐振试验等其他试验方法。

4. 试验结果分析及判断

电缆通过直流耐压试验而未造成击穿者，可认为该电缆的绝缘合格，可以投入运行。当试验结果不能完全符合试验标准时，应对试验的结果进行分析，判断是何种原因，并做出是否投入运行的决定。电缆经直流耐压试验后绝缘击穿不能投入运行时，应立即找出击穿点并进行抢修。

一条绝缘良好的电缆，耐压前的泄漏电流值与耐压后泄漏电流之比为 1.3～1.5，有的甚至会超过 2。对于较短的电缆线路，其比值往往在 1.1～1.2 左右。泄漏电流三相不平衡系数大于 2 的电缆三相泄漏电流应基本平衡，如果某一相泄漏电流特别大，则说明该相的绝缘可能存在一定的缺陷，应做分析；确实证明是由电缆内部绝缘缺陷引起的，可隔半年后监视。如果最大的相泄漏电流的绝对值很小，对于 10kV 及以上电缆小于 20μA，6kV 及以下电缆小于 10μA 时，则不必列入监视计划，直接投入运行。

若泄漏电流很不稳定，且不是由于试验电源电压波动而引起，偏差不大于 20%时，可能是电缆内部有微小空隙引起，应隔半年后进行监视。

电缆线路很短，泄漏电流却很大，若在耐压过程中无泄漏电流升高现象，但耐压后的泄漏电流又不下降，这种电缆虽可投入运行，但半年至一年后也应考虑进行监视。

四、电缆相位核对

核相，即核对相序，有直接核相和间接核相两种。

下面仅介绍电缆相位检查，核对相位的方法很多，常用绝缘电阻表法和示灯法核对电缆线路的电缆相位。

1. 绝缘电阻表法

绝缘电阻表大多采用手摇发电机供电，故又称摇表。它的刻度是以兆欧（MΩ）为单位。利用绝缘电阻表法核对电缆线路相位，通常是在电缆绝缘电阻测量时共同进行的。干电池与电压表配合的核相接线方式如图 6-10 所示。采用绝缘电阻表法核对电缆线路相位基本要求如下：

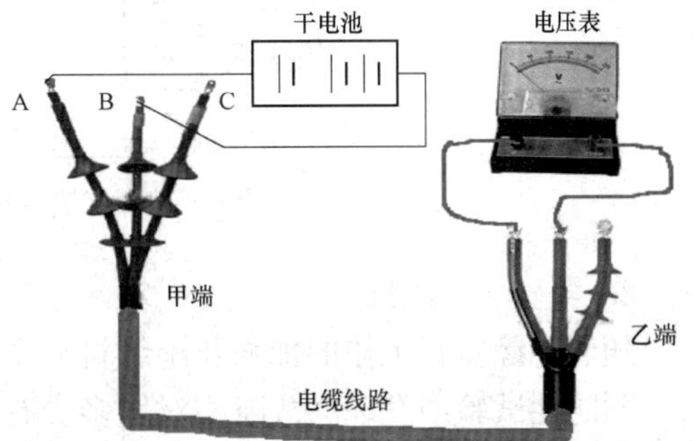

图 6-10　干电池与电压表配合的核相接线方式

(1) 仪器使用原则。即摇测前和摇测后都应放电；摇动绝缘电阻表的手柄时，转速应尽量保持额定值，更不得低于额定转速的 80%；电缆的另一端也必须做好安全措施，勿使人接近被测电缆，更不能造成反送电事故；为保证仪表安全，应将绝缘电阻表摇至 120r/min 后，再将绝缘电阻表的“L”线接被测电缆线芯，撤离测试线“L”后方可停止摇动手柄。

(2) 核对电缆线路相位。先假定在电缆一端的某电缆线芯与金属内护套或屏蔽直接连接后，并在电缆的另一端用绝缘电阻表检测，当测得为零阻的一芯即可得知其相不通，接线相位接错。反复几次（每芯测 3 次，共测 9 次），故在距离较远的两端核相时是比较麻烦的。

2. 指示灯法

指示灯法又分干电池法和低压交流电源法。指示灯法核相器是一种很容易自制的专用核相器，用干电池盒（用 2～4 节 1.5V 电池，串联）和指示灯做适当组合，即可测量电缆相位，它的接线方式如图 6-11 所示。如果接上电源时指示灯亮，则说明末端接地的相线与首端测量的相线属于同一相，如此三相轮流测量，即可定出线路首端的 A、B、C 相。

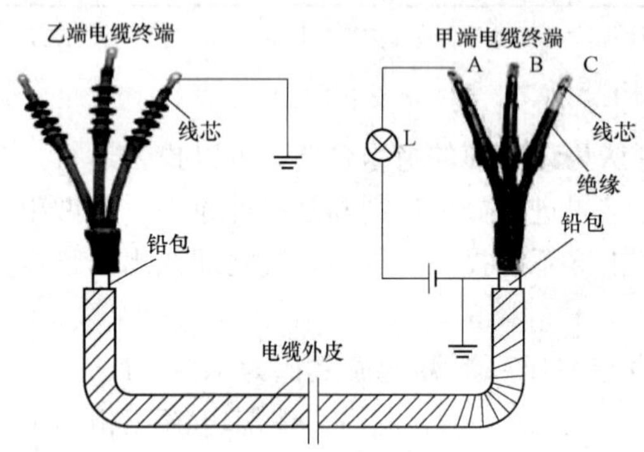

图 6-11　测量电缆相别的指示灯法接线方式

除用上述方式制作测量电缆相的仪器外，还可用干电池盒和能指示的器具，如用电池电压极性显示器（一只 3V 电压表或半导体发光二极管加限流电阻）可组成测量电缆相位的仪器。

五、交流耐压试验及电缆烧穿试验

1. 交流耐压试验

交流耐压试验是鉴定电力设备绝缘强度最有效和最直接的方法，是预防性试验的一项重要内容。此外，由于交流耐压试验电压一般比运行电压高，因此通过试验后，设备有较大的安全裕度，因此交流耐压试验是保证电力设备安全运行的一项重要试验。

如图 6-12 所示为交流耐压试验常用的原理接线图。

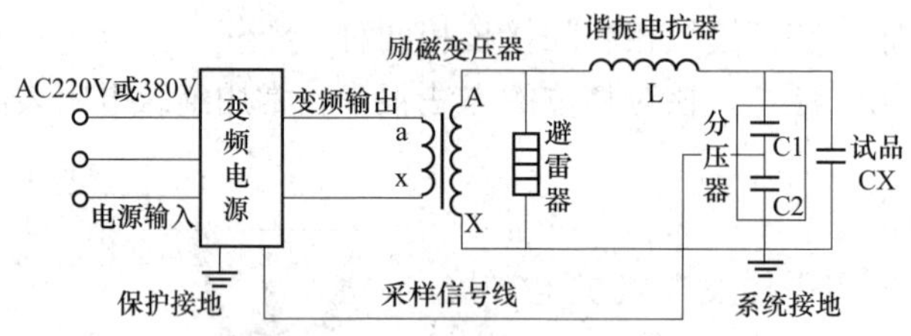

图 6-12　交流耐压试验常用的原理接线图

2. 电缆烧穿试验

随着绝缘监督工作的加强及绝缘材料质量的提高，运行中的电缆发生的故障逐渐减少，而在预防性试验中发现的故障相对增多。有资料表明，预防性试验击穿的电缆故障中，90% 以上是高阻故障，电缆运行中的高阻故障也占 60%以上。根据测试原理及要求，必须在低阻情况下才能用电桥法或音频感应法进行测量，为此必须将高阻故障进行烧穿处理，使高阻变为低阻，以利于测量。实现故障点烧穿的方法，常用的有交流烧穿法和直流烧穿法。

交流烧穿接线，如图 6－13（a）所示，隔离开关 QS 一般选用 250V、30A，熔断器 FU 按烧穿变压器 B 低压侧额定电流选择，R 为电阻，通常可用容量较大的自来水槽，烧穿变压器根据表 6－8 进行选择。

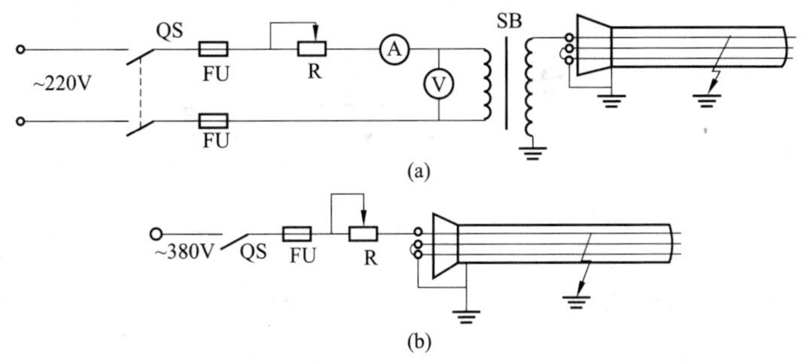

图 6－13　电缆烧穿接线图

（a）交流烧穿法接线（b）直流烧穿法接线

QS—隔离开关；FU—熔断器；R—电阻

直流烧穿法，其接线与直流耐压试验接线［见图 6－13（b）］相同。它利用直流电源对电容器 C 充电，充到球隙 G 击穿时，电容器上的电荷经故障点放电，冲击电流将碳化通道逐渐扩大，电阻降低。充电电容器 C 可取 2～10μF，且能承受 20～30kV 电压。若无适合的充电电容，也可将被试电缆中的完好线芯作为充电电容，但直流高压不得超过该电缆的试验电压值。

表 6－8　　烧穿变压器的选择

故障电缆的直流击穿电压（kV）	烧穿变压器的电压等级（kV/V）	烧穿变压器的容量（kVA）
10～40	35/220	5
<10	2×3/220	5～7.5

六、电缆线路的正序阻抗和零序阻抗测量

正序、负序、零序的出现是为了分析系统电压、电流中出现的不对称现象，将三相不对称分量分解成对称分量（正、负序）及同向的零序分量。只要是三相系统，就能分解出三个分量（有点像力的合成与分解，但很多情况下某个分量的数值为零）。对于理想的电力系统，由于三相对称，因此负序和零序分量的数值都为零。当系统出现故障时，三相变得不对称。这时就能分解出有幅值的负序和零序分量了（有时只有其中的一种），因此通过检测这两个不应正常出现的分量，就可以知道系统出现的问题（特别是单相接地时的零序分量）。下面介绍其相应阻抗的测量。

1. 电缆线路的正序阻抗测量

应用对称分量法计算时，正序电压与正序电流之比，称为正序阻抗，或解释为某一个三相元件（发动机、变压器、线路等）通入正向旋转的交流电，励磁绕组正常励磁时测得的阻抗，也可解释为电缆导体的交流电阻和电缆三相间感抗的相量和。

对于正序阻抗，三相阻抗基本相同，在测量每相的电压、电流后，即可计算阻抗。试验时电缆线路的正序阻抗一般可在电缆盘上直接测量，测量时一般使用较低的电压，因此需要用降压变压器进行降压，降压变压器采用星形接线，容量一般为 10kVA 以上，有较广的电

压调节范围，测量时交流电源应比较稳定，应保证测量时电流达到规定的要求，实际电压表的读数值必须是电缆端的电压，试验电流最好接近电缆长期允许载流量，测读各表计的数值时，合上电流后同时读取三个表的数值。正序阻抗测量接线图如图 6－14 所示。

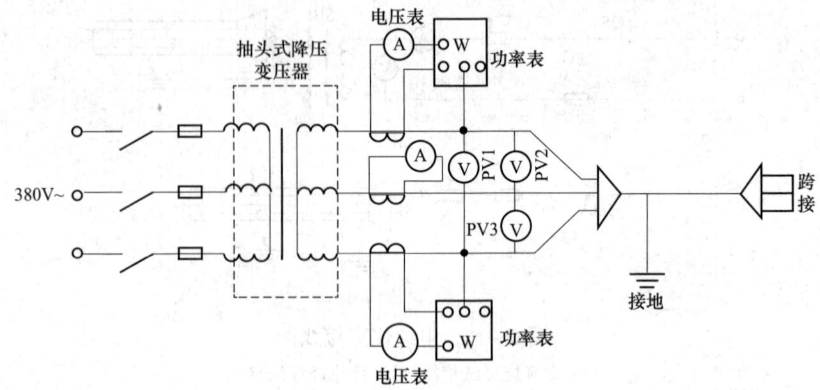

图 6－14　正序阻抗测量接线图

根据测试结果，计算线芯的正序阻抗 Z_1（单位：Ω）为

$$Z_1=\frac{U}{\sqrt{3}I} \tag{6-3}$$

线芯的交流电阻 R_1 为

$$R_1=\frac{P_1+P_2}{3I^2} \tag{6-4}$$

线芯的正序电抗 X_1 为

$$X_1=\sqrt{Z_1^2-R_1^2} \tag{6-5}$$

线芯的正序电感 L_1 为

$$L_1=\frac{X_1}{2\pi f} \tag{6-6}$$

正序阻抗角 φ_1 为

$$\varphi_1=\arctan\frac{X_1}{R_1} \tag{6-7}$$

式中：U 为线芯间三相电压表读数的平均值，V；I 为线芯间三相电流表读数的平均值，A；P_1、P_2 分别为两功率表读数，W；f 为频率，Hz；R_1 为正序电抗，Ω。

2. 电缆线路的零序阻抗测量

通入零序电流，励磁绕组短路时测得的阻抗是零序阻抗。在电力系统分析中，电力电缆线路中的零序阻抗是随零序电流的大小而改变的。因此，在进行零序阻抗试验时，其试验电压应按线路长度和试验设备容量来选取，以避免电流过小而引起的较大测量误差。然而，零序阻抗与高压电缆金属护套接地方式也有关，因此金属护套的接地方式应为电缆正常运行时的方式。金属护套单端接地与两端直接接地或交叉互联接地时，零序阻抗相差较大。因为金属护套单端接地时，零序电流只能通过大地返回，大地电阻使线路每相单值电阻增大，当金属护套两端直接接地或交叉互联接地时，零序电流时通过金属护套返回，因此零序阻抗小得多。

(1) 零序阻抗测量接线。零序阻抗测量接线图如图 6-15 所示。

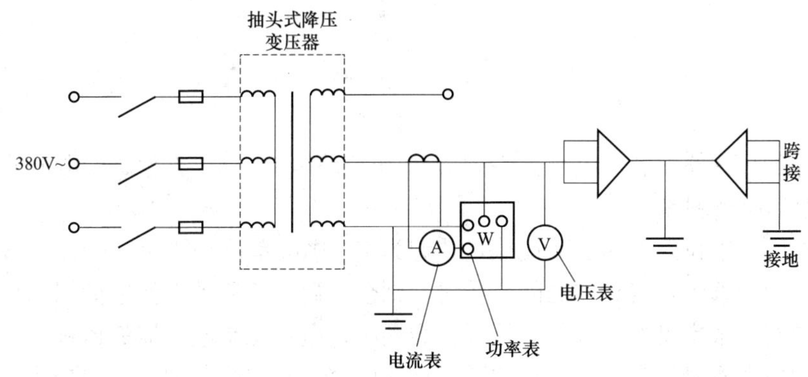

图 6-15 零序阻抗测量接线图

(2) 零序阻抗值计算。零序阻抗值可按下述方法进行。

线芯的交流阻抗（零序电阻 R_0）为

$$R_0=\frac{3P}{I^2} \tag{6-8}$$

线芯的零序电抗 X_0 为

$$X_0=\sqrt{Z_0^2-R_0^2} \tag{6-9}$$

线芯的零序电感 L_0 为

$$L_0=\frac{X_0}{2\pi f} \tag{6-10}$$

线芯的零序阻抗（用 Z_0 表示）为

$$Z_0=\frac{3U}{I} \tag{6-11}$$

零序阻抗角 φ_0 为

$$\varphi_0=\arctan\frac{X_0}{R_0} \tag{6-12}$$

式中：U 为线芯间三相电压表读数的平均值，V；I 为线芯间三相电流表读数的平均值，A；P 为功率表读数，W。

根据试验，将测得的参数和理论值相比，不应有较大差别，否则应查找原因。必须指出，测得的零序电阻一般高于理论值，因为零序电阻回路中包括了护层引线的接触电阻，如相差太大，需改善引线接触电阻。

电缆线路中的零序保护，指在大短路电流接地系统中发生接地故障后，就会有零序电流、零序电压和零序功率出现，利用这些电气量构成保护接地短路的继电保护装置统称为零序保护。

3. 互感阻抗

在双回平行敷设的电缆中，若有一回电缆线路中通过不对称短路电流，可能通过互感作用，在另一回电缆线路中感应电流或电压，也有可能使继电保护误动作。因此对距离较近、平行段较长或同沟槽、同隧道敷设的双回路电缆线路，当金属护套为不完整的交叉互联系统时，应对双回线路间的互感阻抗进行测量。

利用所测量的数据即可按下述方法分别计算出互感阻抗 Z_{m} 和互感 M，即

$$Z_{\mathrm{m}}=\frac{U}{I} \tag{6-13}$$

$$M=\frac{Z_{\mathrm{m}}}{2\pi f} \tag{6-14}$$

式中：U 为非加压线路的感应电压，V；I 为加压线路电流，A；f 为试验电源的频率，Hz。

七、电缆的电容测量

电容指在给定电位差下的电荷储藏量，记为 C，国际单位是法拉（F）。一般来说，电荷在电场中会受力而移动，当导体之间介质时，则会阻碍电荷移动而使电荷累积在导体上造成电荷的累积储存，最常见的电容是两片平行金属板，电容也是电容器的俗称。

事实上，电缆本身就是一个标准的圆形柱体电容，导线线芯和接地的金属屏蔽层（或金属护套）构成电容器的两极，其两极间的电荷储藏量，可广义的理解为 电缆电容。运行的电缆线路中电容电流可能达到与电缆额定电流相比拟的数值时，它将会限制电缆传输容量和距离。

测量电缆线路电容值最常用的方法是交流充电法或交流电桥法。

1. 电缆电容检测的目的

通过电缆电容的测量，能检查出电缆的制造质量优劣和工艺水平，也就是说电缆电容测量可实现以下目的：

（1）检验电缆绝缘的厚度是否符合标准规定。

（2）计算电力系统的电容电流。当电缆导体截面积一定时，电缆的电容值随着绝缘厚度的减小而增大，如果电缆绝缘受潮，电容值也会增大。这样就可从电容值的变化判断出绝缘质量的优劣，所测电缆电容值与理论计算值相接近时表明电缆有良好的绝缘。

（3）当需要带电拆搭电缆终端头尾线或空载拉合电缆终端头闸刀时，为了确保操作人员的安全，应知道电缆的电容值。

2. 交流充电法

交流充电法是指电容不通过负荷电流而只处于电压作用下时，测量施加电压和通过电缆的电容电流获取电容值的方法。为了减少测量的误差，避免电压表内阻的影响，测试时要求电压表应跨接在电流表前面。

（1）交流充电法测量分相屏蔽型或单芯电缆的电容测量接线。如图 6－16（a）所示，图中 C 表示电缆各芯对地电容 C（单位：F），可用下式计算

$$C=\frac{I}{2\pi fU}=\frac{I}{100\pi U} \tag{6-15}$$

式中：f 为电源频率，Hz；I 为电流表电流值读数，A；U 为电压表电压读数，V。

如果取 I 的单位为 mA，U 的单位为 V，则式（6－15）可写成 $C=\frac{I}{2\pi fU}\times 10^{3}$（单位：μF）形式。

(2) 交流充电法测量统包型电缆的电容，包括测量三芯对地电容和一芯对其他两芯及对地电容。如图 6－16 (b) 所示为测量三芯对地电容的接线图。此时，电缆一芯对地间电容 C (单位：μF) 为

$$C_y=\frac{I_1}{3\times 2\pi fU_1}\times 10^3=\frac{I_1}{6\pi fU_1}\times 10^3 \tag{6-16}$$

式中：I_1 为电流表电流值读数，mA；U_1 为电压表电压值读数，V。

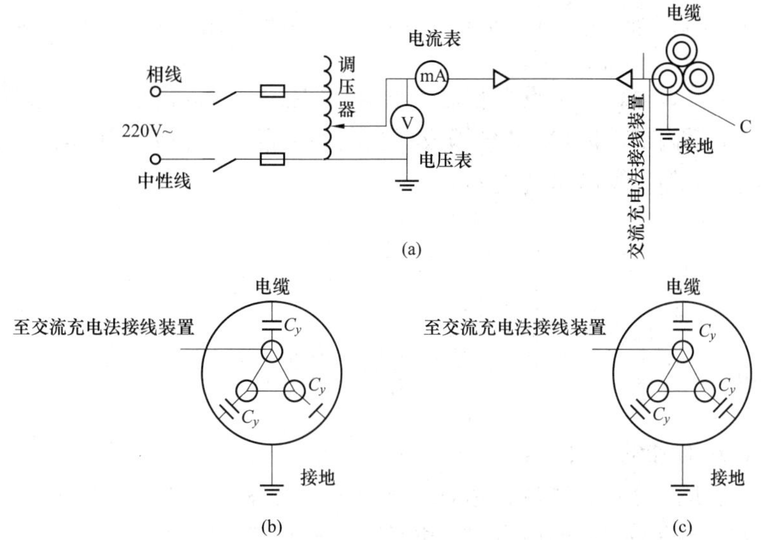

图 6－16　用交流充电法测量缆芯电容的接线图

(a) 测量分相屏蔽型或单芯电缆电容接线图；(b) 测量对地电容接线图；(c) 测量一芯对其他两芯及对地电容接线图

测量一芯对其他两芯及对地的电容，其接线如图 6－16 (c) 所示，这时一芯对地间的电容 C_Z (单位：μF) 为：

$$C_z=2C_x+C_y=\frac{I_Z}{2\pi fU_2} \tag{6-17}$$

式中：C_z 为一芯对其他两芯及对地的电容，F；C_x 为芯与芯间的电容，F；C_y 为一芯与地间的电容，F；I_2 为一芯对其他两芯及地的电容电流，A；f 为频率，Hz；U_2 为一芯对其他两芯及地的电压，V。

将公式 (6－16) 代入公式 (6－17) 整理后得

$$C_x=\frac{1}{4\pi f}\left(\frac{I_2}{U_2}-\frac{I_1}{3U_1}\right) \tag{6-18}$$

式中：I_1 为三芯连接在一起时的电容电流，A；U_1 为三芯连接在一起时的对地电压，V。

3. 交流电桥法

交流电桥法，仅用来测试较长线路的统包型电缆电容，其接线如图 6－17 所示，其中 G 为音频振荡器，一般为 800～1000Hz，C_n 为标准电容器。

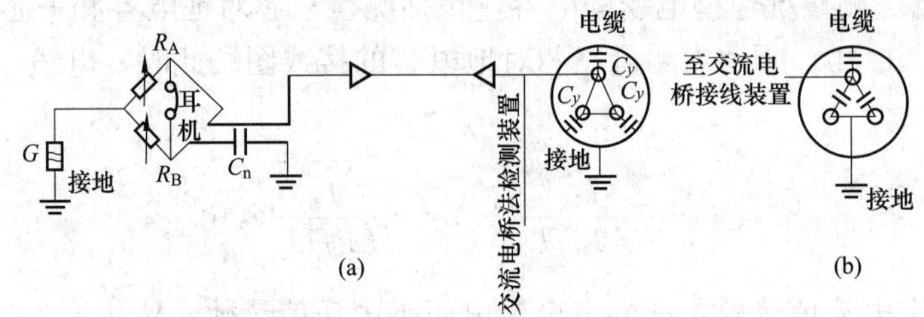

图 6-17　用交流电桥法测统包型电缆电容的接线图

（a）测量一芯对地电容时的电缆与电桥接线；（b）测量一芯对其他两芯及对地电容

利用普通的单臂式电桥和标准电容器与电缆相连接，使标准电容器和电缆成为电桥的两臂，其余两臂由电桥内部电阻 A 和 B 构成。当电桥电阻 R_A 和 R_B 使耳机内接收不到声音时，可以认为电桥平衡，这时电缆电容为

$$C_y = \frac{1}{3} \times \frac{R_{B1}}{R_{A1}} \tag{6-19}$$

$$C_x = \frac{1}{2} \times \left(\frac{R_{B2}}{R_{A2}} - \frac{R_{B1}}{3R_{A1}} \right) C_n \tag{6-20}$$

式中：C_n 为标准电容器的电容值，F；C_x 为芯与芯之间的电容值，F；C_y 为芯与地之间的电容值，F；R_{A1}、R_{B1} 分别为测量一芯对地电容时，电桥两个电阻臂的读数，Ω；R_{A2}、R_{B2} 分别为测量一芯对其他两芯及地电容时，电桥两个电阻臂的读数，Ω。

另外，统包型电缆在运行中，一芯对中性点的总电容 $C_{总}$ 的计算式为

$$C_{总} = C_y + C_x \tag{6-21}$$

为供实际测量电缆电容时进行比较，表 6-9 列出的是不同形式电缆每千米的电容理论值，供参考。

表 6-9　　不同形式电缆每千米的电容理论值

额定电压（kV）	电缆形式	不同电压等级和线芯截面积（mm^2）的电容（μF/km）									
		25	50	95	150	185	240	400	600	700	800
10	统包型油浸纸绝缘电缆芯与芯间	0.18	0.21	0.23	0.29	0.32	0.37	—	—	—	—
	统包型油浸纸绝缘电缆芯与地	0.23	0.30	0.38	0.46	0.52	0.58	—	—		—
	统包型油浸纸绝缘电缆芯与地	0.17	0.19	0.24	0.26	0.28	0.31	0.28	—		—
35	单芯或分相屏蔽型油浸纸绝缘电缆芯与地	—		0.22	0.25	0.27	0.30	—	—		—
	单芯或分相屏蔽型交联聚乙烯绝缘电缆芯与地	—	0.11	0.13	0.15	0.16	0.17	0.23	—		—

续表

额定电压（kV）	电缆形式	不同电压等级和线芯截面积（mm^2）的电容（μF/km）									
		25	50	95	150	185	240	400	600	700	800
110	单芯自容式充油电缆芯与地	—		—	—	—	0.28	0.33	0.38	0.40	—
220	单芯自容式充油电缆芯与地	—		—	—	—	0.19	0.22	0.25	0.26	0.28
330	单芯自容式充油电缆芯与地	—		—	—	—	—	0.19	0.21	0.23	

第三节　电 缆 油 试 验

电缆油的试验，实质上也是油务管理工作的重要环节。电缆充油施工前应对电缆本体、压力箱、油桶及纸卷桶逐个取样，电缆接头安装完毕充油达到整定油压，静置72h后也要取油样，并分别进行电气强度和介质损耗因数（tanδ）测量。

1. 电缆的油样试验

充油电缆线路在正常情况下运行时，通过绝缘油样试验可以大致反映整条线路的绝缘状况。充油电缆的油样试验一般包括交流击穿强度试验、介质损耗角正切测量、色谱分析、含水量试验等。

电缆油试验对油样的采集是十分重要的，应特别谨慎，避免因为采集方法不当而造成水分、灰尘等杂质的污染使试验结果错误。取油样时，应在干燥晴天进行，要严防空气进入电缆。所取的油样应在每一油段离供油点的远端处取，如一个油段两端均有供油点时允许在油压低的一端取，取出的油样应盛放在经过干燥处理的有盖的磨口广口瓶内。

2. 电气强度试验

电气强度试验实际上是测量绝缘的瞬时击穿电压值的试验，也称穿击电压试验。众所周知，无论多纯净的绝缘油中总会有一些自由电子在外界的高能射线作用下游离出来，或在局部强电场作用下从阴极冷射出来，这些电子在电场作用下，产生撞击游离，最终会导致绝缘击穿。因这种击穿完全是由电的作用所引起的，故称为“电击穿”。由于工程上所用的绝缘油含水、灰尘导电微粒等杂质是不可避免的。而这些杂质在油中形成的“小桥”贯穿电极之间，当“小桥”的电极较大时，将会使泄漏电流增大，发热严重，游离过程增强，最后导致“小桥”通道游离击穿。然而这一过程是与热过程紧密相关的，故称为“热击穿”。

电气强度试验的主要设备有油试验器、油杯、电极、标准规、秒表和温度计等。

油杯，用瓷或玻璃制成，其容量不小于200mL。电极，用黄铜或不锈钢制成，表面光洁度为$\overset{9}{\triangledown}$。标准规，用来检查电极的间隙距离，并要求能准确测量2.5mm的间距。测量电极与保护电极间的绝缘垫用石英或硬质玻璃或聚四氟乙烯制成，也可用质量较好、不吸油、同洗涤剂不起化学作用的酚醛胶木制成。测量电极与保护电极之间的距离为（02±0.1）mm。空气电极电容最好不小于50μF。温度计测量范围为0～120℃，分度为±1℃。

电缆油的电气强度（击穿）试验接线图如图 6－18 所示。在变压器一次侧加装过电流脱扣装置，是为了在试样击穿后，在规定时间内切断电源，从而使短路电流流过试样的时间不会太长，避免电极过热。为了限制短路电流球电极在二次回路中串联一个小电阻（0.5MΩ）来保护电极。如图 6－19 所示为各种击穿试验用电极及其尺寸。

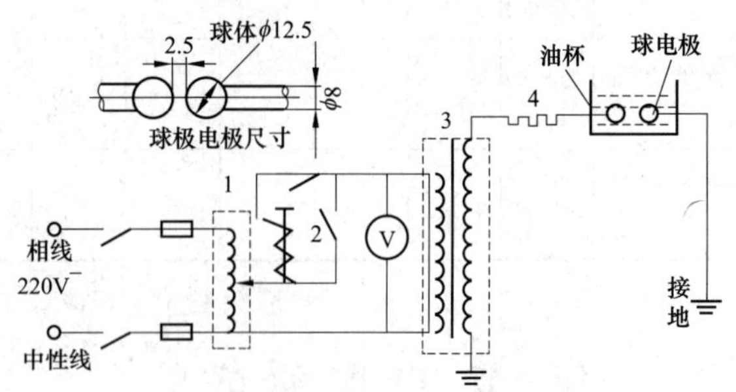

图 6－18　电缆油的电气强度（击穿）试验接线图

1—调压器；2—过电流脱扣装置；3—额定电压 50～100kV 的变压器；4—0.5MΩ 的小电阻

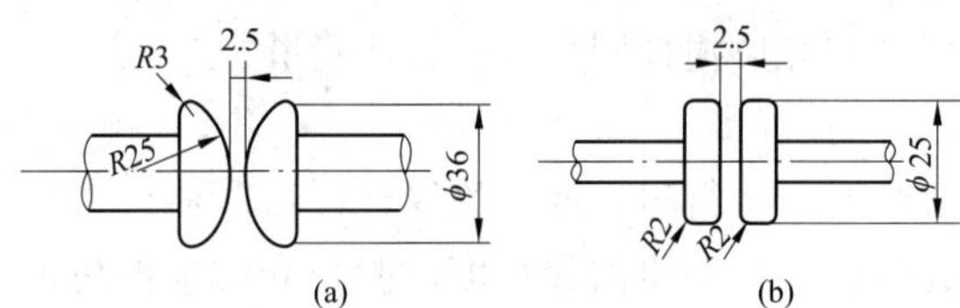

图 6－19　各种击穿试验用电极及其尺寸

(a) 球面电极；(b) 平面电极

试验时，先将准备好的试样倒入已清洁干净的瓷杯中，并注意电极与油杯壁及试样液面的距离应不小于 15mm。试样的温度与室温（一般控制在 20～30℃）相同，并要求在湿度不高于 75%条件下进行。试样倒入瓷杯后要静止 15min，待气泡逸出后再做试验。施加试验电压必须从零开始，以大约 3kV/S±20%速度一直上升到试样击穿开关脱扣为止。击穿后立即将调压器调回到原起始点。升压过程中，如发生不大的破裂声或电压表指针的振动，可不必介意此种现象，因为它不是击穿，应继续升压。

考虑到电缆油的击穿电压有一定的分散性，因此试验时，对一杯试样油要连续做 5 次击穿试验，每次击穿后用直径小于 2mm 的玻璃棒在电极间拨弄数次后静止 5min，再进行下一次。为了减少击穿产生的游离碳，应将击穿电流限制在 5mA 以下为宜。

根据统计学原理，现取 5 次击穿电压的算术平均值作为试验油的平均击穿电压，即为可信数值。5 次击穿电压算术平均值 U_{av} 计算公式为

$$\begin{aligned} U_{av} &= (U_1+U_2+U_3+U_4+U_5)/5 \\ &= 0.2(U_1+U_2+U_3+U_4+U_5) \end{aligned} \tag{6-22}$$

试验油的绝缘强度 E（单位：kV/cm），可按式（6－24）计算。其结果应符合表 6－10 所示要求，否则即为不合格油。

$$E=\frac{U_{av}}{0.25}=4U_{av} \tag{6-23}$$

表 6-10　**绝缘油电气强度标准**

额定电压（kV）	新油及再生油电气强度（kV）	运行中油电气强度（kV）
15～35	⩾35	⩾30
⩽15	⩾30	⩾25
60～220	⩾40	⩾35
330	⩾50	⩾45
500	⩾60	⩾50

3. 电缆油的介质损耗因素测量

电缆油在电场作用下引起的能量损耗称为电缆油的介质损耗。油的介质损耗与介质损耗角正切成正比。介质损耗角通常以 $\tan\delta$ 表示，也称介质损耗因数。

电缆油的 $\tan\delta$ 值测量，通常采用高压交流电桥配以专用油杯在工频电压下进行测量。它的主要设备和仪器有高压交流电桥成套装置、电极杯、恒温鼓风烘箱、温度计、湿度计和油裕装置。高压交流电桥的成套装置（见图 6-20）的测量范围要求是 $\tan\delta$ 值为 0.001～1。

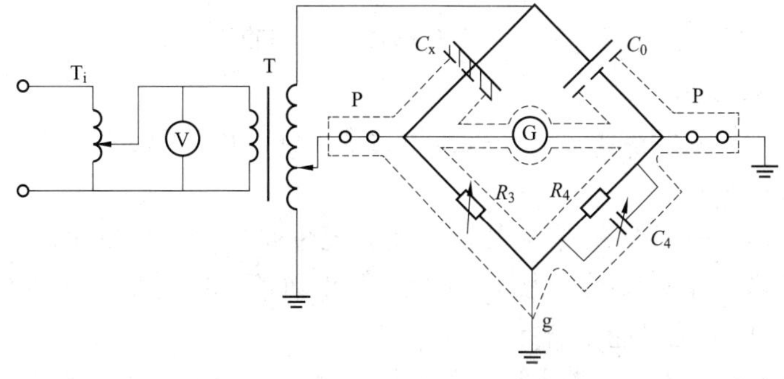

图 6-20　变压器

g—屏蔽套；C_X—电极和试验物；R_3，C_4—可变电阻器；P—放电器；Ti—调压变压器；C_0—标准电容器；G—检流计

电极杯分单圆筒式、双圆筒式及三极接线柱电极式，均采用黄铜或不锈钢制成，其工作表面必须镀铬或镍，要求镀层均匀且表面光洁度应达到规定值。单圆筒式是最常用的一种电极杯。测量时，杯的清洗和干燥程度，施工的频率和场强大小，加热和恒温的时间长短及测试温度高低等试验条件对测量值影响很大。因此，一定要对电极杯进行严格的清洗，按试验条件进行试验。

测量电极与保护电极间的绝缘材料一般用环氧玻璃丝板、聚四氟乙烯或石英等。温度计的量程为 0～120℃，基本刻度为 1℃。恒温鼓风烘箱的最高温度应不低于 150℃，灵敏度为 ±1℃，应具有引入高压电源的绝缘套管以使高压电源穿过烘箱与电极连接。测量电极与高压电极之间的距离为（2±0.1）mm。电极的电容最好不小于 50μF。

根据有关规定，油样试验结果应符合下列要求：①油温为（20±1)℃时，工频击穿电压不小于 50kV/2.5mm。②油温为（100±1)℃和电场梯度为 1kV/mm 时，介质损耗因数（$\tan\delta$）应小于表 6-11 所列值。

表 6-11 电缆油介质损耗因数试验标准

额定电压（kV）	油样来源	tanδ
110 220	施工前电缆本体接头、纸卷桶、电缆终端头、电缆中间接头	0.005
110～330	油桶、压力箱	0.003
330	电缆终端头、电缆中间接头	0.004

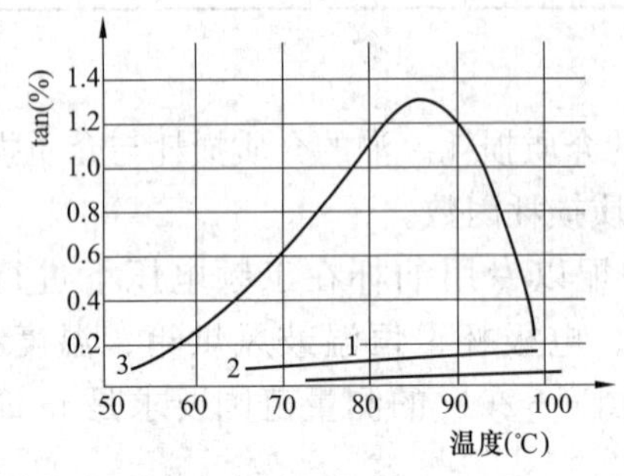

图 6-21 电缆油的介质损耗因数与温度的关系

电缆油 tanδ 的“峰值现象”，即指电缆油的介质损耗因数值有时出现随温度升高或随时间延长而增大，并超过标准值，然后又随温度继续升高或延长，又会恢复到正常值的变化过程。事实上，该问题是目前学术界争论的问题，有待进一步探讨。

图 6-21 中曲线 3 示出关于电缆油的介质损耗因数与温度的关系之“峰值现象”问题。如果电缆中的油发生“峰值现象”，比较好的处理方法是用合格油冲洗，直至“峰值现象”完全消除为止。

4. 充油电缆竣工试验

充油电缆线路敷设安装竣工后，在投入运行前，除按前述要求的试验项目外，还应进行以下试验。

(1) 外护层试验。用 1kV 绝缘电阻表测量电缆金属护套对地的绝缘电阻，以便验证绝缘电阻是否符合要求（正常情况下为 3～5Ω）。对聚氯乙烯电缆护套应进行 10kV 直流电压 1min 的耐压试验，护层绝缘应不击穿。

(2) 直流电阻测量。为了检查出线杆与电缆导体的连接质量及其他缺陷，可测量电缆两端导体与出线杆之间（包括电缆导体）的直流电阻，其值不应大于同长度电缆导体的电阻，不同温度导体的直流电阻，可由《电线电缆手册》查知：如当电缆导体温度为 15℃时，导线截面积分别为 240、400、600、700、840mm^2 导线的直流电阻分别为 0.0752、0.0455、0.0301、0.0258、0.0214Ω/km。上述值可用来作电缆运行与所测得的直流电阻比较之用，以判断出线杆与导体之间的接触情况。

电缆导体直流电阻的测量，可用电桥法或压降法。当测量一相电缆的导线直流电阻时，可用其他一相电缆作为另一端的电压和电流引线。

(3) 充油电缆的直流耐压试验。其是判断电缆线路能否投入运行的最基本手段，属于电缆工程交接试验的最基本试验，完成该项试验后还要测量泄漏电流。

(4) 接地装置试验。如充油电缆线路护套为一端接地，另一端经放电间隙接地，则需要对放电间隙进行调整，以达到设计要求的放电电压值。对于经氧化锌保护器接地的一端则需测试保护起始动作电压和泄漏电流，其值应符合制造厂的规定。

(5) 电缆线路油流试验。为检测充油电缆在接头安装过程中是否有异物落到接头中而导致堵塞和电缆在敷设过程中油道是否变形，以及油流是否畅通，对充油电缆线路应做油阻试验，也称电缆线路油流试验。

假定油（在一定的油压差下）的黏度和比重没有变化，则油的流量基本上与油道直径的四次方成正比，而与油道的长度成反比。油流试验布置图如图 6－23 所示。油流试验时，在电缆线路下终端头 3 上接一带有阀门 8 及压力表 9 的溢油管，如图 6－22 所示。试验时，将辅助压力箱 5 的油压调到使电缆最高点的压力在 0.05～0.1MPa 范围内；关闭工作压力箱 4 上的阀门 6，打开辅助压力箱 5 上的阀门 8 让电缆承受压力 1h 后，再将溢油管 11 上的阀门 7 打开。待溢油管射流稳定后，使油注入量筒达 0.001m^3 为止，并记录溢油管开始溢入量筒至结束所经过的时间和辅助箱的油压。

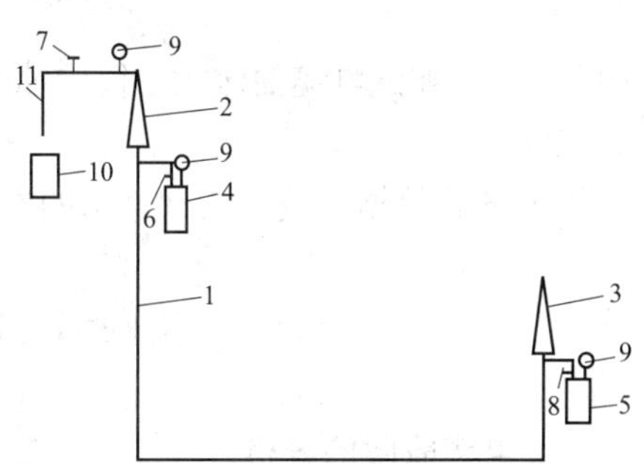

图 6－22　油流试验布置图
1—电缆；2—上终端；3—下终端；4—工作压力箱；5—辅助压力箱；6、7、8—阀门；9—压力表；10—量筒；11—溢油管

根据《高压充油电缆施工工艺规程》（DL/T 453—1991）推荐的计算方法，可计算出单位时间流入量筒油的实际体积 Q（单位：m^3/s），其值应小于理论计算值，即

$$Q=\frac{0.001}{t} \tag{6-24}$$

若按理论公式计算单位时间应流出油的体积为

$$Q_t=0.394\,\frac{(10.2p-h\gamma)r^4}{\eta l} \tag{6-25}$$

式中：t 为流出 0.001m^3 油的时间，s；p 为油溢流入量筒期间，辅助压力箱的平均过剩压力，MPa；h 为被测试电缆上端与下端之间的位差，m；r 为油道的半径，m；γ 为油的密度，10^3kg/m^3；l 为油道的长度，m；η 为在试验温度下油的黏度，Pa·s。

试验参考值：单位时间实际流出油的体积 Q 应不小于按式（6－25）计算出的 Q_t 的 80%。

5. 浸渍系数试验

进行电缆浸渍系数试验的目的，是为了检查电缆终端头及中间接头施工中浸渍的完善程度和测量绝缘中气体的含量。

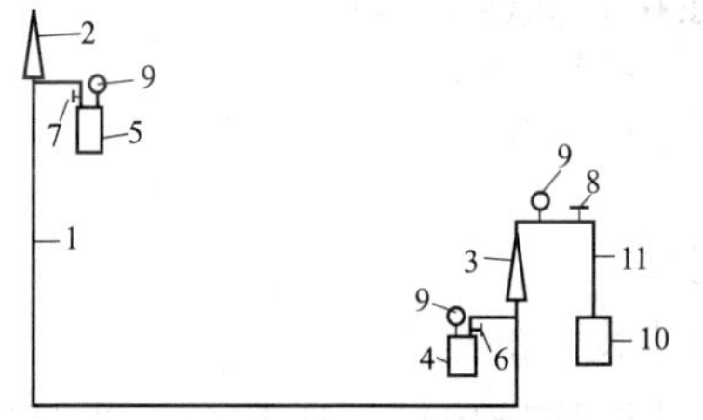

图 6－23　浸渍系数试验布置图
1—电缆；2—上终端头；3—下终端头；4—工作压力箱；5—辅助压力箱；6、7、8—阀门；9—压力表；10—量筒；11—溢流管

试验时，将试验管路和设备按图 6－23 连接好，将辅助压力箱 5 的压力调到 0.05～0.1MPa。关闭工作压力箱 4 上的阀门 6，打开辅助压力箱上的阀门 7，可以从压力表 9 读出初压力 P_0。在试验压力下保持 1h 后，将辅助压力箱 5 上的阀门 7 关闭，打开溢流管阀门 8，放油入量筒中，并检测量筒内油的体积 ΔV，同时待压力稳定后读出压力表 9 的读数 P_1。

放完油后将溢油管阀门 8 关闭。这时量筒中油量就是油中气体压缩的体积。

根据《高压充油电缆施工工艺规程》（DL/T 453—1991）推荐的计算方法，将所测得量筒中油的体积 ΔV 和开始放油前及结束后油压差 ΔP 进行比较，可得电缆绝缘中含气量特性的参数浸渍系数 K 为

$$K=\Delta V\left(\frac{P_0}{\Delta P}+1\right)\approx\frac{\Delta V}{\Delta P} \tag{6-26}$$

$$\Delta V=P_0-P_1$$

式中：ΔV 为被试电缆油流入量筒中油的体积，m^3；ΔP 为在油流出开始前及结束后压力之差，MPa。

根据试验数据，按上式计算出的参考值不应大于 60×10^{-4}。

第四节　电力电缆故障测寻

一、电缆故障的分析

电缆在预防性试验时发生绝缘击穿或在运行中（如电缆、终端、连接盒）因绝缘击穿、导线烧断等而使电缆线路停止供电的现象，称为故障。

1. 电力电缆常见故障类型

在进行电缆故障测寻工作前，必须了解电缆故障类型，并分析电缆故障产生的原因，以便做出准确判断，做好电缆故障的测寻工作。从电缆故障测寻看，电力电缆常见故障类型，可用图 6－24 表示。

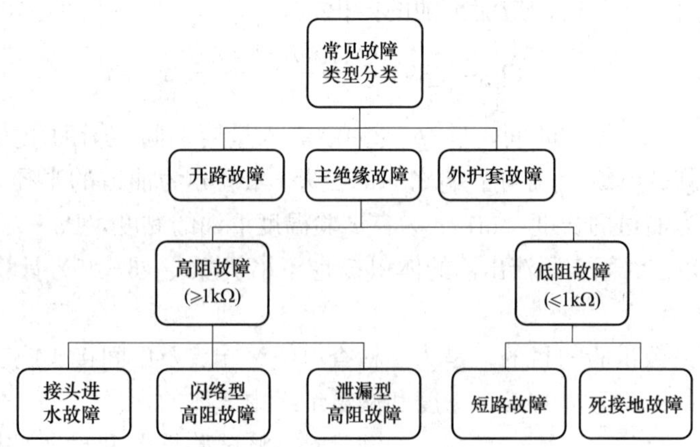

图 6－24　电力电缆常见故障类型

电缆故障除按图 6－24 所示分类外，还可按下述方法分类。

（1）按故障发生的直接原因可分为试验击穿故障和运行中发生的故障。

1）试验击穿故障。在试验过程中发生击穿的故障，其性质比较单纯，通常是一相接地或两相短路接地，很少有三相短路同时接地或短路的情况，更不会出现断线故障。

2）运行中的电缆故障。其主要表现在以下几方面：

a. 电缆一芯或数芯接地而发生的故障，称为接地故障。通常认为接地电阻在 100kΩ 以下者为低阻故障，以上者为高阻故障。

实际运用中，将能直接用低压电桥测量的故障称为低阻故障，而将要进行烧穿或高压电桥进行测量的故障称为高阻故障。

b. 电缆两芯或三芯接地而发生的故障，称短路故障，也可分低阻短路故障和高阻短路故障，划分原则与接地故障相同。短路故障通常是由于电缆绝缘被击穿而引起的。

c. 电缆的一芯或数芯断开，称为断线故障。通常是由于电缆线芯被拉断或外力损坏时拉断引起的故障。对地电阻小于 1MΩ 的为低阻故障，1MΩ 以上的为高阻故障。

d. 闪络故障及封闭性故障。其主要是在进行预防性试验时发生的两类故障，并多数出现在电缆终端或中间接头内，尤其是封闭性故障多数发生在注油的电缆头内。发生绝缘被击穿后又恢复正常，有时连续击穿，有时隔数秒钟或数分钟后再击穿，这类故障为闪络故障。击穿后，待绝缘恢复，击穿现象完全停止的故障，称为封闭。

目前市场上用于 1～35kV 电力电缆线路、高阻和闪络性故障的测试的仪器有 DLX－510 电缆测试高压信号发生器、TPDLC－B 电缆故障测试仪等。

具有上述两种或两种以上的故障称为混合故障。

(2) 按故障的性质可分为绝缘故障和导体故障两大类。按其发生的部位，可分为电缆本体故障、电缆户外终端头故障、电缆户内终端头故障、电缆中间接头 4 种类型的故障。

2. 电缆故障原因分析

(1) 绝缘强度降低、绝缘老化及绝缘受潮均会导致电缆击穿。

1) 绝缘强度降低。当电源电压与电缆的额定电压不符或运行中有高压窜入时，均会破坏电缆的绝缘强度而使电缆被击穿。

2) 绝缘老化。浸渍剂在电热作用下化学分解成蜡状物等，产生气隙，发生游离，使介质损耗增大，导致绝缘老化后被击穿。如图 6－25 所示为某电缆线路绝缘老化后被击穿图。

另外，电缆所处的外界环境和热源也会造成电缆温度过高、绝缘击穿，甚至爆炸起火。

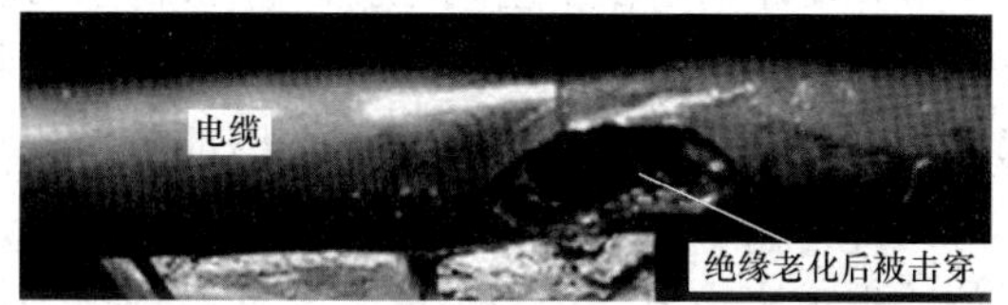

图 6－25　某电缆线路绝缘老化后被击穿图

3) 绝缘受潮。绝缘受潮一般发生在直埋或排管里的电缆接头处。例如，电缆接头制作不合格和在潮湿的气候条件下做接头，均会使接头进水或混入水蒸气，时间久在电场作用下形成水树枝，逐渐损害电缆的绝缘强度而造成故障。另外，终端头或接头设计不合理，铅护套因腐蚀或外物刺穿受损使潮气侵入，制造电缆包铅（铝）时留下砂眼和裂纹等缺陷使绝缘受潮。

(2) 过电压、长期过负荷运行，使电缆发热，绝缘变坏而导致电缆击穿。超负荷运行，由于电流的热效应，负载电流通过电缆时必然导致导体发热，同时电荷的集肤效应以及钢铠的涡流损耗、绝缘介质损耗也会产生附加热量，从而使电缆温度升高。长期超负荷运行时，过高的温度会加速绝缘的老化，使绝缘被击穿。尤其是在炎热的夏季，电缆的温升会导致绝缘枯干、脆化，电缆绝缘薄弱处首先被击穿，因此在夏季，电缆的故障也就特别多。

(3) 曾发生接地短路故障，当时未发现，但运行一段时间后电缆被击穿。

(4) 外部机械损伤。相当多的电缆故障都是由于机械损伤引起的。它包括电缆敷设安装时不规范施工造成的机械损伤；在直埋电缆上搞土建施工造成的电缆损伤，以及交通运输的损坏，振动引起铅护套的疲劳损坏，弯曲过度、地质下沉承受过大的拉力造成的损伤等。隧道口、电缆沟等的电缆挂钩或支持架因热胀冷缩引起铅护套的磨损及龟裂等。

例如，某厂 110kV 电缆土建单位在打地锚时将电缆砖槽内的电缆打穿，地锚在电缆保护盖板上打了一个洞，如图 6－26 所示。

(5) 电缆头是电缆线路中的薄弱环节，常因电缆头本身的缺陷或制作质量不佳，或者密封性不好而漏油，使其绝缘枯干，侵入水汽，导致绝缘强度降低，从而使电缆被击穿。如图 6-27 所示为某电缆线路电缆终端头破坏图。

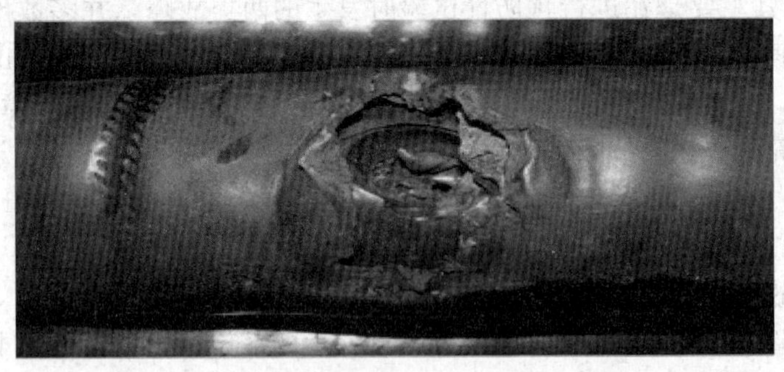

图 6-26　外部机械损伤（电缆被打穿）

图 6-27　某电缆线路电缆终端头破坏图

（6）护层腐蚀。尤其是不穿电缆保护管直接埋在有酸碱作用地区的电缆，其铠装、铅皮或外护层往往会被腐蚀，保护层因长期遭受化学腐蚀或电解腐蚀，其麻皮会脱落，铠装、铅皮被腐蚀，保护层失效，不能保护绝缘层，最终导致电缆被击穿。如图 6-28 所示为某电力线路中的电缆在酸碱作用地区电缆护层的腐蚀情况。

（7）设计和制作工艺问题。设计和制作工艺问题，指中间接头和终端头的防水层设计不够严密，屏蔽带处理不当，导体连接不良，内绝缘放电长度不够，以及选用的材料不当，电场分布考虑不得当，工艺要求不严密或未按规程进行，机械强度的裕度不够等。

另外，由于设计电缆敷设高差较大，长期运行后，会使高位电缆内部的浸渍剂逐渐流向低位，造成高位电缆绝缘油枯干，使高位电缆绝缘强度下降，造成绝缘击穿。

（8）材料质量不良。材料质量不良主要表现在以下几方面：

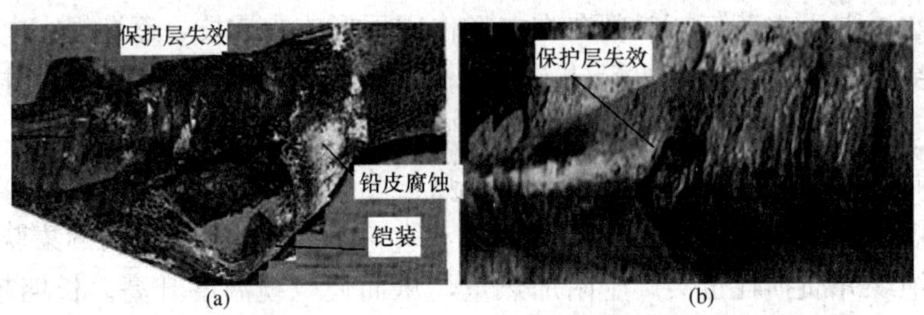

图 6-28　某电缆线路在酸碱作用地区电缆护层的腐蚀情况
（a）麻皮脱落，铠装、铅皮腐蚀；（b）保护层失效

1）制造方面，主要是电缆附件制造上的缺陷，如金属铸件有砂眼或微小裂痕，瓷件的强度不够，其他零件不符合规格或组装时不密封等。另外，铅包材料质量不合格，铅包制造出现接缝薄厚不均匀，造成铅包先天缺陷。

2）施工运行方面，主要是压接管质量不合格，压接后产生裂纹，绝缘日久变质发脆，绝缘强度降低以及松香绝缘油结晶和绝缘流失，形成空隙。在包缠绝缘过程中，纸绝缘出现褶皱、裂损、破口和重叠间隙顶缺陷，还有在电缆线路安装前绝缘材料的维护管理不善造成的缺陷等。

二、电缆故障性质的确定

电缆发生故障以后，首先应确定故障性质，之后方可考虑故障测寻。事实上，电缆故障的性质确定，实际上是确定故障电阻是高阻或低阻及是闪络故障或封闭性故障；是接地、短路、断线，还是组合故障；是单相、两相或三相故障的过程。上述关于电缆故障性质与确定方法见表6-12。

表6-12　电缆故障性质与确定方法

电缆故障类型	测试数据及确定方法
低阻接地或短路接地	电缆一芯或几芯对地绝缘电阻，或芯与芯之间绝缘电阻低于100kΩ
高阻接地或短路接地	电缆一芯或几芯对地绝缘电阻，或芯与芯之间绝缘电阻低于正常值很多，但高于100kΩ，且导体连续性良好
断线故障	某一芯或几芯对地绝缘电阻较高或正常，应进行导体连续性试验检查是否有断线
断线并接地故障	电缆有一芯或几芯导体不连续，且经电阻接地
闪络性故障	多数发生于预防性耐压试验时，发生部位大多在电缆终端头和中间接头上，闪络有时会连续多次发生，每次间隔几分钟

如果确定电缆故障性质后，还是不能完全将故障的性质确定，则必须测量电缆绝缘电阻和进行导通试验。

测量电缆线芯之间和线芯对地的绝缘电阻，一般用绝缘电阻表检测。绝缘电阻表判明故障性质的方法如下：

（1）在任意一端用绝缘电阻表测量电缆三相对地绝缘电阻值，判断是否存在接地电阻。

（2）测量三相芯线间的绝缘电阻，判断是否存在相间短路故障。

（3）当测得绝缘电阻为0时，可用万用电表测量三相对地或相间电阻，以便确定是低阻（10～100kΩ以下）故障还是高阻故障。

（4）运行中的电缆线路有可能发生断线故障，应做导通试验检查。其方法是，在一端将A、B、C三相短路接地，在另一端用万用表测量三相间是否全部导通，相间电阻是否一致。否则，采用电桥测量法测量三相间电阻，检查有无低阻故障。例如，根据表6-13给出的测量值，可以推断该故障性质是B、C两相短路并接地，此故障点的状态如图6-29所示。

表6-13　绝缘电阻测定和导通试验

用绝缘电阻表测量绝缘电阻（MΩ）				用万用表做导通试验（Ω）	
线芯间		线芯与地			
AB	2500	AE	2500	AB	0
BC	8	BE	5	BC	0
CA	2500	CE	3	CA	0

此处，值得指出电缆故障检测，原则上高压电缆故障检测的方法也适用于低压电缆。

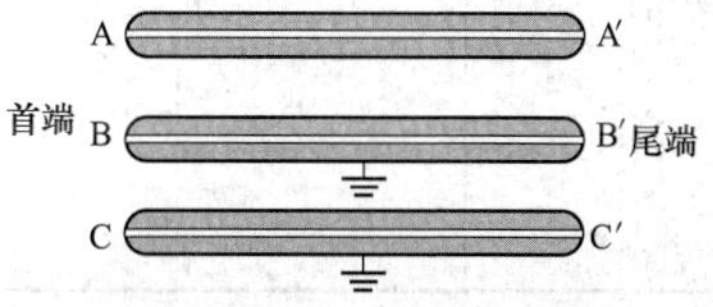

图6-29　电缆故障状态图

所谓低压电缆，指电压等级在400V以下的动力电缆。但低压电缆所用的材料多为橡胶和塑料。按制作电缆线芯的根数可分为单芯、两芯、三芯及四芯等电缆。四芯电缆用于中性点接地的三相交流供电系统中，其中一根作为中性线，除作为保护接地外，还要流过不平衡电流。因此，根据目前检测方法，在使用冲击高压试验使其放电时，应注意不要超过5kV，避免电缆完好部分的绝缘遭到破坏。如是电缆故障点放电有困难，可加大电容器的容量。当电容的容量为10μF时，在5kV的冲击高压作用下，故障点会被击穿放电。另外，因有的低压电缆在安装过程中没有将电缆的金属铠装保护套接地（无接地引出线），是不利于检测接地故障的，安装时一定注意将金属铠装接地。

超高压电缆，指电压等级在220kV及以上的电力电缆，而实际操作也将35kV和110kV电力电缆包括其中，超高压电缆多为单芯电缆。超高压电缆故障检测方法和步骤与一般高压电缆类似，但检测到的故障点放电波形有所不同，应注意识别。具体检测方法可通过直流闪络法实现故障点检测。

三、电缆故障测寻

电缆故障类型及其检测方法见表6-14。

表6-14　电缆故障类型及其检测方法

故障类型	判别方法	故障点测寻方法	故障点检测工作原理图	故障距离计算
低阻接地故障（接地电阻在100kΩ以下） （1）单相接地； （2）两相或三相短路接地	导线与铅护层或导线与导线之间绝缘电阻低于100kΩ，导线连续性良好	（1）电桥法（QJ—23型或QF1—A型电桥）； （2）连续扫描脉冲示波器法（MST-1A型或LGS—1型数字式测试仪）	（1）电桥法原理图如图6-30（a）所示； （2）示波器法：短路或接地故障，反射波为负反射，示波器荧光屏图如图6-31（b）所示	$L_x=2L\dfrac{R_2}{R_1+R_2}$ $L_x=VT/2$ 式中：V为波速，m/μs；T为反射时间，μs；L为电缆长度，m
高阻接地故障（接地电阻在100kΩ以上） （1）单相接地； （2）多相短路接地	导线与铅护层或导线与导线之间绝缘电阻低于正常值甚多，但高于100kΩ，导线连续性良好	（1）高压电桥法（QF1-A型电桥附滑线桥臂）； （2）一次扫描示波器（711型）； （3）加电压烧穿后应用其他方法	（1）高压电桥法接线原理与低阻接地故障的方法相同，但电桥、检流计均处高压地位，应很好与地绝缘，要求测试迅速； （2）一次扫描示波器法，采用高压一次扫描示波器，记录故障点放电振荡波形，确定故障点，示波器荧光屏图如图6-31（c）所示	$L_x=VT/2$ 式中：V为波速，m/s；T为反射时间，μs
完全断线故障		各相绝缘良好，一相或多相导线不连续	（1）电桥法：在线路两端测量故障的电容与标准电容器之比，接线原理图如图6-31（d）所示 （2）示波器法：断线故障、反射波为正反射，示波器荧光屏图如图6-31（e）所示	$L_x=L\dfrac{C_E}{C_E+C_F}$ $L_x=VT/2$ 式中：C_E、C_F分别为故障相在E端F端所测得得电容；V为波速，m/μs；T为反射时间，μs

续表

故障类型	判别方法	故障点测寻方法	故障点检测工作原理图	故障距离计算
不完全断线故障 (1) 高电阻断线（导体电阻大于1000Ω）； (2) 低电阻断线（导体电阻小于1000Ω）	各相绝缘良好，一相或多相导线不完全连续	(1) 高电阻断线用交流电桥法测量； (2) 低电阻断线，先用低压电流使其烧断，然后再按完全断线故障测寻	交流电桥法接线原理图如图6-31(f)所示 在线路两端测量故障相的电容与标准电容之比	$L_x=L\frac{C_E}{C_E+C_F}$ 式中：L为电缆长度，m
完全断线并接地故障	一端各相绝缘良好，另一端接地	采用完全断线故障测寻		
完全断线并接地故障	各相绝缘良好，一相或多相导线不完全连续，经电阻接地	用交流电桥法按高电阻断线故障测寻		
闪络性故障	各相绝缘良好，而且导线连续性亦好，故障点已经封闭	(1) 一次扫描示波器（711型）； (2) 烧穿后用其他方法	用一次扫描示波器的测寻方法同高阻接地故障	

1. 局部放电检测

电缆的绝缘中，各部位的电场强度往往是不相等的，当局部区域的电场强度达到电介质的击穿场强时，该区域就会出现放电，但并没有贯穿施加电压的两导体之间，即整个绝缘系统并没有击穿，仍然保持绝缘性能，这种现象称为局部放电（简言之，导体间绝缘中存在有贯穿的放电通道，简称局放）。

可根据检测中发现的电、光、热、声等现象判断是否存在局部放电；检测出起始放电电压值和熄灭电压值；确定放电量大小；确定放电部位，为处理电缆故障提供技术支撑。

局部放电检测分为电的和非电的两大类。基本检测方法有脉冲电流法（电磁耦合法）、介质损耗法、DGA法、超声波法、RIV法、光测法和射频检测法等。目前应用得比较广泛和成功的检测方法是电气检测法。特别是测量绝缘内部气息发生局部放电时的电脉冲，它不仅可以灵敏地检出是否存在局部放电，还可以判定放电强弱程度。

2. 初测法

运行人员使用特定的方法和相应仪器，测算出电缆故障点到测距点的距离，故称“测距”。因测量时只能初步确定电缆故障的大概距离位置，称为初测法（也称粗测）。初测法检测电缆故障的方法，见表6-14。

3. 电缆故障的精确定点

根据测距方法检测电缆故障位置点，无论用哪种所谓精确仪器和测量方法，都难免有误差，况且电缆大多埋设在地下，测量和绘制电缆线路分布图时也都有误差，只能是大概位置。

为了避免减少开挖工作量，测距后，还必须进行精确定点工作，称定点法，也称精测法。

声测法接线原理图如图6-30所示。

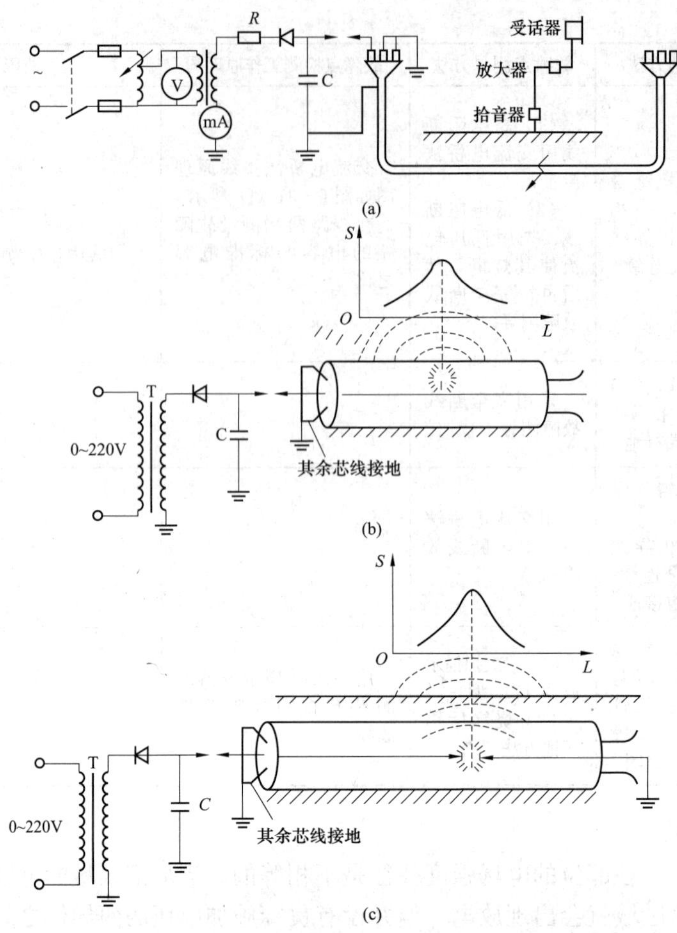

图 6-30 声测法接线原理图

(a) 声测法接线图；(b) 相—地故障接线图；(c) 断线故障接线图

C—储能电容；L—放电间隙；R—限流电阻器储能量

(1) 声测法。利用高频脉冲足使故障点信号放大，产生放电，用传感器（如探测棒也可称听测棒、定点探测器等）在地面上接受起放电声，以此来判断确定故障点的精确位置。声测法探测设备有如下两种。

一是探测棒，直接听测电缆因故障放电而传到地面振动的声音，称该方式为直接式。听测棒听测电缆因故障放电的灵敏度较差，且受环境影响干扰检测精度。

二是定点探仪，能直接听测到探测棒无法探测到的声音。定点探仪的工作原理是将机械振动波转变为电信号，在将探测的电信号传到耳机或耳塞听测，故称间接式。该法的优点，由于电信号易受到放电时产生的电磁波的干扰，对所使用设备的要求具有极为优越的抗屏蔽能力外，还要求听测者具有良好的工作经验，能正确区分电磁放电声和机械振动波的声音有一定的分辨能力。

(2) 声磁信号同步法。主要用于环境噪声的干扰，使人难以辨认出真正的故障点放电声音时用声磁信号同步法，可以提高判断识别故障点的能力。

所谓“同步”，是指每一次施加冲击高压时，计数器将重复计数一次，如果听到的声音与计数器计数同步一致，声音与计数器计数显示同步一致，即说明故障点就在附近，如果听到的声音不与计数器计数显示同步，就不是故障点传来的声音。

（3）音频感应法。一般用于探测故障电阻小于 10Ω 的低阻故障。音频感应法定点法，测量设备包括音频振荡发生器、探测线圈、接收器、耳机或仪表等。

用音频感应法探测故障时，用 1Hz 的音频信号发生器向待测电缆通音频电流，发出电磁波；然后，在地面上用探头沿被检测电缆路径接收电磁场信号，并将其送入放大器进行防大；再讲放大后的信号送入耳机或指示仪表。根据耳机中声响的强弱或指示仪表指示值的大小来判断故障的位置。

测试时，在故障电缆的两芯间通入音频电流，电流从一导体进，经故障点从另一导体返回，往返电流的磁效应是趋于相互抵消的。但由于线芯间有点距离，使两电流的合成磁场得以存在并随着线芯的扭绞而扭变。在地面上用探测线圈和接收器可检测出合成磁场。沿线前进时收到的讯号将随线芯排列不同而起伏变化，此时如果某点音频讯号突然中断，则可确认故障点就在音讯频号中断处。

（4）声磁感应法。多用于混凝土或沥青路面下的电缆外护层绝缘损坏点的定点测量。探测故障电阻小于 10Ω 的低阻故障，电缆接地电阻较低时，故障点放电声音微弱，用声测法进行定点比较困难，特别是金属性接地故障点根本无放电声音而无法定点，则要使用音频感应法检测。其优点是当两相短路或两相短路并接故障，以及三相短短路并接故障，都能获得满意的效果，其测寻故障点的绝对误差能控制在 1～2m 范围内。其他类故障，如一相或两相断线，单相接地故障等，若采用特殊探头，也能较为准确测出。但对于听测电缆埋设位置、深度和确定接头位置判断处于一般精度水平。

测试时，在故障电缆的两芯间通入音频电流，电流从一导体进，经故障点从另一导体返回，往返电流的磁效应是趋于相互抵消的。但由于线芯间有点距离，使两电流的合成磁场得以存在并随着线芯的扭绞而扭变。在地面上用探测线圈和接收器可检测出合成磁场。沿线前进时收到的讯号将随线芯排列不同而起伏变化，此时如果某点音频讯号突然中断，则可确认故障点就在音讯频号中断处。

电缆故障的精确定点检测工作原理如图 6－31 所示。听测棒结构图如图 6－32 所示。DGC－2 型闪测仪中使用的定点仪探头如图 6－33 所示。

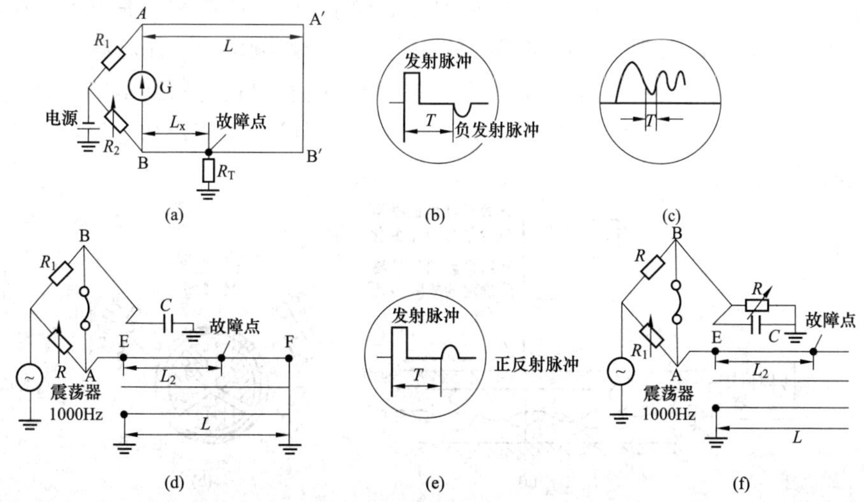

图 6－31　电缆故障的精确定点检测工作原理

(a) 电桥法；(b) 示波器法；(c) 一次扫描示波器法；(d) 电桥法；(e) 示波器法；(f) 交流电桥法

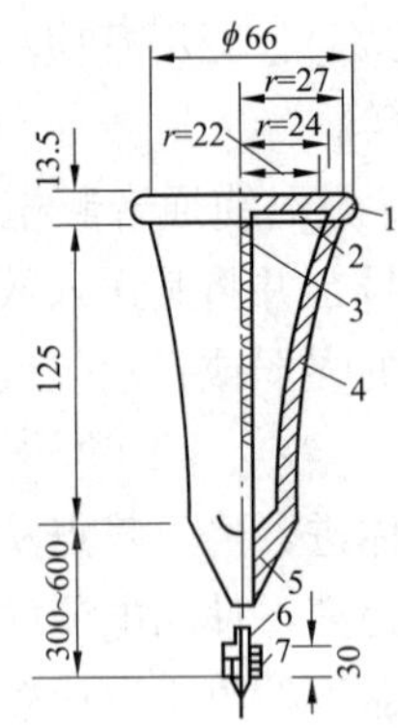

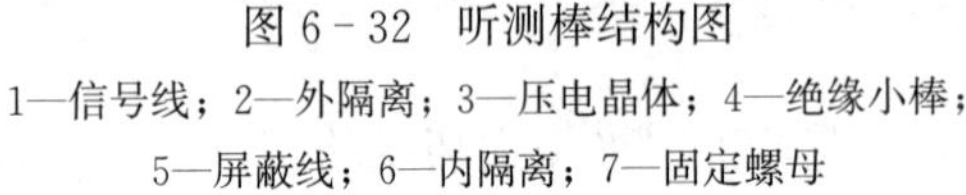

图 6-32　听测棒结构图

1—信号线；2—外隔离；3—压电晶体；4—绝缘小棒；5—屏蔽线；6—内隔离；7—固定螺母

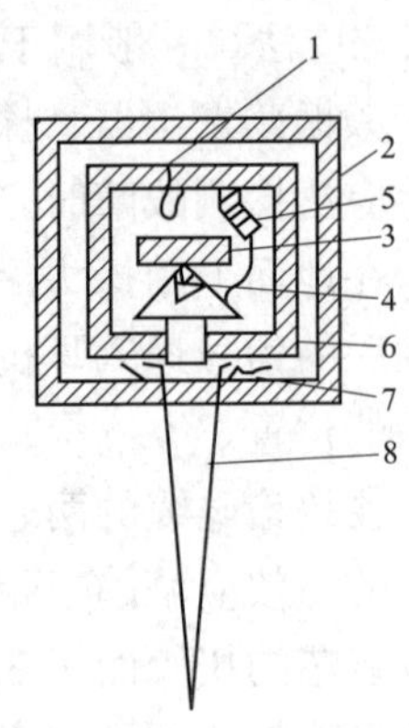

图 6-33　DGC-2 型闪测仪中使用的定点仪探头

1—塑料盖；2—0.1mm 厚铁质振动片；3—木螺钉；4—金属或塑料外壳；5—聚氯乙烯包绕；6—硬木；7—金属尖头脚套（表面滚花处理）；8—探针

如图 6-34 所示测听电缆位置和深度的原理示意图。

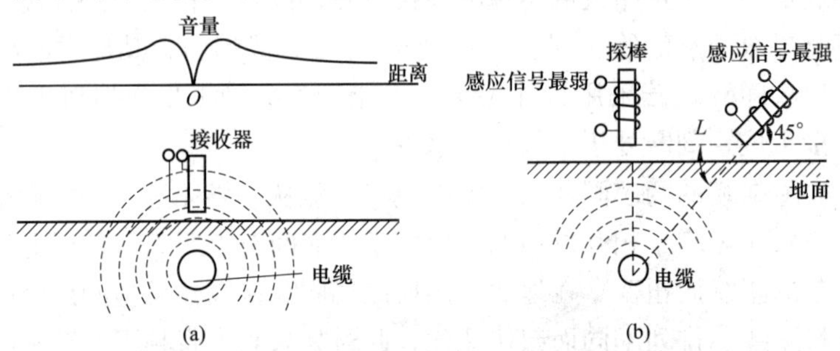

图 6-34　测听电缆位置和深度的原理示意图

(a) 探测电缆位置原理图；(b) 电缆埋设深度测量原理

如图 6-35 所示为音频感应法定点原理示意图。它是通过检测电缆沿线磁场的变化规律，来确定电缆故障点的。当音频电流经过电缆线芯时，电缆的周围将有电磁波存在，如果在电缆附近放一个线圈，线圈中将因电磁感应而产生一个音频电势，用音频信号放大器将此信号放大后送入耳机或电表，耳机中将听到音频信号，电表也将有所指示，因此这种方法的全称又叫音频感应法。如果将线圈沿着电缆线路移动，则可根据声音和电表指示变化，判断电缆故障点的精确位置。

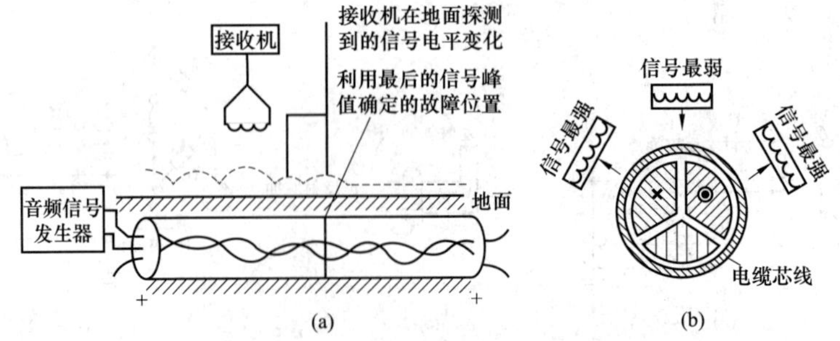

图 6-35　音频感应法定点原理示意图

(a) 两芯短路接故障信号；(b) 接收线圈沿线芯转不同位置信号变化

如图 6－36 所示为 WHT－20000 交联电缆外护套故障测定位仪，它由发射机提供一高压电流，电流经电缆故障点入地，在故障点周围产生一跨步电压，通过 A 字架的两根电极沿电缆路径测量电位的变化情况。当靠近故障点时，电位差将迅速增加，并在临近故障点前达到最大值，然后信号出现大—小—大变化，在这一变化中的最小点即是故障点。

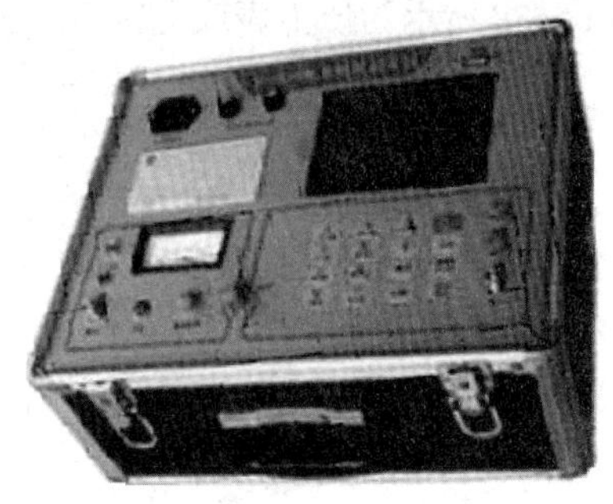

图 6－36　WHT－20000 交联电缆外护套故障测定位仪产品实物图

4. 裸露电缆故障的特殊定点检测方法

裸露电缆指电缆沟和电缆隧道中的电缆以及挖出来裸露在外的电缆。它们发生故障时，用声测法寻找故障点，有时耳机中会听不到放电声（如故障电阻为零的金属性接地故障）。这时应采取特殊方法（如局部过热法、偏芯磁场法和跨步电压法等）对电缆故障进行定点测试。

四、充油电缆线路油压示警系统

充油电缆是一种重要的输配电设备，平时应加强巡视和定期预防性试验检查，以免发生重大的设备事故。

1. 电接点压力表压差报警系统接线图及原理

由于充油电缆的油压必须保持在允许的范围内，大于或小于允许的范围都会影响充油电缆的安全允许。为了便于电缆线路运行管理及避免事故发生，必须在每一油段的一端或两端装设油压自动报警装置。当前较为常用的油压示警系统接线图如图 6－37 所示，由电接点压力表、中间继电器、电源和集中信号盘等组成。其工作原理是当电接点压力表将所测得的压力值转化为电流输出，当电流大于继电器的高油压报警时，高油压报警继电器动作，控制信号盘上的声光报警器进行报警；反之当电流小于继电器的低油压报警时，低油压报警继电器动作，控制信号盘上的声光报警器报警。

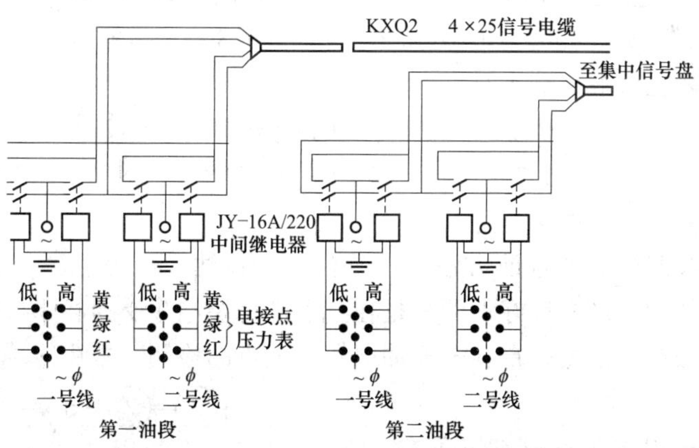

图 6－37　电接点压力表报警系统接线图

2. 电接点压力表压差报警系统的整定计算

（1）低油压报警值整定计算。设电缆允许的最小油压、电缆终端头最高点的油压不低于 P_{min}，由于电缆漏油等原因造成油压降低，为了在检查处理期间，不致使电缆的油压降低至最小允许值，有必要使电缆的最低油压规定值适当提高。最低油压规定值一般称为储备油压。如

图 6－38 所示为压力表或电接点压力表在电缆线路中安装示意图。当电接点压力表装在高端终端头时，低油压报警油压（单位：MPa）为

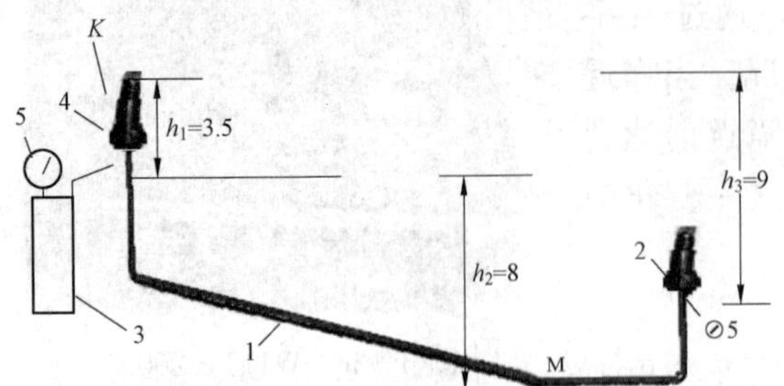

图 6－38 电缆线路安装图

1—电缆；2—下终端；3—压力箱；4—上终端；5—压力表或电接点压力表

$$P_1 = P_{min} + h_1 \times \rho \times 0.98 \times 10^{-2} + P_S \quad (6-27)$$

当电接点压力表装在低端终端头时，低油压报警油压（单位：MPa）为

$$P_1 = P_{min} + h_3 \times \rho \times 0.98 \times 10^{-2} + P_S \quad (6-28)$$

（2）高油压报警值整定计算。设电缆允许的最大油压为 P_{max}，电缆最低点的油压应不大于 P_{max}（单位：MPa）。当电接点压力表装在高端头时，高油压报警值整定值为

$$P_h = P_{max} - h_2 \times \rho \times 0.98 \times 10^{-2} \quad (6-29)$$

当电接点压力表装在低端头时，高油压报警值整定值为

$$P_h = P_{max} - (h_1 + h_2 - h_3) \times \rho \times 0.98 \times 10^{-2} \quad (6-30)$$

式中 h_2——电缆最低点与最高端终端头接点压力表的位差，m。

【例 6－2】 设电缆线路允许的最小油压为 $P_{min}=0.02$MPa，允许的最大油压为 $P_{max}=0.35$ MPa，电缆线路采用图 6－38 所示的安装布置方式。计算电接点压力表高、低油压报警值整定值。

解 （1）低油压报警整定值计算。当电接点压力表在高端终端头时

$$P_L = P_{min} + h_1 \times \rho \times 0.98 \times 10^{-2} + P_S = 0.02 + 3.5 \times 0.868 \times 0.98 \times 10^{-2} + 0.03 = 0.08 \text{（MPa）}$$

当电接点压力表在低端终端头时

$$P_L = P_{min} + h_3 \times \rho \times 0.98 \times 10^{-2} + P_S = 0.02 + 9 \times 0.868 \times 0.98 \times 10^{-2} + 0.03 = 0.13 \text{（MPa）}$$

（2）高油压报警值整定值计算。当电接点压力表在高端终端头时

$$P_h = P_{max} - h_2 \times \rho \times 0.98 \times 10^{-2} = 0.35 - 8 \times 0.868 \times 0.98 \times 10^{-2} = 0.28 \text{（MPa）}$$

当电接点压力表在低端终端头时

$$\begin{aligned} P_h &= P_{max} - (h_1 + h_2 - h_3) \times \rho \times 0.98 \times 10^{-2} \\ &= 0.35 - (3.5 + 8 - 9) \times 0.868 \times 0.98 \times 10^{-2} = 0.33 \text{（MPa）} \end{aligned}$$

五、自容式充油电缆漏油点检测

自容式充油电缆漏油点的检测方法有冷冻法、油流法、压力法、差动压力法和比较法等。如果电缆线路外护套绝缘良好，而只是在漏点外护层绝缘受损坏形成接地，也可用电桥法，或脉冲示波器法进行检测。自容式充油电缆漏油点的检测，常用冷冻法和油流法。

1. 冷冻法

因充油电缆内的电缆是矿物油（或合成油），其最低流动温度在－60～－50℃，因此考虑在电缆周围灌注液氮，任其气化，由于液氮的临界温度为－147℃，远低于油的流动温度。根据这一现象，即可在短时间内将电缆油凝固，借以分别漏油点的区

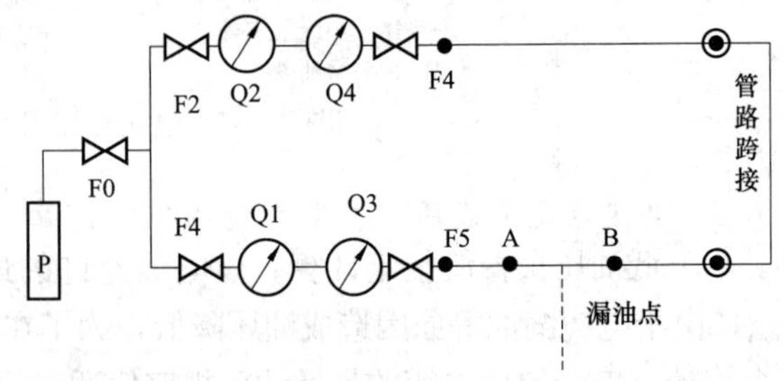

图 6－39 用冷冻工艺检测油流侧范围装置图

段。图 6－39 为采用冷冻法工艺检测漏油侧范围的测量装置图。图中，P 表示压力箱；F_1、F_2、F_3 及 F_4 是控制阀门；对应的 Q_1、Q_2、Q_3 及 Q_4 为流量计。检查的方法，是对漏油电缆进行分段多次冷冻，即用对分法优选冷冻点。具体的方法是：先在漏油电缆长度中点进行冷冻，确定漏油的一侧；再在漏油侧电缆长度的中点冷冻，确定第二次漏油侧，这样依次缩小漏油的侧范围，最后准确地测定出漏油点位置。

冷冻法常用液氮作为冷冻剂。为了减少液氮耗量，冷冻匣用密封隔层比用石棉带包绕经济有效。密封隔层内保持低真空不但容易隔热，且冷冻结束后解冻时，只破坏真空，也容易导热，这对已冷冻的电缆绝缘和外护层，减少受到振动而龟裂的危险性，特别有利。只有在油流量表再次出现读数时才可以认为电缆已解冻，然后拆除冷冻装置。

电缆油在冷冻过程中电缆绝缘内部容易产生局部真空，为了防止出现负压，电缆线路的两侧应各接有供油压力箱。

2. 油流法

在同一只压力箱的油压下，利用漏油点的距离和油量成反比的原理，计算出漏油点距离的方法，称为油流法。如图 6－40 所示为油流法测量原理图，根据该装置及下式可计算出漏油点的距离 x 的值，即

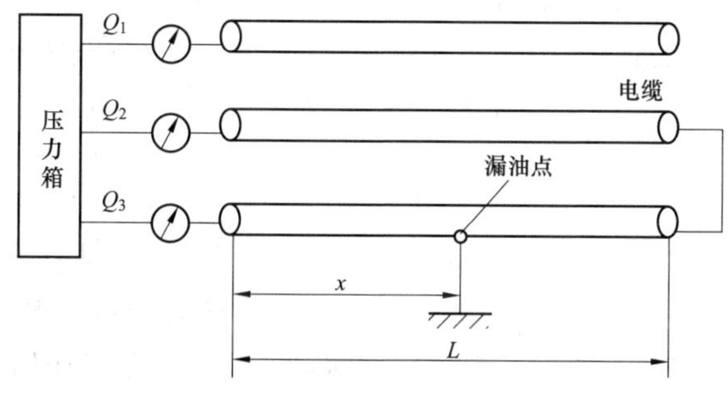

图 6－40　油流法测量原理图

$$x=\frac{Q_2-Q_1}{Q_2+Q_3-2Q_1}2L \tag{6-31}$$

式中：Q_1、Q_2、Q_3 分别为各参考相油流量，mL；L 为电缆线路的长度，m。

参考相的作用在于供油压力箱和电缆线路的环境温度不相同时两者的温度变化也不相同，压力箱在电缆不漏油时也有些微油流量向电缆线路吞吐，这就是说需要计入 Q_1 的参考相油流量值，以达到尽可能精确测试漏油点的距离 x 的值。

3. 油压法

根据自容式充油电缆发生漏油时，油从供油压力箱流向漏点，该油流使得沿电缆线芯产生一个压力降，当电缆温度不变（即黏度不变）和漏油量保持恒定的情况下，压力降与供油箱到漏油点的距离成正比的原理来测寻漏油点。

油压法测寻漏油点，主要限于线路漏油量较大的情况中使用。当漏油量较少时，它的测量误差就较大，同时又不能消除因为电缆温度变化产生的影响。另外，由于漏油产生的油压降主要发生在漏点，沿线路的油压降一般很小，所以在线路各点测得的油压差别不显著，因此不易得到较精确的测量结果，一般很少采用。鉴于这方面原因，为了补偿因沿电缆线路各高低不平的静压力差的影响，测量油时可利用完好的一相电缆作为参考，通过测量另外两条

电缆在各相应点的油压差，同样也能找出漏油点。

除充油电缆外，因还有充气电缆，充气电缆的故障主要是漏气。漏气点测寻采用气体流向指示器测量，因为气体总是向漏气点流动，这样就可找到漏气的线段。漏气线段确定后，可进一步寻找漏点。测寻法有流量法、压力法、示踪气体法、声测法等，这里不一一叙述。

六、电缆护层绝缘损坏点的检测方法

1. 单芯充油电缆外护层绝缘损坏点的检测

根据电力电缆运行规程的要求，每年都应对单芯充油电缆外护层（单芯充油电缆的电压等级一般都较高，出现故障后的危害性特别大）绝缘性能进行测试，如果发现有损坏应尽快找出损坏点并进行修补。电缆外护层的绝缘损坏后，一般先采用测距法测寻出损坏点的大致位置后，再用定点法找出损坏点。

（1）测距。电缆外护层绝缘损坏后可供选用的测距方法有压降法、直流电桥法和脉冲反射法。一般多采用压降法，图 6－41 所示为压降比较法测量外护层损坏点的接线原理图。图中，PV 为直流毫伏表；PA 为直流毫安表；E 为直流电源；R_F 为故障点电阻；R 为限流可调电阻；L 为电缆全长；X 为电缆绝缘损坏点离测试点的距离。当调节电阻 R 使直流毫安表在一定的直流电压下通过相等的电流，此时电缆绝缘损坏离测试点的距离 X 的计算式为

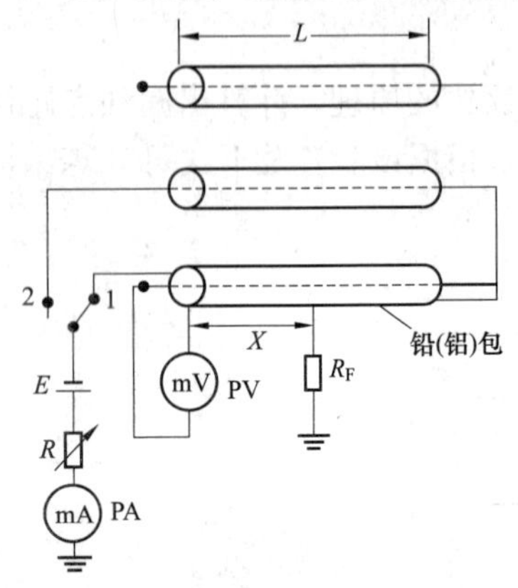

图 6－41 压降比较法测量外护层损坏点的接线原理图

1—开关位置；2—开关位置

$$X=\frac{U_1}{U_1+U_2}L \qquad (6-32)$$

式中：U_1 为开关位置在“1”时电压表指示的电压；U_2 为关闭位置在“2”时电压表指示的电压。

（2）定点测量。完成测距工作后，即可进行定点测量。电缆故障定点检测，可用电缆故障定点仪。

电力电缆故障定点仪，应用声磁同步技术，与电缆测试音频信号发生器或电缆测试高压信号发生器配合，快速、客观地测定电力电缆低阻、高阻及闪络性故障的精确位置，还可用于寻找电缆路径，进行电缆鉴别和深度测量。

当电缆敷设在地面下的地段时，可考虑用跨步电压法原理测量故障点。跨步电压是指在接地电流入地点周围电位分布区行走的人，两脚之间的电压。跨步电压的测量是测量地面两点间（两脚之间）的电场信号。根据该信号可以测量超高压电缆外护套绝缘故障，各种电力电缆对大地泄漏点的精确定位。如图 6－42 所示为跨步电压法接线，使用 ZMY－2000 某公司直埋电缆故障测试仪进行故障定位，不需要高压试验装置，不需要交流电源，也不需要分

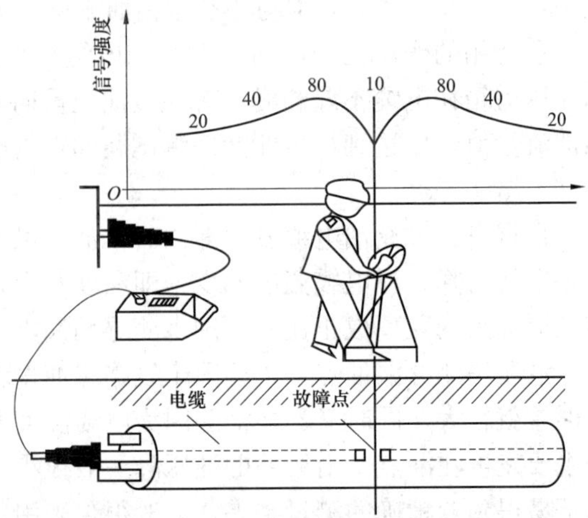

图 6－42 地理线故障测试仪测试跨步电压法接线

析波形，接线简单明了。

2. 交联聚乙烯绝缘电缆绝缘在线监视

交联聚乙烯绝缘电缆使用在线监测的优点是电缆线路不需做停电申请，只要测量电缆绝缘的有关参数，就能判断出电缆绝缘的老化情况。

如图 6－43 所示为叠加直流电压法中的一种测试方式，即采用三相星形电抗器来测量电缆的绝缘电阻的方法。它是在三相母线上安装一组三相星形连接电抗器，同时在电抗器接地回路中接入一 LC 并联谐振回路，以保证电路对工频交流的高阻抗和对直流的低阻抗，从而使直流电压较容易叠加上去。测量前保证电缆的金属护套仅在一端接地，测量时在线路通过附加的直流电源施加一个约 50V 的直流电压到电抗器中性点上，在被电缆屏蔽引出的接地与接地体之间接入绝缘电阻测试仪（包括微直流放大器和显示器等设备），通过读取流过电缆绝缘的泄漏电流来确定电缆的绝缘电阻值，由此达到对交联电缆绝缘状况进行有效绝缘在线监视的效果。

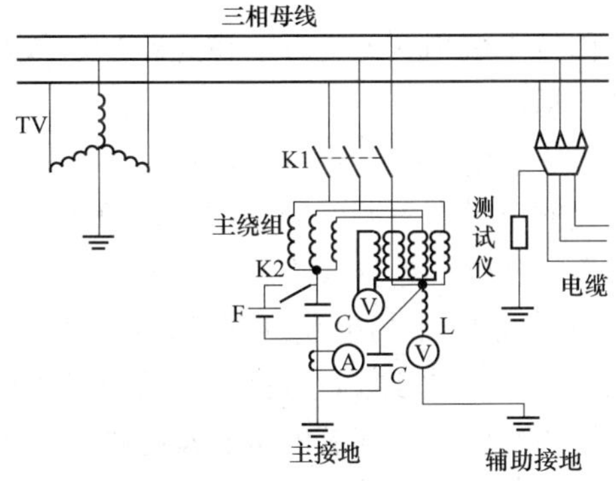

图 6－43　采用三相星形电抗器测量电缆的绝缘电阻

TV—电压互感器；K1、K2—开关；F—电容

第七章　电力电缆线路的运行管理及维护

第一节　概　　述

施工单位在完成电力电缆线路的敷设、接头制造、交接试验等工作后，组织设计、运行管理单位在对其施工的电缆线路进行了竣工验收，并办交接手续后，运行单位方可投入电力网络运行。

电缆线路投入运行后，为保持电缆设备始终处于良好、健康的运行状态和防止电缆事故的发生，要对其实际运行环境进行监视、巡视，并能发现问题并及时处理，从而达到延长电缆正常使用寿命的目的。

一、电缆线路技术资料管理

电缆线路技术文件，也称技术资料。《电力电缆线路运行规程》（Q/GDW 512—2010）指出，电缆线路技术文件应包括以下内容：

（1）各种形式电缆必须具备电缆截面图并注明必要的结构和尺寸。

由于不同电压、不同装置的电缆有不同的制造结构，即使同一电压、相同结构，也因制造厂家不同，选择材料所具有的特性的差异等也会不完全相同。因此，对新敷设的电缆应实测电缆各部件的精确尺寸，绘制成1∶1的电缆剖面结构图。它不但可作为所敷设的电缆以及日后需要了解的资料，还可作为各种参数，包括电缆载流量等计算的原始资料。

电缆附件结构图，是指电缆敷设后所安装的接头盒终端头的装配图。各类电缆附件的结构图及安装工艺均应作为技术资料存档保管。

（2）电缆网络的运行部门应备电缆网络的系统接线图及电缆线路路径的协议文件。

（3）直理电缆线路必须有详细的敷设位置图样，比例尺一般为1∶500，地下管线密集地段为1∶100（甚至更大），管线稀少地段为1∶1000。平行敷设的电缆线路，尽可能合用一张图纸，但必须标明各条线路相对位置，并标明地下管线剖面图。

（4）有油压的电缆线路应有供油系统压力分布图和油压整定值等资料，并有示警信号接线图。

（5）电缆线路必须有原始装置记录：准确的长度、截面积、电压、型号、安装日期、线路的参数，中间接头及终端头的型号、编号、装置日期。

（6）沿电缆线路若有特殊结构，如桥梁、隧道、人井、排管等，应备有特殊结构的图样。

（7）电缆的接头和终端头的安装及检修，都应具有相应的工艺标准和设计装配总图，总图必需配有详细注明材料的分件图。

（8）电缆线路必须有运行记录：事故日期、地点及原因以及变动原有装置的记录。

（9）电缆线路发生事故或预防性试验击穿等，都必须做好调查记录，如部位、原因、检修过程等，据此制订反事故措施计划。调查记录应逐年归入各条线路的运行档案。对原因不明的事故或击穿，应积累后列入课题，集中研究。

（10）电缆线路上的任何变动或修改，都应及时更正相应的技术资料，保持资料的正确性。

二、电缆资料分类

1. 原始资料

电缆线路施工前的有关文件和图纸资料，是保证电缆线路施工质量和施工合法化的依据。完整的原始资料应包括工程计划任务书、线路设计书（如电缆线路图及总布置图和电缆线路结构图等）、管线执照、电缆及附件出厂质量保证书、有关施工协议书等，以及沿线有关单位的协议、产权和维护分界点等。

2. 施工资料

施工资料是敷设电缆线路和安装电缆接头好终端头的现场书面记录，是日后运行工作依据。它包括电缆网络总平面布置图、电缆线路图、电缆网络系统接线图、电缆截面图、电缆接头和终端头装配图、油压系统分布图和示警信号线路图，以及竣工试验报告等。

3. 运行资料

运行资料应有预防性试验报告、电缆巡视检查记录、电缆缺陷记录、电缆故障修复记录、电缆负荷和温度监测记录、电缆线路环境、土质监测记录、电缆保护设备及接地装置监测记录、各种故障报告等。它是电缆投入运行后，运行维护工作的书面记录，不仅总结了电缆网络薄弱环节的所在，而且还可以作为确认电缆运行管理水平是否有所提高的依据。

充油电缆线路还需建立油压系统分布图和示警信号线路图。油压系统分布图应详细标明供油箱的种类、安装地点、供油容量、各个油路连接情况、阀门开闭正常位置和备用油箱的运行状态等。示警信号线路应表明在油压过高或偏低情况下的正确动作情况，线路图中的继电器应注明在正常情况下是动合（常开）还是动断（常闭）（可用符号表示），并附有动作和试验时的要求及其说明。

将上述一条电缆线路的资料和文件，如途径的许可协议书、电缆（包括电缆附件）的出厂合格证、原始的现场记录填报记录、竣工试验报告以及定期维修报表和发生事故后的详细修复记录整理后归档的资料，即称为电缆线路专档。

4. 共同性资料

共同性资料是各种电缆线路共同享有的文件和图纸资料，如各种土建结构图、电缆网总图、电缆交叉跨越断面图、典型电缆杆塔安装图等。

随着电缆线路安装数量的不断增加，电缆的各种资料越来越多，原有的人工资料已经不能适用大量的运行和检修需要，而是逐渐暴露出一些问题，如资料的查询繁琐、修改时间慢、容易遗失、保管资料需要占用较多地方等，因此人们利用计算机来管理电缆资料，这种方式简称 GIS 系统，它的核心是一张电子的地形图，并在地形上绘制出所有的电缆位置。GIS 系统主要功能如下：

(1) 系统内数据库已输入运行电缆的所有资料信息，包括电缆线路名称、起始地点、制造厂家、安装日期、线路总长度、埋设深度、接头信息、电缆参数（电压等级、型号、截面积、长度等）、故障处理信息（故障日期、地点、性质、处理方法等），然后根据测绘部门提供的电子地图，将电缆竣工图纸上的电缆资料绘制到 GIS 总图上，其图形信息与电缆资料信息一一对应。

(2) 具有多功能的菜单信息，包括路面信息、直埋电缆信息、工井排管内信息、变电信息、杆上变压器及分支箱内电缆信息等，可提供用户选择、变更、查询、统计、打印输出。

(3) 具有多种选择的显示功能，如能根据线路名称显示其线路走向及有关信息等。

三、电缆运行维护及检修计划的编制

电缆线路维护，简单解释即保证电缆线路组成结构质量、维护电缆线路正常工作，延长电缆的正常使用寿命。

计划编制，除遵循有关技术管理法规和运行规程规定外，还应结合本单位的实际情况做适当的调整，拟定最佳计划。

四、电缆备件备品的管理

电缆备件备品的管理包括电缆和电缆头等材料，都是不易零星购置的特殊材料。为了保证及时修理事故和按期进行检修工作，运行部门必须备有一定数量的备品，并有一定的保管制度。

电缆备品备件的贮备，应严格把好进货质量关，把好验收关，防止在使用时才发现缺陷影响工作进展。备品备件贮存情况应每年核实一次，并根据线路发展情况及时进行补充，适当调整储存量，以适应生产的需求。备品备件的保管领用需严格管理，要经过一定的审批手续，如经过上级技术主管部门审校，生产负责人批准才能领用。

五、培训

各级运行管理部门应抓好岗位培训工作。被培训人员除应掌握各项操作的基本功外，还应学习有关电缆运行的专业知识和理论知识，不断提高电缆技术方面的水平和能力，以适应电力事业的发展需要。

六、电缆线路的设备管理

电缆线路的设备管理是通过一系列技术、组织、经济措施，对设备实行全过程的管理。它涉及内容广泛，如设备的选用、运输与保管、安装与调试、运行与维护、改造、更新等一系列工作。

1. 电缆线路的定级管理

设备定级既能反映设备的技术状况，又有利于加强设备的维修和改进，还能实现及时消除缺陷，对提高设备可靠运行具有十分重要的意义。

设备定级，主要根据运行和检修中发现的缺陷，并结合预防性试验结果进行综合分析，确定对安全运行的影响程度，并考虑绝缘水平、技术管理情况及安全管理情况来核定设备。

电缆设备定级，主要根据电缆设备特点，将电缆设备大致定级为一类设备、二类设备和三类设备。在电缆线路较多、种类繁杂的情况下，也可考虑按电缆线路的绝缘水平进行绝缘定级，以此判断电缆绝缘水平对电缆安全运行的影响程度。

(1) 电缆设备评级标准及分类。其评级标准为：①规格能满足实际运行需要，无过热现象；②无机械损伤，接地正确可靠；③绝缘良好，各项试验符合规程要求；④电缆头无漏油、漏胶现象，瓷套管完整无损伤；⑤电缆的固定和支架完好；⑥电缆的敷设途径及中间接头等位置有标志；⑦电缆头分相颜色和铭牌正确清楚；⑧技术资料完整正确；⑨装有油压监视和外护层绝缘监视的电缆，动作正确，绝缘良好。

一类电缆设备，经过运行考验，技术状况良好，能保证在满负荷下安全供电的电缆设备。

二类电缆设备，基本完好的设备，能经常保证安全供电，但个别元件有一般缺陷，仅能达到评级标准的①～④项标准，即为二类设备。

一、二类设备均为完好设备，达不到一、二类设备标准的应定为三类设备，三类设备，是不能保证安全运行的设备。

完好设备与参加定级设备总数之比的百分数，称为设备的完好率。每个电缆设备的定级，应按电缆设备单元来进行，每一单元设备的等级一般应按单元中完好性最低的元件来确定。一般可将电缆、电缆架构、电缆保护设备、电缆接地引下线等划归为一个单元；电缆沟、电缆隧道、电缆竖井、电缆排管等划归为一个单元。电缆设备定级，应每季度进行一次，绝缘水平定级应每半年至少进行一次。

（2）电缆绝缘评级。从方便电缆线路的运行管理考虑，运行中的每一根电缆都必须建立绝缘监督资料档案，它也是技术部门进行绝缘评级的一个重要依据和内容。电缆线路的故障多数是因为绝缘被击穿而引起的，因此加强绝缘对电缆的监视就特别重要。对电缆绝缘进行评级是全面评定电缆绝缘水平的一项重要工作，主要根据预防性试验的结果和运行中是否发生故障而定。电缆绝缘评级，大体分为三类：

一类绝缘：试验项目齐全，结果合格，未发现缺陷。

二类绝缘：泄漏试验次要项目或次要项目数据不合格，发现绝缘有缺陷，但能安全运行或影响较小（如泄漏不对称系数大于标准值）。

三类绝缘：泄漏试验主要项目或主要项目数据不合格，发现绝缘有重大缺陷，威胁安全运行的（如耐压试验时闪络，泄漏电流极大且有升高现象，但未超过试验电压）。

2. 电缆线路设备定额管理

电缆线路的定额管理形式根据其工作性质分为生产维护管理和工程建设性管理两大部分。

生产维护管理，指企业自身的生产技术状况、设备条件及生产能力，为保障生产连续性、稳定运行、正确地组织生产所制定的消费性定额的总称。

工程建设性定额管理，是企业固定资金再投资生产的工程定额，具有实质性、法定性、概括性和阶段性的特点，根据工程使用费用性质的不同可将工程建设性定额分为四大类：建筑工程定额、安装工程定额、施工管理定额和其他费用定额。一般以各种单位产品的额度来规定。事实上，工程建设定额具有法定性，因此其定额则由行业主管部门、国家建设部门、计划部门统一制定、统一颁发。故请参照国家有关规定执行，这里不再做介绍。

3. 电缆线路的缺陷管理

电缆线路在运行中的电气设备发生异常，虽然能继续使用，但会影响安全运行，故称为缺陷。做好缺陷管理是保证线路安全运行的重要保证。

4. 现场质量管理

现场质量管理是指生产第一线的质量管理，其主要任务是进行质量缺陷的预防、质量的维持、质量的改进和质量的评定。它包括四个方面：

（1）预防设备缺陷的产生和防止质量缺陷的重复出现。

（2）利用科学的管理方法和技术措施及时发现并消除设备质量隐患，把设备维持在规定的水平（原有水平）上。

（3）运用质量管理的科学思想和方法，经常不断地发现可以改进的主要问题，提高其工作性能，并组织实施改进。

（4）根据已规定的工艺标准、质量标准、工作标准等进行质量的评定。它的目的就是控制各环节对整体工作质量改进的实现。例如，在现场质量管理中可采用工艺质量流程方法；设置质量控制点；严格岗位责任制、质量责任制；强化质量监督检验工作；提高设备的诊断技术等工作。

总之，加强质量缺陷的预防、维护、改错和评定管理，都要从研究、分析、控制工序质量等方面考虑，并通过控制各生产环节、生产要素、技术质量等建立和完善现场质量的保证体系。

第二节　电缆线路的运行维护

一、线路巡视

电力线路巡视检查的目的是掌握线路设备的运行情况和周围的环境情况，运行人员对管辖范围内的电缆线路按照现场运行规程的规定进行经常性巡视检查，以及时发现和消除电缆线路和所有附属设备异常和缺陷，预防事故发生，确保电缆线路安全运行的工作，称为线路巡视。

电缆线路巡视，简单说就是运行人员对管辖范围内的电缆线路按照现场运行标准的规定进行的经常性巡视检。它分为定期巡视、特别巡视和故障巡视。

线路巡视的方法，一般是巡视人员通过察看、听嗅、检测等方法对巡视线路做出判断，得出电缆设备是否处于正常运行状态及是否存在问题。

1. 定期巡视

定期巡视目的在于经常掌握电缆线路各部件运行情况及沿线情况，及时发现设备缺陷或威胁线路安全运行的情况。

电缆线路因埋在地下或管道中或敷设在水底，目前尚缺乏有效巡视方法，但对电缆暴露部分，如室内、室外的终端头、工井、电缆沟、隧道的电缆装置等，应有定期巡视制度，这是保证电缆线路设备处于良好状态的一种行之有效办法。

定期巡视的周期应少于一年，也可按各地区的实际环境增加次数。经历一年一次的环境温度变化和正常负荷变化规律后，电缆线路在定期巡视中未发现异常现象，则可以认为该线路在下次定期巡视周期前能保持良好运行状态。

根据《电力电缆运行规程》（DL/T 253—2013）规定，应做到以下几点：

（1）电缆线路每三个月至少巡视一次，电缆竖井内的电缆每半年至少巡视一次。

（2）电缆竖井内的电缆终端头每三个月巡视一次。

（3）水底电缆线路由现场情况而定，通常每年巡视一次。在潜水条件允许的情况下，应派遣潜水人员检查电缆情况，测量河床的变化情况。

（4）发电厂、变电站的电缆沟、隧道、电缆井、电缆桥架及电缆线段等方面的巡查，至少三个月一次。

（5）定期检查并记录电缆的表面温度及周围温度（包括电缆、土壤、接头和大气温度），以确定电缆是否过载。要经常检查电缆温度，一般每月一次。当测得电缆温度不正常时，应研究其原因，并采取适当措施。与热力管道接近或交叉的电缆，对其周围土壤应进行温度特殊监视，一般每一个月检查两次。

（6）铅包电缆，每年测量一次接地电阻；当单芯电缆铅包仅在一端接地时，应每季度测量其铅包对地的电压。单芯电缆铅包电流及电压测量，应在电缆负荷最高时进行。

（7）敷设在土中、隧道中以及沿桥梁架设的电缆，每三个月至少检查一 次。当地面覆盖物有可能被破坏时（如洪水、暴雨等），应根据季节和电缆线路沿线基建施工特点，临时增加巡视次数。

（8）暴雨后，对可能被冲刷地段，应进行特殊巡视。

（9）为了保证电缆线路安全、可靠的运行，电缆线路保护区内任何个人和单位必须遵守下列规定：

1）不得在地下电缆保护区内堆放垃圾、矿渣、易燃、易爆物，不得倾倒酸碱盐及其他有害化学物品，不得兴建建筑物或种树木和竹子；

2）不准在海底电缆保护区内抛锚、拖锚；

3）不得在江河电缆保护区内抛锚、拖锚、炸鱼、挖砂；

4）在电缆保护区内进行作业时，必须经有关部门同意并采取安全措施。

2. 特别巡视

特别巡视指在气候剧烈变化、自然灾害、外力影响、异常运行和其他特殊情况时，能及时发现电缆线路的异常现象及部件的变形损坏情况的巡视。

3. 故障巡视

对电缆线路可能发生的常见故障，如机械损伤、绝缘损伤、绝缘受潮、绝缘老化变质、过电压、电缆过热故障等进行的巡视。

二、电缆线路的一般维护

1. 电缆线路的维护

（1）检查地下电缆线路路径表面是否有沉陷及挖掘的痕迹，沿线标志有无移倒，是否完整无缺。

（2）检查电缆线路上有无堆积瓦砾、建筑材料、矿渣、笨重物件和酸碱性排泄物或砌堆石灰坑等，以避免压伤及腐蚀电缆。

（3）对于充油电缆线路，主要是检查线路的压力箱、电缆本体、阀门及油管是否有油渗漏，油压是否正常，以及线路上的塞止接头和井内自动排水装置是否良好，否则应及时处理。

2. 户内、户外电缆终端头维护

（1）清扫电缆终端头。

（2）检查电缆终端头引出线接触是否良好，特别是铜铝接头有无腐蚀现象。

（3）核对线路铭牌及相位颜色。

（4）修理保护管及油漆锈烂铠装，更换锈烂支架。

（5）检查铅包龟裂和铅包腐蚀情况。

（6）检查接地是否符合要求。

（7）检查电缆终端头有无漏胶、漏油现象，打开填注孔塞头或顶盖，检查电缆终端头盒绝缘胶有无水分、孔隙及裂缝等。绝缘胶（油）不满者应用同样的绝缘胶（油）予以补充。

（8）采用防污涂料，将有机硅树脂涂在套管表面。严重污秽地区更换能耐受电压高一级的套管。

3. 隧道、电缆沟、人井、排管

(1) 检查门锁是否开闭正常、门缝是否严密。如进出口和通风口防小动物进入的设备是否齐全，出入通道是否通畅。

(2) 检查隧道、人井内有无渗水、积水，有积水时要排除，并将渗漏处修复。

(3) 检查隧道、人井内电缆及接头情况，应特别注意电缆和接头有无漏油，接地是否良好，必要时测量接地电阻和电缆的电位。

(4) 检查隧道和人井中电缆支架上有无撞伤或蛇形擦伤，支架是否有脱落现象。

(5) 清扫电缆沟和隧道，抽除井内积水，清除污泥。

(6) 检查入井盖和井内通风情况，井体有无沉降及裂缝。

(7) 检查隧道内防水设备和通风设备是否完善正常，并记录室温。

(8) 检查隧道电缆的位置是否正常，接头有无漏油和变形，温度是否正常，防火设备是否完善有效，以及检查隧道的照明是否完善。

(9) 疏通备用排管，核对线路铭牌。如发现排管有白蚁，应立即消除。

4. 桥上电缆及专用电缆桥电缆线路巡视检查项目

(1) 巡查桥两端靠近平地处的电缆及两桥墩之间电缆有无拖拉或绷紧现象，电缆保护管或保护槽有无裂开或其他缺陷。

(2) 通航部分是否曾受船舶冲撞或有无被撞伤情况。

(3) 检查电缆铠装护层。

5. 水底电缆线路的巡视

(1) 必须经常检查水底电缆河岸两端“禁止抛锚”的警告牌和照明标志河岸的警示牌是否完好。检查照明标志应在夜间进行。

(2) 应经常检查临近河岸两侧的水底电缆是否有下沉或被拖拉变动位置的情况。在低潮时检查水底电缆埋在河岸两侧浅滩部分是否有受潮水冲刷的现象。

6. 电缆线路的其他巡视检查及一般维护工作

(1) 检查户外装置电缆的铠装是否完好，当麻被外护层脱落超过40%时应全部剥除，并在铠装上涂防锈漆。防锈漆宜选择无毒、无味、无污染，对人体健康没有任何危害的品牌锈漆。

(2) 检查保护器的阀片或球间隙有无击穿或烧断现象。

(3) 与架空线路连接的电缆终端是否有积水，引出线的接点有无发热现象，电缆铅包有无龟裂、漏油，靠地面的一段电缆是否有被车辆或其他外力损坏现象。

电力电缆线路巡视检查后，巡线人员应将巡查结果记入巡线记录簿内。对于必须立即处理的重要缺陷，除做好记录外，还必须立即向主管负责人报告。对巡视中发现的零星缺陷和普遍性缺陷，交由主管部门编制月季度小修计划和年度大修计划。运行部门应根据巡查结果，采取相应的处理措施，确保电缆线路安全运行。

三、电缆线路运行维护中的运行监视

电缆线路运行维护，除做好上述巡视检查工作外，还应做好线路的运行监视工作。

1. 电缆线路负荷监视

一般电缆线路根据电缆导体的截面积、绝缘种类等规定了最大电流值，利用各种仪表测量电缆线路的负荷电流或电缆的外皮温度等，作为主要负荷监视措施，防止电缆绝缘超过允许最高温度而缩短电缆寿命。

对电力电缆负荷的监视，将有利于掌握电力电缆负荷变化情况和过负荷时间的长短，实现对电力电缆运行状况的分析，以便采取措施，保证电缆安全经济运行。

检查设备可用电流表或钳式电流表测定电缆负荷的大小。无人值班的变电站电缆负荷的测定，每年应进行 2～3 次，1 次安排在夏季，另 1～2 次则安排在秋冬季负荷高峰期间，根据预先选定的最有代表性的一天进行。

2. 电缆温度的监视

电缆导体的温度与负电荷密切相关，负荷电流过大电缆就会发热，电缆温度过高会造成电缆损坏，所以要测量并控制电缆的温度。

测量电缆温度时应在夏季或电缆最大负荷及散热条件最差的线段进行。

测量直埋电缆温度时，应测量同地段无其他热源的土壤温度。电缆同地下热力管交叉或接近敷设时，电缆周围的土壤温度，在任何情况下不应超过本地段其他地方同样深度土壤温度 10℃以上。

（1）电缆外皮的温度测量。测量电缆外皮温度的目的是判断导体温度是否超过绝缘材料的长期允许最高工作温度（如交联聚乙烯的最高工作温度为 90℃），以此确定电缆有无过热现象。因为电缆工作温度过高，将导致绝缘材料老化加速，电缆寿命缩短，严重时会出现故障甚至发生火灾。

电缆表面温度一般应选择在负荷最大时和散热条件最差处进行。可用热电耦、线绕测温电阻或压力式温度计测量，有条件时可用红外线测温仪测量。

（2）电缆接头温度的测量。电缆接头是整个系统中最为薄弱的环节，有统计研究资料表明，在电力电缆供电的电网中，70％以上的故障都发生在电缆的中间接头处，接触电阻的存在、绝缘材料性能的不佳或制作工艺的不完善等，均是导致电缆接头频发故障的主要原因。因此，应对电缆接头温度进行监测，做到全面了解其绝缘老化情况、准确评估其工作状态、及时发现其故障隐患，以提高电缆接头运行可靠性、减少故障发生次数、降低故障损失。

检查接头温度的方法，在电缆线路中较为普遍采用的有下列几种：

1）示温蜡片法。测试时，将一组示温蜡片用绝缘棒粘贴在被测量处或在停电时先粘好，观察哪一蜡片熔化就表示达到哪一温度。示温蜡片分 60℃（黄色）、70℃（绿色）、80℃（红色）三种。示温蜡片法的不足之处是反应时间较慢、粘贴不方便，只能粗略检查温度，故目前已很少采用。

2）变色测温笔法。它实际上是造船工业中监视焊接时受热工作温度用的量具，根据笔中色素在一定温度下变色的特性来指示温度。在电缆线路中测量接头温度可选用变色温度为 70℃的变色测温笔。使用时将笔置于绝缘棒上在被测处划条线即可。当被接头的温度超过 70℃时，笔线颜色就会变成湖蓝色。这种测量方法测温迅速（1～2s）、使用简便，价格便宜。

3）红外热像仪。红外热像仪，利用红外探测器和光学成像物镜接受被测目标的红外辐射能量，能量分布图反映到红外探测器的光敏元件上即可得到红外热像图，这种热像图与物体表面的热分布场相对应。通俗地讲，就是红外热像仪将物体发出的不可见红外能量转变为可见的热图像，热图像上的不同颜色则代表被测物体的不同温度。

如图 7－1 所示为 SCIT－nG－2 红外线测温仪，其能满足各种各样非接触的温度测量，如输电线路接头及线路温度测量、变电站电气设备及接头温度测量和铁路供电系统接触网线路温度测量。

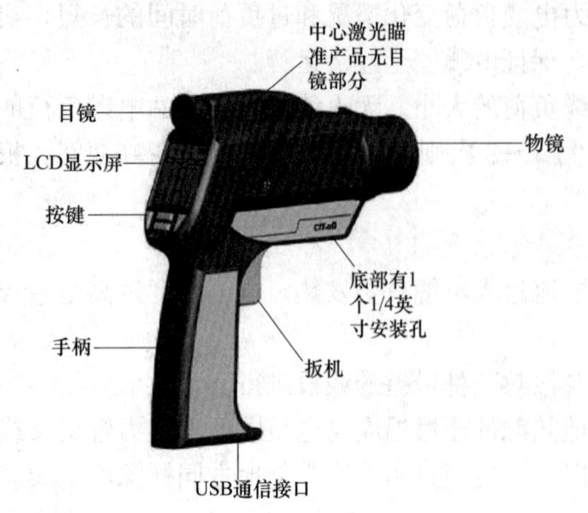

图 7-1　SCIT-nG-2 红外线测温仪

（3）电缆导体温度的测量。电缆导体不可直接测量，只能采用间接的方法，如热电偶测温仪、红外线测温仪等。热电偶测温仪（又称热电偶仪），实际上是专业为冶炼、铸造等行业熔炼过程快速测量熔融金属温度而研制的高精度专用仪表。

热电偶测温仪实际上是一种能量转换器，它将热能转换为电能，用所产生的热电势测量温度。如果热电偶的工作端与参比端存有温差，显示仪表将会指示出热电偶产生的热电势所对应的温度值。热电偶的热电动势将随着测量端温度升高而增长，它的大小只与热电偶材料和两端的温度有关，与热电极的长度、直径无关。它是温度测量仪表中常用的测温元件，它直接测量温度，并把温度信号转换成热电动势信号，通过电气仪表（二次仪表）转换成被测介质的温度。

（4）测量电缆金属内护层温度。为了能及时发现和解决电缆过热情况，根据运行管理部门长期经验总结，应对电缆线路运行时的实际温度进行测量，通过测量电缆金属内护层温度实现对线路的温度监视，应掌握线路运行情况。

目前测量的仪器主要是热电偶（热电偶是利用物理学中赛贝克效应制成的仪温敏传感器；当两种不同导体甲和导体乙组成闭合回路时，就构成一个热电偶）、线绕测温电阻仪。

用热电偶测量电缆温度时，为保证测量的正确性，应将测点选择在散热最差的线路段，每一个测点放置两个热电偶仪（其中一个作为测温备用仪），两个热电偶仪测量点间的距离应不小于 10m，并在负荷最大时进行测量。

在电缆上安装热电偶仪的方法如图 7-2 所示。测温时还应注意与测电缆温度的元件保持一定的距离（3m 以上）及无外来热源影响。

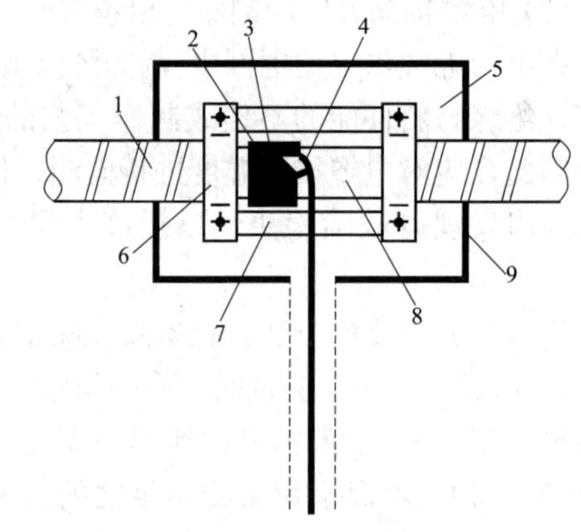

图 7-2　在电缆上安装热电偶仪的方法

1—电缆；2—铜丝；3—热电偶；4—锡焊；5—沥青；6—钢甲轧头；7—连接铜片；8—铅护套；9—木盒

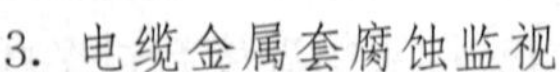

3. 电缆金属套腐蚀监视

通常采用专用仪表测量邻近电缆线路周围的土壤情况。

（1）阳极区的土壤。若电缆金属套产生电解腐蚀，应根据测得阳极区的电压值，选择合适的阴极保护措施或排流装置。

（2）电缆线路周围润湿的土壤或以生活垃圾填覆的土壤。电缆金属套常常会发生化学腐蚀和微生物腐蚀，同样应根据测得阳极区的电压值，选择合适的阴极保护措施或排流装置。

电缆铅包腐蚀生成如为痘状及有黄或铁粉红、白色时可判断铅包为电解腐蚀。

4. 绝缘监视

金属套对地有绝缘要求的电缆线路，一般在预防性试验后还需对外护层另作直流电压试验，以及时发现和消除外护层的缺陷。有关绝缘监视的方法，已在前述内容中介绍过，此处不再重复。

值得指出的是，在电力电缆绝缘监测方法的基础上，已有相关研究提出了一种基于模型参数识别的电力电缆绝缘在线监测的新方法，即对电力电缆每条线路的每一相分别建立数学模型，基于模型参数识别方法建立以线路参数为未知量的微分方程，利用实时采集到的电压、电流求解最小二乘意义下的模型参数估计值，从而得到电缆线路对地绝缘电阻值，判断电缆的绝缘水平。

电缆线路运行维护中的运行监视除上述介绍的类型外，还应根据不同地理环境，增添特殊监视，如杀白蚁、人井水样分析、“水树”切片检查和带电测量等工作。

四、电缆故障及预防

安装施工、运行中的电缆故障时有发生，应做好积极预防，对出现的故障应采取有效措施处理。

1. 漏油产生的原因及处理

(1) 过负荷引起的漏油，电缆过负荷运行，温度过高而使电缆内部油压上升很多。对中间无接头或电缆质量较好的，油会从电缆终端都冲破密封而渗出。

根据运行要求，不可超负荷运行。处理方法：①在线鼻子处漏油，将线鼻子的绝缘剥除，重新包扎处理；②严重漏油，必须重新制作电缆终端头；③对于干包电缆终端头，在三芯分叉处漏油，以重新制作为宜。

(2) 电缆终端头高低差过大引起的漏油，此时条件允许可调整高低差时，可将两端头的密封采取特殊手段予以加强，以克服静压力造成的漏油问题。

(3) 接头施工质量不合格而导致漏油，如绝缘包扎不紧、端头的密封盖不严，或封铅不好等，检查使用材料，再行处理。

2. 接地和短路故障及处理

(1) 负荷固定过大或变化大，造成绝缘迅速老化，使绝缘抗电强度降低以致绝缘损坏的问题，应该加强运行中的监视，如控制电缆在允许负荷范围内。

(2) 密封不良导致接头进入水分（或潮气），这样不仅会降低绝缘强度，长期运行电缆还会因绝缘降低而发热，产生过热而破坏。因此，首先应严格把握接头的施工工艺，设计电缆线路时电缆沟要有排水设施及漏水防护，最好将电缆敷设在干燥环境中。

(3) 电缆的铅包小孔，或受化学腐蚀、电腐蚀而穿孔，或铅包被外物刺穿等现象，使得水分进入电缆内部，可根据（2）的方法处理；若腐蚀严重，最好更换电缆或改善电缆的工作环境。

(4) 因外力造成电缆损伤，或敷设不符合要求，弯曲过大，设计时应严格控制，防患于未然。

除上述故障外，还有电缆断线故障，多为地基下沉或外力破坏（载重汽车碾压、人为开挖等）因素引起的故障。

3. 长期运行导致热烧穿绝缘发生火灾及预防

引起电缆隧道内火灾发生的直接原因是动力电缆、电缆中间接头过热。电缆过热的原因除隧道和竖井等电缆弯曲地电场不均匀，导致密度大的地方过热引起火灾外；还与电缆接头制作质量不良、压接头不紧、接触电阻过大。这样长期运行使得电缆及电缆中间接头积累的热量越多，就越容易导致热烧穿绝缘发生火灾事故。

事实上，从电缆及电缆接头过热到电缆火灾事故的发生，其发展速度比较缓慢、温度积累时间周期较长，通过安装电缆在线预警系统是完全可以防止此类事故发生的。

没有条件安装电缆在线预警系统的，为防止长期运行导致热烧穿绝缘发生的火灾，可采取下述方法处理。

(1) 防止电缆本身的火灾。当电力电缆的绝缘层是由纸、油、麻、橡胶、塑料、沥青等各种可燃物质组成时，有起火爆炸的可能，特别是发电厂、变电站及工矿企业都大量使用电力电缆，一旦电缆起火爆炸，将会引起严重的火灾和停电事故。此外，电缆燃烧时会产生大量的浓烟和毒气，不仅污染环境，而且危及人的生命安全。因此，最好采用阻燃电缆和耐火电缆，并应注意电力电缆的防火。

电缆爆炸起火的原因主要有以下几方面：

1）绝缘损坏引起短路故障，如电力电缆的保护铅皮在敷设时被损坏或在运行中电缆绝缘受机械损伤，引起电缆相间或铅皮间的绝缘击穿，产生的电弧使绝缘材料及电缆外保护层材料燃烧起火。

2）电缆长时间过载运行。长时间的过载运行，使电缆绝缘材料的运行温度超过正常发热的最高允许温度，电缆绝缘老化干枯，绝缘材料失去或降低绝缘性能和机械性能，电缆发生击穿着火燃烧，甚至沿电缆整个长度多处同时燃烧起火。

3）油浸电缆高差较大，发生淌、漏油，导致电缆上部的油流失干枯，电缆的热阻增高，使得纸绝缘部分焦化击穿燃烧。另外，随着油向下淌会使下部静压力增大，又增大了起火的概率。

4）压接不紧、焊接不牢或中间接头盒绝缘击穿及灌注在中间接头盒内的绝缘剂质量不符合要求。电缆接头盒内存有气孔及电缆盒密封不良、损坏而漏入潮气，引起绝缘击穿，形成短路，使电缆燃烧甚至爆炸起火。

5）如油系统的火灾蔓延，油断路器爆炸火灾的蔓延，锅炉制粉系统或输煤系统煤粉自燃、高温蒸汽管道的烘烤，酸碱的化学腐蚀，电焊火花及其他火种等外界因素等导致电缆发生火灾。

(2) 隧道内防火。从设计上来考虑，电缆隧道内的通信、照明、动力电缆均要求采用阻燃电缆或耐火电缆。另外，电缆沿隧道敷设，应设置喷射型灭火装置，及在一定距离（每隔200m）处装设防火门及挡板，以及将电缆安装在防火电缆托架上。

对已敷设的电缆加强监测和检测，即根据实际需要设置消防报警系统和自动灭火系统。

(3) 将电缆、中间接头安装在难燃槽盒内。重要的电缆、中间接头，则安装在高难燃性材料制成的保护盒内。如EXA－3复合型防火槽盒、FSH型复合防火槽盒、ESF型复合难燃槽盒等，采用无机和有机难燃材料复合制成，适用于各种电压等级电缆的防火保护和耐火分隔。如图7－3所示为FSH型复合防火槽盒三维图。

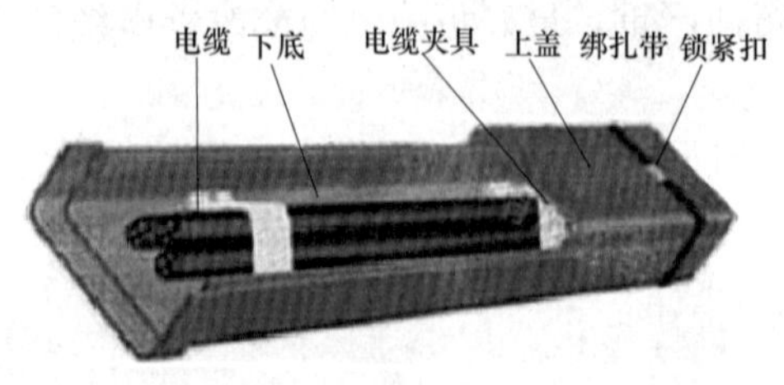

图7－3　FSH型复合防火槽盒三维图

(4) 刷防火涂料。我国电缆防火涂料产品的研制始于20世纪70年代末和80年代初。它一般由叔丙乳液水性材料添加各种防火阻燃剂、增塑剂等组成，涂料涂层受火时能生成均匀致密的海绵状泡沫隔热层，能有效地抑制、阻隔火焰的传播与蔓延，对电线、电缆起保护作用。

如WCP-60水性电缆防火涂料，该涂料涂膜遇火膨胀生成均匀致密的蜂窝状隔热层，有良好的隔热防火效果，抗弯性好，还具有耐水、耐油、耐盐、耐候等特点。

电缆防火涂料施工前应将电缆表面的浮尘、油污、杂物等清洗、打磨干净，待表面干燥后方可进行防火涂料的施工。

电缆防火涂料施工可采用喷涂、刷涂等方法，使用时应充分搅拌均匀，涂料稍稠时，可加适量自来水进行稀释，以方便喷涂为宜。

(5) 电缆表面包缠防火包带。采用防火包带，以半重叠式包绕在电缆表面，防止火焰引燃电缆，如以氯丁基橡胶为基材，添加阻燃剂制成的带状橡胶制品带、JHZ-1自黏性防火包带等。

(6) 控制火灾蔓延扩大，具体对策是离开热源和火源，隔离易燃易爆物，封堵电缆孔洞(如用电缆防火包封堵或贯穿空洞两侧的电缆上)，设置防火槽及防火段，防止电缆故障自燃。

(7) 采用喷水灭火装置。喷水灭火装置设计安装难度大，投资昂贵，长期处于备用状态，管路易堵塞，运行经验也不足，此方法国外已应用，国内正在试运行。

4. 白蚁、老鼠等对直埋电缆引起的故障及处理

(1) 白蚁对直埋电缆的危害主要是咬穿电缆。具有危害性的白蚁有十余种，对直埋电缆有危害的主要是家白蚁和黄肢散白蚁，它们咬破塑料、橡胶、铅护套等，并以此为食料，白蚁能把电缆护层咬穿，使电缆绝缘受潮、电阻下降，从而造成单相接地短路。防止办法是制作防咬电缆和用毒杀的方法控制。

从毒死白蚁方面考虑，即在电缆护层材料（聚氯乙烯、橡皮等）中加入一定剂量对白蚁有毒杀作用的药物，因此要求制造使用这种药物型电缆的毒剂对白蚁有强杀作用，且药性维持数年乃至数十年，并能承受160℃的高温作用而分解失效，其生产工艺简单，用药量少，对电缆和机电性能均无影响，且施工较容易。另外，制造药物型电缆的材料来源比较广泛、价格便宜、对人毒性低。药物类型较多，其中狄氏剂最为稳定，残效期长；林丹稳定性较差，但毒杀力最大；氯丹、艾氏剂、七氯药性均介于狄氏剂和林丹二者之间。

在电缆周围的土中渗入一定剂量的毒杀药物，防止白蚁进入电缆。毒土处理的药物要求防杀效果好、性能稳定、价格便宜、物源较广、使用方便。毒土防蚁适用于各种电缆，成本要比药物型电缆高，用药量多，施工比较麻烦。当采用喷洒方法时，即将药物配成乳液后喷洒在埋电缆的周围，由于喷洒不均，效果较差，多雨区药易被雨水稀释而流失，毒效差。使用毒土处理时应注意人身安全和不造成环境污染。

生态防白蚁，是一种辅助方法。它是根据白蚁的活动规律，结合白蚁的生态条件，采取避开白蚁或对电缆增加保护的方法来防止白蚁蛀食电缆，这就要灵活使用，因地制宜。设计选择电缆线路时，尽可能避开白蚁的寄生地，如森林、居民区、木电杆、木桥等，在水田、沙滩及地下水位较高的地区敷设电缆；改变敷设方式，采用架空线架设；用水泥砂浆封包电

缆，此法虽效果较好，但成本高，施工难度大，维修不方便，使用较少。

制造防咬电缆，即应用咬不动的电缆或称机械型电缆。白蚁咬不动的材料，有黄铜、磷青铜、不锈钢以及硬质塑料。目前，多数电缆都以聚氯乙烯制作防护套。这种电缆的特点是能适量减少增塑剂的含量，使电缆既能防白蚁又便于加工挤塑，使施工中易敷设，又具有良好的电气稳定性。这种电缆的生产工艺同普通型聚氯乙烯护套电缆相比，仅挤塑温度高些，而施工敷设的环境温度可在5℃以上，当低于此温度时，施工敷设这种电缆则较为困难。

(2) 防老鼠等破坏。防老鼠破坏的方法较多，如设计、施工时，只要条件许可，尽量把电缆布设在电缆槽或是电缆桥架里，或是把线路埋在墙壁里，以减少老鼠直接接触电缆的机会，防止老鼠咬到电线；电力管线附近尽量不要垃圾或是杂物，防止老鼠在管线旁边安家，增加咬电线的风险；也可使用防咬电缆、防毒电缆等。

五、电缆腐蚀分析及控制

电缆腐蚀一般指电缆金属（铅包或铝包皮）部分的腐蚀。金属被腐蚀的结果是部分变成粉状而脱落，金属护套逐渐变薄至穿透，失去密封作用而导致绝缘受潮，经一定时间绝缘性能逐步下降而形成电缆线路故障。一般情况下，由于电缆被腐蚀的过程发展很慢，不可能及时被发现，一旦发现，腐蚀已经极其严重了，必须做更换处理。

电缆腐蚀可分干腐蚀和湿腐蚀。外露于大气中与化学气体接触属干腐蚀，埋设于地下属湿腐蚀。湿腐蚀又分电腐蚀和自然腐蚀。自然腐蚀是寄生电池的作用（如细菌新陈代谢等）、透气差及异种金属接触引起的腐蚀。干腐蚀主要是化学气体和非电解物质引起的腐蚀，其原因一般是电缆线路附近的土壤中含有酸或碱的溶液、氯化物、有机物蚀质及炼炉灰渣等。

1. 化学腐蚀预防

电缆化学腐蚀是指电缆运行时，因长期受周围环境中化学成分的影响，逐渐使电缆的金属护套遭受到破坏或交联聚乙烯电缆的绝缘产生化学树枝，最后使这些电缆出现故障和事故。电缆化学腐蚀的预防方法是：

(1) 更换为耐腐蚀电缆；

(2) 改迁电缆位置或将局部有腐蚀的土壤更换为无腐蚀土壤；

(3) 将电缆穿入管中并覆盖无腐蚀土壤。

2. 电腐蚀预防

从电缆的结构来说，电缆的外导电层都是良好的导电体，能够很好的对外绝缘。如果有杂散电流流入电缆，并沿外导电层流向整流站，就有可能发生电腐蚀。

当杂散电流从周围的土壤中流入电缆的地带，叫阴极地带；反之，杂散电流由电缆流至周围土壤的地带，叫阳极地带。

在阴极地带由于阴极作用，铅护套电缆所产生的腐蚀多数为红色、黄色或橙色的氧化物，并附着在铅护套上。若土壤中不含碱性液体，电缆外导电层不会发生腐蚀，但在阳极地带必将出现腐蚀。由阳极作用所产生的腐蚀化合物如氧化铅、氯化铅、硫酸铅，则随杂散电流的流出而离开铅护套，但不易见到腐蚀物的痕迹，而仅仅只是在铅护套表面留下棉状细孔的现象。只在极其严重情况下才会出现褐色的腐蚀物附黏在金属护套上，该附黏物一般都是氧化铅，说明该现象为阳极地区杂散电流腐蚀。

如果土壤中含有硝酸盐及氧化物时，此时的腐蚀情况将会特别严重，必须注意改善。

电腐蚀的预防主要是将电缆外皮流出的电流限制在规定的范围内。按《电力电缆线路运行规程》（Q/GDW 512—2010）的规定，当从电缆外皮流出的电流密度 24h 的平均值达到 1.5μA/cm^{2}时，就会产生腐蚀作用。

电腐蚀预防方法，如加强电缆外被层与杂散电流间的绝缘，它可基本消除杂散电流对电缆金属护套和其他外导电层的影响；装设防止电腐蚀设备。目前，被广泛应用于防止电腐蚀的方法有牺牲阳极保护法、外接电源法、排流或强排流法、极性排流法、设置阴极站等。

牺牲阳极（阳极随着流出的电流而逐渐消耗，所以被称为牺牲阳极）法如图 7-4 所示，该方法只适用于杂散电流较小的地区，电流外护套绝缘良好、长度较短的电缆线路。阳极排流的阳极件，可用自然电位低的镁、铝或锌等材料制成，它与电缆金属护套连接，代替电缆金属护套作消耗用。

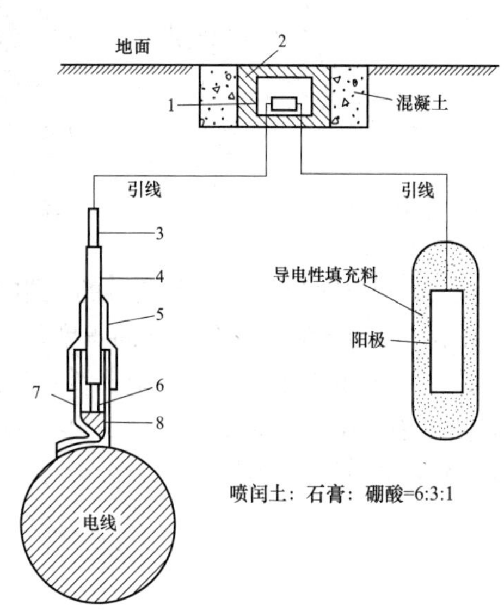

图 7-4　牺牲阳极法（DL/5221-2005）

1—串联电阻；2—接线箱；3—铜芯；4—绝缘导线；5—绝缘包带；6—绝缘填充料；7—钢管；8—焊条

阳极排流具有结构简单、成本低廉的优点，阳极排流还不会产生过大的防电腐蚀电流，不影响临近的管线。

下面根据《电力电缆线路设计施工手册》推荐方法，介绍牺牲阳极法排流电极的电流 I、接地电阻的计算方法。

(1) 电流计算。应用牺牲阳极排流法，其阳极产生的电流，对于 1 只排流电极的电流 I 可按下式计算

$$I=\frac{\Delta E}{R_e+R_m}\approx\frac{\Delta E}{R_e} \tag{7-1}$$

式中：ΔE 为阴极与阳极处于闭路状态时的电位差，等于阳极的有效电压，V；R_e 为在电解质中阳极的接地电阻，一般不应大于 10Ω；R_m 为绝缘导线及阴阳极金属体的电阻，Ω。

若同一处埋设多只（用 n 表示）排流电极，此时的总电流（用 I_{all} 表示，单位：A）为

$$I_{all}=\frac{nI}{K} \tag{7-2}$$

式中：K 为电阻校正系数，可由图 7-5 查取，I 为单只排流电极的电流。

(2) 排流电极的接地电阻计算。对于垂直埋设地下和水平埋设下排流电极的接地电阻可分别按下述方法计算。

垂直埋设地下的排流电极的接地电阻为

$$R_e=\frac{\rho'}{2\pi}\ln\frac{d'}{d}+\frac{\rho}{2\pi L}\left(\ln\frac{L}{d'}-1\right) \tag{7-3}$$

水平埋设下的排流电极的接地电阻

$$R_e=\frac{\rho'}{2\pi L}\ln\frac{d'}{d}+\frac{\rho}{2\pi L}\left(\ln\frac{4L}{d'}-\ln\frac{L}{h}-2+\ln\frac{2h}{L}\right) \tag{7-4}$$

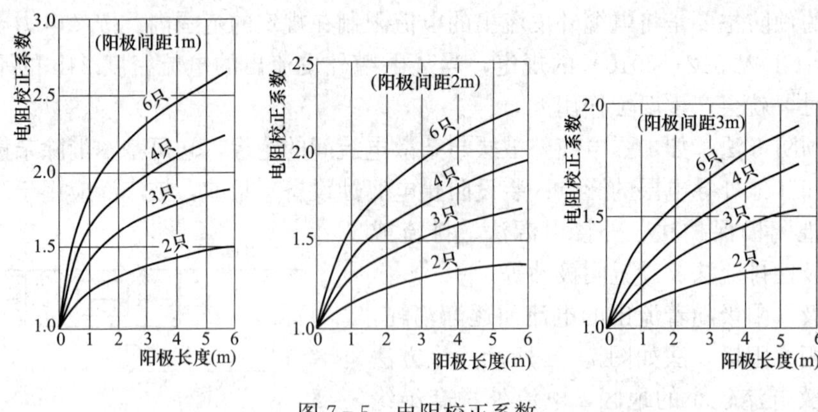

图 7-5　电阻校正系数

式中：ρ、ρ'分别为土壤、填充料的电阻率，Ω·cm；d、d'分别为排流阳极、填充料的外径，cm；L 为排流阳极金属体的长度，cm；h 为排流阳极埋设深度，cm。

(3) 排流电极预测寿命年限计算。排流电极寿命年限 T（单位：年）与排流电极的电流 I 和阳极消耗率 x（单位：kg/A·年）反比与埋设体的质量 m（单位：kg）成正比，即排流电极寿命年限 T 计算式为

$$T=\frac{0.85m}{x\times I} \tag{7-5}$$

式中：x 为阳极消耗率，对金属镁取 7.2，对锌金属取 11.8。

根据上述给定技术参数，计算金属镁的使用年限为

$$T=\frac{0.85m}{x\times I}=\frac{0.85m}{7.2\times I}\approx 0.1181\frac{m}{I}$$

锌金属的使用年限为

$$T=\frac{0.85m}{x\times I}=\frac{0.85m}{11.8\times I}\approx 0.0720\frac{m}{I}$$

上述计算表明金属镁的使用年限大约为金属锌的 1.64 倍。也就是说，不考虑经济性等条件的限制，应首先金属镁为宜。

排流法可分直接排流法、定向排流法和外接电源排流法。

1）直接排流法（见图 7-6）。把电缆的金属护套用导线直接与铁路的钢轨连接。本法具有装设简单、投资省等优点。不多采用，因仅用于只有一座轨道交通站且电流不会从钢轨逆流入电缆的场合，使用受到限制。

2）定向排流法（见图 7-7），也称选择排流法。在钢轨与电缆之间的排流线上设置整流器或逆流继电器实施的排流技术。该法的优点是耐久性好、可靠性高、维护检测方便。但要求正向电阻小、逆向电阻大；随着钢轨与电缆之间的电压变化能正确动作；为防止过大的电流通过排流器，应加设过电流保护器。

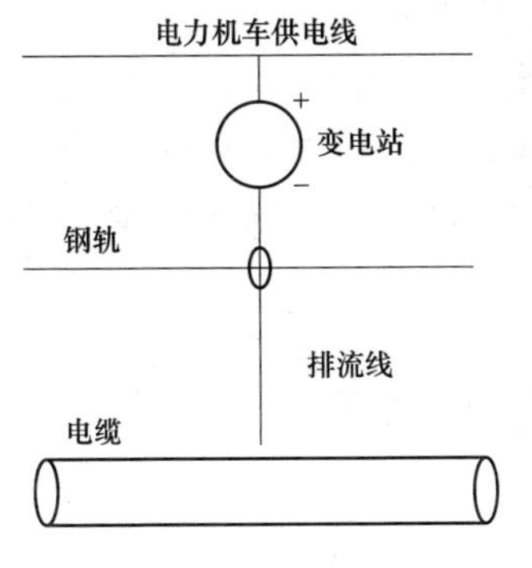

图 7－6　直接排流法原理

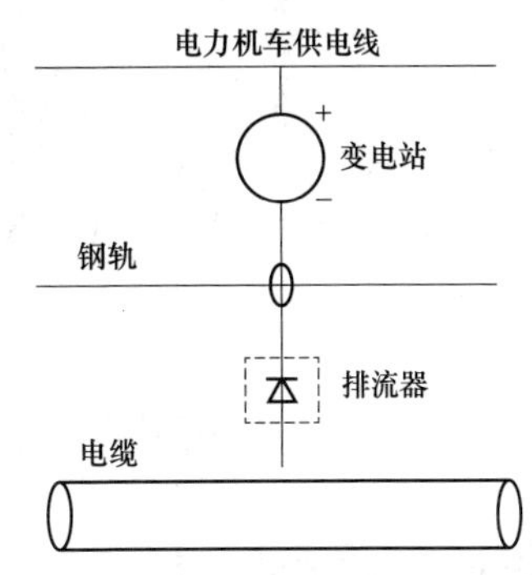

图 7－7　定向排流法

3）外接电源排流法，适用于杂散电流较大的地区。采用低压电源，经整流后，将其负极与电缆的金属护套连接，使电缆的金属护套对地电位，始终保持在负电位状态，以此来抵消腐蚀电流，其接线如图 7－8 所示，把电缆的金属护套用导线直接与铁路的钢轨连接，使流入电缆金属护套的杂散电流直接流回钢轨而不流出大地。

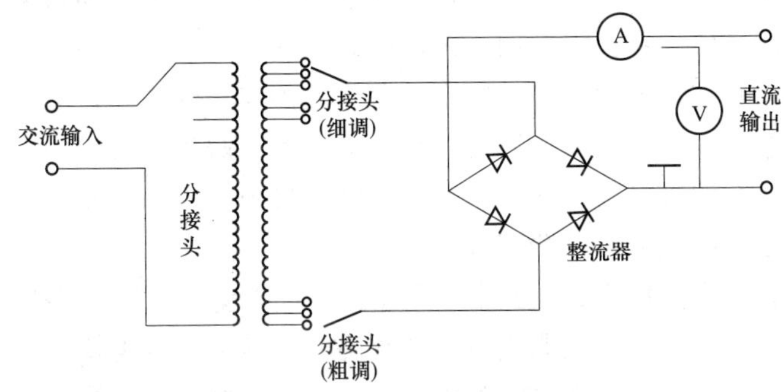

图 7－8　外接电源排流法原理

应用外接电源排流法，其流入电缆金属护套的杂散电流可以检测。测量电流密度的方法很多。

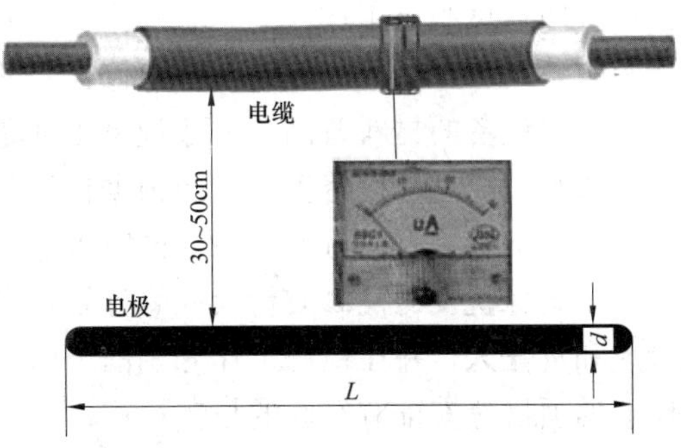

图 7－9　辅助电极法测量杂散电流

辅助电极法（见图 7－9），测量时辅助电极采用与被测电缆相似的一段表面经擦干净的裸装铠电缆，其长度应使电极与大地的接触面积大于 $500cm^2$。测量引线焊在铠装层上，并将焊点用沥青绝缘。采用这种方法测得的电流密度可用下式进行计算，并根据计算进行判定是否发生腐蚀，以便采取措施加以预防。

电流密度 J（单位：$\mu A/cm^2$）计算公式为

$$J=\frac{I}{A}$$

或
$$J=\frac{I}{A}=\frac{I}{\pi dLK} \tag{7-6}$$

式中：A 为电流与大地接触面积（$A=\pi dLK$），cm^2；I 为电流，μA；d 为辅助电极的直径，cm；L 为辅助电极的长度，cm；K 为辅助电极与大地的接触系数，铜带铠装电缆 K 取 0.5。

第三节 电力电缆故障检修

一、检修计划实施前的各项准备工作

电缆线路的检修工作，是电缆安全运行管理工作的重要环节。通过有组织、有计划的检修工作，消除电缆线路及其附属设备中存在的缺陷，提高设备的完好率，是确保线路安全运行的有效方法。

为了确保检修计划的顺利实施，必须做好检修计划实施前的各项准备工作，包括检修费用的概预算、检修备品的落实、检修工作时间的安排、检修人员的合理配备等。

检修费用的概预算或估算，主要根据检修计划中的每一个工作项目来进行，合理概预算工程需耗费的各种材料费用和人工费用，逐项估算，并作出每一检修项目相应的费用概预算表，作为其检修工作的基本依据。当进行实际费用概预算有困难时，应进行现场调查，仔细核对工作内容和工作量，以确保概预算或估算的准确性，避免造成因检修费用不足或预算过多而影响正常检修工作的进行或不必要的资金浪费。概预算后的检修工作费用应及时报上级部门审核、批准，必须按批准后的费用进行施工核算。

检修计划制定后，生产技术部门应根据不同季节的特点，合理安排检修时间及工作进度，制定检修项目进度表。一般电缆线路应避开用电高峰进行停电检修为宜，电缆附设的检修工作可以安排在停电检修工作较少的时候进行；冬季最好安排电缆终端防雾闪和污闪等类检修工作；台风或汛期到来之前应做好泵站电缆线路的检修工作；用电高峰之前要进行电缆线路的预防性试验等工作。

材料备品和人员调配也是实施检修计划的系统工程中不可忽视的一项重要工作。电缆线路及其附属设备的材料备品，一般说来多数是特殊材料，零星购置极不方便，为了保证及时修复故障和按期进行检修工作，应根据检修项目及时落实好其特殊材料备品的计划数。但也应注意从经济和需要两方面考虑，同时备品的保管应严格执行备品管理制度。

为了确保优良的检修质量及检修计划顺利进行。每一个检修项目都应有具体的项目分工负责人和责任人，并在检修工作开始前予以明确，人员的安排应合理、充足，需进行带电检修作业的项目应安排有经验的技工操作。

除做好上述工作外，在电缆检修故障工作实施过程中，应严格执行电缆及电缆线路的有关规程、规范、标准的要求。如“电缆敷设规程”“接头工艺规程”“运行规程”“检修规程”“预防性试验规程”“带电作业现场操作规程”“安全规程”等。

二、电缆故障检修安全要求

（1）电缆的移动、拆除和改装以及接头更换时，必须先行停电进行接地确认无电后，方可工作。

（2）检修电缆时不得接触电缆铠装和移动电缆，以防感应触电。

(3) 检修人员进入孔井工作之前，应待井中浊气排除之后方可进入。在井内工作应戴安全帽，并在电缆井口设专人看守，防止物体落入井中伤人。

(4) 切断电缆的操作人员，应站在绝缘台上，戴好绝缘手套后再行操作，其切割工具应接地。

(5) 检修故障电缆前，应让电缆导体接地放电。接地时可在工作地点打入 0.5m 深的铁杆作为接地棒。

(6) 挖掘电缆时，当挖到电缆保护极处，需有专人监视指导，方可继续开挖。挖出的电缆接头，如下面需悬空时，应加悬吊保护。

(7) 将水底电缆提起放在船上时，应保持船身平稳，并应备有救生圈。

三、电缆故障的修复

常见电缆故障有电缆渗漏油故障、电晕放电故障、闪络故障、绝缘故障、铅外皮龟裂故障、外护层损坏故障等。电缆发生故障时，应根据故障类型及故障性质，采用相应的修复措施，以免故障进一步扩大，造成电缆事故。

1. 充油电缆故障处理

电缆运行中发生失压进气主要是由于电缆漏油引起的。

当电缆发生漏油等问题并发展到失压进气后，电缆工作场强会降低很多，在这种情况下运行，电缆及终端头有击穿的危险。因此电缆及终端头失压进气后要及时进行处理，如因设备等技术条件尚不具备，应采取临时措施，防止电缆及终端头继续吸进空气和潮气。在处理进气问题时，也要注意不让空气进入电缆和终端头。

(1) 充油电缆护套漏油处理。可用假接头法修补电缆漏油处的故障。即利用比漏油电缆直径大的废电缆铅套管制成上下两半的铅套管焊合修补。

如图 7－10 所示为假接头修补电缆漏油示意图。

如果现场没有可利用的废旧电缆护铅套，可用厚度 2mm 的黄铜板制成，由上、下两半合套在漏油点铅包面。铜套上、下两半的合缝采用银焊，也可用铅焊条封焊，铜套外径要较铅包外径大约 30mm，这样可以避免直接烧在焊接铜套本身接缝处，而火焰也不致烧坏铅包和容纳第二条缝口时的漏油。这种假接头法，因使用铜制套管修补电缆漏油又称铜套封铅法。

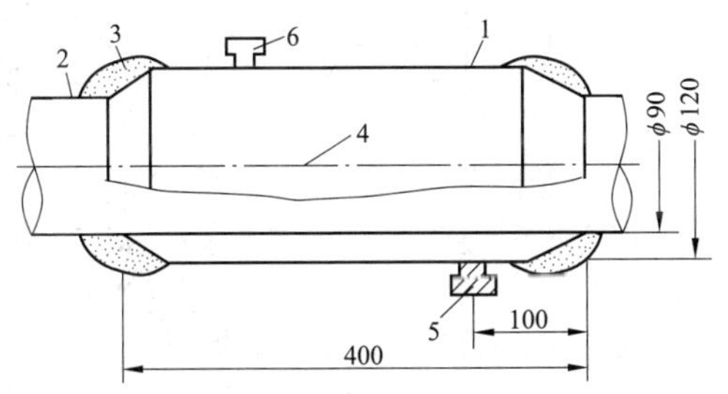

图 7－10　假接头补修电缆漏油示意图

1—铅套管；2—电缆铅护套；3—铅封；4—铅套管；5—上油嘴；6—下油嘴

(2) 高落差电缆铅护套漏油。可采用冷冻法将电缆局部冷冻后再进行封铅或用 502 胶粘补。另外，在电缆线路中对其终端的接点处安装有示温蜡片时，当示温蜡片熔化，但接点的金属未变色，即未曾过热时，应要求停电，重新擦好接触不良的部位和夹紧接触面或作更换处理。如果接点发红过热，必须立即紧急停电，更换电缆终端。

(3) 失压进气处理。高压充油电缆由于内部充油并经常保持在一定的油压范围内，才能抑制绝缘中气隙的产生，防止空气进入。当电缆发生漏油等问题并发展到失压进气后，电缆工作场强会降低很多，在这种情况下运行，电缆及终端头有击穿的危险。因此，电缆及终端头失压进气后要及时进行处理，如因设备等技术条件尚不具备，应采取临时措施，防止电缆及终端头继续吸进空气和潮气。在处理进气的问题时，也要注意不让空气进入电缆和终端头。

电缆在运输、存放和敷设过程中，失压进气后的处理方法是在电缆进气一端接真空装置，另一端装接压力箱和油处理装置。

（4）油的介质损耗因素增大的处理。高压充油电缆投入运行以后，其油的 tanδ 值普遍有随着时间的增长而增大的趋势，有的运行 1～2 年后，油的 tanδ 值就超过了施工交接验收时的标准（0.5%），tanδ 值增大。使电缆油的 tanδ 值增大原因可归纳为如下几点：①电缆出厂时内部的绝缘和导线含有杂质和微量水分，经过油的浸泡和温度变化，这些杂质和水分又混在合格的电缆油中，使其 tanδ 值增大；②进行电缆终端头施工时，环境的湿度较大，工艺的清洁度程度不符合要求，致使电缆终端头受到污染；③电缆绝缘的老化引起电缆油的 tanδ 值增大，主要是电缆的铜和铅金属与电缆油接触，对油的老化有催化作用，使 tanδ 值较快的增加，而绝缘中含有残留的气体和微量水分使金属的催化作用加速，同时残留的气体和微量水分在绝缘中造成局部放电，也使绝缘老化，tanδ 值增大。

电缆油的 tanδ 值增大会使介质损耗增加，导致电缆的温升增加而使得绝缘加速老化，严重时会造成热击穿。充油电缆绝缘的 tanδ 值主要由电缆油和纸的 tanδ 来决定，此外电缆油还反应电缆绝缘 tanδ 值的发展变化。

如图 7－11 所示为高压电缆传输功率与电缆的 tanδ 的典型关系。图中，曲线 1 代表电压 132kV 的电缆；曲线 2 代表电压 220kV 的电缆；曲线 3 代表电压 330kV 的电缆。假定 tanδ 为零时电缆的传输功率为 100%，由图可知 220kV 的电缆 tanδ 值为 0.5%时，传输功率减小 13%，tanδ 为 1%时，传输功率减小 35%，由此表明电缆 tanδ 值增加不仅对传输功率影响极大，且该影响将随着电缆工作电压的提高而增大。

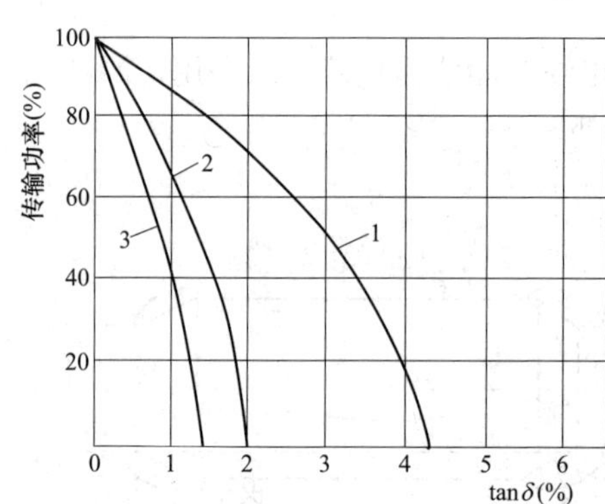

图 7－11　高压电缆的传输功率与电缆 tanδ 值的典型关系

油的介质损耗因数增大的处理，目前还无规定。但对运行后油的 tanδ 值初期如果增大到 1%时，可进行换油处理，这样可以将混入油中的一部分杂质、水分、气体带出来，从而提高电缆的绝缘。

充油电缆运到工地后，应进行油的 tanδ 试验，其值超过 0.5%时，应处理后才能施工，处理的方法与电缆进气的处理相同，冲洗换油至合格为止。

2. 电缆电晕放电故障的修复

电晕放电过程中会产生许多化学反应，并产生能量损耗，加速绝缘老化。

电晕放电有声、光、热等效应，表现为发出“丝丝”的声音、蓝色的晕光以及周围气体温度升高等。

电缆线路的电晕放电常发生在电缆终端表面上，其原因主要是电缆终端表面被污秽和三芯分叉处的距离较小、芯与芯之间空隙构成电容，发生游离现象，环境潮湿等问题所致。

在极不均匀电场中，最大场强与平均场强相差很大，以至当外加电压及其平均场强还较低时，电极曲率半径较小处附近的局部场强已很大。在这局部场强区中，产生强烈的游离，但由于离电极稍远处场强已大为减小，所以此游离区不可能扩展到很大，只能局限在电极附近的局部场强范围内，伴随着游离而存在的复合与反激励，发生大量的光辐射，即在黑暗中可以看到在该电极附近空间发生蓝色的晕光，称电晕。当电晕放电达到一定程度后，就会导致沿面闪络。

运行中的电缆终端瓷套管表面、安装在湿度较大地方的户内屯境终端（如老式干封头）、环氧树脂头及新型各类热缩头三芯分叉处的电缆尾线引出的部位、安装在废气污染较严重地方的户外终端尾线及出线夹具、油纸电缆接头铅包端口、塑料电缆接头铜屏蔽及半导电体切断部位等地方很容易出现电晕，所以在电缆终端、接头绝缘设计和安装运行环境方面要充分考虑电晕放电的现象。根据电晕放电的一些特征，限制电晕可从设计、维护管理及改善环境条件等考虑。

(1) 从终端绝缘设计考虑，改善电极形状。采用外屏蔽装置来改善电极形状，使沿固体电介质表面的电压分布均匀化，使其最大电位梯度减小。在高压电力系统中限制电晕的一些较有效的方法，是在电气设备的出线套管顶端安装绝缘帽、屏蔽罩或屏蔽环等。高压电缆终端外屏蔽结构的要求一般是：瓷套高压端和接地端在工作电压下不能出现电晕，在型式试验电压下不能有强烈的、向两端发展的放电电弧；能有效地提高瓷套外绝缘的闪络强度，结构要尽量简单并便于加工制造。因而要求在进行终端绝缘设计时应充分考虑。如对于干包或热缩型的电缆终端可采用等电位的方法，即在线芯绝缘表面包上金属屏蔽带，通过与接地网相互连接来达到消除电晕的目的。此外还可通过在电缆终端上加装应力锥来改善电场分布，限制电晕。

(2) 定期进行清扫。高压电力系统多年的运行经验表明，恶劣的大气条件如雾、露、雪、毛毛雨等天气，极易发生电晕或污闪，因此对安装在这些环境中的电缆终端瓷套、绝缘层表面要每年定期进行清扫，以去除污秽。

对于不太严重的绝缘套管表面污秽，可以采取定期清扫、定期带电水冲洗。如果电缆内护层（套）或终端盒盒体龟裂、裂纹和腐蚀严重时，可用防水带或塑料带包绕 3～4 层作暂时处理。这种方法可在电缆设备不停电时进行，但必须在确保人体与带电部分安全距离的情况下才能进行。当没有防水的带材或无法包防水带材时，可用其他防水的材料（如油漆、环氧树胶等）涂在电缆金属护层龟裂、裂纹和腐蚀严重处。处理后应做好记录汇报有关部门，以便做出安排，及时更换有缺陷部分的电缆或附件。

室外终端表面污秽，先将被污秽清扫干净，再打磨去掉痕迹，涂以硅脂。如环氧头可用粗砂布或木锉进行打磨清扫后，在平口处加些环氧树脂加高平面。室内终端表面污秽，清扫污秽表面后，用玻璃丝带涂以环氧树脂加整体包绕数层和在尾线部分增绕几层绝缘带来加强表面绝缘性能。对于干包电缆终端，可在各芯绝缘表面包上一段金属带，并互相连接，以消除电晕故障，即等电位的方法处理；也可通过改善电场分布的方法，即将附加绝缘包成一应力锥形状，消除电缆终端电晕放电故障。

(3) 涂导电涂料。导电涂料分为两种：一种是导静电涂料，另一种是导电涂料。其具有导电率高和消散静电荷功能性好的特点，可作为电磁屏蔽的防腐性涂料。通过喷涂、刷涂方法，使完全绝缘的非金属或非导电表面具有像金属一样的吸收、传导和衰减电磁波的特征，从而起到屏蔽电磁波干扰的作用。因此，被广泛地使用在电缆接头及终端瓷套上。

(4) 改善环境条件。对安装在室内的电缆沟等土建设备采取自动排水系统，改善通风条件，加装去潮装置等提高空气的干燥程度，从而限制此类电晕的发生。

3. 电缆闪络故障的修复

电缆闪络故障的修复与电缆电晕放电故障修复相同。但在修复过程中，要将电缆终端表面因闪络造成的碳黑痕迹清扫干净，修复后的终端头表面应光滑、无尖刺等物。

橡塑电缆终端表面闪络或有裂纹，多因接头设计不良或地区污秽程度严重原因引起，可停电处理，去除闪络痕迹后，增加 1～2 个防雨裙或涂硅油即可解决。表面有裂纹时，一般要根据裂纹情况停电处理，解决的办法是重新制作终端。

4. 电缆绝缘损坏的修复

电缆绝缘的损坏，通常有内绝缘损坏和外绝缘损坏两种形式。当电缆绝缘层损坏后，可采用逐步割除的方法检查两侧电缆的油浸纸绝缘是否有水分浸入，直至合格后，再用同规格、同类型绝缘材料进行重新包扎，操作方法可按电缆终端或接头的制作方法进行。对于橡塑电缆绝缘的损坏，应先将受潮电缆水分排除，而后采取统包热缩绝缘层来修复。

电缆绝缘外壳及外瓷套损坏和外壳瓷套管破损，并有水分侵入电缆终端时，必须更换终端，并经电气试验合格后方可恢复送电运行。操作时，必须严格遵守工艺规程，确保安装质量。

5. 电缆铅包龟裂故障的修复

根据故障分析可知，电缆铅包龟裂故障多发生在垂直辐射敷设高度较高的电缆头下部，一般在杆塔上的电缆比较多。具体修复方法是，对龟裂范围不大、程度较轻的场所，采用搪铅修补法。反之，采用环氧带补漏法修复。

6. 电缆外护层损坏的修复

对于电缆的装铠层或加强层的损坏，可选用与原铠装或加强带相同的材料，按原节距绕包在内护层外面进行修复。橡塑电缆的外护层损坏后，也应选用与原护层相同的材料，利用补钉块方法用塑枪进行热风吹焊或用自粘橡胶带紧密包扎修复处理；当外护层损坏较多，一般是先套热缩卷包管卷包，再加热收缩，达到修复的目的。

参 考 文 献

[1] 李光辉，孟遂民．电力电缆．北京：中国三峡出版社，2000.

[2] 李宗延．电力电缆施工．北京：水利电力出版社，1993.

[3] 刘子玉．电气绝缘结构设计原理（电力电缆）．北京：机械工业出版社，1981.

[4] 卓金玉．电力电缆设计原理．北京：机械工业出版社，1999.

[5] 山西省电力工业局．供电线路（电缆）施工、运行、检修．北京：中国电力出版社，1998.

[6] 中国电力企业家协会供电分会．电力电缆．北京：中国电力出版社 ，1998.

[7] 电线电缆手册编委会．电线电缆手册．北京：机械工业出版社，2001.

[8] 刘惠民．电缆工业标准汇编电气卷 8. 北京：中国电力出版社，1999.

[9] 郭朝元，李德华．电力电缆施工．北京：中国铁道出版社，1988.

[10] 李金伟，林丛，李捷辉，刘青山．供用电技术手册．北京：化学工业出版社，2009.

[11] 李光辉．输配电线路施工机械概论．北京：中国电力出版社，2013.

[12] 关根志，黄海鲲，李成緒．交联聚乙烯绝缘电缆的绝缘在线检测技术．电线电缆，2002（6）．

[13] 李国征．电力电缆线路设计施工手册．北京：中国电力出版社，2007.